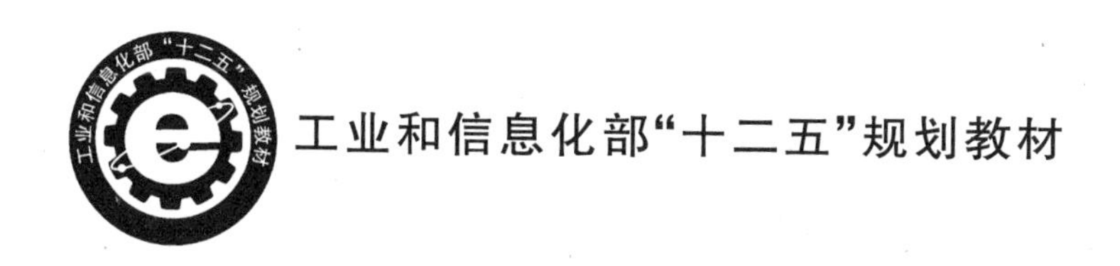

现代爆破理论与技术

刘天生　王凤英　张晋红　编著

北京航空航天大学出版社

内 容 简 介

本书主要介绍接触爆炸理论、爆破原理和爆破技术。主要内容包括:爆炸的直接作用;爆破工程地质;常用的起爆器材及起爆方法;定向与硐室爆破、深孔爆破、拆除爆破、水下爆破、金属爆炸加工、地质勘探与油井爆破等常用的爆破技术;爆破的模拟仿真与爆破安全技术、常用爆破器材性能测试技术、国内及欧洲常用民用爆破器材的性能测试方法等。

本书可作为高等院校兵器工业、民用爆破、土木工程、安全类有关专业的教材或教学参考书,也可供相关专业、科研院校、企业及施工单位的科技人员参考。

图书在版编目(CIP)数据

现代爆破理论与技术 / 刘天生,王凤英,张晋红编著. --北京 :北京航空航天大学出版社,2015.11

ISBN 978-7-5124-1934-6

Ⅰ. ①现… Ⅱ. ①刘… ②王… ③张… Ⅲ. ①爆破技术 Ⅳ. ①TB41

中国版本图书馆CIP数据核字(2015)第265596号

现代爆破理论与技术

刘天生　王凤英　张晋红　编著

责任编辑　刘晓明　田　露

*

北京航空航天大学出版社出版发行

北京市海淀区学院路37号(邮编100191)　http://www.buaapress.com.cn

发行部电话:(010)82317024　传真:(010)82328026

读者信箱:goodtextbook@126.com　邮购电话:(010)82316936

北京兴华昌盛印刷有限公司印装　各地书店经销

*

开本:787×1 092　1/16　印张:27.25　字数:698千字

2016年3月第1版　2016年3月第1次印刷　印数:2 000册

ISBN 978-7-5124-1934-6　定价:58.00元

若本书有倒页、脱页、缺页等印装质量问题,请与本社发行部联系调换。联系电话:(010)82317024

前　言

爆破技术有几百年的历史，近年来随着科技、工业、农业等现代化技术的发展，高强度和高精度的爆破技术不断发展创新，各种爆破新技术层出不穷，如聚能爆破、爆炸合成超导材料等。这些技术广泛应用于工业、农业、交通、国防等现代化建设中，对人类社会的发展起到了十分重要的作用，极大地推动了我国现代化建设的进程。当前，我国高等工科院校中已有多个专业设有“爆破技术”课程，为了适应教学需求，培养现代化建设的高级专业人才，根据工信部“十二五”教材编写规划，作者特编写了《现代爆破理论与技术》一书。

本书是在《近代爆破技术》一书的基础上，以基础理论、专业理论为主题，将先进的爆破理论基础知识、设计思想、工程方法、技术手段和研究成果与工程实践相结合，并吸收了国内外近年来有关文献资料编写而成的。全书共分13章，第1章介绍现代爆破技术的发展现状，主要对爆破技术在国民经济建设中的作用、爆破技术发展情况等方面做了简要的概述；第2章介绍爆炸的直接作用以及岩石中的爆炸作用原理；第3章介绍爆破工程地质；第4章介绍常用的爆破器材与起爆方法；第5、6、7、8章分别介绍了硐室及定向爆破、深孔爆破、拆除爆破、水下爆破等常用爆破技术的设计理论与方法，并结合实例进行了分析；第9、10章分别介绍了金属爆炸加工、地质勘探与油气井爆破等新型爆破技术；第11章介绍了常用爆破模拟仿真的基础知识；第12章从爆破的安全技术方面重点讲述了爆破中的安全知识；第13章介绍了常用爆破器材的性能测试技术，主要针对国内及欧洲标准化委员制定的常用测试方法进行了详细的讲述。

本书由刘天生教授主编，王凤英、张晋红、李如江、刘迎彬、胡晓艳、高永宏、王海芳、张清爽等参编，其中第1、5章由刘天生编写，第2章由王凤英编写，第3章由胡晓艳编写，第4、13章由张晋红编写，第6章由王海芳编写，第7章由张清爽编写，第8、11章由李如江编写，第9、10章由刘迎彬编写，第12章由高永宏编写。全书由王凤英、张晋红统稿。

本书由中国科学技术大学沈兆武教授和中北大学刘玉存教授审阅并提出了宝贵意见，编者谨向他们表示忠心的感谢。另外，本书收集了国内外相关的文献资料，在此向相关文献的作者表示感谢。

由于编者水平有限，书中难免有错误和不妥之处，敬请读者批评和指正。

作　者

2015年3月

目　录

第1章 绪 论

现代爆破技术(modern blasting technology)是以工程建设和爆炸加工为目的的一项科学工程技术,它作为工程施工的一种手段,利用炸药爆炸产生高温高压快速改变物质状态,从而直接为国民经济建设服务。它已被广泛应用于能源开发、交通建设、矿山开采、地质勘探和农田水利治理等方面,涉及煤炭、冶金、石油、化工、交通、铁路、水利、电力、农业、林业、建材、核工业、机械加工和城市建设等重要领域。

现代爆破技术发展标志着爆破理论与技术的与时俱进,爆破器材生产、运输,爆破工程设计和施工信息化、自动化等的迅速发展也具有鲜明的时代特征。

1.1 爆破技术在国民经济建设中的作用和意义

作为爆破技术能源的工业炸药(industrial explosive),其前身是黑火药(black powder),远在9世纪的唐代就出现了完整的黑火药配方。因此,黑火药是世界公认的我国对人类文明具有重大贡献的四大发明之一。虽然17世纪就有了利用黑火药开采矿石的记载,其后又有了许多专家学者研究爆破技术的著作和设计计算的公式,然而爆破技术的大发展和推广应用却是在19世纪末,随着许多新品种工业炸药的发明才兴旺起来的。我国的爆破技术则是随着新中国的建立而迅速发展起来的,新中国成立以来,我国进行装药量在万吨以上的土石方大爆破三次,千吨级以上的爆破十多次,百吨级的爆破数达千次之多;用定向爆破技术筑成的水利坝、尾矿坝、拦灰坝和交通路堤有五六十座,其中千吨级的大坝有两座;创造出许多爆破新技术和新工艺,解决了许多工程建设中的技术难题,为社会主义建设做出了新的贡献。20世纪70年代,我国开展了轰轰烈烈的基本建设,省、市、地、县、社、村逐级培训爆炸技术人员,开展硝木、铵油炸药的制造,可谓“村村都造炸药,村村都爆破”。昔阳大寨人又把爆破技术应用在山区农田的基本建设上,进行了搬山造田,定向爆破造平原,取得了丰硕的成果。

“八五”以来许多工厂企业进行了改建、扩建和拆迁,许多城市也在进行改建和扩建,控制爆破的技术应用得到了空前的发展。一段时间内,各地爆破公司如雨后春笋般地蓬勃发展起来,这也足以说明爆破技术受到欢迎和重视的程度。现代爆破技术不仅已深入应用到我国国民经济生产的各个部门,而且在爆破实践中不断创造出了许多新技术、新工艺和新方法,提高了生产效率。诸如矿山开采的大孔距、小抵抗线、大区延时爆破;地下巷道掘进的光面爆破;水利部门用以筑坝的定向爆破和打开水库引水隧洞的岩塞爆破;铁道交通部门的路堑爆破,填筑路堤和软土、冻土地带的爆破;石油化工部门埋设地下管道和过江管道以及处理油井卡钻事故的特殊爆破;还有水下炸礁、疏浚河道和为压实软土的水下码头、堤坝地基处理的水下爆破等,不仅解决了工程建设和生产实际中的技术难题,同时也发展和丰富了现代爆破技术。

随着国民经济建设的深入发展,许多城市也在进行改建和扩建,城市控制爆破技术得到了空前的发展。城市控制爆破技术的发展,不仅把过去危险性大的爆破作业由野外推进到了人口密集的城镇,更重要的是将爆破技术与安全和环保问题结合了起来。考虑建筑物和围岩稳定的控制爆破技术,配合爆破测试手段监测爆破引起的周围环境影响,不仅改进了爆破工艺,还使得在城市复杂环境中可以从容地进行爆破工程施工。跨入21世纪，大型机械设备的普及、高新技术产品的不断涌现，以及环保意识的增强，无不给爆破技术的提高带来了新的机遇。

此外，利用炸药爆炸原理在机械工业部门加工处理机械零部件的爆炸加工方法，为表面硬化的金属淬火处理和不同材质的金属爆炸焊接等新技术在理论和实践方面都提供了很大的支持。爆炸合成新材料技术，在人工合成金刚石及超硬材料方面近年来也取得了重要进展，地震勘探和油气井增效射孔也得到了长足发展。

1.2 工程爆破技术

爆破技术作为一项科学技术是随着社会生产实践的发展而出现的。爆破技术的目的是在破坏中求建设，是为了特定的工程项目而进行的，爆破的结果必须满足该工程的设计要求，同时还必须保证其周围的人和物的安全。

常用的爆破技术主要有以下几种：

① 硐室爆破(chamber blasting)　将大量炸药装入硐室和巷道中进行爆破的方法。由于一次爆破的装药量和爆落方量较大，故常称为“大爆破”。我国是进行硐室爆破最多的国家之一，积累了丰富的经验。

硐室爆破具有以下特点：a. 可以在短期内完成大量土石方的挖运工程，有利于加快工程施工速度；b. 与其他爆破方法比较，其凿岩工程量少，相应的设备、工具、材料和动力消耗也少；c. 所需的机具简单、轻便，一些小工程甚至可以全用人工完成，工效高，可以节省大量劳动力，适用于交通不便的山区；d. 工作条件较艰苦，劳动强度高；e. 与其他爆破方法相比，大块率较高，二次爆破量大；f. 一次爆破药量较多，安全问题比较复杂，在工业区、居民区、重要设施、文物古迹附近进行硐室爆破需要十分慎重；g. 大型硐室爆破工程施工组织工作比较复杂，需要有熟练的、经验丰富的技术力量才能在保证安全的前提下顺利完成任务。

上述特点决定了硐室爆破的应用范围。下列条件适宜采用硐室爆破：a. 在山区，山势较陡，土石方工程量较大，机械设备上山有困难时，适宜采用硐室爆破；b. 在峡谷、河床两侧有较陡山地可取得大量土石方量时，可采用硐室爆破修筑堤坝；c. 在工程建设初期，如果地形有利而又有足够的土石方量，则适宜采用硐室爆破来剥离土岩和平整场地，以缩短建设工期；d. 在山区修筑铁道和公路时，宜用硐室爆破修筑路堑和平整场地。

② 定向爆破(direction blasting)　使爆破后土石方碎块按预定的方向飞散、抛掷和堆积，或者使被爆破的建筑物按设计方向倒塌和堆积，都属于定向爆破的范畴。土石方的定向抛掷要求药包的最小抵抗线或经过改造后的临空面形成的最小抵抗线的方向指向所需抛掷、堆积的方向。建筑物的定向倒塌则需利用力学原理布置药包，以求达到设计目的。

定向爆破的技术关键是要准确地控制爆破时所要破坏的范围以及抛掷和堆积的方向与位置，有时还要求堆积成待建构筑物的雏形(如定向爆破筑坝)，以便大大减少工程费用和加快建设进度。对大量土石方的定向爆破通常采用药室法或条形药室法；对于建筑物拆除的定向倒塌爆破，除了合理布置炮孔位置外，还必须从力学原理上考虑爆破时各部位的起爆时差、受力状态以及对旁侧建筑物的危害程度等一系列复杂的问题。

③ 预裂、光面爆破(presplitting smooth blasting) 常常把预裂和光面两种爆破技术并提，这是由于两者的爆破作用机理极其相似的缘故，光面、预裂爆破的目的都在于爆破后获得光洁的岩面，以保护围岩不受到破坏。二者的不同在于，预裂爆破是要在完整的岩体内，在爆破开挖前施行预先的爆破，使沿着开挖部分和不需要开挖的保留部分的分界线裂开一道缝隙，用以隔断爆破作用对保留岩体的破坏，并可在工程完毕后出现新的光滑面。光面爆破则是当爆破接近开挖边界线时，预留一圈保护层(又叫光面层)，然后对此保护层进行密集钻孔和弱装药的爆破，以求得到光滑平整的坡面和轮廓面。

④ 微差爆破(short delay blasting) 微差爆破是一种巧妙地安排各炮孔起爆次序与合理时差的爆破技术，正确地应用微差爆破能减少爆破后出现的大块率，减轻地震波的强度，减轻空气冲击波的强度，缩短碎块的飞散距离，得到良好的、便于清挖的堆积体。

微差爆破技术的关键是时间间隔的选择，合理的时差能保证良好的爆破效果，反之就造成不良后果，达不到设计目的，甚至出现拒爆、增大地震波等危害事故。近几年来我国制造出了非电毫秒雷管结合非电导爆管的起爆网路，可以在通常出厂的15段或20段毫秒系列非电雷管的基础上组合成更多段的微差起爆网路。1986年葛洲坝围堰爆破，创造了将3 000多炮孔分为300多段起爆的成功经验。

微差爆破技术目前在露天及地下开挖和城市控制爆破中已被普遍采用，大型药室法爆破的定向爆破筑坝也开始应用微差爆破技术。着眼将来，这种技术还有更为广阔的发展前景。

⑤ 控制爆破(controlled blasting) 近年来我国爆破界突起一支新的技术队伍，各地成立了许多专业的爆破公司。这些公司大多数专营城市拆除爆破业务，是为了满足许多新老企业新建、改建、拆迁的需要应运而生的。

城市拆除爆破只是控制爆破领域内的一个组成部分。严格地说，凡属爆破技术都是有控制的爆破，但是我们这里所指的控制爆破范围要狭小得多，甚至比国外习惯把光面、预裂爆破归入这类的范围还要小。我们认为，控制爆破只对爆破的方向、倒塌范围、破坏范围、碎块飞散距离、地震波、空气冲击波等有要求。

实现控制爆破的关键在于控制爆破的规模、药包重量的计算与炮孔位置的安排，以及有效的安全防护手段。进行控制爆破不一定只用炸药作为唯一的手段，因此，近些年来社会上出现的燃烧剂、静态膨胀破碎剂以及水压爆破，都可以归纳入控制爆破范围之内，使用时可以根据爆破的规模、安全要求和被爆破对象的具体条件选择合理有效的爆破方法。

⑥ 聚能爆破(shaped charge blasting) 多少年来炸药爆炸的聚能原理和它所产生的效应，只是被用作穿甲弹这一军事目的，近年来才逐渐转为民用，逐渐被列入爆破技术的范畴之内。例如利用聚能效应在冻土内穿孔，为炼钢平炉的出钢口射孔，为石油井内射孔或排除钻孔故障以及切割钢板等。

聚能爆破与一般的爆破有所不同，它只能将炸药爆炸能量的一部分按照物理学的聚焦原理聚集在某一点或线上，从而在局部产生超过常规爆破的能量，击穿或切断需要加工的工作对象，完成工程任务。由于这种原因，聚能爆破不能提高炸药的能量利用率，而且需要高能的炸药才能显示聚能效应。因此，目前聚能爆破由于经济原因，在工程上还没能普遍推广应用。

聚能爆破技术的使用要比一般的爆破技术要求严格，必须按一定的几何形状设计和加工聚能穴或槽的外壳，并且要使用高威力的炸药。

⑦ 水下爆破(submarine blasting) 水下爆破是爆破工程中的一个重要分支，它与水上

(即陆上)爆破的区分是以水面作为标志的。凡是在水面以上进行的爆破作业叫做水上爆破,也就是陆上爆破;凡是在水面以下进行的爆破作业叫做水下爆破。

随着我国国民经济建设的发展,需要兴建和改造大量的港口码头,建筑各种水利、电力设施,对旧的航道要进行疏浚和加深。上述这些工程都要求在水下的岩层中进行大量的开挖工作,只有采用水下爆破方法才能有效、高速地完成生产建设任务。

⑧ 爆炸加工(explosion working)　爆炸加工是以炸药为能源,利用其爆炸瞬间产生的高温高压对金属材料进行加工的技术。与常规的机械加工相比,爆炸加工具有设备简单、能加工常规方法不易加工的材料、产品质量较好和有利于采用综合工艺等特点。目前,爆炸加工在一些领域得到了广泛的应用。

⑨ 地震勘探和油气井爆破(seismic explosion and oil-gas well blasting)　地震勘探采用人工的方法(使用炸药或其他能源)在岩体中激发弹性波(地震波),沿侧线的不同位置用地震勘探仪器检测大地的震动。把检测数据以数字形式记录在磁带上,通过计算机处理来提取有价值的信息。最终以地震解释的形式显示其勘探的结果。不少油气井由于地应力变化、地层和井内微生物腐蚀、井中套管在高温高压下疲劳受载等因素的作用,会出现输油地层油路不畅或堵塞等问题,严重影响了石油和天然气的正常开采。为此,可采用聚能射孔、复合射孔等油气井爆破技术进行相应的整治,达到恢复油气井正常生产、提高产能的目的。

⑩ 其他特殊条件下的爆破技术　爆破工作者有时会遇到某些不常见的特殊问题,用常规施工方法难以解决,或因时间紧迫以及工作条件恶劣而不能进行正常施工,这时需要我们根据自己所掌握的爆破作用原理与爆破技术的基础知识,大胆地设想采用新的爆破方案,仔细地进行设计计算,有条件时还可以进行必要的试验研究,按照精心设计、精心施工的精神组织工程施工,解决当前的工程难题。之所以提出这样的要求,是因为爆破工程与其他工程有所不同,效果在 1～2 s 之内就能显现;而不恰当的爆破,会造成很严重的影响,甚至难以采取补救措施。

国内外爆破技术史有不少特殊爆破的记载和资料,其中较多的是抢险救灾,如森林灭火、油井灭火、抢堵洪水和泥石流等;其次为疏通被冰凌或木材堵塞的河道,水底炸礁或清除沉积的障碍物,处理软土地基或液化地基,切除桩头、水下压缩淤泥地基,排除悬石、危石以及炸除烧结块或炉瘤等。

总之,现代爆破技术的发展,完全有可能利用炸药的爆炸能量去代替大量机械或人力所难以完成的工作,甚至超越人工所能去为社会主义建设服务。

1.3　爆破技术的发展

一项技术的发展是与时代的需要和当时其他工业领域的发展水平密切相关的,爆破技术的发展也不例外。我国工业爆破在建国以来所走过的历程很能说明这个问题。

20 世纪 50 年代初期,炸药品种比较单一,施工机械比较缺少,机械化施工的程度不高而又有大量的土石方工程需要完成,因而药室法大爆破差不多成了解决土石方数量较为集中的开挖工作的唯一手段。此后,随着国民经济建设的需要和科学技术的发展,深孔爆破和其他爆

破技术得到了蓬勃的发展。近年来，由于厂矿和城市建设的需要，城市拆除的控制爆破应运而生，当今控制爆破技术的应用越来越广泛。

1.3.1 工业炸药技术的发展

新中国成立前，我国仅有的两座硝铵炸药工厂是日本帝国主义为掠夺我国矿产资源而开办的。抗日战争时期，解放区人民发明和使用了由硝酸铵和液体可燃物组成的炸药，这可以说是铵油炸药的雏形。新中国成立后，我国才真正有了自己的炸药工厂，随着国民经济的迅速发展，我国的炸药工业也有了很大的发展，建立起了一个比较完整的生产体系。目前有146个生产厂家，品种达到数十种之多，如铵油炸药(包括铵松蜡炸药、铵沥蜡炸药、多孔粒状铵油炸药、膨化硝铵炸药、如花铵油炸药、分装铵油炸药)、浆状炸药、水胶炸药、乳化炸药、粉状乳化炸药、太乳炸药、粒状粘性炸药、液体炸药、铵梯炸药和铵梯油炸药等，基本满足了国民经济发展的需要。据不完全统计，工业炸药产量从1953年的2万多吨，到2010年已增加到351多万吨，60年来增长了175.5倍。

从20世纪50年代起，我国就对铵油炸药做了充分的研究，到1963年后铵油炸药已得到了全面推广。70年代中期，冶金矿山铵油炸药使用量已占炸药总消耗量的70%左右，期间又研制应用了铵沥蜡炸药和铵松蜡炸药。

1958年我国开始研制浆状炸药，60年代中期在矿山爆破作业中获得应用，其代表性品种是4号浆状炸药。70年代初期，随着胶凝剂(田菁胶、槐豆胶)和交联技术获得重要突破，我国胶状炸药品种不断增加，浆状炸药装药车与可泵送浆状炸药的出现，更好地满足了露天爆破作业的需要。80年代中期，原煤炭部淮北910厂引进了美国杜邦公司水胶炸药的生产技术与设备，目前国内仅有少数单位仍在生产、销售水胶炸药。

20世纪70年代后期我国开始研制乳化炸药，1981年研制成功。由于乳化炸药具有良好的抗水性、爆炸性能以及生产成本低廉等一系列优点，受到国家、企业和科研单位的高度重视，进行了不断的技术改进。乳化炸药技术，不仅采用连续化、自动化生产工艺技术和设备，生产岩石型、煤矿许可型品种，而且利用减阻技术发展了地下小直径乳化炸药装药车。乳化炸药生产技术和装药车不仅满足了国内的需要，而且出口到瑞典、蒙古、俄罗斯、越南、赞比亚等国家。目前我国已研制开发了多品种乳化炸药、粉状乳化炸药和乳化粒状铵油炸药的计算机控制连续化生产线。

“十一五”期间，全国有工业炸药生产企业91家，2010年工业炸药产量达到351.1万吨，到了2013年，产量达到450万吨，近几年的产量分布如图1-1所示。

此外，我国已从2008年1月1日起停止生产铵梯炸药，2008年6月30日起停止使用铵梯炸药，这标志着我国工业炸药生产在安全、绿色、协调、可持续发展观的指导下，进入了一个依靠技术进步、全面提升民用爆破器材产品安全质量的新阶段。目前，我国工业炸药向安全、高效、系列化方向发展，着力发展乳化炸药和多孔粒状铵油炸药，大力发展现场混装和散装型产品，力争主要产品性能指标达到国际先进水平。从工业炸药品种结构图可以明显看出近些年的变化。图1-2、图1-3、图1-4分别给出了1997年、2005年、2013年工业炸药产品品种结构图。

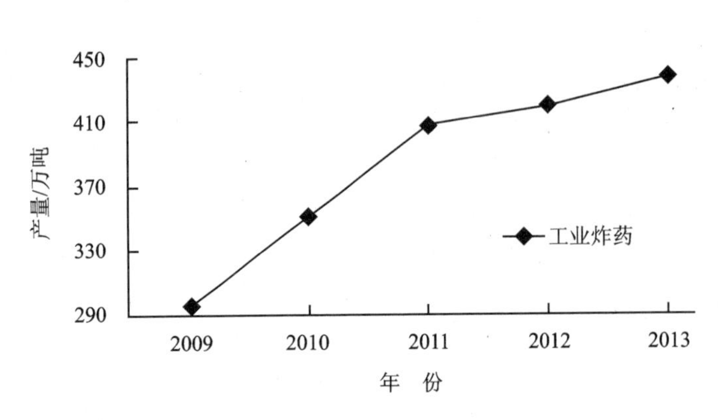

图 1-1 工业炸药历年产量

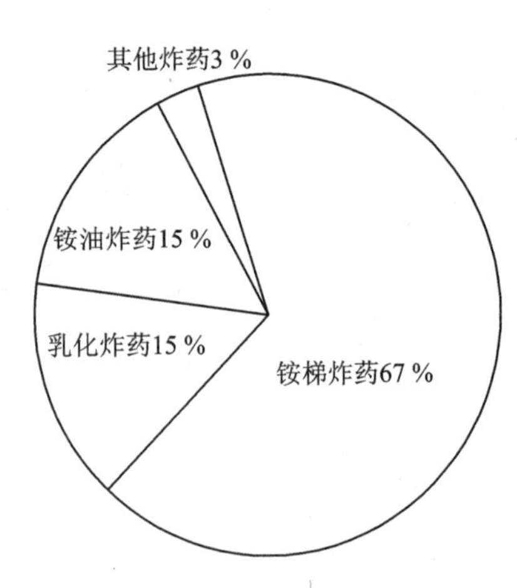

图 1-2 1997 年工业炸药产品品种结构图

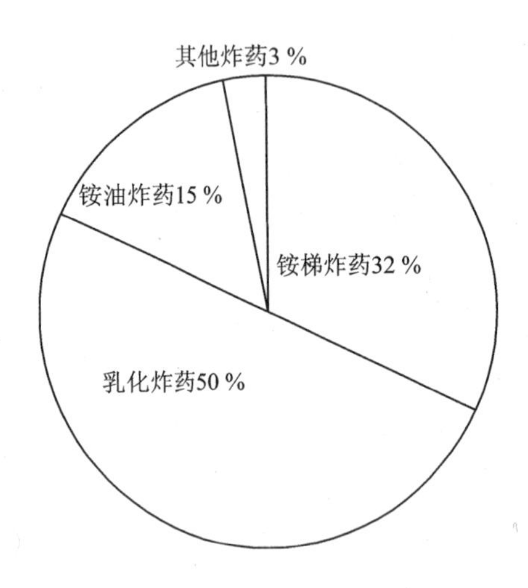

图 1-3 2005 年工业炸药产品品种结构图

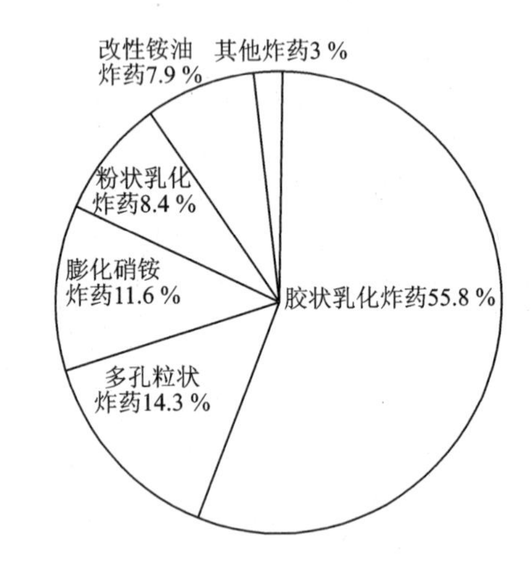

图 1-4 2013 年工业炸药产品品种结构图

1.3.2 爆破器材技术的发展

新中国成立初期，我国只能生产导火索、火雷管和瞬发电雷管。经过技术人员的努力，很快就能生产和应用毫秒延期电雷管和秒延期电雷管。20 世纪 70 年代初期，已经能生产导爆索-继爆管毫秒延期起爆系统。1978 年，我国自行研制生产了塑料导爆管及与其配套的非电毫秒延期雷管，并在工程爆破作业中获得了广泛的应用。80 年代中期，我国根据电磁感应原理研制生产出了磁电雷管，这种雷管在油气井爆破作业中获得了应用。90 年代，国内研制和推广了导爆管系统（包括精确非电延时起爆器）和抗静电、耐高温、耐高压、高精度、高段别电雷管等新型起爆器材。进入 21 世纪，30 段等间隔（25 ms）毫秒延期电雷管研制成功并投入使用，并已出口到周边国家、非洲和我国香港地区。

1978 年，我国自行研制生产出了塑料导爆管，从 70 年代末的 5 家企业发展到目前的 40 多家，尤其是 2008 年火雷管淘汰后，导爆管得到迅速发展。我国目前已在低能导爆索

(3.0 g/m,1.5 g/m)、高能导爆索(34 g/m 及其以上)、普通导爆索和安全导爆索方面形成了配套的系列产品。油气井燃烧爆破、地震勘探爆破和许多特种爆破需用的爆破器材亦已形成产品系列,并有了较大的选择余地。

进入21世纪,随着我国国民经济持续稳步发展,我国爆破器材发展到了一个新阶段,一些高安全雷管得到了大力发展和广泛应用,如无起爆药高安全飞片雷管和爆炸箔雷管等。随着我国微电子科技的迅速发展,近年来我国又自行研制了具有使用安全可靠、延期时间精度高和设定灵活等特点的一种延期时间可以根据实际需要任意设定,并精确实现发火延期的新型电能起爆器材——电子雷管,并已在山西、新疆、北京等地区的爆破工程中获得初步应用。可以相信,数码电子雷管将成为推进我国爆破器材行业的技术进步和促进工程爆破行业技术进步的有效装备和手段,将会成为推进我国起爆器材新技术应用的一场革命。电子雷管技术在我国的研究和应用,也将极大地提升我国起爆器材的国际地位,缩短我国起爆器材和世界先进水平之间的差距。

近年来,我国已是国际爆破器材生产和消耗大国,全国已经建立了完整的爆破器材生产、流通和使用体系。全国现有生产企业146家,其中雷管生产企业55家,2010年工业雷管产量达到23.7亿发,近几年的产量如图1-5所示,工业索类火工品产量达到1.5亿多米,油气井用、地震勘探用及特种爆破的爆破器材也有相当的规模。我国从2008年1月1日起停止生产导火索、火雷管,2008年6月30日起停止使用导火索、火雷管。这标志着我国爆破器材在科学发展观的指导下,进入了一个依靠技术进步、提升民用爆破器材产品质量的新阶段。按照“十二五”规划目标,工业雷管向高可靠性、智能性方向发展,着力发展导爆管雷管。导爆管雷管所占比例将达50%以上,高强度导爆管雷管占导爆管雷管产量的比例要达10%以上,主要产品性能指标要达到国际先进水平。

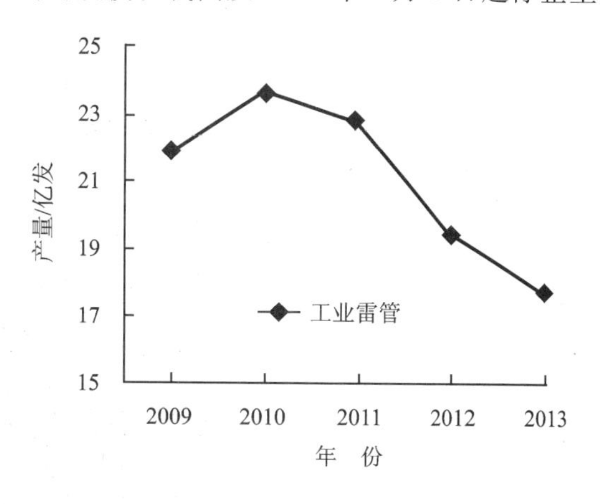

图1-5　工业雷管历年产量

1.3.3　施工机具的发展

机械化施工的劳动效率大大地高于人工的体力劳动效率,这是众所周知的事实。施工机具的改善和新型机械的出现,往往引起生产上或技术上的革新,例如在用人工打眼或绳索式冲击钻机钻孔的年代,推广深孔微差爆破就有很多困难,更不用说采用光面、预裂等需要密集钻孔的爆破新技术了。

钻孔机具由手工作业向机械操作演化进程,经历了百余年的变迁。在动力系统上实现了三大步的飞跃,即由蒸汽、压气到液力驱动。时至今日,大型岩土工程全部实现了机械化凿岩,以风动和液压为驱动力的凿岩机,在性能、使用条件和应用范围方面,具有各自的优越性,在不同的施工现场,各领风骚。

气动凿岩机(如图 1－6 所示)是目前国内凿岩应用最广、数量最多的凿岩工具。但由于其能量利用率极低,凿岩速度慢,噪声很大,有被液压凿岩机逐渐取代的趋势。气动凿岩机主要有手持式凿岩机、气推式凿岩机、向上式凿岩机和导轨式凿岩机四种,其中前三种属于浅孔凿岩机,最后一种属于中深孔凿岩机。

液压凿岩机是以高压油为全部驱动力,具有输出功率大、钻孔速度快、能量消耗低、零件和钎具寿命长、钻孔精度高、液压控制完善等优点。液压凿岩机的外形如图 1－7 所示。

图 1－6　气动凿岩机

图 1－7　液压凿岩机

凿岩钻车(如图 1－8 所示)是将凿岩机构、推进装置、定位装置等安装在机械底盘或钻架上进行凿岩作业的设备,可分为露天凿岩钻车和地下凿岩钻车两种。

图 1－8　凿岩钻车

潜孔钻机是冲击器潜入孔内提供冲击凿岩的一种钻孔设备。潜孔钻机通常把潜孔式凿岩机构、推进装置、定位装置等安装在机械底盘或钻架上进行钻孔作业。目前最常使用的潜孔钻机有以下几种:JKZ100 型潜孔钻机(如图 1－9 所示),适用于中硬岩石,钻孔直径可达 85～130 mm,深度可达 23～30 mm,是一种新型高效的凿岩设备。T－100 型高气压形钻机(如图 1－10 所示)适用于深孔凿岩,钻孔直径可达 75～127 mm,深度可达 40～60 mm。

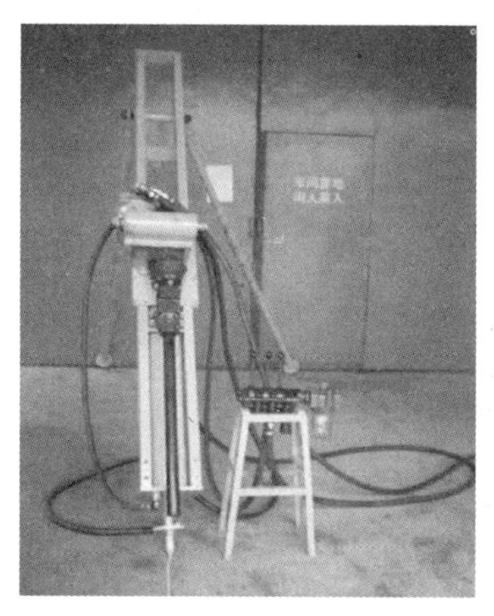

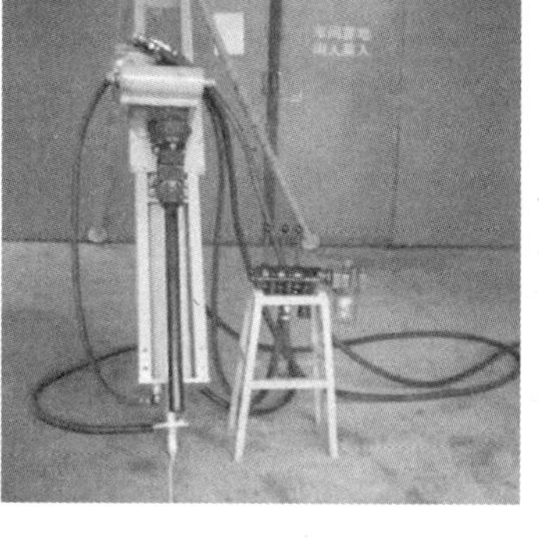

图1-9 JKZ100型潜孔钻机

图1-10 T-100高压环形钻机

牙轮钻机(如图1-11所示)是适用于各类坚固性岩石的技术先进的钻孔设备,多用于大型矿山。某型牙轮钻机牙轮钻进单杆成孔深度达19.8 m,钻孔直径为228~311 mm。

空压机(如图1-12所示)是许多石方开挖和矿山开采的凿岩钻孔机械设备的配套设备。使用压缩空气动力与使用电力相比,故障少,易于操作和维修,但费用要贵得多。因此合理使用压气设备就显得非常必要。

图1-11 牙轮钻机

图1-12 空压机

现场装药机械是使用炸药原料及半成品,在爆破现场混制成炸药并装入炮孔的一种设备,主要用于露天和地下矿山、井巷掘进及其他各种爆破工程中的炮孔或硐室装药。在露天作业中,机械装药使用装药车或混装车。在地下作业中,机械装药使用装药器和地下装药车。由于装药车或装药器的使用,炸药充填密度好,钻孔利用率更高。

混装炸药车(如图1-13所示)实现了装药机械化,将制作炸药的原料分装在车上各个料仓,到达爆破现场后才进行炸药的混制及装填,提高了作业安全性。还可根据岩石的不同特性选择装药车,配置不同威力的炸药,提高爆破效率。在地下爆破作业,特别是地下矿山中、深孔

爆破中，采用装药器装药，可节省人力，提高装药效率，改善爆破质量，减轻劳动强度。

图 1-13 混装炸药车

重机全液压旋挖掘机（如图 1-14 所示）利用液压传动技术，采用模块化组合和 PLC 编程电控制系统，采用 ECM 电子监控对整机各种工况及液压系统进行综合监控，使各系统完美匹配。在工作性能上，它能适用于众多的施工要求；在操作环境上，采用人性化机电一体化设计，以及人机工程学设计的操作平台，操作便捷直观。其强劲的输出扭矩和进给加压力能确保Ⅰ～Ⅲ级土壤的施工。

CZ351 高风压露天潜孔钻机（如图 1-15 所示）适用于大中型石方开挖工程以及公路、铁路、矿山建设工程中，钻孔直径可达 105～165 mm，深度可达 100～150 mm。该钻机采用美国先进技术设计制造而成，它装有大功率马达以及先进的 DHD 或 QL 系列冲击器，使用风压可达 2.46 MPa，在中硬岩石中的凿岩速度可达 20～30 m/h。

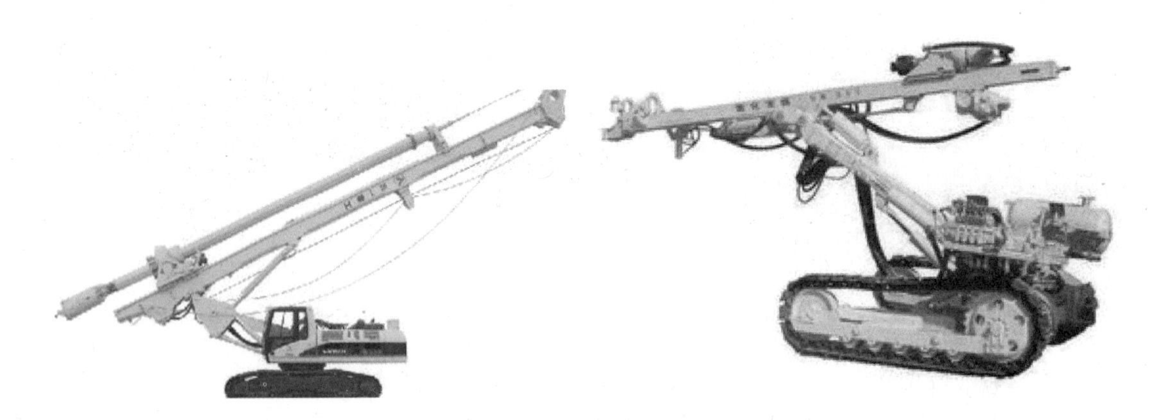

图 1-14 重机全液压旋挖掘机

图 1-15 CZ351 高风压露天潜孔钻机

1.3.4 爆破技术的研究及应用

新型的爆破器材和施工机具，极大地促进了爆破技术的发展，近年来我国爆破事业处于兴旺发达的繁荣景象之中。这表现在获得国家科技进步奖中一、二、三等奖的爆破科研项目有近十项之多，一些科学技术成果，如乳化炸药、无起爆药雷管的生产以及一些爆破工程项目，已与国外公司签了合同，为我国爆破技术进入国际市场开辟了前进的道路。

在学术组织方面，除了中国力学学会爆破技术专业委员会这个全国性的学会外，几个工业系统如冶金、煤炭、水电、铁道等学会下面都建立了学术专业组，湖北、云南、四川、西安等省市还建立了地方性的爆破学会，出版了专业性的刊物和文集，这些对爆破理论的深入研究和爆破事业的发展起到了良好的作用。北京理工大学、南京理工大学、中北大学、太原理工大学、中国矿业大学等大学以及军事院校都培养了大批的爆破理论及技术的专门人才。

随着我国经济建设的蓬勃发展，像多段非电起爆网络技术的成功，定会为我国微差爆破技术开辟更为广阔的前景。

控制爆破自 20 世纪 70 年代末期开展以来，为城市及工厂的拆迁、改建工程做出了重要的贡献，用爆破方法拆除的房屋、厂房、烟囱、人防工事以及其他种类的建筑物和构筑物已经遍及全国各大、中城市，技术上也已趋于成熟。但技术的发展是没有止境的，对于某些潜在危险性大的建筑物，如 100 m 以上的高烟囱的定向倒塌，因缺少实践的机遇，必须在探索中予以突破。有些建筑物的拆除爆破，由于没有很好地从力学上加以分析研究，不乏失败的事例，甚至造成伤亡事故。还有一些特殊条件下的爆破问题，如水下拆船、水下或地面软弱地基的加固处理等工程，如果能成功地采用爆破技术，将会获得巨大的经济效益和社会效益。爆破技术将不断开展在医疗、地质勘探、油气井开采以及在其他星球上的理论与实践性探索的研究，这些都需要爆破工作者进一步探索研究。

复习题

1. 常用的爆破技术有哪些？
2. 工程爆破包括哪些类别？各分为几个级别？
3. 简述现代爆破技术的发展情况。

第2章 爆炸的直接作用

爆炸的直接作用是指爆炸产物对周围介质或目标的猛烈作用，使与炸药直接接触的目标遭到强烈的破坏。

因为爆炸产物是按照 $pv^k = \text{const}$（其中 $k=3$）的规律膨胀的，在球对称情况下，爆炸产物的压力 p 与膨胀半径 R^9 成反比。所以爆炸的直接作用仅出现在爆炸产物的压力和能量密度相当大的爆心附近。

当炸药与目标直接接触时，爆炸的直接作用表现为直接破坏各种构件，切断钢板，炸毁工事，破坏桥梁、道路、房屋及各种技术兵器。这种直接接触爆炸是工程爆破的主要手段。

当炸药装填在各种弹药内部时（如炮弹、炸弹、地雷等），爆炸的直接作用表现为爆炸产物使弹壳破裂为碎片，这些碎片以高速向四周运动，在一定距离上杀伤敌人或破坏其他目标。

当炸药装填在破甲弹中或形成聚能装药时，爆炸的直接作用表现为炸药的聚能效应（shaped charge effect），它能击穿钢板和防御工事。爆炸的聚能效应是击毁敌人坦克和装甲车的主要手段。

由此可见，研究爆炸的直接作用在实践中具有极为重要的意义。

2.1 气体一维等熵流动微分方程式的解

为了研究爆炸直接作用问题，应用气体动力学方程来确定爆炸产物的运动参数和状态参数。在一维运动中，气体动力学基本方程为

$$\left.\begin{aligned}\frac{\partial \ln \rho}{\partial t} + u\frac{\partial \ln \rho}{\partial x} + \frac{\partial u}{\partial x} = 0\\ \frac{\partial u}{\partial t} + u\frac{\partial u}{\partial x} + \frac{\partial p}{\rho \partial x} = 0\end{aligned}\right\} \tag{2-1}$$

式中：p——气体的压力，Pa；

ρ——气体的密度，g/cm^3；

u——气体质点在 x 轴向的速度，m/s；

t——时间，s。

对于凝聚体炸药的爆炸产物，在它膨胀的初始阶段符合下列方程：

$$p = A^k \rho \qquad (k=3) \tag{2-2}$$

在一般情况下，方程组(2-1)的解是非常复杂的，通常在特定条件下求解。为了本章以后各节的应用，我们仅介绍方程式(2-2)当 $k=3$ 时的解。下面来求这个解。

因为声速 c 符合：

$$c^2 = \frac{dp}{d\rho}$$

即
$$dp = c^2 d\rho$$

或
$$\frac{dp}{\rho} = c^2 d(\ln \rho) \tag{2-3}$$

由式(2-2)$p=A\rho^k$ 可知：

$$c^2 = \frac{dp}{d\rho} = Ak\rho^{k-1}$$

$$c = (Ak)^{\frac{1}{2}}\rho^{\frac{k-1}{2}}$$

$$dc = (Ak)^{\frac{1}{2}}\frac{k-1}{2}\rho^{\frac{k-1}{2}-1}d\rho$$

$$\frac{dc}{c} = \frac{(Ak)^{\frac{1}{2}}\frac{k-1}{2}\rho^{\frac{k-1}{2}-1}d\rho}{(Ak)^{\frac{1}{2}}\rho^{\frac{k-1}{2}}} = \frac{k-1}{2}\frac{d\rho}{\rho}$$

所以
$$d(\ln \rho) = \frac{2}{k-1}d(\ln c) \tag{2-4}$$

将式(2-4)代入式(2-1)的第一式中可得：

$$\frac{\partial c}{\partial t} + u\frac{\partial c}{\partial x} + \frac{k-1}{2}c\frac{\partial u}{\partial x} = 0 \tag{2-5}$$

同理将式(2-3)、式(2-4)代入式(2-1)的第二式中可得：

$$\frac{\partial u}{\partial t} + u\frac{\partial u}{\partial x} + \frac{2}{k-1}c\frac{\partial c}{\partial x} = 0 \tag{2-6}$$

将式(2-5)乘以$\frac{2}{k-1}$得：

$$\frac{\partial}{\partial t}\left(\frac{2}{k-1}c\right) + u\frac{\partial}{\partial x}\left(\frac{2}{k-1}c\right) + c\frac{\partial u}{\partial x} = 0 \tag{2-7}$$

将式(2-6)和式(2-7)相加或相减得：

$$\frac{\partial}{\partial t}\left(u \pm \frac{2}{k-1}c\right) + (u \pm c)\frac{\partial}{\partial x}\left(u \pm \frac{2}{k-1}c\right) = 0 \tag{2-8}$$

当 $k=3$ 时，式(2-8)具有更简单的形式：

$$\frac{\partial}{\partial t}(u \pm c) + (u \pm c)\frac{\partial}{\partial x}(u \pm c) = 0 \tag{2-9}$$

由上式可知，由量 $u+c$ 决定的介质状态以 $u+c$ 的速度在 x 轴正向传播；由 $u-c$ 决定的介质状态以 $u-c$ 的速度在 x 轴负向传播，而且在方程(2-9)中可以看到，$u+c$ 和 $u-c$ 在上述方程组中完全分开了，因此由 $u+c$ 和 $u-c$ 决定的两个介质状态的传播是彼此无关的。在给定的初始条件和边界条件下，$u+c$ 和 $u-c$ 可由式(2-9)单独求出。

方程(2-9)的通解是：

$$\left.\begin{aligned} x &= (u+c)t + F_1(u+c) \\ x &= (u-c)t + F_2(u-c) \end{aligned}\right\} \tag{2-10}$$

式中 F_1 和 F_2 分别为 $u+c$ 和 $u-c$ 的两个任意函数，它们由初始条件和边界条件确定。

式(2-10)以隐函数的形式给出了函数 $u(x,t)$,$c(x,t)$的解。

方程(2-9)还有特解,显然当 $u\pm c=\text{const}$ 时,式(2-9)恒成立,所以 $u\pm c=\text{const}$ 亦为此方程的解。

若 $u+c=\text{const}$,则将$\frac{\partial c}{\partial x}=-\frac{\partial u}{\partial x}$代入式(2-6)可得:

$$\frac{\partial u}{\partial t}+(u-c)\frac{\partial u}{\partial x}=0$$

它的解是 $x=(u-c)t+F_2(u)$。

若 $u-c=\text{const}$,则将$\frac{\partial c}{\partial x}=-\frac{\partial u}{\partial x}$代入式(2-6)可得:

$$\frac{\partial u}{\partial t}+(u+c)\frac{\partial u}{\partial x}=0$$

它的解是:$x=(u+c)t+F_1(u)$。

因而我们得到方程(2-9)的特解为

$$\left.\begin{aligned} x &= (u+c)t+F_1(u),u-c=\text{const} \\ x &= (u-c)t+F_2(u),u+c=\text{const} \end{aligned}\right\} \tag{2-11}$$

式中 F_1 和 F_2 分别为 u 的任意函数,由初始条件和边界条件来确定。式(2-11)的特解是描述单向波传播的特殊情况,第一式描述沿 x 轴正向传播的波,第二式描述沿 x 轴负向传播的波,这种只描述沿一个方向传播的波称为简单波。由气体动力学可知,简单波永远和静止区域或定常流动区相连接。因此,只有在弱扰动传入静止区或定常流动区时可以应用特解,在其他情况下必须应用通解。

以上简要地研究了当等熵指数 $k=3$ 时气体一维等熵流动微分方程式的解。由于凝聚体炸药的爆炸产物的 $k\approx3$,所以当研究爆炸产物在初始阶段流动时,可以应用上述解来确定爆炸产物的参数。

2.2 凝聚态炸药爆轰波参数的计算

由于爆轰波是在炸药中传播的冲击波,所以计算爆轰波参数的基本关系式与计算冲击波参数基本关系式大致相似,也是利用质量、动量和能量守恒定律获得。与冲击波不同的是,在能量方程中要加炸药的爆热一项,因为在爆轰波阵面上,炸药爆炸变化时其反应能量已全部释放了。

对于混合气体的爆轰,爆炸产物的状态方程可以采用理想气体状态方程。但对于凝聚体炸药,爆轰产物的压力大大超过了混合气体,高达数十万大气压,密度达 1 g/cm^3 以上。显然这时理想气体状态方程已经不适用了,因此必须建立新的状态方程。最初有人尝试将实际气体状态方程(范德瓦尔方程)$p(v-\alpha)=RT$ 用于凝聚体炸药的爆炸产物,研究结果表明,当炸药初密度 $\rho_0=0.5\ \text{g/cm}^3$ 时,计算与实验数据相符,当初密度超过上述数值时,误差很大,说明余容 α 在高压下是变数。

朗道和斯大钮柯维奇的研究表明,当压力大于 $10^5\times101$ kPa 时,凝聚体炸药爆炸产物的

状态方程可近似地表达为：

$$pv^k = \text{const}, \quad k \approx 3 \tag{2-12}$$

按照这个状态方程计算所得的爆轰波参数公式如式(2-13)(证明略)。式中下标 H 表示爆轰波阵面上的参数，下标 0 表示炸药的初参数。

$$\left.\begin{aligned}
p_H &= \frac{1}{k+1}\rho_0 D_H^2 = \frac{1}{4}\rho_0 D_H^2 \\
\frac{\rho_H}{\rho_0} &= \frac{V_0}{V_H} = \frac{k+1}{k} = \frac{4}{3} \\
u_H &= \frac{1}{k+1}D_H = \frac{1}{4}D_H \\
c_H &= D_H - u_H = \frac{k}{k+1}D_H = \frac{3}{4}D_H
\end{aligned}\right\} \tag{2-13}$$

式中：p——压力，Pa；

ρ——密度，g/cm^3；

u_H——爆轰产物质点速度，m/s；

c_H——爆轰产物中的声速，m/s；

D_H——爆轰波传播速度，m/s。

式(2-13)用来求 D_H 已知时的其他爆轰波参数，D_H 用实验测得。但温度不可求，因为在此状态方程中不包含温度。

几种炸药根据式(2-13)求得的结果列于表 2-1 中。

表 2-1　几种炸药的爆轰波参数

炸　药	密度/(g·cm^{-3})		爆轰速度 D_H/(m·s^{-1})	爆轰压力 p_H/(kg·cm^{-2})	波阵面后质点速度 u_H/(m·s^{-1})
	初密度 ρ_0	爆轰波阵面上密度 ρ_H			
梯恩梯	1.59	2.12	6 900	193 000	1 725
梯恩梯	1.45	1.93	6 500	157 000	1 625
黑索今(钝化)	1.62	2.16	8 100	296 000	2 025
特屈儿	1.61	2.15	7 470	229 000	1 865
泰安	1.60	2.13	7 900	255 000	1 975

以上求得了凝聚体炸药爆轰波阵面上的参数计算公式。下面我们根据 2.1 节所得的结果来求爆轰波阵面后爆炸产物参数的分布。

假定装药是在无限坚固的闭管中起爆，起爆位置是在左端，爆轰开始于管的闭端 $x=0$ 及瞬时 $t=0$，爆轰传播方向为自左向右。

爆轰产物中的爆轰波永远伴有稀疏波。这种稀疏波在反应结束以后立即出现。由于它传入区域的各参数均是常量，因此是右传简单波，可以应用式(2-11)特解来描述：

$$x = (u+c)t + F_1(u), \quad u - c = \text{const}$$

利用初始条件：当 $t=0$ 时，$x=0$，所以 $F_1(u)=0$；

由此得

$$x=(u+c)t \tag{2-14}$$

利用边界条件：在爆轰波阵面上 $u_H=\frac{1}{4}D_H$，$c_H=\frac{3}{4}D_H$；所以

$$\text{const}=\frac{1}{4}D_H-\frac{3}{4}D_H=-\frac{1}{2}D_H$$

由此得：

$$u-c=-\frac{1}{2}D_H \tag{2-15}$$

这样稀疏波应由式(2-14)、式(2-15)描述，将这两个式子写成如下形式：

$$\left.\begin{aligned}u+c&=\frac{x}{t}\\u-c&=-\frac{D_H}{2}\end{aligned}\right\} \tag{2-16a}$$

或

$$\left.\begin{aligned}u&=\frac{x}{2t}-\frac{D_H}{4}\\c&=\frac{x}{2t}+\frac{D_H}{4}\end{aligned}\right\} \tag{2-16b}$$

在本例中，由于 $x=0$ 是闭端，所以速度 u 不能为负，因此式(2-16)仅到 $u=0$ 的 x 处成立，由这点起到 $x=0$ 止，所有参数为常数(爆炸产物处于静止状态)。令式(2-16)中 $u=0$，得 $x/t=D_H/2$，所以式(2-16)在区域 $D_H/2\leqslant x/t\leqslant D_H$ 内适用。而在区域 $0\leqslant x/t\leqslant D_H/2$ 内，$u=0$，$c=D_H/2$。$x=D_Ht/2$ 面处参数的一阶导数间断，称为弱间断。u 和 c 的分布如图 2-1 所示。

下面求 p 和 ρ 的分布，当 $k=3$ 时，

$$\begin{cases}p=p_H\left(\dfrac{\rho}{\rho_H}\right)^3=p_H\left(\dfrac{c}{c_H}\right)^3\\\rho=\rho_H\left(\dfrac{c}{c_H}\right)\end{cases}$$

在 $u=0$ 处：

$$\begin{cases}p=p_H\left(\dfrac{c}{c_H}\right)^3=p_H\left(\dfrac{\frac{D_H}{2}}{\frac{3D_H}{4}}\right)^3=\dfrac{8}{27}p_H\\\rho=\rho_H\left(\dfrac{c}{c_H}\right)=\dfrac{2}{3}\rho_H=\dfrac{8}{9}\rho_0\end{cases}$$

p 和 ρ 的分布如图 2-1 所示。

以上讨论的是真实爆轰的情况，即考虑了爆轰波的传播过程，此时爆轰波阵面上的参数与爆轰波阵面后的参数是不同的。在具体解题时，爆轰波阵面后参数分布的不均匀性往往给解题带来很大困难。因此通常可以采用瞬时爆轰的假定，即将爆轰认为是瞬时完成的(爆轰速度

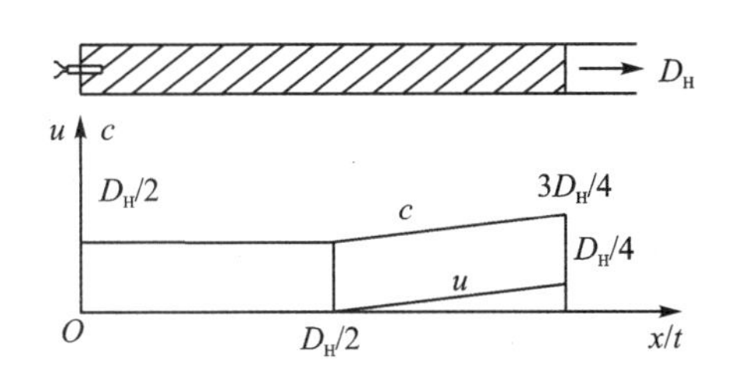

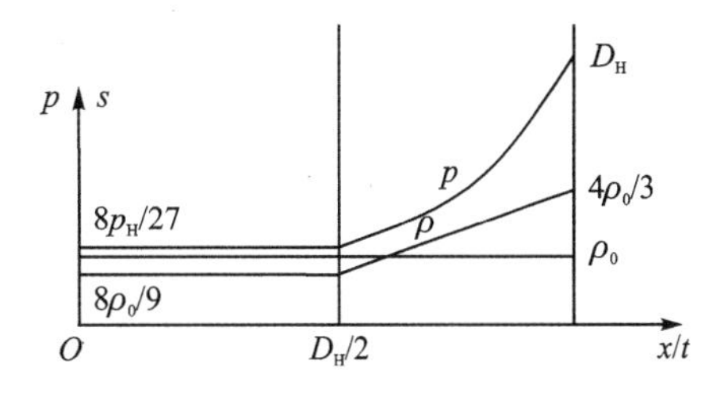

图 2-1　爆轰波阵面后爆炸产物($k=3$)的参数分布

无限大),炸药在瞬间完全转变成同体积的爆炸产物,此时爆炸产物内各点的参数都相同。由于真实爆轰速度非常大,标准凝聚体炸药的爆轰速度约为 8 000 m/s,因此,瞬时爆轰的假定可以应用在实际计算中。实际上,瞬时爆轰的参数是"平均"意义下的参数。下面写出瞬时爆轰参数的计算式,并在参数上加一横以示与真实爆轰的区别。

$$\left.\begin{aligned}&\text{令}:\bar{u}_H=0\\&\text{初始态}:\bar{v}_H=v_0\ \text{或}\ \bar{\rho}_H=\rho_0\\&\bar{p}_H=\frac{1}{2}p_H=\frac{1}{8}\rho_0D_H^2\\&\bar{c}_H=\sqrt{\frac{3}{8}}D_H\end{aligned}\right\}\tag{2-17}$$

2.3　接触爆炸时的压力和冲量计算

我们通常用炸药的猛度来评定接触炸药的直接作用。但猛度与哪些因素有关,以往许多学者如俾黑里、贝克尔和卡斯特等人曾试图就猛度问题进行估算分析。但是由于他们当时所依据的物理条件是不完全正确的,因此提出的公式实际上不能应用。

俾黑里认为,爆轰速度是决定因素,因此他提出用$\frac{1}{2}mD_H^2$值来估算炸药的猛度,雷德里认为可以用 mD_H 来估算猛度。理论和实验结果证明这是不正确的。

卡斯特提出用下式来表示炸药的威力:

$$B=\frac{A_{max}\rho_0}{\tau}\tag{2-18a}$$

式中:A_{max}——爆炸产物的最大功,W;

τ——爆炸产物做最大功所需的时间,s;

ρ_0——炸药密度,g/cm³。

根据卡斯特的说法,τ 与爆轰速度成反比,而最大功 A_{max} 与炸药威力 F 成正比。因而,他提出用下式来估算炸药猛度:

$$B_0=FD_H\rho_0\tag{2-18b}$$

斯尼特柯考虑到 A_{max}（等于炸药的势能 Q_v）和 F 之间没有严格的比例关系，同时取 $\tau=\frac{l}{D_H}$（l是装药长度），因此他提出以下猛度公式：

$$B_0=\frac{Q_v\rho_0 D_H}{l} \tag{2-18c}$$

以上两式在数量上估算猛度得到一定程度的应用，比较符合实际，但该两式在很大程度上带有假定的性质。首先上述公式中取爆炸产物做功时间与爆轰速度成反比是不正确的，因为爆炸产物做功的持续时间不仅是简单地取决于爆轰速度，同时还取决于障碍物的性质和其他某些因素，因而它不可能精确地从数量上测定出来。另外从斯尼特柯提出的计算公式中，装药长度增加，猛度将减小；装药两端起爆，猛度应增加一倍。这是和实际情况不符的。因而上述公式不可能作为任何有关定量估算爆炸的猛度使用。

目前公认的是：猛度决定于爆炸产物的压力和作用时间的长短，即决定于炸药产物作用于目标的冲量。这可以用气体动力学的方法从理论上进行计算，这个方法是捷里道维奇和斯达纽柯维奇提出的，以下作简要的讨论。

我们讨论平面一维情况，设圆柱形装药置于无限坚固的圆管中，管右端为刚壁，右端为开端，并假定开端之左为真空，并于左端起爆。当 $t\leqslant\frac{l}{D_H}$ 时，爆轰波由左端向右传播，爆炸产物向左飞散，如图 2-2(a)所示。

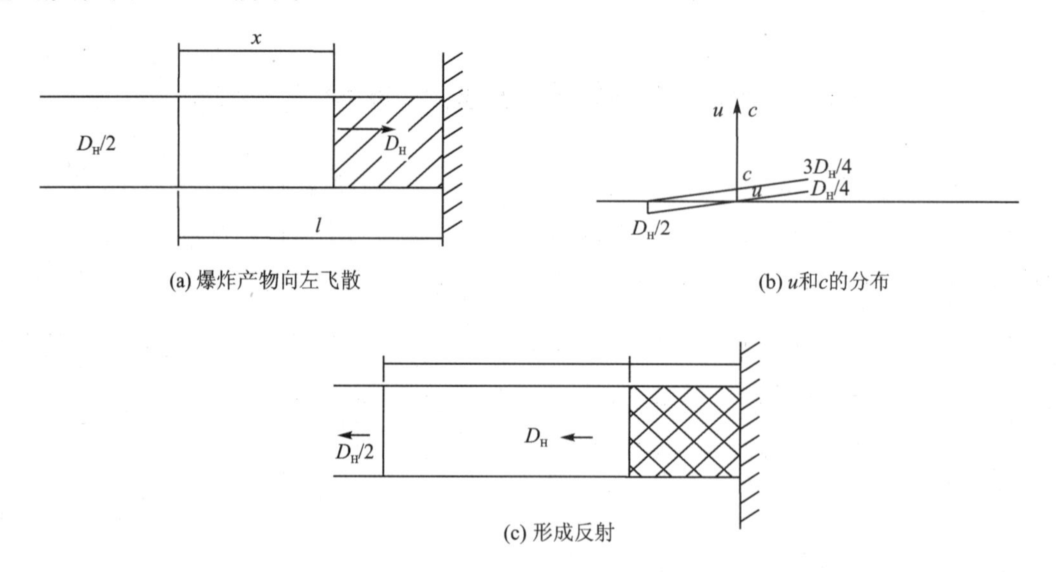

(a) 爆炸产物向左飞散　(b) u和c的分布　(c) 形成反射

图 2-2　爆轰波由钢壁上反射

当爆轰波向右传播时，随即产生一稀疏波，这是右传波（产物与真空的界面不能称为波，因为这是气体本身的运动，没有引起其他介质任何运动），可以用特解来描述，即由式(2-16)来描述：

$$\left.\begin{aligned} u+c &= \frac{x}{t} \\ u-c &= -\frac{D_H}{2} \end{aligned}\right\}$$

或

$$\left.\begin{aligned} c &= \frac{x}{2t}+\frac{D_H}{4} \\ u &= \frac{x}{2t}-\frac{D_H}{4} \end{aligned}\right\}$$

u 和 c 的分布如图 2-2(b)所示。

在波阵面上，$\frac{x}{t}=D_H$，所以

$$c_H=\frac{3}{4}D_H,\quad u_H=\frac{1}{4}D_H$$

在飞散阵面上，$\frac{x}{t}=-\frac{D_H}{2}$，所以

$$c=0,\quad u=-\frac{D_H}{2}$$

当爆轰波到达刚壁之后，便形成反射(如图 2-2(c)所示)，反射波在已扰动的介质中传播，由于爆轰波反射时熵的变化可以忽略，可用气体动力学方程的通解来描述，$k=3$ 时的通解为

$$\left.\begin{aligned} x &= (u+c)t+F_1(u+c) \\ x &= (u-c)t+F_2(u-c) \end{aligned}\right\} \tag{2-19}$$

式中 F_1 和 F_2 为两个任意函数，根据边界条件求得。在壁上，当 $x=l, t=\frac{l}{D_H}$时，$u=0, c=D_H$；将此条件代入上式中：

$$l=(0+D_H)\frac{l}{D_H}+F_1,\text{ 所以 }\quad F_1=0$$

$$l=(0-D_H)\frac{l}{D_H}+F_2,\text{ 所以 }\quad F_2=2l$$

由此得到

$$\left.\begin{aligned} u+c &= \frac{x}{t} \\ u-c &= \frac{x-2l}{t} \end{aligned}\right\} \tag{2-20a}$$

或

$$\left.\begin{aligned} c &= \frac{l}{t} \\ u &= \frac{x-l}{t} \end{aligned}\right\} \tag{2-20b}$$

根据式(2-20)就不难确定出作用于刚壁上的压力随时间变化的规律。由 $p=A\rho^3$ 可得：

$$\frac{p}{p_{\mathrm{H}}}=\left(\frac{\rho}{\rho_{\mathrm{H}}}\right)^{3}=\left(\frac{c}{c_{\mathrm{H}}}\right)^{3}$$

将式(2-20b)中的 c 代入，并考虑到 $c_{\mathrm{H}}=\frac{3}{4}D_{\mathrm{H}}$，可得：

$$p=\left(\frac{\frac{l}{t}}{\frac{3}{4}D_{\mathrm{H}}}\right)^{3}p_{\mathrm{H}}=\frac{64}{27}p_{\mathrm{H}}\left(\frac{l}{D_{\mathrm{H}}t}\right)^{3} \tag{2-21}$$

上式即为壁上压力的变化规律，此关系式的图解如图 2-3 所示。

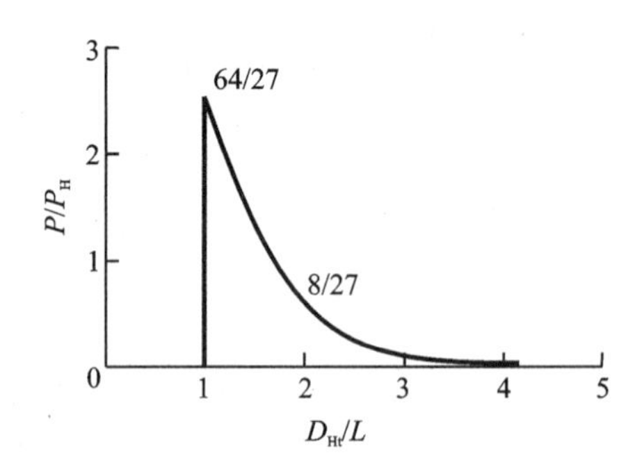

图 2-3　爆轰波反射面时作用于壁上的压力下降

爆轰波从壁上反射时的总冲量按下式计算：

$$I=\int_{\frac{l}{D_{\mathrm{H}}}}^{\infty}Sp\,\mathrm{d}t$$

式中：S——装药横截面面积。

将式(2-21)代入上式：

$$I=\frac{64}{27}Sp_{\mathrm{H}}\left(\frac{l}{D_{\mathrm{H}}}\right)^{3}\int_{\frac{l}{D_{\mathrm{H}}}}^{\infty}\frac{\mathrm{d}t}{t^{3}}=\frac{64}{27}Sp_{\mathrm{H}}\left(\frac{l}{D_{\mathrm{H}}}\right)^{3}\left(1-\frac{1}{2}\right)\frac{1}{t^{2}}\Bigg|_{\frac{l}{D_{\mathrm{H}}}}^{\infty}=\frac{32}{27}Sp_{\mathrm{H}}\frac{l}{D_{\mathrm{H}}}$$

由于 $p_{\mathrm{H}}=\frac{1}{4}\rho_0 D_{\mathrm{H}}^2$，所以最后得出：

$$I=\frac{8}{27}S\rho_0 lD_{\mathrm{H}}=\frac{8}{27}M_0 D_{\mathrm{H}} \tag{2-22}$$

式中：$M_0=S\rho_0 l$ —— 装药质量。

从图 2-3 可以看出，壁上压力下降很快。由此可见，引起局部爆炸作用的冲量基本上在极短的时间 $t\approx\frac{2l}{D_{\mathrm{H}}}$ 内传给障碍物。当 $D_{\mathrm{H}}=8\ 000$ m/s，$l=20$ cm 时，$t=5\times10^{-5}$ s。在这段时间内压力降到$\frac{8}{27}p_{\mathrm{H}}$，但是它还相当大，一般超过有关材料弹性形变极限。式(2-22)假定装药冲量与长度之间呈线性关系，在实际情况中是不大可能的，因为在实际中不可能实现爆炸产物的严格的一维运动，即使把炸药放在坚固的外壳中，也不可能完全消除爆炸产物从侧面飞散的情况。但是，式(2-22)不仅可以用于一维情况，而且也适用于三维情况。为此，必须把装药的总质量 M_0 换算成装药有效部分的质量。

所谓装药的有效部分是指爆炸产物在给定的方向飞散的那部分装药。当装药直径给定时，随着装药长度的增加，装药的有效质量只增加到一定的限度。

装药的有效质量根据理论上的计算，可得如下结果：

① 当 $l \geqslant \frac{9}{2}r$ 时，有效质量部分为一圆锥体，如图 2-4(a)所示。

有效质量

$$m_a = \frac{2}{3}\pi r^3 \rho_0 \tag{2-23}$$

② 当 $l < \frac{9}{2}r$ 时，有效质量部分为一截头圆锥体，如图 2-4(b)所示。

有效质量

$$m_a = \left(\frac{4}{9}l - \frac{8l^2}{81r} + \frac{16l^3}{2\ 187r^2}\right)\pi r^2 \rho_0 \tag{2-24}$$

式中：l——装药长度，mm；

r——装药半径，mm；

ρ_0——装药密度，g/cm^3。

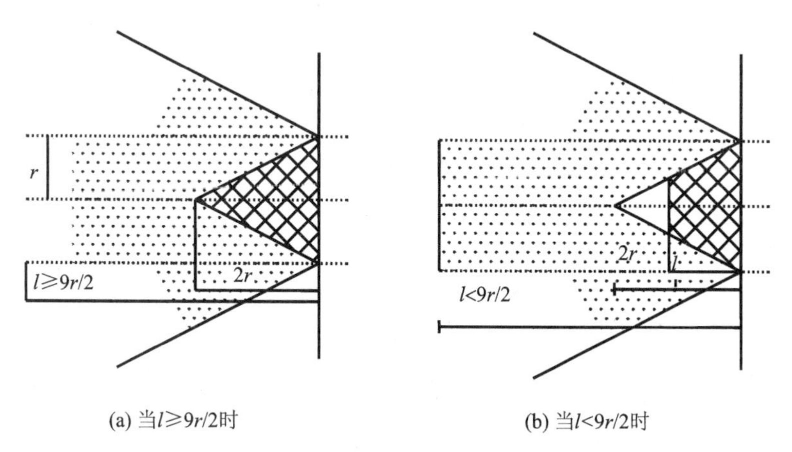

(a) 当$l \geqslant 9r/2$时　　(b) 当$l<9r/2$时

图 2-4　装药的有效部分

以上得到的有关爆炸冲量方面的关系式，在估算猛度方面所得的一些结论，均得到了实验结果的证实。

库德梁夫来夫根据实验结果，提出了关于圆柱体装药计算冲量的经验公式，如下：

$$I = 100\ KQ \tag{2-25}$$

式中：Q——装药质量，kg；

K——与 l/d 有关的系数，如表 2-2 所列；l 为装药长度，mm；d 为直径，mm。

表 2-2　K 与 l/d 的对应关系表

l/d	1.00	2	3	4	5	6
K	1.00	0.75	0.52	0.44	0.33	0.28

2.4 聚能爆炸作用

2.4.1 聚能爆炸作用的基本现象

聚能爆炸作用(聚能效应)是指一端有凹槽(聚能槽)的装药爆炸所产生的效应,它极大地提高了炸药的局部作用,当这种装药起爆时,在凹槽轴向的猛度效应要比普通装药下的猛度效应大得多。如果在凹槽的表面覆盖一层较薄的金属罩(liner),则聚能装药的穿甲作用可以提高很多倍。以下是实验的例子:图 2-5 是描述在钢圆柱体上瓶状装药爆炸作用的情况。实验中炸药用的是梯恩梯和泰安混合药,装药直径均为 41.5 mm,钢柱直径为 82.5 mm。如果瓶状装药一端无凹槽,装药量 150 g,在上边起爆(如图(a)),爆炸后在钢柱上形成的凹痕如图中所示的黑色区域。同样,如果装药一端具有凹槽(如图(b)),装药外部尺寸如前,由于去掉了凹槽那部分装药,装药质量减至 115 g,但爆炸后的装药作用不是减少而是表现得更加强烈,这可根据图(b)中所形成的凹痕证实。具有锥形凹槽的装药爆炸后得到的凹痕深度大约是密实装药形成的凹痕的 4 倍。这种在给定方向上提高爆炸的作用称为聚能作用,相应的装药称为聚能装药。如果在聚能装药凹槽的内表面涂一薄层金属(如图(c)),图中实验是涂以 0.6 mm 厚的钢,爆炸后在钢柱上形成的孔具有较小的直径,但它的深度是没有金属罩的聚能装药形成凹痕的 4 倍,是密实装药形成凹痕的 16 倍。实验指出,具有金属罩的聚能装药,爆炸后获得的最大深度,不是将装药贴在钢柱表面上,而是离开了一定距离。

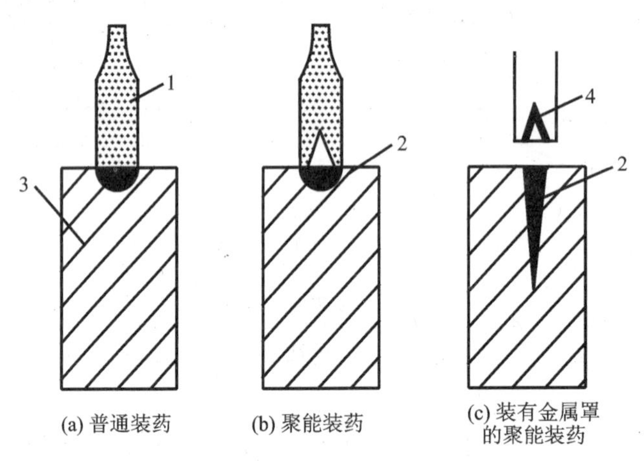

1—装药;2—在钢柱上的破坏凹痕;3—钢柱;4—金属罩

图 2-5 在钢柱上的装药爆炸作用

通过以上实验可知,聚能装药在轴向的破坏效应比密实装药大,具有金属罩的聚能装药破坏效应更大。首先,我们来说明无罩聚能装药破坏效应增大的原因。无罩聚能装药破坏效应之所以提高,主要是由于装药形状的改变。起爆后,爆轰波由起爆点开始向前传播,当爆轰波到达聚能凹槽后,爆炸产物从聚能凹槽表面向外飞散时将偏离其原来的运动轨道,发生特殊的折射现象,使爆炸产物的大部分能量局限在很小的圆锥角(2γ)内,此角的平均线几乎与装药表面法线重合，如图 2－6 所示。图中 α 为爆轰波阵面与聚能装药凹槽表面的夹角。平均 70％以上的表面能量是在 10°角内辐射，当 $\alpha=\pi/2$ 时，$\gamma=15°$；当 $\alpha=\pi/4$ 时，$\gamma=10°$。由此可见，当爆轰波通过聚能凹槽时，爆轰产物沿凹槽表面的垂线方向向轴线集中，形成一股气流，称为聚能射流，射流形成如图 2－7 所示。在距凹槽底一定距离内，聚能射流发生最大聚合，这个距离 F 就确定了聚能焦点的位置。实验结果表明，用高锰性炸药制成的装药，其聚能射流的最大速度（指聚能射流的头部速度）可达 12～15 km/s。焦距首先决定于凹槽形状，聚能表面曲率越小，爆轰产物经过聚能表面时所受到的折射越少，相应的焦距也就越大。

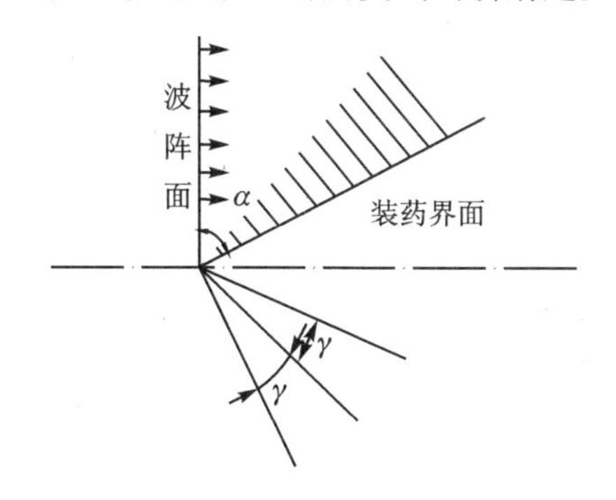

图 2－6　爆炸产物从聚能凹槽表面飞散

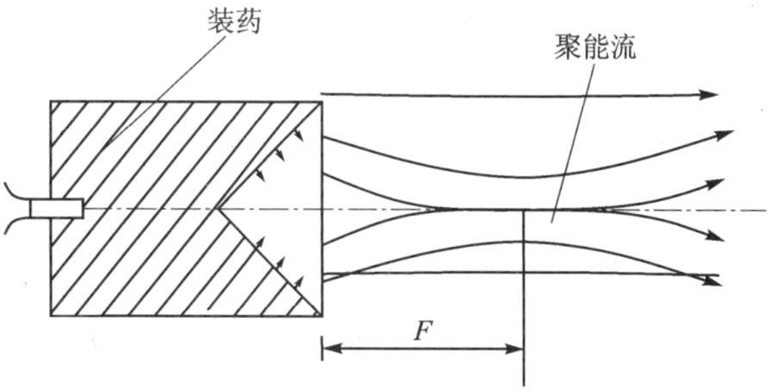

图 2－7　聚能流形成示意图

其次，我们说明有罩聚能装药破坏效应增大的原因。在前面的实验中已指出，具有金属罩的聚能装药破坏效应极明显地增加，虽然无罩聚能装药爆炸时所特有的那些物理特性这时也都保留下来了，但物理现象将发生根本的变化。实验和理论研究结果指出：有罩聚能效应之所以增强，和爆轰产物与金属罩材料之间特殊的能量重新分布有关，同时也和部分金属转变为聚能射流有关。聚能装药有效部分的主要能量转移到罩的金属中，集中在罩的很薄一层金属内，这一层金属本身就形成了聚能射流。因此聚能射流中可以达到比无罩聚能装药爆炸时更大的能量密度。

图 2－8 表示了有罩聚能装药爆炸时聚能射流形成的过程。爆轰波自左向右传播，当爆轰波到达聚能罩时，罩金属在爆轰波的巨大压力下，剧烈地压缩，开始向中心运动，速度为 1 000～3 000 m/s，结果在中心轴线上产生高速碰撞，以很高的速度向前运动；随着爆轰波连续地向罩底运动，从金属罩的内表面连续挤出一部分金属来，当金属罩全部被压向轴线以后，最后在轴向上形成一股高速运动的金属流和一个伴随金属流低速运动的杵体（slug）。金属流和杵体这两部分的作用在本质上有区别。金属流是细长形的，长径比达 200 倍，虽然质量不大，但横断面上集中了更高的能量，保证能击穿很厚的装甲或障碍物。而杵体虽然是由金属罩的大部分质量形成的，但其运动速度甚低，不起破甲作用。图 2－8 自左向右的图形，表示随着爆轰波传播形成杵体和金属流的过程，图（a）表示爆轰波开始压缩罩头，图（b）表示爆轰波到达 1/2 装药处，图（c）表示在爆轰波到达装药端部，图（d）表示爆轰波传过装药聚合药型罩的过程。由于有速度梯度的存在，经过一定时间后，杵体和金属流脱离。此时，金属流最后完全形成。金属流的头部速度与罩材料及形状诸因素有关，根据国内有关闪光 X 射线测量，金属流头部速度列于表 2－3、表 2－4 中。

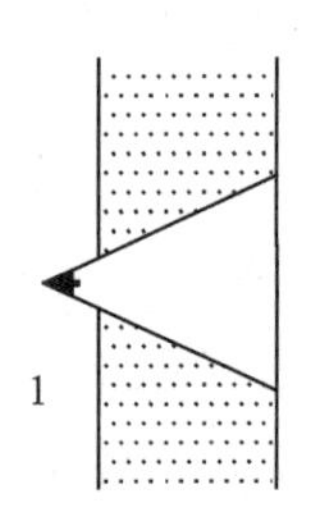

(a) 开始压缩罩头部

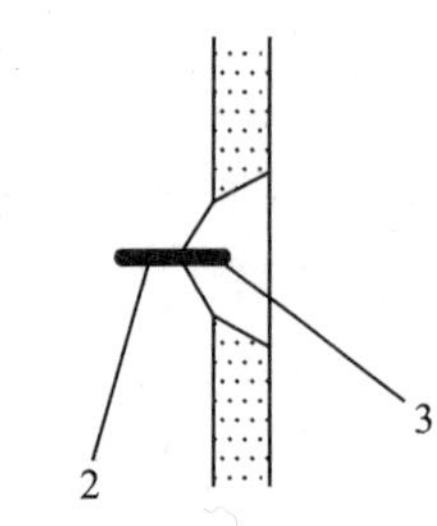

(b) 到达1/2装药处

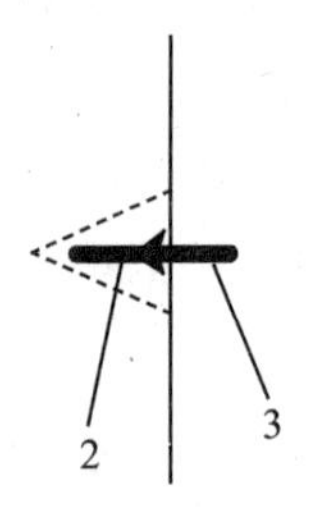

(c) 到达装药端部

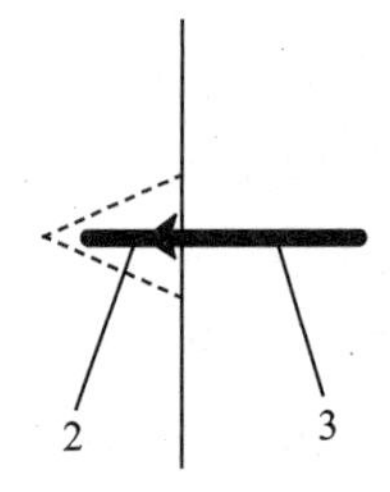

(d) 传过装药聚合药型罩的过程

1—爆轰波阵面的位置；2—杵体；3—金属流

图 2-8 聚能射流形成过程

表 2-3 紫铜金属罩不同锥角的金属流头部速度

金属罩锥角/(°)	金属射流头部速度/(m·s^{-1})
30	7 800
40	7 000
50	6 200
60	6 100
70	5 700

注：实验条件：装药直径 36 mm，长 50.7 mm，炸药为压制梯黑 50/50，金属罩材料为紫铜，厚度 0.8 mm。

表 2-4 各种金属罩材料的金属流头部速度

金属罩材料	金属流头部速度/(m·s^{-1})
碳钢(装药直径 30 mm，罩锥角 35°)	7 300
硬铝(装药直径 30 mm，罩锥角 35°)	8 500
紫铜(装药直径 36 mm，罩锥角 30°)	7 800

金属流各断面的直径，从头部至尾部越来越大，但随着金属流的伸长，各断面的直径逐渐缩小。根据闪光 X 射线照相，头部直径与尾部直径可以相差 1 倍，对于直径为 36 mm 的紫铜罩聚能装药，金属流开始形成瞬间断面直径平均为 3～4 mm；对于直径为 80～90 mm 的紫铜罩聚能装药，金属流断面直径平均为 6～7 mm。由于金属流直径较小，速度又很高，故单位横断面上集中的能量特别高。如以金属流头部速度 7 800 m/s、尾部速度 2 200 m/s、金属流平均直径 6 mm、金属流质量(120 g)占罩重 25%计算，那么金属流每平方厘米横断面上的动能达到 1.34×10^5 kg·m，约为 100 mm 滑膛超速穿甲弹的 4.2 倍，约为 100 mm 普通穿甲弹的 15.5 倍。

从实验中回收的杵体来看，杵体的表面具有原来罩表面的痕迹，如在紫铜罩外表面加一个薄钛合金罩，结果在杵体外表面包上钛合金。又如在钢罩外表面镀铜，爆炸后在杵体上附上一层铜，相反在钢罩内表面镀铜，则在杵体上找不到铜。由此证明，杵体是由罩表面及表面以内

的部分金属形成的，此部分金属占罩重 70%～80%。杵体跟在金属之后运动，按闪光 X 射线测量，杵体速度为 450～500 m/s。

2.4.2　杵体和金属流参数计算概述

下面主要讨论有罩聚能装药爆炸后形成的杵体和金属流运动速度及质量的计算原理。

假定在某一瞬间，爆轰波通过金属罩时，金属罩的变形情况如图 2-9 所示。爆轰波阵面到达 Q 处，P 断面的金属罩微元这时达轴线 A 点，在它向轴线运动过程中形成射流，A 点称为碰撞点或节点。在此瞬间，罩面 PQ 变形为 AMQ，因为各微元变形速度不同，所以 AMQ 不是直线而是一根曲线。罩在 A 点与轴的夹角为 β，β 角大于金属罩原来的张角 α。v_0 表示 P 点罩微元向轴线的运动速度，δ 是 P 点法线与 v_0 的夹角。

设坐标随 A 点运动，即观察者站在 A 点上，可以看到罩的微元以速度 v_2 向他流来，在 A 点碰撞以后分为两股，都以速度 v_2 分别向左向右运动；向左运动的形成杵体，向右运动的形成金属流。如图 2-10 所示。

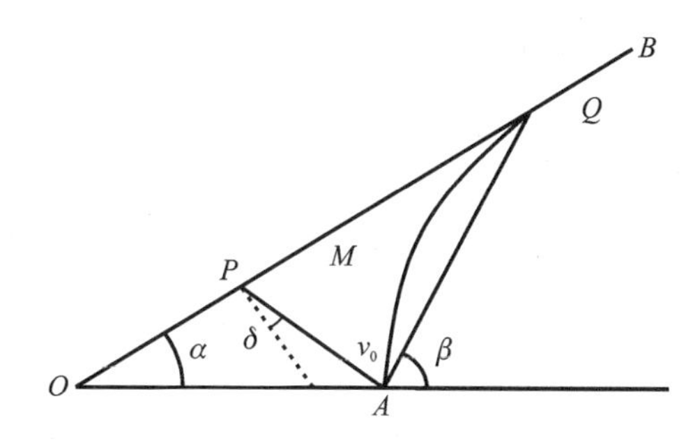

图 2-9　金属罩某一瞬间时变形示意图

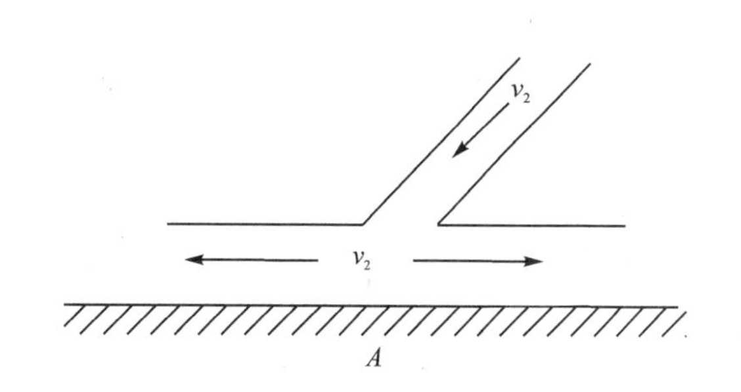

图 2-10　在一点流动示意图

现在回到静止坐标系统上来，设 v_1 为 A 点运动速度，亦即动坐标的速度；v_j 为金属流的速度；v_s 为杵体的速度，则

$$\left.\begin{aligned} v_j &= v_1 + v_2 \\ v_s &= v_1 - v_2 \end{aligned}\right\} \tag{2-26}$$

将 v_1 和 v_2 表示为罩微元运动速度 v_0 的函数，方向采用节点 A 处的向量三角形（如图 2-11所示）。由图 2-11上可知，v_0 和 v_1 的夹角为 $\pi/2-\alpha-\delta$，v_2 和 v_1 的夹角为 β。所以 v_0 和 v_2 的夹角为 $\pi/2+\alpha+\delta-\beta$。根据正弦定理，可以得到以下关系式：

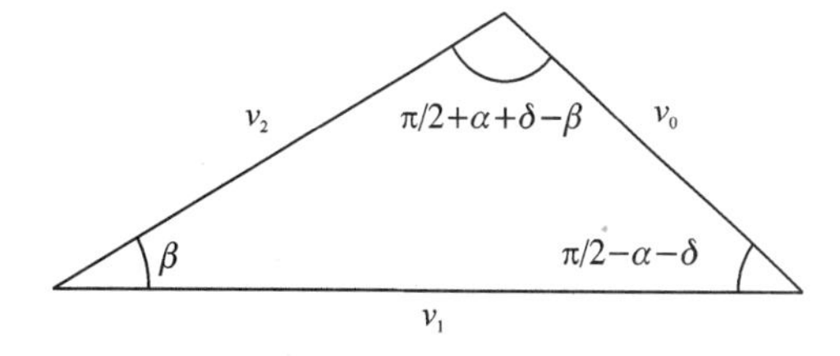

图 2-11　一点处速度向量三角形

$$\frac{v_0}{\sin\beta} = \frac{v_1}{\sin\left(\dfrac{\pi}{2}+\alpha+\delta-\beta\right)} = \frac{v_2}{\sin\left(\dfrac{\pi}{2}-\alpha-\delta\right)} \tag{2-27}$$

将式(2-27)代入式(2-26)得：

$$v_j = v_1 + v_2 = \frac{v_0}{\sin\beta}\left[\sin\left(\frac{\pi}{2}+\alpha+\delta-\beta\right)+\sin\left(\frac{\pi}{2}-\alpha-\delta\right)\right]=$$

$$\frac{v_0}{\sin\beta}[\cos(\beta-\delta-\alpha)+\cos(\alpha+\delta)]=$$

$$\frac{v_0}{\sin\beta}\left[2\cos\frac{\beta}{2}\cos\left(\frac{\beta}{2}-\alpha-\delta\right)\right]=$$

$$\frac{v_0}{\sin\frac{\beta}{2}}\cos\left(\alpha+\delta-\frac{\beta}{2}\right)$$

最后得：

$$v_j = v_0 \csc\frac{\beta}{2}\cos\left(\alpha+\delta-\frac{\beta}{2}\right)$$

同理：

$$v_s = v_0 \sec\frac{\beta}{2}\sin\left(\alpha+\delta-\frac{\beta}{2}\right) \tag{2-28}$$

金属流微元的质量和杵体微元的质量可根据质量守恒和动量守恒定律获得：

$$\Delta m_0 = \Delta m_j + \Delta m_s$$

$$\Delta m_0 v_2 \cos\beta = \Delta m_j \cdot v_2 - \Delta m_s \cdot v_2$$

由此得出：

$$\left.\begin{aligned}\Delta m_j &= \frac{\Delta m_0}{2}(1-\cos\beta) = \Delta m_0 \cdot \sin^2\frac{\beta}{2} \\ \Delta m_s &= \frac{\Delta m_0}{2}(1+\cos\beta) = \Delta m_0 \cdot \cos^2\frac{\beta}{2}\end{aligned}\right\} \tag{2-29}$$

在知道了各瞬间的 v_0、β 和 δ 的数值后，即可根据式(2-28)和式(2-29)确定金属流微元和杵体微元的质量和速度。决定 v_0、β 和 δ 值是一个极为复杂的问题，因为它不仅与炸药爆速、装药的形状有关，而且与爆轰波到达各微元的方向有关，只有在一些简化的假定下，才能较简单地计算这些参数。

2.5 岩石中的爆破作用原理

2.5.1 概　述

在岩石的挖掘工程中，目前仍然广泛利用炸药爆炸时所释放的能量来破碎岩石。由于炸药在岩石中爆破时所释出的能量只有少部分用于破碎岩石，而大部分能量都消耗在产生空气冲击波、地震波、噪声和飞石等有害效应方面，炸药在岩石中爆破时，它的能量利用率很低，大部分能量都白白浪费掉了。因而，提高炸药在岩石中爆破的能量利用率，进而改善岩石的爆破效果是工程爆破中的一项最根本的任务，为了圆满完成这项任务，除了要通晓岩石的性质和地质条件、熟悉爆破材料的性质、研究炸药的爆轰机理以及如何实现炸药的稳定爆轰以外，更重要的是必须研究炸药在岩石中爆破所释放出来的能量是通过何种形式作用在岩石上的，岩石

在这种能量作用下处于什么样的应力状态，岩石在这种应力状态中又怎么引起破坏和变形的，以及这种破坏和变形存在着什么规律等。只有了解了这些作用及其规律，人们才能自觉地运用这些规律，根据具体条件来设计爆破方法和爆破方案、合理地确定爆破参数和有效地控制爆破的作用，以达到尽可能地提高炸药的爆破能量利用率、改善爆破效果和获得最优经济效果的目的。

然而，由于炸药的爆炸反应是一个高温、高压和高速的瞬时过程，岩石性质和爆破条件是复杂多变的，而且岩石的爆破破坏过程又是一个历时极短暂和危险性极大的过程，这对直接观测和研究岩石的破坏过程造成了极大的困难，所以，迄今为止，人们对岩石的爆破作用过程仍然了解得不透彻，尚未能形成一套完整而系统的爆破理论作为理论分析和定量计算的依据。

尽管如此，随着长期实践经验的积累和近几十年来现代科学技术的发展，借助先进的测试技术和方法以及模拟爆破试验，对岩石中爆破作用原理的研究也取得了一定的进展，提出了种种假说，这些假说或多或少地反映了岩石破坏的规律，对生产实际具有一定的指导意义和应用价值。

根据测试得知，炸药在岩石中爆破时，它释放出来的能量是以冲击波和爆轰气体膨胀压力的方式作用在岩石上，而造成岩石的破坏。但是，研究工作者在研究和解释岩石的破坏原因时，由于他们的认识和测试的目的不同而形成了三种假说。

1. 爆轰气体膨胀压力作用破坏论

这派观点是从静力学的观点出发，认为药包爆炸后产生大量高温高压的气体，这种气体膨胀时所产生的推力作用在药包周围的岩壁上，引起岩石质点的径向位移，作用力不等引起的不同的径向位移，导致在岩石中形成剪切应力，当这种剪切应力超过岩石的极限抗剪强度时，就会引起岩石的破裂；当爆轰气体的膨胀推力足够大时，还会引起自由面附近的岩石隆起、鼓开并沿径向方向推出，这派观点完全否认冲击波的作用。

2. 应力波反射拉伸破坏论

这派观点从爆轰的动力学观点出发，认为药包爆破时，强大的冲击波冲击和压缩周围的岩石，在岩石中激发成强烈的压缩应力波。当这种应力波传到自由面时，从自由面反射而成拉伸应力波；当这种波的强度超过岩石的极限抗拉强度时，从自由面开始向爆源方向产生拉伸片裂破坏作用。这派观点完全否认了爆轰气体膨胀的推力作用。

3. 冲击波和爆轰气体膨胀压力共同作用破坏论

这派观点认为爆破时岩石的破坏是冲击波和爆轰气体膨胀压力共同作用的结果。但是在解释岩石破碎的原因是谁起主导作用时仍存在不同的观点，一种观点认为冲击波在破碎岩石时不起主要作用，它只是在形成初始径向裂隙时起了先锋作用，但是在大量岩石破碎时则主要依靠爆轰气体膨胀压力的推力作用和尖劈作用。另一种观点则认为爆破时岩石破碎主要取决于岩石的性质，即取决于岩石的波阻抗。对于高波阻抗的岩石（波阻抗为 $(10\sim15)\times10^5$ g/(cm^2 · s)），即极致密坚韧的整体性岩石，它对爆炸应力波的传播性能好，波速大。爆破时岩石的破坏是应力波起主要作用；对于低波阻抗（波阻抗为 $(2\sim5)\times10^5$ g/(cm^2 · s)）的松软而具有塑性的岩石，爆炸应力波传播的性能较差，波速较低，爆破时岩石的破坏主要依靠爆轰气体的膨胀压力；对于中等波阻抗（波阻抗为 $(5\sim10)\times10^5$·g/(cm^2 · s)）的中等坚硬岩石，应力波和爆轰气体膨胀压力同样起重要的作用。

2.5.2 冲击载荷的特征和应力波

1. 冲击载荷的特征

冲击载荷（shock loading）是一种动载荷，它的特点是加载的载荷瞬时上升到最高值，然后急剧地下降，其加载的时间通常是以毫秒或微秒来计算的。概括起来说冲击载荷的特点是加载的速度快而作用的时间短。爆破是一种强冲击载荷，它不但加载的速度快，作用时间短，而且加载的强度极高，高达几万个甚至几十万个标准大气压。若将物体受冲击载荷作用下的情况和一般静载荷相比，它是以特殊形态反映出来的，其主要特征如下：

① 在冲击载荷作用下，承受载荷作用的物体的自重非常重要。冲击载荷作用下所产生力的大小，作用的持续时间和力的分布状态等主要取决于加载体和受载体之间的相互作用。

② 在冲击载荷作用下，在承载体中诱发出的应力是局部性的，也就是说在冲击载荷作用下，承载物体受载的某一部分的应力、应变状态可以单独地存在并和其他部分发生的应力或应变无关。因此，在承载体内部产生了明显的应力不均匀性。

③ 在冲击载荷作用下，承载体的反应是动态的。

2. 应力波

如上所述，可以清楚地看出，物体若受到爆炸或其他冲击载荷作用，则在物体的内部就会产生过渡性的扰动现象，这种现象叫做波动。物体内的应力是以波动方式传播的，这种波动方式的应力叫做应力波（stress wave）。对爆破来说这种应力波是由爆炸冲击加载产生的，所以叫做爆炸应力波。所以要了解在爆炸冲击载荷作用下的岩石动态，首先就要具备应力波的基本知识。

（1）应力波的传播

当炸药在岩体中爆炸时，由爆炸而引起的瞬时压力从大约几万个大气压变化到几十万个大气压。这样巨大的压力以极高的速度冲击药包四周的岩石，在岩石中激发出传播速度比声速还大的冲击波（或叫爆炸应力波）。这一过程使邻近药包周围的岩石产生熔融、压碎和破裂。在离药包稍远的地点，由于波的衰减，这些非弹性过程终止，而开始出现弹性效应，衰减后的冲击波已变成只能引起岩石质点振动而不能引起岩石破裂的弹性扰动，这种弹性扰动以弹性应力波或地震波的形式向外传播。

应力波按其传播的途径不同可以分为两大类：一类是在岩体内部传播的，叫做体积波；另一类是沿着岩体内、外表面传播的，叫做表面波。体积波按波的传播方向和传播途中介质质点扰动方向的关系，又可分为纵波和横波两种。纵波又叫压缩波，它的特点是波的传播方向和传播途中介质质点的运动方向是一致的，这种波在传播过程中会使物体产生压缩和拉伸变形。

横波又叫剪切波，它的特点是波的传播方向和传播途中介质质点的运动方向相垂直，在传播过程中它会使物体产生剪切变形。表面波可分为瑞利波和拉夫波两类。瑞利波的传播方式与纵波相似，会使物体产生压缩和拉伸变形；拉夫波与横波相似，会使物体产生剪切变形。爆破时体积波特别是纵波能使岩石产生压缩和拉伸变形，是爆破时造成岩石破裂的重要原因。

在研究应力波的传播过程时，必须研究应力波传播时所引起的应力以及应力波本身的传播速度和应力波传播过程中所引起的质点运动速度，这两种速度在数量上存在着一定的关系。

假如在一维岩石杆件的一端爆炸一个炸药包，则爆炸后在岩石杆件中产生的纵波沿着杆件的轴向方向传播，设在杆件任意一点上作用于波的传播方向的力为 F，在该点上引起的应力为 σ，力的作用时间为 t，在该力作用下的岩石的质量为 m，岩石质点的运动速度为 V_p，那么根据动量守恒定律可得：

$$Ft = mv_p \tag{2-30}$$

将式(2-30)微分，得：

$$F\mathrm{d}t = \mathrm{d}(mv_p) \tag{2-31}$$

若截取应力波通过的杆件断面面积为一个单位面积，根据应力和质量的概念得：$F/A=\sigma$。由于 $A=1$，所以

$$F = \sigma \tag{2-32}$$

$m=V_{体}\cdot\rho$。由于 $V_{体}=A\mathrm{d}S$，所以

$$\mathrm{d}m = A\mathrm{d}S\cdot\rho = \rho\mathrm{d}S \tag{2-33}$$

式中：A——应力波通过的断面面积，m^2；

$V_{体}$——应力波作用的岩石体积，m^3；

$\mathrm{d}S$——应力波在 $\mathrm{d}t$ 时间内在岩体中传播的距离，m；

ρ——岩石的密度，kg/m^3 或 $kg\cdot s^2/m^4$。

将式(2-32)、式(2-33)代入式(2-31)中，得

$$\left.\begin{aligned}\sigma\mathrm{d}t &= \rho\cdot\mathrm{d}S\cdot v_p\\ \sigma &= \rho\frac{\mathrm{d}S}{\mathrm{d}t}v_p\\ \frac{\mathrm{d}S}{\mathrm{d}t} &= C_p\end{aligned}\right\} \tag{2-34}$$

式中：C_p——纵波的传播速度，m/s。

将 C_p 代入式(2-34)中，得

$$\sigma = \rho C_p v_p \tag{2-35}$$

同理可以推出横波所产生的剪应力值为

$$\tau = \rho C_s v_s \tag{2-36}$$

式中：C_s——横波的传播速度，m/s；

v_s——横波中介质质点运动的速度，m/s。

众所周知，纵波和横波在弹性介质中的传播速度取决于该介质的密度和弹性模量，在无限介质的三维传播情况下，其纵波和横波的传播速度为

$$C_p = \left[\frac{E(1-\mu)}{\rho(1+\mu)(1-2\mu)}\right]^{\frac{1}{2}} \tag{2-37}$$

$$C_s = \left[\frac{E}{2\rho(1+\mu)}\right]^{\frac{1}{2}} = \left(\frac{G}{\rho}\right)^{\frac{1}{2}} \tag{2-38}$$

式中：E——介质的弹性模量，kPa；

μ——介质的泊松比；

G——介质的剪切模量，kPa。

(2) 应力波的反射

应力波和其他波动一样，如果在它的传播过程中遇到岩石中的层理面、节理面、断层面和自由面，或者在传播过程中介质性质发生了变化时，那么应力波的一部分会从交界面反射回来，另外一部分应力波则透过交界面进入第二种介质。应力波的反射因其入射的角度不同有两种不同的反射情况，一种是应力波呈垂直入射，另一种是应力波呈倾斜入射。

1) ***应力波垂直入射***

应力波呈垂直入射时，情况比较简单。波的反射部分和透射部分的应力大小取决于不同介质的边界条件。这种边界条件是：①在边界面的两侧，其应力状态必须相等；②垂直于边界面方向的质点运动速度必须相等。若用公式把此边界条件表示出来，则有以下的关系：

$$\sigma_i + (-\sigma_r) = \sigma_t \tag{2-39}$$

$$v_i + v_r = v_t \tag{2-40}$$

式中的 σ 和 V 分别代表应力和质点运动速度，下标 i、r 和 t 分别代表入射、反射和透射的应力波。

现在假设传播中的应力波为纵波，那么根据式(2-35)得：

$$\left.\begin{aligned} v_i &= \frac{\sigma_i}{\rho_1 C_{p1}} \\ v_r &= \frac{\sigma_r}{\rho_1 C_{p1}} \\ v_t &= \frac{\sigma_t}{\rho_2 C_{p2}} \end{aligned}\right\} \tag{2-41}$$

将式(2-41)代入式(2-40)中得：

$$\frac{\sigma_i}{\rho_1 C_{p1}} + \frac{\sigma_r}{\rho_1 C_{p1}} = \frac{\sigma_t}{\rho_2 C_{p2}} \tag{2-42}$$

解式(2-41)和式(2-42)得：

$$\sigma_r = \left(\frac{\rho_2 C_{p2} - \rho_1 C_{p1}}{\rho_2 C_{p2} + \rho_1 C_{p1}}\right)\sigma_i \tag{2-43}$$

$$\sigma_t = \left(\frac{2\rho_2 C_{p2}}{\rho_2 C_{p2} + \rho_1 C_{p1}}\right)\sigma_i \tag{2-44}$$

式中：ρ_1、ρ_2——分别表示两种不同介质的密度，kg/m^3；

C_{p1}、C_{p2}——分别表示两种不同介质中的纵波传播速度，m/s。

式(2-43)和式(2-44)具有重要的意义，它对研究岩体爆破过程中应力波的弥散损失、根据不同的岩性选择炸药的品种和分析自由面对提高爆破效果都具有指导性的作用，公式还说明了反射应力波和透射应力波的大小是交界面每一侧岩石特性阻抗的函数。从上式中可以看出：

① 如果 $\rho_1 C_{p1} = \rho_2 C_{p2}$，即两种介质的波阻抗相同，那么 $\sigma_r = 0$ 和 $\sigma_t = \sigma_i$，此时入射的应力波在通过交界面时没有发生波的反射，入射的应力波全部透射入第二种介质，没有波能的损失。

② 如果 $\rho_2 C_{p2} > \rho_1 C_{p1}$，既会出现透射的压缩波，也会出现反射的压缩波。

由于岩石的抗压强度一般都比较高，因此上述两种情况都不大可能产生岩石的破坏。

③ 如果 $\rho_1 C_{p1} > \rho_2 C_{p2}$，则既会出现透射的压缩波，也会出现反射的拉伸波。

④ 如果 $\rho_2 C_{p2} = 0$，即入射应力波到达与空气接触的自由面时，那么 $\sigma_t = 0$，$\sigma_r = -\sigma_i$。在这种条件下，入射波全部反射成拉伸波。由于岩石的抗拉强度大大低于它的抗压强度，因此上述两种情况都可能引起岩石破坏，特别是后面这种情况，这充分说明自由面在提高爆破效果时的重要作用。

图 2－12 表示入射的一种三角波从自由面反射的过程。设入射的应力波是压缩应力波，从左向右传播，如图(a)所示。波在到达自由面以前，随着波的前进，介质承受压缩应力的作用。当波到达自由面时立即发生反射。图(b)表示三角波正在反射过程中，图(c)表示波的反射过程已经结束。反射前后的波峰应力值和波形完全一样，但极性完全相反，由反射前的压缩波变为反射后的拉伸波，从原介质中返回，随着反射波的前进，介质从原来的压缩应力下被解除的同时，将承受拉伸应力。

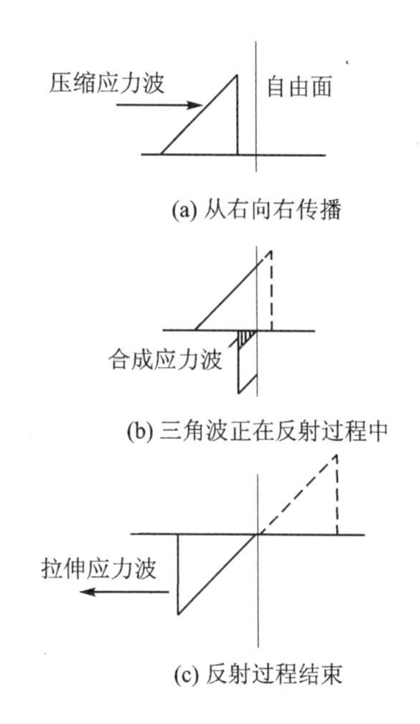

(a) 从右向右传播

(b) 三角波正在反射过程中

(c) 反射过程结束

图 2－12　三角波从自由面反射的过程

2) 应力波倾斜入射

应力波呈倾斜向自由面入射时，情况非常复杂。入射波不管是纵波还是横波，经过自由面反射以后，都要再度生成纵波和横波这两种波。

如果入射波是纵波，众所周知，纵波的入射角和反射角都等于 α，同时由反射生成的横波反射角为 β，如图 2－13 所示。β 反射角与纵波的入射角 α 之间根据光学中的斯涅尔法则，可得到以下的关系式：

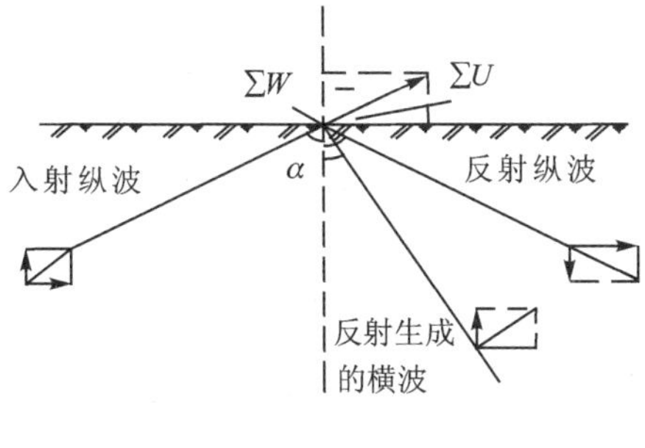

$$\frac{\sin\alpha}{\sin\beta} = \frac{C_p}{C_s} = \left[\frac{2(1-\mu)}{1-2\mu}\right]^{\frac{1}{2}} \qquad (2-45)$$

图 2－13　纵波倾斜入射的情况

从式(2－35)和式(2－36)两式中可以看出，当体积波在介质内传播时，总要引起介质产生应力和应变。设通过自由面某点倾斜入射的纵波及其反射的纵波和横波引起的应力分别为

σ_i、σ_r 和 τ_r，则三者存在下列的关系：

$$\sigma_r = R_0\sigma_i \tag{2-46}$$

$$\tau_r = [(R_0+1)\cot 2\beta]\sigma_i \tag{2-47}$$

$$R_0 = \frac{\tan\beta \cdot \tan^2(2\beta) - \tan\alpha}{\tan\beta \cdot \tan^2(2\beta) + \tan\alpha} \tag{2-48}$$

式中：R_0——应力波的反射系数。

纵波倾斜入射时，自由面上质点的运动方向取决于三个波引起的质点位移的合成方向，如图 2-13 所示。

$$\bar{\alpha} = \arctan\left(\frac{\sum U}{\sum W}\right) \tag{2-49}$$

式中：$\sum U$—— 三个波引起的平行于自由面的质点位移合成值；

$\sum W$—— 三个波引起的垂直于自由面的质点位移合成值。

可以证明横波反射角 β 与纵波入射角 α 之间存在以下关系：

$$\alpha = 2\beta \tag{2-50}$$

如果入射波是横波，则自由面上由入射波和反射波所引起的应力存在以下关系：

$$\tau_r = R_0\tau_i \tag{2-51}$$

$$\sigma_r = [(R_0-1)\tan 2\beta]\tau_i \tag{2-52}$$

2.5.3 爆破时岩体中的应力状态

如前所述，炸药在岩石中爆炸时，它释放出来的能量以冲击波和爆轰气体膨胀压力的方式作用在药包周围的岩石上。岩石在这两种载荷作用下，内部将产生复杂的应力状态。而岩体中的应力状态和应力分布常常影响岩石的破碎过程。因此，在介绍岩石中的爆破作用之前，必须了解爆破时岩体内的应力状态。

当药包爆轰时的爆轰波传到药包与岩石的接触面时，一部分爆轰波会反射回来，另一部分爆轰波则以猛烈冲击的方式透射入岩体中，在岩体内激发出一种波峰压力很高的脉冲应力波，这种脉冲应力波叫做爆炸应力波或岩体中的冲击波。

1. 岩体中冲击波的传播规律

由爆轰波在岩体中激发的冲击波以其本身的传播规律在岩体中继续往前传播。冲击波的初始波峰压力就是爆轰波给予岩石的最初压力，其值的大小取决于炸药的性质、岩石的性质和炸药与岩石的耦合情况。冲击波的初始波峰压力的计算方法与前面所述应力波入射时产生透射波引起介质应力的计算方法是相同的。可按下式来计算：

$$P_r = \frac{2\rho_t C_{L\cdot r}}{\rho_e \cdot D + \rho_r \cdot C_{L\cdot r}} \cdot P_e \tag{2-53}$$

式中：P_r——岩体中冲击波的初始波峰压力，kPa；

ρ_r——岩石的密度，kg/m^3；

$C_{L\cdot r}$——岩体中纵波传播速度，m/s；

ρ_e——炸药的密度，kg/m³；

D——炸药的爆速，m/s；

P_e——炸药的爆轰压力，kPa。

从式(2-53)中可以看出，同一种炸药在不同性质的岩石中爆轰时，激发出的冲击波的初始波峰压力是不同的。波阻抗越大的岩石，在炮孔壁上产生的压力也越大，如表2-5所列。给予岩石的初始峰压越大，则岩石的变形也越大，破碎越厉害，消耗的能量也越多。因此，在工程爆破中必须根据工程的要求来合理地控制岩体中的初始峰压值。

表2-5　冲击波初始峰压与波阻抗关系

岩石名称	岩石的波阻抗/(kg·cm⁻²·s⁻¹)	P_r/P_e	
		梯恩梯	特屈儿
大理石A	1 760	1.82	1.80
花岗岩A	1 720	1.79	1.75
大理石B	1 700	1.71	1.68
花岗岩B	1 450	1.62	1.58
玄武岩	1 280	1.56	1.52
石灰岩	1 130	1.53	1.49
岩盐	940	1.43	1.40
砂岩	900	1.39	1.37
混凝土	850	1.27	1.19
凝灰岩	500	1.07	1.03

冲击波在岩体内传播的过程中，它的强度随着距爆源距离的增加而衰减。波的性质和形状也产生相应的变化。根据波的性质、形状和作用性质的不同，可将冲击波的传播过程大致分为三个作用区，如图2-14所示。在离爆源3～7倍药包半径的近距离内，冲击波的强度极大，波峰压力一般都大大超过岩石的动抗压强度，故使岩石产生塑性变形或粉碎，因而消耗了大部分的能量，冲击波也发生急剧的衰减，这个范围叫做冲击波作用区。冲击波通过该区以后，由于能量大量消耗，衰减成不具陡峻波峰的压缩应力波，波阵面上的状态参数变化得比较平缓，波速接近等于岩石中的声速，岩石的状态变化所需时间大大小于恢复到静止状态所需时间。由于压缩应力波的作用，岩石处于非弹性状态，岩石中产生变形，可导致岩石的破坏或残余变形，该区称作压缩应力波作用区，其范围可达到120～150倍药包半径的距离。压缩应力波传过该区后，波的强度进一步衰减，变为弹性波或地震波，波的传播速度等于岩石中的声速，它的作用只能引起岩石质点做弹性振动，而不能使岩石产生破坏，岩石质点离开静止状态的时间等于它恢复到静止状态的时间，故此区称为弹性振动区。

冲击波在传播过程中的衰减规律与许多因素有关，比如炸药的性质、药包的形状、岩石的性质和传播距离等。一般规律是：在冲击波作用区，应力衰减大致与传播距离的三次方成正比；在压缩应力波作用区，应力衰减大致与传播距离的平方成正比；在地震波作用区，应力的衰

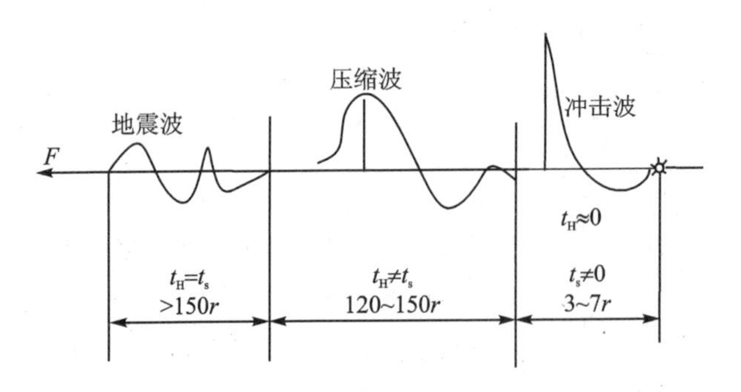

r—药包半径；t_H—介质状态变化时间；

t—介质状态恢复到静止状态时间

图 2-14　爆炸应力波及其作用范围

减大致与传播距离呈线性关系。此外，球形药包产生的冲击波其衰减速度比柱形药包快。冲击波在松软或多裂隙岩石中传播比在均质、致密的整体岩石中衰减要快。

冲击波在岩体中传播时，其波阵面上的压力衰减规律可以用下列经验公式来表示：

$$P = P_r \left(\frac{r_0}{r}\right)^n \tag{2-54}$$

式中：P——离药包的距离为 r 处的冲击波波峰压力，kPa；

P_r——冲击波初始的波峰压力，kPa；

r——距药包的距离，m；

r_0——药包的半径，m；

n——指数，$n=2\pm\frac{\mu}{1-\mu}$，冲击波作用区取"＋"，压缩应力波作用区取"－"；

μ——岩石的泊松比。

2. 应力波在岩体中引起的应力状态

由爆炸应力波在岩体中引起的应力状态不但随时间不同而变化，而且随离药包的远近而变化，表现为动的应力状态。

在爆炸应力波作用的大部分范围内，它是以压缩应力波的方式传播的，其引起的岩石应力状态可以近似地采用弹性理论来研究和解析。近代动应力的分析方法，就是按应力波的传播、衰减、反射和透射等一系列规律，计算应力场中各点在不同时刻的应力分布情况，以求得任何时刻的应力场及任意小单元体的应力状态随时间变化的规律。由于计算比较复杂，下面仅就一个自由面的条件下爆破的应力解析方法及其结果作简单介绍。

爆炸应力波从爆源向自由面倾斜入射时，在自由面附近岩石中某点的应力状态是复杂的，它是由直达纵波、直达横波、纵波反射生成的反射纵波和反射横波、横波反射生成的反射纵波和反射横波等的动应力状态的叠加。但是由爆源向四周岩体中发射的应力波主要是纵波，因此，下面就入射波是纵波的情况加以介绍。

如图 2-15 所示，设自由面方向为横轴，最小抵抗线方向纵轴，O 点为炸药包中心（即爆源），岩体中任一点 A 的应力状态可作如下的分析。该点由入射直达纵波产生的应力为 σ_{ip}，由反射纵波产生的应力为 σ_{rp}，由反射横波产生的应力为 σ_{rs}，则 A 点的应力为三者的合成，由合成应力引起的三个主应力为 σ_1、σ_2、σ_3。

当拉伸主应力 σ_2 出现极大值时，自由面附近岩体中各点的主应力 σ_1 和 σ_2 的方向如图 2－16所示。这种应力分布方向对于解释爆破时岩体中发生的裂隙方向，具有重要的意义。

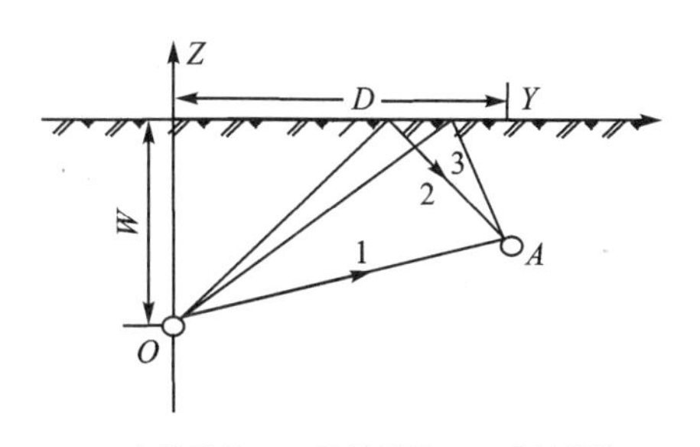

1—入射纵波；2—反射纵波；3—反射横波

图 2－15　波到达 A 点的应力分析

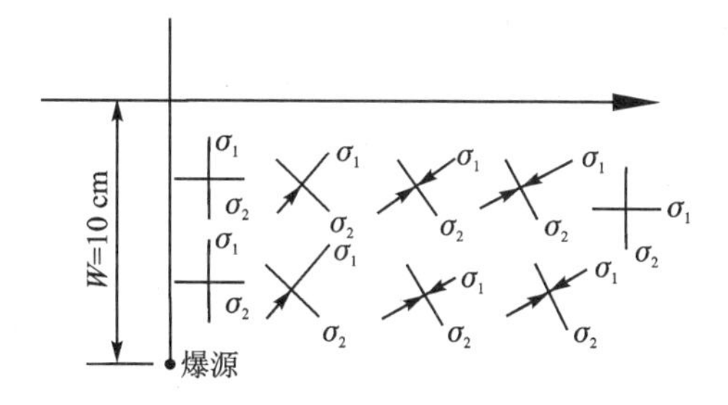

图 2－16　当 σ_2 达到极大值时 σ_1 和 σ_2 的方向

其次，如果爆源附近有自由面条件，则自由面会对应力极大值产生很大的影响。一般来说在自由面附近所产生的压缩主应力极大值比无自由面时所产生的要小。拉伸主应力极大值则正好与此相反，它比无自由面时所产生的要大，爆源离自由面越近，拉伸主应力的增长越显著，这意味着自由面附近的岩石处于比较容易破坏的拉伸应力状态下，这充分说明自由面对爆破效果的提高起着重要的作用。

3. 爆轰气体压力作用下岩体中的应力状态

药包爆破时，在药室容积没有发生变化以前，爆轰气体压力可以视为是恒定的。因此，由它引起的应力状态是均匀的，与时间无关，只取决于该点的位置，表现为静的应力状态。

当在岩体中密封的集中药包爆轰时，由于药室周壁岩石被高压冲击波压缩和粉碎，药室容积被扩大，被密封在此容积中的爆轰气体以准静态压力的方式作用在岩壁上，在岩体中各点的主应力 σ_1 和 σ_2 的作用方向如图 2－17 所示，该应力分布状态与图 2－16 中的应力分布状态极为相似。但爆轰气体压力所引起的主应力 σ_1 常为压缩应力，而主应力 σ_2 不常为拉伸应力，随距离最小抵抗线超过某一极限距离以后，主应力 σ_2 变为压缩应力。根据图 2－17 中所示的主应力作用方向，可以推断和解释在爆轰气体静压的作用下，岩体中产生破坏的裂隙方向。

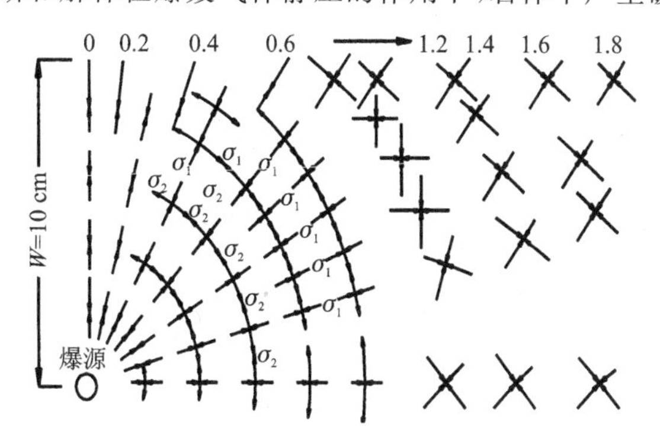

图 2－17　主应力 σ_1 和 σ_2 的作用方向

2.5.4 单个药包的爆破作用

在说明炸药包在岩体中的爆破破碎机理时，为了简化起见，通常假定岩石是均匀介质，并且是在一个自由面条件下单个集中药包的爆破破碎过程。在此基础上将其原理推广应用到其他条件下的药包爆破。

1. 单个集中药包的爆破作用

单个药包的爆破作用可分为两类，当药包在岩体中的埋置深度很大，其爆破作用达不到自由面时，这种情况下的爆破作用叫做爆破的内部作用，即在无限介质中的爆破作用。当药包在岩体中埋置很浅，即爆破作用能达到自由面时，这种情况的爆破叫做爆破的外部作用，即在半无限介质中的爆破作用。

(1) 爆破的内部作用

当药包在无限介质中爆炸时，它在岩体中激发出的冲击波，其强度随着传播距离的增加而迅速衰减，因此它对岩石施加的作用也随之发生变化。如果将爆破后的岩石沿着药包中心剖开，那么可以看出，岩石的破坏特征也将随着离药包距离的增大而变化，这种情况如图 2-17 所示。按照岩石的破坏特征，大致可将它分为三个区域。

1) 压碎区(压缩区)

这个区是指直接与药包接触的岩石所在区域。当密封在岩体中的药包爆炸时，爆轰压力在数微秒内就能迅速地上升到几万甚至几十万个大气压，并在此瞬间急剧冲击药包周围的岩石，在岩石中激发出冲击波，其强度远远超过了岩石的动抗压强度。此时，对大多数在冲击载荷作用下呈现明显脆性的坚硬岩石则被压碎；对于可压缩性比较大的软岩(如塑性岩石、土壤和页岩等)则被压缩成压缩空洞，并且在空洞表层形成坚实的压实层。因此，压碎区又叫压缩区，如图 2-18 所示。由于压碎区是处于坚固岩体的约束条件下，大多数岩石的动抗压强度都很大，冲击波的大部分能量已消耗于岩石的塑性变形、粉碎和加热等方面，致使冲击波的能量急速下降，其波阵面的压力很快就下降到不足以压碎岩石的程度。所以，压碎区的半径很小，一般约为药包半径的几倍。

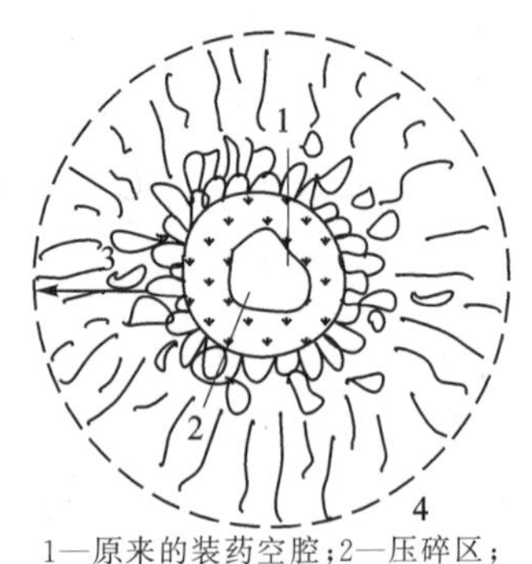

1—原来的装药空腔；2—压碎区；3—破裂区；4—弹性震动区

图 2-18 爆破内部作用示意图

2) 破裂区(破坏区)

当冲击波通过压碎区以后，继续向外层岩石中传播。同时，随着冲击波传播范围的扩大，单位面积上的能流密度降低，冲击波变成一种弱的压缩波(即压缩应力波)，其强度已低于岩石的动抗压强度，所以不能直接压碎岩石。但是，它可使压碎区外层的岩石遭到强烈的径向压缩，使岩石的质点产生径向位移，因而导致外围岩石层中产生径向扩张和切向拉伸应变，如图 2-19所示。假定在岩石层的单元体上有两点 A 和 B，它们的距离最初为 x，受到径向压缩后推移到 C 和 D，它们彼此的距离变为 $x+\mathrm{d}x$。这样就产生了切向拉伸应变 $\mathrm{d}x/x$。如果这种切向拉伸应变超过了岩石的动抗拉强度，那么在外围的岩石层中就会产生径向裂隙。这种裂

隙以 0.15～0.4 倍压缩应力波的传播速度向前延伸。当切向拉伸应力小到低于岩石的动抗拉强度时，裂隙便停止向前发展。

另外，在冲击波扩大药室时，压力下降了的爆轰气体也同时作用在药室四周的岩石上，在药室四周的岩石中形成一个准静应力场。在应力波造成径向裂隙的期间或以后，爆轰气体开始膨胀并挤入这些径向裂隙中，引起裂隙的扩张，同时在裂隙尖端上，由于气体压力引起的应力集中，导致径向裂隙向前延伸。这些原来由应力波引起而后又被爆轰气体扩大和延伸了的径向裂隙是按照内密外稀这样的规律分布的，即邻近压碎区的裂隙较密，而远离压碎区的裂隙较稀。

当压缩应力波通过破裂区时，岩石受到强烈的压缩，存储了一部分弹性变形能，当应力波通过后，岩石中的应力释放，便会产生与压缩应力波作用方向相反的向心拉伸应力。这种向心拉伸应力使岩石粒点产生反向的径向移动，当径向拉伸应力超过岩石的动抗拉强度时，在岩石中便会出现周向的裂隙。图 2－20 是径向裂隙和周向裂隙的形成原理示意图。径向裂隙和周向裂隙的相互交错，将该区中的岩石割裂成块，如图 2－18 所示。此区域叫做破裂区（或破坏区）。

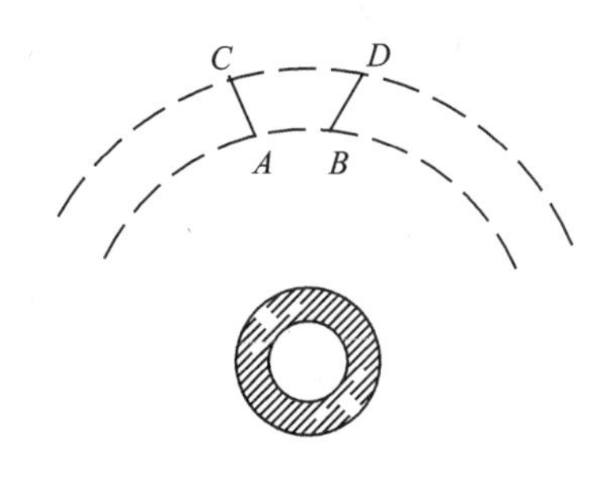

图 2－19　径向压缩引起的切向拉伸

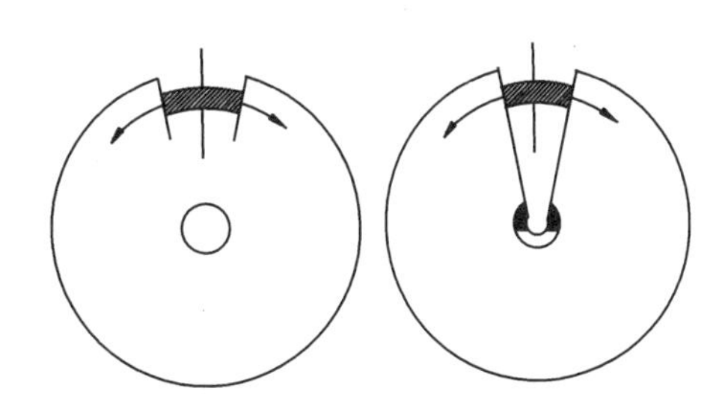

图 2－20　径向裂隙和周围裂隙的形成原理

3）弹性震动区

在破裂区以外的岩体中，由于应力波引起的应力状态和爆轰气体压力建立起的准静应力场均不足以使岩石破坏，只能引起岩石质点做弹性振动，直到弹性振动波的能量被岩石完全吸收为止，这个区域叫弹性振动区或地震区。

（2）爆破的外部作用

正如前面所述，由于入射波和反射波的叠加作用构成了自由面附近岩石中的复杂应力状态。所以，岩石破碎机理也就比较复杂。

当将集中药包埋置在靠近地表的岩石中时，药包爆破后，除了产生内部的破坏作用以外，还会在地表产生破坏作用，造成地表附近的岩石破坏，这些破坏是以下原因引起的。

1）应力波的合成引起的破坏

自由面附近岩石中的爆破破碎机理，可根据入射波和反射波叠加结果所产生的应力状态来判断。由图 2－16 可以看出，σ_2 的极大值的作用方向，在最小抵抗线方向上是平行于自由面的，随着最小抵抗线的偏离，σ_2 的极大值的作用方向也发生偏离，当偏移到极限位置的点上时，σ_2 极大值的作用方向变成垂直于自由面。所以，在自由面附近由此拉伸应力所引起的裂隙，是以最小抵抗线为对称轴分布的喇叭形(见图 2-21(a)),其偏离程度,则随应力波波长、岩石的物理力学性质等的不同而异。另外,理论分析和试验结果表明,在自由面附近的岩石中通常存在着 $\sigma_{3\max} \geqslant \sigma_{2\max}$ 的关系。因此,由拉伸应力 $\sigma_{3\max}$ 引起的裂隙,是以最小抵抗线为中心呈放射状的分布,如图 2-21(b)所示。

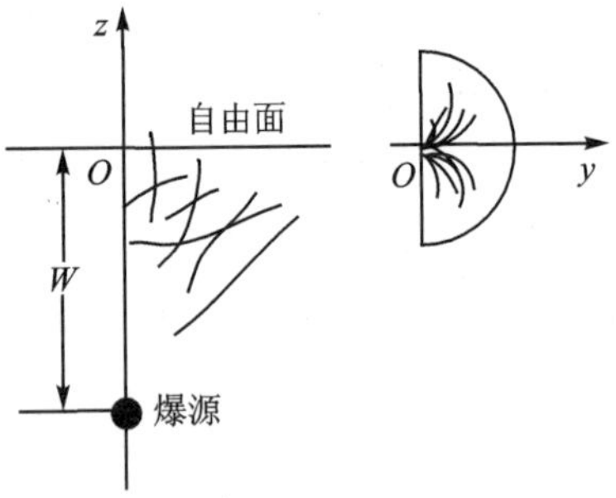

(a) 喇叭形　　(b) 中心呈放射状

图 2-21　由 $\sigma_1,\sigma_2,\sigma_3$ 引起的裂隙

2) 由霍布金逊效应引起的破坏

根据应力波的反射原理,当药包爆炸以后的压缩应力波到达自由面时,便从自由面反射回来,变成性质和方向完全相反的拉伸应力波,这种效应叫霍布金逊效应。假定从爆源向自由面方向传播的压缩应力波是锯齿形三角波,那么可用图 2-22 来说明霍布金逊效应的破坏机理,图 2-22(A)表示应力波的合成过程,而图 2-22(B)表示霍布金逊效应对岩石的破坏过程。图 2-22(A)中的(a)表明压缩应力波刚好达到自由面的瞬间,这时波阵面的波峰压力为 Pa 量级。图 2-22(A)中的(b)表示经过一定的时间后,如果前面没有自由面,则应力波的波阵面必然到达 $H_1'F_1'$ 的位置。但是,由于前面存在自由面,压缩应力波经过反射后变成拉伸应力波,反射回到 $H_1''F_1''$ 的位置,在 $H_1''H_2$ 平面上,在受到 $H_1''F_1''$ 拉伸应力作用的同时,又受到 H_2F_1'' 的压缩应力的作用,在这个面上受到合力为 $H_1''F_1''$ 的拉伸应力的作用,这种拉伸应力引起岩石沿着 $H_1''H_2$ 平面成片状拉裂开,片裂的过程如图 2-22(B)所示。

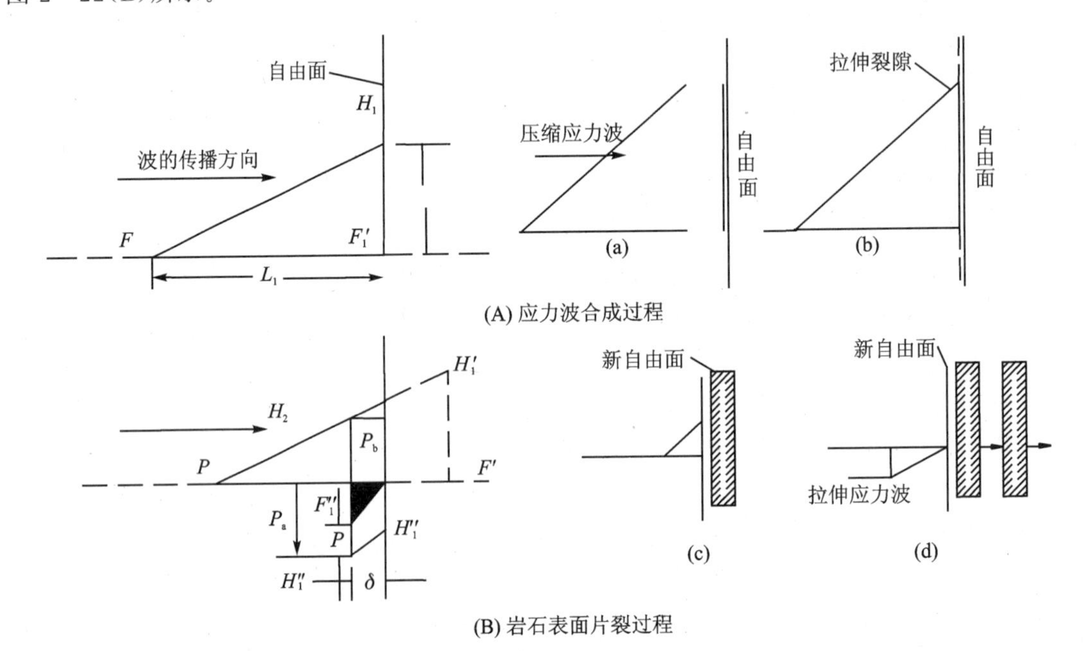

图 2-22　霍布金逊效应的破坏机理

日野和杜瓦尔等人曾经把片裂看作是岩石破碎的主要过程,但是近年来经过科学试验和生产实践的证明,片裂过程并不是岩石爆破破碎的主要过程,而且在生产爆破中片裂破坏不是经常会出现的。片裂现象的产生主要与药包的几何形状、药包的大小和入射波的波长有关。对装药量较大的硐室爆破来说,产生片裂现象的可能性就比较大,对装药量较小的深孔和炮眼爆破来说,产生片裂现象的可能性就比较小。入射波的波长对片裂过程也产生影响。随着波长的增大,其拉伸应力就急剧下降。当入射应力波的波长为1.5倍最小抵抗线时,在自由面与最小抵抗线交点附近的岩体,由于霍布金逊效应的影响,可能产生片裂破坏。当波长增加到4倍最小抵抗线时,在自由面与最小抵抗线交点附近的霍布金逊效应将完全消失。

3) 由反射拉伸波引起径向裂隙的延伸

从自由面反射回岩体中的拉伸波,即使它的强度不足以产生片裂,但是反射拉伸波同径向裂隙处的应力场相互叠加,可使径向裂隙大大地向前延伸。裂隙延伸的情况与反射应力波传播的方向和裂隙方向的交角θ有关。如图2－23所示,当$\theta=90°$时,反射拉伸波将最有效地促使裂隙扩展和延伸;当$\theta<90°$时,反射拉伸波在垂直于裂隙末端造成一条分支裂隙;当径向裂隙垂直于自由面时,即$\theta=0°$时,反射拉伸波再也不会对裂隙产生任何拉力,故不会促使裂隙继续延伸;相反地,反射波在其切向上是压缩应力状态,反而会使已经张开的裂隙重新闭合。

2. 单个延长药包的爆破作用

延长药包是在工程爆破中应用最广泛的药包。如炮眼爆破法和深孔爆破法中使用的柱状药包以及硐室爆破法中使用的条形药包都属于延长药包。

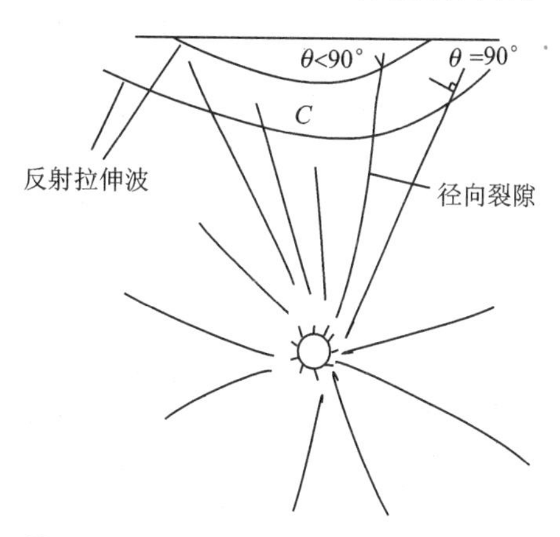

图2－23　反射拉伸波对径向裂隙的影响

延长药包是相对集中药包而言的,当药包的长度和它的横截面的直径(对圆柱形药包)或边长(对方柱形药包)之比值ϕ大于某一值时,叫做延长药包。ϕ值大小的规定目前尚未统一,有些人主张$\phi\geqslant6\sim8$时属于延长药包,而另一些人则主张$\phi\geqslant15\sim20$时属于延长药包。

延长药包和集中药包在爆破破碎机理方面没有多大差别,但是两者在岩石中爆破后的应力波传播时的衰减规律、应力波的参数以及应力的分布和爆破后的漏斗形状及体积却有明显的差别。

(1) 延长药包爆破时岩体中的应力状态

与集中药包比较,延长药包爆破时岩体中的应力状态具有不同的特点。

① 应力分布不均匀　集中药包若从中心起爆时,则它向四周释放出的能量一般是比较均匀的,因而在岩石中激发出的应力也是均匀分布的。延长药包由于它的几何形状的特征,若从一端起爆,则在岩体中激发出的应力分布复杂而不均匀,在某些部位应力集中比较高。下面用图2－24来说明延长药包爆破时的应力分布情况。为了研究延长药包爆破作用的特点,将延长药包沿轴向分成若干个集中药包,各个集中药包先后爆破时都产生一个球面应力波,再用波的向量合成原则,求出岩石中各点各个时刻的应力状态。

在图 2-24 中有一个垂直于自由面的延长药包，根据药包横截面的直径将它分成五个短药柱，即长度为 x_1、x_2、x_3、x_4 和 x_5 的五个短药柱，每一个短药柱以恒定的时间间隔 t_n（$t_n=d/D$，d 为药包直径，D 为药包爆速）进行爆轰，全部短药柱爆轰时间的总和等于整个药柱爆轰的时间。假定雷管从孔底起爆，且认为每一个短药柱爆轰产生的应力波波长和 t_n 都相等，并设炸药的爆速 D 和在岩体中应力波的传播速度 C_{Lr} 之比为 2∶1。当延长药包完全爆轰后，围绕药包周围岩体中的应力分布如图 2-24 所示。从图中可以看出，在 AB 方向上的各点，由于应力波波速是恒定的，且药包的爆轰是向相反方向进行的，所以不存在各短药柱引起的应力波的叠加作用，在 AC 方向上的各点，由 x_1、x_2 引起的应力波在 C 点叠加，因此该处的应力高于 AC 线上其他点的应力，在 AD 线上的 D 点应力是由 x_2、x_3 和 x_4 产生的应力波引起的应力叠加的，则 D 点应力又高于 C 点的应力。同理可知，在被 C、O、E 和弧 CE 所圈定的区域内，由于药包各部分产生应力波的叠加，形成了高应力区；相反地，由 C、B、E 和弧 CFE 圈定的地区为低应力区。

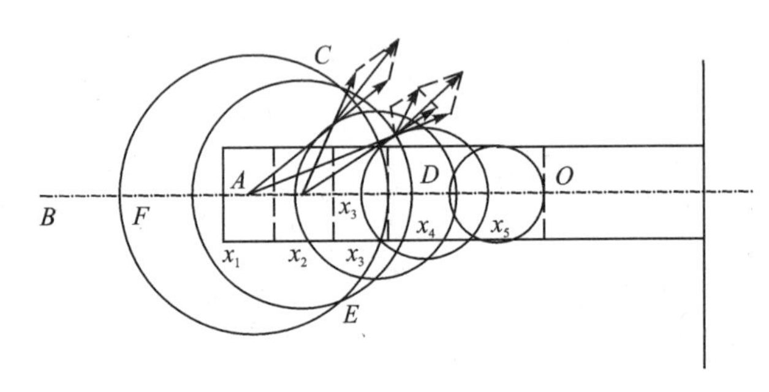

图 2-24　延长药包爆破时的应力分布

根据计算表明，D 点周围的应力可达 AB 方向上的应力的 20 倍左右；C 点的应力约为 AB 方向上的 15 倍。因此，一端起爆的延长药包爆轰在岩体中引起的应力是分布不均匀的，一般来说，应力高的区域易造成岩石的破碎，而且破碎的效果要更好一些。

② 应力波的参数大　苏联 A. H. 哈努卡耶夫用六号阿莫尼特炸药的集中药包和延长药包在同种花岗石中进行爆破试验时，在折算距离（$\bar{r}=R/R_0$，R 为测点至爆源的距离，R_0 为药包半径）相同时，对于测得的应力波的所有参数，延长药包的都比集中药包的大。其结果如图 2-25、图 2-26 和图 2-27 所示。

③ 应力波衰减慢　延长药包在岩体中爆破时所引起的应力波，在传播过程中它的波参数随距离增加的衰减要比集中药包的慢，这是由于球面波的波阵面与传播距离的平方成正比，而延长药包的柱面波的波阵面只与传播距离的一次方成正比。

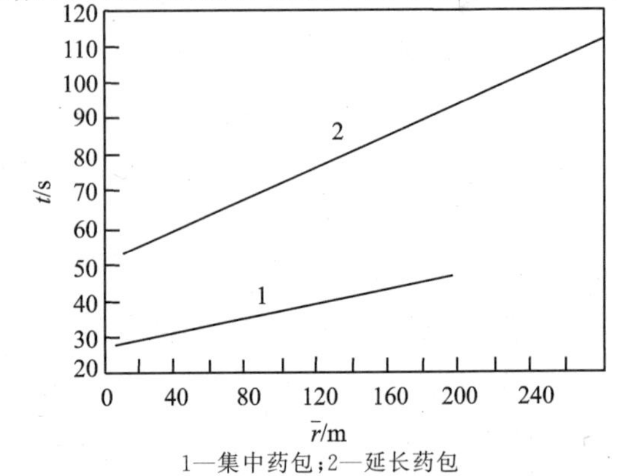

1—集中药包；2—延长药包

图 2-25　应力波正压作用时间与折算距离的关系

（2）延长药包的爆破漏斗

铁道科学研究院爆破室在黄土中进行

的爆破漏斗(blasting funnel)特性试验证明，延长药包的爆破漏斗具有以下特性：

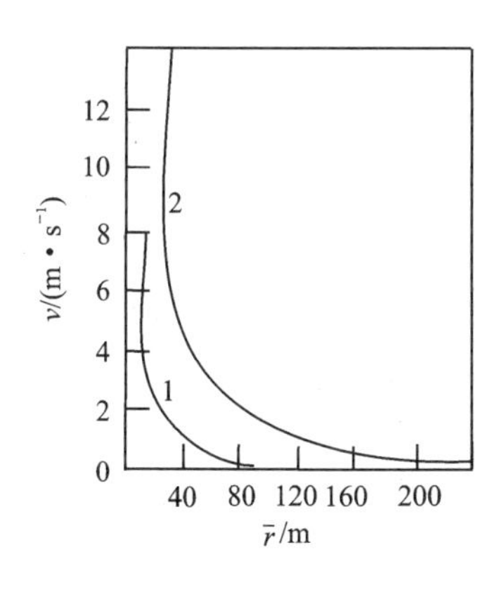

1—集中药包；2—延长药包

图2-26　质点运动速度与折算距离的关系

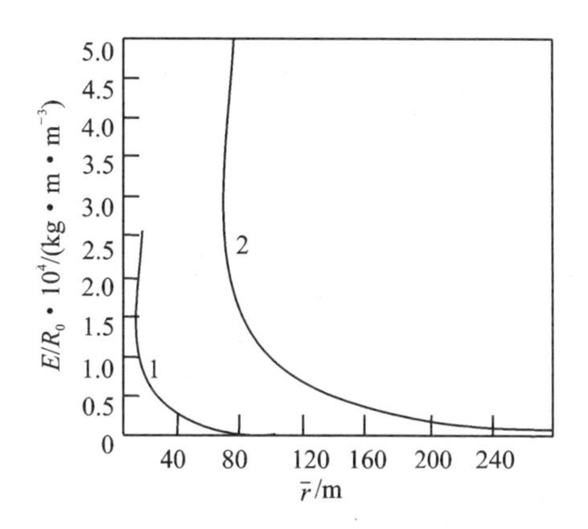

1—集中药包；2—延长药包

图2-27　能流密度与折算距离的关系

① 延长药包爆破漏斗的平面几何形状是中间为平直圆柱截面、两端衔接为近乎半圆的封闭曲线，而集中药包爆破漏斗平面的形状为圆形。

② 在抛体堆积的分布上，当$\phi \geqslant 20$以后，具有明显的轴对称特点，抛体集中于药包轴线的两侧，在轴向两端无抛掷堆积，而集中药包的抛体基本上沿着爆破漏斗四周均匀分布。

③ 抛掷爆破时，延长药包爆破漏斗的体积要比集中药包的体积大13%～17%。

2.5.5　成组药包的爆破作用

在实际的工程爆破中，一般很少采用单个药包爆破，常常要使用多个药包爆破才能达到预期的工程目的。成组药包若同时起爆或采用微差起爆，则相邻药包之间将相互作用，由两个药包爆破产生的应力波相互叠加，使岩石中的应力状态要比单个药包爆破时复杂得多。因此，研究成组药包的爆破作用原理，对合理确定爆破参数具有重要的意义。

苏联学者A.H.哈努卡耶夫为了说明单个药包和成组药包爆破作用的差异，曾经用单个和成组的粒状TNT炸药(50/50)的延长药包在石灰岩中以及单位煤矿炸药在煤中进行对比爆破试验。试验结果绘制在图2-28和图2-29上。从图中可以看出，在距爆破中心(70～80)R_0(R_0为药包半径)的地方，成组药包爆破时质点移动速度是单个药包爆破时质点移动速度的2.0倍，而折合能流密度前者是后者的2.5倍。从曲线上还可看出，成组药包爆破的应力波参数比单个药包衰减得更慢。

引起相邻两个药包爆破时应力加强和降低的原因，可用图2-30来进行解释。A药包爆破(见图2-30(a))时，岩体中的Ⅰ、Ⅱ两点的单元体受到炮眼径向方向的压缩应力，分别在此两点的法线方向上出现拉伸应力。同理B药包爆破时(见图2-30(b))也将产生同样的应力状态。A、B药包同时起爆时(见图2-30(c))；Ⅰ点岩石单元体受到了A、B药包爆破引起的压缩应力波的叠加作用，其结果在波阵面的切线方向上的拉伸应力增大，则形成应力增高现

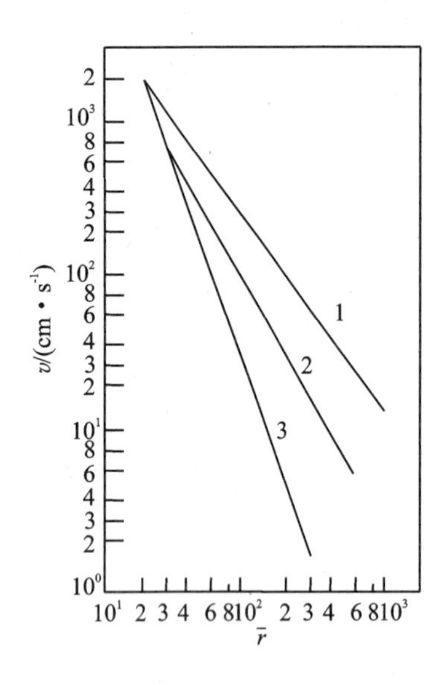

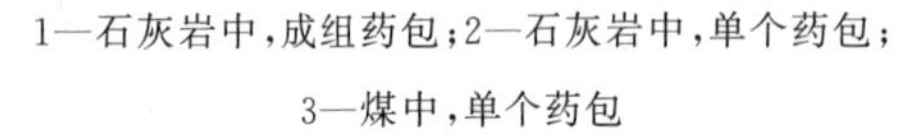
1—石灰岩中，成组药包；2—石灰岩中，单个药包；
3—煤中，单个药包

图 2-28　质点移动速度与距离的关系曲线

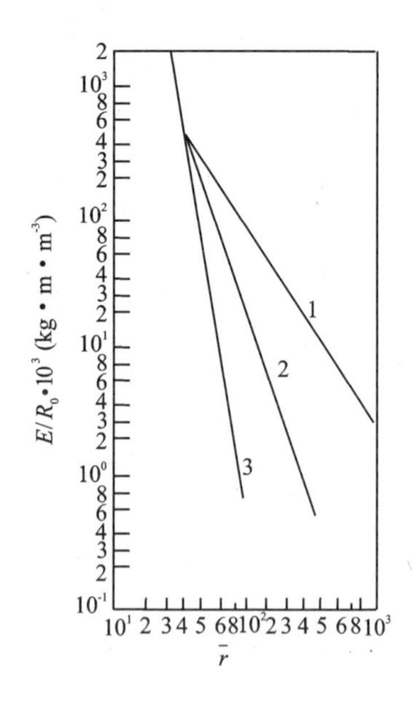

1—石灰岩中，成组药包；2—石灰岩中，单个药包；
3—煤中，单个药包

图 2-29　折合能流密度与距离的关系曲线

象，从而使沿炮眼连心线上的岩石首先产生径向裂隙。炮眼距离愈近，这种裂隙就愈多。但是，不能认为炮眼愈近，爆破效果就愈好，因为炮眼连心线上产生裂隙后，爆轰气体会很快沿裂隙逸散，而使其他方向上的径向裂隙得不到足够的发展，从而降低了岩石的破碎程度。

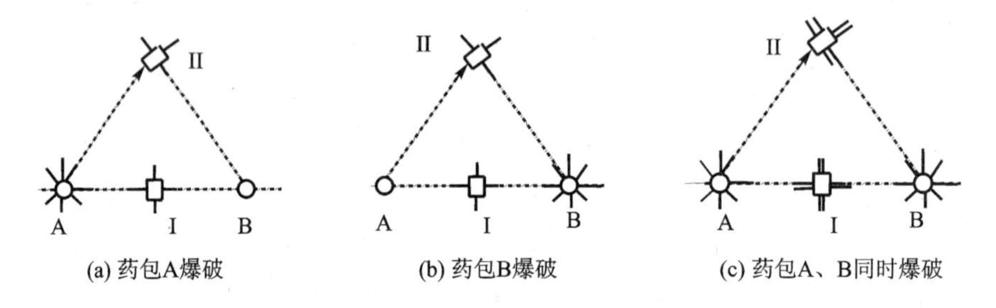

图 2-30　应力加强和降低的分析

在 A、B 药包同时起爆时，Ⅱ点岩石单元体受到 A 药包爆破时引起的径向压缩应力与切向拉伸应力的作用，正好分别被 B 药包引起的切向拉伸应力与径向压缩应力所抵消，所以出现应力降低现象。应力的降低将导致岩石爆破后产生大块。因此，实际爆破中应适当增大眼距，并相应减小最小抵抗线，使应力降低区位于自由面之外，这样可以减少大块的产生。但是眼距也不能太大，因为应力随眼距增大而减小，如果眼距太大，岩石将得不到充分的破碎，则在两炮眼间留下岩柱。

多排成组药包齐发爆破所产生的应力波相互作用的情况比单排时更加复杂。如图 2-31 所示，在前后排各炮眼所构成的四边形中的岩石，受到四个炮眼药包爆破引起的应力波的相互叠加作用，形成了极高的应力状态，并且延长了应力波的作用时间，因而使破碎效果大为改善。

然而在另一方面，多排成组药包齐发爆破时，只有第一排炮眼爆破具有两个自由面的优越条件，而后排炮眼爆破无平行炮眼方向的自由面可利用，其爆破所受的夹制作用大。因此，爆破的能量消耗大，爆破效率不高，在实际中很少采用多排成组炮眼的齐发爆破。在多排成组炮眼爆破时，如果选择前后排炮眼爆破，则采用微差起爆技术将会获得较好的爆破效果。

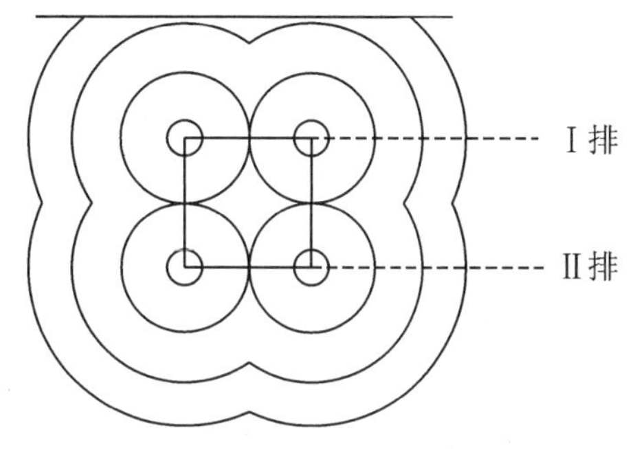

图 2-31　四个药包齐发应力波的叠加

复习题

1. 爆炸的直接作用是什么？

2. 举例阐述爆破的直接作用。

3. 求气体等熵流动微分方程的解。

4. 聚能效应是如何产生的？

5. 分析装药的有效质量。

6. 分析计算对于一圆锥形混凝土容器，如果不考虑损耗与壳体变形的能量条件下的水泥块速度 v。

7. 影响穿孔深度的要素分析。

8. 分析紫铜药型罩 30°～140°条件下的聚能流状态参数及主要参数。

9. 爆轰波、冲击波、应力波有什么不同？

10. 解释当岩石内部爆炸时，岩石的破坏机理。

11. 试说明应力波反射拉伸对岩石破碎的作用机理。

12. 某炸药密度为 1.65 g/cm^3，爆速为 7 100 m/s，请计算其相关爆轰参数。

13. 将长度为 0.5 m、直径为 10 cm 的圆柱药柱放于刚壁上，请计算刚壁上产生的压力和冲量。

第3章　爆破工程地质

3.1　概　述

土石方爆破工程是直接在岩体中进行的，所以爆破与地质有密切关系。爆破实践表明，爆破效果的好坏，在很大程度上取决于爆区地质条件的好坏和爆破设计能否充分考虑到地质条件与爆破作用的关系。国内外爆破专业人员已越来越认识到爆破与地质结合的作用，并正逐步探索其结合的方法。近些年来，地质力学、爆炸力学、岩石力学及岩体动力学的发展为爆破工程地质的研究提供了条件，促进了这一学科的形成和发展。

爆破工程地质主要讲述了以下三个方面的问题：① 爆破效果问题，即研究地形、地质条件对爆破效果的影响，以辨明有利或不利于某一种爆破的自然地质条件，从而针对爆破区的地形、地质及环境条件采用合理的爆破方案，指导爆破设计，选定正确的爆破方法和爆破参数。② 爆破安全问题，即研究与自然地质条件有关的在爆破使用下产生的各种不安全因素（包括爆破作用影响区内建筑物的安全稳定问题）及有效的安全措施。③ 爆破后果问题，即研究爆破后的岩体（围岩）稳定性及可能给以后的工程建筑带来的一系列工程地质问题。因此，爆破工程地质既要为爆破工程本身提供爆区地质条件作为爆破设计的依据，还要为爆破以后的工程设施提供工程措施意见，以便使这些工程设施能适应爆破后的工程地质环境。

与爆破关系较密切的地质条件是：① 地形；② 岩性；③ 地质构造；④ 水文地质；⑤ 特殊地质。

3.2　岩石的性质及工程分级

3.2.1　岩石的成因分类及其特征

由一种或数种矿物聚集而成的集合体就是岩石。岩石按成因分为：火成岩（岩浆岩）、沉积岩（水成岩）和变质岩三大类。

① 火成岩　火成岩是由埋藏在地壳深处的岩浆上升冷凝或喷出地表形成的。直接在地下凝结形成的称为侵入体，按其深度可分为深成的和浅成的。喷出地表形成的叫做喷出体。

火成岩的特性与其产状和结构构造有密切关系。侵入体的产状多为整体块状，而深成的整体性一般比浅成的和喷出的好。喷出的还常有气孔，或成碎屑状。火成岩体一般由结晶的矿物颗粒组成，按其晶粒大小可分为斑晶、粗晶、中晶、细晶、隐晶和玻璃质等结构。一般来说，结晶颗粒越细、结构越致密，其强度越高、坚固性越好。

常见的火成岩有花岗岩、闪长岩、辉绿岩、玄武岩、流纹岩和火山角砾岩等。

② 沉积岩　沉积岩是地表母岩经风化剥离或溶解后，再经过搬运和沉积，在常温常压下

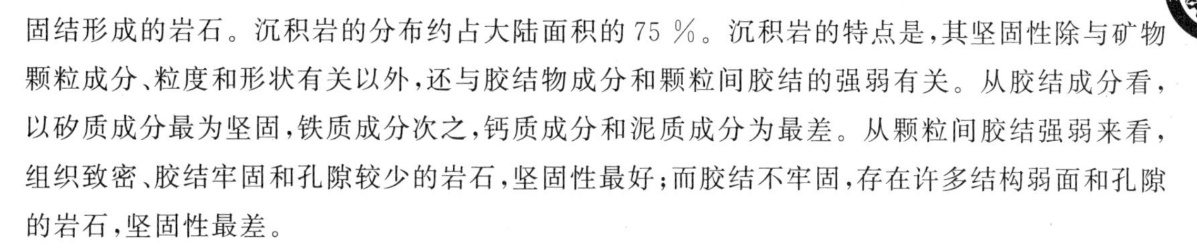

固结形成的岩石。沉积岩的分布约占大陆面积的 75 %。沉积岩的特点是，其坚固性除与矿物颗粒成分、粒度和形状有关以外，还与胶结物成分和颗粒间胶结的强弱有关。从胶结成分看，以矽质成分最为坚固，铁质成分次之，钙质成分和泥质成分为最差。从颗粒间胶结强弱来看，组织致密、胶结牢固和孔隙较少的岩石，坚固性最好；而胶结不牢固，存在许多结构弱面和孔隙的岩石，坚固性最差。

常见的石灰岩、砂岩、页岩和砾岩等都是沉积岩。

③ 变质岩　变质岩是火成岩或沉积岩经过强烈变化(由高温高压或岩浆的热液热气的作用)而形成的。一般来说，它的变质程度越高、重新结晶越好、结构越紧密，坚固性越好。由火成岩形成的变质岩(如花岗片麻岩等)称为正变质岩；由沉积岩形成的变质岩(如大理岩、板岩、石英岩、千枚岩等)称为副变质岩。

3.2.2　岩石的主要物理性质

与爆破有关的岩石物理性质主要包括容重、密度、孔隙度、碎胀性和耐风化侵蚀性等，它们与组成岩石的各种矿物成分的性质及其结构、构造和风化程度等方面有关。

1. 岩石的容重

岩石的容重就是单位体积的岩石质量，用下式计算：

$$\gamma = \frac{W}{V} \tag{3-1}$$

式中：W——岩样的质量，g；

V——岩样的体积，m^3；

γ——容重，g/m^3。

岩石容重对工程实践有重要意义，爆破时的炸药单耗要考虑岩石容重，应力波在岩石中的传播速度也与岩石容重有关，所以研究岩石性质对工程爆破的影响时应当考虑其容重。

2. 岩石的空隙性

岩石中具有不同程度的孔隙和裂隙。孔隙是指矿物颗粒之间的间隙以及喷出岩中的气孔、可溶岩中的空洞等；裂隙则指向一定方向延伸的裂缝，由于成因不同，有原生裂隙、构造裂隙、卸荷裂隙和风化裂隙等。我们把岩石具有孔隙和裂隙这种特性称为岩石的空隙性。由于岩石具有空隙性而更增大了岩石的非均一性。岩石的空隙性通常用孔隙度 n 和孔隙比 e_r 来表示。孔隙度 n 是岩石中空隙所占的体积与整个岩石体积的比值，常用百分数表示，其用下式计算：

$$n = \frac{V_r}{V} \times 100\% \tag{3-2}$$

式中：V_r——岩体中空隙的总体积，m^3；

V——岩体的体积，m^3。

孔隙比 e_r 是岩石中空隙所占的体积与固体矿物所占体积的比值，用下式表示：

$$e_r = \frac{V_r}{V_s} \tag{3-3}$$

式中：V_s——岩石中固体矿物所占的体积，m^3。

表3－1列出了一些岩石的容重和它们的孔隙度值。

表3－1　一些岩石的容重和孔隙度

岩　石	容重/(g·cm⁻³)	孔隙度/%	岩　石	容重/(g·cm⁻³)	孔隙度/%
花岗岩	2.6～2.7	0.5～1.5	页　岩	2.0～2.4	10.0～30.0
粗玄岩	3.0～3.05	0.1～0.5	石灰岩	2.2～2.6	5.0～20.0
流纹岩	2.4～2.6	4.0～6.0	白云岩	2.5～2.6	1.0～5.0
安山岩	2.2～2.3	10.0～15.0	片麻岩	2.9～3.0	0.5～1.5
辉长岩	3.0～3.1	0.1～0.2	大理岩	2.6～2.7	0.5～2.0
玄武岩	2.8～2.9	0.1～1.0	石英岩	2.65	0.1～0.5
砂　岩	2.0～2.6	5.0～25.0	板　岩	2.6～2.7	0.1～0.5

3. 岩石的波阻抗(也称特性阻抗)

岩石的波阻抗是指岩石的密度与纵波在岩石中传播速度的乘积。它表征岩石对纵波传播的阻尼作用，它与炸药爆炸后传给岩石的总能量及这种能量传给岩石的效率有直接关系，是衡量岩石可爆性的一个重要指标。

4. 岩石的风化程度

岩石的风化程度是指岩石在地质内应力和外应力的作用下发生破坏疏松的程度。风化程度对岩石性质(物理性质与力学性质)的影响极大，同一种岩石的性质常常由于风化程度的不同而差异很大，风化程度越厉害，其强度和坚固性越差，所以在工程设计和施工中不能忽视对岩石风化程度的研究。

对岩石风化程度定量指标的研究在工程设计和施工中都非常重要。伦布研究了风化花岗岩性质，提出了矿物风化指标的计算公式：

$$I_m = \frac{N_q - N_{q0}}{1 - N_{q0}} \tag{3-4}$$

式中：N_q——风化岩石中石英与石英加长石的重量比。

N_{q0}——新鲜岩石中石英与石英加长石的重量比。

后来，埃格按 I_m 值提出了如表3－2所列的岩石风化程度划分表。

表3－2　岩石风化程度划分表

I_m/%	0～10	10～25	25～75	75～100
风化程度	未风化	轻微风化	中等风化	严重风化

此外，还有伊利伊夫提出的风化波速指标的公式：

$$I_V = \frac{v_0 - v_W}{v_0} \tag{3-5}$$

式中：v_0——新鲜岩石的纵波速度，m/s；

v_W——风化岩石的纵波速度，m/s。

一般来说，随着风化程度的增大，岩石的空隙度和变形性增大，强度和弹性性能降低。

3.2.3　岩石的力学性质

1. 岩石的一般力学性质

岩石的力学性质是指岩石抵抗外力作用的性能，它是岩石的重要特性。岩石在外力作用下将发生变形，当外力增大到某一值时，岩石便开始破坏。岩石开始破坏时的强度称为岩石的极限强度，因受力方式不同而有抗拉、抗剪和抗压等极限强度。此外，岩石的力学性质还包括弹性、塑性、脆性、韧性、流度、松弛、弹性后效和强化等变形性质。由于岩石的组织成分和结构构造的复杂性，因而具有与一般材料不同的特殊性，如脆性、各向异性、不均匀性和非线性变形等。

(1) 岩石的变形特征

一般材料的变形可分为弹性变形和塑性变形。而岩石因其力学性质的特殊性，普遍地表现为弹塑性皆有，并且它不像一般固体材料那样有明显的屈服点，而是在所谓的弹性范围内呈现弹性和塑性，甚至在弹性变形一开始时就可能出现塑性变形。大多数固体岩石除了具有弹性和塑性以外，还具有脆性，所谓脆性是指岩石不经过显著的残余变形而破坏的性质。脆性岩石在破坏时变形很小，其极限强度与弹性限度相近，因而其破坏时能量损失较少。

(2) 岩石的应力-应变关系

① 连续加载条件下岩石的变形特征。试验表明，岩石具有较高的抗压强度而具有较低的抗拉和抗剪强度，见表 3-3，一般抗拉强度比抗压强度小 90%～98%，抗剪强度比抗压强度小 87.5%～91.7%。此外，岩石的力学强度与其密度关系很大，密度增大，其力学强度迅速增高。岩石种类很多，不同岩石有不同的应力-应变曲线。图 3-1 是单轴压力下岩石的各种应力-应变曲线。

表 3-3　某些岩石的力学强度值

岩石名称	98^{-1}·抗压强度 kPa	98^{-1}·抗拉强度 kPa	$(98\times10^5)^{-1}$·弹性模量 kPa	泊松比	内摩擦角/(°)	98^{-1}·内聚力 kPa
花岗岩	1 000～2 500	70～250	5～10	0.2～0.3	45～60	140～500
流纹岩	1 800～3 000	150～300	5～10	0.1～0.25	45～60	100～500
安山岩	1 000～2 500	100～200	5～12	0.2～0.3	45～50	100～400
辉长岩	1 800～3 000	150～350	7～15	0.1～0.2	50～55	100～500
玄武岩	1 500～3 000	100～300	6～12	0.1～0.35	48～55	200～600
砂　岩	200～2 000	40～250	1～10	0.2～0.3	35～50	80～400
页　岩	100～1 000	20～100	2～8	0.2～0.4	15～30	30～200
石灰岩	500～2 000	50～200	5～10	0.2～0.35	35～50	100～500

续表 3-3

岩石名称	98^{-1}·抗压强度 kPa	98^{-1}·抗拉强度 kPa	$(98\times10^5)^{-1}$·弹性模量 kPa	泊松比	内摩擦角/(°)	98^{-1}·内聚力/kPa
白云岩	800～2 500	150～250	4～8	0.2～0.35	35～50	200～500
片麻岩	500～2 000	50～200	1～10	0.2～0.35	35～50	30～50
大理岩	1 000～2 500	70～200	1～9	0.2～0.35	35～50	150～300
石英岩	1 500～3 500	100～300	6～20	0.1～0.25	50～60	200～600
板 岩	600～2 000	70～150	2～8	0.2～0.3	45～60	20～200

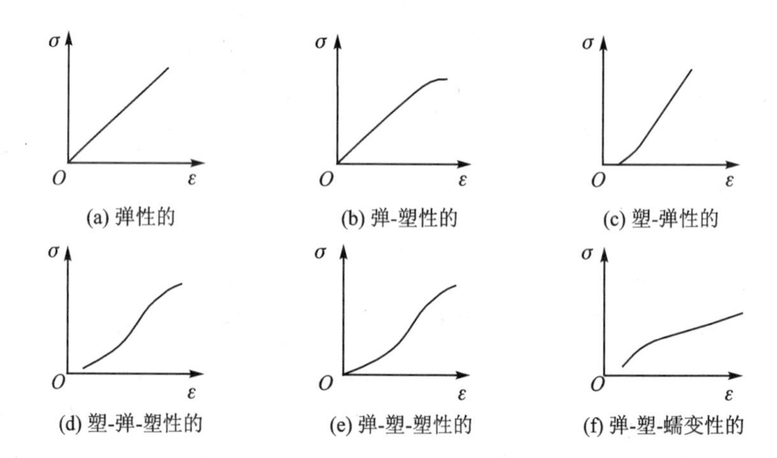

图 3-1　单轴压力下岩石的不同应力-应变曲线

图 3-2 为岩石的全过程变形曲线，由图可见岩石的变形是相当复杂的。图上的 A 点为压密极限，它表征着裂隙压密封闭的完结和线弹性变形的开始；B 点为弹性极限，是线弹性变形的终点和弹塑性变形的起点；C 点为屈服极限，以后应变明显增快，开始迅速破裂；D 点为强度极限，应力达到峰值，其后应力下降或保持常数；E 点是试样破坏后经过较大变形，应力下降到一定值开始保持常数的转折点，称为剩余强度。

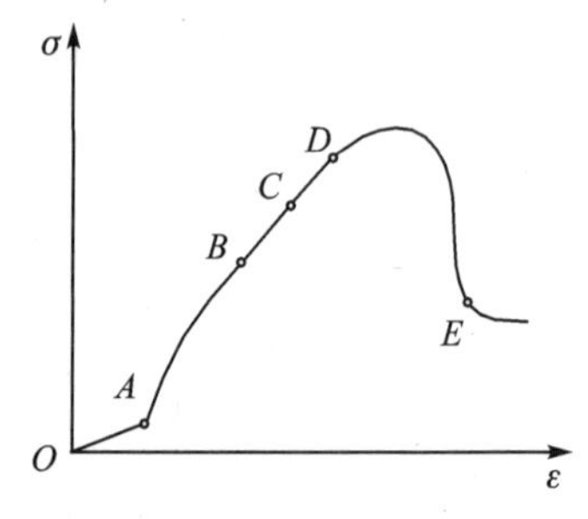

图 3-2　岩石全过程变形曲线

② 循环载荷作用下岩石的变形特征。图 3-3(a)为在弹性极限内加载和卸载时的应力-应变曲线，卸载点 P 在弹性极限 A 点以下，则应力-应变沿原来曲线回到原点，表示岩石具有弹性恢复能力。应该指出，大部分弹性变形在卸载以后是以声波速度恢复的，同时还有约占总弹性变形量的 10%～20%的变形，虽然最终也能恢复，但距卸载时刻有一定时间，称为弹性后效。图 3-3(b)为在超过弹性极限时的加载、卸载的应力-应变曲线，卸载点 P 在 A 点以上，出现卸载曲线与原曲线偏离的情况，其中能恢复的弹性变形为 ε_y，而 ε_0 是不能恢复的残余变形。如果反复加载和卸载多次，则所得曲线如图 3-3(c)所示，图中每一双卸载和加载曲线都可以围成一定面积，称为塑性滞环，滞环的面积经多次卸载、加载有所扩大，卸载曲线的斜率(弹性

模量)也逐渐有所增加。还可看出,不论卸载点离开弹性极限多远,卸载后总有能恢复的弹性变形。

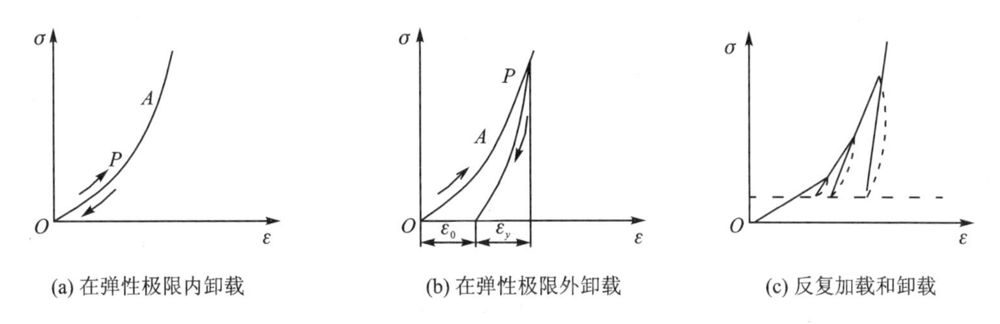

(a) 在弹性极限内卸载 (b) 在弹性极限外卸载 (c) 反复加载和卸载

图 3-3 循环载荷作用下的岩石应力-应变曲线

(3) 岩石的强度特征

岩石强度是指岩石在受外力作用发生破坏前所能承受的最大应力,是衡量岩石力学性质的主要指标,它包括单轴抗压、抗拉和抗剪强度,以及双轴和三轴压缩强度。

① 岩石的单轴抗压强度。岩石试件在单轴压力下所能承受的最大压力称为单轴抗压强度,用公式表示如下:

$$\sigma_c = \frac{P_c}{A} \tag{3-6}$$

式中:σ_c——单轴抗压强度,kPa;

P_c——试件破坏时的荷载,N;

A——试件截面积,m^2。

② 岩石的单轴抗拉强度。岩石试件在单轴拉伸时所承受的最大拉应力叫做单轴抗拉强度,用公式表示如下:

$$\sigma_t = \frac{P_t}{A} \tag{3-7}$$

式中:σ_t——单轴抗拉强度,kPa;

P_t——拉伸破坏时的最大拉力,N;

A——试件截面积,m^2。

③ 岩石的抗剪强度。它是岩石抵抗剪切破坏的最大能力,用剪断时剪切面上的极限剪应力表示如下:

$$\tau_c = \cot\varphi + C \tag{3-8}$$

与土的抗剪性能一样,表征岩石抗剪性能的基本指标也是 C 和 φ 值,即岩石的内聚力和内摩擦角(见表 3-3)。

(4) 岩石力学性质及其强度特征的几点结论

① 以脆性破坏为主。物质在受力后不经过一定变形阶段而突然破坏,这种破坏称为脆性破坏。试验表明,除非常软质的岩石和处于高压或高温条件下的岩石呈塑性破坏外,绝大部分岩石在一般条件下均呈现脆性破坏,其破坏应变量不大于 5%,一般小于 3%。此外,岩石的抗

拉、抗弯、抗剪强度均远比其抗压强度小，见表 3-4，这就表明岩石很容易被拉伸、弯曲或剪切所破坏。

表 3-4　岩石强度的相对值

岩石名称	相对于单轴抗压强度值		
	抗拉强度	抗弯强度	抗剪强度
花岗岩	0.02～0.04	0.03	0.09
砂　岩	0.02～0.05	0.06～0.2	0.10～0.12
石灰岩	0.04～0.10	0.08～0.10	0.15

② 存在着三轴抗压强度大于单轴抗压强度，单轴抗压强度大于其抗剪强度，而抗剪强度又大于抗拉强度的状况。

③ 具有各向异性和非均质性。

④ 在低压力区间内，强度包络线呈直线。

⑤ 矿物的组成、密度、颗粒间连接力以及空隙性是决定岩石强度的内在因素。

2. 岩石的动力学性质

(1) 岩石在动载荷作用下的一般性质

引起岩石变形及破坏的载荷可分为静载荷和动载荷两种。动载荷和静载荷的区分，至今尚无统一的严格规定，一般所谓动载荷是指作用时间极短和变化迅速的冲击型载荷。在岩石动力学中常把应变率大于 $10^4\ s^{-1}$ 的载荷称为动载荷。岩石在动应力作用下，其力学性质发生很大变化，它的动力学强度比静力学强度增大很多。表 3-5 列出了岩体的动、静弹性模量比较值，表 3-6 列出了几种岩石的抗压和抗拉强度的动应力和静应力值，可看出岩石的动力强度比静力强度大。

表 3-5　岩体静弹模 E_{me} 与动弹模 E_d 比较表

岩体名称	$9.8^{-1}\times10^{-5}\cdot E_{me}$/kPa	$9.8^{-1}\times10^{-5}\cdot E_d$kPa	E_d/E_{me}
花岗岩	25.0～40.0	33.0～65.0	1.32～1.62
玢 岩	14.71	34.7	2.36
砂 岩	3.8～7.0	20.6～44.0	5.4～6.3
中粒砂岩	1.0～2.8	2.3～14.0	2.3～5.0
细粒砂岩	1.3～3.6	20.0～36.5	1.6～10.0
石灰岩	3.93～39.6	31.6～54.8	1.12～3.05
页 岩	0.66～5.0	6.75～7.14	1.42～8.6
石英片岩	24～47	66.0～89.0	1.89～2.75
片麻岩	12	11.5～35.4	0.96～2.95

表 3-6　岩石的动、静抗压及抗拉强度值(日本资料)

岩石名称	容重/($g\cdot ml^{-3}$)	应力波速度/($m\cdot s^{-1}$)	$98^{-1}\cdot$抗压强度/kPa		$98^{-1}\cdot$抗拉强度/kPa		$98^{-1}\cdot$加载速度/kPa	加载持续时间/ms
			静　载	动　载	静　载	动　载		
大理石	2.7	4 500～6 000	900～1 100	1 200～2 000	50～90	200～400	10^8～10^9	10～30
砂岩Ⅰ	2.6	3 700～4 300	1 000～1 400	1 200～2 000	80～90	500～700	10^8～10^9	20～30
砂岩Ⅱ	2.0	1 800～3 500	150～250	200～500	20～30	100～200	10^7～10^8	50～100
砂岩Ⅲ	2.7	4 100～5 100	2 000～2 400	3 500～5 000	160～230	200～300	10^8～10^9	10～20
辉绿岩	2.8	5 300～6 000	3 200～3 500	7 000～8 000	220～320	500～600	10^8～10^9	20～50
石英闪长岩	2.6	3 700～5 900	2 400～3 000	3 000～4 000	110～190	200～300	10^8～10^9	30～60

岩石在动载荷作用下,其抗压强度与加载的速度关系如下:

$$S=\Delta S+S_0=K_M\lg V_L+S_0 \tag{3-9}$$

式中:S——动载强度,kPa;

S_0——静载强度,kPa;

ΔS——强度增量,kPa;

K_M——比例系数;

V_L——加载速度,kPa/s。

上式表明岩石动力强度和加载速度 V_L 的对数,以及加载速度对岩石动力强度的影响程度呈线性关系。K_M 与岩石种类和强度类型有关。若加载速度由 1 kPa/S 提高到 10^{10} kPa/s(爆炸加载速度为 10^9～10^{11} kPa/s),由上式可求得强度增量 ΔS,如表 3-7 所列。由表可见,静载强度高的岩石,提高加载速度后,强度增量虽高,但相对增量却减小。某些研究结果还指出,加载速度只影响抗压强度,对抗拉强度的影响则很小。由于岩石容易受拉伸和剪切所破坏,所以尽管动载强度比静载强度高,岩石仍然容易受爆破冲击载荷作用而破坏。

表 3-7　动载作用下岩石强度的对比表

岩石名称	抗压强度				抗拉强度			
	S_0	K_M	$\Delta S=K_M\lg V_L$	$\Delta S/S_0$	S_0	K_M	$\Delta S=K_M\lg V_L$	$\Delta S/S_0$
石灰岩	308	69	552	1.79	18	2.7	21.6	1.2
砂岩	1 145	88	704	0.61	43	5.3	42.4	0.99
辉长岩	1 920	140	1 120	0.58	163	18.1	144.8	0.89

几点结论:

① 动抗压、抗拉强度随加载速度提高而明显增加;

② 动抗压与动抗拉强度之比 σ_c/σ_t 为非恒定值,随加载速度的提高略有增大;

③ 在抗压试验中,除初始阶段外,加载速率和应变速度的对数呈线性关系;

④ 变形模量随加载速度增加而提高;

⑤ 试验表明,岩性越差、风化越严重、强度越低,则受加载速度的影响越明显。

（2）爆炸冲击载荷作用下岩体的应力特征

炸药爆炸时的载荷是一个突变的变速载荷，最初是对岩体产生冲击载荷，压力在极短时间内上升到峰值，其后迅速下降，后期形成似静态压力。冲击载荷在岩体中形成了应力波，并迅速向外传播。

冲击载荷对岩体的作用有以下主要特点：

① 冲击载荷作用下形成的应力场（应力分布及大小）与岩石性质有关（静载则与岩性无关）。

② 冲击载荷作用下，岩石内质点将产生运动，岩体内发生的各种现象都带有动态特点。

③ 冲击载荷在岩体内所引起的应力、应变和位移都是以波动形式传播的，空间内应力分布随时间而变化，而且分布非常不均。

图 3-4 为固体在冲击载荷作用下的典型变形曲线。图中 $O \sim A$ 为弹性区，A 为屈服点，在该区内应力-应变为线性关系，变形模量 $E=\mathrm{d}\sigma/\mathrm{d}\varepsilon=$常数，弹性应力波波速等于常态固体的声速 $C=\sqrt{E/\rho}$；$A \sim B$ 为弹塑性变形区，$\mathrm{d}\sigma/\mathrm{d}\varepsilon \neq$ 常数，随应力值增大而减小；B 点以后材料进入类似流体状态；应力值超过 C 点后，波形可成陡峭的波形，而且波头传播速度是超声速的，这就可视为真正的冲击波。

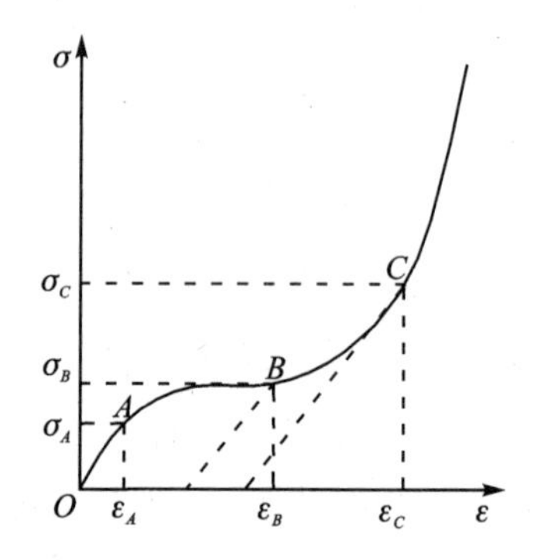

图 3-4　固体在冲击载荷作用下的变形曲线

炸药在岩体内爆炸时，若作用在岩体上的冲击荷载超过 C 点应力（称为临界应力），则首先形成的就是冲击波，而后随距离增大衰减为非稳态冲击波、弹塑性波、弹性应力波和爆炸地震波。

可用下式求算岩体内的冲击波速度：

$$D = a + bu \tag{3-10}$$

式中：D——冲击波波速，mm/μs；

u——质点运动速度，mm/μs；

a,b——常数，与岩石有关，见表 3-8。

表 3-8　不同岩石的 a,b 值

岩石名称	$\rho/(\mathrm{g \cdot cm^{-3}})$	$a/(\mathrm{mm \cdot \mu s^{-1}})$	b
花岗岩	2.63	2.1	1.63
玄武岩	2.67	3.6	1.0
辉长岩	2.67	2.6	1.6
钙钠斜长岩	2.98	3.5	1.32
纯橄榄岩	2.75	3.0	1.47
橄榄岩	3.3	6.3	0.65
大理岩	3.0	5.0	1.44

续表 3-8

岩石名称	$\rho/(\mathrm{g\cdot cm^{-3}})$	$a/(\mathrm{mm\cdot \mu s^{-1}})$	b
石灰岩	2.7	4.0	1.32
泥质细粒砂岩	2.6	3.5	1.43
页 岩	2.5	3.4	1.27
岩 盐		0.52	1.78
	2.0	3.6	1.34
	2.16	3.5	1.33

注：ρ 为岩石的密度。

岩石受冲击后动应力的表达式为：

$$\sigma = \rho c V \tag{3-11}$$

$$E_{\mathrm{d}} = \rho c^2 \tag{3-12}$$

$$\nu_{\mathrm{d}} = \frac{(C_{\mathrm{p}}/C_{\mathrm{s}})^2 - 2}{2[(C_{\mathrm{p}}/C_{\mathrm{s}}) - 1]} \tag{3-13}$$

式中：σ——动应力，kPa；

ρ——岩石密度，$\mathrm{kg/m^3}$；

c——波速，m/s；

ν——加械速度，m/s；

E_{d}——动弹模量，kPa；

ν_{d}——动泊松比；

C_{p}——纵波速度，m/s；

C_{s}——横波速度，m/s。

一般来说，脆性物质在爆炸冲击作用下具有雨贡弹性极限特性，即在压力达到雨贡弹性极限时，压缩波的波速 v_{p} 保持不变。雨贡弹性极限远比岩石强度高，花岗岩达 9.8×10^6 kPa，石英 1.29×10^7 kPa，大部分岩石都在 3.9×10^6 kPa 以上，甚至煤也达 1.3×10^6 kPa。

由于许多岩石的弹性极限高于大多数工业炸药的爆炸压力，所以可以把岩石在炸药爆炸冲击荷载作用下看作弹性体。

岩石的破裂是在爆炸应力波的拉伸作用下而不是在压缩作用下产生的。

表 3-9 列出了一些岩石的动态特性参数。

表 3-9　一些岩石的动态特性参数

岩　石	容重/$(\mathrm{g\cdot cm^{-3}})$	10^{-3}·岩体纵波速/$(\mathrm{m\cdot s^{-1}})$	10^{-3}·岩体杆件纵波速/$(\mathrm{m\cdot s^{-1}})$	泊松比	$98^{-1}\cdot10^{-5}$·弹性模量/kPa	$98^{-1}\cdot10^{-5}$·剪切模量/kPa	$98^{-1}\cdot10^{-5}$·体积压缩模量/kPa	$98^{-1}\cdot10^{-5}$·拉梅常数/kPa	10^{-3}·横波速/$(\mathrm{m\cdot s^{-1}})$	10^{-3}·波阻抗/$(\mathrm{g\cdot cm^{-2}\ m\cdot s^{-1}})$
辉长-辉绿岩	3.1	5.64	5.24	0.23	8.6	3.54	5.28	3.02	3.35	17.5
辉绿岩	2.87	6.34	5.67	0.27	9.38	3.69	6.79	4.33	3.56	18.2
细粒辉绿岩	3.04	7.53	6.73	0.27	14.03	5.51	10.24	6.46	4.22	22.6
辉绿玢岩	2.91	7.14	5.95	0.32	10.5	3.97	9.84	7.18	3.66	20.8
玢岩	2.93	6.41	5.42	0.31	8.85	3.38	7.78	5.51	3.36	18.8

续表 3－9

岩　石	容重/(g·cm^{-3})	10^{-3}·岩体纵波速/(m·s^{-1})	10^{-3}·岩体杆件纵波速/(m·s^{-1})	泊松比	98^{-1}·10^{-5}·弹性模量/kPa	98^{-1}·10^{-5}·剪切模量/kPa	98^{-1}·10^{-5}·体积压缩模量/kPa	98^{-1}·10^{-5}·拉梅常数/kPa	10^{-3}·横波速/(m·s^{-1})	10^{-3}·波阻抗/(g·cm^{-2}·s^{-1})
石英岩	2.65	6.42	5.85	0.25	9.26	3.70	7.89	3.70	3.70	17
石英闪长岩	2.6	3.7～5.9								9.62～15.34
辉长岩	2.98	6.56							3.44	19.55
玄武岩	3.00	5.61							3.05	16.83
橄榄岩	3.28	7.98							4.08	26.17
板岩	2.8	3.66～4.45								10.25～12.46
页岩	2.35	1.83～3.97		0.22～0.40	2.94	0.98	1.96	0.98	1.07～2.28	4.30～9.33
煤	1.25	1.2	0.86	0.36	0.18	0.07	0.09	0.05	0.72	1.5
冲击层	1.54	0.5～1.96								0.77～3.02
土壤	1.15	0.15～0.76								0.17～0.87

3.2.4　岩石的工程分级

土石方工程或采矿工程经常需要将一部分岩石开挖掉，而将另一部分岩石保存和加固。开挖岩石的时候，松软的容易开挖，坚硬的就比较困难。对需要保留的岩石，松软的容易遭受破坏而影响安全，坚固的就不易遭受破坏。由此可见，在生产建设中不但要了解岩石的种类，还必须了解岩石的坚固程度。因此，按照岩石的坚固性对岩石进行工程分级就成为工程建设中所必须解决的问题。岩石的工程分级就是要在量上确定岩石破碎的难易程度。所以完善的岩石分级不仅能作为正确地采取破碎岩石方法的依据，也可作为爆破设计上合理选择爆破参数的准则，以及生产管理部门制定定额的参数。工程实践中最普遍的是用岩石的坚硬系数 f 值作为岩石工程分级的依据，它是苏联学者 M. M. 普洛托李亚可诺夫提出来的，所以叫做岩石的普氏分级法。普氏提出了许多确定 f 值的方法，目前只保留用正式确定 f 值的方法如下：

$$f = \frac{P}{100} \tag{3-14}$$

式中：P——岩石的极限抗压强度，kg/cm^2。

由于岩石的不均匀性，风化程度的不同，以及受构造影响程度的不同，常使同一地点处在不同部位的岩石其 f 值相差很大，所以确定 f 值时，必须在不同部位取多组岩样做试验，然后取它们的平均值或代表性的数值。

下面介绍几种对露天爆破工程较有参考价值的岩石工程分级法。

① 古图左夫(Kymyzob)等人的露天矿岩石爆破性分级法，见表 3－10。

② 普氏岩石分级法，见表 3－11。

③ 布路德邦特(Broadbent)岩石爆破性分级法，见表 3－12。

岩石分级的方法很多，各种方法都是针对着不同的工程特点进行的，至今尚无一种十分完善的、得到普遍应用的分类法。

表 3-10 古图左夫露天矿岩石爆破性分级表

等 级	计算炸药单耗/(kg·m⁻³)		岩体自然裂隙平均间距/m	结构体块度含/%		98⁻¹·抗压强度/kPa	岩石密度/(t·m⁻³)	普氏等级和系数 *f*
	范 围	平 均		>500 mm	>1 500 mm			
Ⅰ	0.12～0.18	0.15	<0.10	0～2	0	100～300	1.4～1.8	Ⅶ～Ⅵ(1～2)
Ⅱ	0.18～0.27	0.225	0.10～0.25	2～16	0	200～450	1.75～2.35	Ⅳ～Ⅴ(2～4)
Ⅲ	0.27～0.38	0.320	0.20～0.50	10～52	0～1	300～650	2.20～2.55	Ⅴ～Ⅳ(4～6)
Ⅳ	0.38～0.52	0.450	0.45～0.75	45～80	0～4	500～900	2.50～2.80	Ⅳ～Ⅲ(6～8)
Ⅴ	0.52～0.68	0.600	0.70～1.00	75～98	2～15	700～1 200	2.75～2.90	Ⅲ(8～10)
Ⅵ	0.68～0.88	0.780	0.95～1.25	96～100	10～30	1 100～1 600	2.85～3.00	Ⅲ～Ⅱ(10～15)
Ⅶ	0.88～1.10	0.990	1.20～1.50	100	25～47	1 450～2 050	2.95～3.20	Ⅱ～Ⅰ(15～20)
Ⅷ	1.10～1.37	1.285	1.45～1.70	100	43～63	1 950～2 500	3.15～3.40	Ⅰ(20)
Ⅸ	1.37～1.68	1.525	1.65～1.90	100	58～78	2 350～3 000	3.35～3.60	Ⅰ(20)
Ⅹ	1.68～2.03	1.855	≥1.85	100	75～100	≥2 850	≥3.55	Ⅰ(20)

表 3-11 普氏岩石分级表

等 级	坚实程度	岩石名称	容重/(kg·m⁻³)	极限抗压强度/(kg·cm⁻²)	*f* 值
Ⅰ	非常坚实	最坚实、致密、强韧的石英岩及玄武岩,非常坚实的其他岩层	2 800～3 000	2 000	20
Ⅱ	很坚实	很坚实的花岗岩类,石英斑岩,很坚实的花岗岩、硅质页岩、石英岩、最坚实的砂岩、石灰岩	2 600～2 700	1 500	15
Ⅲ	坚实	致密的花岗岩和花岗岩类,很坚实的砂岩和石灰岩、石英矿脉,坚实的砾岩,很坚实的铁矿	2 500～2 600	1 000	10
Ⅲa	坚实	石灰岩(坚实),不坚实的花岗岩,坚实的砂岩,坚实的大理岩、白云岩、黄铁矿	2 500	800	8
Ⅳ	尚坚实	普通砂岩,铁矿	2 400	600	6
Ⅳa	尚坚实	砂质页岩、页状砂岩	2 300	500	5
Ⅴ	中等	坚实的砂质页岩,不坚实的砂岩和石灰岩、软的砾岩	2 400～2 800	400	4
Ⅴa	中等	各种页岩(不坚实),致密的泥灰岩	2 400～2 600	300	3
Ⅵ	尚软	软质页岩、极软石灰岩、白垩、岩盐、石膏、冻土、破碎砂岩、胶结的卵石与砾石、石质土壤	2 200～2 600	200～150	2
Ⅵa	尚软	碎石土壤、破碎页岩、卵石与碎石的交互层、硬化粘土	2 200～2 400		1.5
Ⅶ	软	粘土(致密);粘土类土壤	2 000～2 200		1.0
Ⅶa	软	轻型沙质粘土、黄土、砾石	1 800～2 000		0.8
Ⅷ	土质	腐殖土、泥炭、软砂粘土、湿沙	1 600～1 800		0.6
Ⅸ	松散	砂、砂堆、小砾石、填筑土,挖出的煤	1 400～1 600		0.5
Ⅹ	游动	流动土,沼泽土,稀薄的黄土及其他稀薄土壤			0.3

注:普氏分级表中的岩石极限抗压强度的单位是 kg/cm^2,若改用 Pa,则 *f* 值将发生变化,为了保持普氏的 *f* 值不变,故仍采用原来的单位。

表 3-12 布路德邦特岩石爆破性分级表

爆破性分级	Ⅰ(易爆)	Ⅱ(中等)	Ⅲ(难爆)	Ⅳ(很难)
岩石弹性纵波速度/($m \cdot s^{-1}$)	1 200	1 800	2 400	3 000
炸药单耗/($kg \cdot m^{-3}$)	0.3	0.5	0.6	0.7

3.3 地质构造

3.3.1 概 述

所谓地质构造,是指地质历史时期的各种内外动力作用在地壳上所留下的构造形迹,这些构造形迹对于工程建筑有着很大的影响,为了保证施工的效率和安全,要对地质构造进行详细的调查研究。研究与爆破工程有密切关系的地质构造条件,主要是研究有关组成地壳岩体的各种构造形体及它们之间的接触面(即岩体结构图)的类型和空间分布特征,包括岩层层理、褶皱、断层、节理裂隙及相互之间的空间关系。

表示岩体结构面在空间的位置状态,叫做岩体结构面的产状,通常用走向、倾向、倾角三个要素来表示,称为产状三要素。

走向——倾斜岩层层面与水平面交线的方向。

倾向——岩层层面上与走向线垂直的向下倾斜线的方向。

倾角——岩层倾斜的角度。

产状要素的表示方法:

① 方位角表示法。以正北(N)为 0°,顺时针旋转到正东(E)为 90°,正南(S)为 180°,正西(W)270°,再转到正北为 360°。例如一个岩层的产状为走向 220°,倾向 130°,倾角 30°,我们便了解了它在空间的分布状态。要注意走向与倾向是相差 90°,走向可以是两个方向,它们相差 180°,而倾向只能是一个方向。只要知道倾向,将它加或减 90°便是走向,但只知道走向却不能得知倾向,故一般只记倾向和倾角即可,如上述岩层的产状可记为 130°∠30°(即倾向、倾角)。

② 象限角表示法。把全方位分成北东(NE)、南东(SE)、北西(NW)和南西(SW)四个象限。如上述产状走向 220°,属 SW 象限,220°−180°=40°,即为 S40°W,倾角 30°,倾向 130°属南东(SE)方向,因此该岩层产状记作 S40°W/30°SE。

3.3.2 岩体结构面类型

1. 岩层及层理

岩层是由同一岩性组成的有两个平行的界面所限制的层状岩体。层理是一组互相平行岩层的层间分界面。相邻两个层理面的垂直距离为岩层的厚度,岩层厚度与岩体的工程力学性质有很大关系,在同一种岩石中,厚的岩石比薄的岩层工程力学性质好。岩层厚度对岩体的可爆性和爆破后块度大小的影响十分明显。

2. 褶 皱

褶皱也叫褶曲,是指岩层的某一个弯曲。褶曲的形态基本上可分为两种,即背斜和向斜。

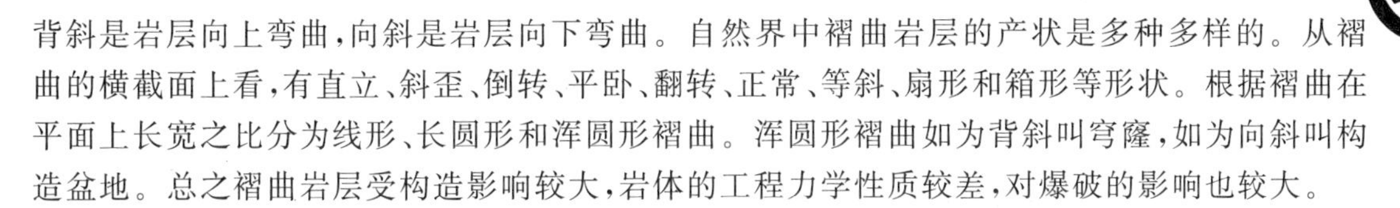

背斜是岩层向上弯曲，向斜是岩层向下弯曲。自然界中褶曲岩层的产状是多种多样的。从褶曲的横截面上看，有直立、斜歪、倒转、平卧、翻转、正常、等斜、扇形和箱形等形状。根据褶曲在平面上长宽之比分为线形、长圆形和浑圆形褶曲。浑圆形褶曲如为背斜叫穹窿，如为向斜叫构造盆地。总之褶曲岩层受构造影响较大，岩体的工程力学性质较差，对爆破的影响也较大。

3. 节理、裂隙

节理(joint)、裂隙就是自然岩体的开裂或断裂。如裂缝两侧的岩体没有沿裂面发生明显的位移或仅有微小位移的称为节理，节理是野外最常见的断裂构造，几乎自然界的所有岩体都或多或少地受到节理裂隙的分割而降低了岩体的工程力学性质，节理裂隙越发育，岩体的工程力学性质越差。

4. 断　层

岩体发生断裂且两侧岩石沿断裂面发生较大移动的构造叫做断层(fault)。断层是地壳上一种常见的地质构造，它对各种土建和矿山工程有相当大的影响作用。区域性的断层可延伸很长。断层错开的两个面叫断层面，如图 3－5 所示，处在断层面上方的岩体叫上盘，而处在下方的岩体叫下盘，上下盘错开的距离叫断距，由于断层错断的方向可以是上下、左右、斜向或转动，所以真正的断距在自然界是很难求得的。

5. 片理、劈理

片理是指岩石可顺片状矿物揭开的性质，其延伸不长。劈理则是一些平行排列密集的裂隙面，它与片理共同的特点都是细小又密集地将岩石切成小薄片。由于它们细小密集，所以测量它们的产状意义不大，但它们会将岩体切割成碎片，则是工程建设要引起注意的问题。

6. 不同岩层的接触面

不同岩层的接触面包括沉积岩不同岩层的接触关系和火成岩与围岩的接触关系。火成岩与围岩的接触关系比较复杂，与火成岩的产状有关，如喷出的可形成岩流、岩钟、岩盖等，侵入的可形成岩脉、岩盘、岩基、岩株等。沉积岩不同岩层的接触关系则如图 3－6 所示，其中 $a-a$ 为整合接触，$b-b$ 为假整合接触，$c-c$ 为不整合接触。整合接触是指岩层虽不同，但所有层理面都是平行的。假整合接触是上下岩层的产状一致，但两者经过一个沉积间断时期的剥蚀、冲刷或风化后形成了一个不平整的接触面。不整合是上下两套岩层的产状有明显差异，其接触面也是起伏不平的。

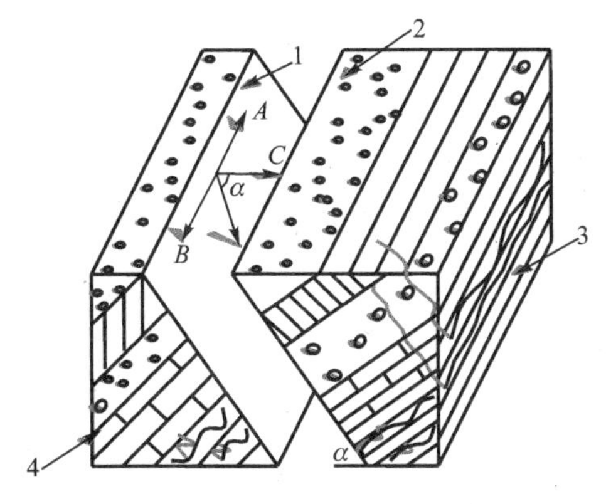

1—段层面；2—断层线；3—上盘；4—下盘

图 3－5　断层要素图

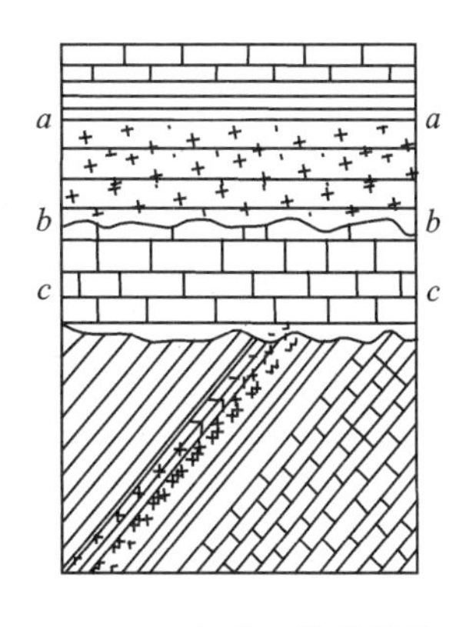

图 3－6　沉积岩层的接触关系

3.4 地质条件对爆破作用的影响

3.4.1 地形条件对爆破作用的影响

对于大规模的硐室爆破来说，地形条件是影响爆破效果和经济指标的重要因素。爆破区的地形条件主要包括地面坡度、临空面个数和形态、山体高低及冲沟分布等地形特征。这些条件是进行爆破设计必须充分考虑的重要因素，因为爆破方法及爆破范围的大小、爆破方量、抛掷方向和距离、堆积形状、爆破后的清方工作以及施工现场布置的条件等都直接受到地形条件的影响。

1. 地形与爆破的关系

(1) 地形对爆破石方抛掷方向的影响

地形决定了药包最小抵抗线的方向。在平地爆破，土岩抛出方向是向上的；在斜坡地面爆破，土岩主要沿斜坡面法线方向抛出，根据弹道抛物线原理，以45°抛掷距离最远，在斜坡地面又与山坡纵向形态有关，如图3-7所示。图3-7(a)为平直山坡，石方基本沿最小抵抗线方向抛出；图3-7(b)为凸面山坡，由地面上每一点至药包中心都与最小抵抗线距离差不多，因此石方是抛散的；图3-7(c)为凹面山坡，抛石是集中的。这些是斜坡单一临空面不同地形的抛掷情况。在山包、山头、山嘴、山脊等地形进行爆破，药包抵抗线是多方向的，例如孤山包爆破是四面"开花"；山嘴地形则可向三个临空面飞散；山脊地形则向两侧抛出。这些都是多临空面地形的抛掷情况。在洼坑、山沟、垭口等地形爆破，夹制作用大，抛出方量和方向严格受地形限制，但它抛掷方量集中。

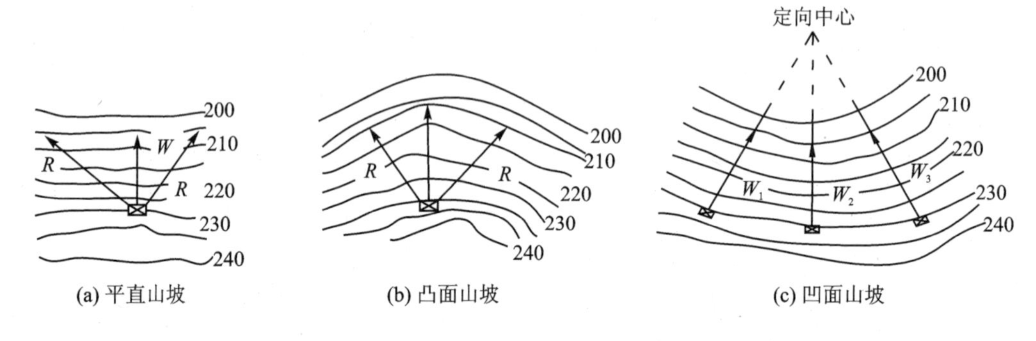

图3-7 山坡不同纵向形态抛掷效果不同

(2) 地形与爆破方量的关系

假设在三种理想的地形形态下，我们来研究爆破方量与地形的关系，如图3-8所示。假设都统一采用标准抛掷爆破，其他参数都是一致的，如图3-8所示的最小抵抗线 W 都一样，图中的 α 都等于90°，爆破作用指数 $n=r/W=1$ 都一样，则由爆破原理和有关计算公式求得的爆破破裂半径 R 也都一样。因此由几何图形可求得它们的爆破方量 V，其中平地为 $V_a=1/3\pi W^3 \approx W^3$，鼓包为 $V_b \approx 2.5W^3$，洼地为 $V_c \approx 0.4W^3$。由此可得出，$V_a:V_b:V_c=1:2.5:0.4$，说明地形对爆破方量的影响很大，也就是说多面临空的鼓包地形有利于爆破，出沟洼地不利于爆破，这是地层夹制作用的结果。

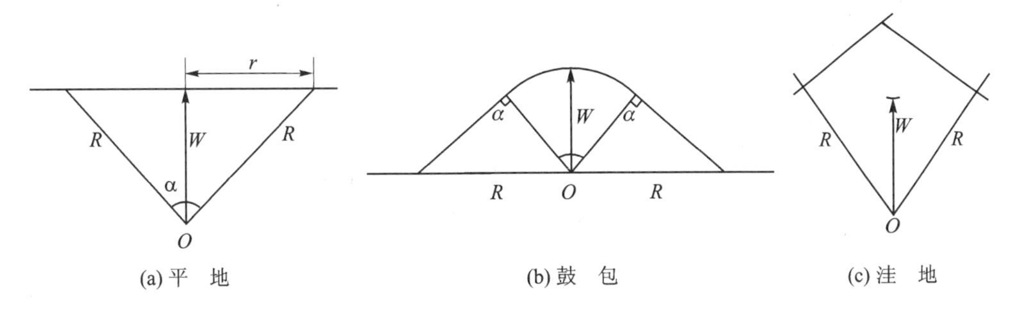

图 3-8　地形对爆破方量的影响

(3) 地形与爆破其他参数的关系

地形的变化对某些爆破参数的选择有一定影响，如爆破作用指数 n 值、爆破漏斗可见深度、药包间距都与地形有关，地形还影响到抛掷堆积体的形状、抛掷距离和堆积高度等。

2. 各种爆破类型对地形条件的要求

由上述可见，爆破方法和爆破效果在很大程度上取决于爆破地点的地形条件。因此，根据客观的地形条件，因地制宜地选择爆破方法是十分重要的。所以有必要研究什么样的地形适合什么样的爆破方法，也就是不同爆破类型对地形条件的要求问题。

露天大爆破根据工程要求不同，采用不同类型的爆破方法，一般有松动爆破、加强松动爆破、抛掷爆破(或扬弃爆破)和定向抛掷爆破。松动爆破与加强松动爆破主要是将矿岩破裂和松动并堆积成松散体，以便于装运，这种爆破方法一般不受地形条件的限制，但要结合不同的地形采用不同的布药方式以求得较好的爆破效果；此外，地形影响到这种爆破方法的技术经济指标，如多临空面和陡坡地形要比凹地、沟谷、垭口地形取得较经济的爆破效果。抛掷爆破是要求将矿岩抛出爆破漏斗以外或露天矿境界以外，降低爆堆高度或减少装运工程量，其抛掷百分率与地形条件有关，地形坡度愈陡则抛掷率愈高，可以达到 70 %～80 %，采用强抛掷可达 100 %；定向抛掷爆破对地形条件要求较高，因为它要求爆破抛掷体向一定方向和位置堆积，有时还要求堆积成一不定期的形状。定向的形式基本上有三种：面定向、线定向和点定向。近几年发展起来的平面药包爆破法可视为面定向，它适用于一定的斜坡地面；开挖各种堑沟、渠道、填筑路堤等工程向一侧抛掷的定向爆破属于线定向，平地或各种延展山坡都可以进行线的定向爆破，但以平直的延展山坡坡度在 45°左右的地形定向效果最好，平地或缓坡则一般要经过改造地形才能达到较好的效果；矿山工程的定向爆破堆筑尾矿基础坝、水利工程修建水库的定向爆破筑坝以及铁路公路挖填交界处的移挖作填等爆破可视为点的定向。点的定向对地形条件要求十分严格，因为它要求土石方集中而防止抛散，就要从地形上严格加以控制，它要求有一定的山体高度和厚度、山坡的坡度、纵向及横向的山坡形态，还对山体的后面及侧面的地形有一定的要求以便控制不逸出半径等，具体要求可参阅后面有关定向爆破对地形条件要求的章节。

3. 改造地形

在爆区天然地形不利于达到需要的爆破目的时，改造地形是爆破设计中的重要措施之一。图 3-9 是平地定向爆破改造地形的例子，其中的 1# 药包和 1-1#、1-2#、1-3# 药包，都是为了改造地形的辅助药包，它们要分别比各自的主药包 2# 和 2-1#、2-2#、2-3# 先起爆

1～2 s,以便能先形成一个有利于主药包作定向爆破的临空面。

在斜坡地面进行定向爆破改造地形的例子如图 3-10 所示,图 3-10(a)中 1 辅助药包是为了改选斜坡坡度,以利于主药包 2 的抛掷。图 3-10(b)中辅助药包 1-1#、1-2#、1-3# 是为了将山坡改造成弧形凹坡,以利于主药包 2-1#、2-2#、2-3# 向定向中心集中抛掷。

在改造地形时,必须注意辅助药包开创的临空面应能准确引导后面主药包的抛掷方向,否则会影响爆破效果。

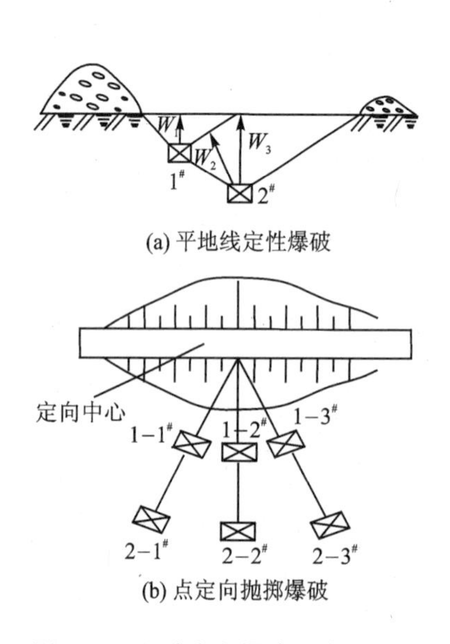

图 3-9　平地定向爆破改造地形图

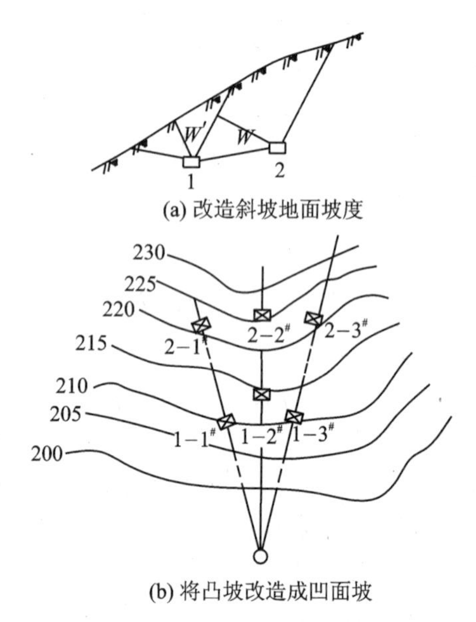

图 3-10　斜坡定向爆破改造地形图

3.4.2　岩体性质对爆破使用的影响

自然界的岩体大多数是非均质体,岩体的均质与非均质对爆破的影响很大,均质岩体主要以岩石本身的性质(物理力学性质)影响爆破作用,而非均质岩体则是岩体的弱性部位,对爆破的影响起着决定性作用。实际上均质岩体与非均质岩体并无明确界限,但为研究方便,还是分别进行讨论,对于受构造作用和风化作用影响不大的火成岩岩基和厚层完整的某些沉积岩和变质岩都可视为均质岩体。

1. 均质岩体与爆破作用的关系

均质岩石主要以其物理力学性质对爆破作用产生影响。

(1) 某些爆破参数与岩性有关

爆破设计时某些爆破参数如炸药单耗、爆破压缩圈系数、边坡保护层厚度、药包间距系数、岩石抛掷距离系数以及爆破安全距离计算中的一些系数都需要根据岩石的物理力学性质(如岩石的容重、强度或 f 值等)加以确定。

(2) 炸药与岩石匹配问题

岩性与爆破作用关系的另一个问题是炸药和岩石性质的匹配问题。为了提高炸药能量利用率,必须根据岩石的特性阻抗(波阻抗)来选择炸药的品种,使炸药的特性阻抗(即炸药的密度与爆速的乘积)与岩石的特性阻抗相匹配。实验证明,凡是具有较大特性阻抗的炸药或者它

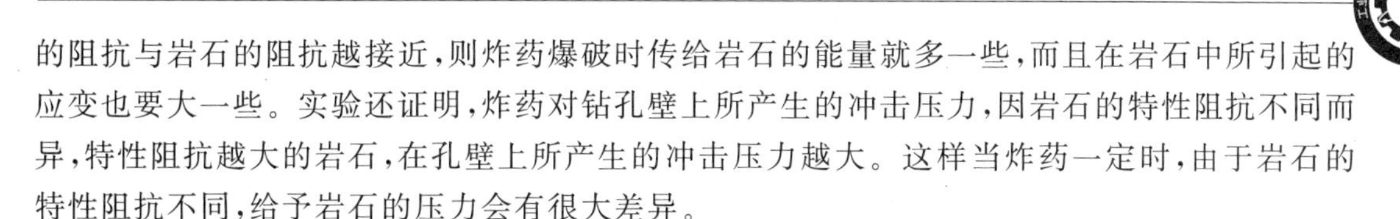

的阻抗与岩石的阻抗越接近，则炸药爆破时传给岩石的能量就多一些，而且在岩石中所引起的应变也要大一些。实验还证明，炸药对钻孔壁上所产生的冲击压力，因岩石的特性阻抗不同而异，特性阻抗越大的岩石，在孔壁上所产生的冲击压力越大。这样当炸药一定时，由于岩石的特性阻抗不同，给予岩石的压力会有很大差异。

(3) 岩性对爆破破岩及传波特性的影响

岩石的孔隙愈多、密度愈小，则爆破应力波的传播速度愈低，同时岩石愈疏松则弹性波引起质点振动耗能越大，还由于孔隙对波的散射作用会使波的能量衰减很快，从而减小应力波对岩石的破碎作用而影响爆破效果。

2. 非均质岩体对爆破作用的影响

药包在非均质岩体中爆破，由于岩体的力学性质不同，爆破作用容易从松软岩体部位突破而影响爆破效果。例如在山脊布置双侧作用的药包，若两侧岩体不同，爆破作用将主要朝向岩性较松软的一侧，加强了该侧岩体的破碎，但另一侧较坚硬的岩体将破碎不充分而形成岩坎。若药包通过不同岩层，或有较厚的松渣压在上面，则在确定炸药单耗 q 值及药包间距系数时，要考虑其影响，要防止过量装药和产生根底。在确定上破裂半径 R' 值时，对于有较厚堆积层的斜坡，不能单纯从坡度考虑，而应视覆盖层情况确定，如图 3－11 中爆破漏斗的上破裂线实际上不是 AO 而是 BCO，BC 的坡度一般相当于覆盖体的自然安息角。对爆破后果的影响，主要是由于爆破能量集中于阻抗较小的松散岩层上，扩大了不该破坏的范围，同时可能增大个别飞石距离，造成危害。非均质岩体爆后形成的边坡也不稳定，这是因为岩性差异大，爆后边坡面易于形成各种裂隙，或使原有节理、层理扩展，造成坡面凹凸不平，形成落石等危害。

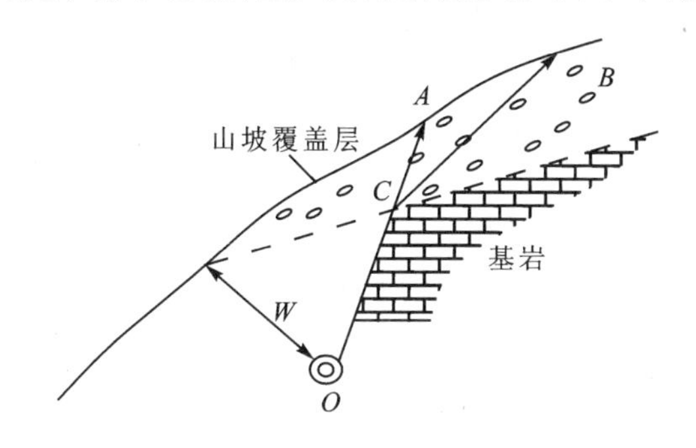

图 3－11　覆盖层对上破裂线的影响

为了克服非均质岩体对爆破作用的影响，应在布置药包位置时采取相应措施，如将药包布置在坚硬难爆的岩体中，并使它到达周围软弱岩体的距离大致相等，或采用分集药包、群药包的形式，防止爆破能量集中在软弱岩体或软弱结构面中，造成不良后果。

3.4.3　岩体中各种地质结构面对爆破作用的影响

1. 地质结构面对爆破的影响作用分析

地质结构面对爆破的影响，可归纳为下列五种作用：

① 应力集中作用。结构面破坏了岩体的连续性，在爆炸应力作用下，岩体首先从强度最低的弱面裂开，在裂开过程中，裂隙尖端产生了应力集中现象。

② 应力波的反射增强作用。结构面形成的软弱带，其密度、弹性模量及纵波速度均比岩

体本身的值小，因此应力波到达界面时发生反射。反射波与随后传来的波相叠加，当相位相同时，应力波便会增强，使弱面迎波一侧岩体破坏加剧，背波一侧破坏减弱。反射波的强度与弱带和岩体的波阻抗差值有关，两者差值越大则反射波越强。

③ 能量吸收作用。这是由于结构面的反射、散射作用和软弱带的压缩变形与破裂吸收了能量，使应力波能量减弱，它与反射增加作用同时产生，可减轻背侧岩体的破坏。

④ 泄能作用。当软弱带穿过爆源通向临空面或通向岩体爆破作用范围内的某些空洞（如溶洞、老洞等）时爆破能量就可能以"冲炮"或其他方式溢出。

⑤ 楔入作用。由于高温高压气体的膨胀高速地沿着弱面侵入岩体，使岩体被楔裂破坏。

2. 各种结构面对爆破作用的影响

实践证明，在药包爆破作用范围内的结构面对爆破作用影响很大，其影响程度取决于结构面的性质及它的产状与药包位置的关系。因此在布置药包时，应查明爆区各种结构面的性质、产状和分布情况，以便结合工程要求尽可能避免其影响。下面按各种结构面进行分析讨论。

（1）断层对爆破作用的影响

断层主要是影响爆破漏斗的形状，从而减少或增加爆破方量，也有可能引起爆破安全事故。下面分几种情况研究。

① 断层通过药包位置。这种情况对爆破一般是不利的，容易引起冲炮，造成安全事故，或者引起漏气，降低爆破威力，影响爆破效果。

断层通过最小抵抗线 W 的位置，如图 3－12 所示，当断层带较宽，断层破碎物胶结不好时，爆破气体将从断层破碎带冲出，出现冲炮和缩小爆破漏斗范围的最不利情况。遇到此种情况，可改在断层两侧布置药包，利用两个药包的共同作用把断层两侧岩体抬出去，消除断层的影响作用。如果断层落在上、下破裂半径位置时，可减弱对爆破漏斗以外岩体的影响，有利于边坡的稳定，在这种情况下对爆破效果影响也较小。如果断层处于上述情况以外的位置，如图 3－13中的 F_1、F_2、F_3、F_4，它们对爆破都有不同程度的影响，其影响的大小取决于它与最小抵抗线夹角的大小，夹角大的影响小，夹角小的影响大。图中由于断层 F_3 的影响，使爆破漏斗的上破裂半径不在 R' 而在 F_3 处，即 ABO 的岩体可能爆不掉。遇到这种情况可在 ABO 岩体处加辅助药包，同时将主药包向断层线外面挪动。

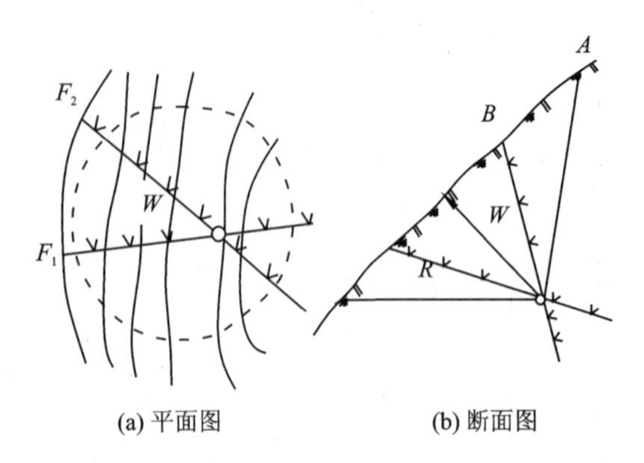

(a) 平面图　(b) 断面图

图 3－12　断层通过最小抵抗线位置对爆破的影响

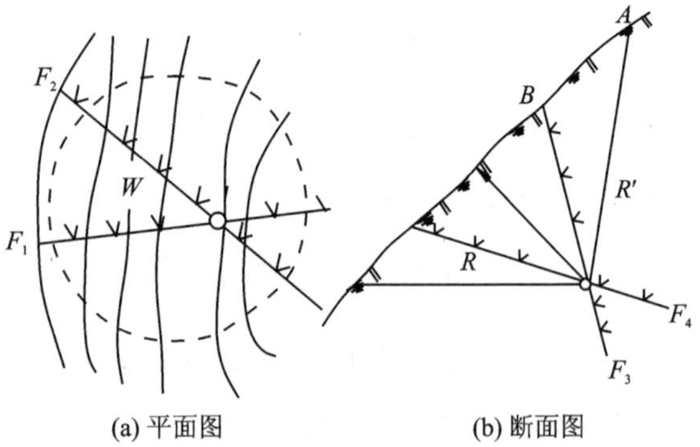

(a) 平面图　(b) 断面图

图 3－13　断层在爆破漏斗范围内而不通过

断面通过药包位置而落在爆破漏斗范围以外，如图 3－14 中的断层 F，此时上破裂线不在

R'处，而在 ABO 处，这将扩大爆破漏斗范围，这一般不致引起冲炮造成安全事故，但应注意，若后山山体不厚则将引起向后山冲出，以致改变爆破作用方向等不良效果。

② 断层与最小抵抗线相交。这种情况要比落在药包位置上好些，但也要看它的产状与最小抵抗线 W 的关系及离药包的远近，断层远离药包位置其影响小，反之则大；断层与 W 交角大其影响程度小，反之则大。如图 3-15 中 F_1 比 F_2 对爆破影响小，F_4 比 F_3 影响大。

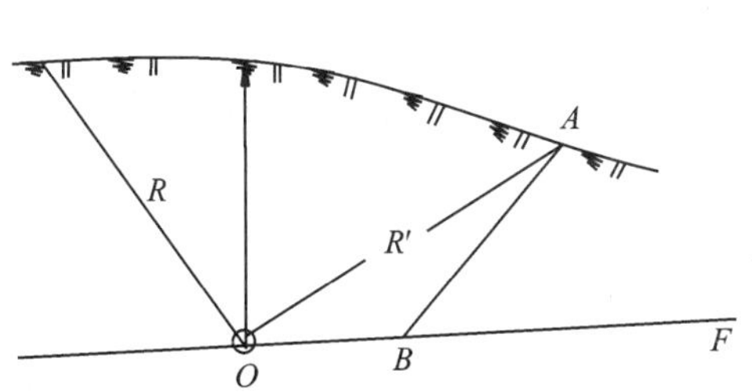

图 3-14　断层穿过药包但落在漏斗以外

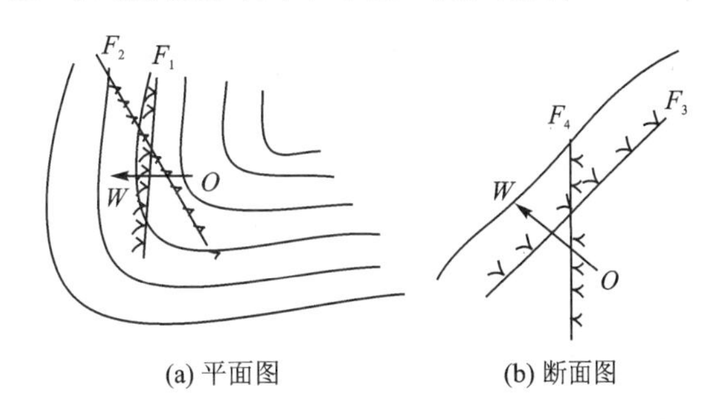

图 3-15　断层与最小抵抗线 W 相交

③ 断层截切爆破漏斗。此种情况对爆破也有一定影响，但比前两种情况均好一些。如图 3-16中 F_1 较 F_2，F_3 较 F_4 影响要小些，这就是说要看它离药包的远近，远则影响小。

④ 断层与爆破后边坡稳定性的关系。它与下述因素有关：断层的产状与边坡走向及边坡坡度的关系；断层带的宽度、破碎程度和胶结程度；断层与药包位置的关系。其中断层的产状与边坡的关系常起主要作用。当断层的走向与边坡的走向大致平行时，断层倾角与边坡坡度接近（约±10°），而且倾向一致时，药包布置在断层前面（见图 3-17 药包 1#）爆破时，断层对于减弱边坡岩体的破坏起着有利的作用，爆破后顺着断层面清坡，可保持边坡稳定，如药包布置在断层后面（见图 3-17 药包 2#），则爆破后容易在边坡上部形成悬石、危石的威胁。当断层走向与边坡走向的交角小于 40°，断层倾向与边坡倾向一致，断层的倾角在 15°～55°之间，或者倾向与边坡相反，断层的倾角在 70°～90°之间，爆破后对边坡稳定都有相当程度的不良影响。

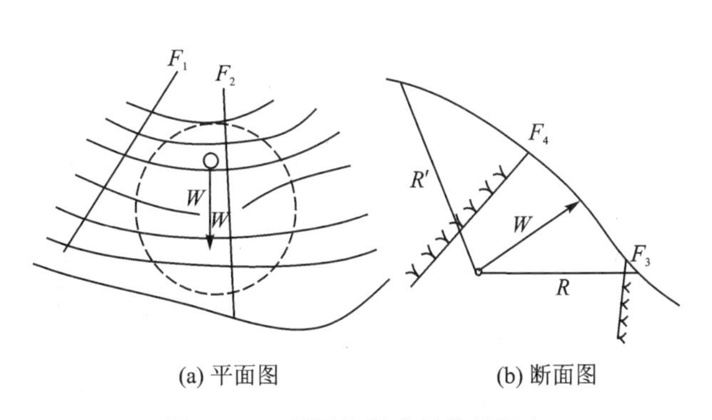

图 3-16　断层与最小抵抗线相交

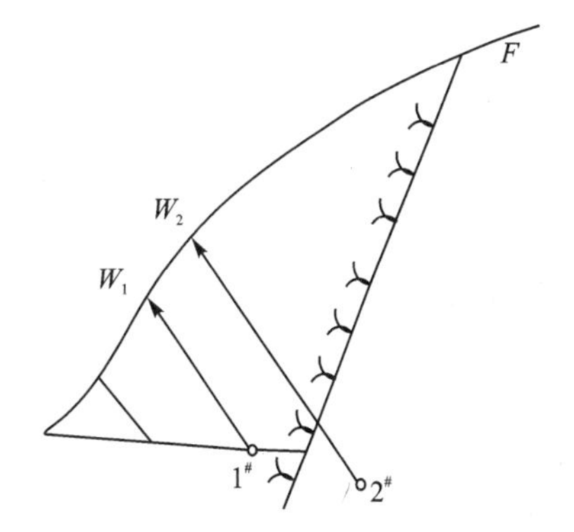

图 3-17　平行于边坡的断层对边坡的影响取决于药包位置与断层的关系

(2) 层理对爆破作用的影响

层理与断层不同，断层是一个破碎带或是单一的一个面，而层理则是许多平行的面，层理面除一些有泥土夹层外，一般是平整和闭合的，所以层理和断层对爆破作用的影响有共性也有异性，共性是其产状都是影响爆破作用的主要因素，异性是断层视其离药包远近而影响有大有小，层理则没有与药包距离远近的问题，并且岩层的厚薄对爆破的破碎程度有明显的影响。层理面对爆破作用的影响，取决于层理面的产状与药包最小抵抗线方向的关系，现分述如下：

① 药包的最小抵抗线与层理面平行。爆破时不改变抛掷方向，但将减少爆破方量，爆破漏斗不是成喇叭口而是成方形坑，如图 3-18 所示，岩块抛掷距离将比预计的远，在这种情况下，爆后常出现根坎，同时有可能顺层发生冲炮。

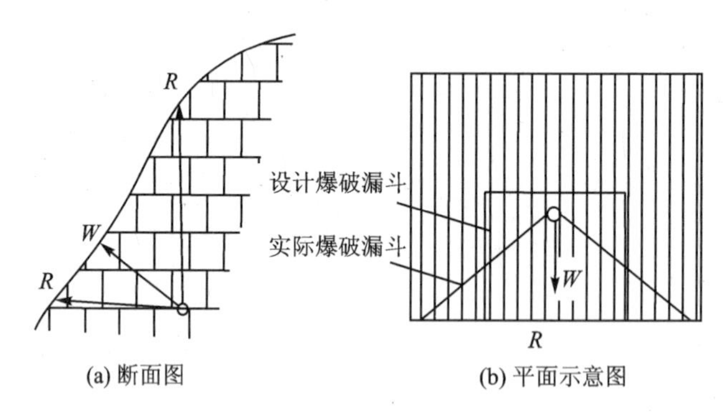

图 3-18　层理面与最小抵抗线平行

② 最小抵抗线与层理面垂直。爆破时不改变抛掷方向，但将扩大爆破漏斗和增大爆破方量，岩体抛掷距离将缩小，如图 3-19 所示，折线为实际爆破漏斗。

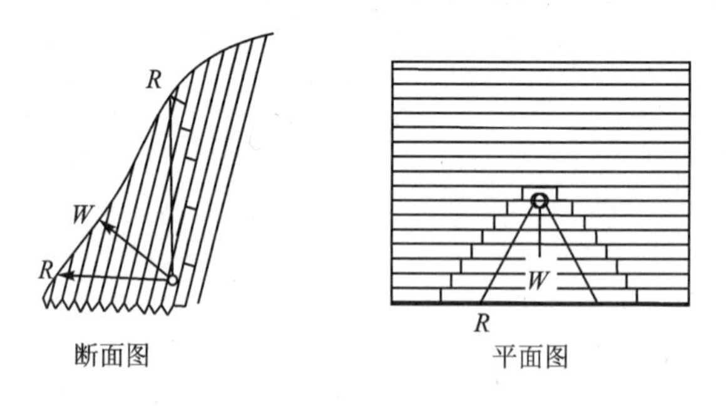

图 3-19　层理面与最小抵抗线垂直

③ 层理面与最小抵抗线斜交。爆破时抛掷方向将受到影响，爆破方量多数是减少，有时也可增加，如图 3-20 所示，图中 W_1 为设计最小抵抗线，W_2 为实际抛掷方向，粗折线为实际爆破漏斗线。层理的影响程度与层理面的状态有关，张开或有泥夹层的层理面影响尤为明显，闭合的层理面影响就小些。

④ 层理面对爆破后开挖边坡稳定性的影响。其影响程度取决于层理的产状和边坡面的关系，根据大爆破路堑边坡稳定情况调查统计结果绘成图 3-21，由图中可见，当岩层的走向与开挖边坡的走向的交角小于 40°时，岩层倾向与边坡相同。倾角在 15°～50°之间的产状是不利于边坡稳定的，这种产状与边坡的关系表示为图 3-22 中的竖线阴影部分，在这个范围内可能产生危石、落石、崩塌，严重的可引起顺层滑坡。当岩层走向与边坡走向的交角小于 20°时，岩层倾向与边坡相反。倾角为 70°～90°之间的产状也是不利于边坡稳定的，如图 3-22 中的横线阴影范围，这个范围内将引起危石或崩塌。当遇到上述两种情况时，尽可能不采用大爆破方法开挖边坡。

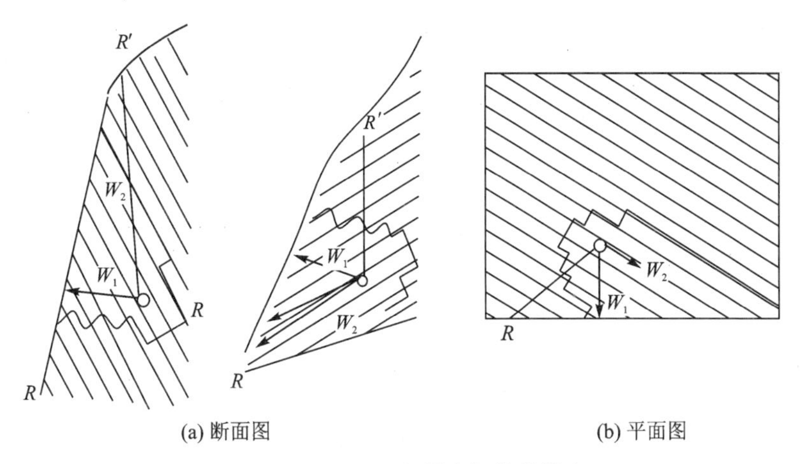

图 3－20　层理面与最小抵抗线斜交

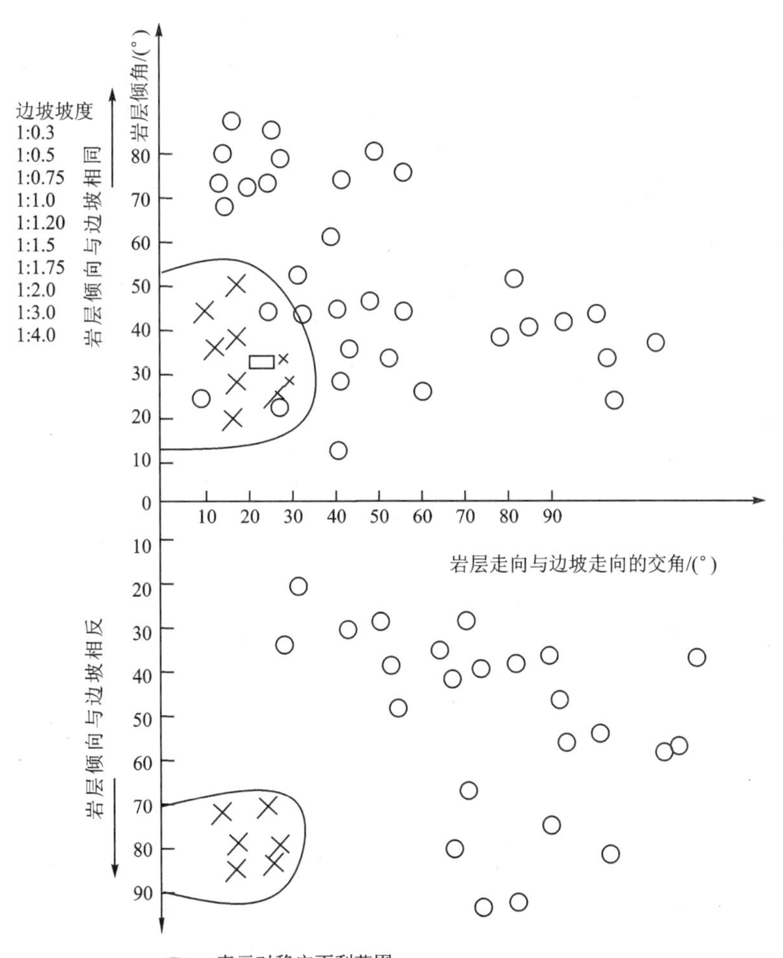

⊂⊃ —表示对稳定不利范围;

× —表示该构造节理、层理、片理所控制工点的一段内有危险石落崩塌;

□ —表示有滑坡;

○ —表示该构造节理、层理、片理所控制地段边坡无变形

图 3－21　岩层层理产状与大爆破边坡稳定关系

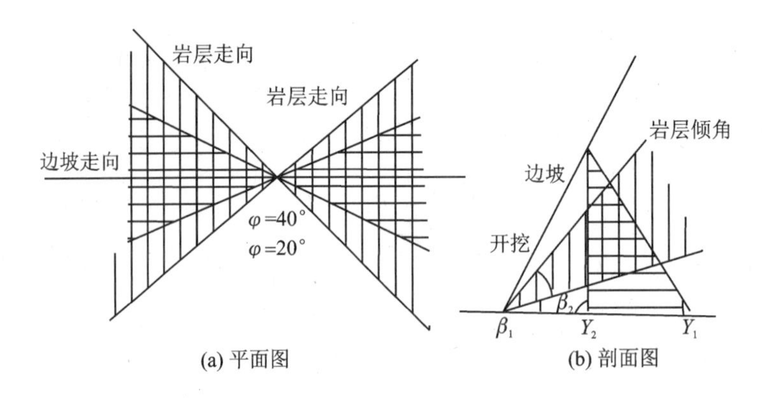

图 3－22　不利于开挖边坡的岩层产状

(3) 褶曲对爆破作用的影响

褶曲对爆破作用的影响与单斜岩层有所不同,单斜岩层的层理是平直的,其开放性好;而褶曲的层理面是弯曲的,其开放性受到弯曲面的限制。此外,褶曲岩层一般比较破碎,如野外见到褶曲发育的岩层多为页岩、片岩、砂岩和薄层灰岩,构造节理、裂隙都很发育,所以褶曲产状对爆破作用的影响不像单斜岩层那样明显,主要表现为岩质的破碎性对爆破作用的影响,而产状的影响表现在向斜褶曲比背斜褶曲明显,原因是向斜褶曲的开放性比背斜的开放性好,所以爆破能量容易从褶曲层面释出而引起爆破抛掷方向的改变或影响到爆破漏斗的扩大或缩小,背斜则不易改变爆破方向,但可减弱抛掷能力或扩大药包下部压缩圈的范围,对有基底渗漏问题的水工工程须引起注意。褶曲对爆破后边坡稳定的影响和褶曲轴线与边坡的关系有关,大爆破路堑边坡调查结果认为,当构造轴线与边坡走向交角小或平行时,加上岩性的差异大和边坡高陡的情况,是不利于爆破后边坡稳定的。铁路某大爆破工点是一个典型例子,如图 3－23 所示,铁路线通过向斜构造的轴部,两侧岩层均倾向线路,倾角为 30°,岩层为中薄层石灰岩,两侧边坡均发生基岩顺层滑坡。若构造轴线与边坡走向交角大或接近垂直,则褶曲对爆破后边坡的稳定并无不利影响。由于褶曲岩层都比较破碎,所以施工中要有加强措施。

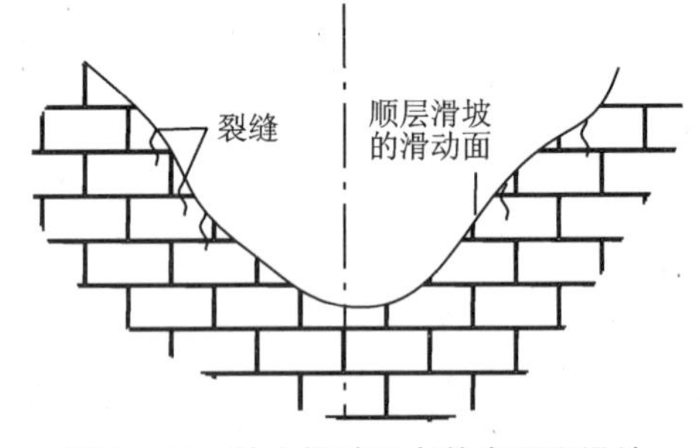

图 3－23　某大爆破工点基岩顺层滑坡

(4) 节理裂隙对爆破作用的影响

地壳上的岩体很少不受节理裂隙的切割,它对爆破的影响取决于节理裂隙的张开度、组数、频率以及产状与爆破作用的关系。有些岩体中的节理虽然组数较多,但常仅有一组或两组起主导作用,则它们对爆破的影响主要由这一两组决定。当岩体仅受到一组主节理切割时,其对爆破的影响与层理的影响相似。有时大的节理裂隙对爆破的影响往往与断层相似。当岩体受到两组主节理的切割时,它们的影响作用就与层理有明显差别,这时爆破抛掷方向一般不容易改变,爆破方量可能受到一定影响。如果两组节理成 X 形,当最小抵抗线的方向为其钝角的等分线时,爆破方量可能增大,如图 3－24 中甲所示。当最小抵抗线的方向为其锐角的等分线时,爆破方量可能减少,如图 3－24 中乙所示。两组互相交割的节理对爆破后边坡的稳定一

般来说是不利的，特别是在其中有一组节理的产状不利于边坡稳定的情况下，爆破后的边坡很容易产生危石和坡面塌落。当沉积岩层受到一组主节理的交割时，其作用与两组主节理交割的情形相似。当岩体受到多组发育程度相同的节理所切割时，岩体被切割成碎块，各节理面不起主导作用，这时岩体类似均质体，因此对最小抵抗线方向、爆破漏斗形状及爆破方量基本上都不产生影响，这种地质条件对边坡稳定并无不利影响，只要边坡设计得当，爆破开挖后就可保持边坡稳定。

(5) 软弱夹层对爆破作用的影响

软弱夹层，常常引起爆破事故，影响爆破效果，图 3－25 为某铁路一爆破工点，由于石灰岩中有一层粘土夹层，厚 0.2～0.3 m，药室正好落在这一软弱夹层处，爆破时爆炸气体由夹层冲击，形成一股强烈的空气冲击波和大量的飞石，冲击工点的河对岸，造成毁坏数十间民房的事故。

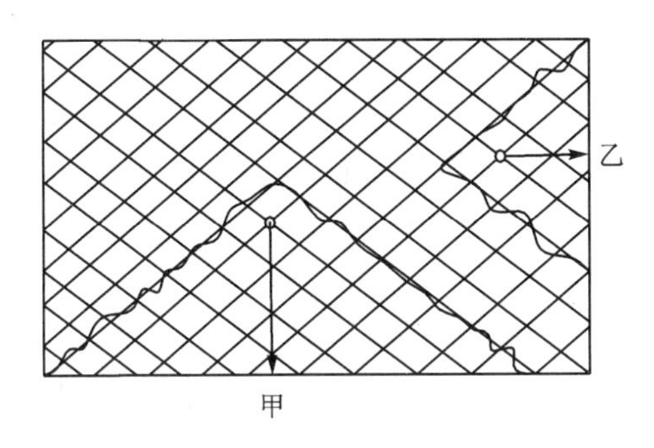

图 3－24　X 形节理对爆破的影响

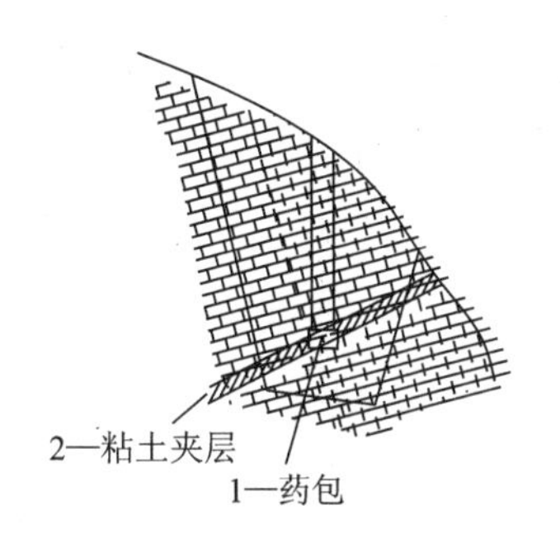

图 3－25　某大爆破工点夹层对爆破的影响

3.4.4　特殊地质条件下的爆破问题

1. 岩溶对爆破作用的影响

在可溶岩层中进行大爆破，常碰到岩溶对爆破的影响问题，矿山爆破还遇到老洞(窿)或采空区对爆破的影响问题，它们对爆破作用的影响在性质上是相似的。通过实践总结出岩溶对爆破的影响有下列几个方面：

① 改变抵抗线的方向，使土石方量朝着溶洞的薄弱方向冲出而改变了设计抛掷方向和抛掷方量，如图 3－26 所示。当溶洞与药室的距离小于最小抵抗线 W 时，将对爆破作用有影响。其影响程度与溶洞的大小和它与药室的距离有关，近而大的则影响就大，反之则小。

②引起冲炮，造成爆破安全事故，如图 3－27 所示。

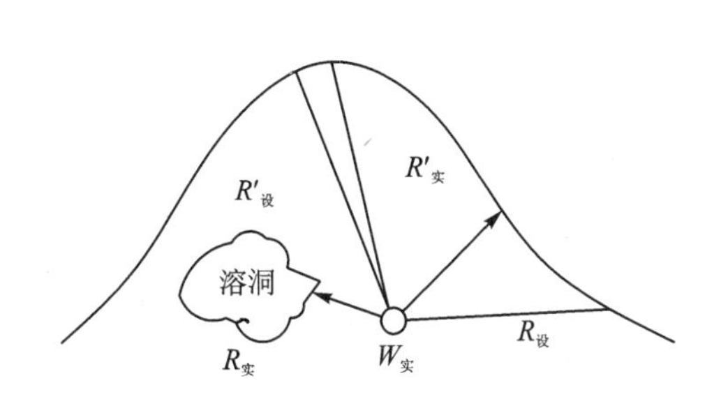

图 3－26　溶洞对大爆破的影响

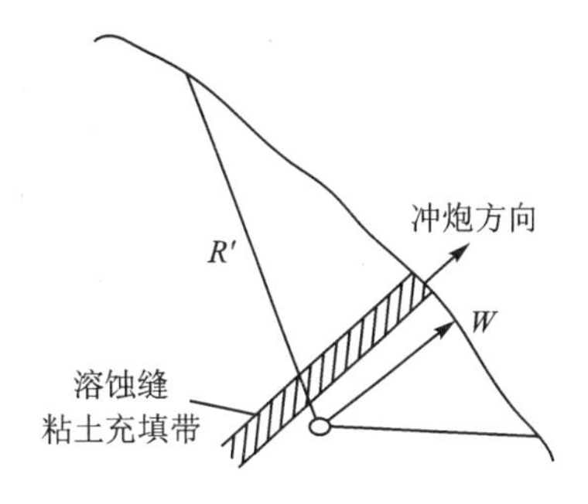

图 3－27　溶蚀缝引起冲炮

③ 降低爆破威力，影响爆破效果。一些溶蚀沟缝或岩溶中的充填粘土常常造成爆破漏气和吸收爆破能量而降低爆破威力、缩小爆破漏斗，减少爆破方量。

④ 影响爆破岩石的块度，造成爆破不均，有的地方炸得很碎，有的地方出现大块或没有松动。

⑤ 影响爆破施工，造成施工安全事故，如岩溶水的危害、开挖坑洞的崩塌、陷落现象。

⑥ 影响爆破后边坡的稳定，据调查，处于岩溶的工点有三分之二都有不同程度的危害。

2. 岩堆及滑坡与爆破的关系

岩堆及滑坡体通常是处在不稳定或极限平衡状态，采用大爆破开挖更容易造成危害，一方面爆破气体容易沿着岩堆与基岩接触面或滑动面扩散而影响爆破效果，另一方面又会引起岩堆及滑坡体的剧烈活动，所以一般不宜进行大爆破。如果岩堆或滑坡体下部的岩石比较好，则利用大爆破将整个岩堆或滑坡体炸掉是可以的，但在施工中必须注意其活动状况，避免发生事故。

3.4.5 地表水及地下水对爆破作用的影响

水是不可压缩的介质，如果爆破岩体中充满水，将会加剧爆破应力波的作用，这是由于岩体中的空隙充填了水以后，水对应力波起了传递作用而弥补了空隙对应力波能量的吸收、反射、泄漏、楔入、应力集中等各种作用。水的这一特点，为工程带来一些好处，也带来一些害处，对于陆地的工程爆破，水的作用是害多益少，首先是给施工带来困难，如地下硐室开挖的防水和药包防水问题；此外，由于增强应力波的传播作用而会带来扩大爆破破坏作用的范围。爆破工程也有利用水来改善爆破作用的，在炮孔中注入水来改善爆炸初始应力对孔壁的作用；水下爆破利用水传递爆炸应力波来压实水底淤泥或软土；城市拆除爆破用水压爆破破碎容器式构筑物等。

3.4.6 延长药包(深孔及浅孔)爆破与地质条件有关的问题

1. 延长药包与地形临空面有密切关系

延长药包的延长方向是平行还是垂直于地形临空面将直接影响到它的爆破效果，平行地形临空面的爆破效果好，如图 3-28 所示。平行临空面的药包可将其前面岩体爆掉，而垂直临空面则只能炸成一个小漏斗坑。这就是为什么深孔爆破通常要采用台阶梯段爆破的原因，不然则要采用群孔爆破，使孔与孔之间共同作用。此外，在地下坑洞爆破则要预先形成一个临空面，这就是隧道掏槽爆破的原理。

2. 孔网参数要充分考虑岩层的产状

如图 3-29 所示，当岩层的层理面平行于台阶临空面时，孔距 a 应大，而排距 b 及抵抗线 W 应小，当岩层的层理面垂直于台阶临空面时，不管它的产状是直立的还是水平或倾斜的，孔距应小，排距及抵抗线应取大。

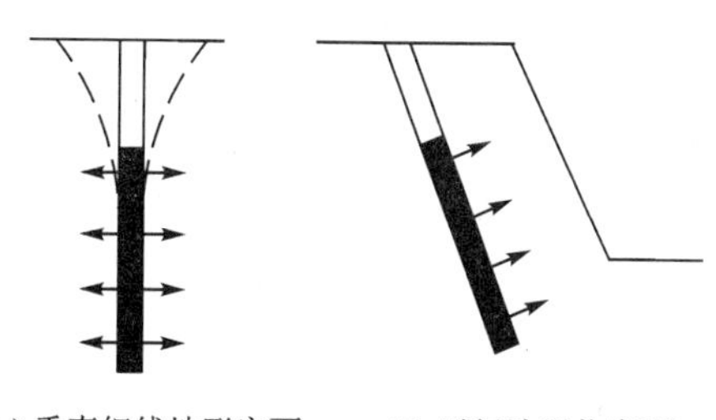

(a) 垂直细线地形空面　(b) 平行地形临空面

图 3-28　延长药包与地形临空面的关系

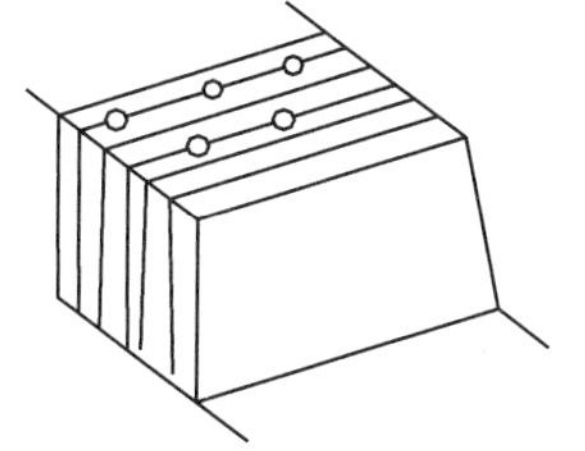

(a) 层理平行台阶临空面

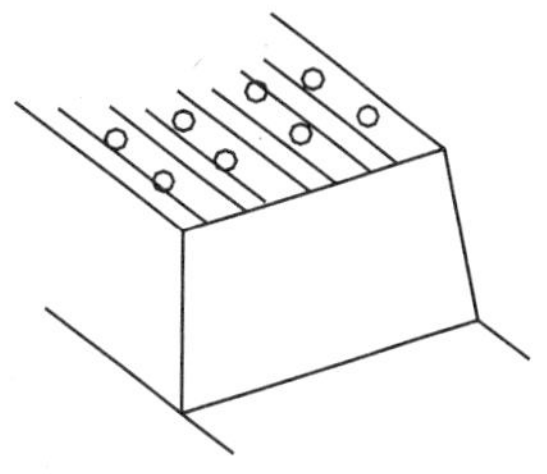

(b) 层理垂直台阶临空面

图 3-29　孔排距与岩层产状的关系

3. 超钻值要考虑岩性和岩层产状

岩体坚硬完整的，一般超钻值要大些；岩体软的，超钻值可小些或不超。此外，还要充分考虑岩层产状，如图 3-30 所示。当岩层倾向台阶面外时，不易留根坎(或根底)，超钻可以小或不超；当岩层向台阶面里倾斜时，容易留根坎，应多超或补底眼；当岩层为水平时，或台阶底有软层界面时，可以不超。

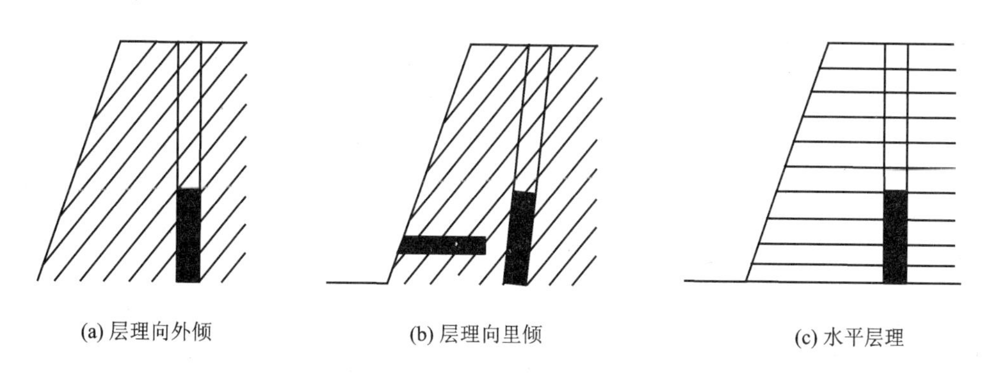

(a) 层理向外倾　(b) 层理向里倾　(c) 水平层理

图 3-30　超钻与岩层产状的关系

4. 装药结构要考虑岩性的不均一性和岩层的产状

图 3-31 是在水平岩层中集中装药于底部形成的爆破破裂线，所以装药结构应考虑地质结构情况和岩性情况，要把炸药布置在硬岩的部位或均匀分布。

5. 深孔光面预裂爆破受岩性及地质结构的影响很大

在坚硬完整的岩体中进行光面、预裂爆破，爆破效果都比较好，形成的坡面比较平整光滑，坡面留下的半孔清楚、整齐。对软弱破碎的岩体，光面预裂爆破效果一般不易达到预想的目的，应根据该地岩体的情况，对药量和孔网参数进行充分研究。此外，结构面对光面预裂效果的影响也很大。图 3-32 所示为某铁路路堑边坡，由于存在 X 形节理切割，光面预裂爆破后形成锯齿状的边坡。

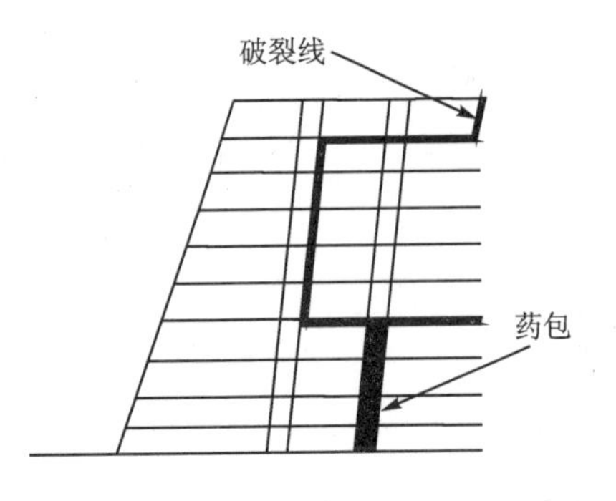

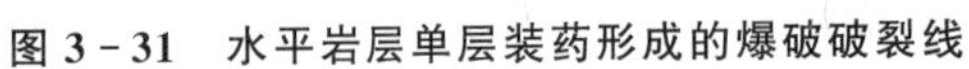
图 3-31　水平岩层单层装药形成的爆破破裂线

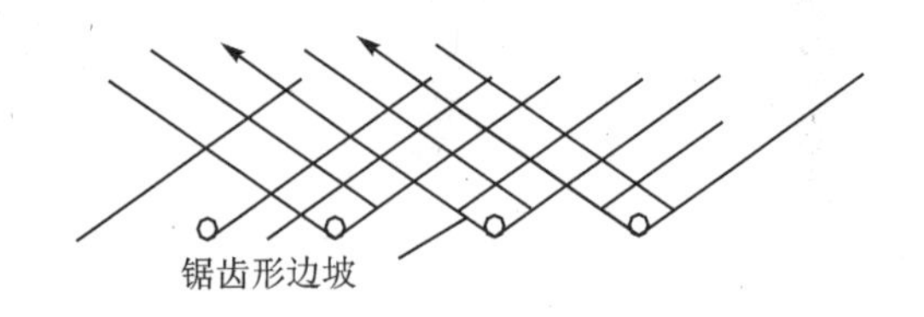

图 3-32　光爆坡面受节理面的影响

3.5　爆破作用引起的工程地质问题

爆破特别是大爆破后可能引起的工程地质问题，主要是边坡稳定问题。如果公路、铁路、码头的边坡和路基的稳定遭受破坏，将影响后期生产的安全；定向爆破筑坝所形成的高边坡漏斗坑，如果产生危险边坡，经常出现危石，将使水力枢纽工程的安全运转受到威胁；铁路交通的路堑边坡因不适当的爆破造成边坡不稳定，将影响正常运营。因此，边坡稳定问题在爆破设计时就必须充分予以考虑。实践证明，详细了解爆区工程地质条件，认真研究药包布置及爆破各项参数的选取，在一定条件下是可以保证边坡的稳定的。根据大爆破路堑边坡稳定情况的调查，大爆破路堑边坡变形类型如表 3-13 所列，有变形的边坡工点占 62.3%。其中危石落石占变形工点的 47.5%，它是由于爆破后边坡破碎，清方刷坡不够，没有做好支护嵌补工程，在自然应力作用下形成的；崩塌和滑坡合计占 17.6%，是在不良地质条件下，加上爆破作用引起的；风化剥落和坡面冲刷主要是岩质差和雨水作用引起的，一般与爆破无关。由此可知，大爆破引起的边坡病害，在硬质岩体中主要产生危石和落石，在松软岩体软硬不均岩体、层裂隙顺倾中则可能引起崩塌或滑坡。

表 3-13　大爆破路堑边坡变形分类表

边坡变形类型	崩塌	危石落石	风化剥落	滑坡	坡面冲刷	工点总数	有变形工点数	无变形工点数
工点处数	28	94	62	7	7	318	198	120
占变形工点百分数/%	14.1	47.5	31.4	3.5	3.5		100	
占总工点百分数/%	8.8	29.6	19.5	2.2	2.2	100	62.3	37.7

应该指出，在爆破作用区范围内，处在斜坡或陡坡上的悬石、堆积体或古滑坡体，在爆破当时即使没有明显的活动，但以后在自然应力作用下仍可能发生崩塌或滑落。所以在爆破前应注意调查研究，分析爆破作用可能的影响情况。爆破后必须调查这些地方是否受到影响，如发现有移动或开裂现象，危及工程安全，则要及时采取措施予以加固。

复习题

1. 简述爆破工程地质的主要内容。
2. 岩石按成分可分为几类？各类的特征是什么？
3. 在冲击载荷作用下岩石具有哪些特征？与炸药有什么关系？
4. 什么叫地质构造？
5. 地质构造对爆破有什么影响？
6. 简述地质构造中的薄弱带(面)对爆破的影响和作用。
7. 影响爆破效果的三要素是什么？
8. 什么是岩石可爆性，简述其可爆性分级在爆破工程中的作用。

第4章　常用爆破器材与起爆方法

4.1　工业炸药

4.1.1　工业炸药的分类

1. 按工业炸药的使用条件分类

第一类——准许在一切地下和露天爆破工程中使用的炸药，包括有沼气和矿尘爆炸危险的矿山。

第二类——准许在地下和露天爆破工程中使用的炸药，但不包括有沼气和矿尘爆炸危险的矿山。

第三类——只准许在露天爆破工程中使用的炸药。

第一类是安全炸药，又叫做煤矿许用炸药。第二类和第三类是非安全炸药。第一类和第二类炸药每千克炸药爆炸时所产生的有毒气体不能超过安全规程所允许的量。同时，第一类炸药爆炸时还必须保证不会引起瓦斯或矿尘爆炸。

2. 按工业炸药的主要化学成分分类

① 硝铵类炸药　以硝酸铵为其主要成分，加上适量的可燃剂、敏化剂及其附加剂的混合炸药均属此类，这是目前国内外工程爆破中用量最大、品种最多的一大类混合炸药。

② 硝化甘油类炸药　以硝化甘油或硝化甘油与硝化乙二醇混合物为主要爆炸组分的混合炸药均属此类。就其外观状态来说，有粉状和胶质之分；就耐冻性能来说，有耐冻和普通之分。

③ 芳香族硝基化合物类炸药　凡是苯及其同系物，如甲苯、二甲苯的硝基化合物以及苯胺、苯酚和萘的硝基化合物均属此类，例如梯恩梯(TNT)、二硝基甲苯磺酸钠(DNTS)等。这类炸药在我国工程爆破中用量不大。

④ 液氧炸药　由液氧和多孔性可燃物混合而成的。这类炸药在我国工程爆破中已经不使用了。

4.1.2　工程爆破对工业炸药的基本要求

工业炸药的质量和性能对工程爆破的效果和安全均有较大的影响，因此为保证获得较佳的爆破质量，被选用的工业炸药应满足如下基本要求：

① 具有较低的机械感度和适度的起爆感度，既能保证生产、贮存、运输和使用过程中的安全，又能保证使用操作中可以方便顺利地起爆。

② 爆炸性能好，具有足够的爆炸威力，以满足不同矿岩的爆破需要。

③ 其组分配比应达到零氧平衡或接近于零氧平衡，以保证爆炸后有毒气体生成量少，同时炸药中应不含或少含有毒成分。

④ 有适当的稳定贮存期。在规定的贮存时间内，不应变质失效。

⑤ 原料来源广泛，价格便宜。

⑥ 加工工艺简单，操作安全。

4.1.3　硝酸铵

几乎所有的现代工业炸药中都含有硝酸铵(ammonium nitrate)，它是一种重要的氧化剂(oxidizer)。因此，比较全面地了解和掌握硝酸铵的各种性能是非常必要的。

1. 物理性质

(1) 一般性质

硝酸铵的分子式为 NH_4NO_3，相对分子质量为 80.04，含氮 35%，氧平衡 +0.20 g/g，密度介于 1.59～1.71 g/cm^3 之间，用于制备炸药的工业硝酸铵有结晶状和多孔粒状之分，后者主要用于混制铵油炸药和乳化粒状铵油炸药。硝酸铵一般是白色结晶状物质，能溶解于液氨和硝酸中，在丙酮、甲醇和乙醇中溶解良好。硝酸铵易溶于水，在水中的溶解度随温度升高而增大。

(2) 吸湿性

硝酸铵具有很强的吸湿性。吸湿性(hygroscopicity)的大小与空气的温度和湿度有关。在一定的温度下，物质开始吸湿时的相对湿度称为该物质的吸湿点。在各种温度下硝酸铵的吸湿点如表 4-1 所列。当温度升高时，吸湿点降低，这就是夏天硝酸铵容易吸湿的原因。

表 4-1　硝酸铵不同温度下的吸湿点

温度/℃	10	15	20	25	30	40	50
吸湿点(相对湿度)/%	75.3	69.8	66.9	62.7	59.4	52.4	48.4

实践证明，硝酸铵的吸湿速度与下列因素有关：

① 当空气的相对湿度大于吸湿点时，湿度增大，吸湿速度加快；空气的温度升高，吸湿速度也加快(见图 4-1)。

② 硝酸铵的比表面积大(即粒度小)，吸湿速度就快。

③ 硝酸铵中含有氯化镁等杂质时，吸湿点下降，吸湿速度加快，见表 4-2。

④ 湿空气的流动速度加快时，硝酸铵的吸湿速度加快。

表 4-2　硝酸铵和某些盐类混合物的吸湿点(30 ℃时)

混合盐组成	吸湿点相对湿度/%
硝酸铵	59.4
硝酸铵+硝酸钠	46.3
硝酸铵+氯化铵	51.4
硝酸铵+硝酸钾	59.4
硝酸铵+氯化镁	34.0
硝酸铵+氯化钠	56.0
硝酸铵+尿素	18.1

(3) 结块性

硝酸铵很容易结块,由松散状态变成硬块,这主要是因为:

① 晶形的变化。如前所述,在不同的温度下硝酸铵具有不同的晶形,这种晶形变化过程伴有体积和热的变化,从而引起硝酸铵结块。例如,刚生产的硝酸铵,温度一般在 32 ℃以上,在库房中贮存降温后,就有结块的现象。

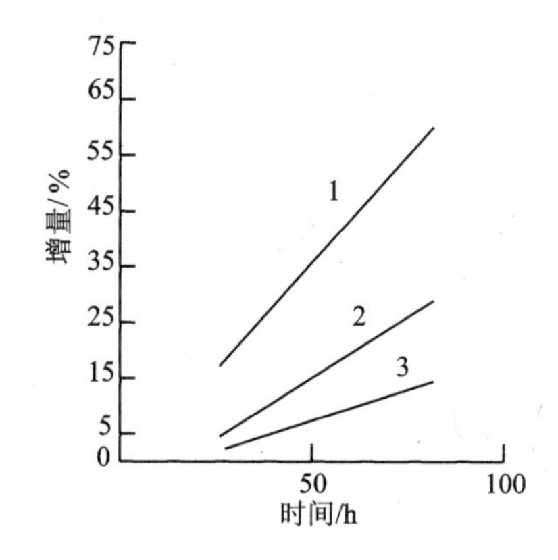

1—22 ℃,相对湿度 100%;2—10 ℃,相对湿度 100%;
3—19.5 ℃,相对湿度 75%

图 4-1 温度和湿度对硝酸铵吸湿速度的影响

② "盐桥"的重结晶。硝酸铵吸收水分后,有一部分硝酸铵溶解,在颗粒表面上形成一层饱和液膜(见图 4-2),由于表面张力和毛细管现象,饱和溶液在硝酸铵颗粒间形成"液桥",当温度变化或空气湿度减小时,"液桥"中被溶解的硝酸铵就会部分或全部地重新结晶而形成所谓"盐桥",将硝酸铵的颗粒牢固地粘结在一起,成为致密的硬块。吸湿是硝酸铵结块的主要原因,所以硝酸铵的结块程度与水分有密切的关系。

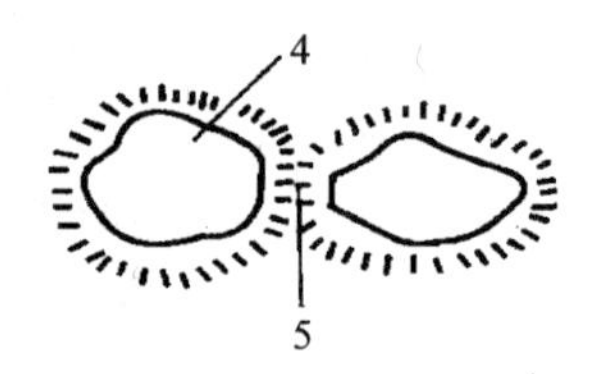

1—硝酸铵颗粒;2—饱和溶液膜;3—液桥;4—硝酸铵重结晶;5—盐桥

图 4-2 硝酸铵"盐桥"的形成

③ 外力的挤压。袋装的硝酸铵成批堆放时,由于上层对下层的重压,也易使硝酸铵颗粒粘结而结块。

(4) 防止硝酸铵吸湿和结块的措施

硝酸铵的吸湿性和结块性不仅会给生产加工带来困难,而且直接影响产品质量。多年来,人们对防止硝酸铵的吸湿和结块做了大量的工作,找出了一些能降低其吸湿结块程度的措施。具体的办法有:

① 加入无机粉状添加物。在硝酸铵中加入一些对颗粒起隔离作用的粉状物质,以抑制颗粒因晶形变化或重结晶而结块硬化。常用的添加物有:白云石粉($CaCO_3 \cdot MgCO_3$)、硫酸铝($Al_2(SO_4)_3 \cdot 18H_2O$)、明矾($KAl(SO_4)_2 \cdot 12H_2O$)、硫酸高铁铵($NH_4Fe(SO_4)_2 \cdot 12H_2O$)等,这些物质的添加量一般在 1%以下。例如粒状硝酸铵就含有 0.15%~0.40%(折算为 CaO)的白云石粉,抗水硝酸铵含有 0.3%~0.4%的硫酸高铁铵和 0.3%~0.4%的石蜡与硬脂酸(1∶1)的混合物。

② 加入憎水性物质。在硝酸铵中加入憎水性物质,使之均匀地包覆在硝酸铵颗粒表面上,不仅可以起到抗水的作用,也有一定的防结块能力。这类物质常称为抗水剂。目前以石蜡和沥青的共熔物(比例为 1∶1)使用最为普遍。此外还有使用松香、石蜡、凡士林的混合物(比例为 3∶1∶1)。作为抗水剂,其用量一般为 0.5%~1.0%。

③ 加入有机染料及类似的物质。这类物质可以溶解于硝酸铵颗粒间的饱和溶液中,当溶

液中的硝酸铵重结晶时，染料的分子被吸附于硝酸铵晶体的表面，抑制了晶体的正常发育，形成松散的树枝状结晶，起到防止结块的作用。常用的有机染料有酸性品红（三磺基－三铵－甲基－三苯甲烷），加入量为硝酸铵的 0.03%～0.10%。

④ 加入表面活性物质。常用的表面活性物质有阴离子型和阳离子型，如硬脂酸锌、硬脂酸钙及氯代十八烷胺等。这类物质的分子结构，一端为极性基（亲水性集团，如锌、钙等金属离子），一端为非极性基（憎水性基团，如硬脂酸根、烷烃基等），在硝酸铵中，极性基和硝酸铵颗粒的表面结合，非极性基伸向外边，使硝酸铵颗粒表面形成一层憎水膜，起到隔离“液桥”的作用，从而防止了硝酸铵的结块，并起到一定的抗水作用。它们的用量一般为 1%左右。

⑤ 加入合成树脂。这种物质遇水后只溶胀而不溶解，能在硝酸铵颗粒表面形成一层很好的抗水薄膜，起到防水、防结块的作用。目前使用的有水溶性的丙烯酸型单体与非水溶性的乙烯型单体的共聚物和硅酮树脂等，其用量一般为 1%～4%。

⑥ 在生产中采用合理的加工工艺，严格控制硝酸铵中的水分。采取空调降温和防潮包装措施，对防止硝酸铵结块也是行之有效的办法。

2. 化学性质

硝酸铵是氧化剂，易与还原剂发生氧化还原反应。在生产过程中，混有硝酸铵的纸、布、木粉以及麻袋等，不应长期堆放在一起，更不应堆放在热源附近，否则，由于氧化还原反应，将会引起自燃。

硝酸铵是一种由强酸弱碱生成的盐，容易和弱酸强碱生成的盐发生反应，所以要避免硝酸铵和这些盐混在一起。则硝酸铵也不能和亚硝酸盐、氯酸盐存放在一起，否则能生成稳定性很差的亚硝酸铵及氯酸铵，容易引起爆炸。如果将能产生游离酸的物质与硝酸铵混在一起，则硝酸铵的分解加快，甚至会引起自燃。碱可使硝酸铵分离，放出氨气。干燥的硝酸铵与金属几乎不起作用，但在有水存在或处于熔融状态时，它和铅、镍、锌尤其是对镉及铜的作用很剧烈。硝酸铵与这些金属相互作用产生不稳定的亚硝酸铵盐，容易引起爆炸。

3. 爆炸性质

硝酸铵是一种相当钝感的爆炸性物质。尽管硝酸铵早在 1658 年就研制成功，而直到 1921 年在德国发生了两次硝酸铵的剧烈爆炸事故后，人们才开始认识它的爆炸性质。

纯净的硝酸铵难以被明火点燃，加热可使硝酸铵分解，温度升高时，分解速度加快。温度不同、硝酸铵的分解产物和热效应也不相同。在 230 ℃以上，硝酸铵开始迅速分解，生成氮、氧和水，放出大量的热，并伴有微弱闪光产生；当温度高于 400 ℃时，按下式分解并发生爆炸：

$$4NH_4NO_3 \xrightarrow{400℃} 2NO_2 + 3N_2 + 8H_2O + 123\ kJ/mol$$

实践表明，硝酸铵是很钝感的，在各种炸药中通常都作为氧化剂使用，只要遵守必要的贮存、运输和使用的规程，就不会发生硝酸铵的爆炸事故。

还应指出，尽管常温下干燥的纯硝酸铵的分解是很缓慢的，但当混入某种杂质时，其分解速度就会大大加快，甚至引起自燃和爆炸。能加速硝酸铵分解的无机物质有铬酸盐、高锰酸盐、硫化物、氯化物等，有机物质有石蜡、沥青、焦油、脂肪烃和环烷烃化合物以及煤粉、木粉等。这些物质都能降低硝酸铵的分解温度和自燃温度，使硝酸铵的化学活性增大。表 4－3 所列的数据说明，硝酸铵中混入煤粉或木粉后，和纯硝酸铵相比不但分解温度降低，分解时间缩短，而且还可以发生自燃。因此，在使用硝酸铵过程中要充分注意这一点。

表 4-3　木粉和煤粉对硝酸铵分解的影响

试样＼参数	试样质量/g	分解温度/℃	完全分解时间/min	最低自燃温度/℃
纯硝酸铵	100	160	23	不自燃
硝酸铵和木粉(10∶1)	100	80	10.5	85
硝酸铵和煤粉(10∶1)	100	140	15	160

4.2　硝铵类炸药

4.2.1　铵梯炸药

铵梯炸药的组成配比、品种与性能列于表 4-4 和表 4-5。

铵梯炸药的爆炸性能虽然不太好，但比较稳定，是目前我国工业炸药的主要品种之一，既可以用于露天爆破，也可以用于地下爆破，添加适量的消焰剂以后，还可以用于地下煤矿爆破作业。

表 4-4　岩石硝铵炸药的组成、性能与爆炸参数计算值

组成、性能与爆炸参数计算		炸药名称					
		1# 岩石[①] 硝铵炸药	2# 岩石[②] 硝铵炸药	2# 抗水岩石硝铵炸药	3# 抗水岩石硝铵炸药	抗水岩石硝铵炸药	4# 抗水岩石硝铵炸药
组成/%	硝酸铵	82±1.5	85±1.5	84±1.5	86±1.5	90±0.5	81.2±1.5
	梯恩梯	14±0.1	11±1.0	11±1.0	7±1.0		18±1.0
	木粉	4±0.5	4±0.5	4.2±0.5	6±0.5	8±0.5	
	沥青			0.4±0.1	0.5±0.1	1±0.1	0.4±0.1
	石蜡			0.4±0.1	0.5±0.1	1±0.1	0.4±0.1
性能	水分/%	≤0.3	≤0.3	≤0.3	≤0.3	≤0.3	≤0.3
	密度/(g·cm^{-3})	0.95～1.10	0.95～1.10	0.95～1.10	0.90～1.00	0.85～0.95	0.95～1.10
	猛度/mm	≤13	≤12	≤12	≤10	≤9	≤14
	爆力/mL	350	320	320	280	260	360
	殉爆(浸水前)/cm	≥6	≥5	≥5	≥4	≥3	≥8
	殉爆(浸水后)/cm			3	2	2	4
	爆速/(m·s^{-1})		≥3 600	≥3 750		≥3 182	
爆炸参数计算值	氧平衡/%	0.52	3.38	0.37	0.71	0.74	0.43
	比容/(L·kg^{-1})	912	924	921	931	950	902
	爆热/(kJ·kg^{-1})	4 078	3 688	3 512	3 877	3 655	4 216
	爆温/℃	2 700	2 514	2 654	2 560	2 435	2 788
	爆压/Pa		3 306 100	3 587 400		2 453 800	

① 入部标的炸药，② 浸水深 1 m，时间 1 h。

表 4-5 露天硝铵炸药的组成、性能与爆炸参数计算值

组成、性能与爆炸参数计算		炸药名称					
		1# 露天① 硝铵炸药	2# 露天① 硝铵炸药	3# 露天① 硝铵炸药	1# 抗水露天 硝铵炸药	2# 抗水露天 硝铵炸药	露天 铵油炸药
组成/%	硝酸铵	82±2.0	86±2.0	88±2.0	84±2.0	86±2.0	89.5±2.0
	梯恩梯	10±1.0	5±1.0	3±0.5	10±1.0	5±1.0	8.5±1.0
	木粉	8±1.0	9±1.0	9±1.0	5±1.0	8.2±1.0	
	沥青				0.5±0.1	0.4±0.1	
	石蜡				0.5±0.1	0.4±0.1	
	轻柴油						2±0.2
性能	水分%	≤0.5	≤0.5	≤0.5	≤0.5	≤0.5	≤0.5
	密度/(g·cm⁻³)	0.85~1.10	0.85~1.10	0.85~1.10	0.85~1.10	0.85~1.10	0.85~0.90
	猛度/mm	≤11	≤8	≤5	≤11	≤8	≤8
	爆力/mL	300	250	230	300	250	240
	殉爆(浸水前)/cm	≥4	≥3	≥2	≥4	≥3	≥2
	殉爆(浸水后)/cm				≥2	≥2	
	爆速/(m·s⁻¹)	3 600	3 520	3 455	3 000	3 525	3 143
爆炸参数计算值	氧平衡/%	−2.04	1.08	2.96	−0.61	−0.30	−0.67
	比容/(L·kg⁻¹)	932	935	9.44	927	936	958
	爆热/(kJ·kg⁻¹)	3 869	3 740		3 971	3 852	3 705
	爆温/℃	2 578	2 496	2 474	2 628	2 545	2 443
	爆压/Pa	3 306 100	3 169 800	3 045 100	3 306 100	3 169 300	2 520 000

① 列入部标的炸药,② 浸水深 1 m,时间 1 h。

4.2.2 铵油炸药

1. 铵油炸药的原材料

铵油炸药(ANFO explosive)的原材料主要有硝酸铵、柴油和木粉。硝酸铵和木粉已在前面作了介绍,这里只叙述柴油。

在柴油品种中,轻柴油最适合作铵油炸药。轻柴油粘度不大,易被硝酸铵吸附,混合均匀性好,挥发性较小,闪点不很低,既有利于保证产品质量,又能做到安全生产。

轻柴油含碳氢可燃元素比较多,所以热值很高,是一种比较好的可燃性物质。表 4-6 是各种牌号轻柴油的质量标准。

表 4-6 各种牌号轻柴油的质量标准

项 目	质量指标				
	10 号	0 号	−10 号	−20 号	−35 号
十六烷值	≥50	≥50	≥50	≥45	≥43
恩氏粘度/(20℃)	1.2~1.67	1.2~1.67	1.2~1.67	1.15~1.67	1.15~1.67
灰分/%	≤0.025	≤0.025	≤0.025	≤0.025	≤0.025
硫含量/%	≤0.2	≤0.2	≤0.2	≤0.2	≤0.2

续表 4-6

项　目	质量指标				
	10 号	0 号	−10 号	−20 号	−35 号
机械杂质	无	无	无	无	无
水分不大于/%	痕迹	痕迹	痕迹	痕迹	痕迹
闪点(闭口)不低于/℃	65	65	65	65	65
凝点不高于/℃	+10	0	−10	−20	−35
水容性酸或碱	无	无	无	无	无

夏天混制铵油炸药，一般都选用 10 号轻柴油。在低温情况下，选用−10 号、−20 号比较合适，并应保温，防止凝固。此外，为了改善铵油炸药的爆炸性能，常在铵油炸药中加入某些添加剂。例如，为了提高粉状铵油炸药的爆轰感度，加入木粉、松香等；为了提高威力，可加入铝粉、铝镁合金粉等；为了使柴油和硝酸铵混合均匀，进一步提高炸药的爆轰稳定性，加入一些阴离子表面活性剂(十二烷基磺酸钠、十二烷基苯磺酸钠)。煤矿使用的铵油炸药，可加入食盐做成煤矿许用炸药。

2. 铵油炸药的品种与性能

由于硝酸铵有结晶状和多孔粒状之分，其铵油炸药也相应有粉状铵油炸药和多孔粒状铵油炸药之分。前者采用轮辗机热辗混加工工艺制备，后者一般采用冷混工艺制备。常用的铵油炸药的组分配比、性能及适用条件列述于表 4-7 中。

表 4-7　铵油炸药的组成配比、性能及适用条件

炸药名称	组分/%			水分/%	装药密度/(g·cm^{-3})	爆炸性能					炸药保证期/d	炸药保证期内		适用条件
	硝酸铵	柴油	木粉			殉爆距离/cm		猛度/mm不小于	爆力/mL	爆速/(m·s^{-1})		殉爆距离不小于/cm	水分不大于/%	
						浸水前	浸水后							
1# 铵油炸药(粉状)	92±1.5	4±1	4±0.5	≤0.75	0.9~1.0	≥5		≥12	≥300	≥3 300	雨季 7 天 一般 15 天	≥2	≤0.5	露天或无瓦斯、无矿尘爆炸危险的中硬以上矿岩爆破工程
2# 铵油炸药(粉状)	92±1.5	1.8±0.5	6.2±1	≤0.8	0.8~0.9			≥18(钢管)	≥250	≥3 800(钢管)	15		≤1.5	露天中硬以上矿岩的爆破和硐室大爆破工程

续表 4-7

炸药名称	组分/%			水分/%	装药密度/(g·cm⁻³)	爆炸性能					炸药保证期/d	炸药保证期内		适用条件
	硝酸铵	柴油	木粉			殉爆距离/cm		猛度/mm	爆力/mL	爆速/(m·s⁻¹)		殉爆距离/cm	水分/%	
						浸水前	浸水后							
3# 铵油炸药(粉状)	94.5±1.5	5.5±1.5		≤0.8	0.9~1.0			≥18(钢管)	250	≥3 800(钢管)	15		≤1.5	露天大爆破工程

铵油炸药的质量受到成分、配比、含水率、硝酸铵粒度和装药密度等因素的影响。铵油炸药的爆速和猛度随配比的变化而变化。当轻柴油和木粉含量均为 4%左右时，爆速最高，因此粉状铵油炸药较合理的成分配比是硝酸铵∶柴油∶木粉=92∶4∶4。随着铵油炸药中含水率的升高，其爆速明显下降，因此铵油炸药含水率愈小愈好。铵油炸药中硝酸铵粒径愈小，愈有利于爆炸反应的进行，有利于提高爆速。另外，多孔粒状硝酸铵吸油率较高，配制的炸药的松散性好，不易结块，生产工艺简便，便于在爆破现场直接配制和机械化装药。然而在我国由于受到多孔粒状硝铵品种的限制，目前仍以生产使用粉状铵油炸药为主，多孔粒状铵油炸药正在发展推广之中。粉状铵油炸药的最佳装药密度为 0.95~1.0 g/cm³，粒状铵油炸药的最佳装药密度为 0.90~0.95 g/cm³。

铵油炸药原料来源丰富，加工工艺简单，成本低廉，生产、运输和使用较安全，具有较好的爆炸性能。但是，铵油炸药感度较低，并具有吸湿结块性(粉状品)，故不能用于有水的工作面爆破。

4.2.3　铵松蜡与铵沥蜡炸药

这两种炸药克服了铵梯炸药和普通铵油炸药吸湿性强和储存期短的缺点，具有一定的抗水性能，同时保持了铵油炸药的原料来源广、易加工、成本低和使用安全等特点。铵松蜡炸药(AN-rosin-wax explosive)以硝酸铵、松香、石蜡为原料，铵沥蜡炸药(AN-asphact-wax explosive)则以硝酸铵、沥青、石蜡为原料，都是采用轮辗机热辗混加工而成的。表 4-8 和表 4-9分别列述了铵沥蜡炸药和铵松蜡炸药的组分、配比和性能。

表 4-8　铵沥蜡炸药的配比和性能

组成和性能		1# 煤矿铵沥蜡	2# 煤矿铵沥蜡	3# 煤矿铵沥蜡	岩石铵沥蜡
组成/%	硝酸铵	81	76.5	72	90
	木粉	7.2	6.8	6.4	8
	食盐	10	15	20	
	沥青	0.9	0.85	0.8	1.0
	石蜡	0.9	0.85	0.8	1.0

续表 4-8

组成和性能		1# 煤矿铵沥蜡	2# 煤矿铵沥蜡	3# 煤矿铵沥蜡	岩石铵沥蜡
性能	储存期/月	3			3
	药卷密度/(g·cm^{-3})	0.85～1.0			0.85～1.0
	爆力/mL	230			240
	猛度/mm	8			9
	殉爆距离/cm	1			1

表 4-9 铵松蜡炸药的配比和性能

组成和性能			1# 铵松蜡炸药	2# 铵松蜡炸药
组分/%	硝酸铵		91±1.5	91±1.5
	柴油			1.5±0.5
	木粉		6.5±1.0	5±0.5
	松香		1.7±0.3	1.7±0.3
	石蜡		0.8±0.3	0.8±0.2
产品水分/%			0.1～0.3	0.1～0.3
药卷密度/(g·cm^{-3})			0.95～1.0	0.95～1.0
氧平衡值/%			+1.758	-1.092
浸水前爆炸性能	殉爆距离/cm		7～9	7～9
	猛度/mm		12.5～14.5	13～15
	爆速/(m·s^{-1})		3 400～3 800	3 500～3 800
	爆力/mL		320～340	310～330
浸水后爆炸性能	殉爆距离/cm		5～7	4～7
	猛度/mm		12.5～14.5	12～15
	爆速/(m·s^{-1})		3 300～3 700	3 200～3 500
	爆力/mL		310～320	310～330
储存后爆炸性能	储存 180～360 天	猛度/mm 殉爆距离/cm	12～14 4～6	
	储存 180～240 天	猛度/mm 殉爆距离/cm		12～14 4～7
使用条件			有水和中硬以上岩石，不宜用于有瓦斯和矿尘爆炸危险的矿井	潮湿.中硬以上岩石，不宜用于有瓦斯和矿尘爆炸危险的矿井

4.2.4　含水炸药

含水炸药包括浆状炸药、水胶炸药和乳化炸药，是当前工业炸药中品种最多、发展最为迅速的抗水工业炸药。

1. 浆状炸药

浆状炸药(slurry explosive)是以氧化剂水溶液、敏化剂和胶凝剂为基本成分的抗水硝铵类炸药，具有抗水性强、密度高、爆炸威力较大、原料来源广、成本低和安全等优点，因此在露天有水深孔爆破中应用日益广泛。

(1) 浆状炸药的组分及其作用

① 氧化剂水溶液。浆状炸药的氧化剂主要采用硝酸铵和硝酸钠。制药中，大部分硝酸铵与水组成硝酸铵水溶液，另一部分则以干粉加入，其作用是供氧。硝酸钠可代替部分硝酸铵，主要是降低硝酸铵水溶液的析晶点，使炸药保持必要的塑性和感度，另外也可调整配方中的氧平衡。炸药中加入适量的水，使硝酸铵溶解成饱和溶液状态后就不再吸收水分，起到“以水抗水”的作用。另外，水使得炸药各组分紧密接触，增加密度，提高炸药的可塑性。但是水是一种钝感的物质，它的加入必然导致炸药感度下降，因此浆状炸药需加入敏化剂，并适当增大起爆能和药径。

② 敏化剂(sensitizer)。浆状炸药所用的敏化剂有三类，其一是单质猛炸药，常用的是梯恩梯，也有用硝化甘油、黑索金等；其二是金属粉末，大多以铝粉为主，也有使用铝镁合金粉等；其三是柴油、煤粉或硫磺等可燃性物质。单独使用可燃物敏化剂，可显著地降低浆状炸药的成本。另外，在浆状炸药中加入适量的亚硝酸钠($NaNO_3$)作充气剂，或用机械的方法使浆状炸药形成微小气泡，易于形成灼热核，有利于炸药的起爆，也可起到敏化的作用。

③ 胶凝剂与交联剂。胶凝剂在水中能溶解而形成粘胶液，它可使炸药的各种成分胶凝在一起，形成一个均匀的整体，使浆状炸药保持必需的理化性质和流变特性，具有良好的抗水性和爆炸性能。浆状炸药的胶凝剂普遍采用植物胶，主要有槐豆胶、田菁胶、皂角胶等，近年来也开始应用聚丙烯酰胺等人工合成胶凝剂。交联剂可以与胶凝剂发生化学反应，使其形成体型网状结构，以提高炸药的抗水性能。

④ 其他成分。除上述几种主要成分外，浆状炸药中还常加入少量的稳定剂、表面活性剂和抗冻剂等。

(2) 浆状炸药的品种举例

一些常用的国产浆状炸药的组分配比及其主要性能列于表 4－10 中。

表 4-10 一些浆状炸药的组分和性能

炸药牌号		4# 浆状炸药	5# 浆状炸药	6# 浆状炸药	槐 1# 浆状炸药	槐 2# 浆状炸药	白云 1# 抗冻浆状炸药	田青 10# 浆状炸药
组分/%	硝酸铵	60.2	70.2～71.5	73～75	67.9	54.0	45.0	57.5
	硝酸钾(K)硝酸钠(Na)				(Na)10.0	(K)10.0	(Na)10.0	(Na)10.0
	梯恩梯	17.5	5.0			10.0	17.3	10.0
	水	16.0	15.0	15.0	9.0	14.0	15.0	11+2
	柴油		4.0	4.0～5.5	3.5	2.5		2.0
	胶凝剂	(白)2.0	(白)2.4	(白)2.4	(槐)0.6	(槐)0.5	(皂)0.7	田青胶 0.7
	亚硝酸钠		1.0	1.0	0.5	0.5		
	交联剂	硼砂 1.3	硼砂 1.4	硼砂 1.4	2.0	2.0	2.0	1.0(交联发泡溶液)
	表面活性剂		1.0	1.0	2.5	2.5	1.0	3.0
	硫磺粉				4.0	4.0		2.0
	乙二醇	3.0					3.0	
	尿素						3.0	3.0
性能	密度/$(g \cdot cm^{-3})$	1.4～1.5	1.15～1.24	1.27	1.1～1.2	1.1～1.2	1.17～1.27	1.25～1.31
	爆速/$(km \cdot s^{-1})$	4.4～5.6	4.5～5.6	5.1	3.2～3.5	3.9～4.6	5.6	4.5～5.0
	临界直径/mm	96	<45	<45			<78	70～80

表 4-10 列述的品种都是大直径的非雷管敏感品种。随着浆状炸药研究和生产技术的不断发展，国内外已涌现出众多的小直径雷管敏感的浆状炸药品种，可以满足地下爆破作业的需要。表 4-11 列出了我国部分小直径浆状炸药的组分配比与性能。

表 4-11 小直径浆状炸药的配方和性能

组分和性能		配方与牌号			
		J-1	J-2	J-3	J-4
组分/%	硝酸铵	50	50	53	53
	硝酸铵	10	10	12	14
	田菁胶(外加)	0.6	0.6	0.6	0.6
	水	12	12	12	12
	尿素	3	3	3	3
	甲醛	1	1	1	1
	铝粉	4	4	4	2
	梯恩梯	10	20	15	15
	黑索金	10			

续表 4-11

组分和性能			配方与牌号			
			J-1	J-2	J-3	J-4
爆炸性能	密度/(g·m^{-3})		1.2～1.25	1.2～1.25	1.2～1.25	1.2～1.25
	临界直径/mm		13	14	16	16
	殉爆距离/cm			20	12	10
	爆速/(m·s^{-1})		5 200	4 600	4 000～4 300	3 600～3 800
	爆力/mL		356	355	338	326
	猛度/mm	当天	20.1	19.3	16.4	14.0
		3 个月	19.0	17.0	15.1	
		5 个月		16.6		15.2

注：浸水条件：水深 1 m，水温 20 ℃，浸 24 h。

2. 水胶炸药

一般地说，水胶炸药与浆状炸药没有严格的界限，它也是由氧化剂、水、胶凝剂和敏化剂等组成的。二者的主要区别在于使用不同的敏化剂，浆状炸药的主要敏化剂是非水溶性的火炸药成分、金属粉和固体可燃物，而水胶炸药则是采用水溶性的甲胺硝酸盐作敏化剂的，而且水胶炸药的爆轰敏感度比普通浆状炸药高，通常是小直径雷管敏感的。表 4-12 列出了我国几种水胶炸药的组分与性能。

表 4-12　我国几种水胶炸药的组分与性能

组分和性能		SHJ-K 型	W-20 型	1#	2#
组分/%	硝酸铵(钠)	53～58	71～75	55～75	48～63
	水	11～12	5～6.5	8～12	8～12
	硝酸甲胺	25～30	12.9～13.5	30～40	25～30
	铝粉或柴油	铝粉 4～3	柴油 2.5～3		
	胶凝剂	2	0.6～0.7		0.8～1.2
	交联剂	2	0.03～0.09		0.05～0.1
	密度控制剂		0.3～0.5	0.4～0.8	0.1～0.2
	氯酸钾		3～4		
	延时剂				0.02～0.06
	稳定剂				0.1～0.4
性　能	爆速/(m·s^{-1})	3 500～3 900 (Φ32 mm)	4 100～4 600	3 500～4 600	3 600～4 400 (Φ40 mm)
	猛度/mm	>15	16～18	14～15	12～20
	殉爆距离/cm	>8	6～9	7	12～25
	临界直径/mm		12～16	12	
	爆力/mL	>340	350		330
	爆热/(J·g^{-1})	1 100	1 192	1 121	
	储存期/月	6	3	12	12

3. 乳化炸药

(1) 乳化炸药的特点

乳化炸药(emucsion)是以无机含氧酸盐水溶液作为分散相,不溶于水的可液化的碳质燃料作连续相,借助乳化剂的乳化作用和敏化剂(包括敏化气泡)的敏化作用而制成的一种油包水(W/O)型的乳脂状混合炸药。乳化炸药的外观随制作工艺和配方的不同而有乳白色、淡黄色、浅褐色和银灰色之分,形态似乳脂。其密度通常为1.05～1.35 g/cm^3,从国内外的生产与使用情况来看,乳化炸药具有如下特点:

① 爆炸性能好　32 mm小直径药卷的爆速可达4 000～5 200 m/s,猛度可达15～19 mm,殉爆距离7.0～12.0 cm,临界直径为12～16 mm,用一只8号工业雷管就可以引爆。

② 抗水性能强　小直径药卷敞口浸水96 h以上,其爆炸性能变化甚微。同时由于其密度大,可沉于水下,解决了露天矿的水孔和水下爆破作业的问题。

③ 安全性能好　机械感度低、爆轰感度较高。

④ 环境污染小　乳化炸药的组分中不含有毒的梯恩梯等物质,避免了生产时的环境污染和职业中毒等问题。爆炸后的有毒气体生成量也比较少,这就可以减少炮烟中毒事故。

⑤ 原料来源广泛,加工工艺较简单　乳化炸药的原料主要是硝酸铵、硝酸钠、水和较少量的柴油、石蜡、乳化剂和密度调整剂等,国内可大量供应。所需的生产设备简单,操作简便。

⑥ 生产成本较低,爆破效果较好。

(2) 乳化炸药的主要组分

① 氧化剂　这是乳化炸药的主体部分,常用的氧化剂是硝酸铵。但单独使用时,其爆炸性能、稳定性和耐冻性均不如采用混合氧化剂好,因此一般选用硝酸铵和硝酸钠混合氧化剂,二者间的比例以硝酸铵∶硝酸钠=(3～4)∶1为佳。乳化炸药中混合氧化剂的含量为55%～58%。也有使用高氯酸盐的,如高氯酸钠、高氯酸铵等。

② 油包水型乳化剂　经验表明,HLB(Hydrophile Lipophile Balance,亲水亲油平衡值)为3～7的乳化剂多数可以作为乳化炸药的乳化剂。乳化炸药中可以含一种乳化剂,也可以含两种或两种以上的乳化剂。如失水山梨糖醇单油酸酯(span-80)、木糖醇单油酸酯(或混合酸酯)等。其用量一般为1%～2%。

③ 水　水和氧化剂组成乳化炸药中的分散相,又称水相或内相。水含量的多少对乳化炸药的稳定性、密度和爆炸性能都有显著的影响。在一定的水分含量范围内,乳化炸药的储存稳定性随着水分含量的增加而提高,其密度则随着水含量的增加而减少,爆速和猛度的最大值通常出现在水含量为10%～12%的范围内。一般地说,乳化炸药中水分含量以8%～17%为宜。

④ 油相材料　油相材料是一类非水溶性的有机物质,形成乳化炸药的连续相,又称外相。它是乳化炸药的关键组分之一,因为如果没有这些构成连续相的油相材料,油包水型的乳化体系就不复存在。在乳化炸药中油相材料既是燃烧剂,又是敏化剂,同时对成品的最终外观状态、抗水性能和储存稳定性有明显的影响。其含量以2 %～5 %较佳。

⑤ 密度调整剂　一般地说,密度调整剂是以第三相加入的,既可以是呈包覆体形式的空气,也可以是通过添加某些化学物质(如亚硝酸钠等)发生分解反应产生的微小气泡,还可以是封闭性夹带气体的固体微粒(如空心玻璃微球、膨胀珍珠岩微粒、空心树脂微球等)。

⑥ 少量添加剂　它包括乳化促进剂、晶形改性剂和稳定剂等，其添加量一般为 0.1%～0.5%。尽管添加量很少，但对乳化炸药的药体质量、爆炸性能和储存稳定性等都有着明显的改进作用，可视需要添加其中的一种或几种。

(3) 乳化炸药的品种与性能

根据包装形式和产品形态可将乳化炸药分为五种：药卷品、袋装品、散装品、乳胶溶液产品、乳化铵油炸药掺合产品。目前我国主要生产药卷品、袋装品、散装品和掺合产品，表 4－13 列出了我国乳化炸药的主要品种和技术性能。

表 4－13　我国几种乳化炸药的组分与性能

组分与性能		EL 系列	CLH 系列	SB 系列	BME 系列	RJ 系列	WR 系列	岩石型	煤矿许用型
组分/%	硝酸铵(钠)	65～75	63～80	67～80	51～36	58～85	78～80	65～86	65～80
	硝酸甲胺					8～10			
	水	8～12	5～11	8～13	9～6	8～15	10～13	8～13	8～13
	乳化剂	1～2	1～2	1～2	1.5～1.0	1～3	0.8～2	0.8～1.2	0.8～1.2
	油相材料	3～5	3～5	3.5～6	3.5～2.0	2～5	3～5	4～6	3～5
	铝粉	2～4	2		2～1				1～5
	添加剂	2.1～2.2	10～15	6～9	1.5～1.0	0.5～2	5～6.5	1～3	5～10（消焰剂）
	密度调整剂	0.3～0.5		1.5～3		0.2～1			
	铵油				15～40				
性能	爆速/(m·s^{-1})	4～5.0	4.5～5.5	4～4.5	3.1～3.5（塑料管）	4.5～5.4	4.7～5.8	3.9	3.9
	猛度/mm	16～19		15～18		16～18	18～20	12～17	12～17
	殉爆距离/cm	8～12		7～12		＞8	5～10	6～8	6～8
	临界直径/mm	12～16	40	12～16	40	13	12～18	20～25	20～25
	抗水性	极好	极好	极好	取决于添加比例与包装形式	极好	极好	极好	极好
	储存期/月	6	＞8	＞6	2～3	3	3	3～4	3～4

4.3　硝化甘油类炸药与其他类炸药

4.3.1　硝化甘油类炸药

硝化甘油类炸药的主要组分是硝化甘油。纯硝化甘油的感度极高，不能单独做工业炸药使用。1865 年瑞典艾尔弗雷德·诺贝尔(Aifred Nobel)发现了硅藻土能吸收相当大量的硝化甘油，并且运输和使用时都较为安全，于是便产生了最初的硝化甘油类炸药——达纳迈特(Dynamite)。后来，人们将硝化甘油和不同的材料按各种不同的配比进行混合，制成不同类

型和级别的硝化甘油类炸药，即三种基本类型：胶质、半胶质和粉状。其根本区别是胶质和半胶质品含有硝化棉，这是硝化纤维素同硝化甘油相互作用所生成的粘胶体，而粉状品不含硝化棉，具有粉粒状的外观状态。为了提高能量和改善其性能，一般还要添加硝酸铵、硝酸钠或硝酸钾作为氧化剂，加入少量的木粉作为疏松剂，加入一定量的二硝化乙二醇以提高其抗冻性能，制成耐冻的硝化甘油炸药。

硝化甘油类炸药具有抗水性强、密度大、爆炸威力大等优点，在过去的一百多年中，该类炸药曾作为工业炸药的主流产品发挥了重要作用。但是它对撞击和摩擦敏感度高，安全性差，价格昂贵，保管期不能过长，否则容易老化而降低甚至失去爆炸性能，因此应用范围日益减小，一般只在水下爆破作业中使用。

部分国内硝化甘油类炸药的组成和主要性能列于表 4－14 中。

表 4－14　国产硝化甘油类炸药的组分和性能

组分与性能		62%硝化甘油炸药		40%硝化甘油炸药		35%耐冻硝化甘油炸药
		普　通	耐　冻	普　通	耐　冻	
组分/%	硝化甘油	62±0.1		40±1.0		
	硝化甘油与硝化乙二醇		62±1.0		40±1.0	35±1.0
	梯恩梯					18.5±0.5
	硝化棉	3.0±0.3	3.5±0.3	1.7±0.3	1.7±0.3	1.7±0.3
	硝酸铵			52.3±1.5	52.3±1.5	
	硝酸钾或硝酸钠	27±1.0	32±1.0			41±1.0
	木粉	8.0±0.5	2.5±0.5	3.0±0.5	3.0±0.5	3.0±0.5
	淀粉			3.0±0.5	3.0±0.5	
性能	水分/%	≤0.75	≤0.75	≤1.0	≤1.0	
	密度/($g \cdot cm^{-3}$)	1.4～1.45	1.4～1.45	1.4	1.4	1.4
	猛度/mm	≥16	≥16	≥15	≥15	≥13
	爆力/mL	≥380	≥380	≥360	≥360	≥340
	殉爆距离/cm	≥8	≥8	≥5	≥5	≥5
	爆速/($m \cdot s^{-1}$)	6 000	6 000			4 500
	爆热/($kJ \cdot kg^{-1}$)	5 275	5 275			4 229

4.3.2　黑火药

黑火药(black powder)是我国古代四大发明之一，它是由硝酸钾、木炭和硫磺组成的机械混合物。硝酸钾是氧化剂，木炭是可燃剂，硫既是可燃剂，又能使碳与硝酸钾只进行生成二氧化碳的反应，阻碍一氧化碳的生成，改善黑火药的点火性能，而且还起到碳和硝酸钾间的粘合剂作用，有利于黑火药的造粒。三种组分在黑火药中的性质、作用以及不同用途的黑火药的配方列于表 4－15 中。

表 4-15　黑火药三组分的性质、作用与在不同用途黑火药中的配比(%)

名　称		硝酸钾	硫	木炭
性　质		氧化剂	燃烧剂	还原剂
作　用		供氧	粘合、燃烧	燃烧
用　途	导火索	60～70	20～30	10～15
	爆破药	70～75	10～12	15～18
	反射药	74～78	8～10	12～16
	点火药	80		20

黑火药在火和火花的作用下，很容易引起燃烧或爆炸，按其爆炸变化的速度，黑火药属于发射药的类型。黑火药的爆发点为 290～310 ℃；爆炸分解的气体温度为 2 200～2 300 ℃。在密闭条件下，导火索的火焰即可起爆黑火药，但其爆炸威力较低。黑火药对摩擦和撞击很敏感，粉状药很容易因摩擦冲击而引起爆炸。

黑火药可以长期储存不变质，但吸湿性强。它往往因吸湿使性能变坏，甚至不能点燃。在工程爆破中，黑火药一般只用于开采料石和石膏等，大部分黑火药用于制作导火索。

4.4　工业雷管

4.4.1　工业雷管的要求

工程爆破中常用的工业雷管有火雷管、电雷管和非电雷管等。电雷管又有瞬发电雷管、秒延期电雷管和半秒延期电雷管和毫秒延期电雷管等品种。工业雷管是爆炸危险品，为满足使用的准确性和生产运输的安全性，工业雷管必须满足以下两方面的要求。

1. 技术条件方面的要求

① 足够的灵敏度和起爆能力　工业雷管必须有足够的灵敏度以保证雷管在使用能够按要求起爆，并保证具有足够的起爆能力以使被引爆的炸药能正常地爆轰。

② 性能均一　雷管的技术参数要求有均一性，以保证使用时的一致性。

③ 制造安全和使用安全　在保证足够的起爆能力的前提下，感度要适宜，以保证制造、装配、运输和使用过程中的安全。

④ 长期储存的稳定性　雷管生产后不能立即使用，有一个入库、出库、运输、现场使用的过程，在时间和空间上都有一些变化。工业雷管储存两年以上，应不发生变化和变质现象。

2. 生产经济条件方面的要求

在生产经济条件方面，工业雷管应具备：

① 结构简单，易于大批生产；

② 制造与使用方便；

③ 原料来源丰富，价格低廉。

4.4.2　火雷管

在工业雷管中，火雷管(plain detonator)是最简单的一种，但又是其他各种雷管的基本

部分。

火雷管的结构如图 4-3 所示，它由以下几个部分组成。

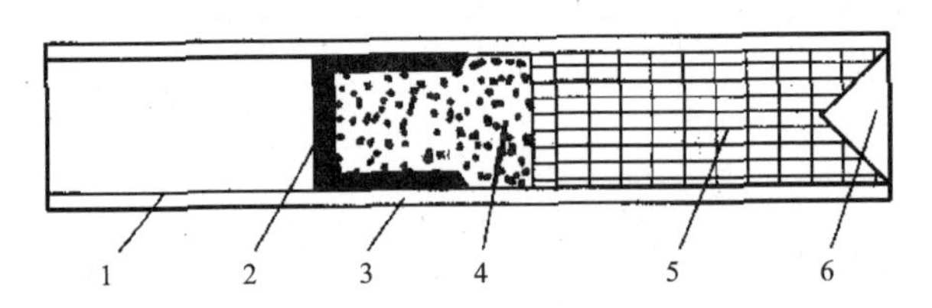

1—管壳；2—传火孔；3—加强帽；4—DDNP；5—加强药；6—聚能穴

图 4-3　火雷管结构示意图

1. 管　壳

火雷管的管壳通常采用金属(铝或铜)、纸或硬塑料制成，呈圆管状。管壳必须具有一定的强度，以减小正、副起爆药爆炸时的侧向扩散和提高起爆能力；管壳还可以避免起爆药直接与空气接触，以提高雷管的防潮能力。管壳一端为开口端，以供插入导火索之用；另一端密闭，做成圆锥形或半球面形聚能穴，以提高该方向的起爆能力。

2. 正起爆药

火雷管中的正起爆药在导火索火焰作用下，首先起爆，所以其主要特点是敏感度高。它通常由雷汞、二硝基重氮酚或氮化铅制成。目前，国产雷管的正起爆药大多用二硝基重氮酚(DDNP)制成。

3. 副起爆药

副起爆药也称为加强药。它在正起爆药的爆轰作用下起爆，进一步加强了正起爆药的爆炸威力。所以它一般比正起爆药感度低，但爆炸威力大，通常由黑索金、特屈儿或黑索金—梯恩梯药柱制成。

4. 加强帽

加强帽是一个中心带小孔的小金属罩。它通常用铜皮冲压制成。加强帽的作用为：减少正起爆药的暴露面积，增加雷管的安全性；在雷管内形成一个密闭小室，促使正起爆药爆炸压力的增长，提高雷管的起爆能力，还可以防潮。加强帽中心孔的作用是让导火索产生的火焰穿过此孔直接喷射在正起爆药上。中心孔直径为 2 mm 左右。为防止杂物、水分的浸入和起爆药的散失，中心孔常垫一小块丝绢以起封闭作用。

工业雷管按其起爆药量的多少，分为 10 个等级，号数愈大，其起爆药量愈多，雷管的起爆能力愈强。目前，爆破工程中常用的是 8 号和 6 号雷管。表 4-16 列出火雷管的管壳规格。表 4-17 列出火雷管的起爆药量。

表 4-16　火雷管的管壳规格

雷管品种	管壳类型	内径/mm	长度/mm	加强帽至管口的距离/mm
6 号	金属壳	6.18～6.22	36±0.5	≥10
8 号	金属壳	6.18～6.22	40±0.5	≥10
	纸　壳	6.18～6.30	45±0.5	≥15
	塑料壳	6.18～6.30	49±0.5	≥15

表 4-17　工业火雷管起爆药量

品　种	正起爆药			
	二硝基重氮酚	雷　汞	三硝基间苯二酚铅(氮化铅)	
6 号雷管	0.3±0.02	0.4±0.02	0.1±0.02 (0.21±0.02)	
8 号雷管	(0.3～0.36)±0.02	0.4±0.02	0.1±0.02 (0.21±0.02)	
品　种	副起爆药			
	黑索金或钝化黑索金	特屈儿	黑索金(梯恩梯)	特屈儿(梯恩梯)
6 号雷管	0.42±0.02	0.42±0.02	0.05±0.02	
8 号雷管	(0.70～0.72)±0.02	(0.70～0.72) ±0.02	(0.70～0.72)±0.02	(0.70～0.72)±0.02

注：1. 正、副起爆药中，各只用其中一种；

2. 起爆药量同样适用于相应的电雷管和继爆管。

火雷管用导火索来引爆，方法简单灵活，应用范围很广，目前主要用于炮眼数较少的浅眼和裸露药包的爆破中。火雷管成本较低，但是禁止在有瓦斯或矿尘爆炸危险的矿井中使用。

4.4.3　电雷管

1. 瞬发电雷管

瞬发电雷管(instantaneous electric detonator)也称即发电雷管，它是一种通电即刻爆炸的电雷管。瞬发电雷管的结构如图 4-4 所示。它的装药部分与火雷管相同。不同之处在于其管内装有电点火装置。电点火装置由脚线、桥丝和引火药组成。

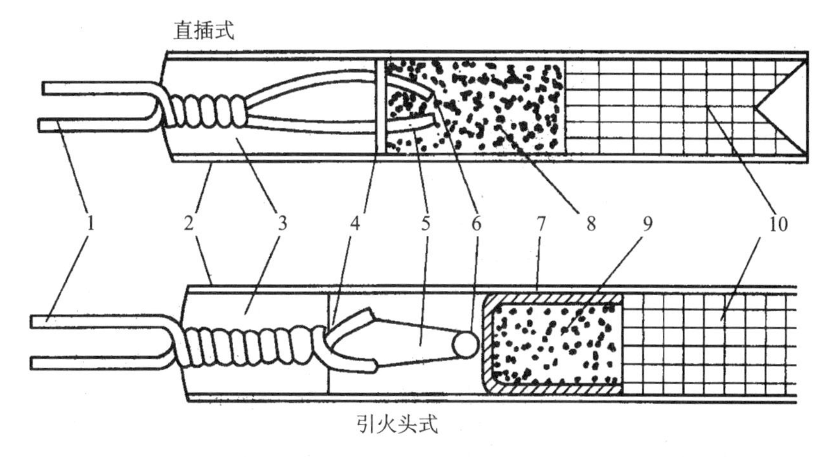

1—脚线；2—管壳；3—密封塞；4—纸垫；5—线芯；6—桥丝(引火药)；
7—加强帽；8—散装 DDNP；9—正起爆药；10—副起爆药

图 4-4　瞬发电雷管的结构示意图

① 脚线　脚线(leg wire)是用来给电雷管内的桥丝输送电流的导线，通常采用铜和铁两种导线，外面用塑料包皮绝缘，长度一般为 2 m。脚线要求具有一定的绝缘性和抗拉、抗绕曲和抗折断的能力。

② 桥丝　桥丝在通电时能灼热，以点燃引火药或引火头。桥丝一般采用康铜或镍铬电阻丝，焊接在两根脚线的端线芯上，直径为0.03～0.05 mm，长度为4～6 mm。

③ 引火药　电雷管的引火药一般都是可燃剂和氧化剂的混合物。目前国内使用的引火药成分有三类：一是氯酸钾-硫氰酸铅类；二是氯酸钾-木炭类；第三类是在第二类的基础上再加入某些氧化剂和可燃剂。

另外，为了固定脚线和封住管口，在管口灌以硫磺或装上塑料塞。若灌以硫磺，为防止硫磺流入管内，还安装了厚纸垫或橡皮圆垫。使用金属管壳时，则在管口装一塑料塞，再用卡钳卡紧，外面涂以不透水的密封胶。

根据电点火装置的不同，瞬发电雷管的结构有两种：直插式和引火头式。直插式的特点是正起爆药DDNP是松散的，取消了加强帽。点火装置的桥丝上没有引火药。桥丝直接插入松散的DDNP中，DDNP既是正起爆药，又是点火药。当电流经脚线传至桥丝时，灼热的桥丝直接引燃DDNP，并使之爆轰。引火头式的桥丝周围涂有引火药，做成一个圆珠状的引火头。当桥丝通电灼热时，引起引火药燃烧，火焰穿过加强帽中心孔，即引起正、副起爆药的爆炸。

工程爆破中最常用的是8号瞬发电雷管，其起爆药量与8号火雷管的起爆药量相同。

2. 秒和半秒延期电雷管(second　delay detonator)

秒和半秒延期电雷管结构如图4-5所示。电引火元件与起爆药之间的延期装置是用精制导火索段或在延期体壳内压入延期药构成的，延期时间由延期药的装药长度、药量和配比来调节。索式结构的秒或半秒延期雷管的管壳上钻有两个起防潮作用的排气孔，排出延期装置燃烧时产生的气体。起爆过程是：通电后引火头发火，引起延期装置燃烧，延迟一段时间后雷管爆炸。国产秒或半秒延期雷管的延期时间和标志如表4-18和表4-19所列，主要用于巷道和隧道掘进、采石场采石、土方开挖等爆破作业。某些国家秒延期雷管的段别与秒量如表4-20所列。

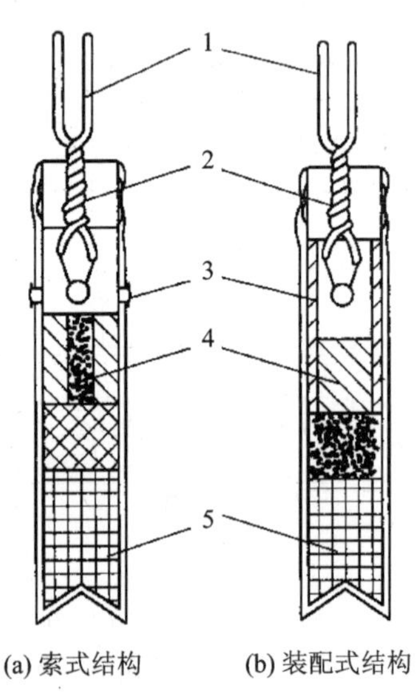

1—脚线；2—电引火线；3—排气孔；
4—精制导火索；5—火雷管；6—延期体壳；7—延期药

图4-5　秒和半秒延期电雷管

在有瓦斯和煤尘爆炸危险的工作面不准使用秒延期电雷管。

表 4-18　秒延期电雷管的段别与秒量

段　别	延期时间/s	脚线标准颜色
1	0	灰红
2	1.2	黄
3	2.3	蓝
4	3.58	白
5	4.8	绿红
6	6.2	绿黄
7	7.7	绿蓝

表 4-19　半秒延期雷管的段别和秒量

<table>
<tr><th>段　别</th><th>延期时间/s</th><th>脚线标准颜色</th></tr>
<tr><td>1</td><td>0</td><td rowspan="10">雷管壳上印有段别标志，每发雷管还有段别标签</td></tr>
<tr><td>2</td><td>0.5</td></tr>
<tr><td>3</td><td>1.0</td></tr>
<tr><td>4</td><td>1.5</td></tr>
<tr><td>5</td><td>2.0</td></tr>
<tr><td>6</td><td>2.5</td></tr>
<tr><td>7</td><td>3.0</td></tr>
<tr><td>8</td><td>3.5</td></tr>
<tr><td>9</td><td>4.0</td></tr>
<tr><td>10</td><td>4.5</td></tr>
</table>

表 4-20　国外秒延期电雷管规格/s

段　别	瑞典 NAB * VA	美国 Atlas	英国 ICI	德国 DNAG	日本 DSD
1	0.5±0.05	0.5±0.20	0.5±0.15	0.5±0.07	0
2	1.0±0.07	1.0±0.20	1.0±0.15	1.0±0.07	0.25
3	1.5±0.07	1.5±0.15	1.5±0.07	1.5±0.07	0.5
4	2.0±0.07	2.0±0.20	2.0±0.15	2.0±0.07	0.75
5	2.5±0.08	2.5±0.20	2.5±0.15	2.5±0.11	1.00
6	3.0±0.08	3.0±0.20	3.0±0.15	3.0±0.11	1.25
7	3.5±0.08	3.5±0.20	3.5±0.20	3.5±0.11	1.50
8	4.0±0.01	4.0±0.20	4.0±0.20	4.0±0.11	1.75
9	4.5±0.01	4.5±0.20	4.5±0.20	4.5±0.14	2.00
10	5.0±0.12	5.0±0.20	5.0±0.20	5.0±0.14	2.3
11	5.5±0.12	5.5±0.20	5.5±0.20	5.5±0.14	2.7
12	6.0±0.13	6.0±0.20	6.0±0.20	6.0±0.14	3.1
13		6.5±0.20			3.5
14		7.0±0.20			4.0
15		7.5±0.20			4.5

3. 毫秒延期电雷管

毫秒延期电雷管(millisecond electric blasting cap)简称为毫秒电雷管，它通电后爆炸的延期时间是以毫秒数量级来计量的。毫秒电雷管的结构如图 4-6 所示。

毫秒延期电雷管的组成基本上与秒和半秒延期电雷管相同。不同点在于延期装置。毫秒电雷管的延期装置是延期药，常采用硅铁(还原剂)和铅丹(氧化剂)的混合物，并掺入适量的硫化锑以调节药剂的反应速度。为了便于装置，常用酒精、虫胶等做粘合剂造粒。通过改变延期药的成分、配比、药量及压药密度，可以控制延期时间。毫秒延期药反应时气体生成量很少，反应过程中的压力变化也不大，所以反应速度很稳定，延期时间比较精确。

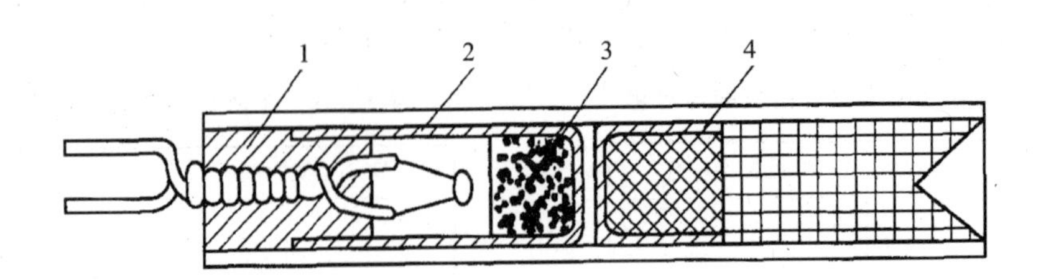

1—塑料塞;2—延期内管;3—延期药;4—加强帽

图 4-6　毫秒延期电雷管

毫秒电雷管中还装有延期内管,它的作用是固定和保护延期药,并作为延期药反应时气体生成物的容纳室,以保证延期时间压力比较平稳。

目前国产的毫秒电雷管段别及其延期时间列于表 4-21 中。但是,每个工厂可以根据用户的要求对产品的规格予以变动。因此,在具体使用时,要注意查看产品说明书。

表 4-21　国内毫秒延期电雷管段别与秒量

段　别	第 1 ms 系列/ms	第 2 ms 系列/ms	第 3 ms 系列/ms	第 4 ms 系列/ms	1/4 ms 系列/ms
1	0	0	0	0	0
2	25	25	25	25	0.25
3	50	50	50	45	0.50
4	75	75	75	65	0.75
5	110	100	100	85	1.00
6	150		128	105	1.25
7	200		157	125	1.50
8	250		190	145	
9	310		230	165	
10	380		280	185	
11	460		340	205	
12	550		410	225	
13	650		480	250	
14	760		550	275	
15	880		625	300	
16	1 020		700	330	
17	1 200		780	360	
18	1 400		860	395	
19	1 700		945	430	
20	2 000		1035	470	
21			1 125	510	
22			1 225	550	
23			1 350	590	
24			1 500	630	

续表 4 - 21

段　别	第 1 ms 系列/ms	第 2 ms 系列/ms	第 3 ms 系列/ms	第 4 ms 系列/ms	1/4 ms 系列/ms
25			1 675	670	
26			1 875	710	
27			2 075	750	
28			2 300	800	
29			2 550	850	
30			2 800	900	
31			3 050		

注:第 2 ms 系列为煤矿许用毫秒延期电雷管。

4. 抗杂毫秒电雷管

(1) 无桥丝抗杂毫秒电雷管

无桥丝抗杂毫秒电雷管简称为无桥丝抗杂管,它与普通毫秒电雷管的主要区别是取消了电桥丝,而在引火药中加入适量的导电物质:乙炔、炭黑和石墨,做成具有导电性的引火头。这种引火头的电阻大小取决于导电物质的含量及其颗粒间的接触状况。当外加电压小于某一数值时,它显现出较大的电阻,使通过的电流很小,不足以点燃引火药。当外加电压增高到一定值时,导电物质颗粒由于受到电压和电流热效应的作用而发热膨胀,使各质点接触面积增大,电阻下降,就可使引火药发火。正是由于引火头的电阻随着外加电压和电流的变化而变化这一特征,所以使得无桥丝抗杂管,具有一定的抗杂散电流的能力。

无桥丝抗杂管的结构如图 4 - 7 所示。抗杂管延期装置采用一段特殊的导火索。导火索芯是铅丹、硅铁、硫化锑的混合物。六段以上的无桥丝抗杂毫秒电雷管,在起爆药和加强帽之间还装入 0.07～0.1 g 的低段延期药,既起延期药的作用,也充作点火药之用,如图 4 - 7 所示。

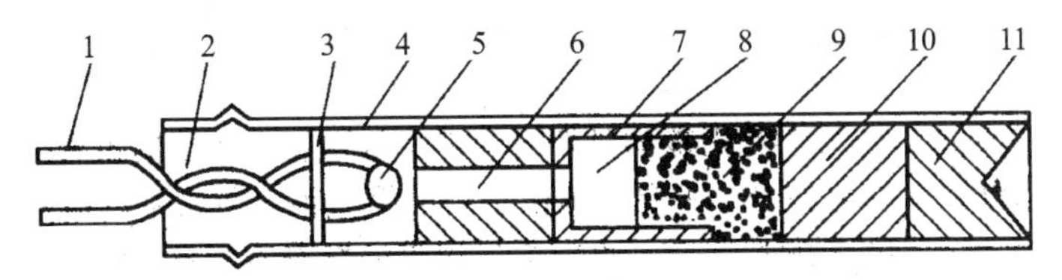

1—脚线;2—封口;3—纸垫;4—管壳;5—引火头;6—延期装置;7—加强帽;
8—点火药;9—正起爆药;10—副起爆药(黑索今);11—钝化黑索今

图 4 - 7　无桥丝抗杂雷管结构示意图

动力电源和普通起爆器均不能作为抗杂管的起爆电源,因此为无桥丝抗杂管专门设计的起爆器有 GM - 2000 型高能脉冲起爆器。

无桥丝抗杂管具有较好的抗杂电能力,可保证在 5 V 电压作用下 5 min 不发火。抗杂管的电阻离差值较大(50～400 Ω),组成的电爆网路导通测量时,不易发现漏联等问题。另外,由于其电阻离差值大和导电药的电阻非线性,使得普通的电爆网路的计算方法不能适用。

(2) 低阻桥丝式抗杂毫秒电雷管

低阻桥丝式抗杂毫秒电雷管与普通毫秒电雷管的主要区别在于桥丝的材料和直径不

同。它采用低电阻值的紫铜丝代替了康铜丝和镍铬丝。低阻桥丝式抗杂管具有良好的抗杂电性能，基本上满足了地下矿山在不停电的条件下安全爆破的要求。但是由于其电阻很小，现有的爆破测量仪表不易查出桥丝是否短路，防潮性能差，目前这种雷管尚处于研究和试生产阶段。

5. BJ－1 型安全电雷管

这种新型电雷管是国内最近研制成功的一种能防一切外来电流干扰的安全电雷管。这种电雷管的结构几乎和普通电雷管一样，所不同的只是在普通电雷管的点火桥丝和脚线之间加入一个微型安全电路，它的结构如图 4－8 所示。

微型安全电路的工作原理是：当这种电雷管的脚线接收到任何外来电能信号后，在电路内部能进行信号识别，一切与设计的起爆信号不符的信号都不能通过点火桥丝，只有与设计信号相符的信号流入电路时，才能让它顺利地通过电路到达点火桥丝，将电雷管起爆。

这种电雷管的结构简单、成本低、对外来电安全可靠，具有普通电雷管的一切性能，适用性广，是一种非常有发展前途的新产品。

6. 无起爆药雷管

普通的工业雷管均装有对冲击、摩擦和火焰感度都很高的正起爆炸药，常常使得雷管在制造、储存、装运和使用过程中产生爆炸事故。国内近年研制成功的无起爆药雷管，其结构与原理和普通工业雷管一样，只是用一种对冲击和摩擦感度比常用正起爆药较低的猛炸药来代替常用的起爆药，大大提高了雷管在制造、储存、装运和使用过程中的安全性，而起爆性能并不低于普通工业雷管。

近年来，中国科学技术大学成功研制出新型无起爆药雷管——飞片雷管，该雷管完全采用猛炸药进行装药，在生产和使用过程中无污染，安全性好，其结构如图 4－9 所示。其作用原理为：电引火药头被引燃后，四次药被点燃，在内帽中产生高温高压气体，剪切内帽底部形成高速飞片，冲击内帽下方松散装药，形成大量热点，完成 DDT 过程。

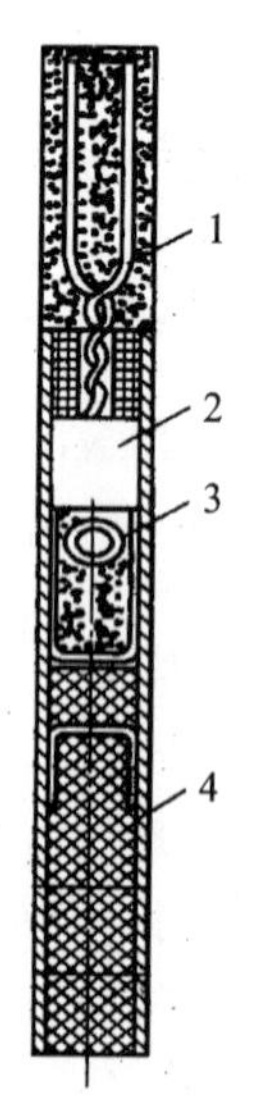

1—引出脚线；2—微型安全电路；3—电点火头；4—雷管装药

图 4－8 BJ－1 型安全电雷管结构示意图

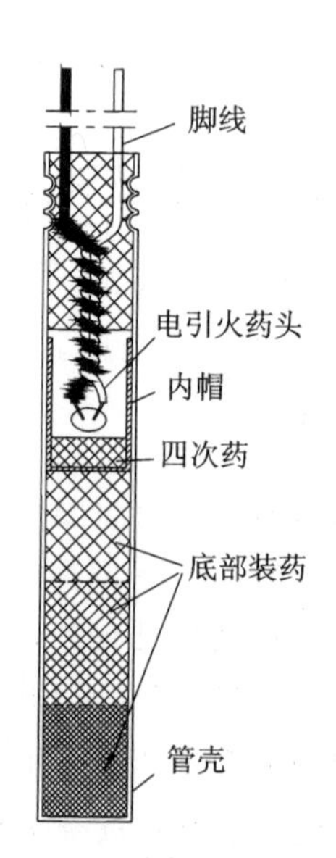

图4－9 飞片雷管结构示意图

7. 电子雷管

电子雷管，又称数码电子雷管、数码雷管或工业数码电子雷管，即采用电子控制模块对起爆过程进行控制的电雷管，是一种延期时间根据实际需要可以任意设定并精确实现发火延期的新型电能起爆器材，其系统组成如图 4－10 所示。具有使用安全可靠、延期时间精确度高、设定灵活等特点。

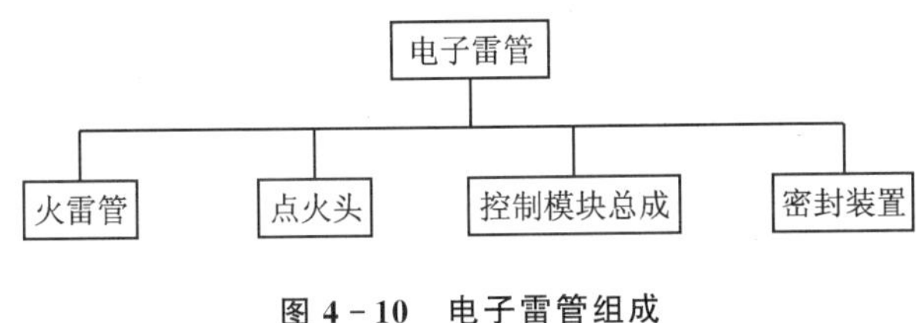

图 4－10　电子雷管组成

电子雷管的研究工作开始于 20 世纪 80 年代初，在 20 世纪 90 年代，电子雷管及其起爆系统取得了快速的发展，逐步趋于成熟，并进入爆破工程实用化阶段。发展的第一阶段，电子雷管内部不带储能电容，由外部提供能量供延期模块工作以及点火起爆。第二阶段的电子雷管内部带有储能电容，可以维持延期模块工作并最后起爆雷管。

电子雷管一般分为三种类型：一种是电起爆可编程的电子雷管，延期时间在爆破现场按爆破员要求设定，并在现场对整个爆破系统起爆时序实施编程；另一种是电起爆非编程的电子雷管，在工厂预先设定固定延期时间；第三种是非电起爆的非编程的电子雷管，可以用导爆管或低能导爆索等非电起爆器材引发电子延期体再起爆，固定延期时间在工厂预先设定。

电子雷管不足之处是目前成本较高，组网能力较小，不能满足大规模爆破作业对起爆网络的要求。但电子雷管的先进性、可靠性、灵活性和安全性是显而易见的。随着高精度电子雷管的大批量生产和价格的降低，电子雷管将会有更大的发展，并得到广泛的应用，其取代电和非电雷管、占据市场是必然的趋势。

4.4.4　非电毫秒雷管

非电毫秒雷管是用塑料导爆管引爆而延期时间以毫秒数量级计量的雷管。它的结构如图 4－11所示。它与毫秒延期电雷管的主要区别在于：不用毫秒电雷管中的电点火装置，而用一个与塑料导爆管相连接的塑料连接套，由塑料导爆管的爆轰波来点燃延期药。

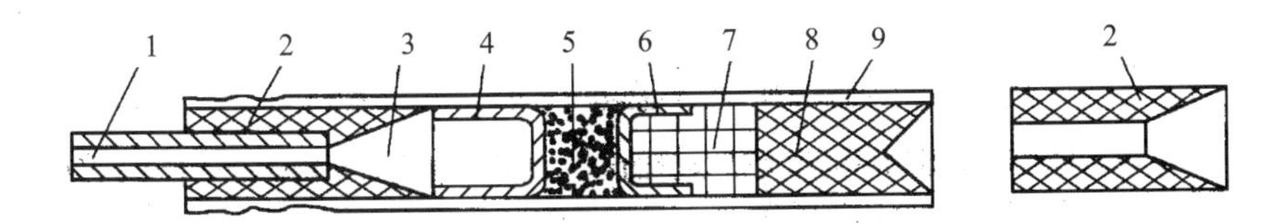

1—塑料导爆管；2—塑料连接套；3—消爆空腔；4—空信帽；5—延期药；
6—加强帽；7—正起爆药 DDNP；8—副起爆药 RDX，9—金属管壳

图 4－11　非电毫秒雷管结构示意图

非电毫秒雷管的段别及其延期时间列于表 4－22 中。

表 4-22　非电毫秒雷管的段别及延期时间

段　别	DH-1 系列/ms	DH-2 系列/ms
1	0	50±15
2	25±10	100±20
3	50±10	150±20
4	75±10	250±30
5	100±10	370±40
6	150±20	490±50
7	200±20	610±60
8	250±20	780±70
9	310±25	980±100
10	390±40	1 250±150
11	490±45	
12	600±50	
13	720±50	
14	840±50	
15	990±75	

除了非电毫秒雷管外，与塑料导爆管配合使用的雷管还有非电毫秒延期雷管和非电即发雷管。

4.4.5　油井电雷管

油井电雷管是油井射孔时不可缺少的起爆器材。它是一种耐压大，耐温好的特制电雷管。WY-2 型油井电雷管的结构如图 4-12 所示。

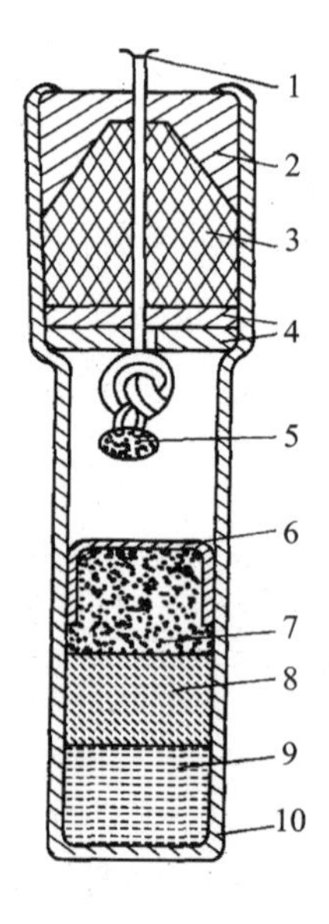

1—脚线；2—梢套；3—胶塞；4—铁垫；5—引火头；6—加强帽；
7—二硝基重氮酚；8—二次黑索金；9—一次黑索金；10—管壳

图 4-12　WY-2 型油井电雷管结构示意图

WY－2 型无枪身射孔电雷管、铁管壳，适用于井温 120 ℃和压力为 34 300 kPa 以下的油井中，用以起爆无枪身射孔导爆索。

YY－1 型有枪身射孔电雷管、铜管壳，适用于井温 120 ℃以下使用。

4.5　索状起爆材料

4.5.1　导火索及点火材料

1. 导火索

导火索(blasting fuse)是以具有一定密度的粉状或粒状黑火药为索芯，外面用棉纱线、塑料或纸条、沥青等材料包缠而成的圆形索状起爆材料。导火索的用途是：在一定的时间内将火焰传递给火雷管或黑火药包，使它们在火花的作用下爆炸。它还在秒延期雷管中起延期作用。

(1) 导火索的结构

导火索基本上由索芯和索壳组成，如图 4－13 所示。

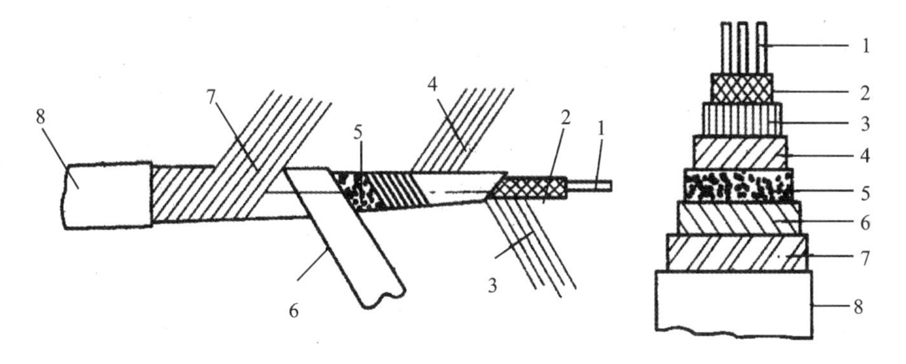

1—芯线；2—索芯；3—内层线；4—中层线；5—防潮层；

6—纸条层；7—外线层；8—涂料层

图 4－13　工业导火索结构示意图

① 芯线　芯线是指导火索中心的三根撑线，一般用棉纱线或人造纤维做成。它使黑火药持续而均匀地分布于索芯中。

② 索芯　索芯是导火索的重要组成部分，它以轻微压缩的粉状或粒状黑火药做成。黑火药是保证导火索传递火焰，引爆雷管的能源。导火索的燃烧速度取决于索芯黑火药的成分配比，见表 4－23。常用的工业导火索的黑火药配方为：硝酸钾 63％、硫 27％、木炭 10％。导火索的喷火性能与索芯直径有很大的关系。索芯直径越大，喷火性能越好。导火索索芯直径都在 2.2 mm 以上。

表 4-23 不同燃速导火索索芯配方

导火索燃速/($m\cdot s^{-1}$)	硝酸钾/%	硫/%	木炭/%	炭 型
60～80	64	23	13	黑炭
90～110	64	26	10	黑炭
100～125	63	27	10	黑炭
150～170	75	15	10	黑褐炭
240～260	75	15	10	黑炭
290～320	75	15	10	黑炭

③ 各层缠包物　导火索中除了芯线、索芯外，还有多层的缠包物。如图 4-11 所示，紧裹索芯的是内层线，其作用是将药芯围拢住，使之成为连续的圆条；其外是中层线，缠绕的方向与内层线相反，其作用是裹住内层线，不让它散开，还可以进一步将药芯裹紧，增加药芯的密度；中层线外面是沥青防潮层，起防潮、防松动和粘结中层线的作用；防潮层外是纸条层，它和沥青紧密粘结一起，使导火索硬挺有力，还能防止药芯燃烧的火焰透出；纸条层外面再缠以外线层，以便将纸条缠住；最外层是涂料层 8，其作用是将外层线和纸条层粘结在一起，防止切断导火索时散开。

(2) 导火索的性能

工业导火索在外观上一般呈白色，其外径一般为 5.2～5.8 mm，药芯药量一般为 7～8 g/m，燃烧速度为 100～125 m/s。为了保证可靠地引爆火雷管，导火索的喷火强度(喷火长度)不小于 40 mm。导火索在燃烧过程中不应有断火、透火、外壳燃烧、速燃和爆燃等现象。导火索的燃烧速度和燃烧性能是导火索质量的重要标志。导火索还应具有一定的防潮、耐水能力：在 1 m 深的常温静水中浸泡 2 h 后，其燃速和燃烧性能不变。

普通导火索不能在有瓦斯或矿尘爆炸危险的煤矿或类似场所使用。

2. 点火材料

点火材料用来点燃导火索的药芯，它包括自制导火索段、点火线、点火棒、点火筒等。

(1) 自制导火索段

自制点火导火索段是一段长为 0.3～0.5 m 的普通工业导火索。在它上面每隔 20～30 mm 横切一个切口，使里面的黑火药露出。开始点炮之前，先将这段点火导火索点燃，然后利用索段上各个切口喷射的火焰分别去点燃各个炮眼中的导火索。自制点火导火索段的长度不得超过火雷管导火索最小长度的三分之一。因为自制点火导火索段既是点火材料，同时也是点炮时间的警报器。为防止吸潮，点火导火索段切口应在临点炮前加工。

(2) 点火线

点火线是用亚麻或棉纱的捻线，在硝酸钾溶液中浸渍后，表面再用棉纱线缠绕包裹成为直径为 6～8 mm 的一种点火材料。点火线的燃速随着线芯的不同而不同、亚麻线芯点火线的燃速为 5～10 mm/min，棉纱线芯点火线的燃速为 4～7 mm/min。

(3) 点火棒

点火棒是一种长为 100～150 mm，内装燃烧剂的细纸筒式的点火材料。燃烧剂包括擦火头、点火剂(含硝酸钾、硫磺、松香和炭黑等)和绿色信号剂(含氯酸钾、硝酸钡、铝粉和木炭等)。

手握的一端、装惰性物黄土，长度不小于 50 mm。点火棒的燃烧时间可为 1 min、2 min、3 min 不等。临点炮时先点燃点火棒，再用点火棒来点燃炮眼中的导火索。当点火棒中的燃烧剂燃烧完后信号剂发出绿光时，点炮工必须马上停止点炮，由爆破工作面撤到安全地点。

(4) 点火筒

点火筒是用来同时点燃若干根导火索的点火材料，如图 4-14所示。点火筒外表必须涂蜡防潮，其一端敞开，以便插入导火索束；另一端封闭，底部装有 2～3 mm 厚的药饼。药饼是由黑火药(88%)、石蜡(10%)、松香(1%～2%)压制而成的。点火筒直径可根据同时点燃的导火索根数来确定，一般为 18～41 mm，高为 50～80 mm。为防止黑火药燃烧时由于压力升高而转为爆轰，在靠近药饼处留有排气孔。

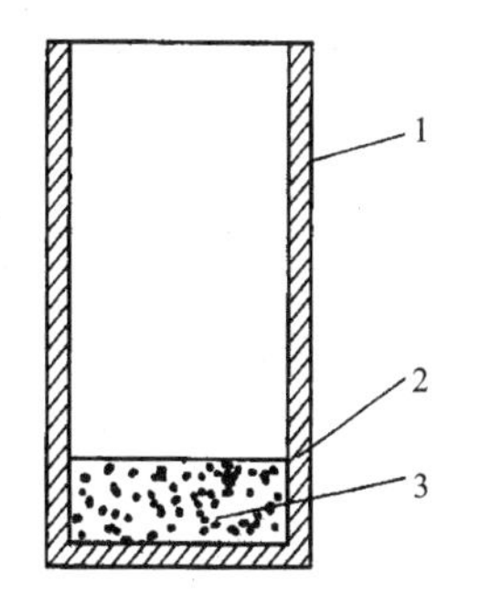

1—纸筒；2—排气孔；3—药饼

图 4-14　点火筒示意图

4.5.2　导爆索与继爆管

1. 导爆索

导爆索(detonating fuse)是用单质猛炸药黑索金或泰安作为索芯，用棉、麻、纤维及防潮材料包缠成索状的起爆器材。经雷管起爆后，导爆索可直接引爆炸药，也可以作为独立的爆破能源。

根据使用条件和用途的不同，目前国产导爆索主要有三类：普通导爆索、安全导爆索和油井导爆索。

(1) 普通导爆索

普通导爆索能直接起爆炸药。但是这种导爆索在爆轰过程中，产生强烈的火焰，所以只能用于露天爆破和没有瓦斯或矿尘爆炸危险的井下爆破作业。

普通导爆索的结构与导火索相似。索芯中也有三根芯线，在索芯外有三层棉纱线和纸条缠绕，并有两层防潮层。不同之处在于导爆索的芯药是采用黑索金或泰安制成的，而且在缠包层的最外层涂上红色颜料。导爆索的爆速与芯药黑索金的密度有关。目前国产的普通导爆索芯药黑索金密度为 1.2 g/cm^3 左右，药量为 12～14 g/m。爆速不低于 6 500 m/s。普通导爆索具有一定的防水性能和耐热性能。在 0.5 m 深的水中浸泡 24 h 后，其感度和爆炸性能仍能符合要求，在(50±3)℃的条件下保温 6 h，其外观和传爆性能不变。普通导爆索的外径为 5.7～6.2 mm。每(50±0.5) m 为一卷，有效期一般为 2 年。

(2) 安全导爆索

安全导爆索是在普通导爆索的基础上发展起来的，它专供有瓦斯或矿尘爆炸危险的井下爆破作业使用。

安全导爆索与普通导爆索结构上相似，所不同的是在药芯中或缠包层中多加了适量的消焰剂(通常是氯化钠)，使安全导爆索爆轰过程中产生的火焰小、温度较低，不会引爆瓦斯或矿尘。

安全导爆索的爆速大于 6 000 m/s，索芯黑索金药量为 12～14 g/m。消焰剂药量为 2 g/m。

(3) 油井导爆索

油井导爆索是专门用以引爆油井射孔弹的,其结构同普通导爆索大致相似。为了保证在油井内高温、高压条件下的爆轰性能和起爆能力,油井导爆索增强了塑料涂层并增大了索芯药量和密度。目前国产的油井导爆索主要品种有:无枪身油井导爆索、有枪身油井导爆索。无枪身油井导爆索也以黑索金为药芯,药量为 32～34 g/m,药芯直径为 5 mm 左右。有枪身油井导爆索同样以黑索金为药芯,药量为 18～20 g/m,起爆力略小。导爆索的品种及其主要性能参数和用途列于表 4－24 中。

表 4－24 导爆索的品种、性能和用途

名 称	外 表	外径/mm	药量/($g \cdot m^{-1}$)	爆速/($m \cdot s^{-1}$)	用 途
普通导爆索	红色	≤6.2	12～14	>6 500	露天或无瓦斯、矿尘爆炸危险的井下爆破作业
安全导爆索	红色		12～14	>6 000	有瓦斯、矿尘爆炸危险的井下爆破作业
有枪身油井导爆索	蓝或绿	≤6.2	18～20	>6 500	油井、深水中爆炸作业
无枪身油井导爆索	蓝或绿	≤7.5	32～34	>6 500	油井、深水、高温中的爆破作业

注:加消焰剂 2 g/m。

上述各种品种的导爆索的每米装药量都较大,一般都在 10 g 以上,所以也叫做高能导爆索。用这种导爆索组成的网路起爆时噪声太大。近年来国内外研制出一种每米装药量很少的导爆索,叫做低能导爆索。这种导爆索爆炸所产生的噪声较低,同时由于它的爆速高,克服了导爆管网路起爆时由于打断网路而产生拒爆的缺点,但是它必须与雷管配套使用。

2. 继爆管

继爆管(detonating relay)是一种专门与导爆索配合使用,具有毫秒延期作用的起爆器材。导爆索爆速在 6 500 m/s 以上,单纯的导爆索起爆网路中各炮孔几乎是齐发起爆。导爆索与继爆管组合起爆网络,可以借助于继爆管的毫秒延期作用,实施毫秒微差爆破。

(1) 继爆管的结构和作用原理

继爆管的结构如图 4－13 所示。它实质上是装有毫秒延期元件的火雷管与消爆管的组合体。较简单的继爆管是单向继爆管,如图 4－15(a)所示。当右端的导爆索起爆后,爆炸冲击波和爆炸气体产物通过消爆管 15 和大内管 15,压力和温度都有所下降,但仍能可靠地点燃延期药,又不至于直接引爆正起爆药 DDNP。通过延期药来引爆正、副起爆药以及左端的导爆索。这样,两根导爆索中间经过一只继爆管的作用,来实现毫秒延期爆破。

继爆管的传爆方向有单向和双向的区别。单向继爆管在使用时,如果首尾连接颠倒,则不能传爆,而双向继爆管没有这样的问题。从图 4－15b 看出,双向继爆管中消爆管的两端都对称装有延期药和起爆药,因此它两个方向均能可靠传爆。

双向继爆管使用时,无须区别主动端和被动端,较方便省事。但是它所消耗的元件、原料几乎要比单向继爆管多 1 倍,而且其中一半实际上是浪费的。单向继爆管使用时费事一些,但只要严格要求连接,效果是一样的。当然,在导爆索双向环形起爆网络中,则一定要有双向继爆管,否则就失去双向保险起爆的作用。

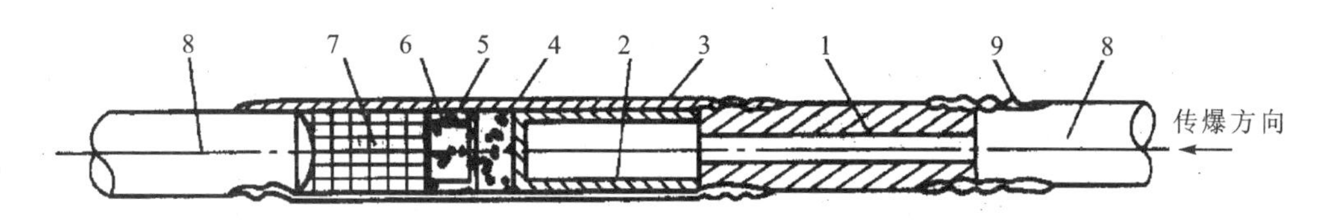

(a) 单向继爆管

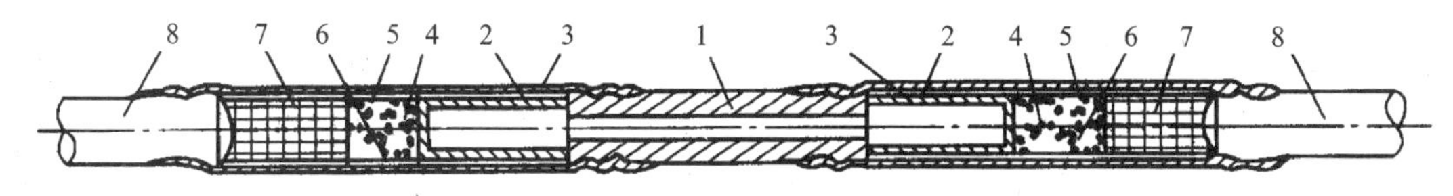

(b) 双向继爆管

1—消爆管；2—大内管；3—外套管；4—延期药；5—加强帽；
6—正起爆药 DDNP；7—副起爆药 RDX；8—导爆索；9—金属管壳

图 4-15　继爆管结构示意图

(2) 继爆管的段别和性能

根据延期时间长短，继爆管可分成不同的段别。国产继爆管的各段延期时间列于表 4-25 中。

表 4-25　继爆管的延期时间

段　别	延期时间/ms		段　别	延期时间/ms	
	单向继爆管	双向继爆管		单向继爆管	双向继爆管
1	15±6	10±3	6	125±10	60±4
2	30±10	20±3	7	155±15	70±4
3	50±10	30±3	8		80±4
4	75±15	40±4	9		90±4
5	100±10	50±4	10		100±4

继爆管的起爆威力不低于 8 号工业雷管。在高温((40±2)℃)和低温((−40±2)℃)的条件下试验，继爆管的性能不应有明显的变化。继爆管采取浸蜡等防水措施后，也可用于水中爆破作业。

继爆管具有抵抗杂散电流和静电危险的能力，装药时可以不停电，所以它与导爆索组成的起爆网路在矿山和其他工程爆破中都得到了应用。

4.5.3　塑料导爆管及导爆管的连通器具

塑料导爆管是 20 世纪 70 年代出现的一种全新的非电起爆器材，是非电起爆系统的主体。

1. 塑料导爆管

(1) 塑料导爆管的结构及传爆原理

塑料导爆管是一种内壁涂有混合炸药粉末的塑料软管(见图 4-16)，管壁材料是高压聚乙烯，外径为(2.95±0.15) mm，内径为(1.40±0.10) mm。混合炸药是：91 %的奥克托金 $(CH_2)_4N_4(NO_2)_4$ 或黑索金、9%的铝粉，装药量为 14～16 mg/m。

塑料导爆管需用击发元件来起爆。起爆塑料导爆管的击发元件有：工业雷管、普通导爆

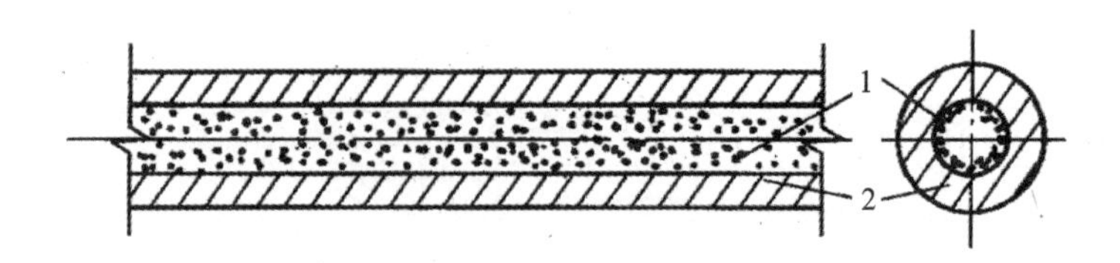

1—高压聚乙烯塑料管;2—炸药粉末

图 4-16 塑料导爆管结构示意图

索、击发枪、火帽、电引火头或专用激发笔等。当击发元件作用于塑料导爆管时,所激发起的冲击波在管内传播,管内炸药发生化学反应,形成一种特殊的爆轰。爆轰反应释放出的热量及时、不断地补充了沿导爆管内传播的爆轰波,从而使爆轰波能以一个恒定的速度传爆。由于导爆管内壁的炸药量很少,形成的爆轰波能量不大,不能直接起爆工业炸药,而只能起爆火雷管或非电延期雷管,然后再由雷管起爆工业炸药。

(2) 塑料导爆管的性能

① 起爆感度。火帽、工业雷管、普通导爆索、引火头等一切能够产生冲击波的起爆器材都可以激发塑料导爆管的爆轰,一个 8 号工业雷管可激发 50 根以上导爆管。

② 传爆速度。国产塑料导爆管的传爆速度一般为(1 950±50) m/s,也有(1 580±30) m/s 的。

③ 传爆性能。国产塑料导爆管传爆性能良好。一根长达数千米的塑料导爆管,中间不要中继雷管接力,或导爆管内的断药长度不超过 15 cm 时,都可正常传爆。

④ 耐火性能。火焰不能激发导爆管。用火焰点燃单根或成捆导爆管时,它只像塑料一样缓慢地燃烧。

⑤ 抗冲击性能。一般的机械冲击不能激发塑料导爆管。

⑥ 抗水性能。将导爆管与金属雷管组合后,具有很好的抗水性能,在水下 80 m 深处放置 48 h 还能正常起爆。若对雷管加以适当的保护措施,还可以在水下 135 m 深处起爆炸药。

⑦ 抗电性能。塑料导爆管能抗 30 kV 以下的直流电。

⑧ 破坏性能。塑料导爆管传爆时,不会损坏自身的管壁,对周围环境不会造成破坏。

⑨ 强度性能。国产塑料导爆管具有一定的抗拉强度,在 5~7 kg 拉力作用下,导爆管不会变细,传爆性能不变。

总之塑料导爆管具有传爆可靠性高、使用方便、安全性好、成本低等优点,而且可以作为非危险品运输。

2. 导爆管的连接元件

在塑料导爆管组成的非电起爆系统中,需要一定数量的连接元件与之配套使用。目前连接元件可分成带有传爆雷管和不带传爆雷管两大类。

(1) 非电导爆四通

非电导爆四通是一种带有起爆药并能进行毫秒延期的导爆器材,其结构如图 4-17 所示。非电导爆四通就是运用毫秒电雷管低段别产品的现有生产工艺,采用毫秒继爆管的传爆作用原理,应用导爆管先进的非电导爆技术而研制出来的。非电导爆四通目前有 4 个品种,其具体延期时间和极限误差范围列于表 4-26 中。

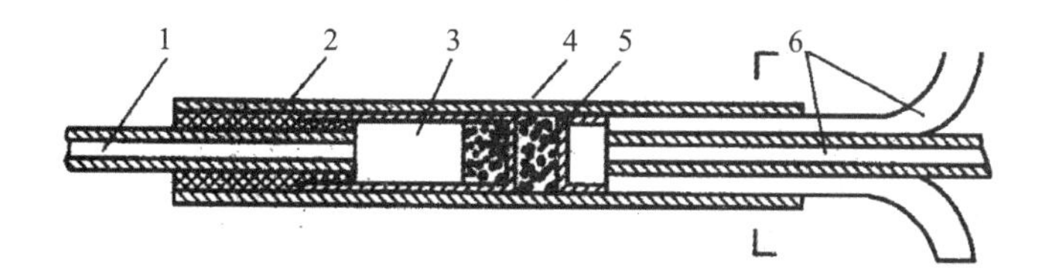

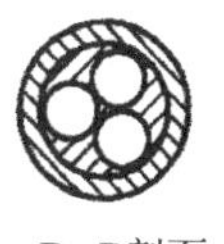

1—主爆导爆管；2—外壳；3—大内管；4—延期药；5—导爆管；6—被爆导爆管

图 4-17　非电导爆四通结构示意图

表 4-26　非电导爆四通的延期时间与极限误差

项　目	段　别			
	0	1	2	3
延期时间/ms	4	10	25	50
极限误差范围/ms	2～8	8～10	15～30	40～60
标记号		1	2	3

采用非电导爆四通组成导爆管网路。一根主爆导爆管可以传爆三根被爆导爆管，可实现较精确的毫秒延期。

(2) 连接块

连接块是一种用于固定击发雷管(或传爆雷管)和被爆导爆管的连通元件。它通常用普通塑料制成，其结构如图 4-18 所示。不同的连接块，一次可传爆的导爆管数目不同，一般可一次传爆 8～20 根被爆导爆管。

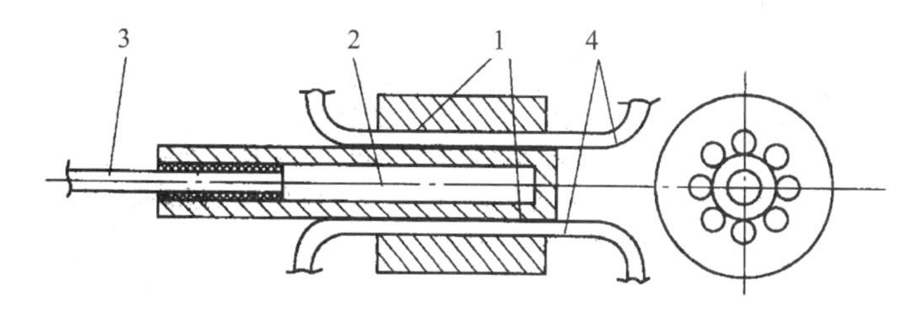

1—塑料连接块主体；2—传爆雷管；3—主爆导爆管；4—被爆导爆管

图 4-18　连接块及导爆管连通装配图

主爆导爆管先引爆传爆雷管。传爆雷管爆炸冲击作用于被爆导爆管，使被爆导爆管激发而继续传爆。如果传爆雷管采用延期雷管，那么主爆导爆管的爆轰要经过一定的延期才会激发被爆导爆管。因此采用连接块组成导爆管起爆系统，也可以实现毫秒微差爆破。

(3) 连通管

连通管是一种不带传爆雷管、直接把主爆导爆管和被爆导爆管连通导爆的装置。连通管一般采用高压聚乙烯压铸而成。它的结构有分岔式(如图 4-19 所示)和集束式(如图 4-20 所示)两类。分岔式有三通和四通两种。集束式有三通、四通和五通三种。它们的长度均为(46±2) mm，管壁厚度不小于 0.7 mm，内径为(3.1±0.15) mm，与国产塑料导爆管相匹配。

连通管之所以不用传爆雷管就可以把主爆导爆管的爆轰波分流传递给几根被爆导爆管，主要是根据导爆管自身的传爆特性，即导爆管传爆过程中若有不大于 15 cm 的断药，则仍能继续传爆，导爆管轴向起爆感度高，分岔式连通管爆轰冲击波沿导爆管轴向方向强度最大，如图 4-19 所示。

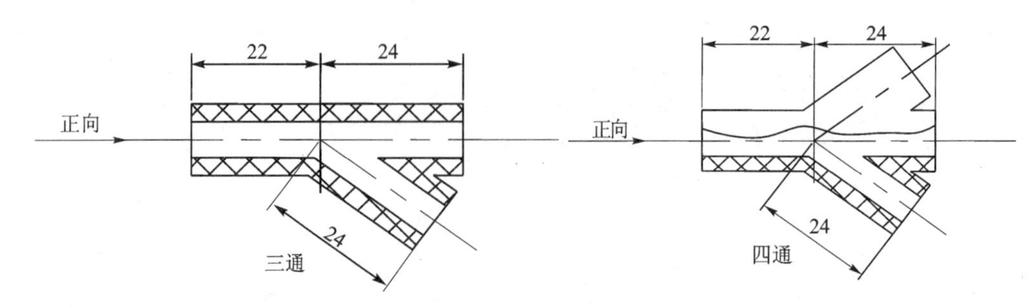

图 4-19　分岔式连通管

采用连通管连接导爆管起爆网路,最好正向起爆和传爆,不论采用分岔式或集束式连通管,每个空孔都应插入导爆管。如果遇到空头也应堵死或多插一段空爆的导爆管,以减少主爆导爆管的能量损失,从而提高传爆的可靠性。为保证正常传爆和连接的牢固,每根导爆管插入连通管的深度最短不得小于10 mm,最长不得长于22 mm。

连通管取消了传爆雷管,降低了成本,提高了作业安全,而且消除了传爆雷管聚能射流断爆的可能性,相对提高了传爆的可靠性。但是采用连通管组成的塑料导爆管起爆网路时,抗拉能力小、防水性能较差。集束式连通管如图 4-20 所示。

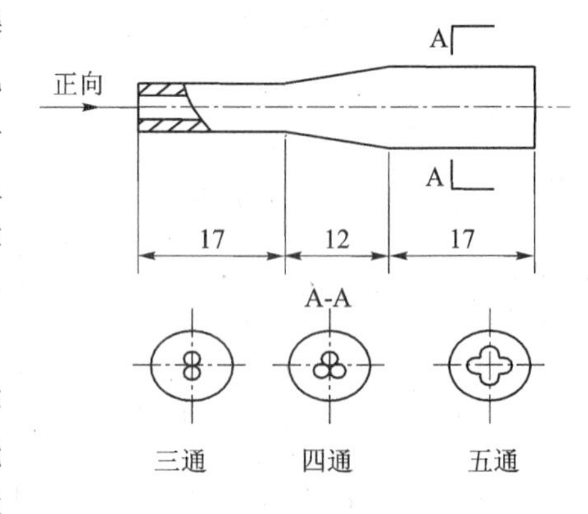

图 4-20　集束式连通管

4.5.4　起爆药柱(或起爆弹)

起爆药柱是用于起爆爆轰感度较低的工业炸药,它本身用导爆索或雷管起爆。现在介绍两种起爆药柱。

1. ZJ 型中继起爆具

ZJ 型中继起爆具主要由泰安、梯恩梯、导爆索组成,为了使用安全并充分发挥起爆具的起爆性能,采用了嵌装型结构并加大装药密度,如图 4-21 所示。起爆具采用纸筒或其他材料制作,内装导爆索以便携带和使用。该起爆具本身可以用导爆索或电雷管起爆,也可用塑料导爆管非电起爆系统起爆。目前有 ZJ-0 和 ZJ-1 型两种,其规格与主要性能分别列于表 4-27 和表 4-28 中。建议在冬季或低温地区使用 ZJ-1 型中继起爆具。

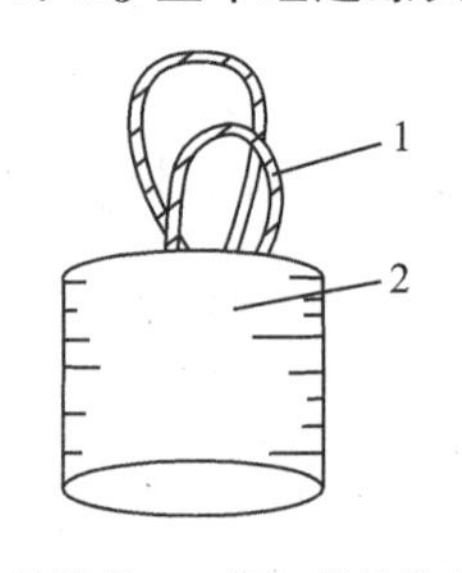

1—导爆索;2—泰安、梯恩梯药柱

图 4-21　中继起爆具示意图

表 4-27　中继起爆具的规格

牌　号	直径/mm	高度/mm	质量/g	形　状
ZJ-0	70	90	500±30	圆柱
ZJ-1	90	100	1 000±50	圆柱

表 4－28　中继起爆具主要性能

项　目	ZJ－0	ZJ－1
形　式	嵌装型	嵌装型
密度/(g·m^{-3})	大于 1.5	大于 1.5
爆速/(m·s^{-1})	7 200～7 500	
爆力/mL	322	
猛度/mm	20	
枪击感度	7.62 步枪距 25 m 射击不燃不爆	
爆轰感度	8 号雷管能引起完全爆轰	
热安定性	75 ℃加热 48 h 稳定、不分解、不爆炸	
爆发点/℃(5 s 延滞期)	225	
高空跌落试验	起爆具从 36 m 高空自由落在岩石地面上，不爆炸	
抗水性	极佳	
吸湿性	不吸湿	
导爆索与药柱结合力/kg	≥50	
使用温度/℃	－30～＋40	

在露天深孔爆破中，一般每个孔放置两个起爆具。底部起爆具位于浆状装药长度底部的 1/5～1/4 处，上部起爆具位于浆状装药长度上端的 1/4 处。若采用孔内导爆索起爆，则导爆索的孔内下端与中继起爆具的导爆索相连接，而孔口端与主干导爆索或电雷管相连接。

2. HT 型起爆药柱

HT 型起爆药柱采用 1∶1 的黑索金、梯恩梯铸装而成。目前生产的黑梯药柱有 ϕ60×65 mm、质量(300±10) g 以及 ϕ70 mm×80 mm、质量(500±10) g 两种，均为圆柱状。装药密度均在 1.3 g/m^3 以上。药柱采用高压聚乙烯塑料筒做外壳，顶盖可装卸。HT 型起爆药柱采用分装式结构。起爆药柱在铸装时预留出深 30 mm 的起爆雷管孔。只在爆破现场装药时才将起爆药柱盒盖拧下，组装雷管。HT 型起爆药柱配有防水非电毫秒雷管，每发起爆药柱内均装两支雷管。

在工程爆破中，为了使工业炸药起爆，必须由外界给炸药局部施加一定的能量。根据施加能量的方法不同，起爆方法大致可分为下列三类：

① 非电起爆法，即采用非电以外的能量来引起工业炸药爆炸。属于这类起爆方法的有火雷管起爆法、导爆索起爆法和导爆管起爆法。

② 电起爆法，即采用电能来起爆工业炸药，如工程爆破中广泛使用各种电雷管的起爆方法。

③ 其他起爆法，如水下超声波起爆法、电磁波起爆法和电磁感应起爆法等。

上述前两类起爆法是目前在工程爆破中使用最广泛的起爆方法。

在工程爆破中究竟选用哪一种起爆方法好，应根据环境条件、爆破规模、经济技术效果、是否安全可靠以及工人掌握起爆操作技术的熟练程度来确定。例如，在有沼气爆炸危险的环境中进行爆破，应采用电起爆而禁止采用非电起爆；对大规模爆破，如硐室爆破、深孔爆破和一次起爆数量较多的炮眼爆破，应采用电雷管、导爆管和导爆索起爆。

4.6 非电起爆法

4.6.1 火雷管起爆法

火雷管起爆法又叫火花起爆法。它的起爆过程是：先点燃插入火雷管中的导火索段，待它燃烧后火焰以稳定的速度沿着导火索的药芯传播。当传到火雷管时，从导火索的端口喷出的火焰引爆火雷管，进而引爆药包。

1. 起爆雷管的加工

将导火索段和火雷管按照要求结合在一起的过程叫做起爆雷管的加工，加工好的雷管叫做起爆雷管。此项加工工作必须在专门的加工房或硐室内按照安全操作规程的要求进行。加工步骤如下：

① 用锋利的小刀按所需长度从导火索卷中截取导火索段，插入火雷管的一端一定要切平，点火的一端可切成斜面，以便增大点火时的接触面积。导火索段的长度应保证操作人员有充分的时间撤至安全地点，最短也不得小于 1.2 m。

② 把导火索段平整的一端轻轻插入火雷管内，直到与雷管的加强帽接触为止。不要把导火索斜面的一端插入雷管内（如图 4－22 所示），这样由于喷火距离太大，可能产生拒爆。如发现雷管口中有杂物，在导火索插入前，必须用指甲轻轻弹出。

③ 如图 4－23 所示，用专门的雷管钳夹紧雷管口，使导火索段固接在火雷管中。夹时不要用力过猛，以免夹破导火索。雷管钳的侧面应与雷管口平齐，夹的长度不得大于 5 mm，避免夹到雷管中的起爆炸药。如果是纸壳雷管，则可以采用缠胶布的办法来固定导火索段。

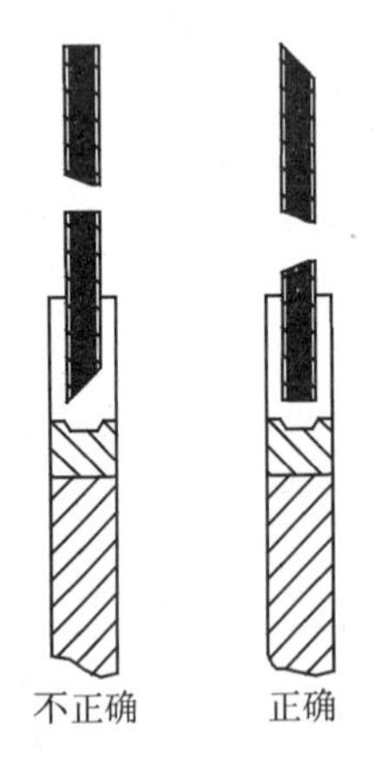

图 4－22　起爆雷管图

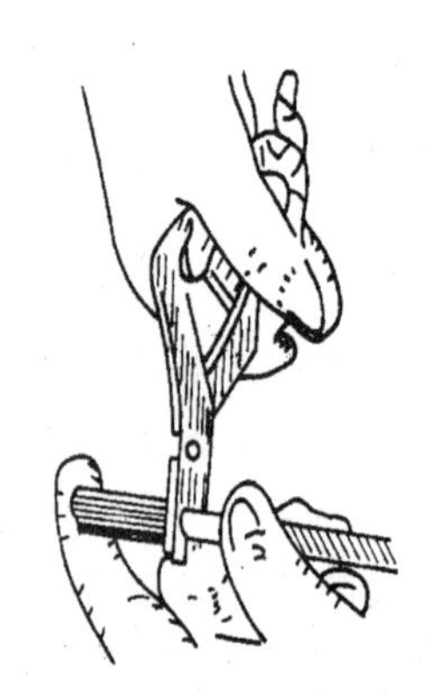

图 4－23　夹紧雷管口的

2. 起爆药包的加工

起爆药包的加工就是将起爆雷管或电雷管装入药包内。这种装有雷管的药包叫起爆药包。加工起爆药包时首先要将装雷管的一端用手揉松，然后把此端的包纸打开，用专用的锥子

（木制的、竹制的或铜制的）沿药包中央长轴方向扎一个小孔，然后将起爆雷管全部插入，并将药包四周的包纸收拢紧贴在导火索上，最后用胶布或细绳捆扎好。

3. 点　火

装药结束以及一切无关人员撤至安全地点并做好了警戒工作后，可以进行点火。点火前必须用快刀将导火索点火端切掉 5 cm，严禁边点火边切割导火索。必须用导火索段或专用点火器材点火，严禁用火柴、烟头和灯火点火。应尽量推广采用点火筒、电力点火和其他一次点火的方法。

（1）点火筒点火法

使用点火筒时应按点火筒能点燃的根数，把导火索收集成一束。先按炮眼的起爆顺序把导火索剪去不同的长度，即先起爆的，剪去的导火索的长度要长些，后起爆的要短些，最后起爆的可以不剪。剪好后，将端部对齐，同时加入一小段导火索作点火索之用，然后将这束导火索插入点火筒内并用胶布或细绳捆紧，如图 4－24 所示。点火前必须将排气孔外的蜡纸撕掉，以保证能顺利排出底药的燃烧产物。

（2）电力点火法

这种方法是利用电能来点燃导火索。其中一种方法是采用电力点火帽，其构造如图 4－25 所示。点火时，给电力点火帽的桥丝通以电流，使点火帽点火，引燃导火索。导火索的另一端与装入每个炮眼中的火雷管相连，导火索燃烧的火焰传给火雷管，使其爆炸，再引起炮眼中的其他药包爆炸。电力点火法中最简单的一种方法是将电阻丝直接穿过各个炮眼中的导火索的药芯，然后将电阻丝两端用导线相连，再接上电源，通电后电阻丝发热即可点燃导火索。

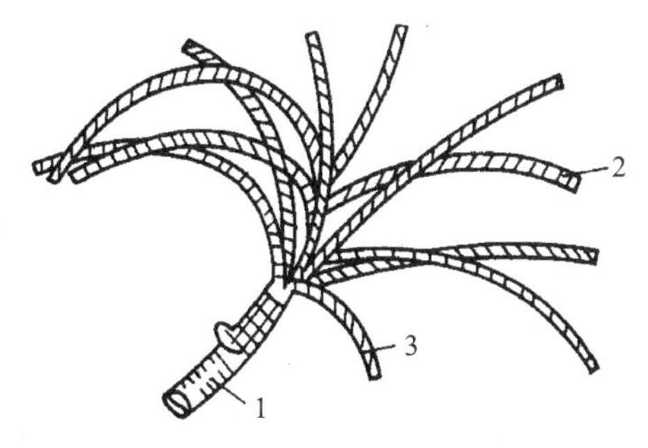

1—点火筒；2—导火索；3—点火索

图 4－24　点火筒点火

1—脚线；2—封口；3—点火帽内管；

4—点火药与桥丝；5—导火索；6—雷管壳

图 4－25　起爆雷管图

4. 适用范围

火雷管起爆法是一种古老的起爆方法。由于它的缺点多，因此目前主要用于炮眼爆破法和裸露药包爆破法。禁止在有沼气和矿尘爆炸危险的地方使用，也不宜在水下爆破中使用。

这种起爆方法的优点是：操作简单、容易掌握和成本低。

它的缺点是：

① 操作人员要直接在爆破地点点火，不够安全；

② 导火索燃烧时，增加了工作面的有毒气体；

③ 无法在起爆前用仪表检查起爆准备工作的质量；

④ 无法准确控制延期起爆时的延期时间。

4.6.2 导爆索起爆法

导爆索起爆法是利用绑在导爆索一端的雷管爆炸从而起爆导爆索，然后由导爆索传爆，将绑在导爆索另一端的起爆药包起爆。

1. 起爆药包的加工

导爆索起爆不同于导火索和导爆管起爆。它可直接起爆起爆药包，无需在起爆药包中装入雷管。因此它的起爆药包的加工也略有不同。

对于深孔爆破，起爆药包的加工有三种方法：一种是将导爆索直接绑扎在药包上（如图 4-26(a)所示），然后将它送入孔内；另一种是散装炸药时，将导爆索的一端系一块石头或药包（如图 4-26(b)所示），然后将它下放到孔内，接着将散装炸药倒入；第三种方法是当采用起爆药柱时，将导爆索的一端绑扎在起爆药柱露出的导爆索扣上。

对于硐室爆破，常将导爆索的一端挽成一个结，如图 4-27 所示，然后将这个起爆结装入一袋或一箱散装炸药的起爆体中。

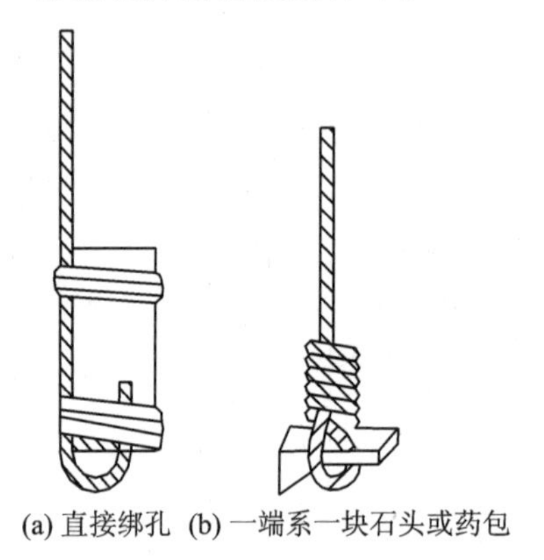

(a) 直接绑孔 (b) 一端系一块石头或药包

图 4-26 导爆索起爆

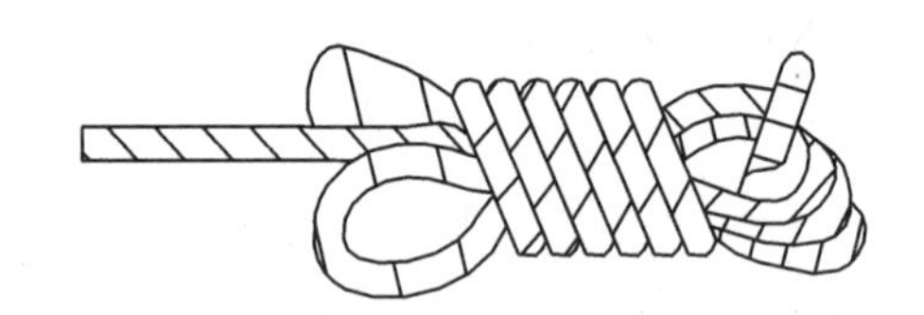

图 4-27 导爆索结

2. 导爆索的起爆

导爆索本身需要用火雷管或电雷管起爆。为了保证起爆的可靠，在硐室爆破和深孔爆破时，常常在导爆索与雷管连接的地方绑上一卷或两卷炸药包，如图 4-28 所示。连接时雷管的

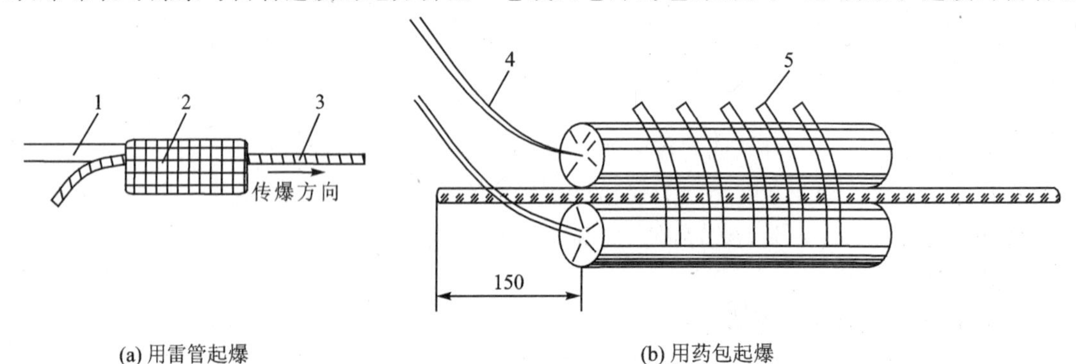

(a) 用雷管起爆 (b) 用药包起爆

1 脚线；2—电雷管；3—导爆索；4—导火索；5—药包

图 4-28 导爆索起爆的连接方式

集中穴(聚能穴)应朝向传爆方向。绑结雷管或药包的位置应在离导爆索末端 150 mm 的地方。为了安全,只允许在起爆前将雷管或药包绑结在导爆索上。

3. 导爆索网路和连接方法

导爆索的起爆网路包括:主干索、支干索和引入每个深孔和药室中的引爆索。导爆索网路的连接方法有开口网路和环形网路两种。

(1) 开口网路(又叫分段并联网路)

开口网路由一根主干索、若干根并联的支干索以及各深孔中的引爆索组成,整个网路是开口的,如图 4-29 所示。各深孔中的引爆索并联在分支干索上,各分支干索又并接在主干索上。

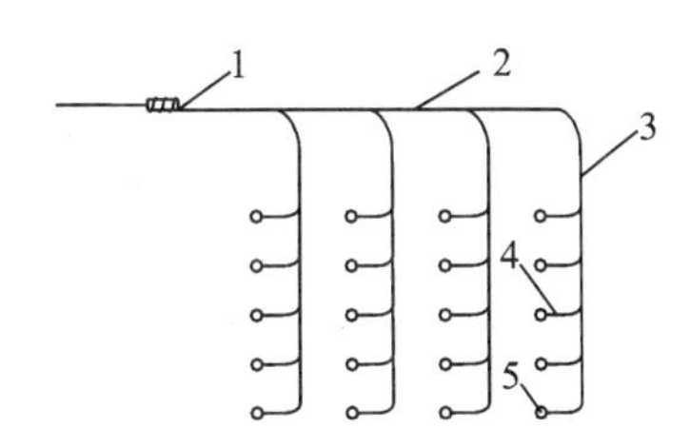

1—火线雷管;2—主干索;3—支干索;4—引爆索;5—炮孔

图 4-29　开口网路

主干索与分支干索或支干索与引爆索之间的连接采用搭接法最方便,如图 4-30(a)所示。搭接的长度不得小于 10 cm。导爆索本身的接长,可采用扭接或水手结,见图 4-30(b)。

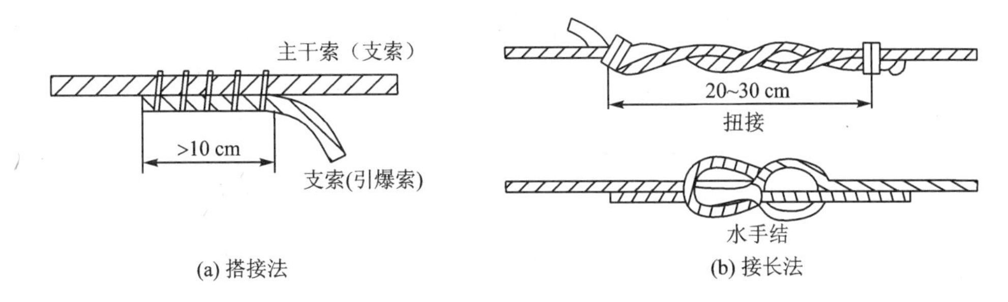

图 4-30　导爆索搭接法和接长法

(2) 环形网路(又叫双向一并联)

环形网路是一种闭口网路,连接方法如图 4-31 所示。这种网路的特点是各个深孔或药室中的引爆索可以接受从两个方向传来的爆轰波,起爆的可靠性比开口网路要可靠得多,但导爆索消耗增大。为了使引爆索能接受两个方向传来的爆轰波,引爆索与支干索和支干索与主干索之间必须采用三角连接法,见图 4-32。

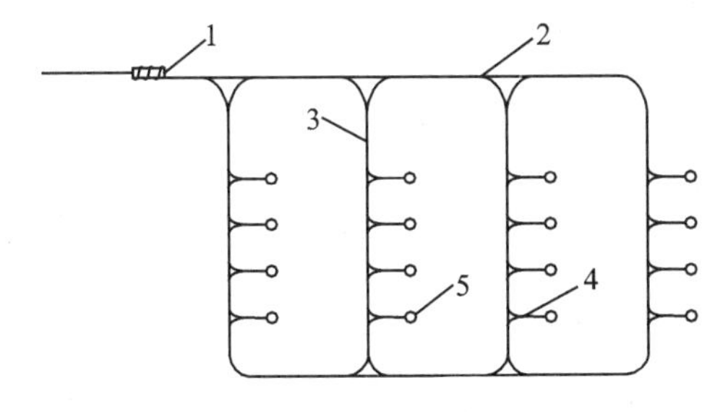

1—火线雷管;2—主干索;3—支干索;4—引爆索;5—炮孔

图 4-31　环形网路

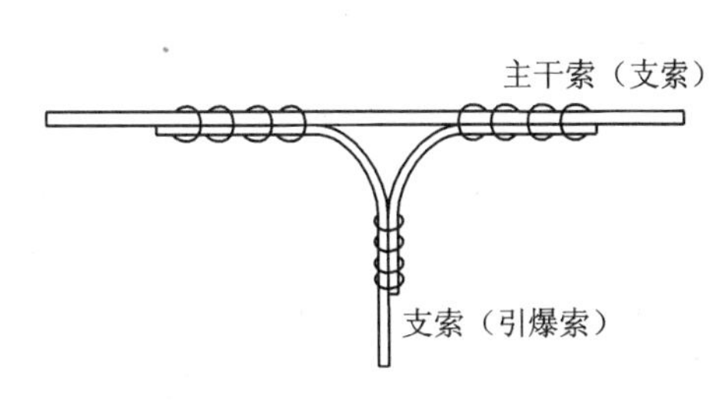

图 4-32　三角连接法

在使用导爆索起爆法时,为了实现微差起爆,可在网路中的适当位置连接继爆管,组成微差起爆网路,如图 4-33 所示。在采用单向继爆管时,应避免接错方向。主动导爆索应同继爆管上的导爆索搭接在一起,被动导爆索应同继爆管的尾部雷管搭接在一起,以保证能顺利

传爆。

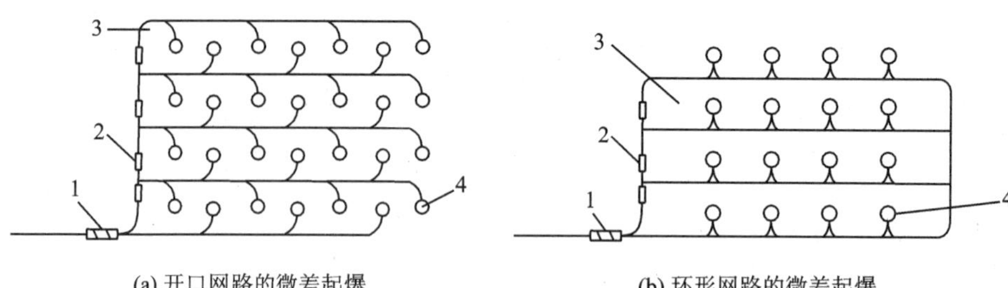

(a) 开口网路的微差起爆　　(b) 环形网路的微差起爆

1—起爆雷管；2—继爆管；3—导爆索；4—炮孔

图 4－33　微差起爆网路

4. 应用范围和特点

导爆索起爆法适用于深孔爆破、硐室爆破和光面预裂爆破。

它的优点是：

① 操作技术简单，与用电雷管起爆方法相比，准备工作量少；

② 安全性较高，一般不受外来电的影响，除非雷电直接击中导爆索；

③ 导爆索的爆速较高，有利于提高被起爆炸药传爆的稳定性；

④ 可以使成组炮孔或药室同时起爆，而且同时起爆的炮孔数不受限制。

它的缺点是：

① 导爆索成本较高，用这种起爆方法的费用几乎比其他起爆方法高 1 倍以上；

② 在起爆以前，不能用仪表检查起爆网路的质量；

③ 在露天爆破时，噪声较大。

4.6.3　导爆管起爆法

导爆管起爆法类似导爆索起爆法，导爆管和导爆索一样，起着传递爆轰波的作用，不过它传递的爆轰波是一种低爆速的弱爆轰波，因此它本身不能直接起爆工业炸药，而只能起爆炮孔中的雷管，再由雷管的爆炸引爆炮孔或药室的炸药包。

1. 导爆管起爆系统的工作原理

导爆管起爆系统如图 4－34 所示，它由三部分组成：击发元件、传爆元件（或叫连接元件）和末端工作元件。击发元件的作用是击发导爆管，使它产生爆炸，凡一切能产生激波的元件都可作为击发元件，如雷管、击发枪火帽、电引火头和电击发笔等。传爆元件的作用是使爆轰波连续传递下去，它由导爆管和连接元件组成。工作元件是由引入炮孔或药室中的导爆管和它末端组装的雷管（即发的或延发的）组成，它的作用是直接引爆炮孔或药室中的工业炸药。

该系统的工作过程是：击发元件引起传爆元件中的导爆管起爆，传爆到连通管并带动各导爆管起爆和传爆。连通管往下的导爆管有两类：一类属于末端工作元件的导爆管，由于它的传爆引起雷管起爆，结果使炮孔中的炸药爆炸；另一类属于传爆元件的导爆管，它的作用是往下继续传爆，就这样接连地传爆下去，使所有的炮孔或药室都起爆。

2. 爆破网路

导爆管爆破网路的连接方法是在串联和并联基础上的混合联法，如并并联、并串并联等。

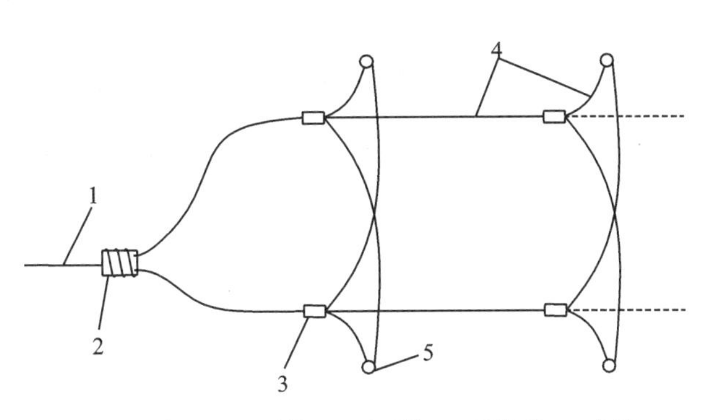

1—导火索；2—8＃雷管；3—连通管；4—导爆管；5—炮孔

图 4－34　导爆管起爆系统的组成

实践证明，导爆管起爆系统用于隧道爆破以并联网路较好；用于露天深孔爆破以并串并联网路为宜；用于楼房拆除爆破，区域内以簇联（“大把抓”——并联）为好，区域间（即干线）以并串联较方便。下面分别介绍这几种连接网路，其他连接方法在此不赘述。

（1）并并联

东北塔铁路十支线永安隧道的开挖，就是采用并并联网路，见图 4－35。38 个炮孔分成 5 组，每组并联 7～8 根导爆管，5 组再并联一起。

在导爆管系统中可以实现微差爆破，其方法有孔内微差和孔外微差两种。孔内微差爆破就是将各段别的毫秒雷管装在炮孔内，以雷管的段别之差实现微差爆破。这种方法对设计、操作要求较严，容易出差错，影响效果。孔外微差爆破，就是在各个炮孔中装的都是即发雷管，而把不同段别的毫秒雷管作为传爆雷管放在孔外，各个炮孔的响炮时间间隔和前后顺序由这些放在孔外的不同段别的传爆雷管来控制，实现微差爆破，这种方法操作简便，不易出差错。图 4－36为永安隧道下导坑开挖中采用的孔外控制微差爆破网路（并并联）。

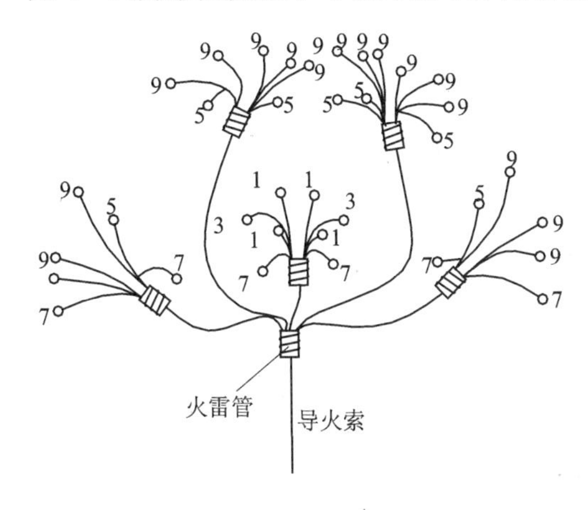

图 4－35　弧形导坑光面爆破并并联网路

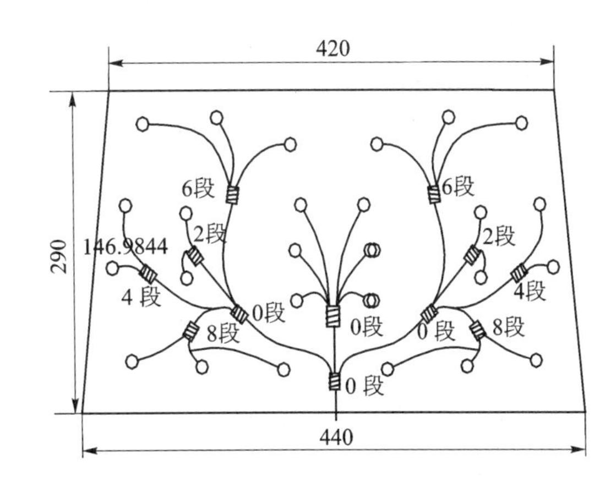

图 4－36　孔外控制微差爆破网路

（2）并串并联

露天深孔爆破常采用并串并联网路。这种网路见图 4－37。

并串并联网路可以用于孔外微差爆破。每个炮孔中装即发雷管，根据设计的顺段或隔段方案，在每一排孔的一端连接相应的段发雷管。图 4－38 为隔段孔外控制微差爆破网路。

孔外微差爆破除了比孔内微差爆破节省起爆器材费用之外，最大的特点是，只用一种段别

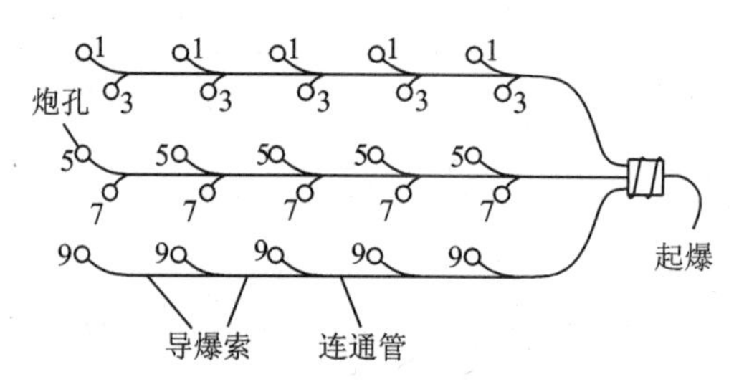

图 4－37 并串并联网路

的毫秒雷管就可实现。例如用 2 段毫秒雷管(延期 25 ms),第一排 0 段,第二排 2 段,第三排串联两个 2 段,往下串联三个 2 段,四个 2 段……实现每排间隔 25 ms 的等间隔微差爆破。这种网路如图 4－39 所示。

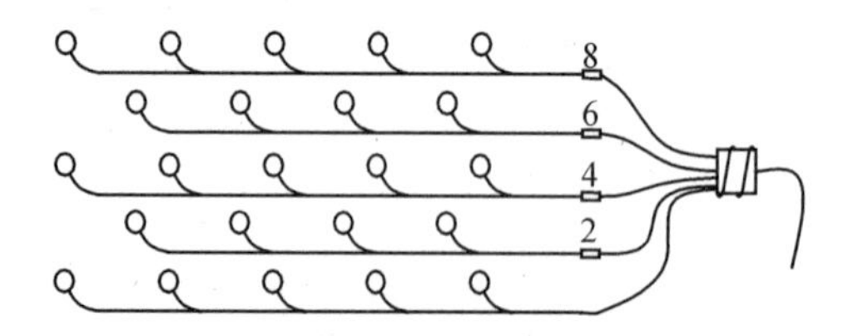

图 4－38 隔段孔外控制微差爆破网路

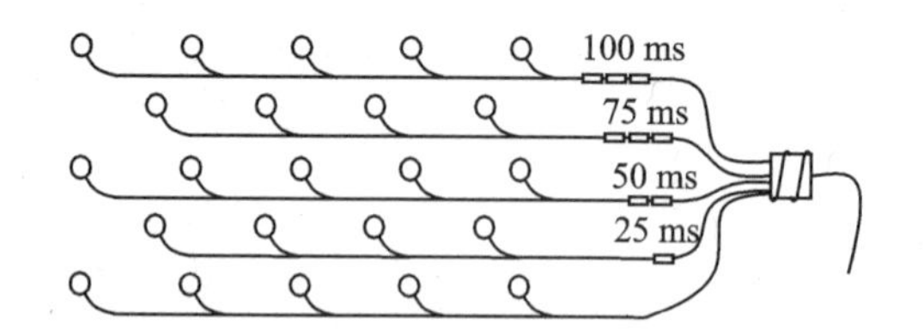

图 4－39 孔外等间隔微差爆破网路

3. 应用范围和特点

导爆管起爆法的应用范围比较广泛,除了在有沼气和矿尘爆炸危险的环境中不能采用以外,几乎在各种条件下都可应用。

它的优点是:

① 操作技术简单,工人容易掌握,与电起爆法比较,起爆的准备工作量少;

② 安全性较高,一般不受外来电的影响,除非雷电直接击中它;

③ 成本低,便于推广;

④ 它能使成组炮孔或药室同时起爆,而且同时起爆的炮孔数不受限制,并且它能实现各种方式的微差起爆。

它的缺点是:

① 起爆前无法用仪表来检查起爆网路连接的质量;

② 不能用于有沼气和矿尘爆炸危险的地点;

③ 爆区太长或延期段数太多时,空气冲击波或地震波可能会破坏起爆网路;

④ 在高寒地区塑料管硬化会恶化导爆管的传爆性能。

4.7 电起爆法

4.7.1 电雷管的灼热原理和主要参数

1. 电雷管的灼热原理

电雷管中引火药(引火剂)发火的热源是桥丝通电后所放出的热量。根据焦耳-楞次定律,

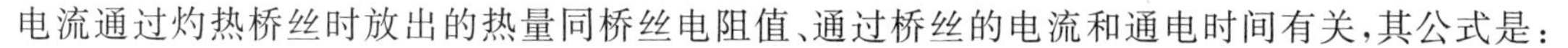

电流通过灼热桥丝时放出的热量同桥丝电阻值、通过桥丝的电流和通电时间有关，其公式是：

$$Q = I^2Rt \tag{4-1}$$

式中：Q——电流通过灼热桥丝时放出的热量，J；

I——电流强度，A；

R——桥丝电阻值，Ω；

t——桥丝通电时间，s。

从这个公式中可以看出，当 I 和 t 为定值时，若 R 不同，则所放出的热量也不一样，这就会使成组电雷管爆破网路中有的电雷管早爆，有的拒爆。因此，为了防止早爆和拒爆，在选择电雷管时，用于同一电爆网路中的电雷管应为同厂同批同型号的产品。康铜桥丝电雷管的电阻值差不得超过 0.3 Ω，镍铬桥丝电雷管的电阻值差不得超过 0.8 Ω。

2. 电雷管的主要参数

(1) 点燃起始能和敏感度

式(4-1)的电流平方与时间的乘积即 I^2t 称为电流起始能。点燃电雷管中的引火药所必需的最小电流起始能，称为点燃起始能(U_d)，公式如下：

$$U_d = I^2t_d \tag{4-2}$$

式中：t_d——点燃时间，ms。

式(4-2)的倒数，即$\dfrac{1}{U_d}=\dfrac{1}{I^2t_d}$称为电雷管的敏感度。电雷管所需的点燃起始能越小，则它的敏感度越高。

点燃起始能是电雷管最重要的性能之一。

(2) 最低准爆电流

给电雷管通以恒定的直流电，能将桥丝加热到点燃引火药的最低电流，称为电雷管的最低准爆电流。国产电雷管单个的最低准爆电流不大于 0.7 A。

成组电雷管的最低准爆电流应比单个电雷管的大。其原因是：在同一网路中，存在着敏感度较高和较低的电雷管，提高准爆电流，就能在敏感度最高的电雷管桥丝烧断之前，使通过回路的电流起始能不致低于敏感度最低的电雷管的点燃起始能，这样就可保证回路中不出现拒爆的电雷管。故成组电雷管爆破时，流经每个电雷管的电流为：一般爆破时，交流电不小于 2.5 A，直流电不小于 2 A；大爆破时，交流电不小于 4 A，直流电不小于 2.5 A。

(3) 最高安全电流

在一定时间内(5 min)，给电雷管通以恒定直流电，而不会引燃引火药的最大电流称为最高安全电流。电雷管的最高安全电流是选定测量电雷管参数的仪表的重要依据，也是衡量电雷管能抵抗多大杂散电流的依据。

国产电雷管的最高安全电流：康铜丝的为 0.3 A，镍铬丝的为 0.125 A。为更安全起见，爆破安全规程中规定，爆破作业场地的杂散电流值不得大于 30 mA；用于量测电雷管的仪器，其输出电流也不得超过 30 mA。

(4) 点燃时间和传导时间

前已述及，从电流通过桥丝到引火药发火这段时间称为点燃时间。由引火药点燃到雷管爆炸这段时间称为传导时间。点燃时间加传导时间为电雷管的爆炸反应时间。

保证成组电雷管准爆的条件为：

$$t_{d(最低)} + H \geqslant t_{d(最高)} \tag{4-3}$$

式中 $t_{d(最底)}$——点燃起始能最低的电雷管点燃时间,ms;

$t_{d(最高)}$——点燃起始能最高的电雷管点燃时间,ms;

H——点燃起始能最低的电雷管的传导时间,ms。

上述不等式说明,为了保证成组电雷管不会产生拒爆,敏感度最高的电雷管的爆炸反应时间必须大于敏感度最低的电雷管的点燃时间。要做到这一点,除了增大成组电雷管的准爆电流以外,在同一网路中的电雷管必须是同厂同批和同型号的电雷管,尽量缩小它们的敏感度的差值。

4.7.2 电爆网路的设计和计算

在爆破工程中,电爆网路可以设计成串联、并联和混合联三种形式。

1. 串联(series connection)

这是一种最简单的网路,如图 4-40 所示。但这种网路只要其中任何一个雷管发生故障,则整个网路失效。为了提高这种网路的起爆可靠性,在实际爆破中常采用串并联网路(又叫复式串联网路),如图 4-41 所示。

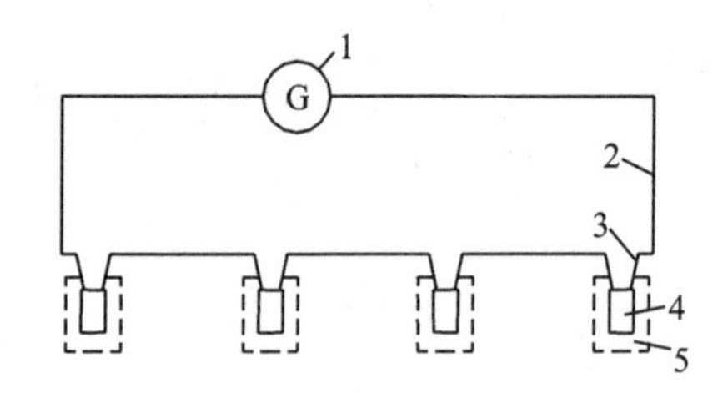

1—电源;2—主线;3—脚线;4—电雷管;5—药室

图 4-40 串联网路

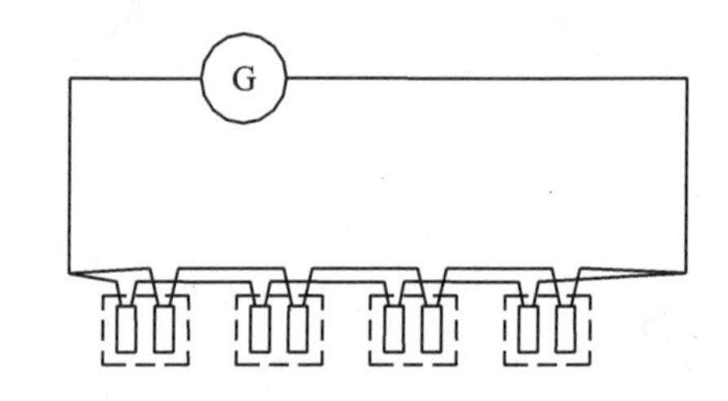

图 4-41 串并联网路

串联电爆网路计算:

$$R = R_1 + R_2 + nr \tag{4-4}$$

式中:R——总电阻,Ω;

R_1——主线电阻,Ω;

R_2——端线、连接线、区域线电阻,Ω;

n——电雷管数目;

r——每个电雷管的电阻,Ω。

如果电源的电压为 E,则通过网路和每个电雷管的电流为:

$$i = I = \frac{E}{R_1 + R_2 + nr} \tag{4-5}$$

式中:i——通过网路的总电流,A;

I——通过每个电雷管的电流,A。

串并联(复式串联)网路计算:

总电阻

$$R = R_1 + \frac{1}{2}(R_2 + nr) \tag{4-6}$$

所需电流

$$I = \frac{E}{R_1 + \frac{1}{2}(R_2 + nr)}$$

通过每个电雷管的实际电流为

$$i = \frac{E}{2\left[R_1 + \frac{1}{2}(R_2 + nr)\right]} \tag{4-7}$$

2. 并联(parallel connection)

将所有电雷管的一根脚线连在一起,另一根脚线也连在一起,分别接到电源两极上,就成为并联网路,如图 4-42 所示。这种网路起爆的可靠性较高,但要求的总电流较大。

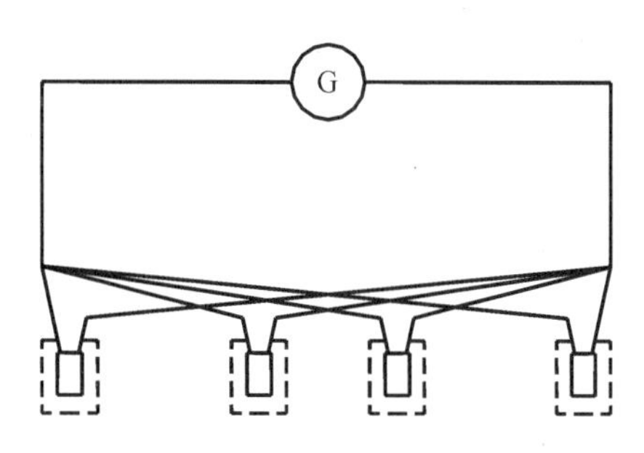

图 4-42　并联网路

网路计算:

总电阻

$$R = R_1 + \frac{R_2}{n} + \frac{r}{n} \tag{4-8}$$

通过电爆网路的总电流

$$I = \frac{E}{R_1 + \frac{R_2 + r}{n}} \tag{4-9}$$

通过每个电雷管的电流

$$i = \frac{I}{n}$$

3. 混合联

混合联网路主要有并串联和并串并联(或复式并串联),如图 4-43 和图 4-44 所示。

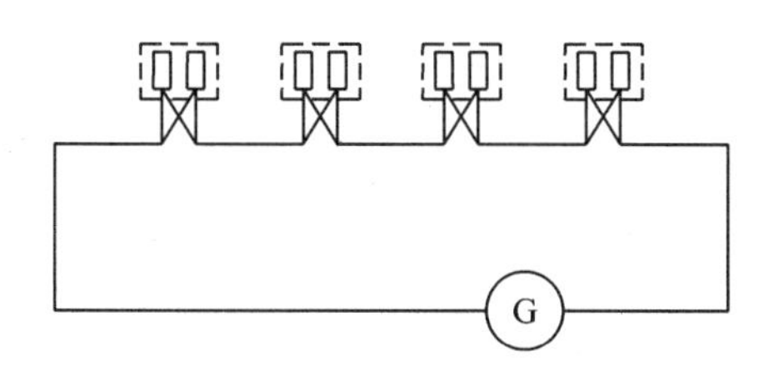

图 4-43　并串联网路

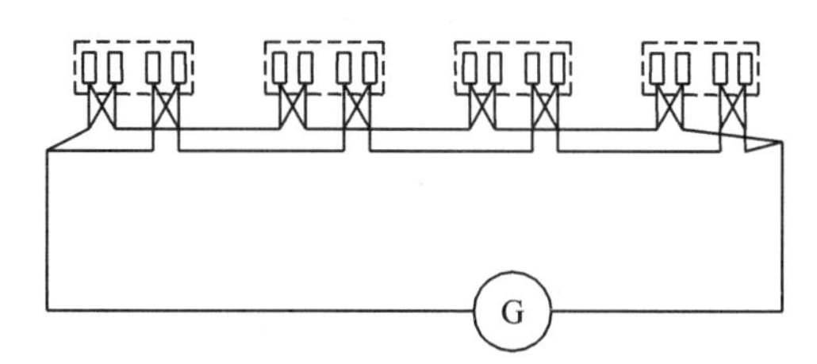

图 4-44　并串并联网路

并串联网路计算:

总电阻

$$R = R_1 + m\left(\frac{r}{n} + R_2\right) \tag{4-10}$$

式中:m——串联的炮孔或药室的数目;

n——并联成一组中的电雷管数目。

通过电爆网路的总电流

$$I=\frac{E}{R_1+m\left(\frac{r}{n}+R_2\right)} \tag{4-11}$$

通过每个电雷管的电流

$$i=\frac{I}{n}$$

并串并(或复式并串)联网路计算：

总电阻

$$R=R_1+\frac{m}{2}\left(\frac{r}{n}+R_2\right) \tag{4-12}$$

通过电爆网路的总电流

$$I=\frac{E}{R_1+\frac{m}{2}\left(\frac{r}{n}+R_2\right)} \tag{4-13}$$

通过每个电雷管的电流

$$i=\frac{I}{2n}$$

在大规模爆破和特大规模爆破中，需要使用大量的电雷管，这就要分支路，即每一炮孔或药室装入两个电雷管并联起来，同一排或同一小区域的炮孔或药室的电雷管串联起来组成一支路，各支路电阻加以平衡后，将各支路并联起来接入电源电路。这样的网路比前面几种都要复杂，称为并串并联网路和并串并并联网路。

并串并联网路的计算：

第一支路的电阻

$$R_{Z-1}=\frac{m_1 r}{n}+R_{Z-1}$$

第二支路的电阻

$$R_{Z-2}=\frac{m_2 r}{n}+R_{Z-2}$$

第三支路的电阻

$$R_{Z-3}=\frac{m_3 r}{n}+R_{Z-3}$$

第 N 支路的电路

$$R_{Z-n}=\frac{m_n r}{n}+R_{n-2}$$

式中：n——支路中各炮孔或药室并联电雷管的数目；

$m_1,m_2,\cdots,m_n$——支路中炮孔或药室的串联数目；

$R_{Z-1},R_{Z-2},\cdots,R_{Z-n}$——各支路中端线、连接线和区域线的电阻值；

N——支路数目。

求出各支路电阻值之后，要进行电阻平衡。假定各支路中最大的支路电阻为 R_{z-a}，那么其余各分支路须加附加电阻为 $R_{Z-a}-R_{Z-1}$，$R_{Z-a}-R_{Z-2}$，$R_{Z-a}-R_{Z-3}$，$\cdots$，$R_{Z-a}-R_{Z-N}$。

总电阻

$$R = R_1 + \frac{1}{N} R_{Z-n} \tag{4-14}$$

流过整个网路的总电流

$$I = \frac{E}{R}$$

通过每个电雷管的电流

$$i = \frac{E}{NnR} \tag{4-15}$$

并串并并联网路就是把各个并串并网路并联起来，再接入电源的网路，下面以两个并串并联网路并联起来为例，介绍它的计算如下：

总电阻

$$R = R_1 + \frac{1}{2N} R_{Z-\max} \tag{4-16}$$

通过整个网路的总电流

$$I = \frac{E}{R}$$

通过每个电雷管的电流

$$i = \frac{E}{2NnR} \tag{4-17}$$

4.7.3　电爆网路各组成部分的选择

前面已经谈过对电雷管的选择，现在主要介绍网路导线和电源的选择。

1. 导　线

电爆网路中的导线包括以下各种：

脚线——从电雷管内引出的两根导线。它通常是直径为 0.5 mm、长 1.5～2 m 的铜芯或铁芯涂蜡纱包线或聚氯乙烯绝缘线。

端线——连接电雷管脚线引出至孔口或药室口的导线。直径不得小于 0.8 mm，一般用单股直径 1.13～1.38 mm 的绝缘胶皮线。

连接线——连接各孔口或药室口之间的导线，规格同端线。

区域线——连接主线和连接线的导线。实施分区爆破时，各分区与主线间的连线也称区域线，规格同端线。

主线——从爆破电站内主刀闸开关器起至爆破区域线（或至连接线）的导线。它在爆破中可以多次重复使用。一般用 7 股直径 1.68～2.11 mm 的绝缘胶皮线。

常用的导线规格及电阻值见表 4-29～表 4-31。

表 4-29　绝缘胶皮铜线规格

断面/mm^2	股数/单股直径/mm	安全电流/A	电阻/($\Omega \cdot km^{-1}$)	橡皮厚度/mm	电压/V
1.0	1/1.3	15	17.5	0.6	110～220
1.5	1/1.37	20	11.7	0.6	110～220
2.5	1/1.76	27	7.0	0.6	110～220
4.0	1/2.24	36	4.4	0.6	110～220

续表 4-29

断面/mm²	股数/单股直径/mm	安全电流/A	电阻/(Ω·km⁻¹)	橡皮厚度/mm	电压/V
0.75	1/0.97	13	23.3	1.0	110～220
1.00	1/1.13	15	17.5	1.0	110～220
1.50	1/1.37	20	11.7	1.0	110～220
2.50	1/1.76	27	7.0	1.0	110～220
4.0	1/2.24	36	4.4	1.0	110～220
6.0	1/2.73	46	3.9	1.0	110～220
0.636	1/0.9	10	27.3	0.9	220～380
0.785	1/1.0	12	22.5	0.95	220～380
1.131	1/1.12	17	15.5	0.95	220～380
1.539	1/1.4	20	11.35	1.0	220～380
2.011	1/1.6	23	8.8	1.0	220～380
2.545	1/1.8	27	7.0	1.0	220～380
3.142	1/2.0	31	5.6	1.16	220～380
4.155	1/2.3	36	4.1	1.16	220～380
5.029	1/2.6	42	3.5	1.16	220～380
6.605	1/2.9	50	2.6	1.2	220～380
8.042	1/3.2	60	2.2	1.22	220～380
9.621	1/3.5	68	1.8	1.24	220～380
13.57	1/4.0	80	1.4	1.43	220～380
32.00	1/6.4	167	0.46	1.70	220～380
4.5	7/0.9	40	3.9	1.16	220～380
5.5	7/1.0	43	3.18	1.22	220～380
8.0	7/1.2	60	2.17	1.27	220～380
11.2	7/1.4	70	1.56	1.32	220～380
14	7/1.6	85	1.35	1.38	220～380
18	7/1.8	100	0.97	1.43	220～380
22	7/2.0	110	0.795	1.54	220～380
30	7/2.3	137	0.58	1.65	220～380

表 4-30　BV 型铜芯聚氯乙烯绝缘导线规格

标称截面/mm²	导线外径/mm	安全电流/A	电阻/(Ω·km⁻¹)
1.0	3.0	15	17.5
1.5	3.2	20	11.7
2.5	4.0	27	7.0
4.0	4.5	36	4.4
6.0	5.0	46	2.9
10	6.8	68	1.75
16	7.8	92	1.09
25	9.6	123	0.7
35	10.7	152	0.5

续表 4-30

标称截面/mm²	导线外径/mm	安全电流/A	电阻/(Ω·km⁻¹)
50	12.8	192	0.35
70	14.5	242	0.25
95	16.3	292	0.19
120		342	0.15
150		392	0.12
185		450	0.10
240		532	0.07

表 4-31　BLV 型铝芯聚氯乙烯绝缘导线规格

标称截面/mm²	导线外径/mm	安全电流/A	电阻/(Ω·km⁻¹)
1.0	3.0		28.0
1.5	3.2		18.6
2.5	4.0	21	11.2
4.0	4.5	28	7.0
6	5.0	36	4.7
10	6.8	53	2.8
16	7.8	70	1.75
25	9.6	97	1.12
35	10.7	117	0.8
50	12.8	148	0.56
70	14.5	187	0.4
95	16.3	226	0.3
120		265	0.23
150		304	0.18
185		351	0.15
240		417	0.12

2. 电　源

电起爆的电源，由放炮器、干电池、蓄电池、移动式发电站、照明电力线、电力动力线组成。

放炮器又称起爆器，因为它只能供给线路很小的电流，所以仅适用于电雷管串联网路。由于它使用简单，重量轻，便于携带，在炮眼法或小规模爆破中被广泛使用。

放炮器类型很多，但按其结构及作用原理的不同，可分为发电机式和电容式两类。

发电机式放炮器实质上是一个小型的手摇发电机。由于它的重量大，起爆能力不稳定，受潮后起爆能力降低等原因，已被淘汰。

目前最常用的放炮器是电容式放炮器(condenser type blasting machine)，其典型电路见图 4-45。它是应用晶体三极管振荡电路，将若干节干电池的低压直流电变为高频交流电，经

变压器升压后，再由二极管整流，变成高压直流电，然后对电容器充电。当电容器内的电能储存到额定数值，电压达到定值时，指示电路的氖灯或电压表即发出显示，这时就可拨动毫秒开关接通电爆网路，使主电容在6ms以内向电爆网路放电起爆。注意：起爆后一定要及时地把毫秒开关拧到停止位置，接通泄放电阻，使电容器短路，将剩余电能全部泄放掉，以免发生危险。

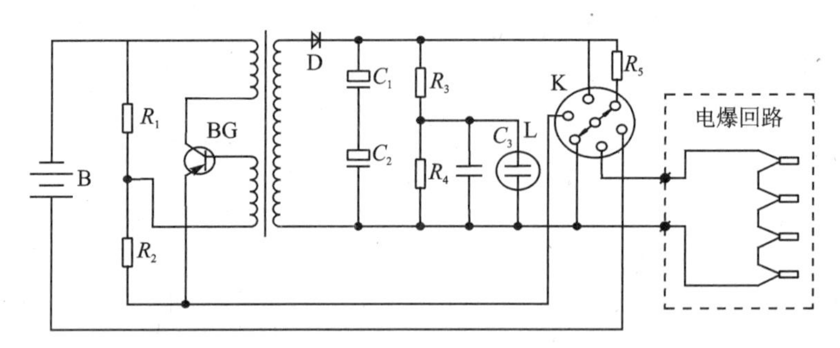

B—干电池；BG—晶体三极管；D—整流二极管；C_1、C_2—主电容；

L—氖灯；R_5—泄放电阻；K—毫秒开关

图4-45 电容式放炮器电路

国产放炮器型号很多，但工作原理基本相同，只是某些电路稍有改变。表4-32列出部分国产电容式放炮器的型号及主要技术规格。

表4-32 放炮器的性能和规格

型　号	起爆能力(发)	输出峰值/V	最大外电阻/Ω	充电时间/s	冲击电流持续时间/ms	电　源	质量/kg	外形尺寸 长×宽×高/mm³	生产厂家
MFB-50/100	50/100	960	170		3～6	1#电池3节		135×92×75	抚顺煤炭研究所
MFJ-100	100	900	320	<6	3～6	1#电池4节	3	180×105×165	营口市无线电二厂
J20F-300-B	100/200	900	300	<12	<6	1#电池8节 8V(XQ-1蓄电池) 蓄电池或甲电池12 V	1.25	148×82×115	营口市无线电二厂
MFB-200	200	1800	620	7～20	50			165×105×102	抚顺煤炭研究所
QLDF-1000-C	300/1000	500/6	400/80	<6			5	230×140×190	营口市无线电二厂
GM-2000	最大4000、	00	0	15/40			8	360×165×184	湘西矿山电子仪器厂
GNDG-4000	抗杂雷管480、	2000		<80			11	385×195×360	营口市电子研究所
	铜4000铁2000			10～30					
	抗杂雷管720	3600	600				15.5	250×230×230	
BC2X-5040	工业雷管千余发、抗杂雷管60～150	5000	2200	30～40					

电容式放炮器通常所能提供的电流不太大，不足以起爆并联数较多的电爆网路，因此，一般只用来起爆串联网路。只有放炮器处于完好状态时，其起爆能力才足以把在其铭牌规定的线路总电阻和雷管数目范围内的网路安全起爆。

电容放炮器最重要的性能指标是电容量和放电电压。在开始接入起爆线路的瞬间，线路的总电流为：

$$I_0 = \frac{U}{R} \tag{4-18}$$

式中：I_0——初始瞬间的线路总电流，A；

U——放炮器的放电电压，V；

R——起爆线路的总电阻，Ω。

但是，I_0 是在通电的初始瞬间才能达到的。随着电容放电，电压下降，电流值变小。由此可见，电容器提供的电流并非恒定的直流电，如图 4－46 所示。因此，在假定的一段时间内，电容器的不恒定直流电和某一恒定直流电通过同一电阻所发生的热量相等，则称这个恒定直流电为放炮器电流的等效平均值，即

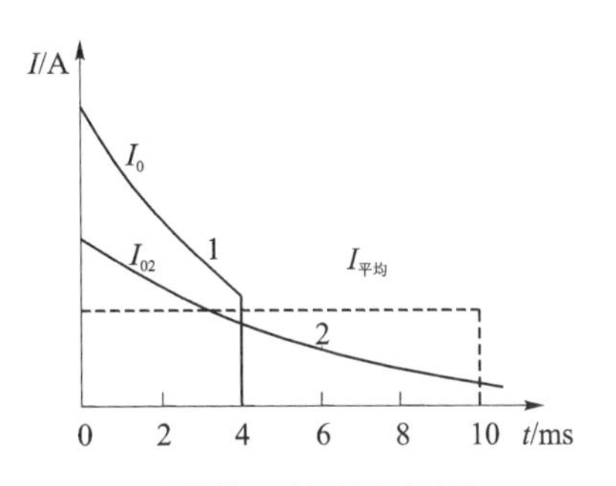

1—限制供电时间的电流变化；

2—不限供电时间的电流变化

图 4－46　电容放炮器的电流变化

$$I_{平均} = I_0 \cdot \Phi \qquad (4-19)$$

式中 Φ 为系数，其大小取决于放炮器的电容 C 和线路总电阻 R 的乘积，并且与通电时间有关。因为电雷管的点燃时间一般不超过 10 ms，因此可取 10 ms 通电时间的等效平均值，此时，Φ 值可以从图 4－47 中的曲线 a 找出。若通电时间为 4 ms，则 Φ 值可从曲线 b 找出。

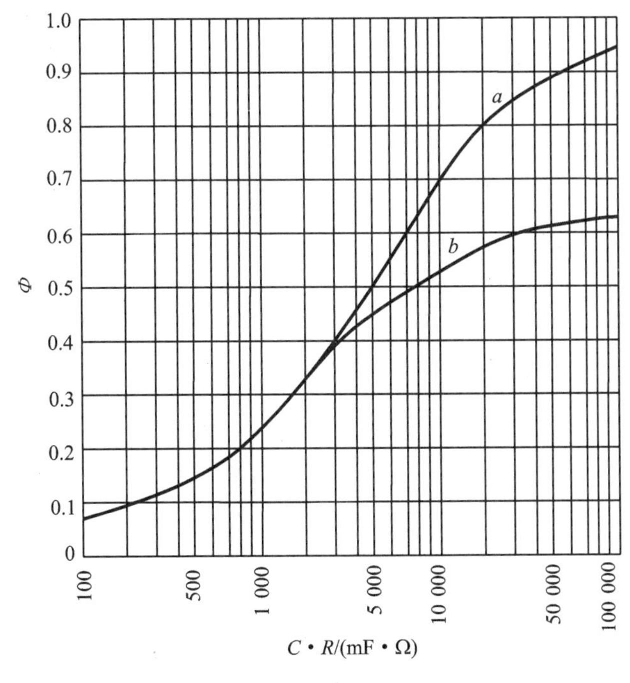

图 4－47　电容放炮等效平均电流系数曲线

例题：设爆破网路的总线路电阻为 250 Ω，使用 MFJ－100 型放炮器起爆，放炮器的放电电压为 900 V，电容器的电容为 20 μF，最大外电阻为 320 Ω。那么放电瞬间的初始电流 $I_0 = \dfrac{U}{R} = 3.6$ A，电容器的 $C \cdot R$ 值为(20×320)μF·Ω＝6 400 μF·Ω，从图 4－45 中的曲线 b 可查出，$\Phi = 0.49$，从而可算出起爆时通过线路电流的等效平均电流值为

$$I_{平均} = I_0 \cdot \Phi = (3.6 \times 0.49)\text{A} = 1.77\ \text{A}$$

干电池像放炮器一样。虽然电压较高，但放出的电流却不大，例如每个 45 V 干电池只能

输出 2 A 左右，且内电阻也大。为了满足一定爆破网路的需要，可将数个干电池并联，以增强输出电流并减小内电阻。

蓄电池同干电池相比，优点是输出电流较大，还可以随时充电。

移动式发电站、照明电源或动力电源，是电起爆中最可靠的电源。尤其是在大规模爆破中，由于药包多，网路复杂需要的准爆电流大，必须使用这三种电源中的一种，上述三种电源的供电类型通常有以下三种：

① 直流电：电压为 100 V 或 250 V；

② 单相交流电：电压为 127 V 或 220 V；

③ 三相交流电：三线供电时，电压为 220 V 或 380 V；四线供电时(带零线)，电压为 220 V/127 V 或 380 V/220 V(分式中分子为线电压，分母为相电压)。

采用三相交流电时，电爆网路与电源之间有下面三种连接形式：

① 电爆网路接到任一相线和零线之间，电压为相电压，如图 4－48 中的支路 1。

② 电爆网路接到两条相线之间，电压为线电压，如图 4－48 的支路 2。

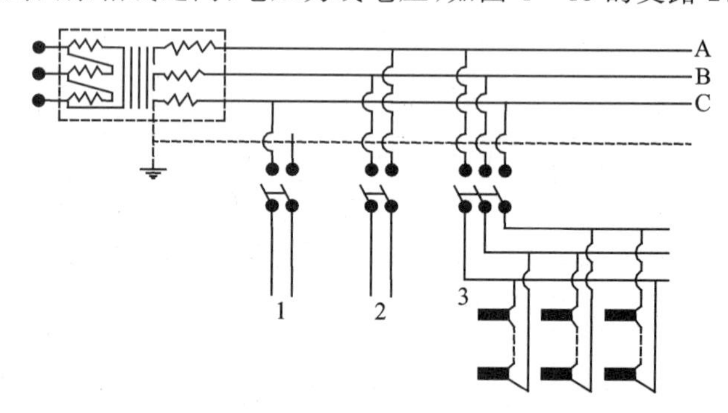

图 4－48　电爆网路与三相交流电源连接图

③ 电爆网路接到三条相线上，即用三相电源起爆，如图 4－46 的支路 3，这种供电方式虽然可以充分利用电源的输出能力，但是它存在着以下缺点：

- 在同一瞬间三个相线的瞬时电流值不同，有的相的电流大，有的相的电流小。
- 三相刀闸合闸时，各相很难达到同时动作，各相通电时间有一定误差，因而各相电雷管可能不同时点燃，存在着部分电雷管发生拒爆的可能性。

采用动力电源时，需接供电变压器，表 4－33 列出常用变压器的技术数据。

表 4－33　变压器的技术数据

型　号	容量/(kW·A)	高压侧		低压侧		阻抗压降/%
		电压/V	电流强度/A	电压/V	电流强度/A	
KSJ－75/6	75	6 000	7.2	400	108	5.5
KSJ－100/6	100	6 000	9.6	400	144	5.5
KSJ－180/6	180	6 000	17.3	400	258	5.5
KSJ－320/6	320	6 000	30.8	400	460	5.5
SJ－180/6	180	6 300	16.4	400	258	4.5
SJ－320/6	320	6 300	29.3	400	460	4.5
SJ－560/6	560	6 300	51.5	400	808	4.5

对于照明电源和动力电源，设计网路时要事先了解其发电量及负荷情况，对于移动式发电机，设计时除了注意电流、电压外，还须校核发电机的功率，看看能否保证有足够的电量供给起爆网路。

4.7.4　电爆网路计算实例

某路堑大爆破，共 19 个药室。按照爆破设计，其中 14 个药室用即发电雷管，其余 5 个药室用延迟 2 s 的电雷管起爆，见图 4-49。

主线长(720×2×1.1) m≈1 600 m

连接线长(100×1.1) m=110 m

14 个药室编为第一支路，其余 5 个药室为第二支路。第一支路区间线长(260×1.1) m=286 m，两根端线长(208×2×1.1) m=458 m。

第二支路区间线长(81×1.1) m≈90 m)，两根端线长(85×2×1.1) m=187 m。

主线用 7 股直径 1.68 mm 的绝缘胶皮线，每千米电阻为 1.09 Ω；连接线用 7 股直径 1.33 mm 的绝缘胶皮线，每千米电阻为 1.75 Ω。这样，主线电阻为

$$R_1 = \left(\frac{1\,600 \times 1.09 + 110 \times 1.75}{1\,000}\right)\Omega = 1.9\ \Omega$$

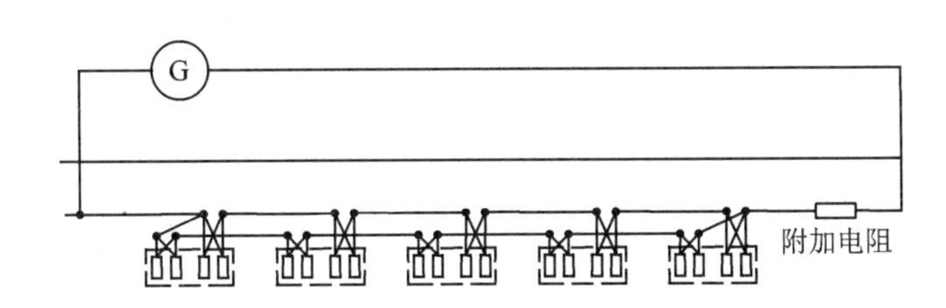

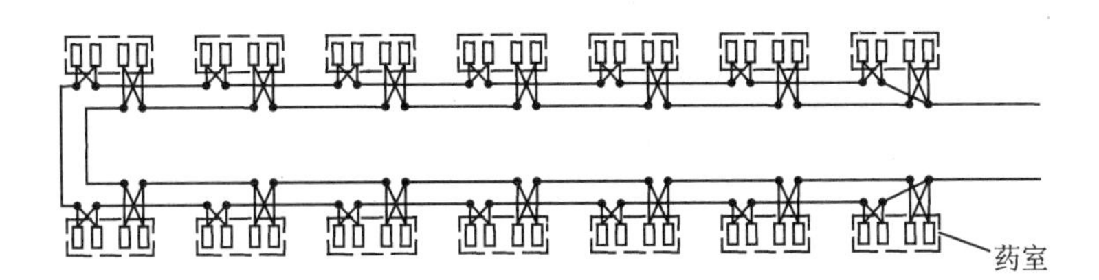

图 4-49　某路堑大爆破网路

第一支路的区间线、端线用单股直径为 1.37 mm 的绝缘胶皮线，每千米电阻为 11.7 Ω，电雷管阻值为 1.2 Ω，一支路电阻为

$$\frac{m_1 r}{n} + R_{Z-1} = \left[\frac{14 \times 1.2}{2} + \frac{(286 + 458) \times 11.7}{1\,000}\right]\Omega = 17.1\ \Omega$$

第二支路的区间线、端线用单股直径为 1.13 mm 的绝缘胶皮线，每千米电阻为 17.5 Ω，支路电阻为

$$\frac{m_2 r}{n} + R_{Z-2} = \left[\frac{5 \times 1.2}{2} + \frac{(90 + 187) + 17.5}{1000}\right]\Omega = 7.9\ \Omega$$

第二支路需接附加电阻：

$$\frac{1}{2}(17.1 - 7.9)\ \Omega = 4.6\ \Omega$$

网路(并串并并联)总电阻：

$$R = R_1 + \frac{1}{2N}R_{Z\max} = \left(1.9 + \frac{1}{2 \times 2} \times 17.1\right)\ \Omega = 6.2\ \Omega$$

电源用 380 V 线路电，流入每个电雷管的电流：

$$i = \frac{E}{2NnR} = \left(\frac{380}{2 \times 2 \times 2 \times 6.2}\right)\text{A} = 7.7\ \text{A}$$

计算结果是，流入每个电雷管的电流远远超过其准爆电流 2.5 A，因而是能够准爆的。

4.7.5 电起爆法的操作工艺

电起爆法的操作工艺包括：起爆药包的配制、装药、堵塞、网路敷设以及连接、导通和通电起爆。其中部分内容已在有关章节中介绍过了，此处只着重介绍网路的敷设与连接以及网路的导通。

1. 网路的敷设与连接

在使用电雷管起爆时，网路的敷设和连接是保证起爆可靠的一个重要环节，必须由有经验的爆破员负责执行。实施这项工作时应该十分认真仔细，要求网路敷设牢固、连接紧密、导电性能良好、绝缘可靠和符合设计要求。

所有各类导线在连接之前必须短接(即短路)，正式连接时将它打开，用砂纸或小刀擦净或刮掉线芯上的氧化物和油污，如果采用的是单股导线，则多采用直线型连接法。主线一般多采用多股芯线的胶皮线或电缆，连接时，先将导线的各股单线分别扳开成伞骨形，再将每根单线用砂纸或小刀擦净和刮光，然后参差地相向合并，用钳子将各根单线向合并的电线绕接。

爆破员在连线时，一定要把手上沾染的油污或泥浆擦洗干净，以免沾到接头上，增大接头处的电阻。接头是否正确，关系到导通值是否正确和电爆破的准爆条件。接头不牢，容易断线，接头不紧密则电阻不稳定，变化大，使通过电雷管的电流不足或各个电雷管通过的电流不平衡而产生拒爆。

为了确保电爆破的安全，除了遵照爆破安全规程的要求，细心操作以外，在连线的顺序上必须先连工作面上的线，然后朝着起爆电源的方向连线，各类导线在正式连接以前均需处于短路状态。绝对不要在连线时先将主线与电源连接上，这样容易产生爆破事故。只有当工作面的一切人员撤离到安全地点并接到起爆信号以后，才能将主线与电源连接上。

2. 网路的导通

电爆网路敷设和连接完毕后，必须用导通仪对网路进行导通，导通的目的是用导通仪来检验网路敷设和连接的质量，以确保网路通电后能顺利地起爆。导通的原理是用导通仪测定整个网路或网路的某一局部的电阻值并与设计计算的电阻值进行比较，如果两者相差太大，则证明网路中某部分存在断路、短路、漏连和漏电等问题，因此要对网路进行检查和修正。

用来测量电爆网路和电雷管电阻的导通仪必须是爆破专用的爆破线路电桥和爆破欧姆表，不能采用普通的电桥、欧姆表和万用表等。因为此类电表的输出电流太大，常常引出早爆事故。表 4-34 列出了国产线路电桥和爆破欧姆表的性能与规格。

表 4-34　国产线路电桥和欧姆表的规格

型　号	名　称	里程/Ω	工作电流/mA	误操作最大电流/mA	生产厂	备　注
205 型	线路电桥	0.2～50 20～5 000	<20	<30	上海电工仪表厂 天水长城电工仪器厂	
201-1 型	线路电桥	0.5～3～9 0～3 000			上海电工仪表厂	
ZC23 型	欧姆表	0～3～9	<30	<50	上海电工仪表厂	
SCZO-2 型	电爆元件测试仪	0～1.1 0～11 0～60	<10	<50	上海电工仪表厂	
B-1 型	爆破电表	0～5 0～100 100～200	<20		湖南湘西无线电厂	测量电阻及杂散电流两用表
70-4 型	爆破欧姆表	0～2 2～6 0～∞	<10	<20		
70-3 型	爆破欧姆计	0.2～5 0.4～10 4～∞	<8	<15		

目前在电起爆中，以 205 型线路电桥和爆破欧姆表应用得最广泛。

205 型线路电桥的外形如图 4-50 所示，其线路简化图如图 4-51 所示。其中 R_1、R_2、R_4（或 R'_4）和 R 为固定电阻，R_3 为可变电阻，R 电阻用来限制电桥的工作电流，以确保测试工作的安全。G 为检流表，K 为电钮，R_x 为待测电阻。工作时，按下电钮 K，接通电路，一般来说检流表 G 的指针会偏转，表示电路 AE 中有电流通过，调节 R_3 的电阻值，使 G 的指针再回到中点，即电路 AE 中没有电流流过，此时 A、E 两点的电位相同。因此 FA 间和 FE 间的电压一定相等，CA 间和 CE 间的电压也一定相等，FA 和 AC 中的电流相等，FE 和 EC 中的电流也相等。

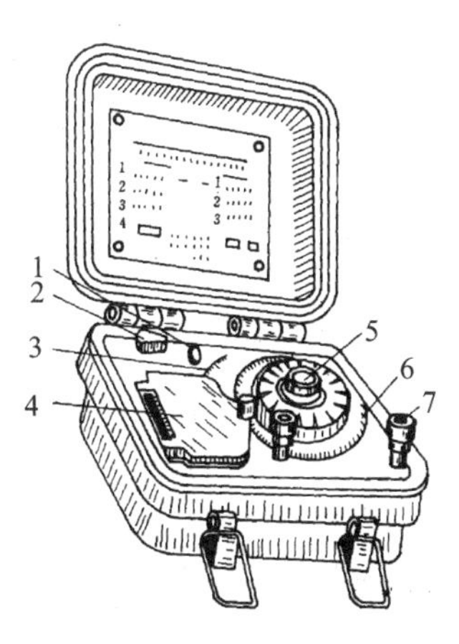

1—调整钮，2—转换开关；3—检流表；
4—电池室盖；5—电钮；6—分度盘；7—接线柱

图 4-50　205 型线路电桥外形

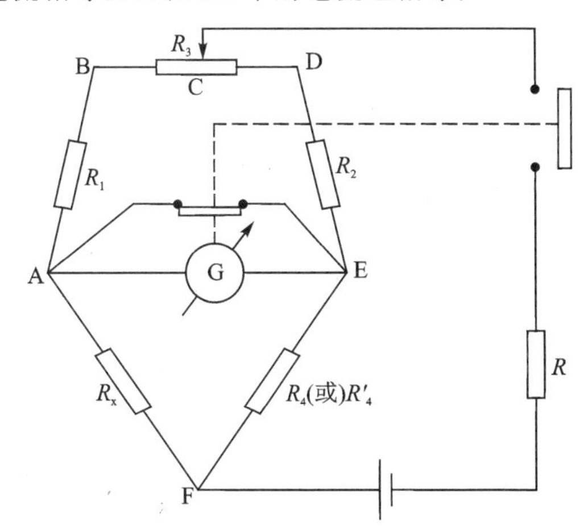

图 4-51　线路电桥原理图

设流过 FA 和 AC 中的电流为 I_1，流过 FE 和 EC 中的电流为 I_2，则

$$I_1 R_x = I_2 R_4 (\text{或} R'_4) \tag{4-20}$$

$$I_1 (R_1 + R_{3BC}) = I_2 (R_2 + R_{3CD}) \tag{4-21}$$

将式(4-20)的两边分别除以式(4-21)的两边，得

$$\frac{I_1 R_X}{I_1 (R_1 + R_{3BC})} = \frac{I_2 R_4 (\text{或} R'_4)}{I_2 (R_2 + R_{3CD})}$$

化简后得

$$\frac{R_x}{R_1 + R_{3BC}} = \frac{R_4 (\text{或} R'_4)}{R_2 + R_{3CD}}$$

所以，待测电阻

$$R_x = \frac{R_1 + R_{3BC}}{R_2 + R_{3CD}} R_4 (\text{或} R'_4) \tag{4-22}$$

上式中的 R_1、R_2、R_{3BC}、R_{3CD}、R_4（或 R'_4）均为已知数，因此可求出待测电阻。205 型线路电桥就是根据这个原理制成的，将所得出的待测电阻值标在分划盘上，测量时就可直接从分划盘上读出所测的电阻值。

上面介绍的线路电桥和爆破欧姆表，在检测时都需要直接向爆破网路或电雷管通电，虽然这类仪表输出的工作电流很小（毫安级），但是在国内的使用过程中仍然发生过早爆的事故。同时这种仪表在使用时需将爆破网路或电雷管的脚线打开并接上，在有外来电危险的场地，就有雷管早爆的潜在危险。因此提高导通作业的安全性，一直是工程爆破中急需解决的课题。北京矿冶研究总院研制成功的 HZ-1 型环路电阻检测仪就是一种不与电爆破网路或电雷管的脚线接触，不直接向它们通电的检测仪器。它的外形类似工业用的钳表，检测时将环形网路或电雷管的短接脚线卡进钳中，在网路中便感生出微量电流，这种电流小于 50 μA，远远小于电雷管的准爆电流。网路或电雷管的电阻值可直接在表盘上读出来，这种仪表构思新颖，安全性高、操作简单并且检测速度快。

用导通仪测出的网路电阻值与爆破前设计的电阻值不完全吻合，它们两者之差即为设计值与实测值的误差。为了保证起爆的可靠性，起码要求分串导通时不掉雷管，分区导通时不掉串，总导通时误差不超过设计总电阻的 5%～10%。

4.7.6 电起爆法的特点和适用条件

电起爆法可广泛应用于炮眼、深孔和药室爆破中。

它的优点是：

① 可以实现远距离操作，大大提高了起爆的安全感；

② 可以同时起爆大量药包，有利于增大爆破量；

③ 可以准确控制起爆时间和延期时间，有利于改善爆破效果；

④ 起爆前可以用仪表检查电雷管的质量和起爆网路的施工质量，从而保证了起爆网路的正确性和起爆的可靠性。

它的缺点是：

① 准备工作复杂，作业时间长；

② 电爆网路设计和计算繁琐，要求操作者具备一定的电工知识；

③ 必须具备起爆的电源；

④ 在有外来电的地方，潜在着引起电雷管早爆的危险。

4.8　其他起爆法

4.8.1　电磁波起爆法

电磁波起爆法是为实施水中大规模遥控爆破而研究出来的一种起爆方法。这种起爆方法所使用仪器的关键部件是运用电磁感应原理制成的遥控装置。图 4-52 是这种起爆法的原理图。整个系统由振荡器、环形天线、接收线圈和起爆元件组成。振荡器和环形天线连在一起。环形天线用直径为 1 mm 的硬铜线盘绕六圈，围成直径约 100 m 的环状，用浮子悬浮在爆破区域的水面上。接收线圈和起爆元件装成一体，设在炮眼口。当爆破指挥所接通振荡器后，它所产生的低频交流电流流过环形天线时便会形成交变磁场，接收线圈在磁场中感应，所产生的感应电动势，经整流器整流以后，变成直流电，并向电容器中充电。当电容器的充电电压达到额定值时，停止充电，电子开关闭合，将电容器与电雷管接通，储存于电容器中的电流便流入电雷管并引爆雷管和炸药。

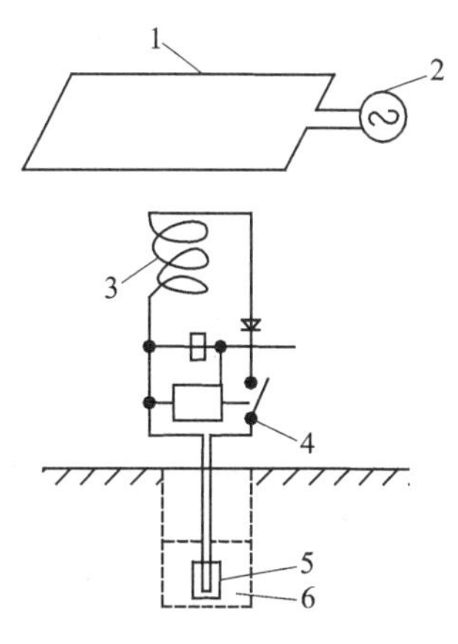

1—环形天线；2—振荡器；3—接收线圈；
4—电子开关；5—电雷管；6—炸药

图 4-52　电磁波起爆装置原理

电磁波起爆法的优点是：

① 采用 550 Hz 低频，因而发射机结构简单，造价较低；

② 接收线圈内不装电池，完全靠强力电磁波经检波器积分进行电压积累，结构简单，成本低，安全；

③ 穿透能力强，在海水中可达 100 m 深。

缺点是：

① 天线大，且需浮在水面上，施工很不便，灵活性差；

② 接收线圈抗干扰能力差，水下存在强电场时，可能误爆；

③ 需要产生强力电磁波，发射机功率要大，因而机身笨重，移动不便。

4.8.2　水下声波起爆法

水对电磁波的吸收能力很强。电磁波在水中传播时衰减很快，传送距离不能很远。然而水对声波的传递能力却要强得多，因此，现代水下爆破倾向于声波起爆。

图 4-53 是水下声波起爆系统的原理图。安装在指挥船上的发射器通过伸入水中的送波器向水中发射超声波，水下炮眼口的接收器接收到超声波后，接通起爆装置的电源，引爆药包。

这个系统的起爆元件分 A 型和 B 型两种，分别与电雷管及内藏电池连接好，装入水底炮孔内，将接收器引出孔外 0.2 m 左右。声波通过水传到 A 型元件时，受波器接收信号后接通起爆装置的电源，电雷管起爆，引爆炮孔内的药包，药包爆炸产生水下冲击波；当其压力达到

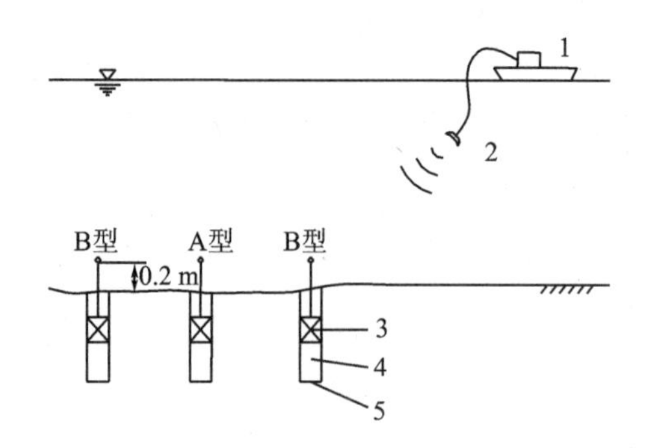

1—声波发生器；2—送波器；3—起爆装置；
4—电雷管；5—药包

图 4-53　水下波起爆装置原理图

10×10^6 Pa 时，使 B 型元件的受波器工作，引爆药包，B 型元件药包爆炸又引爆邻近的另外的 B 型元件药包，就这样引爆一大片。

一次大面积爆破，只用一个 A 型元件，它装有一套电子装置，只接收水面声波发射器送来的信号。B 型元件只有在 A 型元件药包爆炸产生水下冲击波且其压力超过 10×10^6 Pa 时才工作。所以这套系统安全性高，不会发生早爆现象。

水下声波起爆法的优点是：

① 由于接收装置采用电子线路，抗干扰能力强，能避免误爆；

② 接收装置有内藏电池，减轻了发射机的负担，便于携带，实用性强；

③ 能穿透水深 100 m，遥控距离达 1～2 km。

缺点是超声波发射器和接收装置结构复杂且成本高。水下声波起爆技术无需拉线，避免了深水水下拉线起爆技术上和施工中的许多困难，安全性和准爆可靠性大大提高了。它对发展深水水下爆破技术有着十分重要的意义。

4.8.3　高能电磁感应起爆法

高能电磁感应起爆法实质上就是利用电流互感器原理。这种起爆系统如图 4-54 所示，它由小型携带式起爆电源（即放炮器）、电爆破网路和带有小型磁环的电雷管所组成。起爆时，由起爆器输出数万赫兹的高频脉冲电流，流经爆破母线和辅助母线（相当于一次线圈），然后通过电磁转换器的磁芯，使电雷管短接的环形脚线中产生几伏的感应电压而起爆雷管。

这种起爆系统由于带磁环的电雷管只接受放炮器输出的一定频率的交流电，工频电和其他频率的交流电对它不发生作用，同时在网路中电雷管一直处于短接状态，而且与放炮器没有直接的电联系，因此大大提高了该系统抗外来电的安全性，因此它在水中和外来电干扰较严重的场合均能使用，大大扩大了电起爆法的适应性，是一种有广泛发展前途的起爆系统。

北京矿冶研究总院研制成功的 QB-1 型高能电磁感应起爆系统和国外同类产品相比，起爆能力提高了 3 倍多，而且它还配备了 H-Z1 型无触点检测仪，大大提高了该系统起爆的可靠性。

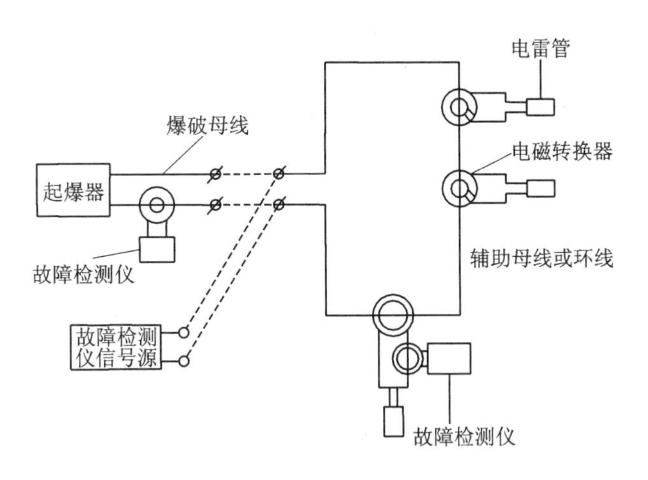

图 4-54　电磁感应起爆系统图

4.9　爆轰波波形控制

炸药爆炸产生高温高压气体并伴随着冲击波，不仅可用于金属爆炸加工、合成新材料、制造常规武器弹药等，而且在尖端工业及其他工程中也得到应用。

控制炸药爆轰波波形已是许多学者研究的课题，也是工程上提出的要求。控制炸药爆轰波波形的方法很多，常用的方法大致有三种。

一种是电引爆法，它是强电流脉冲通过细金属丝时，金属丝以极快的速度熔融汽化，出现冲击波与高温等离子体，从而引爆炸药。国外文献中报道已得到几英尺的线源。

将太安炸药溶在溶剂中，喷涂在大面积金属膜上，金属膜被腐蚀成网状结构，每平方英寸就有 200 多个结点，能够得到几个平方英尺的冲击载荷。

第二种方法是光引爆法控制炸药波形，激光引爆炸药，固体激光器可以产生一种脉冲波，经过 Q 开关，可产生强功率短时间的脉冲波，用激光起爆所获得的爆轰速度更接近于理论爆速。

Eggert 最早指出，一些敏感炸药能够用闪光引爆，闪光释放的能量快速把薄层炸药表面加热至起爆温度。人们就可以制造一种光敏起爆药，喷涂在平面或曲面上，然后用闪光照射使它起爆，能够得到不同的波形。

上述两种方法由于技术上比较复杂，局限于某些领域中应用。在爆炸加工范围内. 无需用这样高精度的技术，下面重点介绍用单雷管起爆获得线状波、平面波和柱面收缩波的方法。

炸药单点起爆后，为了控制爆轰波使其能同时到达某一曲面或曲线上，一般通过在靠近起爆点的地方插入某些物体来延长波的传播时间，或用增加距起爆点的路程，或用低速炸药减慢波传播的速度来实现。用这些方法能够得到多种多样的波形，如平面波、曲面波、方形波、星形波等。

4.9.1　线状波

线状波是各类爆轰波中最简单的一种，通常应用的有以下三种：

1. A 型线状波

它是从顶点起爆后最终扩展到近似直线的波形。具体做法是在板状炸药上按等边三角形设计打了很多小圆孔，如图 4 - 55 所示。

由于同一块板状炸药各处的爆速是相等的，α 角与 β 角也一样，那么在三角形的底线上，爆轰可以看作是同时到达。如果孔数越多，则线状波更接近于直线，但孔数不能太多，否则炸药会从孔中间直接传爆。

2. B 型线状波

它是由两种不同的爆速组合来实现的，高速炸药选用塑料板状炸药，它的爆速约为 6.5 m/s，低速炸药爆速为 2.6 m/s，高低爆速炸药组合线状波，如图 4 - 56 所示。

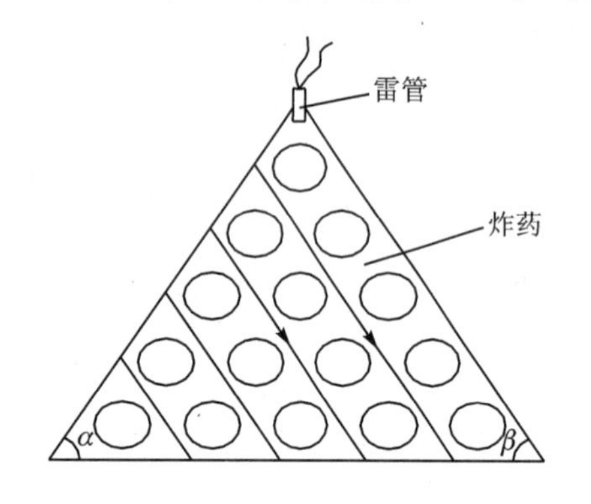

图 4 - 55　A 型线状波图

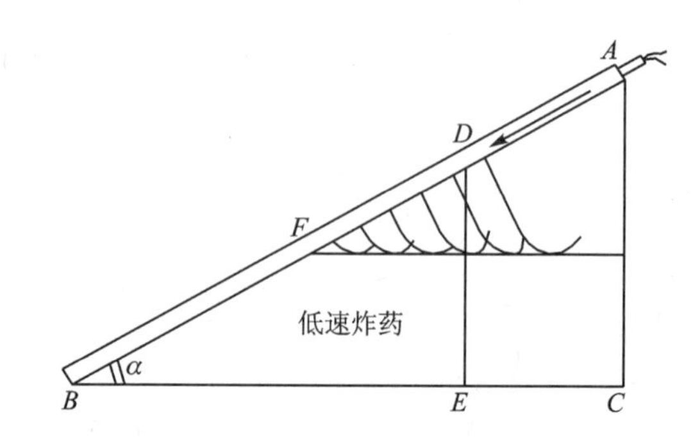

图 4 - 56　B 型线状波图

先是从 A 点起爆，高速炸药由 A 传播到 B，低速炸药从 A 传到 C，为了满足从 A 同时到达 B 与 C，两种炸药组合角 α 可按下式进行计算：

$$\alpha = \arcsin\left(\frac{D_S}{D_F}\right) \tag{4-23}$$

式中：D_S——低速炸药爆速；

D_F——高速炸药爆速。

我们任意取 ADE 的途径，通过 ADE 路程所需要的时间应与 $A \rightarrow B$ 或 $A \rightarrow C$ 所需要的时间一样，低速炸药可以看作是被它相邻的高爆速炸药逐点引爆，当爆轰波到达 F 点时，FG 直线可以看作很多圆形波阵面的包络线，这个线平行于底线，在大面积爆炸焊接中作为起爆源，实验证明它可以改善起爆端的粘结质量。

3. C 型线状波

这种线状波很简单，是在金属窄条上安放薄片炸药，金属板与被撞击的炸药有一个 α 夹角，见图 4 - 57。炸药从右上端起爆后沿着 $a \rightarrow b$ 方向爆轰，假定爆轰是稳定的，则金属板条在高温高压作用下可以看作没有强度，若 α 角选择正确，则底部炸药可以同时被撞击起爆。

当炸药与金属板选定后，关键是如何确定 α 角的大小，按照炸药爆速与金属板撞击速度之间的关系，α 角的大小可用下式来计算：

$$\tan\alpha = \frac{V}{D} \tag{4-24}$$

式中：V——飞板撞击速度，m/s；

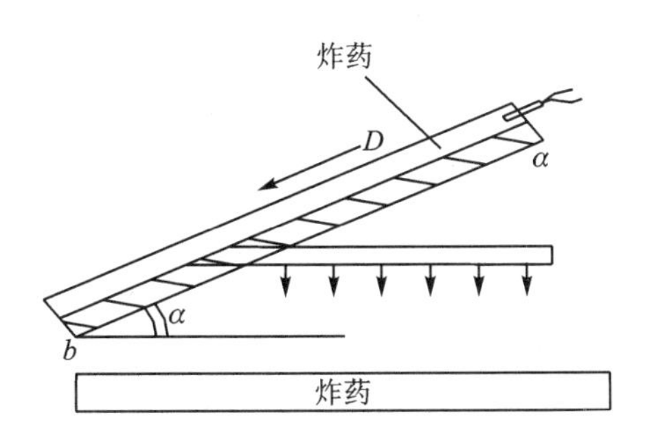

图 4－57　C 型线状波图

D——板状炸药爆速，m/s；

α——夹角，(°)。

从上述公式看出，只要飞板速度给出，那么 α 角度即可求得。国内外许多学者计算飞板速度一般采用简化了的一维抛体模型，即炸药的爆轰方向与飞板运动方向一致。

4.9.2　平面波

平面波广泛被用于炸药冲击波及爆轰波传播规律的研究中，也可以用它驱动金属板作为动态高压手段。

文献中介绍，关于平面波的尺寸，小的可以做得很灵巧，仅有 2.5 cm 直径；大的可达几十厘米，在实验中经常见到的是 10 cm 与 20 cm 两种。平面波的形式有多种多样。下面重点介绍鼠夹式与复合装药式平面波。

1. 鼠夹式平面波

它的形状与抓老鼠夹子很相似，因此而得名。

它由点爆到线爆到平面爆炸。图 4－58 示意表明这种平面波的结构。它的特点是结构简单，但精度低，中间部位的平面度比周围高。鼠夹式平面波与上述“C”型线状波原理一样，只不过它把线爆转化为平面爆炸。

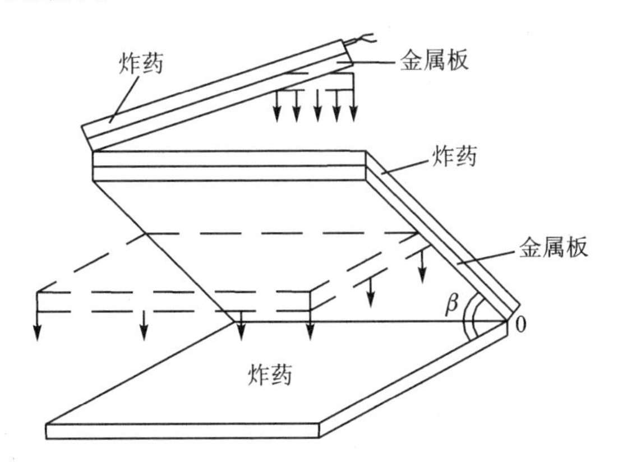

图 4－58　鼠夹式平面波

关于 β 角的计算与“C”型线状波 α 角的计算方法类似。在 α 角选择合适的情况下，炸药爆轰至终点的瞬间，可以认为整个金属板条一起打到炸药上。同样的道理，炸药沿着金属板传播至终点时，金属板也可看作同时撞击到底面炸药上，在高速高压的撞击下，得到平面波。

2. 复合装药平面波

复合装药平面波由高低爆速两种炸药组合而成，复合装药中，高速炸药是梯恩梯与黑索金的混合物，低速炸药是梯恩梯与硝酸钡的混合物。复合装药平面波如图 4－59 所示。

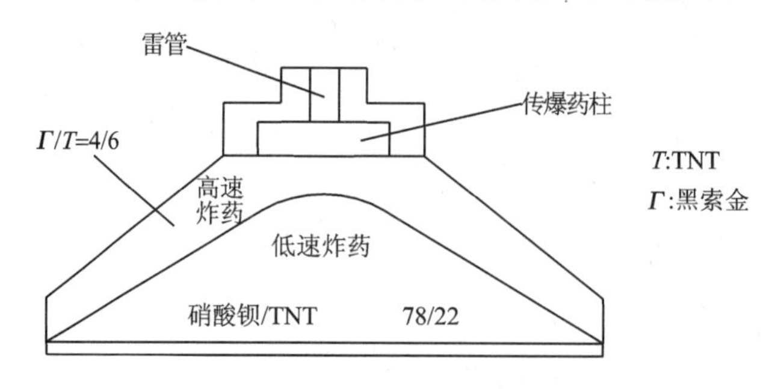

图 4－59 复合装药平面波

能否获得平面波，关键在于如何选定两种炸药交界面曲线。在计算中假定：同一种炸药中爆速是常量，爆轰波传播过程满足几何光学原理以及爆轰越过界面后立即以新的炸药介质速度传播。

关于复合装药平面波，国内外已有发展，无论在炸药品种或是在装药结构方面都有了改进。下面介绍低压力平面波。它的主要特点是直接用雷管引爆，交界面是直线，工艺也大大简化了。

这种平面波用的炸药是 PBX－9404 与低密度硝基胍组合而成的。PBX－9404 的爆速是 8.8 mm/s，硝基胍泡沫炸药的密度 0.3～0.4 g/cm^3，爆速是 3.15 mm/s，Benediek 用这种平面波得到铝与黄铜的冲击波辐值分别为 35～50 kPa，平面度可达到±0.01～±0.02 μs 。这种平面波的结构如图 4－60 所示。

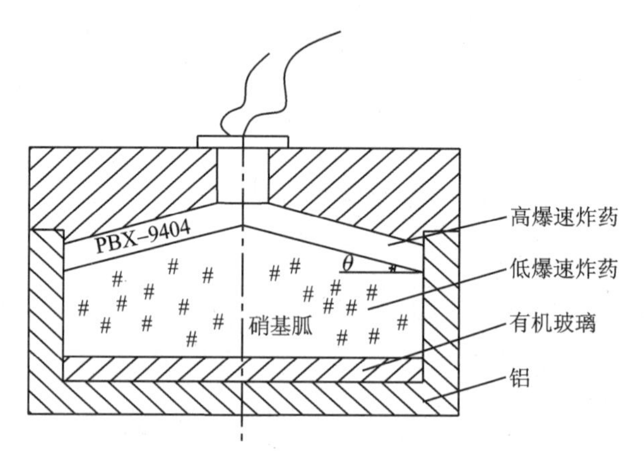

图 4－60 低压力平面波发生器

关于 θ 角的计算，很容易从两种炸药爆速求得，$\theta=20^\circ\sim21^\circ$。

Benedick 对这种装置做了详细研究，从爆轰传播规律来证明可以获得平面波，在工艺上研究了两种装药如何装配，保证它的平面度。

3. 柱面收缩波

柱面收缩能够得到很高的压力，这种装置无论在工程上或是在研究工作中都是一个很理

想的手段，有文献报道用这种方法爆炸焊接厚壁筒、合成新材料等。

获得柱面收缩波的方法很多，最简便的方法是点爆后过渡到线爆最后形成圆柱状收缩波。图 4-61 左侧是由单雷管引爆，爆轰由传爆药通过等长度传爆线达到各个线状波的顶点，最后形成圆环状爆轰，圆环爆轰沿着圆柱筒的母线进行，在圆柱内就形成一个柱面收缩波。

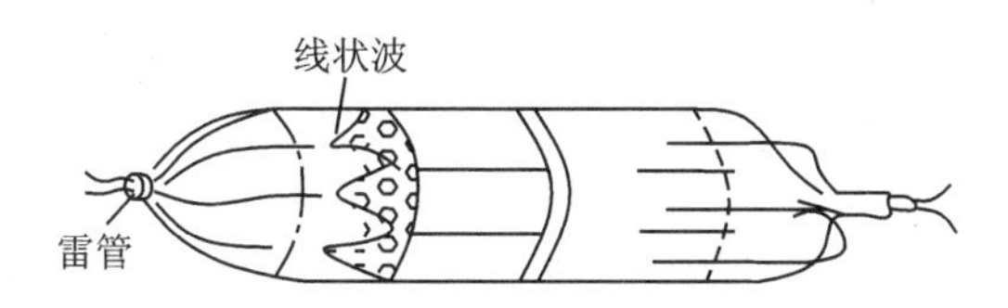

图 4-61　柱面收缩波发

有时在工程上不需要精确的柱面收缩波，只要单点起爆后，通过等长度的传爆线到达圆柱表面，就可以近似看作是收缩波。图 4-62 右侧就属于这种情况。

上述两种方法得到的只是近似的柱面收缩波，为了获得理想的柱面收缩波，目前已采用两种高低爆速炸药组合来获得。这种装置示意图如图 4-60 所示。

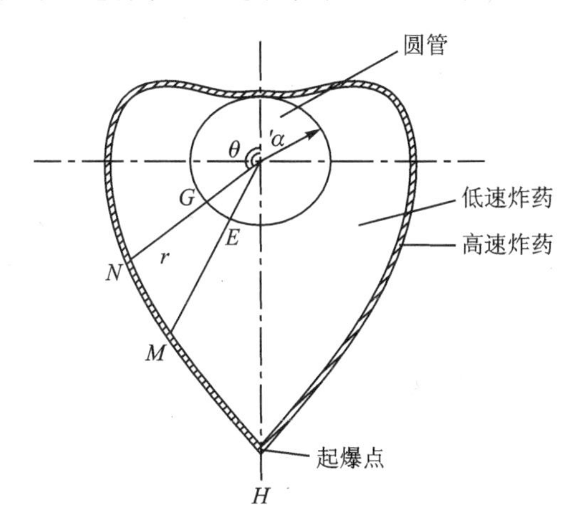

图 4-62　对数螺旋柱面收缩波发生器

图中圆管的周围包覆着低速炸药，高速炸药又把低速炸药包在中间，用线状波在 H 处引爆，高速炸药沿着外围爆轰，低速炸药被相邻的高速炸药引爆。当两种炸药选定后，爆速是已知的，为了得到爆轰波同时抵达圆管表面的设想，关键在于如何确定交界面的形状。按照爆轰波传播过程满足几何光学的原理，爆轰波越过低速炸药界面后立即以低爆速的速度传播，就可以确定交界面的形状。

复习题

1. 非电起爆方法有几种？
2. 对导爆管起爆系统与传爆延期作用进行分析。
3. 简述新型起爆方法的发展。
4. 试述各种起爆方法的特点和适用条件。
5. 电磁波起爆法与电磁感应起爆法各有何特点？

6. 什么是硝铵类炸药？工程上常用的硝铵类炸药有哪几种？
7. 含水炸药包括哪些品种？乳化炸药的组分是什么？
8. 常用起爆网路有几种？各有哪些特点？
9. 销毁爆破器材有哪几种方法？
10. 非电毫秒雷管和毫秒延期电雷管的主要区别是什么？
11. 安全导爆索与普通导爆索的差异是什么？
12. 铵油炸药分为哪几种？简述其主要用途。
13. 电力起爆法施工工序有哪些环节？
14. 导爆索网路的优点及其适用范围是什么？
15. 爆破地震波对导爆管起爆网路是否有影响？
16. 使用乳化炸药时，为什么不应随意揉捏、改变原包装装填炮孔？

第 5 章　硐室与定向爆破

5.1　爆破基本理论

随着生产建设和工程技术的发展，爆破理论的研究方面也有了很大的进展。但由于影响爆破作用的因素十分复杂，爆破理论在目前还处在建立和发展的阶段，还没有一套公认的、完善的、系统的理论。

关于介质的破坏机制众说纷纭，主要有剪应力破坏论，弹性力学的应力破坏论，冲击波反射拉应力破坏及主拉应力破坏论等。我们来介绍一下应用比较广泛，也是比较基本的冲击波反射拉应力破坏论。

这种理论认为，药包爆炸后产生大量高温高压气体，同时在高温高压的静力作用和动力冲击作用下，产生强大的冲击波。

所谓冲击波，简单说来就是指波阵面无限陡，即波阵面上介质的状态发生跳跃变化的压力波（如图 5－1、图 5－2 所示），介质受冲击波作用时，产生密集压现象，密度与压力突然增加，通常受到短瞬的却极其强烈的冲击。冲击波波头的压力也叫冲击波强度。

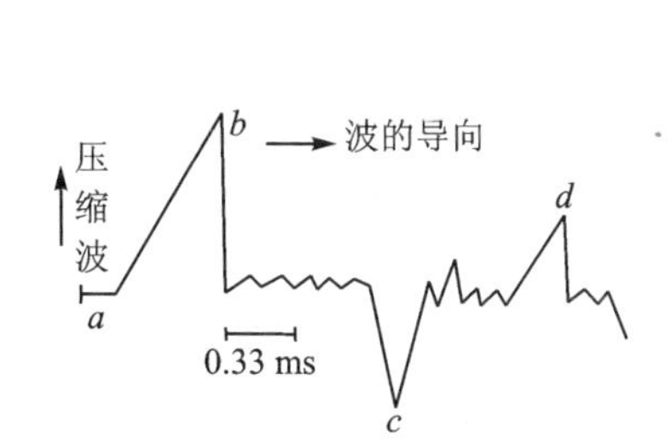

图 5－1　爆破冲击波波形记录图

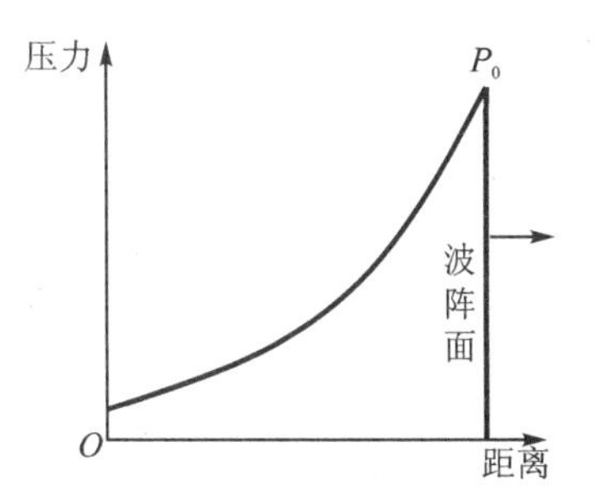

图 5－2　冲击波压力随距离的变化

当冲击波从自由面反射时形成反向拉力波（如图 5－3 所示），图中为压力波在水泥杆件中传播碰到自由端反射成拉力波的情形。当反射的拉应力 σ_0 在某处超过材料的抗拉强度时，该处发生断裂，断片以一定初速飞出。图 5－4 为长度等于 50 cm，直径等于 3.5 cm 的水泥杆件用 10 g 硝铵炸药在一端爆炸后形成断片的破坏情况。

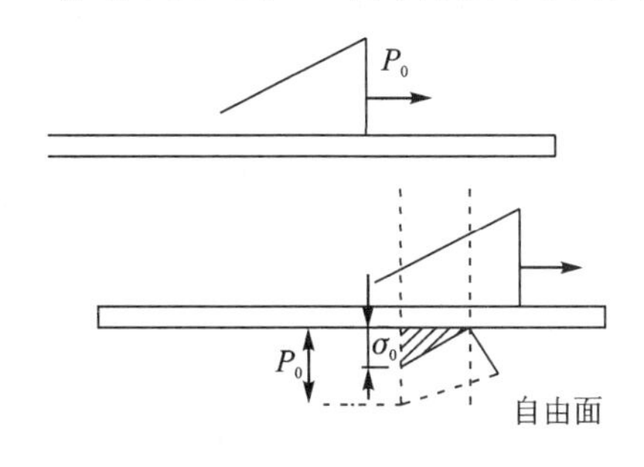

图 5－3　自由面波的反射

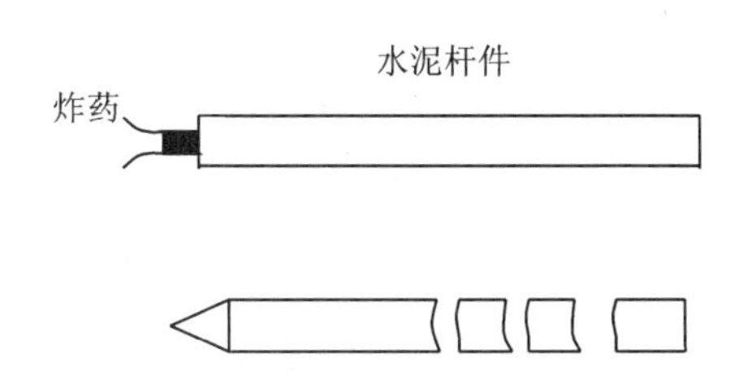

图 5－4　水泥杆件的破坏情况

当药包爆炸时,由于冲击波的作用,在冲击波强度超过岩石的抗压强度范围内,岩石被压碎,形成破碎区。破碎区以外则是由冲击波遇到自由面后反射的拉力波造成的破坏。因为岩石的抗拉强度很小,比其抗压强度小 90%~98%。于是在反射拉应力波的重复作用下,首先从自由面起遭到层层的剥离破坏,而后向药包中心发展,形成爆破漏斗(如图 5-5 所示)。

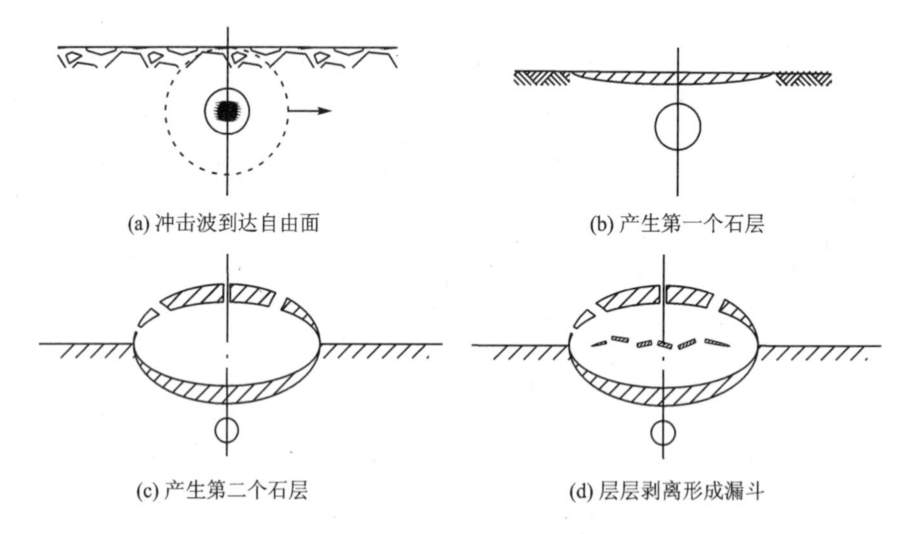

图 5-5　冲击波反射拉应力波示意图

应该指出,高压爆炸气体的膨胀压力,将使已经被冲击波破坏而且已经具有一定动能的岩石碎块获得更大的动能,由漏斗抛出。

5.2　硐室爆破设计

5.2.1　设计原则和基本要求

硐室爆破是完成土石方开挖工程的一种手段。作为工程整体的一个环节,必须有整体观点,不应人为地扩大爆破规模,不要为后期工程留下隐患。在经济上要合理,切忌造成资金积压,一般说来,应按以下几点原则进行设计:

① 大爆破设计应根据上级机关批准的任务书和必要的基础资料进行编制。

② 遵循多快好省的原则,确定合理的方案。

③ 贯彻安全生产的方针,提出可靠的安全技术措施,以确保施工安全和爆区周围建筑物、构筑物和设备等不受损害。

④ 尽可能采用先进的科学技术,合理地选择爆破参数,以达到良好的爆破效果。

⑤ 爆破应符合挖掘工艺技术要求,达到设计的效果。保证爆破方量和破碎质量,使爆堆分布均匀、底板平整,以利于装运,同时还要保护边坡不受破坏。

⑥ 对大型或特殊的爆破工程,其技术方案和主要参数应通过试验确定。

5.2.2　设计基础资料

大中型硐室爆破工程必须具备以下四个方面的基本资料,才能做出切实可行的设计。小

型工程，亦应有必要的基本资料后再作爆破设计，以避免设计的盲目性。

1. 工程任务资料

包括工程目的、任务、技术要求、有关工程设计的合同、文件、会议纪要以及领导部门的批复和决定。

2. 地形地质资料

①爆破漏斗区及爆岩堆积区的 1∶500 地形图，爆破漏斗区应适当加密并把地形突变点的实测标高标在地形图上；

② 比例为 1∶1 000～1∶5 000 的大区域地形图，其范围包括爆破影响区内的所有可能引起破坏的建(构)筑物、高压线、铁路、公路、航路；

③ 基建剥离境界图和最终境界图；

④ l∶500 或 1∶1 000 的爆区地质平面图及主要地质剖面图；

⑤ 工程地质勘测报告书及有关钻探、槽探的详细资料、岩石力学试验资料、水文基本情况及区域节理裂隙分布图。

3. 周围环境调查资料

包括爆破影响范围内建筑物、工业设施的完好程度，重要程度；爆区附近隐蔽工程(包括地下硐室、巷道、地下工事、军事设施、电缆、管线等)的分布情况；影响爆破作业安全的高压线、电台、电视塔的位置及功率；近期天气条件。

4. 试验资料

为了圆满地完成设计工作，必要的试验资料主要有

① 爆炸器材说明书、合格证及检测结果；

② 爆破漏斗试验报告；

③ 爆破网路试验资料；

④ 杂散电流监测报告。

5. 分析报告

针对爆破工程中的特殊问题(例如边坡问题、地震影响问题、堆积参数问题等)所作的试验炮的分析报告。

5.2.3 爆破方案

在现场踏勘、研究地形图和地质资料以及有关建设文件的基础上，再来考虑爆破方案。首先应确定有没有进行爆破工程的条件，如果有条件，则用工程类比法估算需要用多少投资，多长时间，多少机具和劳动力等，在此基础上与其他施工方法(人工、机械化施工等)来进行比较，以确定最终的方案。该方案是进行药包布置设计的前提，按以往的设计经验，确定方案应考虑四个方面的问题。

1. 爆破范围和规模

① 明确整体工程设计对土石方工程的要求，允许的最大可爆范围，最佳的底板形状和抛掷堆积形态；

② 不同规模爆破方案的经济效益；

③ 考虑资金、物资供应和技术条件，论证大量爆破后是否会造成投资积压；

④ 环境安全所允许的最大爆破规模及单响最大药量；

⑤ 靠近边坡的爆破工程在确定爆破规模时更需十分慎重，以免留下后患。

2. 爆破性质

在做布药设计之前，应明确是按抛掷爆破、松动爆破还是按崩塌爆破方式布置药包，一般的选择是：

① 凡崩塌后就可以靠自重滚出采场境界或形成所要求的爆堆者，应优先考虑崩塌爆破；

② 凡条件允许布置抛掷药包能将部分岩石抛出境界者（或者形成有益的抛掷堆体），应考虑抛掷爆破方案或一侧抛掷一侧松动的爆破方案；

③ 爆破面积较大或以爆松为目的的爆破工程，一般考虑松动爆破或加强松动爆破。在节理裂隙发育的矿岩中可以考虑松动爆破；节理裂隙中等发育的矿岩，用加强松动爆破，可适当降低大块率；厚层坚硬岩体或大块状构造的岩体不宜采用松动爆破或加强松动爆破方案。在选择爆破性质时，应估计大块产出率，结合铲、运设备的能力，综合比较各种性质爆破的铲装工效及经济效益指标；

3. 药室形式

近年来的工程实践及研究分析表明，条形药包施工简单，爆破效果也好，凡能布置条形药包的地方，应布置条形药包或部分布置条形药包；当地形变化较大或地质构造复杂时，条形药包不好布置可考虑布置集中药包群；

4. 起爆方式

① 抛掷爆破按堆积要求考虑起爆顺序，应尽量利用起爆的药包群，它能增加抛距，使堆积集中。可以把爆区规划成几个药包群延时起爆；

② 对于松动爆破或加强松动爆破，因同时起爆的药包有应力叠加效应，微差爆破有“预应力”和“后推作用”，有利于岩石的破碎，应尽量考虑齐发爆破或微差爆破；

③ 当一次起爆药量受限制时（安全要求或环保要求），可以考虑微差爆破或秒差爆破；

④ 凡上下层之间采用延迟爆破时，应认真分析下层药包的受夹制状态和上层药包起爆后为下层药包创造的“临空面”的实际状态，以免下层药包因无预计的临空面而变成内部作用药包。

5.2.4 设计程序

根据大爆破安全规程的规定，A 级大爆破（装药量 $Q \geq 1\,000$ t）的设计分可行性研究、技术设计和施工图设计三个阶段进行，B 级（500 t $\leq Q \leq$ 1 000 t）大爆破设计按两个阶段进行，C 级（50 t $\leq Q \leq$ 500 t）和 D 级（$Q <$ 50 t）大爆破设计可采用一个阶段完成。

1. 可行性研究阶段

可行性研究阶段的设计工作内容包括：根据工程的客观现实条件，明确是否可用硐室爆破方法；用工程类比法估算出硐室爆破方案的用药量、爆破方量及爆堆大体形态，估算硐挖、明挖工程量及后期工程量，估算爆破费用、工期和对环境的影响。在此基础上与其他施工方法进行比较，有明显的经济效益或有某一方面的突出优点时（例如缩短工期）则进行下阶段设计。

2. 方案设计阶段

方案设计阶段的任务是全面评审地形、地质勘测资料，根据工程整体的要求，对不同爆破规模或不同爆破性质的 2～3 个设计方案进行比较，从技术可行性、经济合理性和安全可靠性方面论证所推荐的最佳方案，供设计审查会审核。

3. 施工图设计阶段

方案设计审查批复后，转入施工图设计阶段，该阶段的设计内容是根据审查批复意见以及在方案设计阶段后补充的地测地质工作获得的新资料，修改被选中的设计方案，或者根据批复意见在某一推荐方案的基础上进一步展开，做出新的方案提供施工。施工图设计阶段的设计工作内容和方案设计阶段有重复，但必要的重复工作是在更高的认识水平上进行的，它是提高设计水平所不可缺少的，该阶段还要完善施工工作所必需的设计内容，例如作导硐及药室开挖施工图、装药堵塞施工图、爆破网路施工图及施工组织、施工安全的若干内容。

5.2.5　设计工作的内容

编制大爆破工程设计文件，主要阐述内容如下：

1）爆破工程概况。设计依据的文件及工程历史简况，工程目的、要求、预计效果及设计基础资料的准备情况。

2）地形及地质情况。包括爆破区和堆积区的地形、地貌、工程地质及水文地质有关内容，这些条件与爆破的关系以及爆破影响区域内的特殊地质构造(如滑坡、危坡、大断裂等)。

3）爆破方案的论证。选择爆破方案的原则，通过比较不同方案的优缺点及技术经济指标，论证所确定方案的合理性。

4）装药计算。说明各参数的选择依据及装药量计算方法，并列表说明计算结果及有关数据。

5）爆破漏斗计算。包括压碎圈半径、上下破裂线及侧向开度计算，可见漏斗深度、爆破方量及抛掷方量计算。

6）抛掷堆积计算。包括最远抛距，堆积三角形最高点抛距、堆积范围、最大堆积高度、爆后地形及底板地形。

7）平巷及药室。确定平巷、横川的断面、药室形状及所有控制点(开口控制点、拐弯控制点、药室中心)的坐标，并计算出明挖、硐挖工程量。

8）装药堵塞设计。明确装药结构及炸药防潮防水措施，确定堵塞长度，计算堵塞工程量并说明堵塞方法、要求及堵塞料的来源。

9）起爆网路设计。包括起爆方法，网路形式及敷设要求，计算电爆网路参数及列出主要器材(雷管、导爆索、电线、线槽、开关箱、起爆体)加工表。

10）安全设计。计算爆破地震波、空气冲击波、个别飞石、毒气的安全距离，定出警戒范围及岗哨分布，对危险区内的建(构)筑物安全状况的评价及防护设施。

11）科研观测设计。大中型爆破工程一般都搞一些科研观测项目(如测震、高速摄影等)，在设计文件中应列出项目的目的、工程量、承担单位及预算经费。

12）试验爆破设计。一些大型爆破工程或难度较大的爆破工程，往往要考虑进行一次较大规模的试验爆破来最后确定爆破参数，试验爆破的设计除一般工程设计的基本要求外，还应

当考虑一些观测手段或设置一些参照物，以便在爆后尽快取得所需的参数和资料。

13）施工组织设计。应当包括施工现场布置、开挖施工的组织、装药、堵塞、起爆期间的指挥系统、劳动组织、工程进度安排以及爆后安全处理和后期工程安排。

14）所需仪器、机具及材料表。

15）预算表。

16）技术经济分析。主要指标是每立方米硐挖爆破量、单位炸药消耗量、爆破方量成本、抛方成本及整个土石方工程（完建）的成本分析和时间效益、社会效益分析。

17）主要附图：

① 地质平面及剖面图；

② 药包布置平面及剖面图；

③ 爆破漏斗及爆堆计算剖面图；

④ 导硐、药室开挖施工图；

⑤ 起爆网路图；

⑥ 预计爆堆及底板平面图；

⑦ 装药、堵塞施工图；

⑧ 爆破危险范围及警戒点分布图；

⑨ 科研观测布置图。

5.3 硐室爆破的药包布置

5.3.1 药包布置

药包布置是硐室爆破设计的核心工作，设计水平的高低，经济效益的好坏，都是由药包布置的合理程度决定的。本节介绍一些药包布置的原则。

1. 剥离爆破的药包布置

① 窄而陡的山脊，先在主山脊的正下方布置主药包，然后在其两侧布置辅助药包。

② 当山脊较平缓厚实时，可在山脊下布置两排对称的主药包，再围绕着主药包布置辅助药包。

③ 当有大断层穿过爆区时，为避免在断层中或离断层很近的地方开挖药室（容易塌方且爆破效果不好控制），可先布置对称于断层的药包，再布置其他药包。

④ 当爆破孤山头时，先在山峰下布置一个或几个主药包，再围绕主药包布置一圈或几圈辅助药包。

⑤ 当爆区有多个小山峰时，则首先在每个山峰下布置主药包，再围绕这些主药包布置辅助药包。贵阳铝厂甘冲石灰石矿剥离大爆破，爆区内共有五个小山头需要削平，在底板标高确定后，按上述方法布药，取得了预期的爆破效果。

⑥ 平顶山地形，宜在平顶之下布置梅花形分布的集中药包或平行分布的条形药包，边缘部位根据要求布置抛掷药包或辅助药包。

⑦ 沿着露天矿边坡进行的大爆破工程，应先把最终边坡及公路投到平面图和剖面图上，考虑好保护边坡的措施及预留保护层的范围，再按可爆矿岩的范围，由下层向上逐层布置药

包，在布置药包时，还应考虑同时形成公路路基的可能性，以减少爆后清坡修路的工程量。在平整的山坡，要首先考虑布置不耦合装药条形药包，以减弱对边坡的破坏。

⑧ 条件复杂的大型剥离爆破工程，一般分成几个爆区，综合运用上述药包布置方法，做出合理的药包布置设计。

⑨ 在溶洞和采空区附近布药。其方法是先布置与溶洞或采空区距离近的药包，使之满足不向溶洞和采空区逸出的条件，然后再布置距离较远的药包，这种布药方法可以减少布药设计中的反复工作，避开溶洞和采空区的影响。

⑩ 在作抛掷爆破设计时，要尽量利用群药包的联合作用，以取得良好的抛掷效果。一般不要设计许多排的延发抛掷爆破，以避免后排药包设计最小抵抗线受积累误差影响。最小抵抗线改变了，不仅影响抛掷方向和堆积形态，还容易造成飞石事故。

⑪ 在窄山脊地形条件下，一侧可以抛掷，另一侧不允许抛掷时，可将药包偏离山脊的投影线，使两侧的最小抵抗线 W_1 和 W_2 满足下列关系：

$$W_1^3 f(n_1) = W_2^3 f(n_2)$$

式中：W_1、W_2——两侧的最小抵抗线，m；

n_1、n_2——两侧的爆破作用指数。

选择适当的 n_1 和 n_2 值，就可以保证实现设计意图，做到一侧抛掷而另一侧松动。

⑫ 为了减少大块产出率，在群药包作用弱的部位，可布置顶部辅助药包。

⑬ 周边药包的布置。当药包布置到爆区边缘时，都会遇到周边留下岩坎的问题，如果想不留岩坎或把岩坎留的很小，则要布置许多小硐室，增加硐挖工程量。这时应当综合分析岩石性质和铲装设备的能力，当周边岩石破碎，铲装设备能力较大可以挖掉部分风化岩时，设计留岩坎可以大一些，最小药包的最小抵抗线取 7～8 m(即不布置最小抵抗线小于 7～8 m 的药包)，其下破裂线以下的岩坎用电铲挖掉。

⑭ 当岩石坚硬完整，第四纪覆盖又很薄时，应多布置一些周边小药包，以保证底板平整，利于铲装作业，一般控制最小药包的最小抵抗线为 5m 左右。

⑮ 平整场地的大爆破工程设计，在进行药包布置时可参照上述方法。

2. 路堑爆破药包布置

① 单层单排药包(线性分布的集中药包或单条条形药包)是路堑爆破最经常采用的布药方式如图 5－6 所示。

② 当路基较宽时，为了保护边坡，减少大药量药包对边坡的破坏，采用单层双排的布药方式布两排集中药包或条形药包，延迟起爆如图 5－7 所示。

③ 在陡坡上，多采用单排双层的布药形式如图 5－8 所示开挖路堑。

④ 地形较陡，开挖路基(站场)又较宽时，若布置大药包对边坡影响较大，一般多投入一些硐挖工程，采用多层多排的布药方式，前后排用延发雷管起爆如图 5－9 所示。

⑤ 双层单排延迟爆破的药包布置。在斜坡上(小山头下)开挖双臂路堑时，为保护边坡，减少对边坡的危害，一般把上层药包设计成抛掷药包，下层药包设计成松动药包，上层先响下层后响。

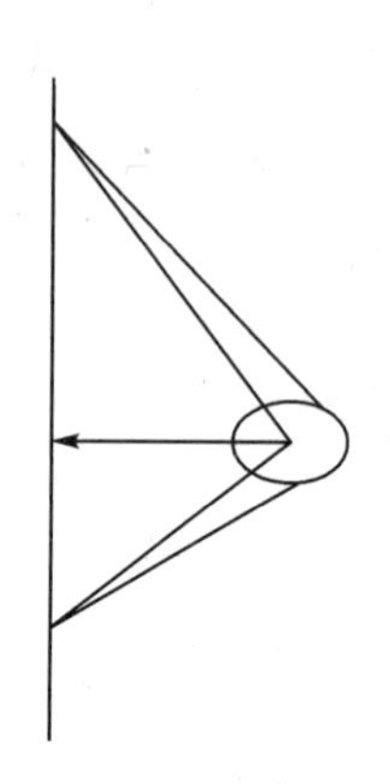

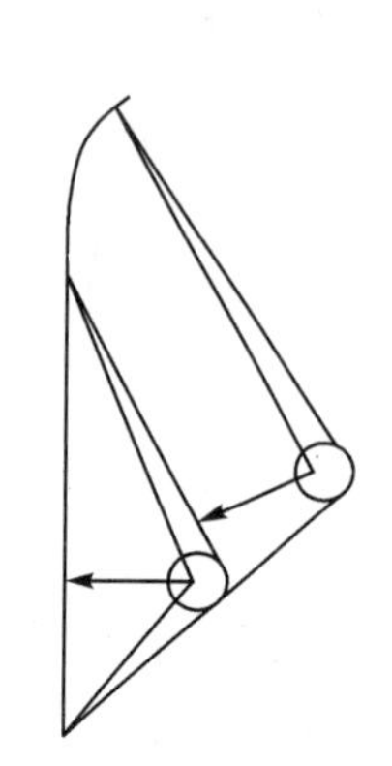

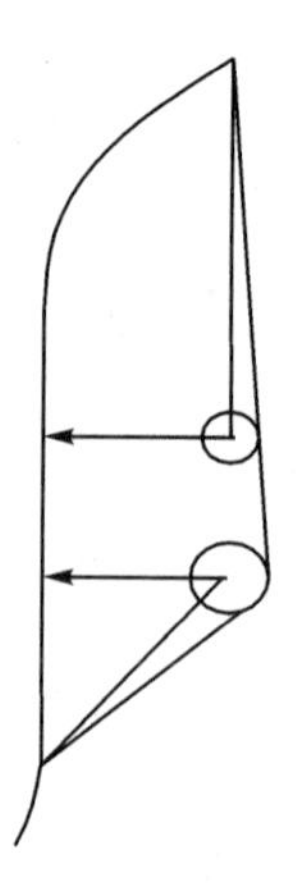

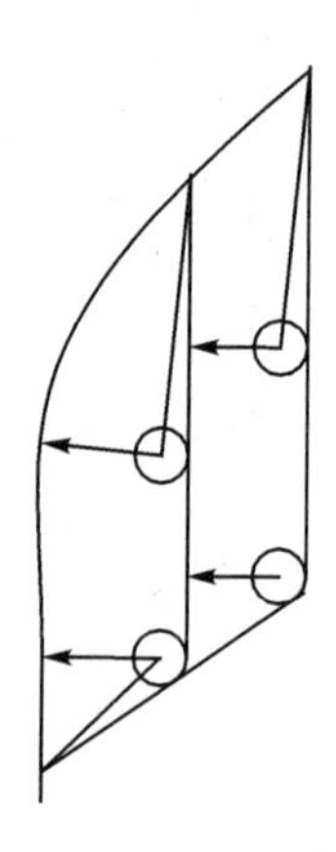

图 5-6　单层单排药包　图 5-7　单层双排布药　图 5-8　单排双层布药　图 5-9　多层多排药包布置

⑥ 在平地开挖双臂路堑时，常用单排集中药包(或条形药包)齐发爆破，以提高扬弃效果，如图 5-10 所示。

⑦ 当平地堑沟底宽大于沟深且开口宽度大于 3 倍沟深时，用双排等量对称药包齐发爆破，可以取得较佳的扬弃效果，如图 5-11 所示。

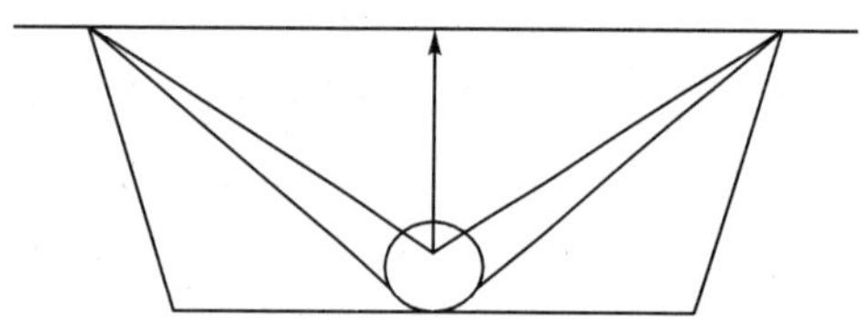

图 5-10　单排药包扬弃爆破开挖堑沟图

图 5-11　等量对称药包齐发爆破的布药图

⑧ 平地宽堑沟要求向一侧抛掷大量土石方时，可用双排延迟爆破，如图 5-12 所示。

⑨ 深而窄的堑沟，一般用双层布药，上层扬弃，下层加强松动，如图 5-13 所示，计算下层装药量时应考虑夹制作用和回落岩碴影响。

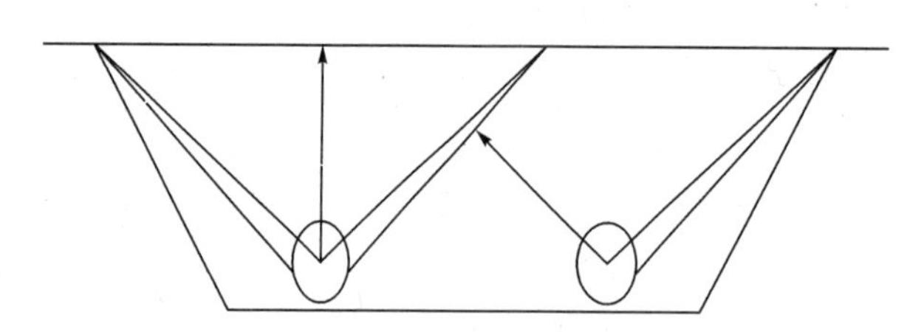

图 5-12　向一侧抛掷的路堑爆破图

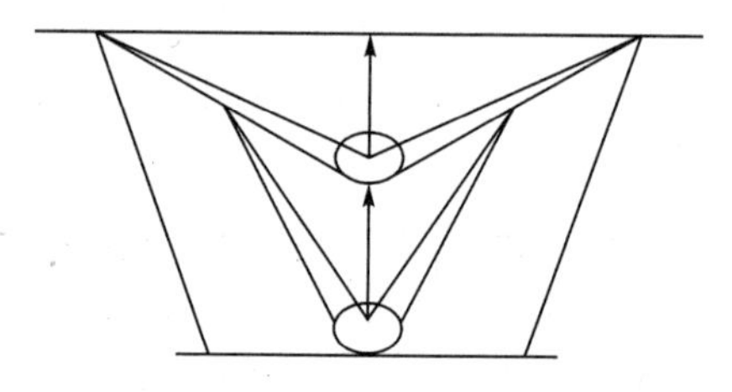

图 5-13　窄而深的路堑爆破

3. 定向抛掷爆破的药包布置

由于硐室爆破广泛使用廉价的铵油炸药，采用定向爆破法把爆岩抛出采矿场、基建范围或抛出爆破漏斗而堆积成工程要求的爆堆，这在经济上是合理的，并可缩短工期，因此定向抛掷爆破技术在矿山剥离爆破、筑坝、筑路堤、平整场地中得到越来越多的应用。

定向抛掷爆破一般是按爆堆要求确定爆破范围，进行药包布置、参数选择以及药量、漏斗和抛掷堆积计算，并以爆堆的优劣评价药包布置的合理程度。

起初，在定向抛掷爆破设计中采用由苏联传入的“定向中心”布药方法，即把堆积体重心定为“定向中心”，利用天然凹面或人工开创的凹面（多用辅助药包开创）作为“定向坑”，主要爆破药包的最小抵抗线都垂直于“定向坑”并指向“定向中心”，爆破后主要药包的爆岩都向着“定向中心”运动，形成定向的抛掷堆积。用这种布药方法成功地进行过一些定向爆破工程。但近年来，在工程实践中，人们发现两个布置在平整坡面上的等量对称药包爆破时，其中间岩石一般不发生侧面抛散，而是沿着两药包最小抵抗线的方向抛出，堆成条带状。四个等量对称药包同时起爆，其间的岩石沿垂直布药平面的方向抛出。从研究这些现象中，人们提出了群药包定向抛掷理论，即不需要“定向坑”，也不用考虑“定向中心”，靠布置满足一定关系的群药包的联合作用（形成平面气室的膨胀作用），达到定向抛掷的目的。总结国内定向抛掷爆破的经验，常见的药包布置方法有：

① 在有天然凹面的山坡上，利用凹面，使各药包的最小抵抗线方向都指向凹面的对称面，可使爆堆集中。我国第一个定向爆破筑坝工程——东川口定向抛掷爆破筑坝，千吨级的南水电站定向抛掷爆破筑坝工程，石砭峪定向抛掷爆破筑坝工程，冶金系统的金堆城钼矿、峨口铁矿、金厂峪金矿等尾矿坝定向抛掷爆破筑坝工程，都利用天然凹面布置药包，取得了良好的爆破效果。

② 在平整的坡面上布置等量对称的群药包，群药包之间的岩体爆破后沿布药对称轴堆积，同样可以取得良好的堆积效果。

③ 在凸出的或不整齐的坡面上设计定向抛掷爆破工程时，应设计修整坡面的辅助药包。辅助药包起爆后形成的凹面不宜太窄，窄了对后排主药包夹制作用大，影响后排抛掷率，并易造成侧向逸出破坏，凹面接近平面时，主药包布置成等量对称药包也不会抛散。辅助药包不宜过大，尤其是药包埋深（H）不宜超过最小抵抗线（W）的 1.5 倍，以免辅助药包开创的自由面上堆积过多岩石而影响后排主药包的抛掷距离和减少抛出率。例如浙江某水库定向抛掷爆破筑坝工程，前排辅助药包的最小抵抗线 26 m，后排主药包最小抵抗线 30 m，$W/H=0.5\sim0.6$，结果后排主药包上坝率很低，都堆在爆破漏斗之内。

④ 在有小冲沟的地方，可以对称于冲沟布置等量对称药包，小冲沟可以起到辅助定向的作用（见图 5-14）。某水库定向抛掷爆破筑坝就是在小冲沟两侧布置主药包的。

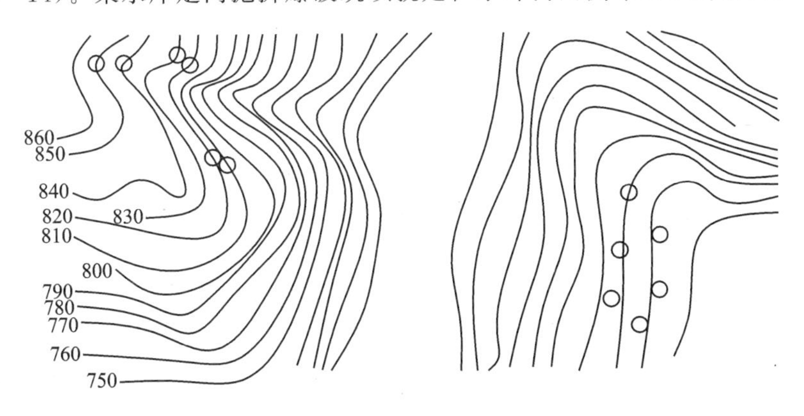

图 5-14　某水库定向爆破筑坝在小冲沟两侧布置药包

⑤ 为了保证岩石向着预定的方向抛出而不向其他方向抛散或逸出，在定向抛掷爆破药包布置时要进行侧向和后向不逸出半径的校核，一般使侧向不逸出半径 $W_{侧}$ 和后向不逸出半径

$W_{后}$满足条件：$W_{侧} \geqslant 1.35R$，$W_{后} \geqslant 1.1R$，其中 R 为下破裂线。

⑥ 比较大型的定向抛掷爆破工程，一般布置多层药包或多排药包。多层药包的最上层药包的埋深一般是其最小抵抗线的 1.2～1.6 倍，排数最好不要超过两排，排数多了后排往往抛不出爆破漏斗。分前后排布药时，后排最下层药包布置高程应比前排最下层药包高，以减少夹制作用。

5.3.2　药包布置对边坡的影响

硐室大爆破装药量多而集中，爆破的裂缝区和地震影响区都比较大，露天矿、路堑等对边坡的稳定要求又都很高，凡进行过硐室大爆破的地方，一旦出现边坡事故，总要归结到爆破影响，使人们产生了一种错觉。因此，对硐室大爆破与边坡稳定的关系进行科学的分析，无论对设计人员、施工人员还是管理人员都是很必要的。在 60 年代中，铁路系统曾组织专家团对 318 处大爆破形成的路堑边坡进行了调查分析，统计表明，48.8%属于稳定边坡，46.2%为基本稳定边坡。5%为不稳定边坡，在雨季和解冻季常发生落石和坍塌。对统计资料的分析证实，在发生过各种事故的边坡中，进行过硐室爆破的占 57.1%，没进行大爆破的占 42.9%，确因爆破不当引起的边坡不稳仅占不稳边坡的 15%，由此看来爆破作用是影响边坡稳定的重要因素，但不是决定因素。

爆破对边坡的作用可归纳为以下几个方面：

① 由药室向外延伸的径向裂缝和环向裂缝破坏了边坡岩体的整体性；

② 部分岩体爆除之后，破坏了边坡的稳定平衡条件；

③ 爆破漏斗上侧方和侧向出现的环状裂隙向深部延伸影响边坡稳定；

④ 爆破地震波在小断层或裂隙面反射造成裂隙张开或地震附加力使部分岩体失稳而下滑；

⑤ 爆破地震促使旧滑体活动。

基于上述分析，在边坡上进行硐室爆破工程设计，应考虑以下几个问题：

① 对爆破形成的新边坡的服务条件和环境要有清楚的了解，包括地质构造，岩石物理力学性质，地下水、地表水的活动规律，边坡的重要程度和服务年限等。在综合分析这些条件之后，凡对边坡的稳定性没有把握，可能留下隐患的地区，不宜采用边坡硐室大爆破方案。

② 要留有足够的边坡保护层。在一般情况下（边坡不高，无不利地质构造，岩体比较稳固，药包也不太大），预留保护层厚度（装药中心到边坡的距离）$\rho = AW$，A 值按表 5－1 选取，W 是最小抵抗线。

表 5－1　预留边坡保护层常数 A 值

土岩类别	单位炸药消耗量 k 值/$(kg \cdot m^{-3})$	压缩系数 μ	各种 n 值下的 A 值					
			0.75	1.00	1.25	1.50	1.75	2.00
粘土	1.1～1.35	250	0.415	0.474	0.550	0.635	0.725	0.820
坚硬土	1.1～1.4	150	0.362	0.413	0.479	0.549	0.632	0.715
松软岩石	1.25～1.4	50	0.283	0.323	0.375	0.433	0.494	0.558
中等坚硬岩石	1.4～1.6	20	0.235	0.268	0.311	0.360	0.411	0.464

续表 5－1

土岩类别	单位炸药消耗量 k 值/(kg·m^{-3})	压缩系数 μ	各种 n 值下的 A 值					
			0.75	1.00	1.25	1.50	1.75	2.00
坚硬岩石	1.5	10	0.21	0.24	0.279	0.322	0.368	0.416
	1.6	10	0.215	0.246	0.284	0.328	0.375	0.424
	1.7	10	0.219	0.250	0.290	0.335	0.363	0.433
	1.8	10	0.224	0.265	0.296	0.342	0.390	0.411
	1.9	10	0.227	0.260	0.302	0.348	0.398	0.450
	2.0	10	0.231	0.264	0.306	0.354	0.404	0.457
	2.1	10	0.236	0.269	0.312	0.361	0.412	0.466
	2.2 以上	10	0.239	0.273	0.332	0.385	0.418	0.472

当边坡药包较大，岩体稳固条件又不够好时，预留保护层 $\rho=BR_y$，式中 R_y 为压碎圈半径，B 值取 $B=3\sim5$。

对重要边坡，还要考虑裂隙张开的影响范围。对一般基岩，其范围在一倍最小抵抗线之内，对软岩、风化岩可达最小抵抗线的(1.7～2.6)倍。该影响范围内如果有不利的地质构造，要分析新生裂隙与原有构造的组合形态及可能出现的后果。

③ 布置在边坡上的药包不宜过大，最好布置不耦合装药的条形药包。用集中药包开挖导硐，应避免通过保护层。

④ 为减弱爆破地震影响，尽可能采用分段起爆，还可以考虑与预裂爆破配合，沿边坡形成预裂面，不仅可以使震动衰减，而且可以切断向边坡延伸的裂缝。

5.3.3　爆破参数选择和设计计算

1. 药包计算

(1) 装药量

松动爆破：

集中药包

$$Q=eK'W^3 \tag{5-1}$$

条形药包

$$Q=eK'W^2L \quad q=eK'W^2 \tag{5-2}$$

加强松动和抛掷爆破：

集中药包

$$Q=eK'W^3(0.4+0.6n^3) \tag{5-3}$$

条形药包

$$q=\frac{eK'W^2(0.4+0.6n^3)}{m} \tag{5-4}$$

式中：Q——装药量，kg。

q——条形药包每米装药量，kg/m。

e——炸药换算系数。对 2# 岩石炸药 $e=1.0$；铵油炸药 $e=1.0\sim1.15$，加工良好的取小值，亦可对被爆岩石与 2# 岩石炸药共同作爆破试验，根据漏斗及抛掷堆积的对比

选 P 值。

K——标准抛掷单耗，kg/m³，可参照表 5-2 选取；在已知岩石容重 γ(kg/m³)时，可按 $K=0.4+\left(\frac{\gamma}{2\,450}\right)^2$ 计算 K 值；也可通过现场试验分析，确定 K 值。

K'——松动爆破单耗，kg/m³。对平坦地面的松动爆破 $K'=0.44K$，多面临空或陡崖崩塌松动爆破 $K'=(0.125\sim0.4)K$，大型矿山完整岩体的剥离松动爆破，$K'=(0.44\sim0.65)K$，小型工程亦可按表 5-2 选取 K'。

L——条形药包长度，m。

m——间距系数，取 1.0～1.2。

W——最小抵抗线，m。取决于爆破规模和爆区地形，但一般情况下不宜大于 30 m。

n——爆破作用指数，n 值的选择如表 5-3 所列。

表 5-2　爆破各种岩石的单位炸药消耗量 K 值表

岩石名称	岩石特性	f	K'/(kg·m⁻³)	K/(kg·m⁻³)
各种土	松软的、坚实的	<1.0 1～2	0.3～0.4 0.4～0.5	1.0～1.1 1.1～1.2
土加石	密实的	1～4	0.4～0.6	1.2～1.4
页岩、千枚岩	风化破碎 完整、风化轻微	2～4 4～6	0.4～0.5 0.5～0.6	1.0～1.2 1.2～1.3
板岩、泥灰岩	泥质，薄层，层面张开，较破碎较完整、层面闭合	3～5 5～8	0.4～0.6 0.5～0.7	1.1～1.3 1.2～1.4
砂岩	泥质胶结，中薄层或风化破碎着钙质胶结，中层厚，中细粒结构，裂隙不甚发育硅质胶结，石英质砂岩，厚层，裂隙不发育，未风化	4～6 7～8 9～14	0.4～0.5 0.5～0.6 0.6～0.7	1.0～1.2 1.3～1.4 1.4～1.7
砾岩	胶结较差，砾石以砂岩或较不坚硬的岩石为主 胶结好，以较坚硬的砾石组成，未风化	5～8 9～12	0.5～0.6 0.6～0.7	1.2～1.4 1.4～1.6
白云岩、大理石	节理发育，较疏松破碎，裂隙频率大于 4 条/m 完整、坚实的	5～8 9～12	0.5～0.6 0.6～0.7	1.2～1.4 1.5～1.6
石灰岩	中薄层，或含泥质的，或鲕状、竹叶状结构的及裂隙较发育的厚层、完整或含硅质、致密的	6～8 9～15	0.5～0.6 0.6～0.7	1.3～1.4 1.4～1.7
花岗岩	风化严重，节理裂隙很发育，多组节理交割，裂隙频率大于 5 条/米风化较轻，节理不甚发育或未风化的伟晶粗晶结构的细晶均质结构，未风化，完整致密岩体	4～6 7～12 12～20	0.6～0.6 0.6～0.7 0.7～0.8	1.1～1.3 1.3～1.6 1.6～1.8
流纹岩、粗面岩、蛇纹岩	较破碎的 完整的	6～8 9～12	0.5～0.7 0.7～0.8	1.2～1.4 1.5～1.7

续表 5-2

岩石名称	岩石特性	f	$K'/(kg\cdot m^{-3})$	$K/(kg\cdot m^{-3})$
片麻岩	片理或机理裂隙发育的 完整坚硬的	5～8 6～14	0.5～0.7 0.7～0.8	1.2～1.4 1.5～1.7
正长岩、闪长岩	较风化，整体性较差的 未风化，完整致密的	8～12 12～18	0.5～0.7 0.7～0.8	1.3～1.5 1.6～1.8
石英岩	风化破碎，裂隙频率>5 条/m 中等坚硬，较完整的、 很坚硬完整致密的	5～7 8～14 14～20	0.5～0.6 0.6～0.7 0.7～0.9	1.1～1.3 1.4～1.6 1.7～2.0
安山岩、玄武岩	受节理裂隙切割的 完整坚硬致密的	7～12 12～20	0.6～0.7 0.7～0.9	1.3～1.5 1.6～2.0
辉长岩、辉绿岩、橄榄岩	受节理裂隙切割的 很完整很坚硬致密的	8～14 14～25	0.6～0.7 0.8～0.9	1.4～1.7 1.8～2.1

① 加强松动爆破，要求大块率在 10%以内且爆堆高度不大于 15m 时，可参照表 5-3 选取 n 值。

表 5-3　加强松动爆破的 n 值

最小抵抗线/m	n
20～22.5	0.70
22.5～25.0	0.75
25.0～27.5	0.80
27.5～30.0	0.85
30.0～32.5	0.90
32.5～35.0	0.95
35.0～37.5	1.00

② 平地抛掷爆破，按要求的抛掷百分率 E，选 n 值，计算方法是：

$$n = \frac{E}{0.55} + 0.5 \tag{5-5}$$

③ 斜坡地面抛掷爆破，当只要求抛出漏斗范围的百分率时，可参照表 5-4 选取 n 值；当要求抛掷堆积形态时，按抛掷距离的要求（最远抛距和重心抛距，详见堆积计算部分）选取 n 值。

表 5-4　我国露天矿大爆破实际爆破作用指数 n 值表

工程编号	地形坡度/(°)	爆破类型	药包布置方式	抛掷率/%	爆破作用指数 n
1	35～40	抛掷爆破	单排单侧	73.5	1.2
2	30～45	抛掷爆破	单排多层单侧	75.5	1.2
3	35～45	抛掷爆破	单排单侧及单层双排	76.8	1.1～1.5
4	25～40	抛掷爆破	单层双排单侧	47.3	1.05
5	30～45	抛掷爆破	单排双层单侧	51.2	1.1

续表 5-4

工程编号	地形坡度/(°)	爆破类型	药包布置方式	抛掷率/%	爆破作用指数 n
6	45～60	加强松动爆破	单排双测	49.6	0.95
7	35～45	标准抛掷爆破	单排双测	61.7	1.0
8	30～45	标准抛掷爆破	单排双测	58.0	1.0
9	30～45	抛掷爆破	单排双测	73.0	1.3
10	40～45	抛掷爆破	单排双测	87.1	1.6
11	37～45	一侧加强松动	单排双测	32.5	0.8～0.9
12	45～47	一侧松动 一侧抛掷 一侧松动	单排双测	58.5	0.6 1.25 0.71～0.75
13	40～45	一侧抛掷 一侧松动	上层双排单侧， 下层单排单侧	63.3	1.5～1.6 0.6～0.75

(2) 药包排列

药包间距

$$a = m\overline{W} \tag{5-6}$$

药包层距

$$b = m'\overline{W} \tag{5-7}$$

药包埋深

$$H = hW \tag{5-8}$$

侧向不逸出半径

$$W_{侧} \geqslant K_{侧} W \tag{5-9}$$

后向不逸出半径

$$W_{后} \geqslant K_{后} W \tag{5-10}$$

式中：$\overline{W}$——相邻药包最小抵抗线平均值，m；

m——间距系数，对松动爆破，$m=0.8\sim1.2$；对平地抛掷爆破，$m=0.5(1+n)$；对斜坡抛掷爆破，$0.5(1+\bar{n})\leqslant m\leqslant\bar{n}$；

m'——层距系数，$\bar{n}\leqslant m'\leqslant\sqrt{1+\bar{n}^2}$；

h——药包埋深系数，$h=1.25\sim1.7$；

$K_{侧}$——侧向逸出系数，$K_{侧}\geqslant1.35\sqrt{1+\bar{n}^2}$；

$K_{后}$——后向逸出系数，$K_{后}\geqslant1.1\sqrt{1+\bar{n}^2}$；

$\bar{n}$——两个相邻药包爆破作用指数 n_1、n_2 的平均值，即 $\bar{n}=0.5(n_1+n_2)$；

5.3.4 爆破漏斗计算

爆破漏斗如图 5-15 所示。

1. 压碎圈半径

对集中药包

$$R_r = 0.62\sqrt[3]{\frac{Q\mu}{\Delta}} \tag{5-11}$$

对条形药包

$$R_\gamma = 0.56\sqrt{\frac{q\mu}{\Delta}} \tag{5-12}$$

式中：R_γ——压碎圈半径，m；

Q——集中药包装药量，t；

q——条形药包每米装药量，t/m；

μ——由岩石性质决定的压缩系数，可参照表 5-5 选取；

Δ——装药密度，t/m³。

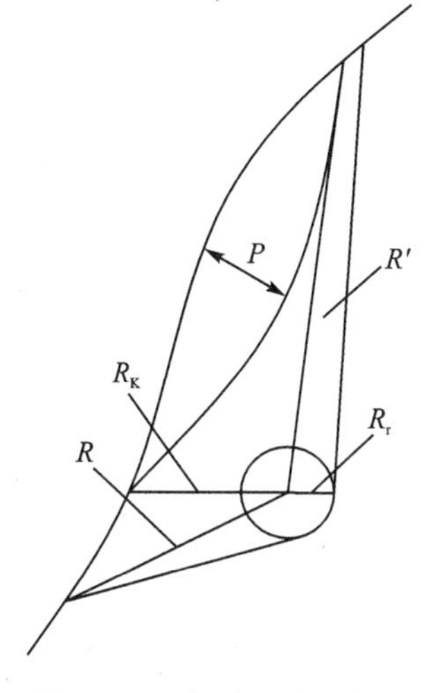

图 5-15　爆破漏斗示意图

表 5-5　岩石压缩系数

土岩类别	粘土	坚硬土	松软岩	软岩石	中硬或坚硬岩
土岩坚固性系数 f	0.5	0.6	0.8～2.0	3～5	6 以上
μ	250	150	50	20	10

2. 爆破漏斗下破裂半径 R

斜坡地形时

$$R = \sqrt{1+n^2}W \tag{5-13}$$

山顶双侧作用药包时

$$R = \sqrt{1+\frac{n^2}{2}}W \tag{5-14}$$

3. 爆破漏斗上破裂半径

① 斜坡地形

$$R' = \sqrt{1+\beta n^2}W \tag{5-15}$$

② 由陡变缓的斜坡(见图 5-16)

$$R' = \frac{1}{2}\sqrt{1+n^2} + \sqrt{1+\beta n^2}W \tag{5-16}$$

③ 平台地形时(见图 5-17)

$$R' = R = \sqrt{1+n^2}W \tag{5-17}$$

式中：β——上向崩塌范围系数，对坚硬致密岩石：$\beta=1+0.016\left(\frac{\alpha}{10}\right)^3$，对土、松软岩、中硬岩石 $\beta=1+0.04\left(\frac{\alpha}{10}\right)^3$，亦可参照表 5-6 选取；

α——原地形坡度。

表 5-6　崩塌范围系数 β 表

地面坡度/(°)	β	
	土质、软石、中硬岩石	坚硬、致密岩石
20°～30°	2.0～3.0	1.5～2.0
30°～50°	4.0～6.0	2.0～3.0
50°～65°	6.0～7.0	3.0～4.0

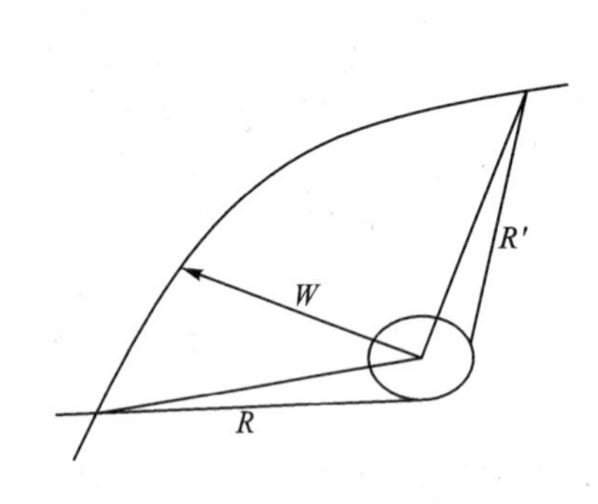

图 5-16　山陡变斜坡爆破漏斗的上破裂线　　图 5-17　平台地形爆破漏斗的上破裂线

4. 可见漏斗半径 R_K

下坡方向的可见漏斗半径 R_K，原地面坡度为 $\varphi=22°\sim55°$时，按下式计算：

$$R_K = (1.1 - 0.33\cot\varphi)\sqrt{1+n^2}W \tag{5-18}$$

5. 可见漏斗深度

可见漏斗深度的计算参见表 5-7。

表 5-7　可见漏斗深度计算表

爆破条件	图　示	计算公式
水平地面		$P=0.33W(2N-1)$
斜坡地面多面临空		$P=(0.6N+0.2)W$，由垂直地面量取等于计算的 P 值，得一点 c，将 c 与漏斗和地面交点(a,b)连接，折线 a、b、c 即为预计爆后地面线
斜坡地面单层药室		$P=(0.32n+0.28)W$，在上破裂线上，即 $R'/3$ 与 $R'/2$ 之间找一点 c 与地形的垂直距离等于 P。连接 a、c、b 即为预计爆后地面线

续表 5-7

爆破条件	图 示	计算公式
斜坡地面多层药室适度爆破上层先爆		$P=0.2(4n-1)W$，P 值按上层药室确定（确定方法同上）
斜坡地面多层药室齐发爆破		$P=(0.32n+0.28)W$，P_1 和 P_2 位置的确定方法，同斜坡地面单层药室，分别确定

6. 爆破方、残留方量及抛出方量的计算

先用求积仪或方格尺求出一系列平行剖面的爆破漏斗面积，记为 S_1，求出残方所占面积，记为 S_2'（凡加"′"者表示虚方）。

残留实方的面积 S_2 按下式计算：

$$S_2 = S_2'/\eta' \tag{5-19}$$

η' 表示面松散系数，$\eta'=1.2\sim1.24$。

抛出实方在剖面中占的面积

$$S_3 = S_1 - S_2 \tag{5-20}$$

抛出方量的虚面积

$$S_3' = \eta' S_3 \tag{5-21}$$

爆破实方

$$V_1 = \sum_{i=1}^{n} \frac{1}{3}\left(S_i + S_{i+1} + \sqrt{S_i \cdot S_{i+1}}\right) l_i \tag{5-22}$$

式中：S_i，S_{i+1}——第 i 个和第 $i+1$ 个剖面的爆破漏斗面积；

l_i——第 i 个和第 $i+1$ 个剖面的间距；

爆破虚方

$$V_1' = \eta V_1 \tag{5-23}$$

η 为松散系数，一般 $\eta=1.33\sim1.38$。

用同样的方法可求出残留虚方 V_2'，残留实方 V_2。

抛出虚方

$$V_3' = V_1' - V_2' \tag{5-24}$$

抛出实方

$$V_3 = V_1 - V_2 \tag{5-25}$$

抛掷百分率

$$E = \frac{V_3'}{V_1'} = \frac{V_3}{V_1} \tag{5-26}$$

5.3.5 堆积计算

爆堆的计算根据我国的经验,推荐以下经验公式。

1. 矿山剥离爆破爆堆计算

药包中心的爆堆高度:

$$h_z = K_h \frac{W}{n} \tag{5-27}$$

爆堆最高点的堆积高度:

$$H_m = K_H \frac{W}{n} \tag{5-28}$$

药包中心至爆堆边缘距离:

$$L_{边} = K_L nW \tag{5-29}$$

药包中心至爆堆最高点的水平距离:

$$L_{水} = K_1 nW \tag{5-30}$$

系数 K_h、K_H、K_L、K_1 的取法如表 5-8 所列。

① 单药包双侧爆破,爆堆分布如图 5-18 所示,经验系数列入表 5-8。

表 5-8 单药包双侧爆破经验系数表

经验系数	n							
	0.8	0.9	1.0	1.1	1.2	1.3	1.4	1.5
K_h	0.35	0.32	0.29	0.26	0.23	0.20	0.17	0.14
K_H	0.62	0.57	0.52	0.47	0.42	0.37	0.32	0.27
K_1	1.0~1.2[①]							
K_L	3~4				4~5			

① 陡坡地形(45°~55°)、药包间距小于计算间距时取大值,反之取小值。

② 双侧缓坡地形,多排药包加强松动爆破爆堆分布如图 5-19 所示,经验系数见表 5-9。

表 5-9 双侧缓坡地形多排药包加强松动爆破经验系数表

经验系数	n				
	0.75	0.8	0.85	0.9	1.0
K_h	0.38	0.36	0.34	0.32	0.28
K_H	0.64	0.62	0.60	0.58	0.54
K_1	1.7~2.0				
K_L	3~4				

③ 双侧作用药包一侧抛掷爆破,一侧松动爆破时,爆堆形态如图 5-20 所示,经验系数列入表 5-10。

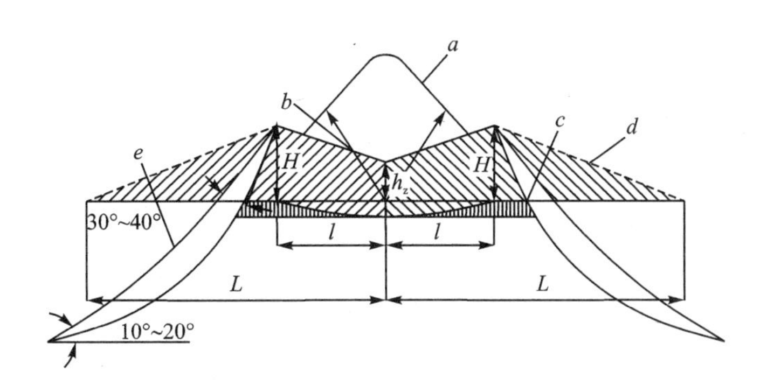

a—原地面线；b—最小抵抗线；c—岩坎；

d—双侧水平爆破爆堆线；e—斜坡地形爆堆线

图5-18　单药包双侧爆破爆堆分布剖面图

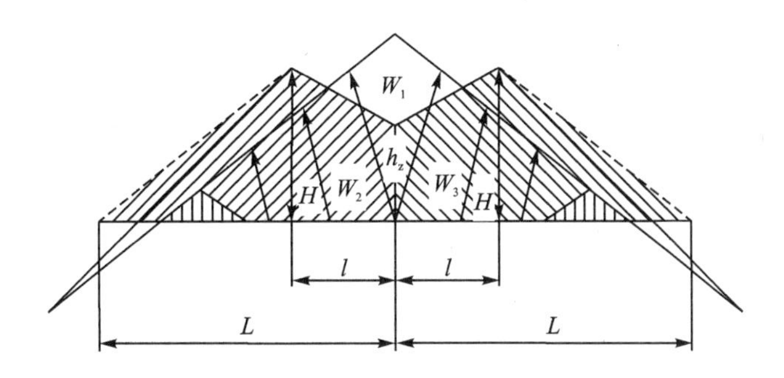

图5-19　双侧缓坡地形多排药包加强松动爆破爆堆分布

表5-10　单药包一侧抛掷、一侧松动爆破经验系数表

经验系数	n								
	0.7	0.8	0.9	1.0	1.1	1.2	1.3	1.4	1.5
K_h				0.4	0.57	0.74	0.91	1.08	1.25
K_H	0.67	0.62	0.57	0.52	0.47	0.42	0.37	0.32	0.27
K_l	1.0～1.2								
K_L	3～4							4～5	

④ 并列药包爆平山脊时，爆堆分布示于图5-21，经验系数列于表5-11。

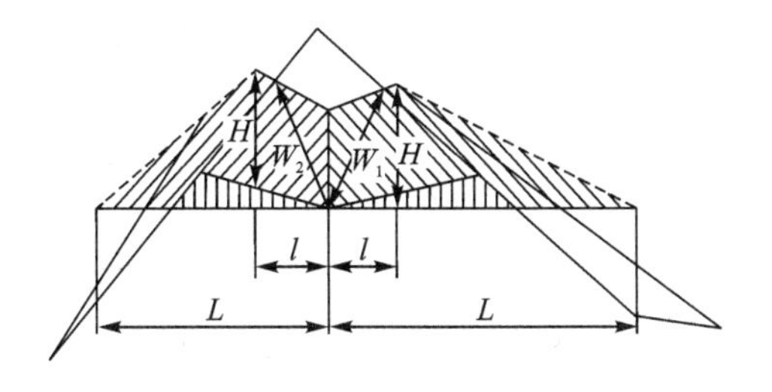

W_1—抛掷侧最小抵抗线；W_2—松动侧最小抵抗线

图5-20　一侧抛掷、一侧松动爆堆分布剖面图

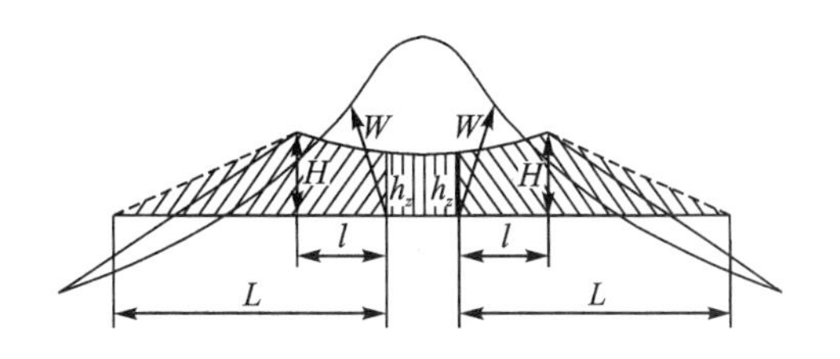

图5-21　双侧斜坡地形并列药包爆堆分布剖面图

表 5-11　双侧斜坡地形并列药包经验系数表

经验系数	n								
	0.7	0.8	0.9	1.0	1.1	1.2	1.3	1.4	1.5
K_h	0.38	0.35	0.32	0.29	0.26	0.23	0.20	0.17	0.14
K_H	0.56	0.53	0.50	0.47	0.44	0.41	0.38	0.35	0.32
K_1	1.0～1.2								
K_L	3～4					4～5			

大面积剥离爆破、山头爆破均可参照上述算法，计算结果还要根据地形坡度、相对高差（落差）等条件进行修正。

5.4　定向爆破及其原理

所谓定向爆破（directional blasting）是严格控制爆破作用方向，使介质按指定的方向抛掷并堆积在预定位置上的爆破技术。

5.4.1　定向爆破及其原理

定向爆破的基本原理是：药包爆炸时土岩介质将沿着药包中心至自由表面的最短距离的方向抛出，也就是沿着最小抵抗线的方向抛出。因而设法控制最小抵抗线的方向，并将介质抛至指定的方向和位置，就可达到定向爆破的预期目标。

为达到定向爆破的目的，一般有两个办法，①利用有利的天然地形与地质条件。如斜坡，悬崖地带爆破时用药量要比平地爆破节省药量一半以上。要选择在山高且厚的地段，一般爆破岸的高度要超过河宽和坝高的二倍以上，而同坡愈陡愈好，一般陡度不小于 30°。另外尽量选择风化层浅，岩性均匀一致，没有大的断裂构造的地段。在这些良好的天然地形地质条件下，因自由面是倾斜的，最小抵抗线也将倾向同一方向，于是适当选择药量与其他参数就可以把介质按指定的方向抛掷到预定的位置上（如图 5-22）。②利用辅助药包的爆炸所形成的爆破漏斗作为新的临空面来控制主药包的大小、位置，敷设可行的电爆网路，选择药包起爆次序及爆破间隔时间等，以保证按预定的方向堆积成所需要的土工建筑物，如图 5-23 所示。

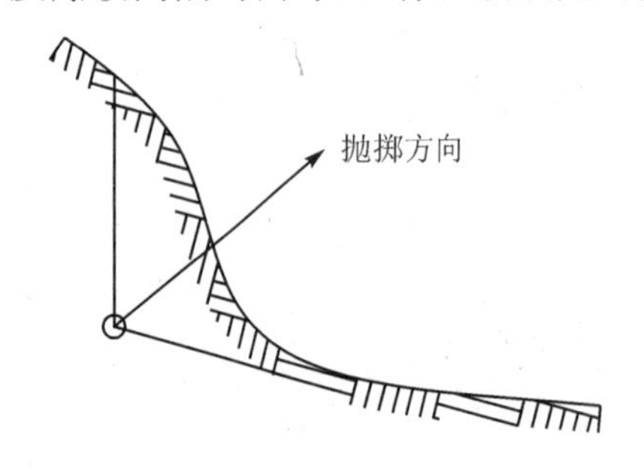

图 5-22　天然自由面定向爆破

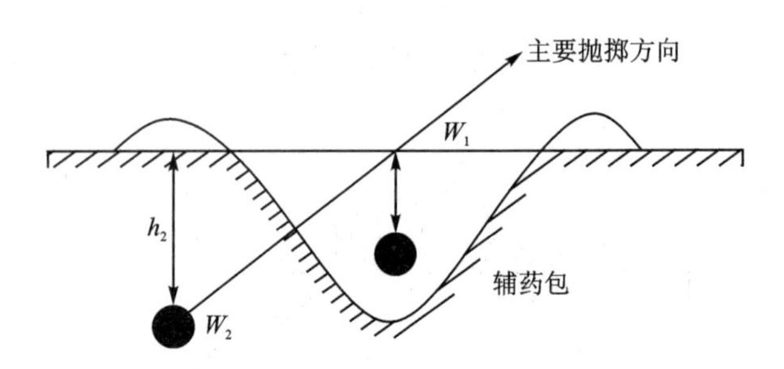

图 5-23　利用辅药包控制抛掷方向

从图 5-23 中可以看出，要求主药包的 $W_2<h_2$。即主药包距辅药包爆破所得出的漏斗表

面的最小距离要小于它本身的埋置深度，否则介质就不能沿着预定的抛掷方向飞出。另外主药包要比辅药包晚一定的时间爆破。这个时间要大于辅药包爆破形成漏斗所需要的时间，以保证主药包能按着新的临空面造成的方向抛掷。这个时间又要小于辅助药包抛出介质上升到最大高度所需要的时间，以保证抛出的土没来得及回填到漏斗时已开始爆破，免得主药包最小抵抗线的方向发生变化，影响爆破效果。

以上粗略介绍了定向爆破的基本原理，下面就药包计算，抛掷堆积计算等问题讨论一些经验公式和理论计算公式，以便进一步了解定向爆破技术和理论发展的现状。

5.4.2　药包计算原理

计算药包重量是爆破工程中的一个重要课题，也是各种爆破理论必须解决的基本问题。

现有的药包计算公式大体可以分为三类，即以几何相似为基础的各种经验公式、以功能平衡原理为基础的波克罗夫斯基公式及以符拉索夫为代表的爆炸流体动力学的理论公式。下面分别加以讨论，并加以比较分析。

1. 经验公式及其在工程中的运用情况

在长期的爆破实践中发现：在爆破规模不大时，当药包直径 d 及埋置深度 W 放大 m 倍时，漏斗半径 r 也将扩大 m 倍，即服从几何相似规律如图5-24所示。

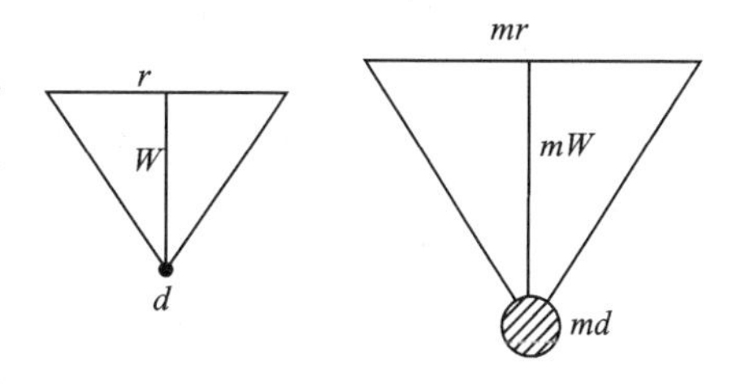

图5-24　爆破的几何相似规律

可以找出药包重量与其爆破的介质体积的关系。

比较两个爆破漏斗的体积，如前所述，假定爆破漏斗系倒立的圆锥体，则有：

$$\frac{\frac{1}{3}\pi(mW)\cdot(mr)^2}{\frac{1}{3}\pi W r^2}=m^3$$

比较两个药包的体积，有：

$$\frac{\frac{1}{6}\pi\ (md)^2}{\frac{1}{6}\pi d^3}=m^3 \tag{5-31}$$

可见，爆破漏斗体积与药包体积增加同样的倍数（m^3 倍）。也就是说药包体积和漏斗体积成正比。不难推出，药包重量与其爆破的介质体积成正比。人们在300多年前（1628年）就总结了这个概念，并在此基础上得到许多经验公式。

对于标准抛掷药包：$n=r/W=1$，所以 $r=W$，则爆破漏斗的体积可以近似为：

$$\overline{V}=\frac{1}{3}\pi r^2 W=\frac{\pi}{3}W^3\approx W^3$$

于是由 $Q=k\overline{V}$ 得到：

$$Q=kW^3 \tag{5-32}$$

式中：Q——装药量，kg；

k——系数，爆破单位体积介质所需的炸药量，kg/m^3，k 值可以通过实验测得，也可以查表。

实验的方法是选择与爆破地区相同的土壤和岩石，进行小型抛掷爆破实验（最小抵抗线为1～3 m)，由 $k=Q/W^3$ 确定 k 值。

k 值也可由波克罗夫斯基等人著的《用定向爆破法筑坝的理论与实践》查得，其值在0.5～3.25 kg/m³之间。

实验表明，如果最小抵抗线 W 和介质性质不变，药包重量增加，则爆破作用指数 n 也增加；同样，要得到较大 n 值的爆破漏斗，也必须增加药包重量。所以，药包重量是 n 的函数。药包量则具有下列普通的形式：

$$Q = kW^3 f(n) \tag{5-33}$$

其中，$f(n)$ 叫爆破作用指数函数。它要满足如下关系：

① $n=1$ 时，$f(n)=1$，此时式(5-32)与式(5-33)一致；

② $n>1$ 时，$f(n)>1$，加强抛掷爆破；

③ $n<1$ 时，$f(n)<1$，减弱抛掷爆破。

目前在各国应用的许多经验公式，其区别就在于 $f(n)$ 具有不同的形式。在我国，最常用的鲍列斯科夫公式。这是1871年俄国学者鲍列斯科夫总结了多次实验资料后，确定 $f(n)=0.4+0.6n^3$，则药包计算公式为

$$Q = kW^3(0.4+0.6n^3) \tag{5-34}$$

与鲍氏公式类似的是俄国人伏勒罗夫在1868年得出的公式。他根据实验结果认为

$$n > 1 \text{ 时}, 1 < f(n) < n^3$$

$$n < 1 \text{ 时}, 1 > f(n) > n^3$$

$$n = 1 \text{ 时}, f(n) = 1$$

于是假定的 $f(n)$ 形式为

$$f(n) = A + Bn^3$$

其中 A、B 为小于1的常数，且 $A+B=1$。A、B 的数值由实验测定。为此，在同一种土壤内装两个药量不同的药包，令埋置深度相同，其中一个（药量为 Q_1）形成标准抛掷爆破漏斗，另一个 Q_2 形成任意漏斗，则有

$$Q_2/Q_1 = kf(n)\cdot W^3/kW^3 = f(n) = A + Bn^3 \tag{5-35}$$

由于 Q_1、Q_2 为已知量，n 可以实测，则可由上式和 $A+B=1$ 解出 A、B 来。

伏勒罗夫得到 $A=0.5$，$B=0.5$ 即 $f(n)=0.5+0.5n^3$

后来鲍列斯科夫将 A、B 值修正后得到式(5-34)。

鲍氏公式已应用了100多年，在最小抵抗线小于20 m范围内，这公式才适用。当 $W>20$ m后，爆破效果较差。此时修正为如下形式：

平地：

$$Q = kW^3(0.4+0.6n^3)\sqrt{\frac{W}{20}}$$

斜坡

$$Q = kW^3(0.4+0.6n^3)\sqrt{\frac{W\cos\alpha}{20}} \quad \text{（其中 } \alpha \text{ 为 W 与铅垂线夹角）}$$

上述公式中爆破作用指数 n 值的选择要适宜。在平坦地面的抛掷爆破中，如矿山揭开覆盖层的爆破，开挖河道、渠道等，可以根据扬弃百分数 η，按经验公式计算

$$n = \frac{\eta}{55} + 0.5 \tag{5-36}$$

对定向爆破，选用 n 值可以参考下面的数据：

① 对主药包 n 值选用 1.25～1.75；对辅药包 n 值选用 1.0～1.25。

② 对于多层、多排药包，后排药包要求抛掷距离远，n 值应比前药包的 n 值大一级（以 0.2～0.25 为一级），同排不同层的药包，因为是同时起爆，可采用相同的 n 值。

③ 对于不同坡度的山坡面，采用不同的 n 值。如在坡地上爆破欲得 60%左右的抛掷量，常采用表 5－12 中的 n 值。

表 5－12　不同坡度山坡面的 n 值

地面坡度/(°)	n
20～30	1.5～1.75
30～45	1.25～1.5
45～70	1.0～1.25
>70	0.75～1.0

最后，对于松动爆破，不需考虑 n 的数值，根据苏联爆破工业总局试验的数据取 $f(n)=0.33$，故松动药包药量公式为：

$$Q = 0.33kW^3 \tag{5-37}$$

2. 功能平衡原理——波克罗夫斯基公式

波克罗夫斯基根据能量守恒的观点，分析了爆炸后介质的速度分布，从而确定介质的动能，进而利用介质动能的减少应等于破坏介质所做的功的关系得到药量公式。这就是所谓功能平衡理论。波克罗夫斯基还考虑了大型爆破中重力的影响。此时用于从漏斗中抛出介质所消耗的能量与介质破坏所消耗的能量相比不能忽略。由于被抛掷的介质的体积与 W^3 成正比，而必须升高介质的高度与 W 成正比，所以克服重力，升高介质所做的功与 W^4 成正比。

波克罗夫斯基认为药包在介质中爆炸后形成两个区域：压碎区Ⅰ和破裂区Ⅱ（见图 5－25）。

Ⅰ区的介质在高温高压作用下剧烈压缩和挤碎。Ⅱ区的介质由于受到很强的径向压力，出现由药包向四周扩张的径向裂缝。

由于Ⅰ区介质所受的压力达几十万个大气压，而一般岩石的抗压强度不超过每平方厘米几千千克，因此可以认为介质成流动状态。考虑到爆炸瞬间，介质运动速度比冲击波传播速度小得多，质点位移可以忽略，于是可以把Ⅰ区内的介质看成为不可压缩的理想流体，即密度不变化而无粘性影响的流体。

另外还假定质点在爆炸作用下作径向运动，并在Ⅰ区内忽略介质破碎消耗的能量与其他各种能量，假定药包的爆炸能全部转变为介质所获得的动能。

基于上述三个假定，求出介质速度分布，进而求得药量公式。

以 M、v、$\bar{U}$、I_0 分别表示介质的质量、速度、总动能和总动量，则由动能和动量的定义可得：

$$I_0 = \sqrt{2\bar{U}M}$$

考虑到各点速度的不均匀性，引用系数 ξ，则有

$$I_0 = \sqrt{2\bar{U}M}\sqrt{\xi} \tag{5-38}$$

如图 5-26 所示，R_1，R_2 为Ⅰ区的内外半径，v_1、v 是半径为 R_1、R_2 处的质点速度，则在单位时间内通过半径为 R_1 的球面的介质体积等于通过半径为 R 的球面体积，即：

$$4\pi R_1^2 v_1 = 4\pi R^2 v, \quad v = \left(\frac{R_1}{R}\right)^2 v_1$$

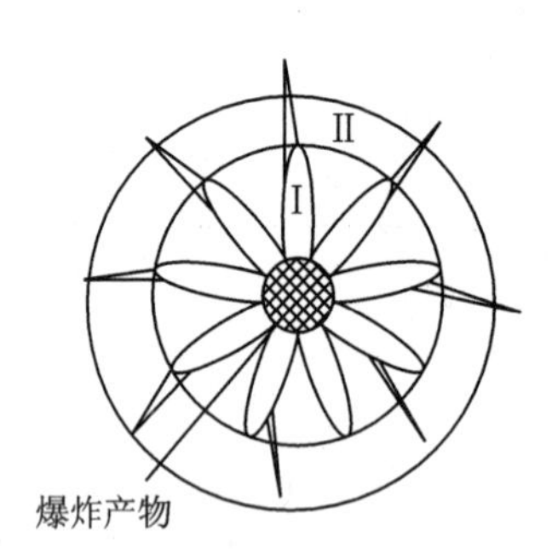

图 5-25　岩石的破坏图形

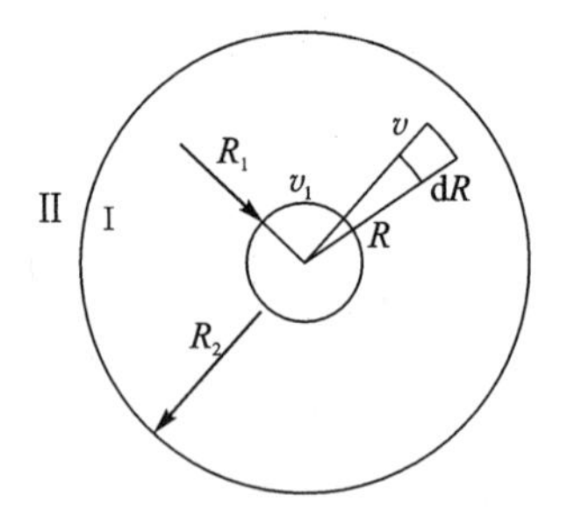

图 5-26　求速度分布附图

于是可以先确定出系数 ξ：

$$I_0 = \sum M_i v_i = \int_{R_1}^{R_2} 4\pi R^2 \mathrm{d}R \cdot \rho \cdot v =$$

$$\int_{R_1}^{R_2} 4\pi R^2 \rho \cdot \left(\frac{R_1}{R}\right)^2 v_1 \mathrm{d}R = R_1^2 v_1 4\pi\rho(R_2 - R_1)$$

$$\bar{U} = \sum \frac{1}{2} M_i v_i^2 = \frac{1}{2}\int_{R_1}^{R_2} 4\pi R^2 \rho \mathrm{d}R \left(\frac{R_1}{R}\right)^4 v_1^2 = 2\pi\rho v_1^2 R_1^4 \left(\frac{1}{R_1} - \frac{1}{R_2}\right)$$

$$M = \int_{R_1}^{R_2} 4\pi R^2 \rho \mathrm{d}R = \frac{4}{3}\pi\rho(R_2^3 - R_1^3)$$

将上述 I_0、$\bar{U}$、M 代入式(5-38)求得 ξ：

$$\xi = \frac{3R_1R_2(R_2 - R_1)}{R_2^3 - R_1^3} \tag{5-39}$$

上面积分中 ρ 为介质密度，因为是不压缩流体，故 ρ 为常数，直接从积分式中提出。

由于炸药释放的能量全部变为介质动能，故有：

$$\overline{U} = Q\bar{U}_1$$

式中：$\overline{U}_1$——单位重量炸药之能量。

当 $R_1 \ll R_2$ 时，

$$M = \frac{4}{3}\pi\rho R_2^3 = \frac{4}{3}\pi R_2^3 \frac{\gamma}{g}(\gamma = \rho g)$$

代入式(5-38)则得区域Ⅰ的总动量 I_0：

$$I_0 = \sqrt{\frac{8}{3}\pi R_2^3 \cdot \frac{\gamma}{g} Q\overline{U}_1} \cdot \sqrt{\frac{3R_1R_2(R_2 - R_1)}{R_2^3 - R_1^3}} \tag{5-40}$$

式中：γ——介质的容重，即单位体积的重量；

g——重力加速度。

为求得速度分布，截取一小圆锥，其顶点在药包中心，底面在半径为 R 的球面上，而底面取为单位面积（如图 5－27 所示）。

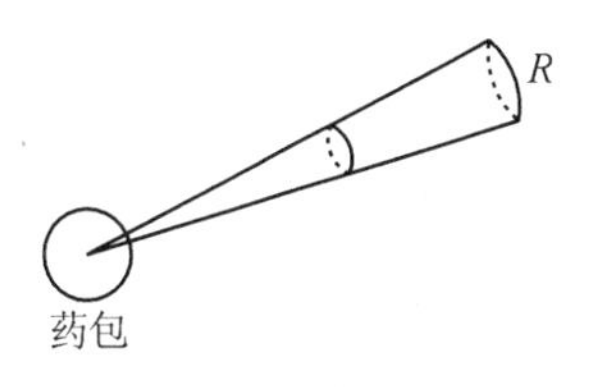

图 5－27　小圆锥示意图

由于质点作半径向运动，不可能从圆锥体内运动到圆锥体外。

如果 $R>R_2$，取在Ⅱ区。由于在破裂区有许多径向裂缝，可以认为Ⅱ区周围介质对圆锥侧表面不发生作用，于是动量守恒，其数值等于在Ⅰ区内该圆锥所获得的动量，用 I_R 表示，则 $I_R=\frac{I_0}{4\pi R^2}$，小圆锥的体积为

$$\frac{4}{3}\pi R^3 \cdot \frac{1}{4\pi R^2} = \frac{R}{3}$$

则其平均速度为

$$v = \frac{I_R}{M_R} = \frac{I_R}{\rho v_R} = \frac{I_R}{\frac{\gamma}{g} \cdot \frac{R}{3}} = \frac{3I_0 g}{4\pi R^3 \gamma} = \frac{3g}{4\pi}\sqrt{\frac{8}{3}\pi R_2^3 \frac{\gamma}{g} \frac{\overline{U}_1}{Q}}\sqrt{\xi}\,\frac{Q}{\gamma R^3}$$

令 R_0、γ_0 分别表示药包的半径与容重，则

$$v = \frac{3}{4\pi}\sqrt{2\,\overline{U}_1 g \frac{\gamma}{\gamma_0}}\sqrt{\xi}\left(\frac{R_2}{R_0}\right)^{3/2}\frac{Q}{\gamma R^3} \tag{5-41}$$

假设当 $\gamma_0=1\ 500\ \mathrm{kg/m^3}$ 时，

$$R_0 = \sqrt[3]{\frac{3Q}{4\pi\gamma_0}} = 0.053\sqrt[3]{Q} = \frac{1}{19}\sqrt[3]{Q}$$

而假定爆破作用中，最初阶段形成内部作用半径，再由内部作用半径形成爆破漏斗半径 R_2，由试验得到药包内部作用半径为

$$R_1 = 0.45\sqrt[3]{Q} = 0.45 \times 19 R_0 = 8.5 R_0$$

而假定爆破作用半径 $R_2=21.5R_0$，再取标准威力炸药

$$U_1 = 5 \times 10^5\ kg \cdot m/kg$$

$$g = 10\ \mathrm{m/s^2},\quad \gamma/\gamma_0 = 1.3$$

则式（5－41）可写为

$$v = \frac{72\ 000}{\gamma} \cdot \frac{Q}{R^3} \tag{5-42}$$

于是可利用功能平衡原理求药量公式。

当冲击波由药包中心转移到Ⅱ区的 R 处时，介质动能为

$$\bar{U}_0 = \frac{1}{2}Mv^2 = \frac{1}{2} \cdot \frac{4}{3}\pi R^3 \cdot \rho \cdot v^2 = \frac{1}{2} \cdot \frac{4}{3}\pi R^3 \cdot \frac{\gamma}{g} \cdot v^2$$

将（5－42）代入得

$$U_0 = \frac{2\pi\ (72\ 000)^2}{3g\gamma}\frac{Q^2}{R^3}$$

微分后得

$$\mathrm{d}\bar{U}_0 = \frac{2\pi\ (72\ 000)^2}{g\gamma}\frac{Q^2}{R^4}\mathrm{d}R$$

即可得到冲击波通过 $\mathrm{d}R$ 距离后所减少的动能。但这时介质体积的变化为 $\mathrm{d}\bar{V}=4\pi R^2\mathrm{d}R$，故单位体积动能的减少为

$$\frac{\mathrm{d}\bar{U}_0}{\mathrm{d}\bar{V}} = \frac{(72\ 000)^2 Q^2}{2g\gamma R^6}$$

由力学可知，破碎单位体积介质所需的能量为

$$\bar{U} = \frac{\sigma_0{}^2}{2E}$$

式中：σ_0——介质的极限应力。

E——介质的弹性模量。

动能的减少是由于破碎介质做了功，故单位体积介质动能的减少应等于破碎单位介质所需的能量，即：

$$\frac{(72\ 000)^2 Q^2}{2g\gamma R^6} = \frac{\sigma_0^2}{2E}$$

由 $R=\sqrt{r^2+W^2}=\sqrt{(nW)^2+W^2}=W\sqrt{1+n^2}$，上式可写为

$$Q = \frac{\sigma_0}{72\ 000}\sqrt{\frac{g\gamma}{E}}W^3\ (1+n^2)^{3/2} \tag{5-43}$$

即得到了主要考虑介质破坏所消耗的能量得出的药量公式。

考虑到重力的影响，要抛出漏斗内的介质，必须使其得以离开地面。圆锥体爆破漏斗的重心离地面距离是 $W/4$，为使介质抛到漏斗边界以外，抛起的高度 Y 必须稍大于 $W/4$，即：

$$Y = W/4 + H_1$$

近似取 $H_1=\frac{W}{12}$，则：

$$Y = \frac{W}{4} + \frac{W}{12} = \frac{W}{3}$$

如图 5-28 所示，漏斗边沿上介质的速度方向是径向的，其垂直方向分速度 v_y 为

$$v_y = v\cos\alpha = v\frac{W}{\sqrt{W^2+r^2}} = \frac{v}{\sqrt{1+n^2}} = \frac{1}{(1+n^2)^{1/2}}\cdot\frac{72\ 000}{\gamma}\frac{Q}{W^3\ (1+n^2)^{3/2}} = \frac{72\ 000}{\gamma}\frac{Q}{W^3\ (1+n^2)^2}$$

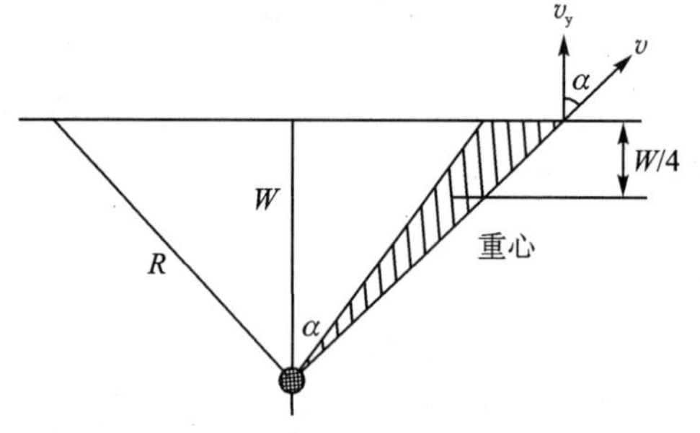

图 5-28 抛掷爆破漏斗

同时为使介质升高 $W/3$，v_y 的数值又应等于

$$v_y = \sqrt{2gY} = \sqrt{\frac{2}{3}gW}$$

$$\frac{72\ 000}{\gamma}\frac{Q}{W^3\ (1+n^2)^2} = \sqrt{\frac{2}{3}gW}$$

取 $g=10$ m/s 则得到

$$Q = \frac{\gamma}{28\ 000} W^{7/2}\ (1+n^2)^2 \tag{5-44}$$

从式(5-44)看出，药量 Q 随 $W^{7/2}$ 变化，比经验公式中 Q 随 W^3 变化要快得多。药量 Q 与 R_0^3 成正比，Ⅰ区的外半径 R_2 与 R_0 成正比，故药量 Q 增加时，R_2 比 W 增加得快。于是当 Q 增加到一定值时，$R_2>W$，即压缩圈越出最小抵抗线，即 $R_2=W\ \sqrt{1+n^2}$。考虑到式(5-44)及 $R_0=0.053\sqrt[3]{Q}$，可得出：

$$N = \frac{R_2}{R_0} \approx \frac{600}{\sqrt[3]{\gamma}\ \sqrt[6]{W(1+n^2)}}$$

如取 $\gamma=2\ 000\ \mathrm{kg/m^3}$，$W=30\ \mathrm{m}$，$n=2$，则 $N=21$。继续增加 W，N 值还将变小。若是巨型爆破，实际的 N 值小于 21，则药量 Q 也必须相应地增大，即式(5-44)改写为

$$Q = \frac{\gamma}{28\ 000}\left(\frac{21}{N}\right)^{3/2} W^{7/2}\ (1+n^2)^2$$

考虑到 $R_0=\dfrac{Q^{1/3}}{19}$，$R_2=W\ (1+n^2)^{1/2}$，代入上式即得：

$$Q = \frac{\gamma \cdot 21^{3/2} \cdot Q^{1/2}}{28\ 000 \cdot 19^{3/2}} \cdot W^{\frac{7}{2}-\frac{3}{2}}\ (1+n^2)^{2-\frac{3}{4}} = \frac{\gamma \cdot 21^{3/2} \cdot Q^{1/2}}{28\ 000 \cdot 19^{3/2}} W^2\ (1+n^2)^{5/4} = \frac{\gamma^2}{585 \times 10^6} W^4\ (1+n^2)^{5/2} \tag{5-45}$$

此即巨型药包爆破时的药量公式，从推导过程看，此式用于 $W>30$ m 的爆破。

波克罗夫斯基推导出的三个药包计算公式分别用于不同规模的爆破中。当 $W<20$ m 时，消耗于抛掷方面的能量不大，主要考虑介质破坏所需的能量，药量与 W^3 成比例；当 W 加大时，漏斗中心距地面愈远，抛掷介质所需的能量也愈大；在巨型爆破时则由式(5-45)来计算，上述公式的差别是由于重力影响的结果。

3. 流体动力学理论-符拉索夫导出的公式

符拉索夫根据爆破过程的特点，提出了简化的模型，然后运用流体动力学的原理，研究了在无限介质及有限介质中的爆炸问题，推导了速度分布，进而得出了药量计算公式。

符拉索夫假定在爆炸作用下介质是不可压缩的，即密度 $\rho=$ 常数。还假定爆破作用是瞬间完成的，爆炸产生的能量瞬间传给周围介质，即假定爆炸作用的时间趋于零。于是由位移＝速度×时间，冲量＝力×时间，速度、冲量都是有限量，则位移趋于零，受力趋于无穷大。即介质受无穷大的力作用下，仅具有初速度而无位移。这只有承受均匀的各向同性的压力作用下才有可能，所以介质中不存在切向力。

以上实际上假定在爆炸作用下介质为不可压缩理想流体，于是根据流体力学知识，引入速度势 ϕ 的概念。

$$\varphi = \frac{s}{\rho} \tag{5-46}$$

式中：$s=\int_0^t P\mathrm{d}t$ 为单位冲量，ρ 为密度。

由质量守恒、动量守恒和能量守恒的方程，考虑到爆炸前介质静止，则有

$$\left.\begin{aligned} v_x &= -\frac{\partial \varphi}{\partial x} \\ v_y &= -\frac{\partial \varphi}{\partial y} \\ v_z &= -\frac{\partial \varphi}{\partial z} \end{aligned}\right\} \tag{5-47}$$

而 φ 还满足如下拉普拉斯方程

$$\frac{\partial^2 \varphi}{\partial x^2} + \frac{\partial^2 \varphi}{\partial y^2} + \frac{\partial^2 \varphi}{\partial z^2} = 0 \tag{5-48}$$

现在的问题就是根据一定的边界条件解二阶偏微分方程式(5-48)求得速度势 φ,现由式(5-47)求出速度,然后求得药量公式。

下面分别考虑无限介质及有限介质中的爆炸情况。

考虑球形药包在无限介质中爆炸时,利用球坐标解出式(5-48)得到:

$$\varphi = -\frac{k_1}{R} + k_2, \quad R = \sqrt{x^2 + y^2 + z^2} \qquad (k_1, k_2 \text{ 为常数})$$

边界条件为:在离爆炸中心无限远处,介质不受爆炸影响,即 $R=\infty$时, $P=0$,所以 $\varphi=0$。

代入上式得 $k_2=0$,于是

$$\varphi = -\frac{k_1}{R} \tag{5-49}$$

$$v_x = -\frac{\partial \varphi}{\partial x} = -\frac{d\varphi}{dR}\frac{\partial R}{\partial x} = -\frac{d\varphi}{dR}\frac{x}{R}, \quad v_y = -\frac{d\varphi}{dR}\frac{y}{R}, \quad v_z = -\frac{d\varphi}{dR}\frac{z}{R}$$

$$v = \sqrt{v_x^2 + v_y^2 + v_z^2} = \frac{d\varphi}{dR} = \frac{k_1}{R^2} \tag{5-50}$$

利用介质获得总动能等于炸药释放的能量来定常数 k_1。

令 $\overline{U}_1$ 为每单位重量炸药的能量,R_0 为药包半径,则有:

$$Q\overline{U_1} = \int_{R_0}^{\infty} \frac{1}{2}Mv^2 \quad dR = \int_{R_0}^{\infty} \frac{1}{2} \cdot 4\pi R^2 \rho \cdot \frac{k_1^2}{R^4} dR = \frac{2\pi\rho k_1^2}{R_0}$$

所以

$$k_1 = \sqrt{\frac{\overline{U}_1 Q R_0}{2\pi\rho}} \tag{5-51}$$

则由式(5-49)和式(5-50)得

$$\varphi = -\frac{1}{R}\sqrt{\frac{\overline{U}_1 Q R_0}{2\pi\rho}} \tag{5-52}$$

$$v = \frac{1}{R^2}\sqrt{\frac{\overline{U}_1 Q R_0}{2\pi\rho}} \tag{5-53}$$

当球形药包在有限介质中爆炸时,设其为自由面,则边界条件为自由面上没有外载荷作用,故 $\rho=0$,$\varphi=0$。

为满足自由面上 $\varphi=0$ 的条件,符拉索夫假定在自由面之外也充满同样介质,而那边有一个与实际药包对称的虚药包,如图 5-29 所示。虚药包的作用与真药包相反,于是自由面的影

响可用虚药包的影响表示。用 φ_1、φ_2 表示药包与虚药包的速度势，由式(5-52)：可得

$$\varphi_1 = -\frac{1}{R_1}\sqrt{\frac{\bar{U}_1 QR_0}{2\pi\rho}}, \quad \varphi_2 = \frac{1}{R_2}\sqrt{\frac{\bar{U}_1 QR_0}{2\pi\rho}}$$

则其总的速度势为

$$\varphi = \varphi_1 + \varphi_2 = -\frac{1}{R_1}\sqrt{\frac{\bar{U}_1 QR_0}{2\pi\rho}} + \frac{1}{R_2}\sqrt{\frac{\bar{U}_1 QR_0}{2\pi\rho}}$$

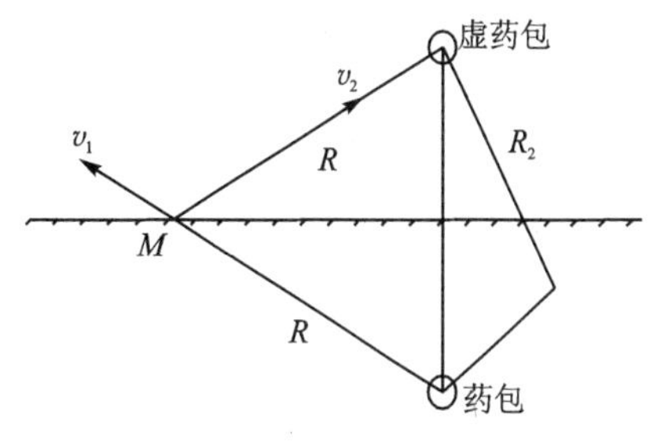

图 5-29　自由面的影响

在自由面上，考虑到两个药包的对称性，$R_1 = R_2$，所以自由面上是满足边界条件 $\varphi=0$ 的。

令 v_1，v_2 分别表示真药包与虚药包的爆炸作用产生的速度，则根据式(5-53)有：

$$v_1 = \frac{1}{R^2}\sqrt{\frac{\bar{U}_1 QR_0}{2\pi\rho}}, \qquad v_2 = -\frac{1}{R^2}\sqrt{\frac{\bar{U}_1 QR_0}{2\pi\rho}}$$

其方向如图 5-29 所示。在水平方向上，v_1、v_2 的分速度之和为零，在垂直方向上有

$$v_y = v_{1y} + v_{2y} = 2\frac{1}{R^2}\sqrt{\frac{\bar{U}_1 QR_0}{2\pi\rho}}\frac{W}{R} = \frac{2W}{R^3}\sqrt{\frac{\bar{U}_1 QR_0}{2\pi\rho}}$$

由于

$$R = \sqrt{W^2 + r^2} = W(1+n^2)^{1/2}$$

所以

$$v_y = \frac{2W}{W^3(1+n^2)^{3/2}}\sqrt{\frac{\bar{U}_1 QR_0}{2\pi\rho}} \tag{5-54}$$

引入临界速度 v_k—介质被破坏的速度。当 M 点的 v_y 速度刚刚等于 v_k 形成漏斗，同时如前所述 $R_0 = \sqrt[3]{\frac{3Q}{4\pi\gamma_0}}$，则由式(5-54)得到形成漏斗所必需的炸药量为

$$Q = \left(\frac{\pi^4\rho^3\gamma_0 V_k{}^6}{6\bar{U}_1{}^3}\right)^{1/4} \cdot W^3(1+n^2)^{9/4}$$

为使 $n=1$ 时满足 $f(n)=1$，即 $Q=kW^3$，将 $(1+n^2)^{9/4}$ 除以 $2^{9/4}$，于是上式变为

$$Q = kW^3\left(\frac{1+n^2}{2}\right)^{9/4}$$

其中

$$k = \left(\frac{\pi^4\rho^3\gamma_0 V_k^6}{6\bar{U}_1^3}\right)^{1/4} 2^{9/4} \tag{5-55}$$

k 值中因 V_k、$\bar{U}_1$ 不易测得，故往往用实验确定之。

从式(5-55)可以看出，药量 Q 与最小抵抗线 W 的三次方成正比。

4. 讨　论

波克罗夫斯基和符拉索夫所提出的理论都假定炸药爆炸释放的能量全部在瞬间传给周围的介质，变为介质的动能。实际上是把介质在爆炸作用下的状态当不可压缩理想流体处理。

所不同的是前者仅把压碎区介质看成不可压缩理想液体处理，而后者则将爆炸作用下的全部介质看成不可压缩理想流体处理。另外，符拉索夫考虑了自由面的影响，而波克罗夫斯基没有考虑有限介质情况，直接运用无限介质中爆炸的结果。

这两种理论都有粗糙之处，如波克罗夫斯基取 $H_1=W/12$，即要把介质从漏斗中抛出，要使其重心高出地面 $W/12$ 的高度等，而符拉索夫引入的临界速度孔洞易测得。尤其是上述理论在考虑能量传递问题上值得研究，传递的瞬时性是否合理，不考虑波的能量及其他形式的能量是否合理，都有待进一步探讨。

上述药量公式计算的药量相差较大，而 W 越大，药量相差越悬殊。今分别假定 $W=40$ m 及 $W=88$ m，$n=1.5$，$k=1.5$ 及 $\gamma=2\ 600$ kg/m^3，按上述公式计算，各参数对比情况如表 5-13 所列。

表 5-13　各种计算公式药包重量比较表

公式 \ Q \ W	W=40 m		W=88 m	
	药量 Q/t	对比倍数	药量 Q/t	对比倍数
$Q=kW^3(0.4+0.6n^3)$	233	1.00	2 480	1.00
$Q=\frac{\gamma}{28\ 000}W^{7/2}(1+n^2)$	387	1.66	6 260	2.53
$Q=\frac{\gamma^2}{660\times10^{-6}}W^4(1+n^2)^{5/2}$	500	2.15	11 700	4.72
$Q=kW^3\left(\frac{1+n^2}{2}\right)^{9/4}$	286	1.23	3 070	1.23
$Q=kW^3(0.4+0.6n^3)\sqrt{W/20}$	329	1.42	5 210	2.10
$Q=kW^3(0.4+0.6n^3)\sqrt{W\cos\alpha/20}$	272	1.12	4 375	1.76

注：取 $\alpha=45^\circ$。

可见药量相差数倍，对于其他一些大药包计算公式，相差达数十倍。所以工程上如果不慎重选择，不但会造成巨大浪费，还会造成抛掷分散，坝基塌方等严重后果。所以在我国当 $W>20$ m 时，一般用式(5-35)进行计算。

5. 计算实例

① 将 TNT 炸药埋深 $W=2$ m，求炸成半径 $r=3$ m 的爆破漏斗所需的药量 Q。设 1 kg TNT 分解时放出的能量 $\overline{U}_1=1\ 000$ 千卡 $=427\ 000$ kg·m。炸药容重 $\gamma_0=1\ 500$ kg/m^3，介质密度 $\rho=200$ kg·s/m^4，破坏介质所需的临界速度 $v_k=4$ m/s。

解：利用符拉索夫的公式(5-55)，由已知条件求出 k，n 即得 Q。

$$k=\left(\frac{\pi^4\rho^3\gamma_0 v_k^6}{6\overline{U}_1^3}\right)^{1/4}2^{9/4}=\left[\left(\frac{3.14^4\times200^3\times1\ 500\times4^6}{6\times427\ 000^3}\right)^{1/4}\times2^{9/4}\right]\text{kg/m}^3=1.51\ \text{kg/m}^3$$

$$n=\frac{r}{W}=\frac{3}{2}=1.5$$

所以
$$Q=kW^3\left(\frac{1+n^2}{2}\right)^{9/4}=\left[1.51\times2^3\left(\frac{1+1.5^2}{2}\right)^{9/4}\right]\text{kg}=36\ \text{kg}$$

② 设石英砂岩的容重 $\gamma=2.7\times10^3\ \mathrm{kg/m^3}$，极限强度 $\sigma_0=14\times10^6\ \mathrm{kg/m^2}$，弹性模量 $E=5.5\times10^9\ \mathrm{kg/m^3}$，试分别求 $W=5$ m，20 m，80 m 时，单位体积岩石的破坏能与升高其重心达 $W/3$ 时所需的抛掷能量之比。

解：破碎单位体积石英砂岩所需的能量为

$$\overline{U}_b=\frac{\sigma_0^2}{2E}=\frac{(14\times10^6)^2}{2\times5.5\times10^9}\ \mathrm{kg/m^2}=17.8\times10^3\ \mathrm{kg/m^2}$$

用来抛掷岩石所需的能量为

$$\overline{U}_\mathrm{p}=mgh=\rho\bar{V}\cdot gh=\rho\bar{V}g\cdot\frac{W}{3}=\frac{1}{3}\rho gW\bar{V}=\frac{1}{3}\gamma W\bar{V}$$

式中，$\bar{V}$ 为漏斗体积，则升高单位体积岩石所需的能量 $\bar{U}_\mathrm{p}=\frac{1}{3}\gamma W$。

当 $W=5$ m 时，

$$\overline{U}_\mathrm{p}=\frac{1}{3}\gamma W=\left(\frac{1}{3}\times2.7\times10^3\times5\right)\mathrm{kg/m^2}=4.5\times10^3\ \mathrm{kg/m^2}$$

此时 $\frac{\overline{U}_\mathrm{b}}{\overline{U}_\mathrm{p}}=\frac{17.8\times10^3}{4.5\times10^3}=3.96$。

当 $W=20$ m 时，

$$\overline{U}_\mathrm{p}=\frac{1}{3}\gamma W=\left(\frac{1}{3}\times2.7\times10^3\times20\right)\mathrm{kg/m^2}=18\times10^3\ \mathrm{kg/m^2}$$

此时 $\frac{\overline{U}_\mathrm{b}}{\overline{U}_\mathrm{p}}=\frac{17.8\times10^3}{18\times10^3}=0.99$。

当 $W=80$ m 时，

$$\overline{U}_\mathrm{P}=\frac{1}{3}\gamma W=\left(\frac{1}{3}\times2.7\times10^3\times80\right)\mathrm{kg/m^2}=72\times10^3\ \mathrm{kg/m^2}$$

此时 $\frac{\overline{U}_\mathrm{b}}{\overline{U}_\mathrm{p}}=\frac{17.8\times10^3}{72\times10^3}=0.25$。

可见，爆破规模越大时，重力影响也越大，消耗在抛掷方面的能量也越大。

5.5　定向爆破的设计

定向爆破设计一般包括以下几个内容：爆破方案的选择；爆破参数的选择与药包计算，抛掷堆积计算，爆破安全计算，电爆网路设计，施工设计，编写设计说明书并绘制各种成果图表。下面仅就前面四个问题简要加以说明。

5.5.1　爆破方案的选择

选择爆破方案是在地形、地质勘测的基础上，根据工程的要求，如坝高、土方量等，确定爆破区、药包布置及爆破程序等内容。

以东川口水库大坝为例。根据地形、地质条件、坝址选在澄阳河支流七黑河上游的一段弯道上。坝址区的两岸均为裸露的厚层石英砂岩，结构质密坚硬，分布均匀，无大的断层构造。右岸凹边高 80 m，高度 30 m 以下崖坡为 1∶1，30 m 以上趋于直立。左边凸岸高 40 m，岸坡直立；河槽宽 40 m。可在凹岸抛掷爆破。

工程上要求坝高 30 m，石方 72 000 m^3。一般先大致估算一下爆破设计方量，其方法是进行药包规划，大致确定药包位置，画出断面图。如图 5－30 所示，药包放在 A 处，以 A 为圆心，$R=1.5W$ 为半径画圆弧，交地面于 B、C 二点，则 A、B、C 所包围的阴影部分的面积就是爆破漏斗的断面面积。然后由各断面间距及漏斗面积求得爆破岩石的实方量。考虑到部分岩石要被抛到坝体外边，则要求爆破方量比坝体多 0.5～1.0 倍。

爆破程序对爆破结果也有直接影响。如图 5－31 所示，两岸同时起爆或先后起爆堆积形状，最低点高程就不同。而当两岸陡度及药量相差较大时，上述现象更为明显。

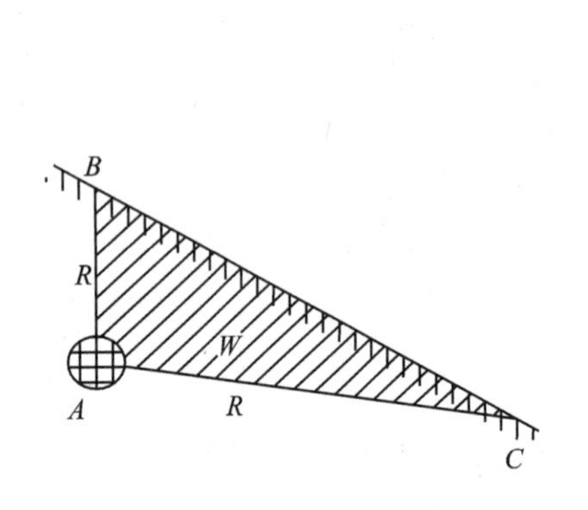

图 5－30　漏斗面面积的估标

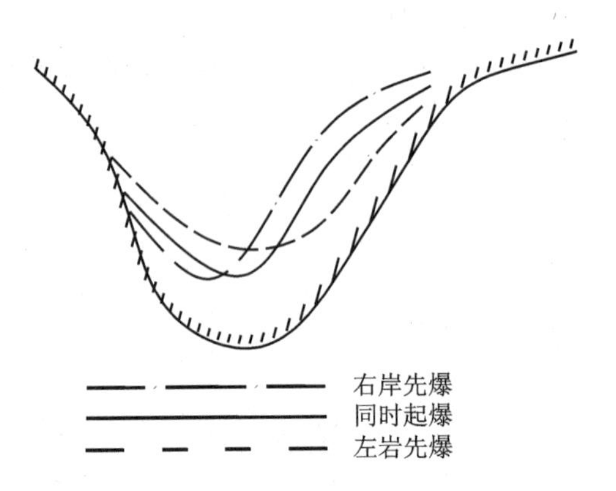

图 5－31　爆破程序的影响

爆破方案的选择还要考虑对附近水工建筑物的影响及经济合理性。

经过几次修改后确定爆破方案。如东川口水库左岸有引水隧洞，选在右岸爆破。为造成更有利的地形，前排设三个辅助药包，后排有两个主药包，如图 5－32 所示。

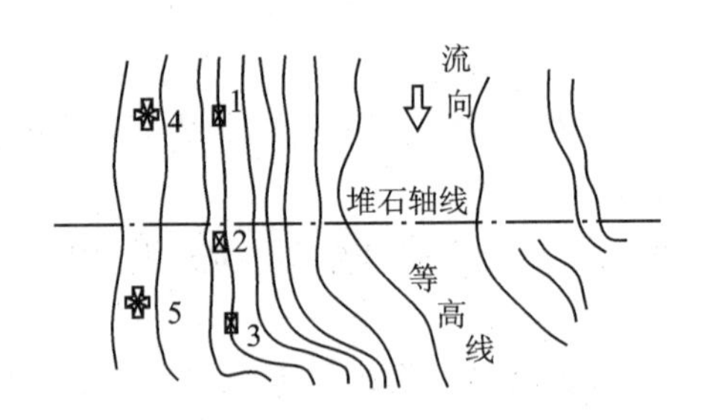

图 5－32　药包布置示意图

5.5.2　爆破参数的选择与药包计算

1. k 值、n 值的选择

如前所述，东川口水库辅助药包选 $k=1.8$，$n=1.25$，主药包选择 $n=1.5$。

2. W 的选择

根据堆积体所需的抛掷总方量、抛掷距离及地形条件，确定东川口水库各药包的 W 值，见表 5－14。

表 5-14　东川口水库药包布置表

<table>
<tr><th>药包编号</th><th>最小抵抗线 W/m</th><th>n</th><th>k</th><th>药量 Q/t</th><th>药包间距
a/m</th></tr>
<tr><td>1</td><td>15.7</td><td>1.25</td><td>1.8</td><td>10.98</td><td rowspan="2">16.4</td></tr>
<tr><td>2</td><td>14.5</td><td>1.25</td><td>1.8</td><td>8.65</td></tr>
<tr><td>3</td><td>11.8</td><td>1.25</td><td>1.8</td><td>4.66</td><td rowspan="3">13.8
34.8</td></tr>
<tr><td>4</td><td>26.5</td><td>1.5</td><td></td><td>91.60</td></tr>
<tr><td>5</td><td>26.0</td><td>1.5</td><td></td><td>86.05</td></tr>
<tr><td colspan="4">合计</td><td>201.92</td><td></td></tr>
</table>

在考虑地形地质条件时，为了得到较好的爆破效果，还应满足：

$$\frac{W}{H} = 0.6 \sim 0.8 \tag{5-56}$$

其中 H 为药包中心至地面的高度，如图 5-33 所示。若 H 太大，会有夹制作用，影响抛掷距离；太小则会从上冲击，影响抛掷方向。对于山后深沟或山尖突出的地形，为防止岩石从山后薄弱地带冲出，要选择不逸出半径 $R_{\min}$，使其满足

$$R_{\min} \geqslant 1.6W\sqrt{1+n^2} \tag{5-57}$$

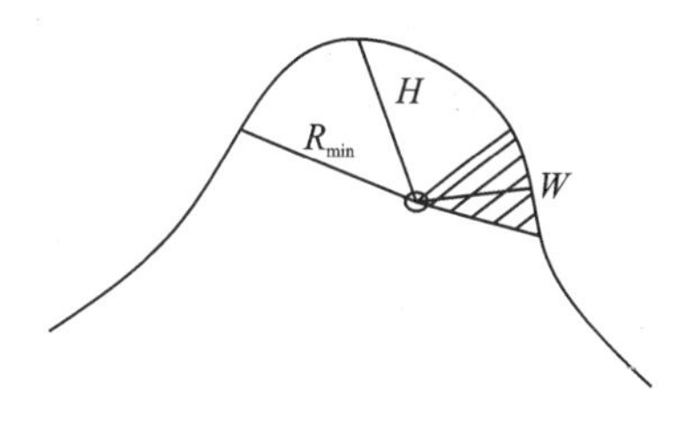

图 5-33　不逸出半径 $R_{\min}$

3. 药包间距 a 的选择

适当的药包间距，对爆破效果起到良好作用。因为 a 太大，会使漏斗间残留没有破碎的岩梗；a 太小，则不能充分利用爆破能量。一般根据经验，对于同排药包的水平距离采用

$$0.5W(1+n) \leqslant a \leqslant nW \tag{5-58}$$

而对于上下药包的垂直距离

$$a = nW \tag{5-59}$$

可以看出，表 5-14 中的 a 值基本满足式(5-58)。

4. 药量的计算

当 $W<20$ m 时，采用鲍列斯科夫公式(5-34)。

当 $W>20$ m 时，采用波克罗夫斯基公式(5-44)，并用修改后的鲍列斯科夫公式校核。

计算结果如表 5-3 所示。

5. 压缩圈半径的计算

压缩圈半径的计算分式为

$$R_1 = 0.62\sqrt[3]{\mu Q} \tag{5-60}$$

式中：μ——系数，随岩石性质而定，如表 5-15 所列。

表 5-15　不同岩石的 μ 值

岩石分类	μ
粘土	250
坚硬土	150
松软岩石	50
中等坚硬岩石	20
坚硬岩石	10

6. 爆破漏斗抛掷圈半径的计算

对于斜坡地面,爆破漏斗下端破裂线为:

$$R' = W\sqrt{1+n^2} \tag{5-61}$$

但其上端破裂线圈较大,即

$$R' = W\sqrt{1+\beta n^2} \tag{5-62}$$

β 值由坡度及地质情况决定,为大于 1.0 的系数,如表 5-16 所列。

表 5-16　β 值

地面坡度/(°)	β	
	土壤　软石　次坚石	整石带及坚硬岩石
20～30	2.0～3.0	1.5～2.0
30～50	4.0～6.0	2.0～3.0
50～65	6.0～7.0	3.0～4.0

7. 爆破方量的计算

由爆破漏斗抛掷半径 R, R',并考虑压缩圈影响,则可得爆破漏斗的形状。即处破裂外端 A、B 两点作压缩圈的切线,则此切线所包围的范围即计算的漏斗断面形状,如图 5-34 所示。于是可标出漏斗的体积。考虑到爆破后土石因松散而膨胀了,再乘以松散系数(1.3 左右)即得爆破方量。

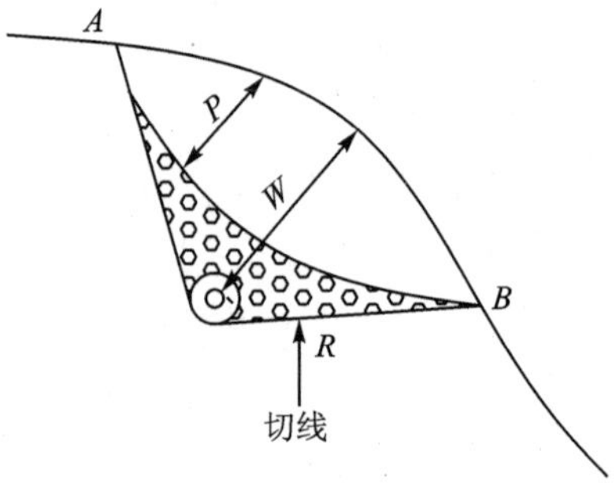

图 5-34　漏斗的形状

8. 可见漏斗深度 P 的计算

爆破后部分岩石落回漏斗坑,故实际形成的地面线与理论上假定的不同。所谓可见漏斗深度就是新的地面线与原地面线之间的最大距离。

对于水平地面,用下式计算:

$$P = 0.33W(2n-1) \tag{5-63}$$

对于斜坡地面的单层药包或多层药包同时起爆,用下式计算:

$$P = (0.32n + 0.28)W \tag{5-64}$$

对于多层药包不同时起爆，则用下式计算：

$$P = 0.2(4n - 1)W \tag{5-65}$$

5.5.3 抛掷堆积计算

抛掷堆积计算包括爆破后介质最大抛距、抛掷轨迹及堆积范围、堆积形状的计算。目前，主要有弹道理论法及体积平衡法两种计算方法。

弹道理论的基本思想是求得速度分布规律，然后按抛射体弹道公式求抛距，即：

$$L = \frac{2v^2}{g}\sin\theta\cos\theta \tag{5-66}$$

式中：L——抛距，m；

θ——抛射角，(°)。

由于计算过程复杂，而与实际效果比较相差较大，故我国铁道兵总结出体积平衡法。此法的基本思想是根据体积平衡原理，即堆积等于直接由漏斗抛出的有效方量，并做些假定，其具体方法为：

① 假定抛掷堆积体是从爆破漏斗边缘开始的，是一个连续不断的整体，而新的地面线在漏斗范围内呈凹形抛物线，如图5-35所示。

② 由公式(5-64)、公式(5-65)算出可见深度 P，并在爆破漏斗断面图中画出可见断面图 H，如图5-35所示。

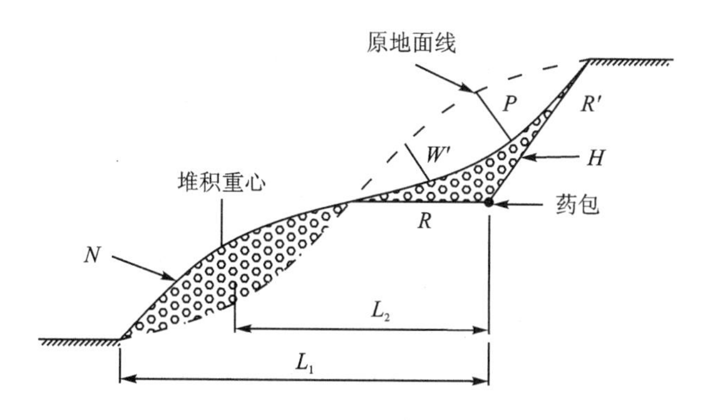

图5-35　斜坡抛掷堆积形状

③ 计算重心抛掷距离及最大抛掷距离，画出堆积断面图 N。

重心抛掷距离为

$$L_1 = \mu_1 \sqrt[3]{Q}(1 + \sin 2\theta) \tag{5-67}$$

最大抛掷距离为

$$L_2 = \mu_2 \sqrt[3]{Q}(1 + \sin 2\theta) \tag{5-68}$$

式中：θ——抛射角，即 W 与水平线的夹角；

μ_1、μ_2——与岩石、炸药及临空面有关的抛掷系数。国产二号岩石硝铵炸药的抛掷系数列于表5-17。

表 5-17 抛掷系数表

岩石类别		以原地面为临空面		由辅助药包造成临空面	
		R_1	R_2	R_1	R_2
松石或岩石	$K<1.3$	1.9	3.1	1.8	3.0
	$K=1.4\sim1.5$	2.1	3.4	2.0	3.2
次坚石	$K=1.5\sim1.6$	2.3	3.7	2.2	3.4
坚石	$K>1.6$	2.5	4.0	2.3	3.6

于是根据

$$N = H \times 1.3 \times 0.92 \tag{5-69}$$

在断面图上大致画出堆积断面 N。其中 1.3 为松散系数，并假定有 8%的抛掷方量飞散在主要堆积范围之外（如图 5-19 所示）。

④ 假定堆积体的宽度为

$$b = a + 2f(n)W \tag{5-70}$$

式中：a——单药包时为漏斗口宽度，多药包时为间距；

$f(n)$——经验系数，其值为 2～3。

由堆积体的宽度及其若干断面，就可标出其体积，并使其体积等于直接由漏斗算出的抛掷方量。相应地修正断面上画的堆积轮廓线，直至抛出的方量等于堆积的方量为止。

这个方法简单，也与实际较接近，但属经验公式，仍需进一步充实。具体设计中可配合理论计算，进行综合比较，确定设计方案。对于中小型爆破，一般效果还好。对于大型爆破，还牵涉到药量计算等问题，尚需进一步加以研究。东川口水库主要以弹道理论计算，结果为：爆落石方 1×10^4 m^3，堆积坝上的有效石方 51 300 m^3，有效百分数为 51.3%。爆破结果总方量达 135 000 m^3，上坝方 85 000 m^3，超过设计水平。

在研究抛掷理论时，实验研究是很重要的。主要是利用高速摄影的办法研究速度分布规律和抛掷规律，也可预先在爆破漏斗内埋置放射性元素来研究抛掷距离和抛掷规律。还可利用木块代替放射性元素埋设在土壤内研究。实验结果表明，在小规模爆破时，土壤最大抛掷速度是药包相对埋置深度（$N/C^{1/3}$）的函数。

$$v = A\left(\frac{N}{Q^{1/3}}\right)^{-\alpha} \tag{5-71}$$

式中：N——药包埋置深度，m。

A、α——与土壤性质有关的常数见表 5-18。

表 5-18 A、α 值

土壤类别	A	α
砂石	9.0	2.4
黄粘土	8.0	3.0
亚粘土、亚矿石	16.0	2.0
粘土	22.0	1.8

由此算出有效能量，对粘土占全部炸药能量的 9%～12%，对黄土为 2%～4%。

对大型爆破，如药量 1 000 t，埋深 40 m，则 v 比式(5-41)所得的结果小，有效能量占 8%，单位耗药量增加，每单位重量炸药抛掷的土方要少 1.5 倍。这是重力影响的结果。

另外，最大抛距在 $1.25 \leqslant n \leqslant 2$ 时，与药量的立方根成比例，药量不变时，抛距随埋置深度增加而减少。而漏斗内通过药包中心的辐射线上的土壤近似地被抛到同样的距离，辐射线越靠近中心线时抛距越大(见图 5-36)，图中为 10 kg 阿莫尼特在深 1 m 的黄土中爆破的实验结果。

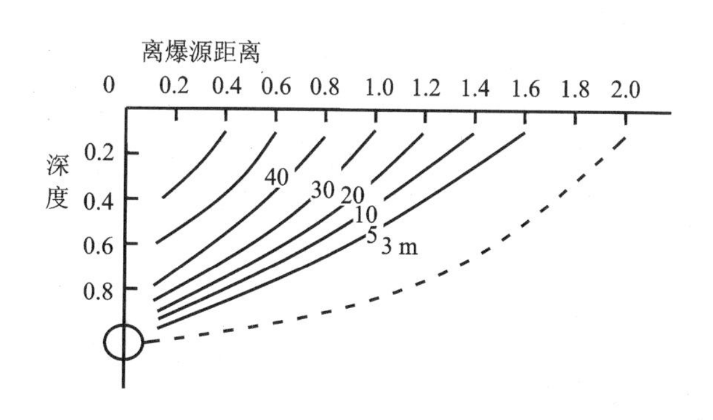

图 5-36　爆炸土壤等抛距图

5.5.4　爆破安全计算

爆破时的安全距离主要考虑三个方面，即爆破作用的危险半径、空气冲击波的影响半径及碎石飞散距离。下面分别加以讨论。

1. 爆破震动作用的危险半径 R_c

爆破震动(vibration of blasting)作用的影响涉及到爆破区周围的建筑物的安全问题。人们在爆破实践中观察到，爆破震动与天然地震对建筑物的影响有很大差别。即使两种震动在地表产生的加速度、速度、位移等一样，引起的破坏效果也差别很大。如天然地震烈度达 9 度时，最大水平加速度为 $0.05 \sim 0.1g$；一般民房就会倾斜，坚固房屋也会遭到破坏，但在爆破震动作用下，加速度达 $1.0g$ 时也不会引起民房破坏。又如地震引起的地面震动最大加速度达到 12 cm/s 才破坏，足见差异颇大。其原因主要是频率和待续时间不同。天然地震的频率为 2～5 Hz，持续时间为 10～40 s，而爆破地震频率为 10～60 Hz，持续时间为 0.1～2 s。

爆破震动破坏的危险半径 R_c 一般按下式计算：

$$R_c = k_c \alpha \sqrt[3]{Q} \tag{5-72}$$

其中：k_c——随岩石的坚硬而变的系数，列于表 5-19。

λ——依爆破作用指数 n 而定的系数，列于表 5-20。

Q——药量，kg。

表 5-19 k_c 值

被保护建筑物地区的介质	k_c	备 注
坚硬致密岩石	3.0	药包在水中和含水土壤中时，系数值应增加0.5～1倍
坚硬破裂岩石	5.0	
砾石、碎石土壤	7.0	
砂石	8.0	
粘土	9.0	
回填土壤	15.0	
流沙、泥煤地层	20.0	

表 5-20 不同爆破作用指数下的 λ 值

爆破作用指数 n 值	λ	备 注
≤0.5	1.2	在地面爆破时，不考虑震动的影响
=1	1.0	
=2	0.8	
≥3	0.7	

爆破震动影响的其他衡量方法还有用能量比、最大加速度、速度、最大振幅等数种。若把炸药引起的波看成是正弦波：

$$\left.\begin{aligned} x &= A\sin(\omega t-\varphi) \\ \dot{x} &= A\omega\cos(\omega t-\varphi)=2\pi fA\cos(\omega t-\varphi) \\ \ddot{x} &= -A\omega^2\sin(\omega t-\varphi)=-4\pi^2 f^2 A\cos(\omega t-\varphi) \end{aligned}\right\} \tag{5-73}$$

故最大速度为 $$v_{\max}=2\pi(fA)$$

最大加速度为 $$a_{\max}=4\pi^2(f^2A)$$

最大动能为

$$E_{\max}=\frac{1}{2}\frac{M}{g}4\pi^2(f^2A^2) \tag{5-74}$$

式中：f——频率，Hz；

ω——角速度，$\omega=2\pi f$；

A——振幅；

M——建筑物的重量。

(1) 能量比衡量振动的影响

Deet 测量了爆破与地震作用下的频率与振幅，并计算其能量，发现相差很远，认为可以用来衡量振动的影响，如表 5-21 所列。

表 5-21 爆破与地震作用下的能量

	f/s^{-1}	A /cm	f^2A^2	动 能	动能比
爆炸	10	0.23	5.29	10.4 M	1
地震	1.3	3.6	2 190	43.1 M	450

Candell 定义能量比为

$$能量比 = \frac{a^2}{f^2} = \frac{16\pi^4 f^4 A^2}{f^2} = 16\pi^4 (f^2 A^2) \tag{5-75}$$

比较式(5-74)、式(5-75)可知，能量比与动能比相差常数倍。由实验得知：

$$\frac{a^2}{f^2} < 3 \quad 安全, \qquad \frac{a^2}{f^2} > 6 \quad 危险$$

介于两者之间就要注意了。

(2) 用最大加速度衡量振动的影响($f^2A^2>10$，危险)

计算振幅的经验公式为

$$A = \frac{0.254\, Q^{2/3}}{100}\left[0.07\mathrm{e}^{-0.00143R} + 0.01\right] \tag{5-76}$$

式中：A——最大振幅，m；

Q——药量，kg；

R——距离，m。

美国矿务局认为对采矿场常见波频，一般建筑物加速度破坏标准定为 $1.0g$。加拿大安大略洲水力电力委员会提出对于大型土木建筑，加速度破坏允许值为 $3.0g$。

(3) 用振幅衡量振动的影响

英里斯提出的振幅临界值如表 5-22 所列。

表 5-22　振幅临界值

建筑类型	A/cm
重要建筑物、古迹	0.01
房屋、集合场所	0.02
土木建筑	0.1
孤立财产	0.4

(4) 用速度衡量振动的影响：

计算速度常用萨道夫斯基公式：

$$v = \frac{k}{\sqrt[3]{f(n)}}\left(\frac{Q^{1/3}}{R}\right)^{\alpha} \tag{5-77}$$

式中：k—— 和地形、地质有关的系数；

R—— 观测点到爆破中心的距离；

Q——药量；

φ——衰减系数。

对于一般砖木结构民房，速度的临界值为 12～14 cm/s。

在几个药包共同作用下考虑速度影响的安全距，离用下式计算：

$$R_c = A' \sqrt[3]{Q_\xi} \tag{5-78}$$

式中：A'—— 依赖于建筑物自振周期 T_0，土壤性质和炸药量的常数如表 5-23。

Q_ξ——折合药量。若令 Q_1、Q_2、…、Q_m 为各药包的药量，R_1、R_2、…、R_m 为观测点到各药包的距离，Q_δ 为折合距离，则有

$$Q_{\text{等}} = Q_1 \left(\frac{R_{\text{等}}}{R_1}\right)^3 + Q_2 \left(\frac{R_{\text{等}}}{R_2}\right)^3 + \cdots + Q_m \left(\frac{R_{\text{等}}}{R_m}\right)^3 = \sum_i Q_i \left(\frac{R_{\text{等}}}{R_i}\right)^3 \qquad (5-79)$$

$$R_{\text{等}} = \frac{\sqrt[3]{Q_1}R_1 + \sqrt[3]{Q_2}R_2 + \cdots + \sqrt[3]{Q_m}R_m}{\sqrt[3]{Q_1} + \sqrt[3]{Q_2} + \cdots + \sqrt[3]{Q_m}} = \sum_i \frac{\sqrt[3]{Q_i}R_i}{\sqrt[3]{Q_i}} \qquad (5-80)$$

表 5-23 中上一格的数字代表在 $T_0 \leqslant 0.4$ s 时的 A' 值，下面的数字代表 $T_0 \geqslant 0.4$ s 时的 A' 值。

至于建筑物自振周期 T_0 的值可参考表 5-24。

于是由表 5-24 查得 T_0，由表 5-23 查得 A'，由式(5-79)、式(5-80)就可以算出安全距离 R_c。

表 5-23　A' 值

土　壤	炸药/t			
	10	100	1 000	10 000
饱和土	25	25	25	25
	7	7	10	20
中等强度腐殖土	6	10	13	15
	3	3	4	5
硬质土		1.0	1.0	1.5
		0.5	0.5	0.5

故有 $R > R_c$ 时安全，$2/3R_c \leqslant R \leqslant R_c$ 时，无高楼大厦也安全。

式(5-78)与式(5-72)有些不同。式(5-78)考虑了建筑物的自振周期，但两者的常数都是通过实验确定经验系数。东川口水库定向爆破震动作用的危险半径是按式(5-72)计算的。

表 5-24　T_0 值

建筑物类型	周期 T_0/s
1—2 层砖石建筑物	0.25～0.35
3—4 层	0.35～0.45
2—3 层钢筋混凝土建筑物	0.35～0.50
4—7 层	0.50～0.70
1—2 层木材房屋	0.40～0.50
3—4 层	0.50～0.70
2—4 层钢架建筑物	0.30～0.40
5—9 层	0.60～1.20

2. 空气冲击波的影响半径 R_s

对于空气冲击波的影响半径，按下式计算：

$$R_s = K_s \sqrt{Q} \qquad (5-81)$$

式中：K_s——系数，对各种建筑物按表 5-25′选取。

确定空气冲击波对人身机体不发生伤害的距离时，K_s 值在裸露药包时分别选 5，10，15。而对埋置的药包则取 K_s 为 0.5～1.0。

表 5-25　K_s 值

安全等级	可能破坏程度	炸药位置			
		裸露的炸药	全埋入的炸药	$n=3$	$n=2$
1	完全无破损	50～150	10～40	5～10	2～5
2	玻璃设备的偶然破坏	10～30	5～9	2～4	1～2
3	完全破坏玻璃设备，局部破坏窗框、门、破裂墙上的泥灰及内部的隔墙	5～8	2～4	1～1.5	0.5～1
4	破坏隔墙、窗框、门、木板房、板棚	2～4	1.1～1.9	0.5	破坏限于抛掷界限内
5	破坏不坚固的房屋，颠覆铁路车辆，破坏输电线	1.5～2	0.5～1	破坏限于抛掷界限内	
6	穿透坚固的砖墙，完全坏城市建筑物及厂房，损坏桥梁和路基	1.4	破坏限于抛掷界限内		

在爆破工程中，对于人员安全距离，往往不取决于空气冲击波的影响，而主要考虑飞石的安全距离。

3. 碎石飞散安全距离

计算碎石飞散安全距离可用下式进行：

$$R_A = K_A 20n^2 W \tag{5-82}$$

式中：K_A——与地形地质气候及药包埋置深度有关的安全系数，一般选为 2～3。

n——爆破作用指数。

W——最小抵抗线。

根据式(5-82)计算的数值，如果小于表 5-26 中所列的最小数值时，则按表中数值确定警戒范围。

表 5-26　最小安全距离值(露天爆破)

爆破方法	最小安全距离/m
裸露药包	300
炮眼爆破与深孔法	200
药室法与大孔径(破碎药包)	200
蛇穴法与小洞室法(破碎药包)	300
大药量药包，小洞室，蛇穴法(抛掷爆破)	400
硐室大爆破	400
补加药包法	400
扩大药壶	50
扩大药眼或深孔	100
爆破覆冰	100
爆破阻塞水	200
伐倒建筑物和破坏基础	100
挖掘树根	200

对于不同爆破作用指数 n 和最小抵抗线 W 下对人员和机械的伤害的危险半径，可参考表 5－27、表 5－28。

表 5－27　对人员的危险半径

W/m		爆破作用指数 n			
	1.0	1.5	2.0	2.5	3.0
1.5	200	300	350	400	400
2.0	200	400	500	600	600
4.0	300	500	700	800	800
6.0	300	600	800	1000	1000
8.0	400	600	800	1000	1000
10.0	500	700	900	1000	1000
12.0	500	700	900	1200	1200
15.0	600	800	1000	1200	1200
20.0	700	800	1200	1500	1500
25.0	800	1000	1500	1800	1800
30.0	800	1000	1700	2000	2000

表 5－28　对机械的危险半径

W/m	破坏作用指数 n				
	1.0	1.5	2.0	2.5	3.0
1.5	100	150	250	300	300
2.0	100	200	350	400	400
4.0	150	250	500	550	550
6.0	150	350	550	650	650
8.0	200	300	600	700	700
10.0	250	400	600	700	700
12.0	250	400	700	800	800
15.0	300	400	700	800	800
20.0	350	400	800	1 000	1 000
25.0	400	500	900	1 000	1 000
30.0	400	500	1 000	1 200	1 200

东川口水库安全距离计算结果为

$$R_c = 119\ \text{m} \quad (\text{震动})$$

$$R_s = 2240\ \text{m} \quad (\text{冲击波})$$

$$R_A = 3580\ \text{m} \quad (\text{飞石})$$

再根据东川口水库坝址附近具体情况，取安全距离为 2 500 m，警戒为 1 500 m。

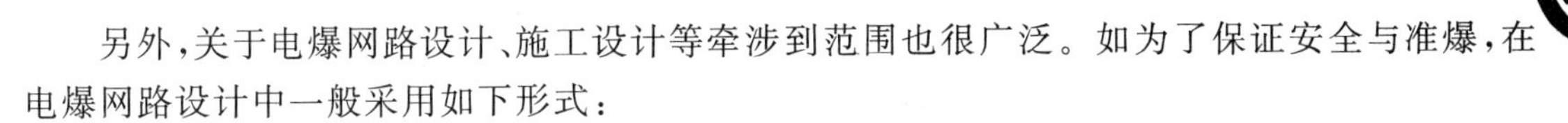

另外，关于电爆网路设计、施工设计等牵涉到范围也很广泛。如为了保证安全与准爆，在电爆网路设计中一般采用如下形式：

① 两套传爆线网路进行起爆；

② 一套电爆网路和一套传爆线路同时起爆；

③ 采用正副两套电爆网路进行起爆；

④ 两套电爆网路线和一套(或两套)传爆网路线进行起爆。

对起爆方法，电爆网路的连接方法等方面都要慎重选择，并要进行大量的计算，确定网路总电阻、电流等，校核每一电雷管的电流，使其符合小于 2.5 A 的规定。

至于施工设计内容也很丰富，如现场布置(包括道路、压缩空气站及临时建筑物的布置)，药室设计(包括药室形状、高度、防潮等)，准备坑道的设计，起爆技术和保证爆破效果的有效措施等方面都需考虑。施工前机具的准备，劳动力的组织也有大量的工作要做。

复习题

1. 硐室爆破技术设计包括哪些内容？
2. 大爆破的主要危害是什么？
3. 何谓硐室爆破技术？简述硐室爆破技术设计的基本内容、方法和步骤。
4. 硐室爆破的药包布置有何特点，需考虑哪些因素以及阐述硐室爆破的特殊性？
5. 简述定向爆破及其原理。
6. 什么叫自由面？它与爆破效果有什么关系？
7. 试以说明爆破漏斗的几何参数。
8. 说明药包药量的计算原理。
9. 利用功能平衡原理推导波克罗夫斯基公式。利用流体动力学理论推导符拉索夫公式。
10. 讨论分析波克罗夫斯基符拉索夫药量公式的适用性。
11. 如何确定定向爆破的方案？

第6章　深孔爆破

6.1　概　述

深孔爆破法(long hole blasting method)在石方爆破工程中占有重要地位。它已广泛地在露天开采工程(如露天矿山的剥离与采矿)、山地工业场地平整、港口建设、铁路和公路路堑、水电闸坝基坑和地下开采工程(如地下深孔采矿、大型硐室开挖、深孔成井)中得到广泛的应用,并取得良好的技术经济效果。

随着深孔钻机和装运设备的不断改进,爆破技术的不断完善和爆破器材的日益发展,深孔爆破在改善和控制爆破质量、提高大型机械设备装运效率和经济效益方面的优越性已为人们所认识与重视。因此这种爆破方法的应用比例将会愈来愈占优势。

与硐室爆破相比,深孔爆破应该是更高一级水平上的爆破技术。它的发展是与钻孔机械的发展密不可分的。一些发达国家在20世纪60年代初就已经基本上不进行硐室爆破,其原因即在于此。

深孔爆破的特点可以归纳为:安全、适合石方机械化连续施工。

深孔爆破的安全性表现在它属于露天作业,装药部位的地质条件和与临空面的关系较直观,容易取得数据,不易发生安全责任事故,加之其爆破规模一般都较小,爆后效果看得一清二楚。而硐室爆破在刚爆完时不容易发现盲炮,这对以后的清理工作带来了很大的麻烦。总之在进行的大规模硐室爆破中,总难避免要留下许多的炸药在爆堆里,而这些盲炮往往在爆破后当时发现不了,这对装运爆破后石碴的机械和人员来说,意味着有许多不安全因素。近年来硐室大爆破中不断出现的盲炮事故确实让人对其安全性感到不安。同时,硐室大爆破中因抵抗线不正确、个别部位地质条件不明而发生的非预料性的飞石所引起的伤人毁物事故也时有所闻,而且往往是恶性的重大事故。多年来深孔爆破中很少听到有这种事故发生,即使发生这样的事故,影响要小得多,其盲炮的规模很小,处理容易,飞石也较易控制。

深孔爆破适合机械化施工,主要是因为深孔爆破可以控制爆堆的塌散方向、范围、爆堆高度及松散程度,保证装运平台的平顺,而且能迅速投入钻爆生产,形成均衡的钻、装爆、运动作业循环和边疆的机械化施工能力。

与硐室爆破相比,深孔爆破有以下优点:

① 深孔爆破能有效地控制爆后岩石的大块率,大块率可控在8%以下,而且爆堆岩石破碎均匀、大小石块级配合理。大块率低,不仅可以大大减少二次改炮的爆破次数,即减少对周围环境的干扰,而且大块率每降低1%,装运效率可提高2%以上,可以加快装运速度。

② 深孔爆破产生的大块一般都塌散在爆堆边缘和表层。不像大型硐室爆破那样混杂在爆堆中,严重影响装运效率,造成挖装机械毁损率高,机械装运效率下降。

③ 深孔爆破能消除装运平台上的岩坎,保证装运平台的平顺,这是其他爆破方法很难达到的。

④ 深孔爆破可以控制爆堆的塌散方向、范围、爆堆高度及松散程度,保证挖运机械安全作

业，并提高挖装效率。

⑤ 深孔爆破不像大型硐室爆破那样需先用较长时间开挖导硐和药室才能爆破清运，到现场后能迅速投入钻爆生产，并利用不同平台、不同位置的多机多点多层次钻爆作业方式，形成均衡的钻、爆、运作业循环。

⑥ 深孔爆破属露天作业，装药部位的地质条件和与临空面的关系较直观，容易取得数据，容易控制事故的发生。而大型硐室爆破中导硐、药室开挖为地下作业，近年来因施工的导硐、药室位置与设计不符，岩层中夹层及破碎带等地质薄弱面未能发现或处置不当，或山体地形复杂造成个别地段抵抗线过小，且又未能发现等原因引起爆破时大量石块远距离飞出，造成人员伤亡，机械、房屋损毁的恶性责任事故屡有发生。

⑦ 深孔爆破一次起爆炮孔、起爆器材多，但大块率低，二次解炮次数少。而大型硐室爆破大块率高，二次解炮次数多，总的爆破次数要多一些。GB 6722—86《爆破安全规程》规定：爆破时个别飞散物对人员的安全距离为：二次解炮 300 m，硐室爆破 300 m，深孔爆破 200 m，显然，深孔爆破要安全得多。

⑧ 由于爆破震动波传播途径受地质条件的影响，大药量的集团装药地下爆破有时能对几千米以外的建筑产生损害，在地质坚硬致密和地下水位高、居民区密集的地区尤应注意。而深孔爆破每次爆破药量小，临空面条件好，只要爆破区周围的地质条件准确，采用的技术措施得当，就不会产生这种不可预见的安全问题。

按一般爆破教程，深孔爆破的设计是比较简单的，在孔径一定以后，无非是选择台阶高度、抵抗线、孔排距、装药量等孔网参数和装药参数以及进行合理的起爆设计。这些参数凭经验和一些少量的试验就可以确定，施工单位往往认为只要在施工时按要求布上孔，钻完孔，在保证一定堵塞长度下装药就行了。

6.2 露天深孔爆破法

通常将孔径在 50 mm 以上及深度在 5 m 以上的钻孔称为深孔。深孔爆破一般是在台阶上或事先平整的场地上进行钻孔作业，并在深孔中装入延长药包进行爆破。

深孔爆破必须满足不同开挖工程的技术要求，既要全面改善爆破质量，又要改善爆破技术经济指标，降低工程的总成本。所谓全面改善爆破质量是指一要破碎质量好，破碎块度符合工程要求，基本上无不合规格的大块，无根底，爆堆集中并具有一定松散度，能满足铲装设备高效率装载的要求；二要降低爆破的有害效应，减少后冲、后裂和侧裂、降低爆破地震、噪声、冲击波和飞石的危害。改善爆破技术经济指标是指提高爆破量，降低炸药单耗，并在改善破碎质量的前提下，使钻孔、装载、运输和机械破碎等后续工序发挥高效率，使其工程的综合成本达到最低。

为了达到良好的深孔爆破效果必须合理地确定布孔方式、孔网参数、装药结构、装填长度、起爆方法、起爆顺序和单位炸药消耗量等参数。

6.2.1 台阶要素、钻孔形式与布孔方式

1. 台阶要素

深孔爆破的台阶要素如图 6-1 所示。

H 为台阶高度；W_1 为前排钻孔的底盘抵抗线；L 为钻孔深度；l_1 为装药长度；l_2 为堵塞长度；h 为超深；α 为台阶坡面角；b 为排距；B 为台阶上眉线至前排孔口的距离；W 为炮孔的最小抵抗线。为达到良好的爆破效果，必须正确确定上述各项台阶要素。

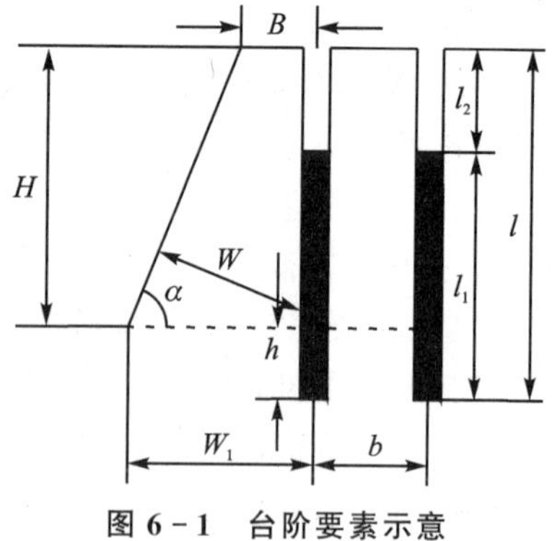

图 6-1　台阶要素示意

2. 钻孔形式

深孔爆破钻孔形式一般分为垂直钻孔和倾斜钻孔两种（如图 6-2 所示），也有个别情况采用水平钻孔。

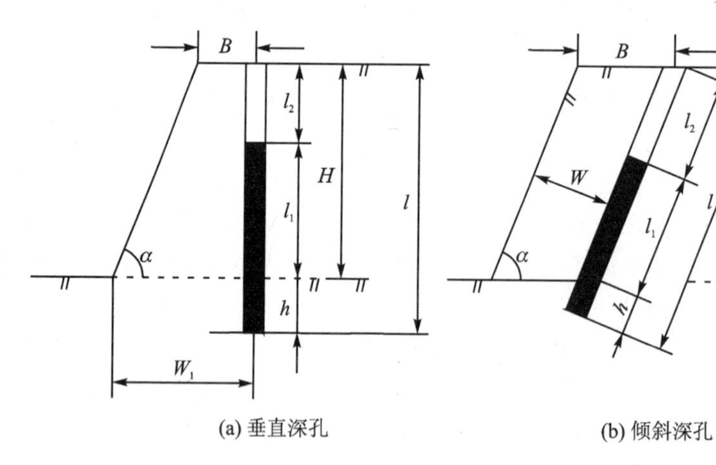

图 6-2　钻孔形式

垂直深孔和倾斜深孔的使用条件和优缺点列于表 6-1。

表 6-1　垂直深孔与倾斜深孔比较

钻孔形式	适用情况	优　点	缺　点
垂直钻孔	在开采工程中大量采用	(1) 适用于各种地质条件的深孔爆破； (2) 钻垂直深孔的操作技术比倾斜孔容易； (3) 钻孔速度比较快	(1) 爆破后大块率比较高，常留有根底； (2) 台阶顶部经常发生裂缝，台阶面稳固性比较差
倾斜钻孔	在软质岩石的开采工程中应用比较多，随着新型钻机的发展，应用范围会广泛增加	(1) 抵抗线分布比较均匀，爆后不易产生大块和残留根底； (2) 台阶比较稳固，台阶坡面容易保持，对下一台阶面破坏小； (3) 爆破软质岩石时，能取得很高效率； (4) 爆破后岩堆的形状比较好	(1) 钻孔技术操作比较复杂，容易发生夹钻事故； (2) 在坚硬岩石中不宜采用； (3) 钻孔速度比垂直孔慢

从表中可以看出，斜孔比垂直孔具有更多优点，但由于钻凿斜孔的技术操作比较复杂，孔的长度相应比垂直孔长，而且装药过程中易发生堵孔，所以垂直孔仍然用得比较广泛。

3. 布孔方式

布孔方式有单排布孔及多排布孔两种。多排布孔又分方型、矩形及三角形（或称梅花形）

三种，如图 6-3 所示。从能量均匀分布的观点看，以等边三角形布孔最为理想，所以许多矿山多采用三角形布孔，而方形或矩形布孔多用于挖沟爆破。目前为了增加一次爆破量广泛推广大区多排孔微差爆破技术，不仅可以改善爆破质量，而且可以增大爆破规模，以满足大规模开挖的需要。

4. 铁路、公路路堑爆破的钻孔布置

铁路与公路路堑爆破因受地形条件变化的影响，因此在布孔方法上与露天矿的正规台阶爆破有所不同，布孔条件较为复杂，通常有两种布置方法。

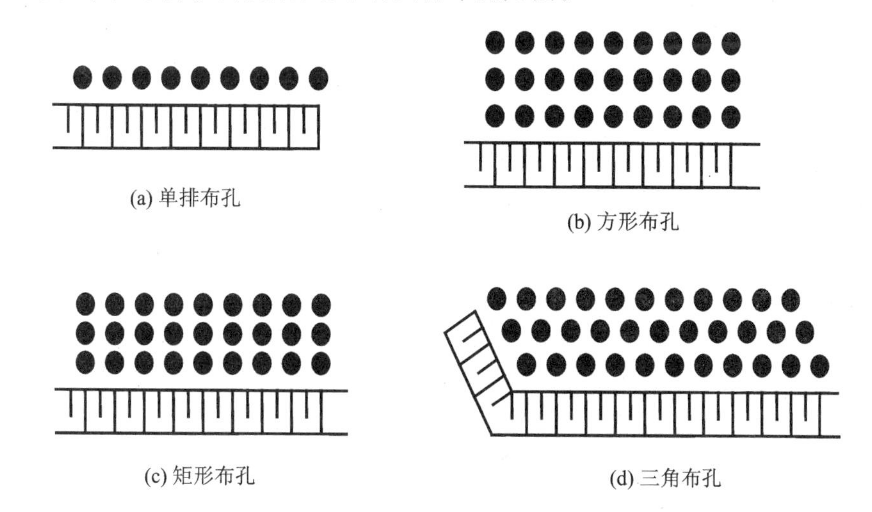

图 6-3　深孔布置方式

(1) 半壁路堑开挖布孔方式

半壁路堑开挖多采用横向台阶法布孔，即平行线路方向钻孔。如图 6-4 所示。对于高边坡半壁路堑，应采用分层布孔。

(2) 全路堑开挖布孔方式

全路堑开挖由于开挖断面小，爆破易影响边坡的稳定性。因此最好采用纵向浅层开挖，每层深 6～8 m。上层顺边坡沿倾斜孔进行预裂爆破，下层靠边坡的垂直孔深度应控制在边坡线以内。如图 6-5 所示。若开挖断面较大，如双线路堑，仍可采用单层开挖，一般采用纵向台阶布孔法。

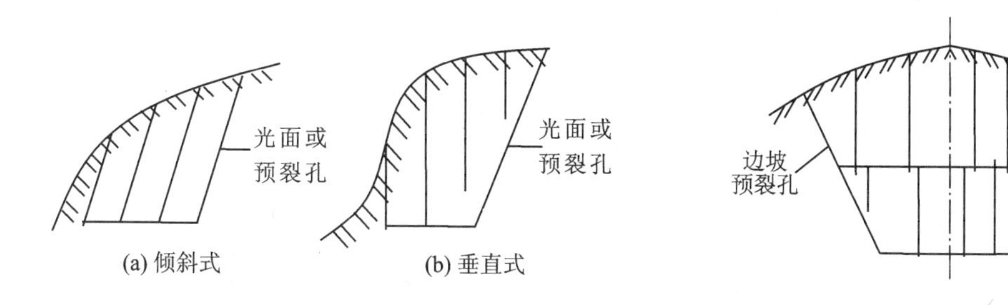

图 6-4　半壁路堑布孔　　**图 6-5　全路堑分层开挖**

此外在露天矿基建初期的剥离工程、工业场地平整以及站场开挖等，均系在地形变化的条件下进行布孔，此时炮孔参数应随炮孔深度的变化作适当调整。

6.2.2 露天深孔爆破参数

露天深孔爆破参数包括孔径、孔深、超深、底盘抵抗线、孔距、排距、堵塞长度和单位炸药消耗量等。

1. 孔径和孔深

露天深孔爆破的孔径主要取决于钻机类型、台阶高度和岩石性质。当采用潜孔钻机时，孔径通常为 100～200 mm，牙轮钻机或钢绳冲击式钻机，孔径为 250～310 mm，也有达 500 mm 的大直径钻孔。一般来说钻机选型确定后，其钻孔直径已固定下来，国内采用的深孔孔径有 80 mm、100 mm、150 mm、170 mm、200 mm、250 mm、310 mm 几种。

孔深由台阶高度和超深确定。

2. 台阶高度和超深

台阶高度主要考虑为钻孔、爆破和铲装创造安全和高效率的作业条件，一般按铲装设备选型和矿岩开挖技术条件来确定。多采用 10～12 m 的台阶高度，也有采用 15～20 m 的高台阶。有人认为经济的台阶高度为 12～18 m。

超深是指钻孔超出台阶底盘标高的那一段孔深，其作用是用来克服台阶底盘岩石的夹制作用，使爆破后不残留根底，而形成平整的底部平盘。超深选取过大，将造成钻孔和炸药的浪费，增大对下一个台阶底盘的破坏，给下次钻孔造成困难，并且会增大爆破地震波的强度；超深不足将产生根底或抬高底部平盘的标高，而影响装运工作。

根据实践经验，超深可按下式确定：

$$h = (0.15 \sim 0.35)W_{底} \tag{6-1}$$

式中：$W_{底}$——底盘抵抗线，m。

当岩石松软时取小值，岩石坚硬时取大值，如果采用组合装药，底部使用高威力炸药时可以适当降低超深。也有的矿山按孔径的倍数确定超深值，一般取 8～12 倍。国内矿山的超深值一般波动在 0.5～3.6 m 之间。在某些情况下，如底盘有天然分离面或底盘岩石需要保护，则可不留超深或留下一定厚度的保护层。

3. 底盘抵抗线

底盘抵抗线是影响露天爆破效果的一个重要参数。过大的底盘抵抗线会使根底多、大块率高、后冲作用大；过小则不仅浪费炸药、增大钻孔工作量，而且岩块易抛散和产生飞石危害。底盘抵抗线的大小同炸药威力、岩石爆破性、岩石破碎要求以及钻孔直径、台阶高度和坡面角等因素有关，这些因素及其互相影响程度的复杂性，很难用一个数学公式表示。在设计中可以用类似条件下的经验公式来计算，然后在实践中不断加以调整，以达到最佳效果。

(1) 根据钻孔作业的安全条件

$$W_1 \leqslant H\cot\alpha + B \tag{6-2}$$

式中：W_1——底盘抵抗线，m；

H——台阶高度，m；

α——台阶坡面角，一般为 60°～75°；

B——从钻孔中心至坡顶线的安全距离，对大型钻孔 $B \geqslant 2.5 \sim 3.0$m。

(2) 按台阶高度

$$W_1 = (0.6 \sim 0.9)H \tag{6-3}$$

(3) H. B. 迈利尼科夫公式

在满足所确定的炸药单位耗药量的条件下，按炮孔装药量应等于爆破的岩石体积所需药量的原理导出下式：

$$W_1 = \frac{-q_1(K-\rho)+\sqrt{q_1^2(K-\rho)^2+4qmq_1H^2}}{2qmH} \tag{6-4}$$

式中：q——单位炸药消耗量，$\mathrm{kg/m^2}$；

q_1——每米炮孔装药量，kg/m；

K——堵塞系数，$K=\frac{L_2}{W_1}\geqslant 0.75$，$L_2$ 为堵塞长度；

m——钻孔邻近(密集)系数，$m=\frac{a}{W_1}\leqslant 1.3$，$a$ 为钻孔间距；

ρ——超深系数，$\rho=0.15\sim0.35$。

其余符号含义同前。

与上述推算方法近似，也可按下式计算：

$$W_1 = d\sqrt{\frac{7.85\Delta\tau l}{qmH}} \tag{6-5}$$

式中：d——钻孔直径，m；

Δ——装药密度，$\mathrm{g/m^3}$；

τ——深孔装药系数。

其余符号含义同前。

(4) 按炮孔孔径倍数确定底盘抵抗线

根据调查，我国露天矿山深孔爆破的底盘抵抗线一般为孔径的 20～50 倍。

采用清渣和压渣爆破的 W_1/D 比值如表 6－2 所列。

表 6－2　清渣和压渣爆破的 W_1/D 比值

孔径/mm	清渣爆破	压渣爆破
200	30～50	22.5～37.5
250	24～48	20～48
310	33.5～42	19.5～30.5

以上说明，底盘抵抗线受许多因素影响变动范围较大，除了要考虑前述的一些条件外，控制坡面角是调整底盘抵抗线的有效途径。此外，尚可通过漏斗爆破与半工业试验获得具体矿岩条件与使用较匹配的炸药情况下的最佳底盘抵抗线。

4. 孔距与排距

孔距 a 是指同一排深孔中相邻两钻孔中心线间的距离。孔距按下式求得：

$$a = mW_1 \tag{6-6}$$

密度系数 m 值通常大于 1.0，在宽孔距爆破中则为 3～4 或更大。但是第一排孔往往由于底盘抵抗线过大，应选用较小的密集系数，以克服底盘的阻力。

排距是指多排孔爆破时，相邻两排钻孔间的距离，也就是第一排孔以后各排孔的底盘抵抗线值。因此确定排距的方法应按确定最小抵抗线的原则考虑，在采用正三角形布孔时，排距与孔距的关系为

$$b = a \cdot \sin 60^\circ = 0.866a \tag{6-7}$$

式中：b——排距，m；

a——孔距，m。

多排孔爆破时，孔距与排距是一个相关的参数。在炸药性能一定时，各种矿岩有一个合理的炸药单耗，因此在给定的孔径条件下每个孔有一个适宜的负担面积，即：

$$S = a \cdot b$$

或

$$b = \sqrt{\frac{S}{m}} \tag{6-8}$$

符号含义同前。

上式表明，当已知合理的钻孔负担面积 S 和钻孔邻近系数 m 值，便可以确定排距。

5. 堵塞长度

确定合理的堵塞长度和保证堵塞质量对改善爆破效果和提高炸药能量利用率具有重要作用。

合理的堵塞长度应能降低爆炸气体能量损失和尽可能增加钻孔装药量。堵塞长度过长将会降低延米爆破量，增加钻孔费用，并造成台阶上部岩石破碎不佳；堵塞长度过短，则炸药能量损失大，将产生较强的空气冲击波、噪声和个别飞石的危害，并影响钻孔下部破碎效果。一般堵塞长度不小于底盘抵抗线的 0.75 倍，或取 20～40 倍孔径，最好不小于 20 倍孔径。堵塞试验表明，随着堵塞长度的减少则炸药能量损失增大。不堵塞时爆轰产物将以每秒几千米的速度从炮孔口喷出，造成有害效应，因此安全规程中规定禁止无堵塞爆破。

矿山大孔径深孔的堵塞长度一般为 5～8 m。堵塞物料多为就地取材，以钻孔时排出的岩渣或选矿厂的尾砂做堵塞物料。

6. 单位炸药消耗量

影响单位炸药消耗量的因素很多，主要有岩石的爆破性、炸药种类、自由面条件、起爆方式和块度要求等。因此，选取合理的单位炸药消耗量 q 值往往需要通过试验或长期生产实践来验证。单纯的增加单耗对爆破质量不一定有更大的改善，只能消耗在矿岩的过粉碎和增加爆破有害效应上。实际上对于每一种矿岩，在一定的炸药与爆破参数和起爆方式下，有一个合理的单耗。各种爆破工程都是根据生产经验，按不同矿岩爆破性分类确定单位炸药消耗量或采用工程实践总结的经验公式进行计算。冶金矿山的单耗一般在 0.1～0.35 kg/t 之间。在设计中可以参照类似矿岩条件下的实际单耗，也可以按表 6-3 选取单位炸药消耗量。该表数据以 2 号岩石硝铵炸药为标准。

表 6-3 单位炸药消耗量 q 值表

岩石坚固性系数 f	0.8～2	3～4	5	6	8	10	12	14	16	20
q 值/(kg·m^{-3})	0.40	0.43	0.46	0.50	0.53	0.56	0.60	0.64	0.67	0.70

7. 每孔装药量

单排孔爆破或多排孔爆破的第一排孔的每孔装药量按下式计算：

$$Q = q \cdot a \cdot W_{底} \cdot H \tag{6-9}$$

式中：q——单位炸药消耗量，kg/m^3；

a——孔距，m；

H——台阶高度，m；

$W_{底}$——底盘抵抗线，m。

多排孔爆破时，从第二排孔起，以后各排孔的每孔装药量按下式计算：

$$Q = K \cdot q \cdot a \cdot b \cdot H \tag{6-10}$$

式中：K——考虑受前面各排孔的矿岩阻力作用的增加系数，一般取1.1～1.2；

其余符号含义同前。

我国部分露天矿深孔爆破参数见表6-4。确定露天深孔爆破参数除参照实际参数外，还可以通过实验室内模型试验，现场半工业试验或在生产实践中不断摸索，使各项参数逐步接近优化，以达到良好的爆破效果。

表6-4　国内部分露天矿250 mm孔径深孔爆破参数

矿山名称	矿岩种类	孔距/m		超深/m	炸药单耗/(kg·m⁻³)	堵塞高度/m
		前排	后排			
南芬铁矿	矿石	0.36～0.4	～1.0	1～3.5	0.205～0.29	5～6
	岩石	0.45～0.5	～1.0	1.5～3.0	0.25～0.285	5～6
歪头山铁矿	矿石	0.68～0.7	2.5	2.5～3.0	0.25～0.27	6～8
	岩石	0.68	2.2	1.5～2.0	0.22～0.25	7～8
大孤山铁矿	矿石	0.76～0.85	1.04～1.13	2.5～3.5	0.216	6.5～7.0
	岩石	0.8～0.91	1.07～1.13	2.0～2.5	0.215	6.5～7.0
齐大山铁矿（南采）	矿石	0.81～0.84	1.17～1.18	2.0～2.5	0.7	6
	岩石	0.94	1.26	2.0～2.25	0.66	6
齐大山铁矿（北采）	矿石	1.08	1.17	2.0～2.5	0.5～0.55	6～7
	岩石	0.94～1.03	1.13～1.16	2.0～2.5	0.5～0.60	6～7
东鞍山铁矿	矿岩			3～3.5	0.35～0.45	7
眼前山铁矿	矿石	0.83～0.94	1.16～1.30	3～3.5	0.6～0.8	6.5～7
甘井子石	岩石	0.97	1.35	2.5	0.45～0.55	6.5～7
灰石矿	矿石	1.1	1.68	2～3	0.30～0.4	6.5～7
南山铁矿（凹山）	矿石	0.59	1.08	1.5～2.0	0.32～0.35	8
	岩石	0.55～0.68	1.08～1.15	1.5～2.0	0.28～0.37	8
海南铁矿	矿石		2～3.5	1.5～2.0	0.16～0.26	>6
水厂铁矿	东山矿岩	0.87～1.2	1～1.62	1～3.1	0.37～0.59	4～6.5
德兴铜矿	南山矿岩	1.02～1.13	1.42～1.44	2～2.2	0.44～0.56	5.3～6.2
	北山矿岩	1.08～1.3	1.33～1.6	2.2～3.0	0.35～0.55	5.5～8.0
	Ⅰ类矿岩			2～2.5	0.77	装填比
	Ⅱ类矿岩			2～2.5	0.486	1∶0.7～0.8

6.2.3 微差爆破

微差爆破又称毫秒爆破。它是在深孔孔间、深孔排间或深孔孔内以毫秒级的时间间隔，按一定顺序起爆的一种起爆方法。这种方法具有降低爆破地震效应、改善破碎质量、降低炸药单耗、减小后冲、爆堆比较集中等明显优点。因此在各种爆破工程中得到广泛应用，特别是大区多排孔微差爆破方法已成为露天矿采剥工程的一种主要方法。

1. 微差爆破作用原理

由于相邻深孔起爆间隔时间很短，在爆破过程中存在着复杂的相互作用。其主要作用原理是先爆孔为相邻的后爆孔增加新的自由面、应力波的相互叠加作用和岩块之间的碰撞作用，使被爆岩体获得良好的破碎，并相应提高了炸药能量的利用率。

以单孔顺序起爆方法分析其破岩过程如下：

① 先行爆破的深孔在爆破作用下形成单孔爆破漏斗，使这部分岩体破碎并与原岩分离，同时在漏斗体外相邻孔的岩体中产生应力场与微裂隙。

② 后爆破的相邻深孔，因先爆孔已为其增加了新的自由面，改善了爆破作用条件，从而得到良好的破碎。

③ 后爆孔是在先爆孔产生的预应力尚未消失之前起爆，将形成的应力波互相叠加，从而增强了破碎效果。

④ 相邻孔之间的岩体在破碎过程中存在着岩块间的互相碰撞，得到了进一步的破碎。

2. 微差爆破间隔时间的确定

确定合理的微差爆破间隔时间，对改善爆破效果与降低地震效应具有重要作用。在确定间隔时间时主要考虑岩石性质、布孔参数、岩体破碎和运动的特征等因素。微差间隔时间过长则可能造成先爆孔破坏后爆孔的起爆网路，过短则后爆孔可能因先爆孔未形成新自由面而影响爆破质量。间隔时间的长短一般根据经验或经验公式来确定。

$$\Delta t = t_d + \frac{L}{v_C} = KW_{底} + \frac{L}{v_C} \tag{6-11}$$

或

$$\Delta t = K_p W_{底}(24 - f) \tag{6-12}$$

式中：Δt——微差间隔时间，ms；

t_d——从爆破到岩体开始移动的时间，ms；

K——系数，一般为 2～4 ms/m，也可通过观测确定；

$W_{底}$——台阶底盘抵抗线，m；

L——裂缝宽度，ms，一般取 0.01 ms；

v_C——裂缝开裂速度，m/ms；

K_p——岩石裂隙系数。对于裂隙少的岩石，$K_p=0.5$；对于中等裂隙岩石，$K_p=0.75$；对于裂隙发育的岩石，$K_p=0.9$；

f——岩石坚固性系数。

我国矿山生产中采用的微差间隔时间一般为 25～50 ms，近年来，起爆器材的不断改进，提高了起爆网路的可靠性，对多排微差爆破来说适当延长微差间隔时间，将会改善爆破质量和

降震效果。

3. 大区多排微差爆破的起爆方案

随着开挖工程规模的不断扩大，大区多排孔微差爆破愈加显示其优越性，为保证达到良好的爆破质量，必须正确选择起爆方案。起爆方案是与深孔布置方式和起爆顺序紧密结合的，要根据岩石性质、裂隙发育程度、构造特点对爆堆要求和破碎程度等因素进行选择。

常用的起爆方案有以下几种：

① 方形(或矩形)布孔，排间微差起爆，如图 6－6(a)所示。

② 方形(或矩形)布孔，对角微差起爆，如图 6－6(b)所示。

③ 方形(或矩形)布孔，V 形微差起爆，如图 6－6(c)所示。

④ 方形(或矩形)布孔，横向掏槽起爆，如图 6－6(d)所示。

⑤ 三角布孔，排间微差起爆，如图 6－6(e)所示。

⑥ 三角布孔，对角微差起爆，如图 6－6(f)所示。

⑦ 三角布孔，V 形微差起爆，如图 6－6(g)所示。

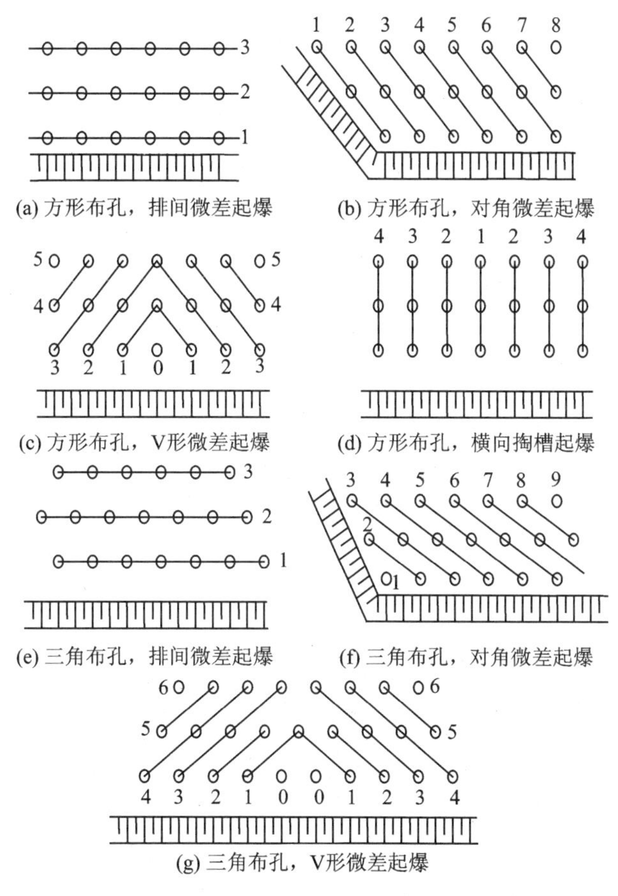

(a) 方形布孔，排间微差起爆　(b) 方形布孔，对角微差起爆

(c) 方形布孔，V形微差起爆　(d) 方形布孔，横向掏槽起爆

(e) 三角布孔，排间微差起爆　(f) 三角布孔，对角微差起爆

(g) 三角布孔，V形微差起爆

图 6－6　几种常用的起爆方案

此外在方形或三角形布孔方式中也可以采用单孔顺序微差起爆方案。

目前多采用三角形布孔对角起爆或 V 形起爆方案，以形成小抵抗线宽孔距爆破，使深孔实际的密集系数增大到 3～8，以保证矿岩破碎质量。

6.2.4 露天深孔爆破工艺

露天深孔爆破工艺包括装药前钻孔检查、装药、堵塞、敷设网路与起爆。整个工艺过程的施工质量将会直接影响爆破安全与效果，每一道工序必须遵守爆破安全规程与操作技术规程的有关规定。

1. 钻孔检查

装药前必须检查孔位、深度、倾角是否符合设计要求，孔内有无堵塞、孔壁是否有掉块以及孔内有无积水和积水深度如何。如发现孔位和深度不符合设计要求时，应及时处理，进行补孔或透孔。

孔口周围的碎石、杂物应清除干净，对于孔口岩石破碎不稳固段，应进行维护，应避免孔口形成喇叭状。钻孔结束后应封盖孔口或设立标志以防人员坠入孔内。

2. 装　药

(1)装药方法

装药方法有人工与机械化装药法。人工装药法劳动强度大，装药效率低，装药质量也差，特别是水孔装药会产生药柱不连续，影响炸药的稳定爆轰。因此人工装药法将逐步为机械化装药法所代替。我国已在一些大型矿山开采中采用了机械化装药法，这种方法提高了装药效率，改善了装药质量，爆破效果比人工装药时有显著提高。

无论是人工或机械化装药都必须严格控制每孔的装药量，并在装药过程中检查装药高度。

在装药过程中如发现堵塞时应停止装药并及时处理。在未装入雷管或起爆药柱等敏感的爆破器材以前，可用木制长杆处理，严禁用钻具处理装药堵塞的钻孔。

(2) 装药车

目前露天爆破作业使用的混装车有铵油炸药混装车，浆状炸药、乳化炸药现场混装车以及重铵油炸药混装车。

铵油炸药混装车有 YC－2 型，是在螺旋输送硝酸铵的过程中喷入柴油混制而成。我国研制成 18 吨的风力输送铵油炸药混装车。该车是利用压气将在混合室中混制的炸药通过输药软管装入炮孔，结构比较简单，工作可靠，输药风压为(0.2～0.3)×10^5 Pa，计量偏差≤4%，装药速度为 370 kg/min，见图 6－7。

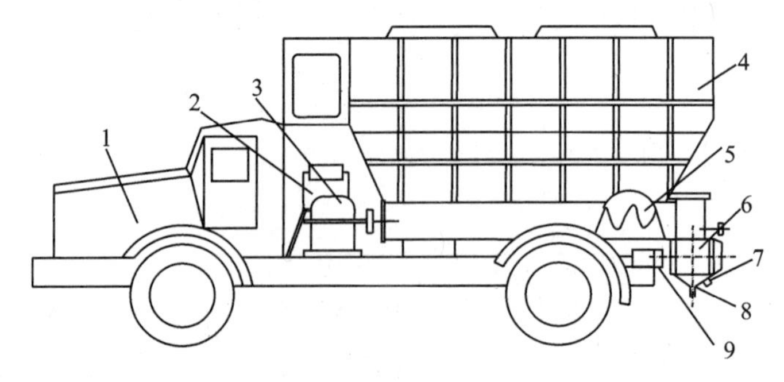

1—底盘；2—压气机；3—减速箱；4—硝铵贮箱；5—输料螺旋；

6—星形阀；6—柴油喷嘴；8—混合室；9—操作计量装置

图 6－7　南芬 18 吨混装药车示意图

浆状炸药装药车储药罐容量为5 t，计量误差小于5%，装药速度为150 kg/min。该车经矿山试用证明，操作方便、运输可靠，运装和制作(交联)的可泵送浆状炸药能满足露天矿水孔的爆破要求，延米爆破量与人工相比可增加10%，且每吨炸药成本可下降80元。装药车总体结构见图6-8。

HC乳化炸药混装车采用连续乳化、混合新工艺和泵送方法来制药与装药。混装车上设有水相、油相、发泡剂和乳化剂原料贮存保温罐，它从地面原料制备站将各种溶液装入相应的保温罐中。混装车在现场工作时，水相、油相输送计量系统将其输入乳化器中，进行高速裂解，形成乳胶，然后泵送至混合器与发泡剂、添加剂均匀混合而制成未完全发泡的乳化炸药，再经软管输入炮孔中，在炮孔中完成发泡阶段。该车装药能力为6～8.0 t/h，计量误差不超过±5%。其工作原理见图6-9。

国外生产的乳化或浆状炸药装药车见表6-5和表6-6。

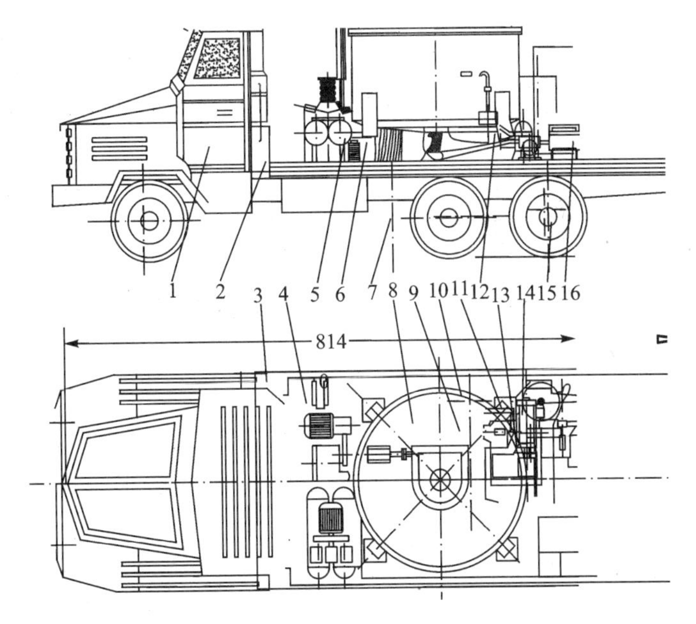

1—汽车，SH361型；2—压气机，3W—0.9/7型；3—大平板；4—搅拌器传动装置；5—取力装置；6—水箱；7—半成品管道系统；8—大储罐；9—螺杆泵；10—小储罐；11—冷气系统；12—计量泵；13—交联剂管道系统；14—混药器；15—储气箱；16—操作台

图6-8　浆状炸药装药车总体结构图

表6-5　国外一些装药车性能表

厂　家	装药车类型	功　能	输送产品
加拿大CIL	Gelmaster	现场混制	Powergel 8个品种乳化炸药
美国杜邦公司	LG型	混合泵送车	TOVEXE
		泵送车	TOVEXE及EA系列
	SM型	泵送车	TOVEXE及EA系列
		混合式	ANFD/EXTRA0～50

表 6-6 国外一些装药车性能表

厂　家	载重/t	装药速度/($kg \cdot min^{-1}$)	每日能力/($t \cdot 班^{-1}$)
美国埃立克公司	PP 型	现场混装	乳化或浆状
加拿大 CIL	12.5	250	25
美国杜邦公司	7.2	200	14
	10.5	275	23
	4.5	115	9
	乳化 4.5	225	14
	铵油 6.4		
美国埃立克公司	11.34	320	22～33

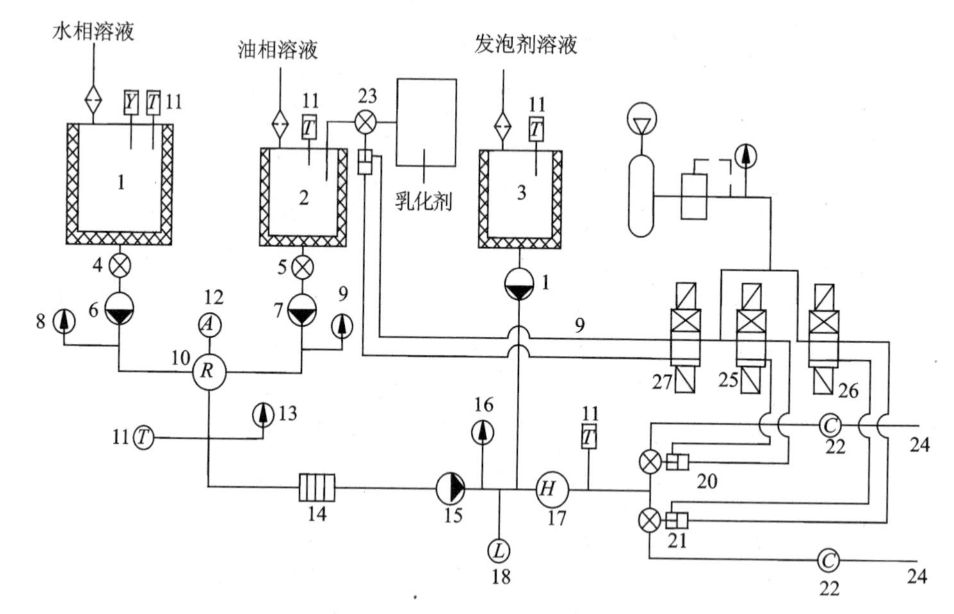

1—水相储罐；2—油相储罐；3—发泡剂储罐；4—球阀；5—球阀；6—水相泵；6—油相泵；
8、9—电接点压力表；10—乳化器；11—温度计；12—电流表；13—电接点压力表；
14—橡胶管；15—输送泵；16—电接点压力表；16—混合器；20、21—气动球阀；
22—卷管绞车；23—气动锥阀；24—输药软管；25、26、27—电磁气控阀

图 6-9 工作原理示意图

目前重铵油炸药广泛在露天深孔爆破中应用。该炸药以不同比例的乳化炸药与铵油炸药混合而成。它具有高密度、低成本和较好的气体生成量，具有多方面的适应性。

(3) 装药结构

按装药种类则有单一装药结构与组合装药结构。单一装药结构是在孔内装同一品种和密度的炸药；组合装药结构是在孔底装高威力炸药，在孔上部装威力较低的炸药。

按装药形式则有连续装药结构、间隔装药结构和耦合及不耦合装药结构。

各种复杂装药结构对改善爆破效果均有一定效果，如果没有特殊的要求，装药一般采用单一连续的装药结构，这种装药结构操作方便，工艺简单。对需要克服底盘夹制作用较大的炮孔，则宜采用组合装药结构。不均质的层状岩层有时则宜采用间隔装药结构，将药包装在较坚

硬的部位，而软弱部位则应进行堵塞。有时为了提高装药高度以改善台阶上部的破碎质量，应分为两段装药结构。上部的装药量仅为炮孔总装药量的 1/3～1/4，中间用堵塞料将炸药分开。此时上部药包顶至孔口的垂直距离应当不小于其至台阶坡面的垂直距离。

有些矿山为改善爆破效果采用空气间隔装药。空气间隔长度与台阶高度有关，一般为药包长度的 20%～30%，底部装药量为 60%～70%。空气间隔部分可采用中空塑料管或支撑托。这种方法工艺复杂，特别是采用机械化装药法或在有水的孔中装药更难以推广。

3. 堵 塞

深孔爆破的堵塞应达到设计要求的长度。除深孔扩壶爆破外，严禁不堵塞而进行爆破。

堵塞料多采用钻孔的岩屑，有的矿山也采用尾矿砂或专门破碎的碎石，但禁止使用石块和易燃材料，在有水炮孔堵塞时，还应防止堵塞料悬空。

4. 爆破网路敷设与起爆

深孔爆破采用电力、导爆索一继爆管、导爆管起爆网路或复式起爆网路。雷雨季节宜采用非电起爆法。网路敷设所使用的起爆器材应事先进行检验。网路敷设应按设计要求进行，并严格遵守《爆破安全规程》中有关起爆方法的规定。经检查确认起爆网路完好，具备安全起爆条件时方准起爆。

6.3 深孔定向控制爆破技术

在高速公路建设和改造的石方开挖中，因爆破飞石砸毁、砸伤青苗、树木、田地、牲畜及因爆破震动受损的各种建筑物的赔偿问题逐渐增多，处理也越来越困难。使一些石方开挖工点成了公路建设的难点。提高公路建设石方爆破的技术水平，将爆破对周围环境的影响控制在尽可能小的范围内，已是当前爆破的一项迫切任务。

编者在太旧高速公路寿阳至西郊段石方开挖中新线建设的石方开挖中进行了探索和实践。可以认为：深孔控制爆破是解决当前公路建设石方爆破存在上述问题的一个有效技术措施，是公路、铁路建设中应予推广和发展的一项新技术。

6.3.1 深孔定向控制爆破的含义

顾名思义，深孔定向爆破就是对深孔爆破进行定向控制。所谓的定向爆破主要指对爆炸载荷的定向作用，严格控制介质的运动方向，使介质按指定的方向松动抛掷并堆积在预定的位置上。深孔爆破的控制主要包括以下几方面：

① 对爆破飞石的控制。即将爆破时产生的大量碎石和个别飞石控制在一定范围内，消除或减少其对爆区周围房屋、人畜及庄稼、树木等的损坏。

② 对爆破噪声的控制。在村庄附近爆破时，应尽量减少爆破的声响，以减轻村民对爆破的恐惧和惊慌。

③ 对爆破空气冲击波的控制。防止空气冲击波引起房屋门窗玻璃的破坏。

④ 对爆破震动的控制。防止或减轻爆破震动对护坡、路基及建筑物的损害。

⑤ 对爆破次数的控制。尽可能少的爆破次数不仅可以减少躲炮而产生的误工损失，而且对保证人畜安全有利。

6.3.2 深孔定向爆破技术措施

深孔控制爆破首先要保证爆破效果，如果爆破效果不好，大块率高，底部有根底，会造成开挖时的很大困难。对大块岩石和根底进行二次破碎爆破时，飞石和爆破次数的控制将比深孔控制爆破更为困难。

显然，爆破效果的衡量是与石方开挖机械的能力有关的。对于有大型挖装运机械的一些建设项目，挖装机械功率大，岩石只要爆松就可以了。目前在公路、铁路建设中使用的挖掘机大都在 22 m^3以下，如斗容量为 1.6 m^3的日立 EX300、EX270，大宇 DH320 挖掘机等。较大型的现代 EX420，日立 PC400，其斗容量也不足 2.5 m^3。因而对爆破后爆堆的松散程度、堆积高度、最大岩石块度及大块率的要求都比较严格。在公路建设中要求的“松动”爆破，实际上总要求有一定的位移。这就使公路建设中深孔控制爆破的技术难度更高。

我国公路新线建设中的石方深孔爆破是 20 世纪 70 年代才开始发展的，当时使用的钻孔设备主要是孔径为 100～150 mm 的潜孔钻机，如国产 YQ - 100、YQ - 150 型露天潜孔钻机等。近年来从国外进口了一些高效的液压凿岩台车，如日本古河 HCR - C180R、HCR260，瑞典阿特拉斯-科普柯 ROC742HC，芬兰汤姆洛克 CHA660、DHA660 等，钻孔直径一般为 75～89 mm(3～3.5 in)。引进国外技术或合资生产的国产钻机如宣化生产的英格索兰 CM351 型潜孔钻机(钻孔直径 90～120 mm)也已在生产中得到使用。公路新线建设石方开挖条形、小型的特点决定了其在深孔爆破中基本上不使用钻孔直径在 170 mm 以上的大型钻孔机械。台阶式深孔爆破中最小抵抗线 W 主要取决于钻孔直径，也就是说，铁路建设中台阶式深孔爆破的 W 值比较小，如对使用 75～89 mm(3～3.5 in)钻头的液压钻，其最小抵抗线的范围也就在 1.9～4 m 之间。W 的少许变化，比如抵抗线部位上局部地方大块岩石的剥落也会造成个别飞石距离的大量增加，对深孔控制爆破来说，临空面方向的最小抵抗线的控制就尤为重要。

公路建设中最常用的炸药有 2 号岩石铵梯炸药(散装和管装)、铵油炸药(散装)及乳化炸药(小管装和大管装)。起爆材料有导爆索、导爆管、电雷管(毫秒电雷管)、非电毫秒雷管及导火索等。

根据以上这些具体情况，以及在运三高速公路、太旧高速公路建设中的实践经验，公路深孔控制爆破技术措施可以归结为：用合理的最小抵抗线和堵塞长度控制飞石方向、数量和距离；用非电导爆管或电爆网路控制空气冲击波和爆破声响；采用毫秒爆破降低爆破震动强度和减少爆破次数。

6.4 工程实例

6.4.1 实例 1——太原至旧关高速公路寿阳至西郊段深孔爆破

1. 工程概况

本工程待爆山体位于太原至旧关高速公路寿阳至西郊段 K71＋412～K71＋828 之间，在寿阳县张净村至芹泉村的中间位置。有三个小山包，其相对高程最大值分别为 15 m、5 m、9 m，爆破方量约六万方(地形图见图 6 - 10，;待爆体剖面图见图 6 - 11)。

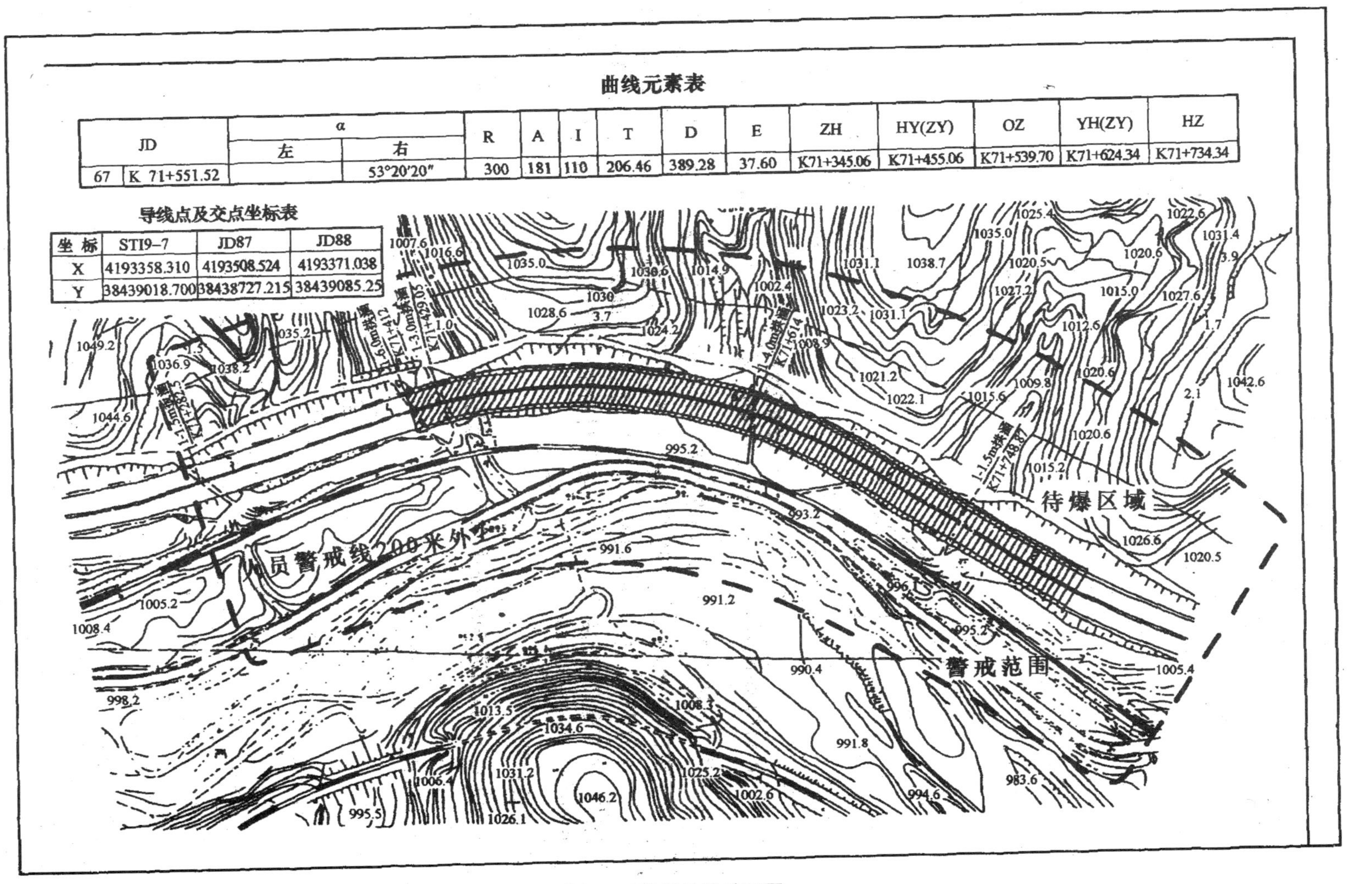

曲线元素表

JD		α 左	α 右	R	A	I	T	D	E	ZH	HY(ZY)	QZ	YH(ZY)	HZ
67	K 71+551.52		53°20′20″	300	181	110	206.46	389.28	37.60	K71+345.06	K71+455.06	K71+539.70	K71+624.34	K71+734.34

导线点及交点坐标表

坐标	STI9-7	JD87	JD88
X	4193358.310	4193508.524	4193371.038
Y	38439018.700	38438727.215	38439085.25

图6-10　待爆地段地形图

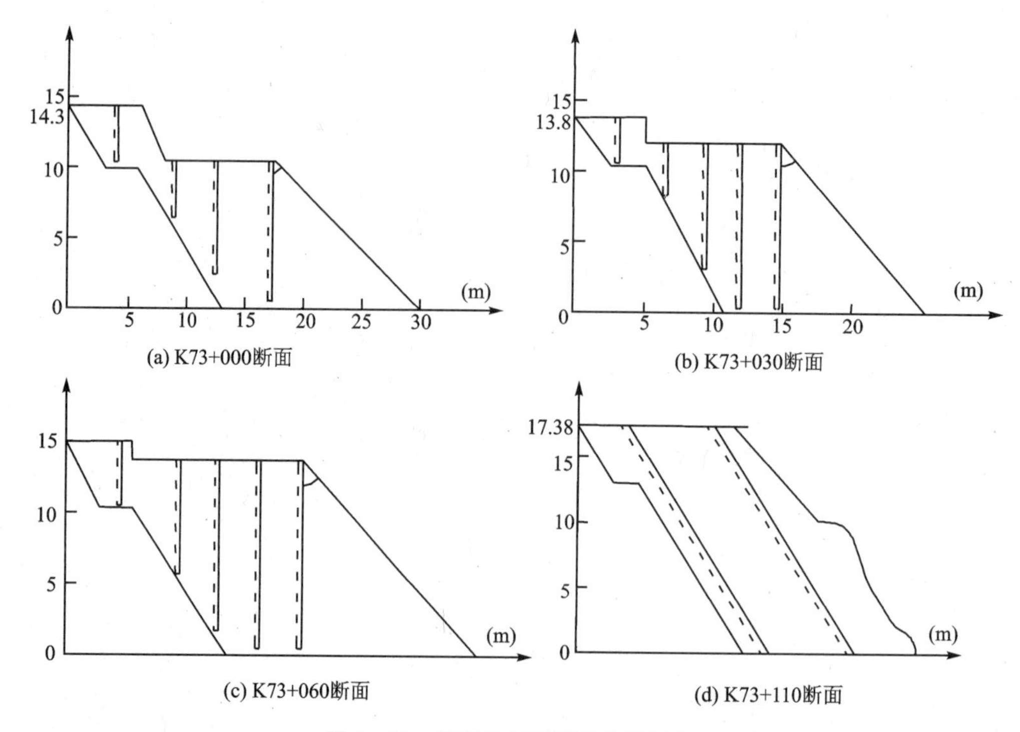

图 6-11 待爆体剖面图及炮孔深度

工程待爆山体岩层结构比较复杂，主要由粒砂岩和泥岩构成，表层风化比较严重，节理发育，有新黄土覆盖。山体一端临空构成悬崖，山脚下是石太铁路(方向为东西向)，最近处只有10 m。高差为25 m，西端为一山沟，沟中已建造起一断面为10 m^2的涵洞，该地段为太旧高速公路爆破难度最高的路段，根据图纸资料和地形地貌以及地质分析考察，决定采用中深孔微差定向控制爆破，松动方向为东西两端。

2. 爆破参数的确定

中深孔梯段爆破参数的选择由该地段的地质、地形及开挖深度等条件决定，具体计算如下：

① 炮孔直径：100 mm。

② 最小抵抗线按下式计算

$$W = d\sqrt{\frac{0.78\rho c}{mq}} \tag{6-13}$$

式中：ρ——炸药密度，kg/m^3；

c——炮孔装药系数，一般取0.7～0.8，c=装药长/炮孔长；

m——炮孔密集系数，一般取0.8～2.0，$m=a/W$，a为炮眼间距；

q——炸药单耗量，可取0.35～0.5 kg/m^3。

③ 炮眼间距a：　　取$m=1$，$a=W=3.5$ m。

④ 炮眼排距b：　　$b=0.7W=2.5$ m。在特殊区内$b=0.5\sim0.6W$，采用分层装药，以保证松动爆破的块小，便于清挖。

⑤ 炮孔深度L

$$L = H + h$$

式中：H——梯段高度，m；

h——超深，m；

$h = (0.1 \sim 0.2)H$。

⑥ 单孔药量：　$Q = qHaW$。

爆破参数如表 6-7 所列。

表 6-7　参数计算结果列表

台阶高度 H/m	炮眼超深 h_1/m	炮眼深度 L/m	最小抵抗线 W/m	炮眼间距 a/m	炮眼排距 b/m	装药单耗 g/(kg·m^3)	单孔装药量/kg
5.0	0.5	5.5	2.5	5.0	2.5	0.35	24.2
6.0	0.6	6.6	2.5	5.0	2.5	0.35	29.1
7.0	0.7	7.7	2.5	5.0	2.5	0.35	33.9
8.0	0.8	8.8	2.5	5.0	2.5	0.35	38.8
9.0	0.9	9.9	2.5	5.0	2.5	0.35	43.6
10.0	1.0	11.0	2.5	5.0	2.5	0.35	48.5
11.0	1.1	12.1	2.5	5.0	2.5	0.35	53.3
12.0	1.2	13.2	2.5	5.0	2.5	0.35	58.2
13.0	1.3	14.3	2.5	5.0	2.5	0.35	63.0
14.0	1.4	15.4	2.5	5.0	2.5	0.35	67.9
15.0	1.5	16.5	2.5	5.0	2.5	0.35	72.7

3. 药包布置

① 在梯段高度 $H \leqslant 5$ m 的地段采用药壶法，每次扩壶的药量按下式计算：

$$Q_{扩} = Q/K_{扩} \tag{6-14}$$

其中 $K_{扩}$ 可根据岩石的性质决定。

② 在 $H = 9$ m 的地段采用深孔钻眼爆破的方法，由两台 QZ-100 型潜孔钻钻眼，采用分段延期雷管实施梯段爆破。图 6-12 是炮眼布置图。炮眼间距 $a = 3.5$ m，排距 $b = 3.3$ m。炮眼按梅花形布置。

为提高炸药能量利用率，减少大块率，每孔采用分层装药方式，药卷间充填黄沙，或其他堵塞物。

③ 为保持边坡稳定性，除采取预留边坡层厚度外，在药包布置及爆破技术上采用打预裂孔及控制边沿炮眼深度与装药的方法。

边坡保护层厚度的公式为

$$\rho = (0.062\sqrt[3]{\mu} + 0.076)W\sqrt[3]{qf(n)} \tag{6-15}$$

式中：μ——介质的压缩系数；

W——最小抵抗线；

q——标准抛掷漏斗爆破的单位用药量；

n——爆破作用指数，$f(n) = [(4 + 3n/7)]^3$ 或 $f(n) = Q/KW^3 = (0.4 + 0.6n^3)$。

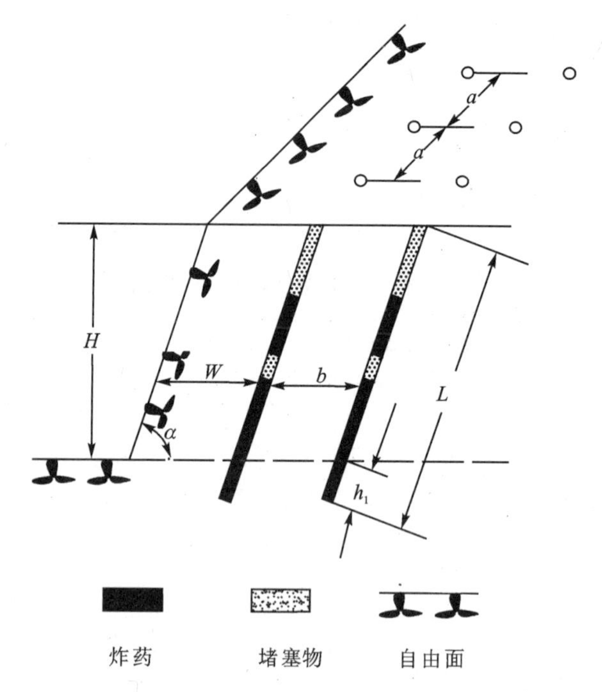

H—梯段高度;L—炮眼深度;W—最小抵抗线

α—坡面角;a—炮眼间距;b—炮眼排距

图 6-12 炮眼布置

④ 在 $H=15$ m 的地段采用小型硐室爆破或蛇穴法。

⑤ 为保证铁路安全运行,沿铁路侧采用预留孔及小口径布孔的方式,辅以适当的防护措施,防止飞石损坏电线及铁路。

4. 网路设计

为减少爆破震动的影响并提高爆破效果,爆破过程中实施了微差爆破技术。

微差爆破延期间隔时间 τ(ms),可用下式计算:

$$\tau = K_1 W \tag{6-16}$$

其中系数 K 选择为:单排炮眼,$K=3\sim5$;多排炮眼,$K=8\sim12$。网路设计可选电爆网路和非电网路。

图 6-13 是电爆网路示意图。沿路堑纵向可多段微差起爆。图中 4 排分 4 段起爆。每个炮眼间隔装药,为防拒爆,底部装药和中间装药中各放 2 个雷管,于是每个炮眼 4 发雷管,采用并串并的方式连接网路。

图 6-14 是非电网路示意图,这里采用了复式起爆网路,可用眼间微差爆破或排间微差爆破方式。

火工品数量如下:

① $2^{\#}$ 岩石炸药:30 t。

② 0-3 段电雷管,4 000 发,各 1 000 发;1-6 段非电雷管,6 000 发,各 1 000 发;雷管总数 10 000 发。

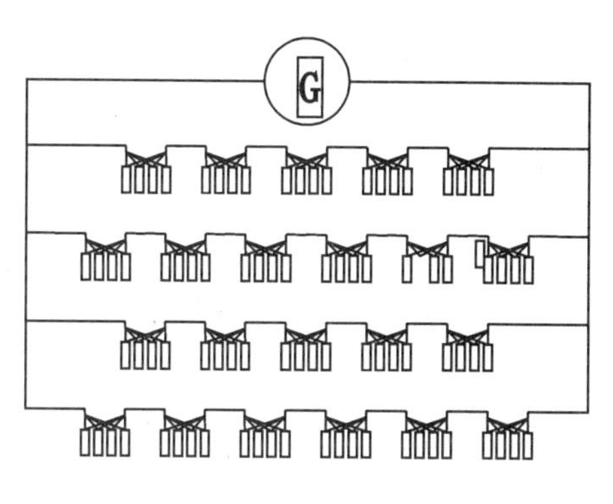

图 6－13　爆破网路图

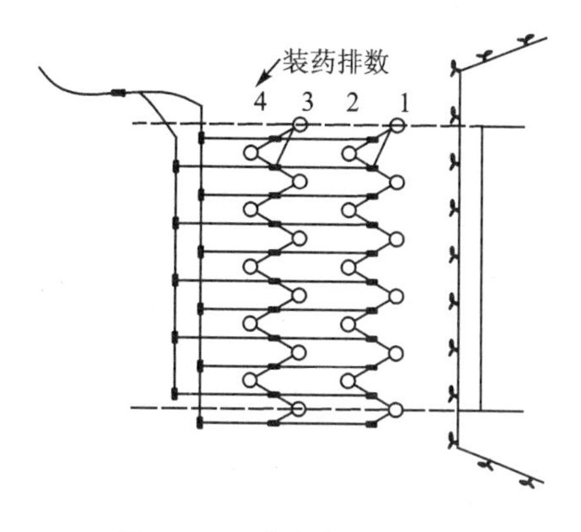

图 6－14　非电起爆网路图

5. 爆破安全设计

(1) 爆破地震安全距离

可按下式计算一次齐爆药量：

$$Q_{\max} = R^3 \left(\frac{V}{K}\right)^{3/\lambda} \tag{6-17}$$

式中：R——爆源至测点的距离；

V——岩体质点临界震动速度；

K——与岩体性质有关的系数；

λ——与爆点地形，地质有关的衰减指数。

取药包中心距铁路 30 m，经计算：

$$Q_{\max} = 465\ \text{kg} \tag{6-18}$$

采用分段延期起爆技术可确保临近铁路与拱涵的安全。

(2) 空气冲击波安全距离

裸露爆破时爆破冲击波安全距离用下式计算：

$$R_1 = 25\sqrt[3]{\alpha} \tag{6-19}$$

代入 $Q_{\max}$ 验算，$R_1 = 200$ m。在药包深埋的情况下，只要避开火车、汽车通过时起爆，空气冲击波的影响可以不予考虑。

(3) 飞石安全距离

计算公式为

$$R_2 = 40n^2W$$

经计算，与铁路平行方向上 $R_2 = 80$ m；在与铁路垂直的方向上，由于预留边坡地段采用小孔径小药量爆破，R_2 可控制在 10 m 以内。

(4) 爆破安全措施

① 爆破器材的购买运输，登记发放，制作加工，现场保管等要有专人负责，严格执行有关规章制度。

② 严格控制一次起爆药量，合理布置炮眼，严格控制个别飞石和爆破震动，保障石太线及 307 国道的安全。

③ 加强警戒，严格做好封锁交通和人员的撤离疏散工作(警戒范围见图 6－10)。

④ 设计合理的起爆网路，采用电爆和非电起爆复式连接，避免在雷电狂风暴雨等恶劣条件下施爆。

⑤ 对铁路、涵洞等要害部位进行震动监测。

⑥ 爆破时沿铁路侧覆盖草袋并架设金属网屏障，挡住飞石碎块，保障电线及铁道、国道的安全。

⑦ 检测杂散电流及感应电流，用电爆及非电起爆系统保障起爆安全可靠。

⑧ 加强施工现场管理，制定现场安全措施，钻孔与装药作业不得同时进行，爆后要进行安全检查和处理，确认安全后才可以下达解除警戒命令。

⑨ 在铁路路基旁砌 1.5 m 高的石墙，在靠近铁路方向上的一排炮孔里装填木头，不装药，如图 6－15 所示。

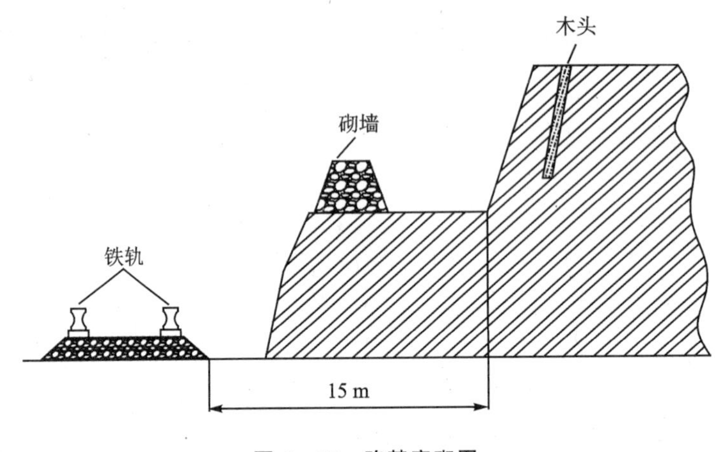

图 6－15　路基旁砌图

6. 施工组织方案

(1) 爆破指挥部

成立爆破指挥部，负责爆破施工的全面协调工作。设指挥长一人，副指挥长二人，由甲、乙双方共同组成。

指挥部下设技术组，施工组，安全组，后勤组和联络组。

① 技术组　负责爆破施工的设计、指导及其他技术性工作，及时解决疑难技术问题。

② 施工组　负责施工前的准备工作以及施工组织管理工作。

③ 安全组　负责火工品的运输、保管、发放、使用中的安全工作，监督安全制度的执行，负责组织警戒，人员疏散，交通管制等，特别要了解火车的运行时间规律，出安民告示等工作。

④ 后勤组　负责施工及生活中的后勤保障供给，器材设备的采购维修等。

⑤ 联络组　负责联络、宣传等工作。

(2) 施工组织工作

① 技术准备　收集整理爆区的地质地形资料，制订爆破设计说明书，编写详细的计算成果表及其他技术资料；

② 组织准备　落实组织机构，制定有关规章制度及施工顺序和进度；

③ 设备、器材准备；

④ 施工公告及安民告示　包括项目名称、设计单位、爆破地点、次数、起爆时间、警戒范围、警戒标志等。

7. 爆破效果

爆破后靠近铁路的山体开裂，人力可以撬动和搬运，大量石块滚跌落在砌墙以内，只有少许石块跌落在铁路上，经紧急搬运，没有耽误火车的正常运行，远离铁路的一侧岩体破碎充分，符合机载和清理要求。由于安全措施严密，圆满地完成了本次爆破任务。

6.4.2　实例 2——明利铁矿地下深孔爆破

通过对井下中深孔爆破原理的分析，在这些理论的基础上，对明利铁矿矿体开采和巷道掘进进行爆破设计，并进行了现场爆破试验。

1. 工程概况

明利铁矿位于山西代县，于 2001 年 8 月建成。该矿体顶板绝大部分为灰岩，少量岩石为蚀变闪岩，局部为矽卡岩。其中矽卡岩、蚀变闪长岩不稳固，灰岩比较稳固。铁矿石以磁铁石英岩为主，整体性好，有个别地段差以外，一般比较稳固，该矿石硬度为 8～12。底板基岩为稳固的闪长岩，在基岩与矿体之间的矽卡岩不稳固。围岩一般为斜长角闪岩，其次为斜长角闪片岩、角闪石岩、局部为黑云变粒岩，大体上比较稳固，其硬度为 8～10。现要对 101 巷道与上部的 102 巷道 5$^{\#}$ 矿体进行开采，该矿体中断高为 20～50 m，宽度为 6～20 m，矿体倾角 60°～90°。5$^{\#}$ 东巷道规格为 4.8 m×4.5 m 的三心拱巷道（R＝3.321 m，r＝1.257 m，墙高 H＝2.9 m）。同时还要对 5$^{\#}$ 西巷道进行巷道掘进，如图 6－16 所示。

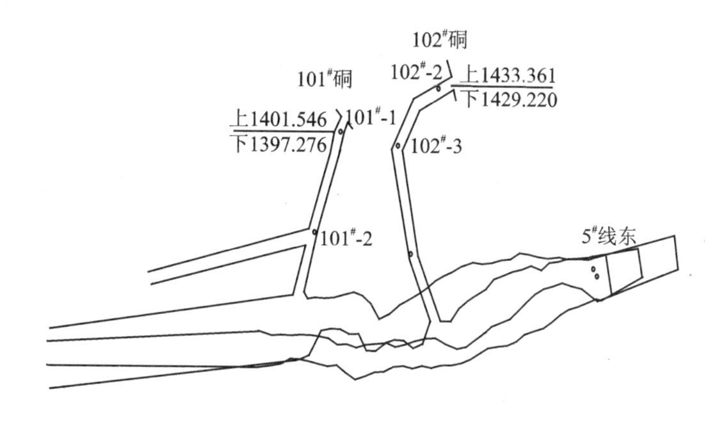

图 6－16　名利铁矿开采整体图

对于采矿设备采用的是安徽铜陵中深孔台车，型号为 T－100，钻头直径为 78 mm，可打孔径为 80 mm，孔深为 60 m。掘进设备采用阿特拉斯掘进台车，型号为 B/RB 281，钻头直径为 45 mm，可打孔深 3.3m。炸药采用 2$^{\#}$ 岩石膨化硝铵炸药和乳化硝铵炸药，密度分别为 0.80～1.00 g/cm^3 和 0.95～1.30 g/cm^3。

2. 天井掘进

为了让 5$^{\#}$ 矿体能够顺利地开采，需要在矿体巷道最里端开一个天井，作为 5$^{\#}$ 矿体开采的自由面。对于天井的掘进，现在方法使用最多的是从上往下一次钻孔，然后再从下往上分段爆破。由于 102 巷道支护不好，坍塌严重，作业人员无法在巷道里打孔作业。为了避免人员伤亡和减少事故的发生，决定采用从下往上一次钻孔再从下往上分段爆破的方法。

(1) 炮眼布置

平巷炮眼组的原则适用与天井。在靠近天井的中心常常钻凿直线掏槽眼或一侧掏槽眼。所示图 6-17 中○为空孔,该孔穿过矿体,与上采空面相通,其剖视图如图 6-18 所示,可以起到通风和掏槽的双重作用。在小的天井中,四个角眼体现了所剩余炮眼的排列。因为一个光洁的剪切面比一个破裂或拉裂面要安全得多,一组合理的掏槽炮眼是特别重要的。如果将掏槽眼钻的很深些,并且具备几个良好的卸载炮眼,为岩石完全崩出提供良好条件,直接借用重力来清除岩渣,当新鲜空气置换了炮眼和毒气体后,矿工立即回到工作面清理支架上的浮石,开始钻凿下一组炮眼。

除了中心空孔以外,其余炮眼与上部应预留 2.5 m。炮孔数目和排列的方式与岩石的性质、炸药的种类和钻孔的直径有关,该设计天井断面为 1.8 m×1.8 m,炮眼数目为 12,角度为 90°。

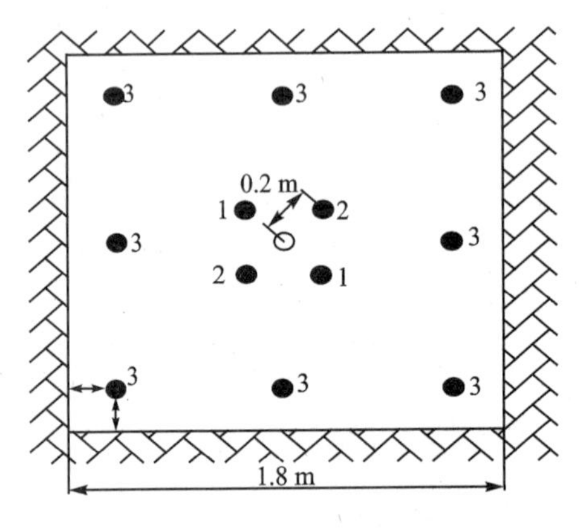

图 6-17　天井掘进炮孔布置简图

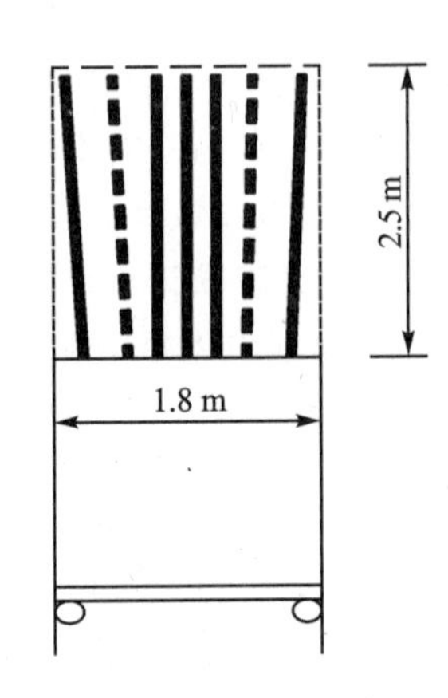

图 6-18　天井掘进剖面图

(2) 掏槽孔与中心空孔距离的计算

掏槽孔与中心孔距离 a 由下式计算

$$a = \frac{5D^2 + d^2}{1.27(D + d)} \tag{6-20}$$

式中:d——为掏槽孔直径,mm;

D——中心空孔直径,mm。

中心空孔和掏槽孔都采用安徽铜陵中深孔台车来钻孔,所以 $D=d=80$ mm。通过计算可得 a 为 0.2 m。

(3) 每次分段高度的计算

确定合理的分段高度,不但可以减少分段数,而且还提高爆破施工的效率。因为每次循环作业都需要量孔和堵孔,花费时间太多。分段高度 h 可以由经验公式计算:

$$h = \sqrt{\frac{1\,000d^2D^2}{a(D + d) - 0.8(d^2 + D^2)}} \tag{6-21}$$

计算可以得到 $h=1.8$ m。

当孔深 40 m,孔径为 110 mm 时,分段高度为 2~3 m 爆孔效果是最理想的。所以针对孔径为 80 mm 时,综合公式和试验,该设计采用 2.5 分段高度,装药长度为 1 m,上下各堵塞

0.75 m。

(4) 爆破工艺

装药是从炮孔下部往上装药，与传统的装药不一样，所以炮孔堵塞也是不一样的。通过实验，采用以下方法堵孔：首先加工一个直径为 65 mm 左右的木楔，在木楔中间穿一根细绳。然后用一根细木棍将木楔和少量的炮泥顶到炮孔 3 m 以上的位置，接着慢慢松开木棍同时往下拽着绳，使木楔和炮泥紧密地结合在一起。再取出木棍往炮孔填入炮泥并压实。当达到工程要求时，再用喷射式装药器将炸药喷入孔中，同时放入导爆管雷管，再用炮泥将炮孔堵实，结构如图 6-19 所示。

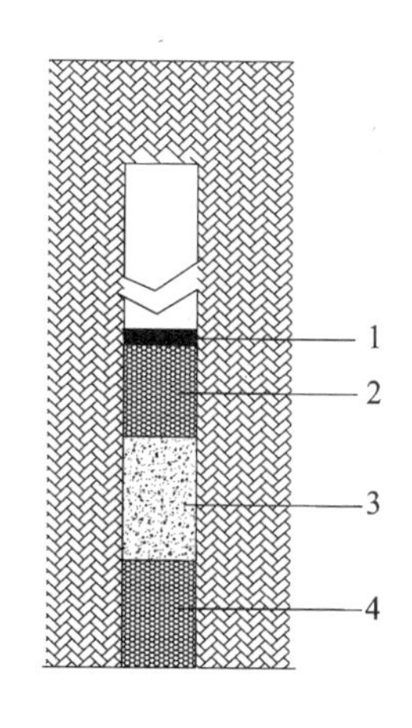

1—木楔；2、4—炮泥；3—炸药和雷管

图 6-19　装药结构图

(5) 起爆顺序

采用非电导爆网络，正向起爆。起爆网络采用导爆管雷管起爆，共分为 3 个段起爆，如图 6-17 中炮孔编号。

(6) 扩天井

天井掘进完成以后，需要对天井进行两边扩宽，才能形成矿体开采所需要自由面。扩天井采用深孔装药一次爆破，以 20 m 矿体为例，炮眼深度 17 m，每孔装药量为 32 kg。下部堵塞长度为 2～2.5 m，炮眼角度为 90°。见图 6-20 起爆顺序按图中炮孔编号，时间相隔为 50 ms。扩天井的剖视图如图 6-21 所示。

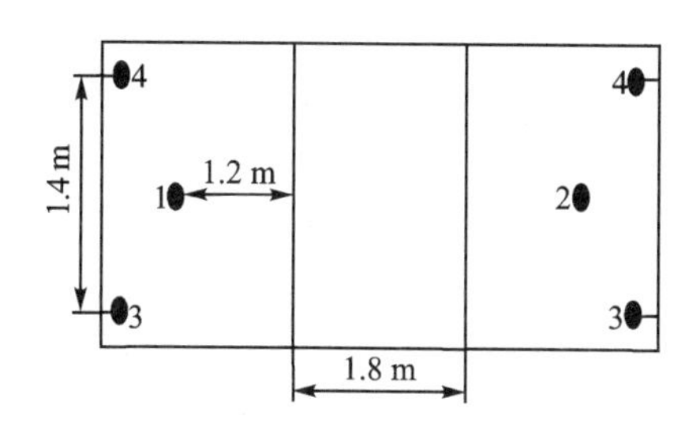

图 6-20　扩天井炮孔布置图

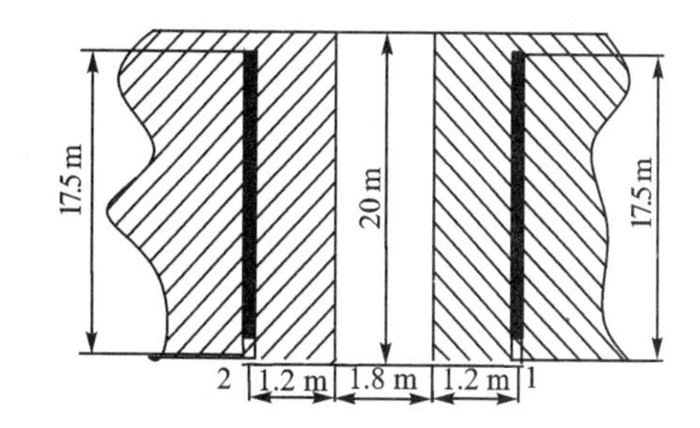

图 6-21　扩天井剖视图

(7) 上行钻孔采矿深孔爆破

采矿爆破采用深孔爆破方法，爆破设计与地面爆破相当，可参考地面深孔爆破的参数计算，但地下深孔爆破是一种特例，只有充分的条件才可选用。

(8) 制定安全规范

地下爆破采矿要认真分析，制定相应的安全规范。

复习题

1. 改善爆破质量与爆破技术经济指标，包括哪些内容？
2. 露天深孔爆破工艺包括哪些操作规程？要注意哪些安全技术问题？

3. 简述深孔爆破的优缺点。

4. 深孔爆破包括哪些几何参数？简述深孔布置方式及其优缺点。

5. 如何合理地确定深孔爆破参数？

6. 说明微差爆破合理间隔时间的确定方法。

7. 为什么最小抵抗线宽孔距爆破可以改善爆破质量？

8. 露天深孔爆破工艺包括哪些操作程序？要注意哪些安全技术问题？

9. 在露天深孔台阶爆破中，常用的装药结构有哪几种？空气间隔装药中，空气的作用是什么？

10. 深孔台阶爆破排间毫秒起爆的延期时间如何确定？

11. 试述深孔爆破在改善爆破质量、降低爆破有害效应和提高爆破技术经济指标等方面要达到什么要求？

12. 试说明露天深孔台阶爆破不合格大块率的测量方法。

13. 露天深孔爆破平面的布孔方式有几种？

14. 露天深孔爆破的孔径是由哪些因素决定的？

第7章　拆除爆破

7.1　概　述

用于拆除工程的控制爆破称为拆除爆破(demolition blasting),这种控制爆破技术是从第二次世界大战后才迅速发展起来的一项爆破新技术,主要用于废弃建筑物和构筑物的拆除工程,其特征是能使爆破时产生的爆破震动、飞石、冲击波和噪声等有害效应以及爆破影响范围受到有效控制。因而控制拆除爆破技术的发展大大开拓了工程爆破的应用领域,它使爆破作业不仅可以安全地在城镇居民区和闹市区进行,还可在厂房和其他建筑物内部等各种复杂环境下进行。

70年代以来,拆除爆破技术在国内得到了日益广泛的应用。例如:1973年在北京饭店新楼基础工程施工中成功地应用控制爆破拆除了两千余立方米钢筋混凝土地下防空工事。1976年底至1977年初,还用控制爆破技术安全地拆除了北京天安门广场东侧的三座楼房。1977年以来,在唐山和天津地震后危险建筑物的拆除中,成功地用控制爆破拆除了一系列危楼、烟囱和水塔。1981年在北京国际饭店基础工程施工中,进行了大规模的拆除爆破,拆除了钢筋混凝土结构物达13 000 m^3。1996年,中北大学一次性爆破拆除了山西临汾市648 m长的钢筋混凝土结构战备桥。2005年中国科技大学采用拆除爆破法拆除了安徽合肥市的18层高楼。2009年,云南省保山市永保大桥成功爆破拆除,该桥建于1971年,成为昆明进入滇西到缅甸的主要交通桥梁,桥长163 m、宽7 m、高81 m,属钢筋混凝土中承式桥梁。2011年,为节能减排让位,云南省国电小龙潭电厂关停6×100 MW机组的一号烟囱在轰隆隆爆破声中按预定的方位应声倒地,高180 m烟囱被成功爆破拆除,矗立了25年之后,完成了它的历史使命。2011年,高达82.56 m的昆明市政府原办公大楼成功实施爆破拆除。2012年,随着一阵爆破声响,投产运行3年的澜沧江基独河四级水电站被爆破拆除。2013年,昆明市老工人文化宫正式实施爆破拆除,同年,湖南张家界慈利县永安大桥成功爆破拆除。2014年,石家庄当地政府为治理大气,爆破拆除17家水泥厂;三峡库区首座移民大桥——沿溪移民大桥爆破拆除;湖北省武汉市成功爆破拆除位于中山大道沿线的77 m高的银丰宾馆及两栋居民楼。总之,在全国各地各部门,拆除爆破都得到了广泛的应用。它不仅在减轻工人的劳动强度,加快工程的施工进度和保证安全等方面起了重要作用,而且带来了巨大的经济效益和社会效益。

目前,国内外对控制爆破的含义还没有一致的认识。但是根据对爆破效应和后果的控制,用于拆除工程的控制爆破和常规爆破是有明显区别的,它要求对爆破的有害效应和破坏范围、方向和程度进行更严格的控制。概括地讲,拆除爆破应包含以下几方面的内容:

① 严格控制爆破的破碎程度。对于大多数爆破体,通常要求爆后“碎而不抛”或“碎而不散”,有时甚至要求“宁裂勿飞”。

② 严格控制爆破的破坏范围。要求只破坏需要拆除的部分,同时对保留部分要做到完整无损。

③ 严格控制建筑物爆后的倒塌方向和影响范围。对于高大建筑物和结构物，要求爆后倒向指定方位或坍塌在预定范围之内，在坍(倒)塌过程中不得危及附近建筑物或管、线网路的安全。在铁路或公路旁边进行爆破时，不得危及行车安全或中断行车。

④ 严格控制爆破的危害作用。通过精心设计、施工和加强防护等技术措施，将爆破地震波、空气冲击波、噪音和飞石等危害作用严格地控制在允许范围之内，确保爆破点周围的人和物的安全。

如上所述，拆除爆破可定义如下：根据工程要求和爆破环境、规模、对象等具体条件，通过精心设计、施工与防护等技术措施，严格地控制炸药爆炸能量的释放过程和介质的破碎过程，既要达到预期的爆破效果，又要将爆破的影响范围和危害作用严格地控制在允许限度之内，这种对爆破效果和爆破效应同时加以控制的爆破，称为拆除爆破。与其他爆破技术比较，拆除爆破主要有以下三个特点：

① 爆破对象和材质多种多样。采用控制爆破拆除的各种类型建筑物与构筑物的种类十分繁多，如楼房、烟囱、水塔、大型框架、厂房、机车库、贮水池、水罐、碉堡、人防工事、桥梁墩台、梁、拱、路面、地坪以及各种建筑物基础和设备基础等等。从爆破的材质看，有各种强度的混凝土、钢筋混凝土、浆砌片石和料石、砖砌体、三合土以及各种岩石等。

② 爆破区(点)的周围环境复杂。拆除爆破的工点大都位于城区、厂矿区或居民区，环境复杂，爆破时必须确保周围建筑物和设施以及人员的安全。有时爆破作业在厂房和车间内进行，有时在机械设备附近，有时在交通要道附近或人口稠密的居民区内。因此对爆破的安全度要求很高。

③ 起爆技术比常规爆破要复杂得多。采用控制爆破拆除建筑物时，有时需要一次起爆成千上万个药包，起爆的药包数量之多在一般常规爆破中是罕见的；特别是拆除高层建筑物时，为了控制倒塌方向和坍塌范围，不仅要起爆数量众多的群药包，而且对于各层结构的先后起爆顺序和间隔时差还必须结合建筑物失稳的力学要求精心设计。所有这些都比常规爆破的起爆技术要复杂得多。

7.2 拆除爆破设计原理和方法

7.2.1 设计原理

以控制爆破震动、飞石、空气冲击波、噪声以及爆破影响范围为主要特征的拆除爆破，其设计原理主要是建立在对单个药包能量和总体爆破规模的控制基础之上的，并使炸药均匀分布于爆破体之中。对药包能量的控制，实质上反映为确定合理的单位用药量 q 值，并合理地分配药量和布置药包，从而使炸药能量充分用于破碎介质或切割介质上，并使作用于碎块飞扬、震动等有害效应上的能量达到最小值。一般拆除爆破的单位用药量 q 根据工程爆破的不同目的和要求以及爆破点周围的环境和条件，可在减弱松动爆破和加强松动爆破之间选择。而拆除爆破药包的设计主要是利用了松动药包作用原理。实践表明，控制飞石、爆破噪声和空气冲击波的技术关键问题有三：一是确定合理的单位用药量 q 值，这一点对于使用任何品种的炸药甚至是燃烧剂都是适用的；二是合理地布置炮孔和药包，形成多点分散装药的布药方式，避免单孔或单药包的药量过分集中；三是采取有效的覆盖防护措施，使之足以降低意料不到的个别碎

块飞扬的可能性，并可大大地削弱爆破噪声。

对总体爆破规模的控制，也就是对一次允许起爆的最大药量 Q_{max} 的控制，这个问题实质上反映了对爆破地震效应的控制。因为当所有爆破条件相同时，爆破震动强度主要与药量有关，爆破的药量越大，转化为爆破地震波的能量越多，震动强度也就越大。一次允许起爆的最大药量 Q_{max} 一般根据爆破震动安全检算加以确定。进行拆除爆破设计时，必须严格掌握，一次起爆的炸药量不得超过 Q_{max} 值，超过时，则应缩小爆破规模或采用分段起爆法进行爆破，或采取其他有效的降震措施。

上述有关拆除爆破的设计原理，对于拆除任何类型建筑物和构筑物的控制爆破均是适用的，只不过在爆破不同类型建筑结构物时，在设计方法和爆破工艺方面各有特点。

7.2.2 设计方法

拆除爆破工点一般均在城镇居民稠密区、厂房车间内或紧邻建筑物附近。因此，每次进行拆除爆破，均应事前认真做出设计，并编写设计说明书。设计文件一经有关方面审查批准，就要严格按照设计文件进行施工。爆破后，应对爆破效果进行记录并对照设计进行分析，及时进行技术总结。

拆除爆破设计的内容和步骤，一般包括方案的制定、技术设计和施工设计三个方面。

1. 爆破方案的制定

为制定出经济上合理、技术上安全可靠的爆破方案，爆破技术人员接到任务后，首先应搜集爆破对象的原设计和竣工资料，然后到现场进行实地勘察与核对，将实际的爆破结构物或爆破部位准确地标明在核对过的图纸上，如无原始资料，则应对实物进行测量并绘出图纸和注明尺寸。同时还应了解原施工质量和使用情况，认真摸清材质，探明有无配筋和布筋的部位等。要仔细了解爆破工点周围的环境，包括地面和地下需要保护的重要建筑物和设施及其与爆破工点的相对位置和距离等。在充分掌握实际资料的基础上，根据爆破任务和对安全的要求，可提出多种方案加以比较，最后制定出合理的、切实可行的控制爆破方案，作为技术设计和施工设计的依据。通常爆破方案应包括工程概况、周围环境，并根据爆破安全的要求和建筑结构的特点，提出爆破设计原则和工艺要求。

2. 拆除爆破技术设计

技术设计是拆除爆破的核心部分，直接关系到爆破的成功与失败，因此必须认真细致地进行，要以爆破方案提出的原则为依据。

首先需进行爆破参数的选择，由于目前采用的参数和公式均系经验的积累。因此在实际应用中，也就有着一定的局限性，必须了解适用条件。只有正确地选择有关参数，方能获得良好的爆破效果和确保安全。爆破参数包括合理地选择和确定单位用药量 q、最小抵抗线 W、炮眼间距 a 和排距 b 以及炮眼深度 L 等。爆破参数确定后，便可进行炮眼布置和药包布置，在较深的炮眼中还需进行分层装药结构的设计。

药量的计算主要是计算单孔装药量 Q，此外，还需算出各单孔药量的总和 $\sum Q$ 和预计爆落的介质体积 V 以及平均单位耗药量 $\sum Q/V$，并与已有的经验数据进行比较，如果二者相差较大，则需调整有关参数，重新计算。

最后，技术设计中最重要的一项工作就是爆破安全检算。主要需检算爆破地震、飞石和空

气冲击波的安全距离。

3. 拆除爆破施工设计

施工设计主要包括炮眼的平面布置、典型断面的炮眼剖面布置、炮眼深度和方向、药包位置、分层装药结构、药包的药量和制作与编号、起爆网路的设计、钻孔、装药、堵塞、连接起爆网路的方法以及装药与爆破的警戒范围等。所有上述内容均应分别绘制图和表，并应对有关施工操作的技术要求和安全注意事项用文字方式表达清楚。

完整的施工设计还应有爆破安全防护措施、爆破施工作业的组织领导和进度安排、机具台班及劳力与各种材料的预算、技术经济指标和预期的爆破效果等。

7.3 拆除爆破设计参数的选择

在拆除爆破的技术设计中，如何正确选择设计参数是一个非常重要的问题，每一参数选择得是否恰当，直接影响到爆破效果和爆破安全。目前，在拆除爆破工程中，设计参数一般是根据经验数据，并参照同类型爆破的成功参数，有时还结合小型爆破试验的结果进行综合分析比较加以确定。采用浅眼爆破法的拆除爆破，其设计参数包括：最小抵抗线 W、炮眼间距 a、排距 b、炮眼深度 L、单位用药量 q 及单孔装药量 Q 等，这些参数应根据一定的原则和方法进行选取。

7.3.1 最小抵抗线 W

最小抵抗线 W (minimum burden)是拆除爆破的一个主要设计参数，通常 W 值应根据爆破体的材质、几何形状和尺寸、钻孔直径、要求破碎块度的大小或重量等因素综合考虑加以选定。在城市或厂矿企业旧建筑物的拆除爆破中，一般选用的 W 值均在 1 m 以下。

当爆破体为薄壁结构或小断面钢筋混凝土梁柱时，W 值只能是壁厚或梁柱断面中较小尺寸边长的一半，即 $W=0.5B$，B 为壁厚或梁柱断面的宽度。实践经验表明，B 小于 30 cm，即 W 小于 15 cm 时，这种薄壁结构或梁柱的爆破飞石是不易控制的，宜考虑采用其他施工方法进行破碎或两侧临空面加强防护后进行爆破。若薄壁结构为拱形或圆筒形，如铁路机车库转盘外围的混凝土墙等，在爆破拆除时，为获得破碎均匀的效果和控制碎块飞扬，当炮眼方向平行于弧面的情况下，药包指向外侧的最小抵抗线 W_1 应取(0.65～0.68) B，指向内侧或圆心的最小抵抗线 W_2 应取(0.32～0.35) B，如图 7-1 所示。

当爆破体为大体积圬工(如桥墩、桥台、高大建筑物或重型机械设备的混凝土基座等)，并采用人工清渣时，破碎块度不宜过大，最小抵抗线 W 可取如下值：

混凝土圬工　　　　$W=35\sim50$ cm；

浆砌片石、料石圬工　　$W=50\sim70$ cm；

钢筋混凝土墩台帽　　$W=3/4\sim4/5\ H$，H 为墩台帽厚度。

当爆破后采用机械清渣时，W 还可选用较大值，通常根据机械吊装和运载能力对块度大小或重量的要求，来确定 W 值。

一般在无筋混凝土爆破后，碎块的几何尺寸大都略大于 W；如要求破碎的块度较小时，W 宜取较小值，但此时钻孔工作量和炸药的单位耗药量就相应地增大一些。为使爆破的技术经济指标趋于合理，原则上应该是在满足施工要求与安全的条件下，尽可能地选用较大的 W 值。

爆破无筋混凝土时，破碎块度除了与 W 值有关外，还受炮眼间距 a、排距 b 和药包布置与药量分配的影响。

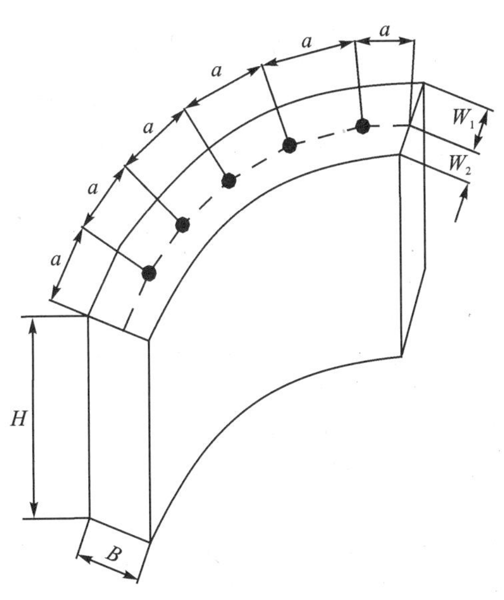

图 7-1　拱形爆破体

7.3.2　炮眼间距 a 和排距 b

通常完成一定的拆除爆破工程任务，是通过多炮孔爆破的共同作用实现的。因此，相邻两个炮眼之间的距离 a 是一个重要的参数。在爆破大体积或大面积圬工体时，往往还需要采用多排炮眼的爆破，因此相邻两排炮眼之间的排距 b 又是另一个重要参数。a 值选择的是否合理，对爆破安全、效果和炸药能量的有效利用率均有直接影响。

炮眼间距(borehole spacing)与最小抵抗线 W 成正比，其比值 $m=a/W$ 是一个变数，是随 W 大小、爆破体材质和强度、结构类型、起爆方法和顺序、爆破后要求的破碎块度或要求保留部分的平整程度等因素而变化的。当 $m<1$，即 $a<W$ 时，爆后爆破体往往沿炮眼连线方向炸开，导致产生大块。因此，只有在要求切割出整齐轮廓线的光面切割爆破中，才取 a 值小于 W，并且根据对切割面平整度的要求和材质强度，取 $a=(0.5\sim0.8)\ W$。在其他情况下，为获得较好的破碎效果，一般均应取 a 值大于 W。在满足施工要求和爆破安全的条件下，应力求选用较大的 m 值，因为 a/W 的比值越大，钻孔工作量则越少，可相应加快工程进度，亦可节省费用。实践表明，对于各种不同建筑材料和结构物，采用下列 a/W 比值是合适的；

混凝土圬工　　$a=(1.0\sim1.3)\ W$；

钢筋混凝土结构　　$a=(1.2\sim2.0)\ W$；

浆砌片石或料石　　$a=(1.0\sim105)\ W$；

浆砌砖墙　　$a=(1.2\sim2.0)\ W$，W 为墙体厚度 B 为二分之一，即 $W=1/2B$；

混凝土薄地坪切割　　$a=(2.0\sim2.5)\ W$，取 W 等于炮眼深度 L；

预裂切割爆破　　$a=(8\sim12)\ d$，d 为炮眼直径。

上述 a 值的上下限应根据建材质量及 W 值的大小而定。当进行的切割爆破不存在最小抵抗线 W 时，则应按预裂爆破原理选择 a 值，即按以上最后一项关系式确定。

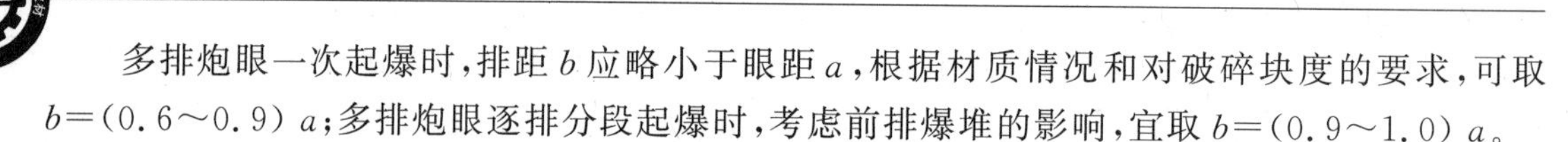

多排炮眼一次起爆时，排距 b 应略小于眼距 a，根据材质情况和对破碎块度的要求，可取 $b=(0.6\sim0.9)\ a$；多排炮眼逐排分段起爆时，考虑前排爆堆的影响，宜取 $b=(0.9\sim1.0)\ a$。

7.3.3 炮眼直径 *d* 和炮眼深度 *L*

目前，在拆除爆破中，大多采用炮眼直径为 $d=38\sim44$ mm 的浅眼爆破。炮眼深度(hole depth)L 也是影响拆除爆破效果的一个重要参数。合理的炮眼深度可避免出现冲炮或座炮，使炸药能量得到充分利用，保证良好的爆破效果。设计时应尽可能避免炮眼方向与药包的最小抵抗线方向重合；其次，应使炮眼深度 L_1 大于最小抵抗线 W，要确保炮眼装药后的净堵塞长度 L 大于或等于$(1.1\sim1.2)\ W$，即 $L_1\geqslant(1.1\sim1.2)\ W$。实践表明，炮眼愈深，钻爆效果愈好，不但可以缩短每平方米的平均钻眼时间，而且可以提高炮眼利用率和增加爆落方量，从而加快施工进度和节省费用。但炮眼深度往往受钻孔机具性能和钻孔难易程度，以及爆破体的几何形状、边界尺寸与均质程度等条件的限制，又不可能任意加深，如果条件允许时，则应尽可能设计深眼。在采用群药包的拆除爆破中，为便于钻孔、装药及堵塞操作顺利进行，眼深 L 值最大不宜超过 2 m。

在确保眼深 $L>W$ 的前提下，L 主要与爆破体的厚度或宽度 H 以及临空面条件有关。当爆破体底部有临空面时，取 $L=(0.6\sim0.65)H$；无临空面时，取 $L=(0.7\sim0.8)H$。眼底留下的厚度应等于或略小于侧向抵抗线，这样既能保证下部的破碎，又能防止爆破时从眼底向下冲开，即产生座炮，而使周边和上部得不到充分破碎。

7.3.4 单位用药量 *q*

单位用药量 q 是拆除爆破中最重要的一个参数。影响 q 值的因素很多，其变化幅度也是很大的。在拆除爆破实践中，一般选用的 W 值均小于 1 m，当爆破材质及强度和爆破方法及条件等其他因素完全相同的条件下，q 值是随 W 值的大小而变化的。W 值越小，q 值越大，平均单位耗药量 $\sum Q/V$ 也越高；W 值越大，则 q 值和耗药量 $\sum Q/V$ 值越小。

目前，控制爆破的单位用药量 q 值主要采用下列两种方法确定：

① 根据爆破体的材质、强度、均质性、最小抵抗线和临空面条件等，按本章第五节中所给出的经验数据初步选取一个 q 值，然后按药量计算公式算出单孔装药量 Q，并进一步求出该次爆破的总药量 $\sum Q$ 和预期爆除介质体积 V 之比，即 $\sum Q/V$ 的比值，并与初步选取的 q 值所对应的平均单位耗药量 $\sum Q/V$ 经验值进行比较，若相差悬殊时，则应调整 q 值，重新计算；若接近时，便可采用所选取的 q 值。

② 在重要的拆除爆破工程中，特别是对爆破体的材质性能和原施工质量不了解的情况下，选定 q 值时，则应对爆破体进行小范围内的局部试爆。具体方法是：为确保试爆安全，除必须防护外，应按照“爆撬结合、宁撬勿飞”的原则，根据爆破材质初步选取 7.5 节中给出的 q 的最小值，然后计算出试爆的装药量，并模拟实爆时的孔网参数进行布眼、钻眼、装药和试爆，一般每次试爆的炮眼不应少于 3～5 孔；试爆后，立即对爆破结果进行分析，验证其是否能满足安全施工的要求，并验证所选用的设计参数是否合理，从而进一步调整或最后选定。

7.4 炮眼布置与分层装药

7.4.1 炮眼布置

合理地确定炮眼方向和布置炮眼，是保证拆除爆破效果的一项重要技术措施。具体设计时，应根据爆破体的材质、几何形状和尺寸、结构类型、施工条件和对爆破效果的要求等因素综合考虑加以确定。一般相对于爆破体的水平临空面而言，炮眼分为垂直眼、水平眼和倾斜眼三种。只要施工条件允许，应尽可能设计垂直眼，因为其钻眼、装药和堵塞作业的效率均高于其他类型的炮眼。

当设计参数 W、a、b 和 L 值及炮眼方向确定后，便可进行炮眼布置。炮眼布置的原则就是力求炮眼排列规则整齐，使药包均匀地分布于爆破体中，以保证爆破后破碎的块度均匀或切割面平整。当爆破体为小断面钢筋混凝土梁柱、宽度小于或等于 70 cm 的混凝土条形基座、具有一定厚度的拱形或圆筒形混凝土结构物以及进行预裂、光面切割爆破时，一般在梁柱、基座中线或切割线上布置一排炮眼即可，如图 7－2、图 7－3 和图 7－4 所示。在进行切割爆破时，为防止损伤保留部分的边角，还应在邻近爆破体的边缘处布置两个不装药的炮眼，亦称导向眼(见图 7－3 和图 7－4)，以保证切割面沿预定方向形成；导向眼距爆破体边缘和主炮眼(即装药炮眼)的距离 a' 可控制在 $1/3a \sim 1/4a$ 范围内，即 $a' = (1/3 \sim 1/4)\ a$；相邻导向眼之间的距离 a'' 可控制在 $1/2a \sim 1/3a$ 范围内，即 $a'' = (1/2 \sim 1/3)\ a$。

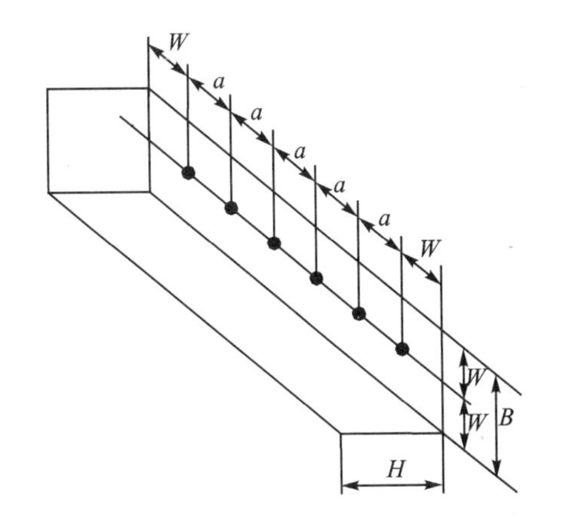

图 7－2　条形爆破提炮眼布置

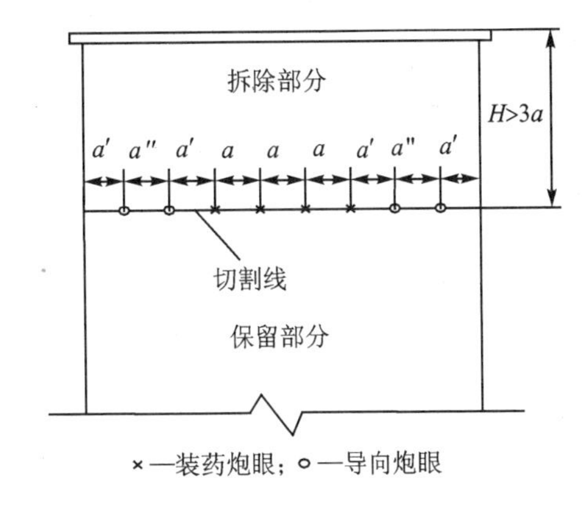

图 7－3　预裂切割爆破炮眼布置

当大体积或大面积圬工体要求全部爆破时，则需布置多排炮眼，前后排或上下排炮眼可布置成正方形或三角(梅花)形排列，如图 7－5 所示；若多排炮眼装药同时起爆时，采用三角形交错布眼方式，有利于炮眼间的介质充分破碎。当需要满足爆破震动安全要求时，可采用微差起爆技术，逐排分段起爆。

7.4.2 分层装药

当炮眼深度 $L \geqslant 1.5W$ 时，则应设计分层装药(deck charge)。将计算出的单孔装药量分成两个或两个以上的药包，在每个药包中安装一个雷管，然后将药包按一定间隔装入炮眼，药

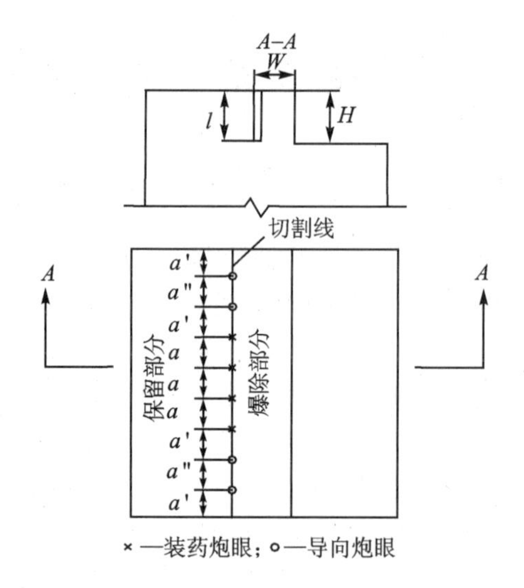

图 7-4　光面切割爆破炮眼布置

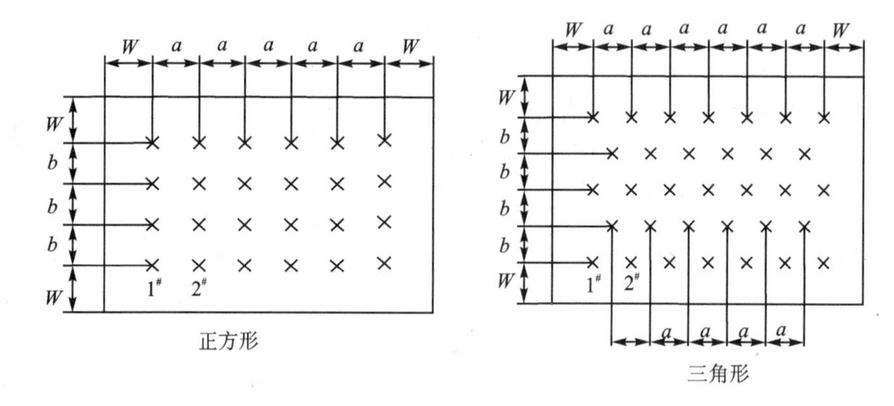

图 7-5　多排炮眼平面布置

包之间填以堵塞物；如有导爆索时，还可将分好的各个药包按一定间距绑扎在相应长度的导爆索上，这时只需在其起爆端安装一个电雷管即可，然后将制作好的药包串装入炮眼并用炮泥加以封堵。上述这种装药结构称为分层装药或分段装药，如图 7-6 所示。

在较深的炮眼中，采用分层装药结构是合理布置药包的一个重要问题，可使炸药较均匀地分布于爆破体内。分层装药及药量分配的原则如下：

① 分层装药设计原则。当炮眼深度 $L=(1.6\sim2.5)\ W$ 时，将单孔药量分成两个药包，两层装药；$L=(2.6\sim3.7)\ W$ 时，分成三个药包，三层装药；$L>3.7W$ 时，分成四个药包，四层装药。为便于装药和堵塞的操作，分层装药的层数不宜超过四层。因此，确定炮眼深度 L 时，这一要求亦应予以考虑。设计分层装药时，尚需满足以下两个条件：一是炮眼口至最上层或外层药包的堵塞长度 L_1 应控制在$(1.0\sim1.2)\ W$ 之间或等于炮眼间距 a；二是分层药包彼此的中心间距 a_1，应符合下式要求，即 $20\ \text{cm}\leqslant a_1\leqslant aW$（或 bW）。若上述条件不能满足时，则调整药包层数，重新设计。通常设计分层装药时，首先在眼深 L 中扣除堵塞长度 L_1，然后将剩余眼深按设计的分层层数 n 等分成 $n-1$ 个间隔，并检验药包的间距 a 是否符合要求。

② 分层装药的药量分配。一般在材质与强度均匀单一的爆破体中，计算出的单孔装药量

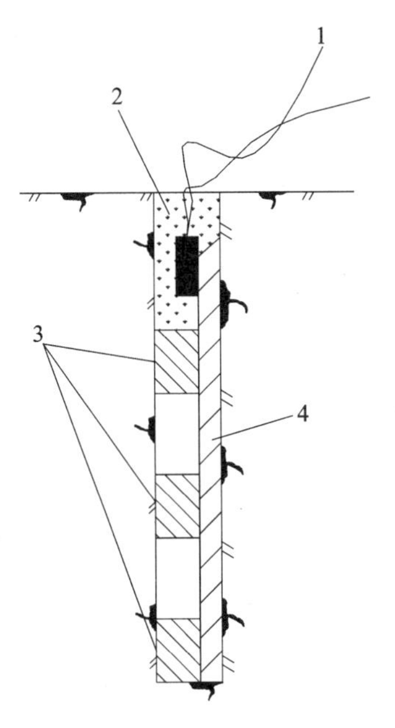

1—电雷管脚线；2—炮泥；3—药包；4—导爆索

图 7-6　分层装药

Q 分配原则为：两层装药时，上层药包量为 0.4Q，下层药包量为 0.6Q；三层装药时，上层药包量为 0.25Q、中层药包量为 0.35Q、下层药包量为 0.4Q；四层装药时，上层药包量为 0.15Q、第二层药包量为 0.25Q、第三层药包量为 0.25Q、下层药包量为 0.35Q。在材质强度不均匀的爆破体中，如混凝土基础底部有钢筋网时，可在单孔药量不变的前提下，适当增加下层药包药量。

7.5　拆除爆破的装药量计算

通常在城市和厂矿区的拆除爆破中，大多采用炮眼深度 L 不超过 2 m 的浅眼爆破法。因此，拆除爆破的药量计算主要也就是计算各种不同条件下的单孔装药量 Q。单孔装药量 Q 是拆除爆破中最主要的参数，直接影响着爆破的效果和成败。特别是在需要二次倾倒或坍塌的楼房、烟囱、水塔等高大建筑物的拆除爆破中，若药量过小，没有倒塌，势必形成危险建筑物，给下一步工作造成困难；若药量过大，就会出现和普通爆破一样的大量飞石，对周围的人和物的安全造成巨大威胁，因此装药量的计算必须慎重进行。一般进行拆除爆破时，对钢筋混凝土结构不要求炸断钢筋，只要求将混凝土疏松破碎，使其脱离钢筋骨架即可；对素混凝土、浆砌片石和砖砌体等各种材质的爆破体及建筑物，只要求“原地破碎”或“就近坍塌”，尽量避免出现碎块飞扬。

影响药量计算的因素很多，除 W、a、b、L 等参数外，尚有爆破体的材质、强度、匀质性、临空面条件、爆破器材的性能、以及装药、堵塞、起爆方法等因素的影响。当前在拆除爆破工程的实践中，大都采用经验公式来计算药量，计算各种不同条件下的单孔装药量 Q 的常用公式如下：

$$Q = qWaH \tag{7-1}$$

$$Q = qabH \tag{7-2}$$

$$Q = qBaH \tag{7-3}$$

$$Q = qW^2L \tag{7-4}$$

式中：Q——单孔装药量，g；

W——最小抵抗线，m；

a——炮眼间距，m；

b——炮眼排距，m；

B——爆破体的宽度或厚度，m，$B=2W$；

H——爆破体的爆除高度，m；

L——炮眼深度，m；

q——单位用药量，g/m³，各种不同材质及爆破条件下的 q 值，可从表 7-1、表 7-2、表 7-3、表 7-4 和表 7-5 中选取。

表 7-1　光面切割爆破单位用药量 q

材质情况	临空面(个)	W/cm	q/(g·m⁻³)	$\frac{\sum Q}{V}$/(g·m⁻³)
强度较低的混凝土	2	50～60	100～120	80～100
强度较高的混凝土	2	50～60	120～140	100～120

注：1. $\sum Q/V$ 表示爆落每平方米介质的平均单位耗药量。

2. 本表 q 值是按 $a=(1.0\sim1.2)W$ 时得出的。

表 7-2　单位用药量 q 及平均单位耗药量 $\sum Q/V$

爆破技术		W/cm	q/(g·m⁻³)			$\frac{\sum Q}{V}$/g·m⁻³
			一个临空面	两个临空面	多临空面	
混凝土圬工强度较低		35～50	150～180	120～150	100～120	90～110
混凝土圬工强度较高		35～50	180～220	150～180	120～150	110～140
混凝土桥墩及桥台		40～60	250～300	200～250	150～200	150～200
混凝土公路路面		45～50	300～360			220～280
钢筋混凝土桥墩台帽		35～40	440～500	360～440		280～360
钢筋混凝土铁路桥板梁		30～40		480～550	400～480	400～480
浆砌片石或料石		50～70	400～500	300～400		240～300
钻孔桩桩头	ϕ1.0 m	50			250～280	80～100
	ϕ0.8 m	40			300～340	100～120
	ϕ0.6 m	30			530～580	160～180
浆砌砖墙	厚约 37 cm	18.5	1 200～1 400			850～1 000
	厚约 50 cm	25	950～1 100			700～800
	厚约 63 cm	31.5	700～800			500～600
	厚约 75 cm	37.5	500～600			330～430

续表 7-2

爆破技术		W/cm	q/(g·m⁻³)			$\frac{\sum Q}{V}$/(g·m⁻³)
			一个临空面	两个临空面	多临空面	
混凝土大块二次大爆破	BaH=0.08～0.15 m³				180～250	130～180
	BaH=0.16～0.4 m³				120～150	80～100
	BaH>0.4 m³				80～100	50～70

表 7-3 钢筋混凝土梁柱爆破单位用药量 q 及平均单耗 $\sum Q/V$

W	q/(g·m⁻³)	$\frac{\sum Q}{V}$/(g·m⁻³)	布筋情况	爆破效果	防护等级
10	1 150～1 300	1 100～1 250	正常布筋单箍筋	混凝土破碎、疏松、与钢筋分离,部分碎块逸出钢筋笼	Ⅱ
	1 400～1 500	1 350～1 450		混凝土粉碎,脱离钢筋笼,箍筋拉断,主筋膨胀	Ⅰ
15	500～560	480～540	正常布筋单箍筋	混凝土破碎、疏松、与钢筋分离,部分碎块逸出钢筋笼单箍筋	Ⅱ
	650～740	600～680		混凝土粉碎,脱离钢筋笼,箍筋拉断,主筋膨胀	Ⅰ
20	380～420	360～400	正常布筋单箍筋	混凝土破碎、疏松、与钢篾分离,部分碎块逸出钢筋笼	Ⅱ
	130～460	100～440		混凝土粉碎,脱离钢筋笼,箍筋拉断,主筋膨胀	Ⅰ
30	300～340	280～320	正常布筋单箍筋	混凝土破碎、疏松、与钢筋分离,部分碎块逸出钢筋笼	Ⅱ
	350～380	330～360		混凝土粉碎,脱离钢筋笼,箍筋拉断,主筋膨胀	Ⅰ
	380～400	360～380	布筋较密双箍筋	混凝上破碎、疏松、与钢筋分离,部分碎块逸出钢筋笼	Ⅱ
	460～480	440～460		混凝土粉碎,脱离钢筋笼,箍筋拉断,主筋膨胀	Ⅰ
40	260～280	240～260	正常布筋单箍筋	混凝土破碎、疏松、与钢筋分离。部分碎块逸出钢筋笼	Ⅱ
	290～320	270～300		混凝土粉碎,脱离钢筋笼,箍筋拉断,主筋膨胀	Ⅰ
	350～370	330～350	布筋较密双箍筋	混凝土破碎、疏松、与钢筋分离,部分碎块逸出钢筋笼	Ⅱ
	420～440	400～420		混凝土粉碎,脱离钢筋笼,箍筋拉断,主筋膨胀	Ⅰ
50	220～240	200～220	正常布筋单箍筋	混凝土破碎、疏松、与钢筋分离,部分碎块逸出钢筋笼	Ⅱ
	250～280	230～260		混凝土粉碎,脱离钢觥笼,箍筋拉断,主筋膨胀	Ⅰ
	320～340	300～320	布筋较密双箍筋	混凝土破碎、疏松、与钢筋分离,部分碎块逸出钢筋笼	Ⅱ
	380～400	360～380		混凝土粉碎,脱离钢筋笼,箍筋拉断,主筋膨胀	Ⅰ

表 7-4 砖烟囱爆破单位用药量 q

壁厚 d/cm	砖数/块	q/(g·m⁻³)	$\frac{\sum Q}{V}$/(g·m⁻³)
37	1.5	2 100～2 500	2 000～2 400
49	2.0	1 350～1 450	1 250～1 350
62	2.5	880～950	840～900
75	3.0	640～690	600～650
89	3.5	440～480	420～460
101	4.0	340～370	320～350
114	4.5	270～300	250～280

表 7-5 钢筋混凝土烟囱爆破单位用药量 q

壁厚 d/cm	Q/(g·m^{-3})	$\frac{\sum Q}{V}$/(g·m^{-3})
50	900～1 000	700～800
60	660～730	530～580
70	480～530	380～420
80	410～450	330～360

式(7-1)适用于光面切割爆破(见图 7-4)或多排布眼时靠近临空面一排炮眼的药量计算(如图 7-5 中的周边炮眼);式(7-2)适用于多排布眼时中间各排炮眼的药量计算,这些炮眼一般仅有一个临空面;式(7-3)适用于爆破体较薄、只在中间布置一排炮眼时的药量计算,(如图 7-1 和图 7-2 所示),计算时 q 应选用多面临空的数值;式(7-4)适用于钻孔桩桩头爆破时,只在桩头中心钻一个垂直炮眼的药量计算,q 亦应选用多面临空的数值,该式中的 W 即为桩头半径。当要求拆除建筑物(如混凝土设备基础、桥墩和桥台等)一部分时,为使保留部分不受损伤、在一定条件下可在保留面处先进行预裂爆破,炸开一条裂缝。(如图 7-3 所示),然后再将拆除部分加以爆除。这种预裂切割爆破的炮眼药量可按下式计算:

$$Q = q'aB \tag{7-5}$$

式中:Q——单孔装药量,g;

a——炮眼间距,m;

B——预裂部位的厚度或宽度,m;

q'——单位用药量,g/m^3。

q'可根据材质情况参照表 7-6 选取,表中$\sum Q/V$ 为预裂单位面积的平均耗药量。

表 7-6 预裂切割爆破单位用药量 q

材质情况	a/cm	q'/(g·m^{-3})	$\frac{\sum Q}{V}$/(g·m^{-3})
强度较低的混凝土	40～50	50～60	40～50
强度较高的混凝土	40～50	60～70	50～60
片石混凝土圬工	40～50	70～80	60～70
厚 20～30cm 混凝土地坪	30～60	100～150	

表 7-1～表 7-6 中所列出的各种不同条件下拆除爆破的单位用药量和平均单位耗药量,均系通过对大量生产性爆破和试验爆破数据的数理统计得出的经验值,具体选用有关数据时,详见相应各表中规定的条件及有关附注说明。采用本章提出的设计参数选择方法和药量计算公式及表 7-1 至表 7-6 中的参数进行药量计算时,应注意掌握下列要点:

① 表中所列单位用药量,系使用 2 号岩石硝铵炸药时得出的数据。当使用其他品种炸药时,须乘以炸药换算系数 e。

② 每增加一个临空面时,装药量应减少 15%～20%,这一点已在单位用药量 q 值表中得到了反映,因此,对于不同临空面数目的炮眼,应选用相应的单位用药量 q 值。

③ 选用 q 值时还应遵循以下原则:一般是当 W 值较小时,q 应取较大值,反之,应取较小值;当材质强度等级较高时,q 应取较大值,反之,就取较小值;当施工质量较差、裂隙较多时,q 应取较大值,施工质量较好时,q 可取较小值。

④ 浆砌砖墙的口径是指水平炮眼上部有压重而言，无压重（即炮眼上部砖墙高度小于三倍炮眼间距）时，应将 q 值乘以系数0.8。此外，表中的 q 值适用于水泥砂浆砌筑的砖墙，若为石灰砂浆砌筑时，应将 q 值乘以系数0.8。采用表7-2中的 q 计算药量时，若墙厚 d 等于63 cm或75 cm时，应取 $a=1.2W$；墙厚 d 为37 cm或50 cm时，取 $a=1.5W$；而炮眼排距 b 均取 $(0.8\sim0.9)\ a$。

⑤ 表7-3中的防护等级，详见本章7.6节。采用该表中的 q 值计算药量时，需取 $a=(1.0\sim1.25)\ W$。

⑥ 表7-4和表7-5的使用条件为：采用水平炮眼，眼深 $L=(0.67\sim0.7)\ d$，炮眼间距 $a=(0.8\sim0.9)L$，炮眼排距 $b=0.85a$。若筒壁的爆破部位有风化腐蚀现象时，q 取小值，完好时，取大值。表7-5中的参数 q，仅适用于钢筋混凝土筒壁中有两层钢筋网布筋时的药量计算。拆除爆破的单孔装药量 Q 亦可参照下列公式计算：

$$Q=(q_1S+q_2V)\cdot C \tag{7-6}$$

式中：Q——单孔装药量，g；

S——爆破体被爆裂的剪切面积，$S=WH$ 或 bH，m^2；

V——爆破体被破碎的体积，$V=WaH$、abH 或 BaH，m^3；

q_1——单位面积用药量，g/m^2，根据表7-7选取；

q_2——单位体积用药量，g/m^3，根据表7-7选取；

C——炮眼临空面系数，可参照表7-8中的数值选取。

表7-7　单位面积与单位体积用药量 q_1 和 q_2

材质情况	$q_1/(g\cdot m^{-2})$	$q_2/(g\cdot m^{-3})$	爆破效果
混凝土或钢筋混凝土	$(7\sim16)/W$	150	不厚的条形爆破体，碎块无抛掷
混凝土	$(20\sim25)/W$	150	混凝土破碎，碎块飞散在10 m内
一般布筋的钢筋混凝土	$(27\sim32)/W$	150	混凝土破碎，与钢筋分离，少量碎块抛落在10 m内
布筋密集的钢筋混凝土	$(35\sim45)/W$	150	混凝土破碎，与钢筋分离，部分碎块抛落至15 m
重型配筋的钢筋混凝土	$(50\sim70)/W$	150	混凝土破碎、箍筋拉断，主筋变形，少量碎块抛至20 m
砖砌体	$(35\sim45)/W$	100	砌体坍塌，少量碎块散落在15 m内
浆砌片石或料石	$(35\sim45)/W$	200	砌体沿砌缝裂开，少量碎块抛出15 m
岩石	$(40\sim70)/W$	150～250	岩石破裂松动，少量碎块抛出20 m

表7-8　炮眼临空面系数 C

炮眼位置	C	炮眼位置	C
一个临空面	1.15	三个临空面	0.85
二个临空面	1.00	多个临空面	0.70

7.6　拆除爆破的施工及安全防护

一项拆除爆破工程要想取得好的效果，优良的设计固然是基础，精心、准确的施工也是关键。

7.6.1 施工组织安排

拆除爆破施工的一个特点是，严密的施工组织安排，作业程序和进度要求均需严格按计划有条不紊地进行，这对城市中的爆破作业尤为重要。

1. 拆除爆破的作业程序

图 7－7 是拆除爆破的一般作业程序，拆除爆破的施工组织安排可参照这些内容部署。对于特殊环境和条件，则应根据具体情况作必要的补充修正。

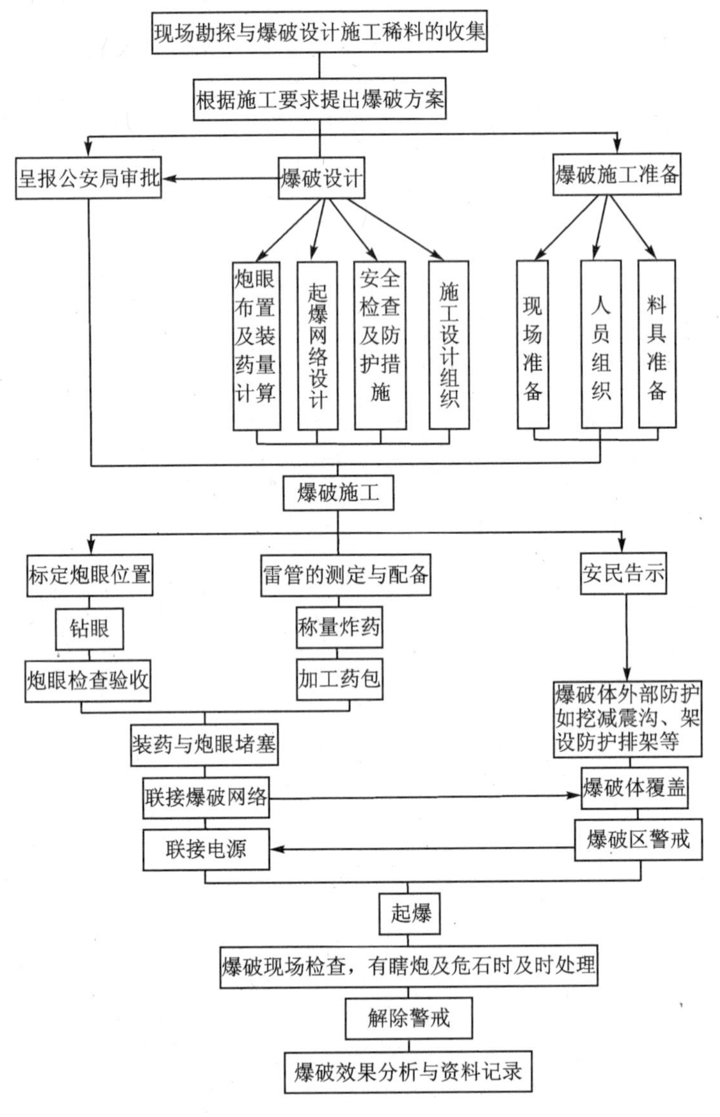

图 7－7 拆除爆破的一般作业程序

2. 爆破施工准备

爆破施工准备，除人员组织及机具材料准备外，对于拆除爆破，为了确保施爆安全，还应注意以下事项：

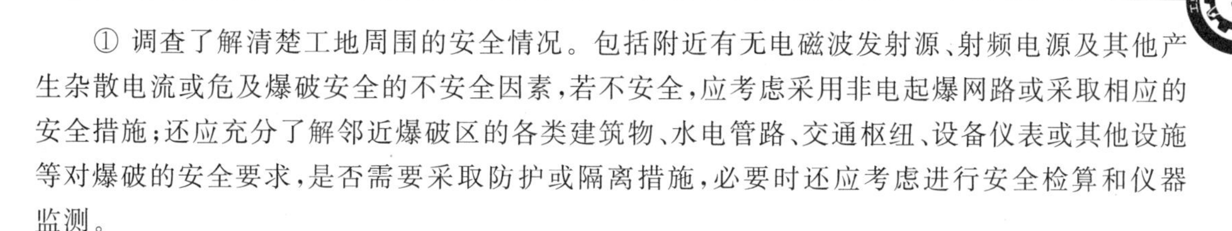

① 调查了解清楚工地周围的安全情况。包括附近有无电磁波发射源、射频电源及其他产生杂散电流或危及爆破安全的不安全因素，若不安全，应考虑采用非电起爆网路或采取相应的安全措施；还应充分了解邻近爆破区的各类建筑物、水电管路、交通枢纽、设备仪表或其他设施等对爆破的安全要求，是否需要采取防护或隔离措施，必要时还应考虑进行安全检算和仪器监测。

② 按照现场实际情况，对所提供的爆破体或建筑物的技术资料及图纸进行校核，包括几何尺寸、布筋情况、施工质量和材料强度等，如有变化，应在原图纸上注明。爆破设计完成后，还应在现场会上同施工人员落实施工方案。

③ 事先应了解爆破区的环境情况(如位于闹市区爆破现场周围的人流、车流规律)及施爆时的天气预报，确定合理的爆破时间。

④ 了解爆破区周围的居民情况，会同当地公安部门和居委会做好安民告示，消除居民对爆破存在的紧张心理，并做好爆破时危重病人转移的安排，同时，对爆破时可能出现的问题做出充分的估计，提前防范，妥善安排，避免不应有的损失或造成不良影响。

⑤ 研究确定装药和爆破的警戒范围及人员。

3. 钻孔机具及爆破器材准备

钻孔机具(drilling machine)选用风动、电动凿岩机或内燃凿岩机均可，所需数量应根据钻孔工作量、凿岩机效率和钻爆工期来确定，并考虑一定的备用量。为提高装药集中度和保证堵塞质量，钻头直径以选用 38～40 mm 为宜。

除钻孔机具外，还应准备爆破专用仪表，如电雷管测试仪，杂散电流仪和起爆器，以及加工导爆管、火雷管用的雷管钳子等。

应根据设计要求，准备相应品种和足够数量的爆破器材，并在施爆前对其质量和性能进行必要的检验。

7.6.2 钻眼爆破施工与安全防护

拆除爆破作业一般采用较为密集排列的小孔径炮眼和多点分散装药，对钻眼位置、药包位置及药量的准确度要求较高，因为这些因素都直接影响爆破效果和安全。

1. 钻　眼

钻眼前应按照爆破设计标孔，即将孔眼位置准确地标记在爆破体上。标孔前，要清除爆破体表面的积土和破碎层，再用油漆或粉笔标明各个孔眼的位置，标孔应注意以下事项：

① 不得随意变动钻眼的设计位置，遇有设计与实际情况不相符合时，应同设计人员研究处理。

② 一般标孔时，应先标端孔和边孔，后标其他孔。

③ 为了防止测量或设计中可能出现的偏差，在标边孔或在梁、柱上标孔时，应校核最小抵抗线和构件的实际尺寸，避免因二者偏差过大而出现碎块飞扬或破碎块度不匀的现象。

④ 在钢筋混凝土构筑物上标孔时，如发现孔眼的设计位置处于已经暴露(或虽未暴露，但能准确地判断出)的钢筋上，可在垂直于最小抵抗线方向稍加移动，使钻眼位置避开钢筋。

⑤ 在切割混凝土或预裂爆破时，对不装药的空眼，除标定孔眼位置外，还应在孔的周围做出特殊标记，以防止与装药眼混淆。

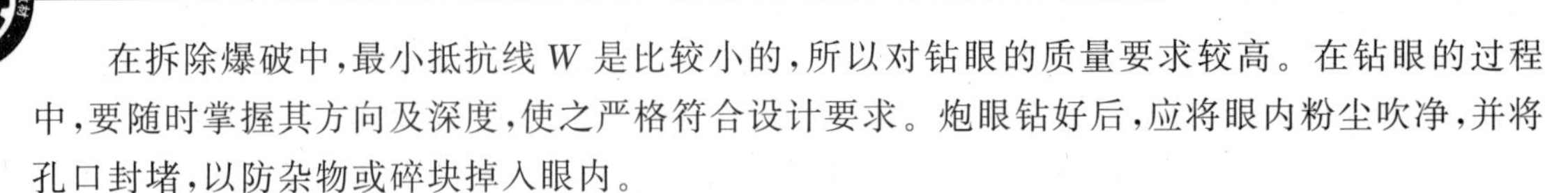

在拆除爆破中，最小抵抗线 W 是比较小的，所以对钻眼的质量要求较高。在钻眼的过程中，要随时掌握其方向及深度，使之严格符合设计要求。炮眼钻好后，应将眼内粉尘吹净，并将孔口封堵，以防杂物或碎块掉入眼内。

钻眼作业完成后，对炮眼应逐个检查验收，如与设计差异较大，影响爆破效果或危及安全时，应重新钻眼，差异不大时，应根据实际情况调整药量。

2. 装药与堵塞

目前，在拆除爆破中主要使用硝铵炸药，炸药需制成药包后才进行装药，而每个药包的药量又较少，所以制作药包前，首先应该检查炸药质量，要选用干燥、松散的炸药。药包的重量，应该称量准确，一般可用天平称量。

制作药包时，首先按设计的药包直径制作纸筒，将称量好的炸药装入纸筒(纸筒外应标明药量)，然后把经过检测的电雷管或预制好的导爆管组合火雷管插入药中，将纸筒收拢折转并捆扎牢固。制作药包过程中必须保证其装药密度。由于拆除爆破一般药包数量多、规格多，因此药包必须按设计编号，对号装药严防装错。当需要防潮时，在药包外，还应套以塑料防水套加以包扎。

装药前，应仔细检查炮眼，清除孔眼内积水和杂物；装药时，需用木棍将药包推送至炮眼内的设计位置，要防止雷管从药包中脱落，也要防止雷管脚线掉入孔内。

药包安放好后应立即进行堵塞，堵塞材料要选用带有一定湿度(含水量 15%～20%)的黄土或砂子与粘土混合物。分层装药时药包间的堵塞材料可用干砂，在堵塞长度 $L_1 \geqslant 2.0\ W$ 时，孔口也可用干砂堵塞，这不仅操作简便，在发生拒爆时也易于处理。使用炮泥时，炮眼孔口部分的堵塞，要用木棍分层堵塞捣实，每层堵塞物不宜超过 10 cm，以防止出现“空段”现象，在堵塞过程中，应注意保护好雷管脚线、导爆管或导爆索使其不受到损坏或擦破。

为提高堵塞水平炮眼的工效，可事先将堵塞物装在直径比炮眼小 10 mm、长 20 cm 的软纸筒内，然后一筒筒地填入炮眼内，进行捣实。

3. 起爆网路的连接

为了防止产生瞎炮，在施工中一定要严格检查雷管质量，凡不合格的产品不得使用，起爆网路的连接应按设计进行。采用电爆网路时，线路接头要牢固、防止“假接”，并用电工胶布包好，要防止电线刺穿胶布接触地面，造成电流泄漏而出现瞎炮。当炮眼比较多时，为了便于连接网路过程中随时检查网路的导通情况，网路连接应按一定顺序进行，单排炮眼可采用跳接法，双排眼可采用一端封闭法连接(见图 7-8)，既利于检查，也可避免漏接。

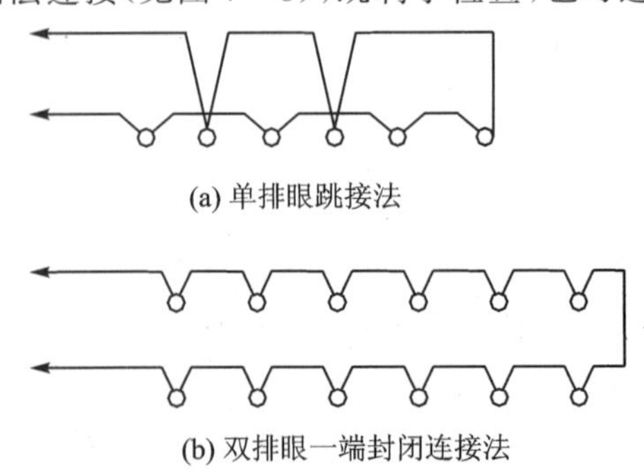

图 7-8　便于检查的电爆网路连接法

采用导爆管网路时，导爆管连接处不得进去杂质和水。使用卡口接头连接时，卡口接头要卡牢，防止连接过程中因网路扯动而脱落。卡接时不得损伤导爆管或将导爆管夹扁，以防传爆中断。为确保导爆管网路安全准爆，并防止由于操作失误而在常规的网路中产生成组的大量瞎炮，可采用铁道部科学研究院提出的导爆管网格式闭合网路，如图 7－9 所示。该网路有两个突出的特点：一是每个药包中的导爆管组合雷管通过连接头至少可以接受两个方向传来的爆轰波，使准爆率提高一倍；二是整个网路的传爆方向四通八达，即使有个别导爆管断裂或脱落，并不影响爆轰波的传播和整个网路的准爆。

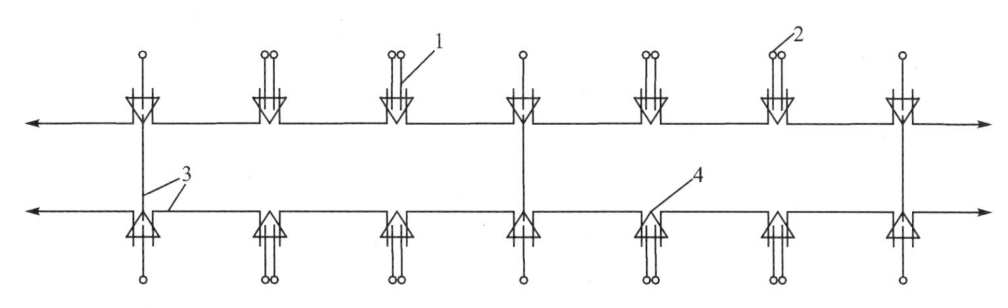

1—导爆管组合雷管；2—药包；3—连接导爆管；4—四通

图 7－9　导爆管网格式封闭网路

在城市或厂矿区进行拆除爆破时，炮眼之间的药包不宜使用导爆索连接，因为导爆索传爆时不仅噪声很大，而且会产生强烈的空气冲击波。

4. 安全防护

防护是拆除爆破施工的重要环节，不仅可以制止个别飞石，还可起到降低爆破噪声的效果。防护可分为三种：

① 覆盖防护　这是直接覆盖在爆破体上的防护，也是拆除爆破中的主要防护方法。用作覆盖防护的材料有：草袋（或草帘）、废旧轮带（或胶管）编制的胶帘、荆笆（竹笆）或铁丝网等。根据不同的爆破破坏程度，覆盖防护可分为三种等级：Ⅰ级防护为两层草袋、一层胶帘和一层铁丝网覆盖，适用于粉碎性破碎；Ⅱ级防护为两层草袋和一层胶帘覆盖；适用于加强疏松破碎；Ⅲ级防护为一层草袋和一层胶帘覆盖，适用于龟裂疏松破碎。草袋、胶帘和铁丝网在防护时要分别用细铁丝连接成一体，以增强防护效果。

覆盖防护是直接防止爆破碎块飞扬的屏障，它能抑制碎块的飞出或降低碎块飞出的速度。防护的重点是，可能产生飞石的薄弱面以及面向居民区、交通要道的方向。进行覆盖时，要特别注意保护好爆破网路，不得损坏它。

② 近体防护　这是在爆破体或爆破物附近设置的防护，亦称间接防护。它能遮挡从覆盖防护中飞出的爆破碎块。近体防护一般采用挂以防护物的围挡排架。防护物可用荆笆、铁丝网或尼龙帆布，排架可用杉杆或毛竹作骨架。近体围挡防护要有一定的高度和长度，主要根据爆破时抵抗线的方向可能出现的飞石高度，再由围挡防护排架距爆破体的距离来估算排架所需的高度和长度。

③ 保护性防护　当在爆破危险区内或爆破点附近，有重要机具设备或设施需要保护时，在被保护的物体上再进行遮挡或覆盖防护，这种防护称为保护性防护。根据不同的保护物对象，防护材料可选用草袋、荆笆（竹笆）、铁丝网、木板、方木和圆木等。

7.7 工程实例

7.7.1 工程概况

山西省临汾市马务大桥始建于20世纪70年代初,建桥的目的主要是满足战备的需要,后经多次维修加固,也作为重载公路桥梁使用。由于桥梁已出现大量横向可见裂纹,载重车通过桥跨中心时,桥梁产生超常上下振动,实际上该战备桥已不能满足需要,经多位专家鉴定得出结论,该战备桥已构成危桥。该桥位于临汾市城区,横跨汾河东西两岸,共27跨,56个桥墩,每跨长22 m,两边引桥各5 m,大桥总长604 m,行车道为8 m,两侧人行道各1 m,桥面总宽度为10 m,大桥西面紧靠大同至运城主干公路,50 m处有一加油站,30 m处有部分民房、饭店、修车店等二层以上的建筑物。28对桥柱与盖梁、桥墩均为Ⅱ形灌注钢筋混凝土结构,布筋致密,强度较高,盖梁上方均匀分布6排T形标准钢筋混凝土预制梁,见图7-10。Ⅱ形桥墩、柱地面以上高度3～12 m不等。汾河7月份处于雨季洪水季节,有1/2桥墩位于水中,爆破要在水中、水上进行,施工难度较大。

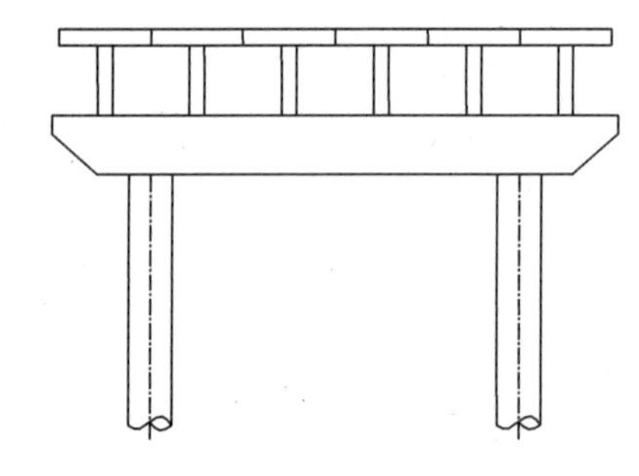

图7-10 桥墩结构

危桥继续使用,不仅不能满足日益繁忙运输的需要,反而会处于极大的危险中,特别是在洪水季节,危险性会更大。经多方协商,上级主管部门决定,由华北工学院采用先进的控制爆破技术拆除该桥梁。华北工学院主要技术人员全面调查了现场概况,查阅了大桥的原始资料,听取了各方面的意见和要求,拿出初步设计方案,征求多位爆破专家意见,经过多次修改,最后由公安部门批准实施,现将主要设计思想和安全方案简述如下。

7.7.2 方案设计思想

本次控制爆破工作量大,主体设计思想分三步:

① 首先破坏桥面六道T形梁的中心节点,便于有效破坏。

② Ⅱ形桥墩破坏,桥墩破坏是本次爆破的主体工程,要求一次起爆,整座桥梁有序倒塌,把爆破引起的飞石、冲击波、地震效应和噪音控制在允许的范围内。

③ 主体倒塌后T形梁的剩余结构的二次破碎技术要求并不高,薄壁结构如采用钻爆工艺,工作量大,故采用两种方法处理。桥面部分已经破坏,下落后破坏显著,可结合回收钢筋办法人工处理,T形梁下部,处于水中的用乳化炸药水封爆破,在地面上的用炸药贴附在结构上并覆盖土袋,分区起爆。

7.7.3 技术方案

1. 孔网参数

(1) T形梁孔网参数

T形梁为0.2 m厚的薄板结构,每块板长22 m,宽2 m,高1.4 m,为了破坏节点,炮孔布在结构中心点上，见图 7－11。孔径为 ϕ40 mm，孔距为 a＝50 cm，孔深为 L＝50 cm，每跨五道 T 形梁，钻孔 220 个，27 跨总炮孔数约 6 000 个，另加引桥，钻孔数近 7 000 个，钻孔约 3 000 多米。

（2）Ⅱ形桥墩孔网参数

桥墩是整座桥梁的承重结构，是本次爆破的重点，盖梁长 10 m、高 1 m、宽 1 m，桥柱地面以上部分为 3～12 m 不等，直径为 1 m。为了有效破碎桥墩、柱、梁，并使爆碴飞离原位，形成倒塌空间，孔网设计思想是大抵抗线，集中有效药量，产生抛掷效果，见图 7－12。孔距 0.7 m，孔深为 0.7 m，每个桥墩结构钻孔数约 35 个，28 个桥墩共钻孔 980 个，钻孔总延长 700 m。

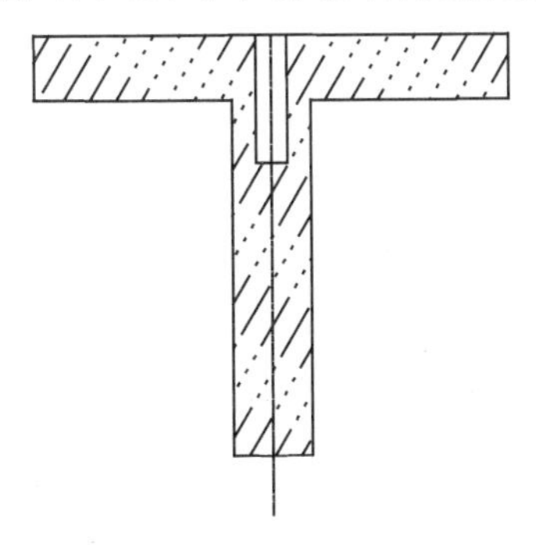

图 7－11　T 形梁炮孔结构

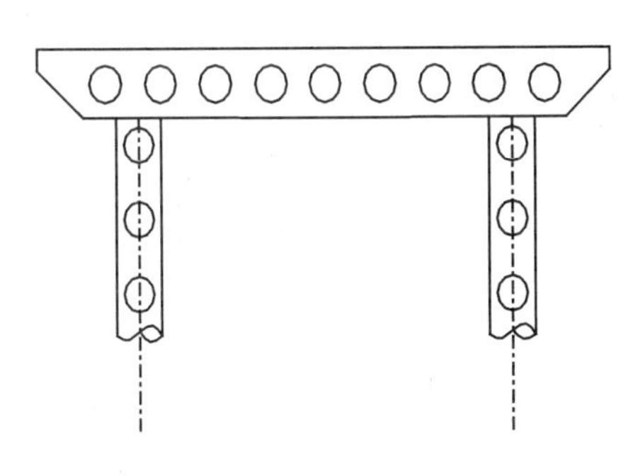

图 7－12　桥墩炮孔

2. 装药参数

（1）T 形梁装药参数

单孔装药量：

$$Q = qV = Ka\delta^2$$

式中：K——炸药单耗，kg/m^3；

a——孔间距，m；

δ——壁厚，m。

T 形梁为薄壁结构，d＝0.2 m，a＝0.5 m，因此 K 取大值（2.4 kg/m^3）。所以单孔装药量为 50 g，总雷管数约 7 000 发，总装药量约 350 kg。

（2）Ⅱ形桥墩装药参数

单孔装药量：

$$Q = Kab\delta$$

式中：K——炸药单耗，kg/m^3；

a——孔间距，m；

b——结构高度，m；

δ——结构厚度，m。

桥墩为厚体结构，K 取 0.75 kg/m^3，a＝0.7 m，b＝1 m，δ＝1 m，单孔装药量为 0.5 kg，桥墩总装药量为 490 kg。每个炮孔装两发非电雷管，总雷管数为 1 960 发。

（3）T 形梁二次破碎装药参数

剩余 T 形梁是一薄壁结构，钢筋很密，不能使用钻孔爆破工艺，因此采用贴附药包方法，用局部损伤和层裂效应来破坏薄壁结构，结合人工机械方法回收钢筋。根据具体情况，贴附药包间距为 2 m，每个药包重 0.5 kg。在水中使用乳化炸药，在地面可使用粉状炸药，加盖土袋，

提高炸药能量利用率，减少噪音。总药量 700 kg，总雷管数 1 400 发。

3. 起爆网路

(1) T 形梁桥面起爆网路

因桥面炮孔多，雷管数多，采用普通网路工作量会很大，因此桥面采用可导通非电串联起爆网路，见图 7-13。这种网路的特点是：根据需要将导爆管和雷管事先串联在一起，每 20 发或更多发雷管一组，现场按顺序装药将雷管放入孔内，装药堵孔。装完药后，网路自然形成，不需要接线，还可通过系统内微压气法检测网路是否导通。本网成本低，安全可靠，施工快捷。

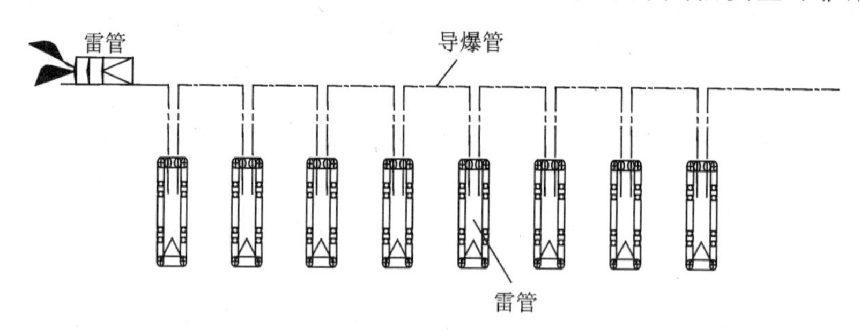

图 7-13　可导通非电导爆管串联网

(2) 桥墩起爆网路

桥墩起爆网路是重点起爆网路，是整个桥梁最终倒塌彻底解决的核心技术，必须保证安全可靠。起爆网路采用电与非电双重复合网路，每个药包用 2 发非电导爆管、雷管，每发非电导爆管又由各自独立的孔外电爆网路激爆。孔外电爆网路也是双重网路，每组 2 发电雷管并联捆扎导爆管，再串入主网路中，电爆网路为齐爆网路，非电网路为 1 段～15 段毫秒延期网路，每两座桥墩为一段。可有效降低地震，形成有序倒塌层次，见图 7-14。

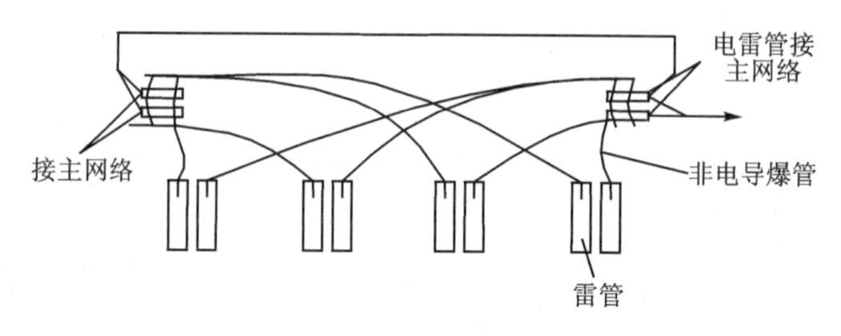

图 7-14　复合双重起爆网路

这种网路简单，便于施工，技术指标能满足工程要求，安全可靠。

桥梁的二次破碎起爆网路可根据主爆后剩余的器材灵活组织，起爆次数或规模根据环境的许可和回收钢筋的需要灵活掌握，只要保证安全即可。

4. 结束语

本次战备大桥控制爆破由于采用了新的设计思想，采用了可检测的非电起爆网路，采用了非电与电爆双重复合网路，使得技术指标易实现，管理有效，施工简便，保证工程顺利快速进展。桥面 T 形梁节点起爆后破而不塌，桥墩起爆后，604 m 长的大桥从两头向中间有序倒塌，层次分明，倒塌彻底，破碎均匀，达到了设计要求，受到诸方面的好评。

7.8　水压拆除爆破

7.8.1 水压爆破原理及药量计算公式

在容器状构筑物中注满水，起爆悬挂在水中一定位置的药包，利用水传递爆炸压力，达到破坏该构筑物的目的并使爆破震动、噪声和飞石受到有效控制，这种爆破称为水压拆除爆破(water pressure blasting)。

1. 爆破原理

众所周知，水的可压缩性较差(一般在 1 000 个大气压作用下，水的密度变化仅为 5%左右)，通常作为不可压缩的介质对待，因此炸药在水中爆炸时，水本身所消耗的变形能极少，传压效果非常好。

药包在水中爆炸，一般产生水中冲击波向四周传播。同时，还产生爆炸气态产物所形成的高压气团的脉动。而水压拆除爆破与一般的水下爆破(亦称水中爆破)是有所区别的，水压拆除爆破所涉及的是有限水域，水域的有限性虽然对炸药的爆轰过程和冲击波的形成没有任何影响，但是当冲击波自界面反射回来并达到气团和水的分界面以后，对气团形状及其运动的特性却有较大的影响，在水压爆破载荷作用下，通常构筑物四壁被破坏和破裂，此时，储水一泄而尽，不存在一般水下爆破时的气团往复脉动现象。

水压爆破时载荷对构筑物的破坏过程可概述如下：炸药引爆后，构筑物的内壁首先受到通过水介质所传来的峰值为几百至几千大气压的冲击波的作用，构筑物四壁在此强载荷的作用下，开始变形移位，当变形应力超过脆性材料的抗拉极限强度时，构筑物产生破裂，随后，构筑物四壁又立即受到爆炸高压气团膨胀而产生的压力作用，如同又一次突跃的加载，进一步加剧构筑物的破坏。此后，具有残压的水流，从裂缝中向外流出，当水流残压能量足够大时，将携带少量碎片向外冲击，形成飞石。由此可知，水压爆破主要存在两种形式的载荷：一是冲击波的作用；二是高压气团的膨胀压力，和由其所形成的高速水流作用。只要水压爆破的用药量恰当，便能使爆破飞石等危害作用受到有效地控制。

2. 药量计算公式

目前，水压拆除爆破的药量计算以经验公式为主，下面介绍几个国内外在水压拆除爆破理论研究和工程实践中所提出的药量计算公式：

(1) 冲量准则公式

$$Q = K_M\ (K_P\delta)^{1.6}R^{1.4} \tag{7-7}$$

式中：Q——梯恩梯炸药量，kg，如使用其他炸药时，须乘以换算系数；

δ——圆筒形结构物壁厚，m；

R——内半径，m；

K_M——系数，与结构材质及受力特点有关，见表 7 - 9；

K_P——破坏程度系数，混凝土完全破碎，$K_P=18\sim22$，龟裂松动，$K_P=4\sim7$。

表 7-9　结构材质系数 K_M

混凝土标号	150	200	250	300	350	400
K_M	0.122 5	0.159 3	0.195 2	0.228 2	0.304 5	0.361 0

式(7-7)的适用条件是：密度为 1.5 g/cm³ 的梯恩梯炸药，薄壁圆筒结构($\delta<R/10$)，药包置于圆筒中心。对于厚壁圆筒结构($\delta \geqslant R/10$)，须在公式(7-7)中引入厚壁圆筒修正系数 K_Z，即：

$$Q = K_M\ (K_P K_Z \delta)^{1.6} R^{1.4} \tag{7-8}$$

式中：K_Z——厚壁圆筒修正系数，见表 7-10。

表 7-10　厚壁圆筒修正系数 K_Z

δ/R	0.1	0.2	0.4	0.6	0.8	1.0
K_Z	1.000	1.109	1.233	1.369	1.514	1.667

对于非圆筒形结构物(如正方形、矩形)的药量计算，可以用等效内半径 $\hat{R}$ 和等效壁厚 $\hat{\delta}$ 取代以上公式中的 R 和 δ。R 和 δ 可按下列公式计算：

$$\hat{R} = \sqrt{\frac{S_R}{\pi}} \tag{7-9}$$

$$\hat{\delta} = \hat{R}\left(\sqrt{1+\frac{S_\delta}{S_R}} - 1\right) \tag{7-10}$$

式中：S_R——爆破体内容积的横截面积，m²；

S_δ——爆破体的横截面积，m²。

(2) 半理论半经验公式

$$Q = \left(\frac{K_P K_d \sigma_P}{0.0588c}\right)^{1.59} \delta^{1.59} R^{1.41} \tag{7-11}$$

式中：Q——计算用药量，kg；

K_P——破坏程度系数，根据试验资料，表层混凝土开裂、少量脱落，$K_P=10\sim11$，混凝土破碎但仍挂在钢筋笼上，$K_P=20\sim22$，混凝土破碎并大部分脱离钢筋笼和产生大量飞石，$K_P=40\sim44$；

K_d——混凝土的动抗拉强度提高系数，取 $K_d=1.4$；

σ_p——混凝土的静抗拉强度，Pa；见表 7-11；

c——混凝土的声波速度，m/s，见表 7-11；

δ——圆筒形容器结构壁厚，m；

R——圆筒形结构物内半径，m。

表 7-11　σ_p 和 c 值

混凝土标号	100	150	200	250	300	350	400
σ_p	7.9×10^5	10.3×10^5	12.8×10^5	15.2×10^5	17.2×10^5	21.1×10^5	24×10^5
c	2 760	3 060	3 260	3 420	3 500	3 585	3 670
$K_d\sigma_p/0.0558c$	6.8×10^3	8.0×10^3	9.3×10^3	10.5×10^3	11.7×10^3	14.0×10^3	15.6×10^3

式(7－11)的适用条件是:炸药为梯恩梯,薄壁($\delta<R/10$)圆筒形容器结构。对于矩形薄壁容器结构的药量Q,可按下式计算:

$$Q=\left(\frac{K_P K_d \sigma_p \lambda}{0.0811 K_f \Omega_c}\right) \tag{7-12}$$

式中:Q、K_P、K_d 和 δ 的意义同前;

K_f——弯矩系数,见表 7－12;

Ω_c——频率系数,见表 7－12;

λ——单位长度,m;取 7～10 m;

表 7－12　K_f 和 Ω 值

h/l	0.4	0.5	0.6	0.7	0.8	0.9
K_f	0.062	0.063	0.064	0.066	0070	0.076
Ω	15.95	15.20	14.40	13.35	12.2.0	11.10
h/l	1.0	1.2	1.4	1.6	1.8	2.0
K_f	0.083	0.103	0.125	0.163	0.203	0.250
Ω	9.85	7.80	6.20	4.60	2.90	1.40

注:表中符号 h 和 l 表示矩形池横截面的两个边长。

对于厚壁($\delta\geqslant R/10$)圆筒和矩形容器结构,应在式(7－11)和式(7－12)中的壁厚δ中引入厚壁修正系数K_Z,其值见表 7－10。

式(7－11)和式(7－12)仅适用于混凝土结构,对于钢筋混凝土,可近似按等强度原理将钢筋换算成混凝土,求出钢筋混凝土的药量修正系数K_c,即按式(7－11)和式(7－12)计算的药量应增加K_c倍:

$$K_c=1+\frac{K_{dc}\sigma_c\left(\sum S_c\right)}{K_d\sigma_p b\delta} \tag{7-13}$$

式中:K_d、σ_p、b 和 δ 的意义同前;

K_{dc}——钢筋的动力强度提高系数,见表 7－13;

σ_c——钢筋的静屈服强度,Pa;

$\sum S_c$——沿结构垂直向单位长度内环向钢筋的截面积的总和,m^2。

表 7－13　σ_c 和 K_{dc} 值

钢筋类别	3 号钢	5 号钢	16 锰钢	25 锰钢
σ_c/Pa	$3\,727\times10^5$	$3\,334\times10^5$	$3\,727\times10^5$	$4\,119\times10^5$
K_{dc}	1.35	1.25	1.20	1.13

(3) 经验公式

$$Q=MK\delta R^2 \tag{7-14}$$

式中:Q——总用药量,kg;

δ——结构物壁厚,m;

R——药包至内壁面的距离,m;

M——材质系数,对于混凝土,M=0.4～1.6;对于钢筋混凝土,M=2.0～4.0;

K——与爆破方式及结构特征有关的系数，封闭式水压爆破 $K=0.7\sim1.0$，开口式水压爆破 $K=0.9\sim1.2$。

上式的适用条件是：2 号硝铵炸药，$R\leqslant3$ m，爆破对象为圆筒形或正方形筒体。若结构物为矩形体，可将式(7-14)计算的 Q 值按长宽比增大(一般可按长宽比乘以 0.85～1.0 的结构调整系数计算)。

(4) 混凝土管切割爆破的药量

切割爆破混凝土管的药量可根据管径和壁厚来确定(表 7-14)。

表 7-14　水压爆破混凝土管药量

管径/壁厚	300/56	350/60	400/65	450/70	500/80
用药量/g	25	30	35	40	50

注：本表所用炸药是日本产品新桐代那米特，其性能与压制梯恩梯药块相近。

切割爆破施爆前，先将铁箍固定在混凝土管外围预定切割与保留的分界面上(图 7-15)，在铁箍以上 15～20 cm 处，压入底板并加以固定，形成水槽。按破坏要求，注入水深 40 cm(水深超过 40 cm，爆破效果即与水的深度无关)，能破坏分界面以上 60～80 cm 混凝土管，取得良好的效果。注入水深小于 40 cm，爆破时仅产生裂缝，水柱飞散。

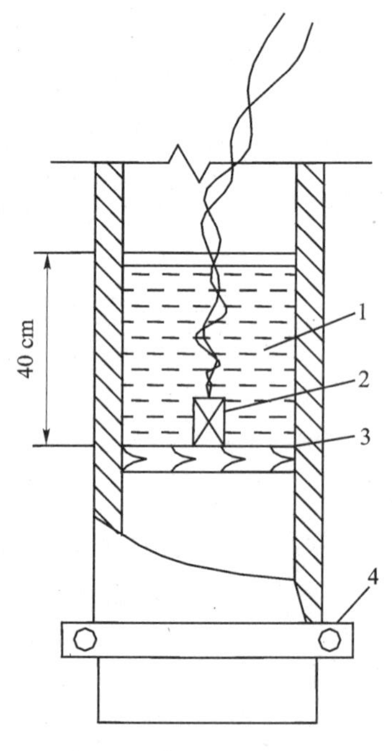

1—水；2—装药；3—底板；4—铁箍

图 7-15　混凝土管爆破装药设置

7.8.2　水压拆除爆破设计与施工

水压爆破主要用于拆除能够容纳水的容器状构筑物，如水槽、水罐、蓄水池、管桩、料斗、水塔和碉堡等。这类构筑物，如采用钻孔爆破，往往由于壁薄或有较密的钢筋网，十分困难，也不安全。采用水压爆破，避免了钻凿炮眼，同时，药包数量少，炸药单耗低，可节约大量的炸药和雷管费用，还能大大提高工效；另外，爆破网路简单，爆破时不产生火花和粉尘，还可使部分有害爆炸气体溶解于水中。只要设计合理，爆破震动、空气冲击波、噪声和飞石均能受到有效控制。总之，在特定条件下，水压拆除爆破是一种快速、经济、安全的施工方法。

1. 水压爆破设计

首先，在确定采用水压爆破之前，应认真研究和掌握以下几点：

① 爆破体的结构，包括各部分的尺寸、材质、配筋情况等，以及爆破点周围环境对安全的要求；

② 是否具备采用水压爆破的条件，例如能否容水，有无严重漏水部位，水源条件，爆后泄水是否会造成“水害”等；

③ 破碎部位和对破碎程度的要求，以及与其他施工程序的关系；

④ 在安全、技术经济指标和施工条件等方面，采用水压爆破是否为最佳方案。

水压拆除爆破设计，主要包括药量计算、药包布置和爆破安全检算。药包布置，主要是确定药包数量、每个药包的重量及其位置，根据国内的一些工程实践，药包布置的基本原则如下：

① 作为同一容器的爆破体，布置药包的数目应尽可能地少。药包一般宜设计为集中药包。对于方形、球形和筒形的容器式结构物，只需在容器的几何中心布置一个药包，则容器的四壁即可获得均匀作用的载荷并取得良好的破碎效果。实践表明，采用延长药包时，破碎效果更为理想，而且爆破时可能出现的飞石的距离显著缩小。

② 对于矩形或条形的容器式结构物，一般可根据结构尺寸和强度，布置两个以上药包，沿轴线等距分布。通常容器的长宽比大于 1.2 倍时，在计算该容器的爆破总药量后，依长宽比的不同，将总药量均分为二个或多个药包，其药包间距应使容器的器壁受到均匀作用的载荷，一般按下式确定：

$$a \leqslant (1.3 \sim 1.4)R \tag{7-15}$$

式中：a——药包间距，m；

R——药包中心至容器壁面的最短距离，m。

当容器式结构物的高度与直径（或短边长度）之比超过 1.4～1.6 倍时，应沿垂直方向布置两层或多层药包。

③ 若同一容器两侧的爆破体壁厚不同时，应布置偏炸药包，使药包偏于厚壁一侧，这样可使容器器壁的破坏均匀。容器中心至偏炸药包中心的距离称偏炸距离。偏炸距离 x（图 7－16）可按下式计算：

$$x = \frac{R(\delta_1^{1.143} - \delta_2^{1.143})}{\delta_1^{1.143} + \delta_1^{1.143}} \approx \frac{R(\delta_1 - \delta_2)}{\delta_1 + \delta_2} \tag{7-16}$$

式中：x——偏炸距离，m；

R——容器中心至侧壁的距离，m；

δ_1、δ_2——容器两侧的壁厚，m，$\delta_1 > \delta_2$。

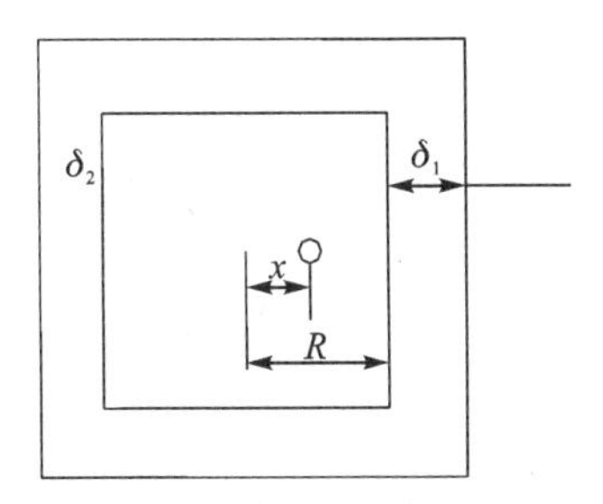

图 7－16　偏炸距离

④ 作为爆破体的容器，原则上应充满水，药包在水中的位置（亦称入水深度），一般应放置在水面以下相当于水深的三分之二处。容器不能充满水时，应保证水深不小于 R（容器中心至容器器壁的距离），并相应降低药包在水中的位置，直至放置在容器底部。这时与基础联结的容器底面亦将受到程度不同

的破坏。实践表明,当药包入水深度 h 达到某一临界值后,h 再增大,对爆破效果影响很小;在一般情况下,应控制的是药包入水深度的最小值 h_{min},即 $h_{min} \geqslant Q_i^{1/3}$(m),$Q_i$ 为单个药包的质量(kg)或 $h_{min} \geqslant (0.35 \sim 0.5) B$,$B$ 为内直径或内短边长度(m)。

⑤ 当容器式结构物内有立柱等非匀质构造时,应在这些部位用炮眼法装药或水中裸露药包,与水压爆破主体药包同时起爆。

2. 炸药防水及起爆网路

进行水压爆破时,宜选用威力大、耐水性能好的炸药,如梯恩梯和水胶炸药等。

药包中的起爆体,应选用细粒度炸药,如使用鳞片状梯恩梯,应进行研磨。起爆体应作好严格的防水措施,可采用医用盐水瓶或婴儿奶瓶,在装入炸药和雷管后,再将起爆线路引出瓶口,瓶口用橡皮塞或塑料螺旋盖拧紧,然后用防水胶布严密包扎,胶布与线路间的缝隙,可用 502 胶水浇封。主体药包可采用多层塑料袋或其他容器盛放,要确保装药密度,起爆体应居中,包装绑扎牢固。如采用硝铵炸药,应严格做好防水措施。

水压爆破可以采用电爆网路或非电塑料导爆管网路,不论采用何种网路,一般均应采用复式,即采用双套网路。网路连接应注意避免在水中出现接头,塑料导爆管内切忌进入水滴或杂物。

药包在容器状构筑物中的固定方式,可采用悬挂式或支架式,要按设计位置固定,并将药包附加配重,以防悬浮或走位。

3. 水压爆破施工及其他注意事项

(1) 构筑物开口的封闭处理

一些构筑物(如碉堡、钢筋混凝土板式楼房)的拆除,采用水压爆破有许多优点和良好的技术经济指标,但必须认真做好开口(如出入口、射击孔、门窗等)的封闭处理。除局部因施工需要必须在装药后处理外,一般封闭处理应尽可能提前完成,并做到不渗水且封闭材料具有足够的强度。

封闭处理的方法很多,可采用钢板和钢筋锚固在构筑物壁面上,并用橡皮圈作垫层以防漏水;也可砌筑砖石并以水泥砂浆抹面进行封堵;也可浇灌混凝土或用木板夹填粘土夯实。不管采用什么方法,封闭处理的部位仍是整个结构中的薄弱环节,还应采取必要的防护。实践表明,在封闭部位外侧用装土的草袋加以堆码,并使其厚度不小于构筑物壁厚、堆码面积大于开口面积,对于爆破安全和效果都是有益的。

(2) 对结构非拆除部分的保护

对不拆除但与爆破体有联结的结构,应事先将其与爆破部分切断。

对同一容器状构筑物(如管道)的非拆除部分,可采取填砂、与爆破段的交界预裂或预加金属箍圈等方法予以保护。

(3) 爆破体底面基础的处理

当爆破体底面基础不要求清除,但允许有局部破坏时,可按一般设计原则布置药包即可。当底面基础不允许有破坏时,水中药包离底面的距离不得小于水深的三分之一,一般以 1/3~1/2 为宜,同时,在水底应敷设粗砂护层,厚度与药包大小及基础情况有关,一般不应小于 20 cm。

当爆破体底面基础要求与上部结构一起拆除时,实践表明,由于底面基础没有临空面,仅靠水中药包是不能良好地进行破碎的,特别是当基础较厚或含有钢筋时,效果更差。而在上部结构水压爆破清除后再进行基础施工，由于水的浸泡，使在基础中钻孔非常困难。因此，对这种情况，可考虑先行对基础钻孔，基础炮孔药包与水压爆破药包同时起爆，其基础爆破可按常规钻孔拆除爆破设计，但药量可相应提高 50%。这时应注意校核一次爆破总药量所允许的爆破震动安全要求，并作好钻孔爆破药包及起爆网路的防水措施。

(4) 开挖出爆破体的临空面

水压爆破拆除的构筑物，一般要求其必须具备良好的临空面。但对某些情况，如地下工事，一定要注意将其四周的临空面开挖出来，否则将直接影响爆破效果，并使爆破地震效应加剧。在开挖出临空面的侧沟内，不应充水。

(5) 水压爆破对外界的安全影响

水压爆破对外界可能造成的安全影响主要有飞石、震动，以及对地层的挤压作用。

为防止个别飞石，除应认真校核药量和严格控制单位耗药量外，还必须对爆破体进行必要的覆盖防护，或根据具体情况设置围挡防护。

实践表明，由于水压爆破的药量相对集中，其震动效应较之相同药量的钻孔爆破剧烈。应根据周围最近距离建筑物允许承受的震动强度来校核一次起爆的最大安全药量。水压爆破震动效应较突出的特点是：衰减慢、持续时间长和传播距离远。因此，对水压爆破产生的震动效应，必须予以足够重视。

为降低爆破震动及基础对周围地层的挤压影响，可在爆破体外侧开挖明沟，从而可以起到减震隔离作用。

7.8.3　工程实例

1. 工程简介

中北大学南区一废弃水塔，由于学院要对该区进行规划建设，必须将该水塔拆除。水塔是由日本在 20 世纪 30 年代建立的，虽然该水塔已有 60 多年的历史，但各方面的强度系数不比现在的建筑差。水塔形状为倒置粮仓型，即上半部为圆柱形，下半部为倒置的圆锥形。内部是薄壁型钢筋混凝土结构，厚 18 cm，采用单层布筋，布筋为 ϕ14 mm，螺纹钢，间距为 0.18 m，环向布筋为 ϕ8 mm，混凝土标号为 200 号。外部是砖砌结构，厚度是 0.37 m。圆柱以下部分是砖砌支撑结构，顶部为薄钢筋混凝土顶盖。其结构见图 7-17。

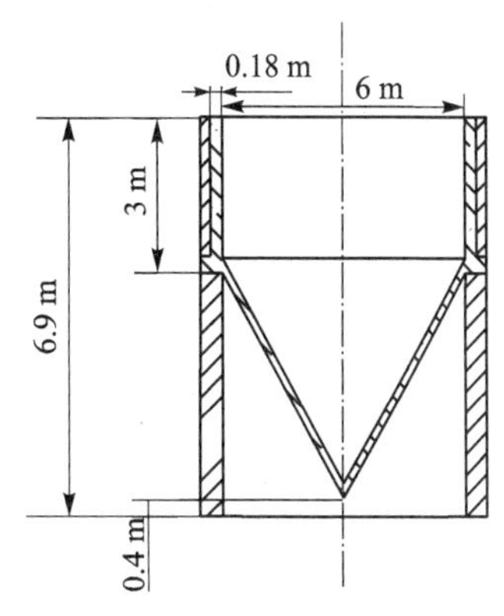

图 7-17　薄壁型钢筋混凝土内部结构示意图

2. 方案选择与药量计算

(1) 方案选择

对于该工程而言，困难之处在于内部的钢筋混凝土结构。根据水塔结构和周围环境情况，如采用炮眼爆破法，由于水塔是一封闭结构，不方便打眼，更重要的是内部的钢筋混凝土结构太薄，打眼难度系数大，即是打眼后，也不能保证堵炮眼工作顺利进行。因此我们考虑将水塔内部填充，炸药放进填充物内，考虑到用水以外的其他物质如泥或碎砂石，但是他们的可压缩性比水大得多，爆破效果明显不如以水为填充物。而且水塔的体积大，若采用这些物质作为填充物，容易产生大量飞石（填充物本身的），容易产生大量的粉尘，造成环境污染。以水作为填充物时，克服了以上的困难，学院内部有水源，蓄水很方便，同时减少了环境污染。所以本次爆破采用水压爆破法，周围砖结构采用浅眼爆破法。

(2) 药量计算

圆柱形部分

$$V_1 = \pi R^2 h = (\pi \times 3^2 \times 3)\ \text{m}^3 = 84.8\ \text{m}^3$$

圆锥形部分

$$V_2 = \frac{1}{3}\pi R^2 h = \left(\frac{1}{3}\pi \times 3^2 \times 3\right)\ \text{m}^3 = 36.8\ \text{m}^3$$

① 根据注水体积药量公式计算

$$Q = K_a \sigma \delta V^{2/3}$$

式中：Q——总装药量，kg；

V——注水体积，$V_1 = 84.8\ \text{m}^3$，$V_2 = 36.8\ \text{m}^3$；

σ——材料的抗拉强度，取 1.3 MPa；

δ——容器形构筑物的壁厚，0.18 m；

K_a——装药系数，取 0.98。

所以有：$Q_1 = (0.98 \times 1.3 \times 0.18 \times 84.8^{2/3})\ \text{kg} = 4.4\ \text{kg}$

$$Q_2 = (0.98 \times 1.3 \times 0.18 \times 36.8^{2/3})\ \text{kg} = 2.3\ \text{kg}$$

② 根据构筑物形状尺寸的药量计算公式

$$Q = K_b K_c K_d \delta B^2$$

式中：B——构筑物的内径，6 m；

K_b——与爆破方式有关的系数，封口式结构，取 0.9；

K_c——与建筑物材料有关的系数，钢筋混凝土材料，一般在 0.5～1.0，这里取 0.8；

K_d——结构调整系数，取 1.0；

δ——容器的壁厚，0.18 m。

所以有：$Q_1 = (0.9 \times 0.8 \times 1.0 \times 0.18 \times 6^2)\ \text{kg} = 4.7\ \text{kg}$

Q_2 为锥形体的装药量，该公式只适用于柱状体，所以不能用该公式计算。

③ 根据构筑物截面面积公式计算

对于大截面的构筑物，药量按下列公式计算：

$$Q = K_c K_e S$$

式中：S——截面积，$S = \pi(3.18^2 - 3.0^2)\ \text{m}^2 = 3.5\ \text{m}^2$

K_c——与构筑物有关的材料系数，钢筋混凝土材料，一般在 0.3～0.35，这里取 0.32；

K_e——炸药换算系数，黑梯炸药，取 1.0；

所以有：$Q_1 = (0.32 \times 1.0 \times 3.5)\ \text{kg} = 1.12\ \text{kg}$

同样 Q_2 不能用此方法求得。

④ 根据冲量准则公式计算

$$Q = K\ (K_2 \delta)^{1.6} R^{1.4}$$

式中：K——药量系数，一般在 2～5 之间，这里取 4；

K_2——同上，当薄壁时取 1；

R——半径，3 m；

所以有：$Q=(1.0\times4\times0.18^{1.6}\times3^{1.4})$ kg=1.2 kg

综合以上计算结果，取 $Q_1=4.4$ kg，$Q_2=2.3$ kg，总装药量 $Q=6.7$ kg。这里指梯恩梯炸药，我们选用 2 号岩石铵梯炸药则 $Q_1=(4.4\times1.1)$ kg=4.84 kg，$Q_2=(2.3\times1.1)$ kg=2.53 kg，$Q=(4.84+2.53)$ kg=7.37 kg。

3. 药包布置

将水塔上下的圆柱和圆锥分别看作是两个独立承受爆破作用结构。那么：

对于圆柱部分：各部分的壁厚和材质相同，各方面的破碎程度要求相同，所以采用单个中心药包。药包形状采用延长药包形，药包放于圆柱高度的三分之一处，即水面以下 2 m 处。

对于圆锥形部分：目前还没有形成一个完整的药包布置理论体系，综合以上的药包布置理论，采用单个药包，药包也采用圆锥形，锥角度数约等于水塔的锥形角度数，放于距离塔底 2.2 m 深处。

将 2 号岩石铵梯炸药装于塑料瓶中，将电雷管安放与炸药内部，夯实，保证炸药密度。用塑料反复多次缠绕瓶口，做到使药包要严格密封，绝对防止药包进水而导致炸药受潮，破坏整个工程。

4. 对外部砖砌结构的处理

对于水塔外部的砖砌结构，采用浅眼爆破法。砖砌结构本身的强度不是很大，完全可以采用该方法。

墙体的厚度　　$B=37$ cm

取炮眼深度　　$L=0.7B=0.7\times37$ cm=25 cm

炮眼直径墙体厚度　　$d=40$ mm

最小抵抗线　　$W=\frac{1}{2}B=\frac{1}{2}\times37$ cm=18.5 cm

炮眼间距　　$a=(1.2\sim2.0)W$，取 $a=2.0W=2.0\times18.5$ cm=37 cm

排距　　$b=a=37$ cm

单位用药量　　$q=50$ g

炮眼总数　　$n=103$

5. 起爆方法及起爆网络

本次爆破要求远距离操作，同时起爆药包数目比较大，为保证精确起爆，要求起爆前检查起爆网络，因此，此次爆破采用电起爆法起爆。

为保证准确起爆，采用串并联式起爆网络，每个药包有一个电雷管引爆。整个外部砖砌结构的药包串联，内部的两个药包串联，然后两部分并联，起爆器起爆。

6. 安全防护

由于该薄壁型钢筋混凝土水塔已经废弃多年，因此可能有漏水现象。为防止注水时有渗水，随着水位不断上升，静水压力增大，漏水速度加快而难以注满，应事先进行渗漏处理。在封堵窗口时，强度不能低于壁体其他处的强度，否则容易从窗口局部冲出造成飞石。由于水塔周围都是废弃建筑，因此不用考虑起爆后会造成水灾问题。同时对飞石灾害的防护问题，起爆前要做好警戒，提前疏散人群。

7. 试验步骤

① 称好药量，分别做成圆柱形和圆锥形药包，保证一定的密度；

② 将电雷管埋放于炸药内，引出脚线，用塑料反复缠绕药包，防止进水；

③ 注水，将华北工学院院内的消火栓的水引入水塔；

④ 注满水后，将药包掉于所需的高度；

⑤ 连线；

⑥ 警戒；

⑦ 起爆。

8. 注意的问题

① 注水前检查渗水情况，及时堵塞；

② 严格密封装药瓶口，药包不能在水中置放太久，绝对防止药包受潮；

③ 在水中连接的电雷管脚线也要密封，防止与水接触。

9. 爆破效果

从爆破结果来看，钢筋混凝土的贮水罐彻底破坏，水塔下椎体钢筋骨架结构变形外露，四周壁面上的大部分混凝土脱落。贮水罐圆柱部分钢筋变形，混凝土全部松动破裂，部分与钢筋脱落，可直接用风镐进行后续处理，爆破达到了预期的安全、快速的理想效果。

复习题

1. 控制爆破的内涵是什么？控制爆破主要控制什么？
2. 拆除爆破的技术设计程序是什么？
3. 建筑物的拆除爆破原理和关键技术是什么？
4. 拆除爆破的单孔装药量计算原理是什么？
5. 简述水压拆除爆破的原理。
6. 拆除爆破是如何减小地面震动的？
7. 水压爆破引起的地面震动特性有哪些及采取什么措施来防护？
8. 如何选择薄壳结构拆除爆破的参数？
9. 水压爆破施工作业中应注意哪些问题？
10. 拆除爆破其周围环境的复杂性表现在哪些方面？设计时要注意哪些问题？
11. 拆除爆破时要对爆区周围设施进行防护设计，其设计文件应编写哪些内容？
12. 试述拆除爆破设计药包最小抵抗线选取的原则，并举例说明。
13. 试述拆除爆破设计药包间距参数选取的原则，并举例说明。
14. 试述拆除爆破炮孔直径、炮孔深度及填塞长度参数选取的原则。
15. 试述拆除爆破设计中，单位炸药消耗量参数确定的方法。
16. 试述拆除爆破设计在什么情况下要采用分层装药结构，及药量如何分配。
17. 简述拆除爆破起爆网路设计的特点和要求。
18. 试述拆除爆破时建筑物塌落振动的特点。
19. 试述防止飞石飞散的覆盖防护措施有哪些。
20. 如何控制和减少拆除爆破产生的粉尘污染？
21. 试述采用定向爆破拆除烟囱、水塔对场地的要求。
22. 试述基础类结构物拆除爆破的设计原则。
23. 试述水压爆破拆除设计的技术原理和适用范围。
24. 试述水压爆破拆除的适应范围及施工时的注意事项。

第 8 章　水下爆破

水下爆破(submarine blasting)是爆破工程中的一个重要分支,它与水上(即陆上)爆破的区分是以水面作为标志的。凡是在水面以上进行的爆破作业叫做水上爆破,也就是陆上爆破;凡是在水面以下进行的爆破作业叫做水下爆破。

随着我国国民经济建设的发展,需要兴建和改造大量的港口码头,要建筑各种水利电力设施,对旧的航道要进行疏浚和加深。上述这些工程都要求在水下的岩层中进行大量的开挖工作,只有采用水下爆破方法才能有效地高速地完成生产建设任务。

水下爆破与陆上爆破相比,从爆破方法和爆破原理方面来说,两者是相似的。但是从爆破条件来说两者差异较大,水下爆破有它本身的特点,这表现在:

① 水是一种溶剂,能溶解多种化合物,如硝酸铵就极易溶于水,极易吸收水,当硝酸铵吸水超过 1.5%以后就会使硝铵炸药失去它的爆炸性能,因此在水下爆破必须选用抗水性能较好的炸药。

② 水的比重比空气大,浮力也比空气大,因此装入水下的炸药包的比重不能过轻,否则药包在水中容易产生浮动和飘移,药包不易固定在要求爆破的位置上,因而达不到爆破的目的,所以水下爆破要求选用比重比水大的炸药。如果选用比重较小的炸药时,则必须在炸药包上加上附重(如碎石、铁砂等),以保证药包能固定在设计的位置。

③ 随着水深的增加,水压也随之增大。因此在水下爆破特别是深水中的爆破,水压对爆破器材性能的影响是一个不容忽视的问题。根据试验证明,水压对炸药的爆速和猛度会产生明显的影响,爆速和猛度会随着水压的增加而下降。当水深为 10 m 时(相当于大气压10^5 Pa),爆速下降 11%,猛度下降 10%;当水深增加到 30 m 时(相当于大气压 3×10^5 Pa),爆速平均降低 26%,猛度减少 33%,爆破效果显著降低,因此在深水中爆破时,必须选用耐高压的抗水炸药。

④ 水是可压缩性极小的介质,炸药在水下爆破时所产生的冲击波,它的传播速度要比在空气中快,而衰减速度要慢,因此容易引起周围药包的殉爆,打乱了正常的起爆顺序并恶化了爆破效果,同时对安全防护也增加了困难。

⑤ 水的能见度较差,特别是水深时,这就造成装药时的困难,药包不易做到准确定位。同时在水流和浪潮中连接和铺设起爆网路时,导线容易被冲走和折断,以上种种原因常常造成药包失效而影响爆破效果。

⑥ 水下爆破时,水柱的重量压在岩石上,爆破必须克服这部分阻力,因此在计算炸药单位消耗量和其他爆破参数时,也要考虑这一因素的影响。

水下爆破虽然能运用陆上爆破的一些原理和方法,但是由于水下爆破存在上述种种特点,因此学习本章时,必须了解水下爆炸的基本理论、水下爆破的设计和施工以及水下爆破的安全技术等方面的知识。

8.1 水下爆炸的理论基础

8.1.1 水下爆炸的物理现象

药包在水域中爆炸时，炸药爆炸所释放的能量以高温高压气体的形式作用于周围的水体，在一般情况下，爆温约 3 000 ℃，压力约为 $10^5 \times 101$ kPa。若炸药在足够深的水域中爆炸时，水面和水底对爆炸压力场参数的影响可以忽略不计，此时可近似地视为无限水域的爆炸情况。由于水的可压缩性相对较小，水介质对能量的吸收作用亦相对较少，因此爆炸引起的水中冲击波随距离增加而衰减则相对较慢，若爆炸波的扰动为平面波的一元流动，则运动过程中波幅和波形没有显著的变化。但是对于球形药包爆炸产生的球面波，则波幅随距离增大而减小。根据许多学者的研究，此时水中冲击波的压力历时曲线近似为指数衰减曲线。

当药包在有限水深的水域中爆炸时，由于自由水面的存在，水中冲击波到达水面时将产生反射稀疏波，并向水体内传播，此时水中冲击波压力场将受此干扰，位于不同区域的测点其压力历时曲线中将出现水面切断效应，甚至明显削减压力峰值等现象。这样势必导致冲量的减小。位于水面附近规则反射区内的测点，水面切断效应越为显著，冲量减小越多。相反，当冲击波到达水底时，由于水底物质的声阻抗一般都较水的声阻抗大，所以，水底的反射波为压力波，靠近水底规则反射区内的压力历时曲线将出现水底反射度的正叠加作用。此时其压力峰值和冲量将较无限水域相对应点处的压力和冲量明显增加。

由于爆源产生的高压气体在水中迅速膨胀并挤压周围的水体，于是水体继续向外运动，随着水体流动和气泡膨胀，气体压力将迅速下降，以致低于周围的静水压力，这样周围的水体便作反向运动而压缩气体，当水体向心运动过度压缩气泡时，气泡则再次膨胀，从而造成水中压力的脉动现象，同时由于气泡在水中受到浮力作用，在此期间，气泡边脉动边浮升，其轨迹如图 8－1 所示。

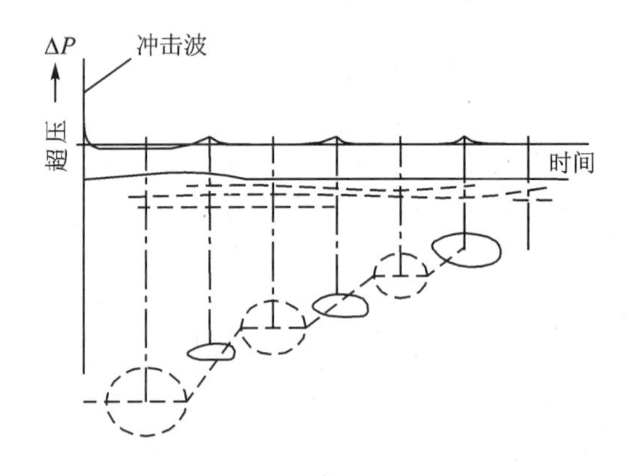

图 8－1　气泡脉动与压力变化

由于气泡的脉动频率较低，因此它对某些水下设施和物体同样有很大的破坏威胁。当药包处于比例爆深较小的浅水爆炸时，除了产生水中冲击波和脉动压力外，自由水面还会出现以下多种现象：

① 水中冲击波在自由水面上反射所造成飞溅的羽状水柱；

② 气泡浮升至水面并突入大气时所产生的水喷现象；

③ 由以上两种原因和水柱回落重力波的作用，产生一连串的波浪向四面传播，当波浪遇到障碍物时产生破碎浪压力和爬高现象，当爆炸规模较大时，这一因素对河岸工程和其他水面物体亦有较大的威胁和破坏影响。当药包在近水面爆炸时，除上述诸现象外，还将产生强烈的空气冲击波效应。

8.1.2　水下爆炸冲击波理论

水中爆炸问题按药包入水深度分为无限和有限水域中爆炸。对于无限水域中的爆炸，目前对一维问题已进行了大量研究，即是指自对称中心（对称轴线或平面）起爆的球面（柱面或平面）装药问题。

为了求解一维水中爆炸问题，必须求解下面的微分方程组，其组成是

运动方程

$$\frac{\partial u}{\partial t}+u\frac{\partial u}{\partial r}+\frac{1}{\rho}\frac{\partial p}{\partial r}=0 \tag{8-1}$$

连续性方程

$$\frac{\partial \rho}{\partial t}+u\frac{\partial \rho}{\partial r}+\rho\frac{\partial u}{\partial r}+\frac{Nu\rho}{r}=0 \tag{8-2}$$

能量守恒方程，对于理想的无热传导流体用内能的方程表示：

$$\frac{\partial E}{\partial t}+u\frac{\partial E}{\partial r}-\frac{p}{\rho^2}\left(\frac{\partial \rho}{\partial t}+u\frac{\partial \rho}{\partial r}\right)=0 \tag{8-3}$$

在求解能量方程时可使用(8-3)式，最后为了方程组的封闭，还需要有介质的物态方程：

$$E=E(p,\rho) \tag{8-4}$$

方程组式(8-1)～式(8-4)的未知函数 p、ρ、u 和 E 的封闭方程组，必须在确定的初始条件和边界条件下求解。在最一般的提法下，水中爆炸问题必须从爆轰产物—水的体系来考察，这时定解问题的初始条件是一维球面（柱面或平面）装药爆轰问题的解，也就是在爆轰波从装药表面输出时刻装药区域流动场内产物压力、速度和密度的分布：

$$p_{\mathrm{p1}}=p(r),\quad u_{\mathrm{p1}}=u(r),\quad \rho_{\mathrm{p1}}=\rho(r) \tag{8-5}$$

根据爆轰波阵面上的压力和速度值，可以确定水中冲击波的初始参数。

无界水域的水中爆炸问题存在两个边界面：爆轰产物/水的分界面和冲击波阵面，该分界面上承受着介质微元密度、熵和内能的间断，同时分界面两边介质的压力和粒子速度又是连续的，即在气泡表面上满足以下关系式：

$$u_{\mathrm{p1}}=u_{\mathrm{w1}},\quad p_{\mathrm{p1}}=p_{\mathrm{w1}} \tag{8-6}$$

这里下标 p1 和 w1 分别表示爆轰产物和水。冲击波阵面上承受着所有流动参数的间断，但是在其两边的流场量应服从积分形式的质量、动量和能量的守恒定律。当冲击波在不动水体中传播时，这些守恒定律可写成下面关系式：

$$D\rho_s=\rho_s(D-u_s) \tag{8-7}$$

$$p_s-p_0=\rho_0 Du_s \tag{8-8}$$

$$E_s-E_0=\frac{p_s-p_0}{2}\left(\frac{1}{\rho_0}-\frac{1}{\rho_s}\right) \tag{8-9}$$

这里下标 0 和 s 分别表示波前初始状态和冲击波阵面状态。如果把水的物态方程式

(8-4)代入式(8-9),可以得到冲击波阵面上压力和密度之间的关系式,称之为冲击绝热线。

目前,最广泛使用的水的冲击绝热线是 Tait 方程,其形式为

$$p_s - p_0 = B\left[\left(\frac{\rho}{\rho_0}\right)^n - 1\right] \tag{8-10}$$

这里当 $p_s>2.94$ GPa 时,$B=0.417$ GPa,$n=6.29$;当 $p_s<2.94$ GPa 时,B=0.298 6 GPa,$n=7.15$。

有了水的冲击绝热线,不难计算冲击波阵面的其他参数,从式(8-7)和式(8-8)可以得到:

$$D = \sqrt{\frac{p_s - p_0}{\rho_0(1-\rho_0/\rho_s)}} \tag{8-11}$$

$$u_s = \sqrt{\left(\frac{p_s - p_0}{\rho_0}\right)\left(1-\frac{\rho_0}{\rho_s}\right)} \tag{8-12}$$

式(8-10)～式(8-12)给出了四个冲击波参数之间的三个关系式,可以作为冲击波阵面的边界条件使用。

除了上述条件之外,任何时刻在对称中心处的介质粒子速度必须为零,即有:

$$r = 0, \quad u = 0 \tag{8-13}$$

因此为了确定水下爆炸的流场,必须在初始条件式(8-5)和边界条件式(8-6)、式(8-10)～式(8-14)的基础上积分微分方程组式(8-1)～式(8-4)。当考察"爆轰产物——水"体系时,既要知道爆轰产物气态的物态方程,又要知道流体介质的物态方程。对于水的物态方程有如下几种:

Bridgmen 关于水的经验或半经验的物态方程:

$$v(T,p) = v(T,0)\left[1-\left(\frac{1}{n}\right)\ln\left(1+\frac{p}{B}\right)\right] \tag{8-14}$$

按照实验数据确定系数 B 和 n,结果表明在温度 20～60℃范围、压力 2.45GPa 以下,它们可取作为如下常数:

$$B = 0.2986\ \text{GPa}, \quad n = 7.15 \tag{8-15}$$

在第二次世界大战后的 20 世纪 50～60 年代,研究人员得到的水的物态方程,在压力 0 GPa<p<45 GPa 范围内,水的冲击绝热线可以表示为如下形式:

$$D = 1.483 + 25.306\ \lg\left(1+\frac{u}{5.19}\right) \tag{8-16}$$

式中 D 和 u 的单位都是 km/s。

按照冲击压缩之后的卸载等熵线,对前述各种物态方程进行比较,结果表明冲击波阵面压力在 14.7 GPa 以下,在实验精度范围内它们实际上是重合的。

迄今为止,水中爆炸理论研究的全部历史都是在寻求针对某些过程和介质模型的特解。要得到封闭解的第一种假定是关于流体不可压缩的假设,据此 Lamb 在 1923 年解决了无界流体内气泡腔的膨胀问题。

在球对称情形,不可压缩流体运动的基本方程式(8-1)和式(8-2)具有如下形式:

$$\frac{\partial u}{\partial t} + u\frac{\partial u}{\partial r} + \frac{1}{\rho_0}\frac{\partial p}{\partial r} = 0 \tag{8-17}$$

$$\frac{\partial u}{\partial r} + \frac{2u}{r} = 0 \tag{8-18}$$

可以得到通解：

$$ur^2 = f(t) = u_n r_n^2 \tag{8-19}$$

$$\frac{p-\varphi(t)}{\rho_0} = \frac{1}{r}\frac{\mathrm{d}f(t)}{\mathrm{d}t} - \frac{f^2}{2r^4} \tag{8-20}$$

这里 $f(t)$ 和 $\varphi(t)$ 是任意时间函数。

假定在无穷远处压力趋于周围介质的初始压力，从式(8-20)得出 $\varphi(t)=p_0$，导出压力场的表达式为

$$p = p_0 + \left(p_n - p_0 + \frac{\rho_0 u_n^2}{2}\right)\frac{r_n}{r} - \frac{\rho_0 u_n^2}{2}\left(\frac{r_n}{r}\right)^4 \tag{8-21}$$

从式(8-20)得到气泡腔边界的运动规律为

$$\frac{\mathrm{d}u_n}{\mathrm{d}t} = \frac{p_n - p_0}{\rho_0 r_n} - \frac{3}{2}\frac{u_n^2}{r_n} \tag{8-22}$$

若忽略爆轰产物运动的波动性质，认为气泡腔内压力按下面规律变化：

$$p_n = p_1\left(\frac{r_1}{r_n}\right)^{3k} \tag{8-23}$$

而其边界的初始速度为 u_1，则式(8-22)解的形式为

$$u_n^2 = \left[u_1^2 + \frac{2}{3(k-1)}\frac{p_1}{\rho_0} + \frac{2p_0}{3\rho_0}\right]\left(\frac{r_1}{r_n}\right)^3 - \left[\frac{2}{3(k-1)}\frac{p_1}{\rho_0}\left(\frac{r_1}{r_n}\right)^{3k} + \frac{2p_0}{3\rho_0}\right] \tag{8-24}$$

流体中的速度场由式(8-19)决定：

$$u = u_n\,(r_n/r)^2 \tag{8-25}$$

按照给定的气体压力式(8-23)，上面得到的解可用来确定气泡腔的运动规律式(8-24)、流体中的压力场式(8-21)和速度场式(8-25)。但是应当指出，对于冲击波来说，即使在可压缩性很小的介质中传播，式(8-19)和式(8-20)的解也没有物理意义，因为在可压缩介质中扰动的传播速度总是有限的，而不可能是从这个解形式推导出的无穷大。此外，由式(8-19)得知，离开分解面很远处的流动速度总是下降的，即使冲击波阵面压力事实上高于其后方的压力。尽管如此，不可压缩流体的理论仍以很高的精度描述了气泡的脉动运动。当冲击波传播到离气泡表面足够远处，从某个半径 r_1 开始、其运动就可以用式(8-24)描述。

从式(8-24)还可得出气泡腔膨胀的最大半径。采取 $u_n=0$，并与 1 比较可忽略项 u_1^2、$(r_1/r_n)^{3k}$ 和 $(r_1/r_n)^3$，得到：

$$r_{\max} = r_1\,(5p_1/2p_0)^{1/3} \tag{8-26}$$

利用式(8-26)，从式(8-24)得出如下关于气泡膨胀速度的公式：

$$u_n = \frac{\mathrm{d}r_n}{\mathrm{d}t} = \sqrt{\frac{2p_0}{3\rho_0}\left[\left(\frac{r_{\max}}{r_n}\right)^3 - 1\right]} \tag{8-27}$$

把式(8-27)从装药初始半径 r_0 积分到即时半径值 m，得到气泡腔的膨胀规律为

$$t = \sqrt{\frac{3\rho_0}{2p_0}}\int_{r_0}^{r_n}\frac{\mathrm{d}r_n}{\sqrt{(r_{\max}/r_n)^3 - 1}} \tag{8-28}$$

当气泡腔膨胀到最大半径时，根据式(8-28)有：

$$t_{\max} = \sqrt{\frac{3\rho_0}{2p_0}}\int_{r_0}^{r_{\max}}\frac{\mathrm{d}r_n}{\sqrt{(r_{\max}/r_n)^3 - 1}} \tag{8-29}$$

当 $r_0 \ll r_{\max}$ 时，这个积分可用 Γ 函数的值来表示：

$$t_{\max}=0.915\frac{\rho_0^{1/2}r_{\max}}{p_0^{1/2}} \tag{8-30}$$

或者由式(8-26)有：

$$t_{\max}=0.915\frac{\rho_0^{1/2}r_{1(5/2p_1)^{1/3}}}{p_0^{5/6}} \tag{8-31}$$

选择适当的半径值 r，式(8-26)～式(8-31)能够给出与实验测量相符的结果。BayM 等建议在气泡达到临界压力的时刻确定该值，这也就是爆轰产物膨胀等熵线的指数从 3 变化为 7/5 的时刻。

水中爆炸进一步的理论研究是与实验数据的积累同时进行的，并且以实验的定性和定量结果为基础，从而能够对这些结果作更详尽的论述。人们十分详细地试验研究了 TNT 装药的爆炸，这是因为这种装药经常被用作为猛炸药的当量，其特性参数是 $\rho=1.6\ g/cm^3$，$D=7000\ m/s$，$Q=1\ 060\ kcal/kg$。后来得到许多有关 PETN 炸药的结果，其特性参数是 $\rho=1.6\ g/cm^3$，$D=7\ 900\ m/s$，$Q=1\ 400\ kcal/kg$。水中爆炸的实验研究通常只限于气泡脉动、冲击波阵面参数和测量点处波的压力历史的研究。利用高速照相技术实验研究气泡的运动，可以得到气泡膨胀的规律、气泡的最大半径、达到最大半径的时间和浮出水面的时间等。我们利用关系式(8-26)、式(8-27)和式(8-31)把实验数据拟合为

$$r_{\max}=\left(\frac{M}{p_0^{1/3}}\right)r_0 \tag{8-32}$$

$$t_{\max}=\left(\frac{N}{p_0^{5/6}}\right)\frac{r_0}{c_0} \tag{8-33}$$

式中：$c_0=1\ 500\ m/s$ 是水中声速，p_0 的单位是 0.1 MPa。从式(8-27)可以得到如下关于气泡膨胀速度的公式：

$$u_n=u_0\left(\frac{r_0}{r_n}\right)^{1.5}\sqrt{1-\left(\frac{r_n}{r_{\max}}\right)^3} \tag{8-34}$$

当 $r_n<0.6r_{\max}$，上式可以很高精度简化为

$$u_n=u_0\left(\frac{r_0}{r_n}\right)^{1.5} \tag{8-35}$$

积分式(8-34)，得到在初始膨胀区段中($r_n<0.6r_{\max}$)气泡的运动规律：

$$r_n=r_0\left[1+\eta\left(\frac{c_0}{r_0}\right)t\right]^{0.4} \tag{8-36}$$

式中：$\eta=2.5u_0/c_0$。式(8-34)和式(8-35)可以应用于 $r>1.5r_0$ 的距离处，此时水的可压缩性实际上已不再对气泡运动产生影响。

当 $r_n>0.6r_{\max}$时，通常使用下面关系式来拟合实验数据：

$$r_n=r_{\max}\left(\sin\frac{\pi}{2}\frac{t}{t_{\max}}\right)^{\beta} \tag{8-37}$$

式(8-32)～式(8-37)中的有关数值均列于表 8-1 中。

表8-1　确定水中气泡运动的常数

炸　药	M	N	$u_0/(\mathrm{m\cdot s^{-1}})$	η	β
TNT	30.7	4 350	1 200	2	0.36
PETN	33.2	3 850	1 450	2.42	0.42

上述数据可用于确定其他炸药装药爆炸时气泡运动的参数，换算公式如(8-38)。

$$r_{\max} = M_{\mathrm{PETN}}\left(\frac{[Q\rho]}{[Q\rho]_{\mathrm{PETN}}}\right)^{1/3}\frac{r_0}{p_0^{1/3}} \tag{8-38}$$

$$t_{\max} = N_{\mathrm{PETN}}\left(\frac{[Q\rho]}{[Q\rho]_{\mathrm{PETN}}}\right)^{1/3}\frac{r_0}{c_0 p_0^{5/6}} \tag{8-39}$$

第一次脉动的周期由下式决定：

$$T = 2t_{\max} \tag{8-40}$$

以后各次脉动周期与尚残留于爆轰产物中的能量成比例地逐渐减小。

第一次脉动期间大约有60%的爆炸能量被传输至主冲击波中，第二次脉动期间又有25%的爆炸能量被传输至二次冲击波中，第三次脉动则为8%的能量。第二次脉动期间压力波的冲量是第一次脉动的1/6～1/5，而第三次脉动期间的冲量则为第二次的1/3。

实验数据的分析表明，炸药装药在水中爆炸时冲击波阵面超压可用下面的函数描述：

$$\Delta p = A\left(\frac{r_0}{r}\right)^{a} \tag{8-41}$$

式中 r_0 为装药半径。对于球面冲击波，式(8-41)中系数为

TNT炸药　　$A = 3.63\ \mathrm{GPa}, a = 1.50$，当 $6 < r/r_0 < 12$

　　　　　　$A = 1.44\ \mathrm{GPa}, a = 1.13$，当 $12 < r/r_0 < 240$

PETN炸药　　$A = 14.46\ \mathrm{GPa}, a = 3$，当 $1 < r/r_0 < 2.1$

　　　　　　$A = 7.34\ \mathrm{GPa}, a = 2$，当 $2.1 < r/r_0 < 5.7$

　　　　　　$A = 2.15\ \mathrm{GPa}, a = 1.2$，当 $5.7 < r/r_0 < 283$

对于柱面冲击波这些系数为

TNT炸药　　$A = 1.515\ \mathrm{GPa}, a = 0.72$，当 $35 < r/r_0 < 3\,500$

PETN炸药　　$A = 4.71\ \mathrm{GPa}, a = 1.08$，当 $1.3 < r/r_0 < 17.8$

　　　　　　$A = 1.74\ \mathrm{GPa}, a = 0.71$，当 $17.8 < r/r_0 < 240$

距离 $r/r_0 > 18\sim20$ 之后，压电传感器给出较可靠的压力波剖面记录。在装药浸水深度不特别大时($p_0 < 1$ MPa)，冲击波阵面附近的超压可用下式描述：

$$\Delta p(t) = \Delta p\begin{cases}\exp(-t/\theta), & t < \theta \\ 0.368\,\theta/t, & \theta < t < (5\sim10)\theta\end{cases} \tag{8-42}$$

这里 θ 是指数式衰减的常数，与距离有关。

8.1.3　水下爆炸类别及冲击波特性

水下爆炸能量分布及冲击波特性与炸药爆炸威力、爆源深度、水域范围大小和深度有关。通常以爆源的比例爆深 d/r_0(其中 d 为药包离水面的深度，r_0 为药包的半径)和水域的比例深度 H/r_0(其中 H 为水域的深度)作为衡量和分类的标准。

深水爆炸时，其条件为 $H/r_0 \geqslant 10 \sim 20$，且 $d/r_0 \geqslant 5 \sim 10$，此时水域中部冲击波超压峰值未受自由水面和水底反射的影响，其值与无限水域中爆炸时相同，但其波形尾部会受水面及水底反射影响。

浅水爆炸时，$H/r_0 < 10$，因水域相对较浅，水中冲击波受水面卸载波影响，其超压峰值较深水爆炸条件下小，其波形因受水面和水底反射影响，产生明显的干扰和畸变。

近水面爆炸时，$d/r_0 < 5$，不管是在深水域还是浅水域，此时由于爆源周围水体的径向运动、爆炸气体迅速溢出水面以及卸载波的影响，使整个压力场的压力峰值和冲量都较无限水域中爆炸时明显减小，并伴随产生强烈的空气冲击波。

此外，当药包靠近水底表面处时(药包离水底界面的高度 $h \leqslant r_0$ 时)称为水底裸露爆破。如果药包深埋于水下或水底界面以下固体或散体物质内部爆炸，则根据药包的类型亦可分为水底钻眼爆破和水底硐室爆破。

8.1.4　有限水域中爆炸时冲击波的传播及压力场计算

水中爆炸冲击波的传播及压力场的计算通常采用声学近似方法。水中冲击波的传播图像见图 8-2。

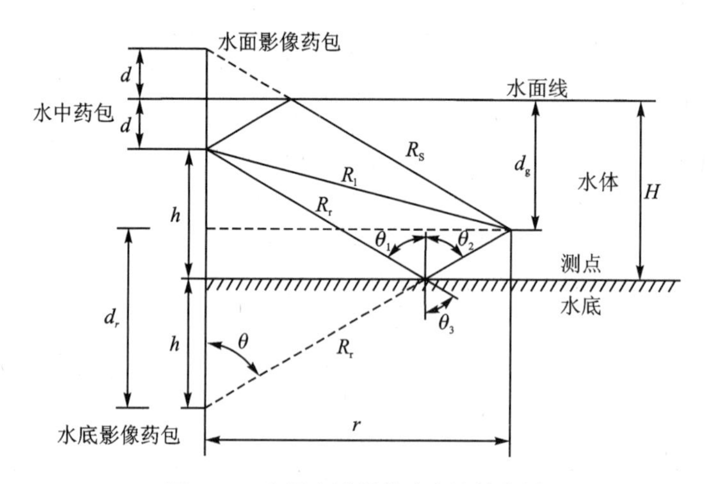

图 8-2　有限水域爆炸冲击波的传播

有限水深爆炸冲击波传播的主要特点是水面切断效应和水底反射干扰。水面切断时间 t_c 定义为跟随直射波到达后反射稀疏波到达的时间间隔。t_c 值可以根据图 8-2 中药包和观测点的几何关系按下式计算：

$$t_c = \frac{1}{c_1}\{[r^2 + (d_e + d_g)^2]^{1/2} - [r^2 + (d_g - g)^2]^{1/2}\} \tag{8-43}$$

式中：t_c——水面切断时间，s；

c_1——水中的声速，m/s；

d_e——药包离水面的深度，m；

d_g——观测点离水面的深度，m；

r——药包与观测点的水平距离，m。

水底反射干扰问题可以根据球面波水底反射理论(通常采用半线性理论)加以解释和计算。水底反射冲击波的特性与水底物质的物理力学性质有关。在规则反射区内当水中入射冲

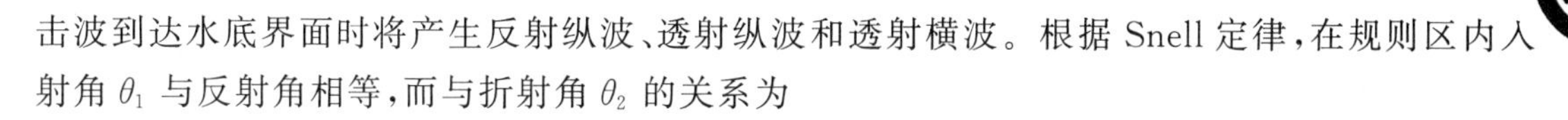

击波到达水底界面时将产生反射纵波、透射纵波和透射横波。根据 Snell 定律，在规则区内入射角 θ_1 与反射角相等，而与折射角 θ_2 的关系为

$$\sin\theta_1 = \frac{c_1}{c_2}\sin\theta_2 \tag{8-44}$$

而透射横波与入射波亦有相类似关系：

$$\sin\theta_1 = \frac{c_1}{c_4}\sin\theta_4 \tag{8-45}$$

上式中 c_1，c_2 及 c_4 分别为水中的声速以及水底介质的纵波速度和横波速度；而 θ_1、θ_2 和 θ_4 分别为入射波的入射角、折射纵波和横波的折射角。根据以上两个关系式，当 $c_2 > c_1$ 而 $\sin\theta_1 \geqslant c_1/c_2$ 时；或 $c_4 > c_1$，而 $\sin\theta_1 \geqslant c_1/c_2$ 时，θ_2 和 θ_4 变成 90°，使折射角达到 90°时的相应入射角称为临界角。因此折射纵波和折射横波相应的临界角分别由下式确定：

$$\sin\theta_{\mathrm{cr}} = \frac{c_1}{c_2} \tag{8-46}$$

$$\sin\theta_{\mathrm{crs}} = \frac{c_1}{c_4} \tag{8-47}$$

当入射角小于临界角时水底界面处将产生规则反射，反射系数为

$$V = \frac{Z_2\cos^2 2\theta_4 + Z_4\sin^2 2\theta_4 - Z_1}{Z_2\cos^2 2\theta_4 + Z_4\sin 2\theta_4 + Z_1} \tag{8-48}$$

式中：Z_1、Z_2 和 Z_4 分别表示水中的阻抗以及水底固体介质中折射纵波和横波的阻抗，其值分别为

$$Z_1 = \frac{\rho_1 c_1}{\cos\theta},\quad Z_2 = \frac{\rho_2 c_2}{\cos\theta_2},\quad Z_4 = \frac{\rho_2 c_4}{\cos\theta_4} \tag{8-49}$$

而水底固体介质的纵波和横波的折射系数分别为

$$W = \frac{\rho_1}{\rho_2}\,\frac{2Z_2\cos 2\theta_4}{Z_2\cos^2 2\theta_4 + Z_4\sin^2 2\theta_4 + Z_1} \tag{8-50}$$

$$P = -\frac{\rho_1}{\rho_2}\,\frac{2Z_4\sin 2\theta_4}{Z_2\cos^2 2\theta_4 + Z_4\sin^2 2\theta_4 + Z_1} \tag{8-51}$$

当入射角大于临界角时将产生非规则反射。在大多数实际情况下水中声速 c_1 小于水底固体介质纵波的速度 c_2，但也可能大于或小于其横波速度 c_4。

8.2　水下爆破设计与施工

水下爆破设计的内容包括水下地形地质及水文条件勘测，爆破方法的确定，爆破参数的选取，炸药的埋设，起爆系统的选取、安放与引爆以及安全监测和检查。

水下地形地质勘测的主要任务是摸清水下爆破作业区内实际的水下地形情况、基岩性质、地质构造、覆盖层厚度、性质和分布情况。水文条件着重了解水深、流速分布、潮汐变化规律和泥沙冲淤情况。

水下爆破方法的选择主要根据工程要求，结合当地施工条件和拥有的施工设备性能和能力等，选定最适宜的爆破方法。常用的水下爆破方法有：水下钻孔爆破、水下硐室爆破、水下裸露接触爆破以及爆炸压密等。现就常用的这些水下爆破法及其适用条件简介于后。

8.2.1 水下钻孔爆破法

这种方法在水下爆破中应用最广，适用于河道整治、水下管线拉槽爆破（包括开挖沉埋式水底隧道基坑）、水工建筑物地基开挖、爆破压密和桥梁基础开挖等等。

水下钻孔爆破法的钻孔和装药通常是在浮在水面上的专用作业台上进行的，锚定作业台是保证钻孔位置正确的关键。在钻孔之前，先要将一根下端带有环形钻头的中空套管钻过覆盖层（砂砾或淤泥层），并钻入基岩中达到一定深度，然后将钻孔用的钻杆插入套管中，在基岩中进行钻孔，一直钻到所要求的深度。套管的作用是避免泥沙和岩粉填塞钻孔，妨碍装药。为了确保开挖达到设计的深度，钻孔应有一定的超钻深度。国内超钻深度一般采取 1.0～1.5 m。在国外，考虑到钻孔内可能落淤和清渣的困难，超钻深度一般达到 2.0 m 以上，在较深的水域中钻孔时，超钻深度甚至达到 3.0 m 以上而不管开挖深度如何。

在套管保护下开钻，待钻孔结束取出钻具后，沿套管插入一根半软半硬的塑料管把炸药装入炮孔中，然后拔出水中套管，另一种方法是将预先制作好的直径较孔径略小的炸药卷沿套管装入钻孔，然后慢慢拔出套管至炸药距顶 20～30 cm 后，再用砂土充填堵塞，堵塞长度一般不小于 30～50 cm。

水下钻孔爆破设计，包括钻孔形式、布孔方式、孔网参数及药量计算等。

1. 钻孔形式

水下爆破钻孔的形式一般采用垂直钻孔和倾斜钻孔，垂直钻孔的优点是：定位易于控制，操作简便，钻孔效率高，利于装药堵塞。其缺点是炮孔底部夹制作用大，多排孔爆破时不利于岩石膨胀，炸药单耗高。倾斜钻孔则利于多排孔爆破时岩石充分膨胀，可以大大减少过量装药，炮孔数量可相应减少，炮孔的抵抗线较垂直孔均匀，爆破岩块较均匀，大块率低，且底盘夹制作用小，有利于减少根坎。其缺点是定位控制比较困难，钻孔底部偏差较大，钻孔总长度增加，装药比垂直孔困难。

由于水下爆破条件复杂，应因地制宜来选用钻孔形式，才能获得良好的爆破效果。

2. 布孔方式和孔网参数

水下炮孔布置原则上应越简单越好。在一般条件下，建议采用方形钻孔排列方式，即孔距 a 与抵抗线 W 相等。对于用潜水员装药连线的情况下，孔距排距都不宜过密，避免潜水员操作过程中容易发生差错以及破坏起爆网路。

炮孔参数设计要根据爆破工程的要求和拥有的钻机和清渣机械设备的类型来考虑，炮孔底部最大抵抗线 W_m 应与台阶高度 L 和炮孔直径 d 相适应，当装药密度达到 1.35 kg/m^3 以上时，炮孔参数的关系式为：

$$W_m = df(L/d) \tag{8-52}$$

式中：W_m——炮孔底部最大抵抗线，m；

d——炮孔直径，mm；

L——台阶高度，m。

设计时可参照图 8-3 确定。

当选定底部炮孔直径 d=50 mm，台阶高度 L=2.5 m 时，则可借助于纵坐标找出相应点 M，然后沿水平向与曲线 b 相交于 N 点，最后在横坐标上相应于 d=50 mm 的 P 点，即得炮孔

设计抵抗线 $W_m = 2.2$ m。

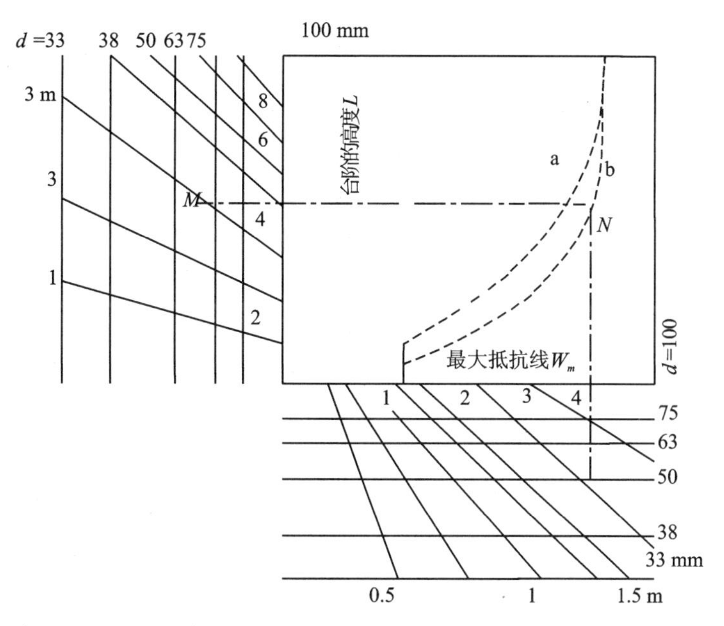

注：曲线 a—对应于装药高度为 W_m；曲线 b—对应于装药高度离岩石表面为 $2/3W_m$。

图 8-3　炮孔参数关系曲线

3. 装药量计算

水下爆破的重要特点之一是爆破介质与水的交界面上承受着水的压力，同时爆破介质的膨胀运动亦须克服水体的阻力，因此其装药量计算应该包括破碎岩石所必需的能量和克服水体阻力所做的功，故水下爆破的炸药单耗较陆地爆破为大，其装药量计算式为

$$q = 0.45 + 0.05L \tag{8-53}$$

式中：q——爆破单位岩石所需的装药量，kg/m³；

L——爆破台阶的高度，m。

如果水底有其他覆盖物，其密度大于 1.0 且深度超过 10 m 时，装药量还应适当增加。

表 8-2 中列出了在正常水下挖掘中采用垂直炮孔时各种炮孔直径的钻孔爆破参数。

表 8-3 和表 8-4 中介绍了一些国内外水下挖掘工程中采用的钻眼爆破参数和有关的技术指标。

表 8-2　钻孔爆破参数

炮孔直径/mm	台阶高度/m	炮孔深度/m	超钻深度/m	水深/m	最小抵抗线/m	孔间距/m	装药量/kg	要求的装药量	
								/(kg·m⁻¹)	/(kg·m⁻³)
30	2.5	2.9	0.4	2～5	0.90	0.90	2.1	0.9	1.7
	5.0	5.8	0.8	2～5	0.85	0.85	4.8	0.9	1.20
	2.0	2.8	0.8	5～10	0.85	0.85	2.1	0.9	1.16
	5.0	5.8	0.8	5～10	0.85	0.85	4.8	0.9	1.25

续表 8-2

炮孔直径/mm	台阶高度/m	炮孔深度/m	超钻深度/m	水深/m	最小抵抗线/m	孔间距/m	装药量/kg	要求的装药量	
								/(kg·m^{-1})	/(kg·m^{-3})
40	2.0	3.2	1.2	2～5	1.20	1.20	4.5	1.6	1.11
	5.0	6.2	1.2	2～5	1.15	1.15	9.3	1.6	1.20
	7.0	8.1	1.1	2～5	1.10	1.10	12.3	1.6	1.26
	7.0	8.1	1.1	5～10	1.10	1.10	12.3	1.6	1.31
51	2.0	3.2	1.2	2～10	1.20	1.20	5.0	2.6	1.16
	3.0	4.5	1.5	2～10	1.50	1.50	10.4	2.6	1.19
	5.0	6.5	1.5	2～10	1.45	1.45	15.6	2.6	1.25
	10	11.5	1.5	2～10	1.35	1.35	26.0	2.6	1.40
70	2.0	3.2	1.2	2～10	1.20	1.20	10	4.9	1.16
	3.0	4.5	1.5	2～10	1.50	1.50	19	4.9	1.19
	5.0	7.0	2.0	2～10	1.95	1.95	30.4	4.9	1.25
	10	11.9	1.9	2～10	1.85	1.85	55.4	4.9	1.40
	10	11.8	1.8	20	1.80	1.80	55.4	4.9	1.50
	15	16.7	1.7	20	1.70	1.70	78.9	4.9	1.65
100	2.0	3.2	1.2	5～10	1.2	1.2	16	6.4	1.10
	3.0	4.5	1.5	5～10	1.50	1.50	23.7	6.4	1.19
	5.0	7.3	2.3	5～10	2.26	2.26	42.2	6.4	1.25
	10.0	12.1	2.1	5～10	2.10	2.10	73.0	6.4	1.40
	15.0	17.0	2.0	5～10	2.00	2.00	103.7	6.4	1.50
	15	17	2.0	20	1.95	1.95	103.7	6.4	1.65
	20	21.9	1.9	25	1.85	1.85	136.3	6.4	1.85

表 8-3　水下钻孔布置和参数

工程地点	孔径/mm	孔距/m	行距/m	孔深/m	布孔方式	超深/m
广东黄埔航道整治工程	91	2.5～3.1	1.7～2.5	4.5～7.5	垂直	1.0～1.5
广东新丰江隧洞进水口工程	91	2.0	2.0	5.0～8.0	垂直	1.5～2.2
辽宁港池工程	91	2.5	2.5	2.0	垂直	0.45～0.90
湖南沅水石滩	30	0.80～1.20	0.8～1.2	1～1.5	倾斜孔(70°～85°)	0.20
湖南大湾航道	50	2.0	2.0	2.5	垂直	0.8～1.20
南方某码头工程	91	2.0	2.0	6	垂直	1.2～1.5
日本三号桥爆破	50	2.0	2.0	2.56～3.10	垂直	
日本种市港爆破	75	2.6	2.5	4.0	垂直	
英国美尔福德港扩建工	76	1.3～1.5	1.3～3.0	4.5～8	垂直	
香港开挖隧洞基础爆破工程	70	1.8～2.0	1.8～2.0	9.0	垂直	1.8
诺尔切平港	51	1.50	1.5	4.6～8.4	倾斜孔(50°～60°)	1.5
第拉瓦尔河	152	3.00	3.00	2.4～7.2	倾斜孔(45°～60°)	
朴次茅斯港	64	0.60	1.20	3.1～4.6	垂直	

续表 8-3

工程地点	孔径/mm	孔距/m	行距/m	孔深/m	布孔方式	超深/m
热那瓦港	64	2.25	2.25	8.0	垂直	
安加拉河	43	1.00	1.00		垂直	0.3～0.4
巴拿马运河	76～101	3.00	3.00		倾斜孔(60°～70°)	
法里肯贝尔港	51～70	1.5～2.0	1.5～2.0		垂直倾斜孔(70°～75°)	1.5
摩泽尔河	43	1.5	1.5		垂直	1.0

表 8-4　水下爆破的主要技术指标

工程名称	爆破工程量/m^3	平均水深/m	钻孔数量/个	钻孔长度		单位炸药消耗量/($kg\cdot m^{-3}$)	雷管单位消耗量/(个$\cdot m^{-3}$)
				总延米/m	平均长度/m		
黄埔航道整治	200 000	−8.5	4 200	18 950	4～5	0.53	0.38
新丰江进水口	28 000	−27	1 150	6 330	5.5	0.85	0.91
辽宁港池工程	9 900	−4.5	706	1 770	2.5	0.40	1.5
黄埔航道整治 A	97 000	−6.1	4 329	17 665	4.0	0.57	0.41
黄埔航道整治 B	125 000	−5.7	8 390	43 155	5.2	0.47	0.23
黄埔航道整治 C	78 000	−6.6	4 732	20 492	4.3	0.53	0.31
日本天草三号桥脚	1 800	−10	156	446	2.87	0.54	
加拿大进水口爆破	20 800	−12.2	1 520	8 600	5.7	1.59	
香港开挖隧道基础	125 200	−20.2	6 995	75 330	9.0	1.11	
诺尔切平港工程	77 400		10 601	57 995	5.5	0.97	0.19

8.2.2　水底裸露药包爆破法

水底裸露药包爆破法就是把药包直接放置在水底被爆破介质的表面进行爆破的方法。它与陆上的裸露药包爆破法基本相似，但由于有水的影响，在炸药消耗和施工工艺方面则有所不同。

水底裸露药包爆破法具有施工简单、操作容易和机动灵活等优点，它多用于航道整治工程中的炸礁、沉积障碍物和旧桥墩的清除，过江沟槽的开挖以及紧实胶结沙石层的松动，但水底裸露药包爆破法，单位耗药量大，相对水下钻孔爆破来说效率较低，同时又不能开挖较深的岩层，因此在应用上往往受到一定的限制。

1. 爆破参数的确定

由于影响水底爆破的因素很多而且复杂，因此目前对于水底爆破参数的计算尚没有准确的统一的计算公式，在工程施工中常常采用类似工程条件的参数，或者采用一些经验公式估算，然后在实践中不断修正。

(1) 药量计算

1) 松动爆破药量计算

$$Q = K_1 H^3 \tag{8-54}$$

式中：Q——炸药量，kg；

H——炸碎深度，m；

K_1——水底裸露药包爆破单位耗药量，kg/m^3。K_1 值参见表 8-5，此系数是根据 2# 岩石铵梯炸药得出的，如使用其他炸药时，需要进行换算。

表 8-5　水底裸露药包爆破的 K_1 值

土岩种类	K_1 值
含砾石的土	3.5
坚硬粘土	9.8
松软有裂隙岩石	13.5
中等坚硬岩石	27.0
坚硬岩石	40.0

采用式(8-54)计算时，当水层深度不足 $2H$ 时，药量需增加 15%～25%，水深较大时取小值，水深较小时取大值。当炸多临空面的孤礁时，药量可减少 10%～15%。

2) 加强抛掷爆破药量计算

$$Q = (K_1 W + K_0 h_2^3) \times (0.4 + 0.6n^3) \tag{8-55}$$

式中：h_2——被炸岩石顶部水深，m；

K_0——爆破水的单位耗药量，取 0.2 kg/m^3；

n——爆破作用指数。

其他符号的意义同式(8-54)。

3) 标准抛掷爆破的药量计算

$$Q = K_1 H^3 + K_0 h^3 \tag{8-56}$$

式中符号意义同前式。

(2) 炸碎深度 H

计划炸碎岩石的深度 H 应力求合理选取，H 值过大会残留根底，增加大块石碴；H 值过小，消耗炸药增多，成本增大。经验证明，在水深 1～2 m 时，一次炸碎深度可达 10～25 cm，破碎效果良好。

(3) 药包间距和排距的计算

药包间距：

$$a = (1.2 \sim 1.4)r \tag{8-57}$$

式中：r——压缩圈半径，m；

$$r = 0.36 K_p \sqrt[3]{Q}$$

式中：K_p——系数(卵石 $K_p=0.9$，中等坚硬岩石 $K_p=0.85$，坚硬岩石 $K_p=0.8$)。

药包排距：

$$b = (3 \sim 3.5)H \tag{8-58}$$

式中 Q、H 的意义同前式。

2. 爆破施工

爆破施工包括药包的布置、加工和投放。

(1) 药包的布置

布置药包时应考虑爆破的要求，并充分利用水底的条件。

① 如水底高低不平时，应尽量将药包装在水底凹陷处，以提高爆破效果。

② 在水急流乱中布设药包时，药包要布置在礁石上游的迎水面或侧面，以使药包承受一定的水的流动压力，并使它紧贴在礁石上。

③ 应将药包尽量布设在断裂岩层和破碎带的缝隙中，以提高爆破效果，见图 8－4。

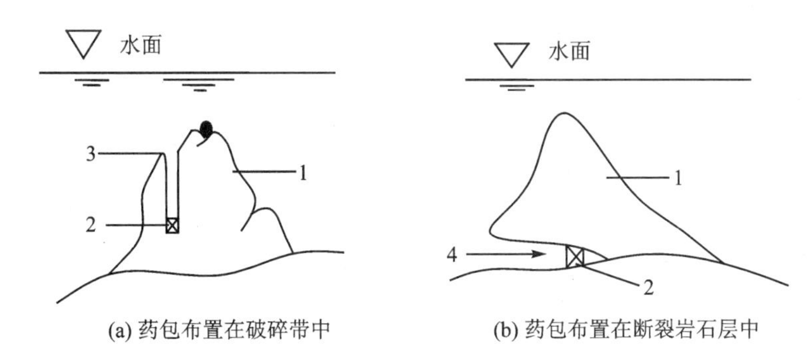

(a) 药包布置在破碎带中　　(b) 药包布置在断裂岩石层中

1—礁石；2—药包；3—破碎带；4—断裂岩层

图 8－4　药包布置在断裂岩石和破碎带中

④ 在大面积平整的礁石上投放大量药包时，应将药包布置成网状药包群(方格式、梅花式或错开的三角式)，如图 8－5 所示。

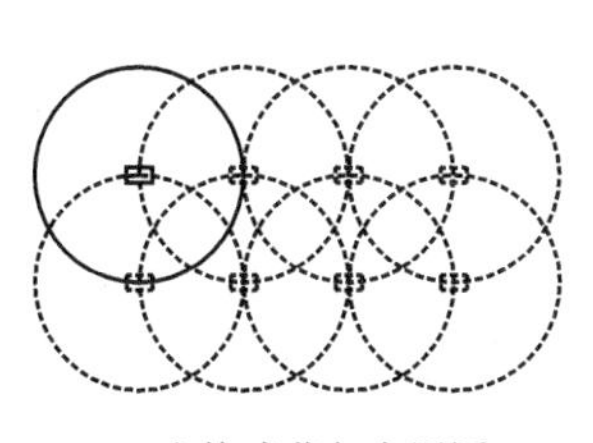

(a) 方格式药包布置图

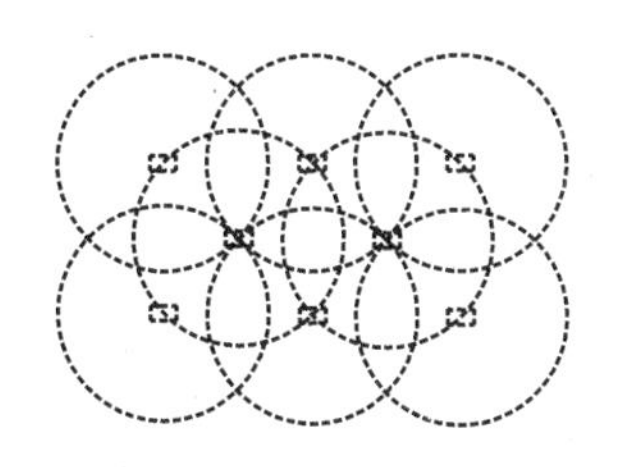

(b) 梅花式药包布置图

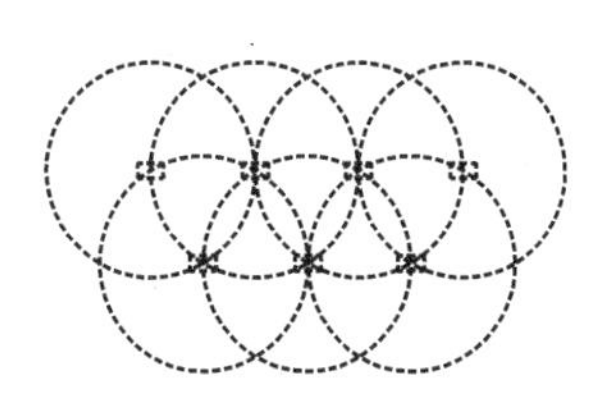

(c) 错开的三角形布置图

图 8－5　网状群药包布置

⑤ 对凸出礁峰或大孤石布药时，可布单个药包或两个药包。如果水底礁石很陡，固定药包困难时，布置单药包可利用重物平衡；布置双药包可用绳索将药包系在两端，并使其重量大致平衡，见图 8－6。

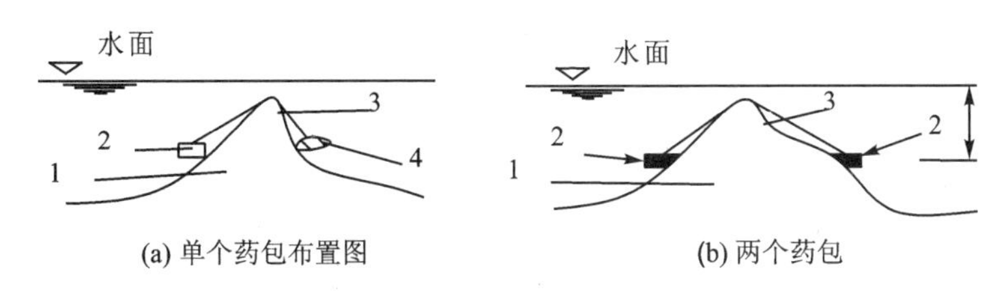

(a) 单个药包布置图　　(b) 两个药包

图 8－6　单药包和双药包布置

⑥ 在水底进行大块破碎时，可将药包布置在大块的顶面、侧面或底下。见图 8－7。

(a) 药包布置在大块石顶部

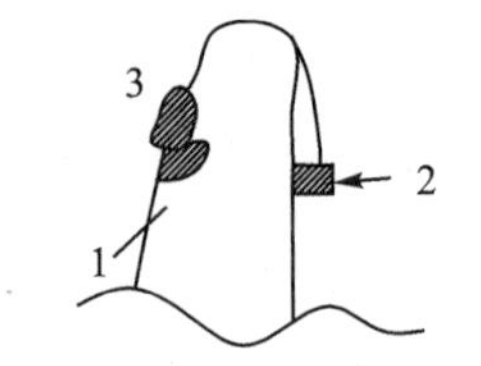

(b) 药包布置在大块石侧面

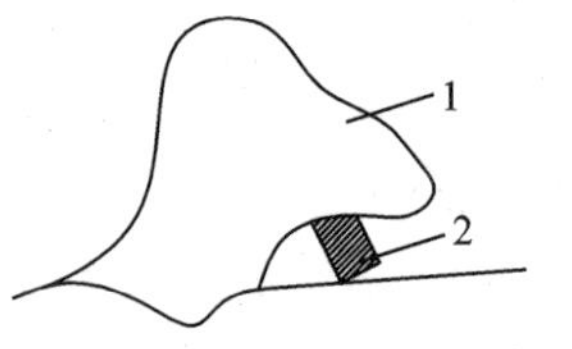

(c) 药包布置在大块石底下；

1—礁石；2—药包；3—载重物

图 8-7　二次爆破药包布置

(2) 药包的加工

由于水下裸露药包爆破时，药包与被爆破物的接触面积小，所以爆破时能量大部分都损失掉了。为了提高爆破效果，最好将药包加工成扁平形，以增大药包与被爆破物的接触面积。对于抗水性的炸药，只需将炸药卷入水泥袋中，包裹成规定的形状。在外层再裹以竹篾，然后用细绳捆扎。对于不具有抗水性的硝铵类炸药，在装药前必须进行防水处理。其方法有二：一是预制一定规格的塑料薄膜口袋，装入规定的炸药，并插入雷管，然后将袋口折叠后，用细绳扎紧。此法操作简便，速度快，得到广泛的采用。二是将水泥纸袋制成大小适当的纸盒，表面涂上沥青，然后往盒中装入炸药，插入雷管，再在封口处刷上沥青。

(3) 药包的投放

投放药包的方法有以下几种：

① 叉插药包法。在水域平均流速为 1.5～3 m/s 的险滩上，将爆破工作船驶至爆破区水面上，并按照导标所示的范围，测量预计要投放药包的位置，然后用竹竿叉插药包之后提绳，逆流送至礁石面上。

② 滑杆法。在水域平均流速小于 2.5 m/s 的浚深处，将爆破工作船驶至预计投放药包位置的水面上，根据测量定位的指示，将一根或两根长钢钎(或竹竿)的一端固定在礁石的迎水面或侧面上，然后将药包按要求的爆破点沿杆下滑，并紧贴在礁石上。

③ 水力冲贴法。当平均流速大于 3.0 m/s 而无法采用上述两种方法时，可根据爆破工作船所测量的位置，以提绳控制深度，看准目标方向，对好流向将药包下沉至一定的深度，随船划动下送，利用水力冲贴至药包的投放位置上。

④ 潜水员安放药包法。在水域流速小于 1.5 m/s 且无漩涡的情况下，潜水员可以下水工作，按药包的位置，将药包紧贴于礁石上，然后用砂土覆盖药包，操作时千万不要撞断起爆的导线。

⑤ 斜坡平台滑动投放药包法。它适用于爆破大量的药包群，其法是在工作船上设有斜坡平台，将网状框架放在平台上，在框架上捆扎好药包，由拖轮将工作船顶推至爆破水域，接好导线，工作船后退，将框架推滑下水，沉放于爆破位置。

8.2.3　水下硐室爆破法

1. 水下硐室爆破法的适用性

水下硐室爆破法是在陆上或临水背面开挖竖井和导洞，通至水底岩层，然后在岩层中掘进药室进行爆破的方法，根据工程的特点，具有下列条件之一可以考虑使用水下硐室爆破法施工。

① 为了争取时间发挥工程效益的重点整治浅滩工程。如疏浚航道的礁石区，开凿运河的重点土石方地段。

② 处于航道上裸露的大面积礁石区域。

③ 在航道急流险滩水域处，如用炮孔爆破疏浚坚硬岩石，需要长期水上作业，影响正常通航能力，对安全生产不利。

④ 能利用航道两岸的有利地形条件，从陆上能开挖通到水底的导洞和药室，以达到能加宽和挖深水域的目的。

⑤ 通过各种爆破疏浚方案的技术经济指标比较，认为有利。

但有下列情况之一，应该避免采用水下硐室爆破法施工。

① 水底地质条件比较差，断层、裂隙比较发育，在导洞药室开挖过程中容易发生崩塌事故。

② 在地表和地下涌水和渗水比较严重的地层，由于药室开挖排水工作十分困难，或者炸药防水措施不完善不能取得良好效果。

③ 在航道两岸山体有明显的滑坡面，大爆破后可能影响岩层的稳定性，产生大量塌方和滑坡而造成正常航道的堵塞。

④ 在地面和水下水工建筑物以及其他重要建筑物附近进行硐室爆破，有可能被水中爆炸冲击波和地震波破坏而无法进行防护。

2. 水下硐室爆破法爆破参数的确定

(1) 装药量的确定

水下硐室爆破的装药量计算通常以陆上集中药包的计算公式为基础，再考虑水压的影响加以修正，目前有以下两种修正的办法。

① 折算抵抗线法：即把药包的最小抵抗线处的静水压力折合成附加抵抗 $Q=Q_0\dfrac{1}{1-R}$，$\Delta W=0.1H$ (H 为计算点的水深，m)，这种方法在航道爆破和浅水爆破中广泛被采用。

② 经验估算法。考虑到水下爆破时的能量消耗较陆地爆破时大，建议采用下式进行修正：

$$Q=Q_0\frac{1}{1-r} \tag{8-59}$$

$$R=0.028[1-R=0.028(1-e^{\frac{-\lambda H_0}{W}})] \tag{8-60}$$

式中：Q_0——无水时的计算装药量，kg；

Q——考虑水压力影响的计算装药量，kg；

W——岩石介质的最小抵抗线，m；

H_0——计算点水深，m；

λ——常数，等于 0.3。

从上两式可知，当 $H_0/W=1.0$ 时，$Q=1.21Q_0$；当 $H_o/W\to\infty$时，$Q_{max}=1.39Q_0$。

(2) 爆破作用指数 n 的选取

当进行水下硐室爆破时，由于水的阻力远比空气中的阻力大，则实际上水中的抛掷距离不可能很大，因此选取 n 值不宜过大，过大会引起强烈的地震效应和水中冲击波，甚至会产生水喷现象。因此，一般 n 值选取的范围以 0.75～1.25 为宜。

(3) 压缩圈及爆破破坏作用半径的计算

设计水下硐室爆破时,应该把压缩圈的边缘放到设计标高以下,避免挖泥船清挖工作时产生困难或进行二次爆破所造成的浪费。

压缩圈或压碎圈的半径 R_1 可根据下式计算:

$$R_1 = 0.062W\sqrt[3]{\frac{\mu q f_0\left(\frac{n}{\lambda}\right)f(H_0)}{\Delta}} \tag{8-61}$$

式中:μ——压缩系数;

Δ——装药密度,kg/m^3;

q——单位耗药量,kg/m^3;

$$f_0\left(\frac{n}{\lambda}\right)=\frac{f(n)}{f(\lambda)}$$

$f(n)$——爆破作用指数函数;

$f(\lambda)$——爆破漏斗体积增量函数,其值见表 8-5;

$f(H_0)$——水深作用指数函数。

表 8-5　爆破漏斗体积增量函数表

地面坡度 α/(°)	0	15	30	45	60	75	90
$f(\lambda)$ 硬岩	1.0	1.01	1.10	1.28	1.585	1.59	2.28
$f(\lambda)$ 软岩	1.0	1.02	1.26	1.58	2.05	2.60	3.25

$f(H_0)$ 可根据下式计算:

$$f(H_0)=[1+0.45(1-e^{\frac{-0.33H_0}{W}})] \tag{8-62}$$

上式中的符号意义见前面的说明。

在水下的平坦地面爆破和在斜坡地形下爆破,其漏斗下坡方向的破坏作用半径 R 可用下式计算:

$$R = W\sqrt{1+n^2} \tag{8-63}$$

在水下斜坡地形的爆破,其漏斗上坡方向的破坏作用半径 R' 可用下式计算:

$$R' = W\sqrt{1+\beta n^2} \tag{8-64}$$

式中:β——破坏系数,见表 8-6。

表 8-6　破坏系数 β 值

水下地形坡度/(°)	β 值	
	土壤、软岩、次硬岩	坚硬和整体岩石
10～20	1.1～1.3	1.0～1.1
20～30	1.3～2.1	1.1～1.4
30～40	2.1～3.8	1.4～2.0
40～50	3.8～6.0	2.0～3.0
50～60	6.0～9.5	3.0～4.5
60～70	9.5～7.5	4.5～6.5
70～80	7.5～21.5	6.5～9.0

(4) 爆破漏斗可见深度的计算

爆破漏斗的可见深度 p 按下列不同条件分别进行计算。

① 水下平坦地形扬弃爆破

土壤：

$$p = 0.53W(n - 0.8) \tag{8-65}$$

岩石：

$$p = 0.30W(2n - 0.8) \tag{8-66}$$

② 水下斜坡地形抛掷爆破

$$p = W(0.3n + 0.32) \tag{8-67}$$

③ 水下多面临空地形抛掷爆破

$$p = W(0.7n + 0.22) \tag{8-68}$$

④ 水下陡壁地形松动或崩塌爆破

$$p = 0.2W(4.2n + 0.6) \tag{8-69}$$

8.2.4 水下爆炸压密法

非岩地基爆炸压密处理法首创于20世纪30年代，先后在苏联和美国的一些铁路和水利工程中进行试验性应用。我国自1958年开始先后在治淮的水利工程以及东北地区的一些水利工程施工中作了较系统的试验和应用。到七十年代在沿海的一些港口工程中进一步推广使用，并形成了一套完整的施工方法。

砂土地基水下爆炸压密效应的作用机理主要是由于爆炸冲击波和振动的作用，使土层内产生瞬时孔隙水压力，原土体结构受到扰动破坏，产生液化现象，从而使疏松的砂土颗粒产生相对的移动并调整至新的稳定平衡状态。其密度增加，承重能力相应提高。砂土地基水下爆炸压密方式有水中悬挂式爆炸压密法，深埋式封闭爆破压密法和表面接触爆炸压密法三种。

1. 水中悬挂式的爆炸压密法

水中悬挂式爆炸压密法亦称水下爆夯法。即在水底离土层表面适当高度处，悬挂一组点阵群药包同时起爆，借以产生一平面冲击波拍打土层表面并透射入土层内部，使土中产生强烈的冲击和振动，但又不致产生凹坑，以达到压密土的目的。此时合理的药包参数可按下式计算：

$$\Delta h_5 = K_5 \left(\sqrt[3]{Q}\right)^{\mu_3} \tag{8-70}$$

式中：Δh_5——药包至水底土表面的最小距离，m；

Q——单个药包的炸药量，kg；

K_5, μ_3——常数，与土和炸药的种类及性质有关。

为了充分发挥炸药的效果，药包在水中的最小悬挂深度按下式计算：

$$h = K_6 \sqrt[3]{Q} = 2.32 \sqrt[3]{Q} \tag{8-71}$$

因此作业区的水深必须满足：

$$H = \Delta h_5 + h = K_5 \left(\sqrt[3]{Q}\right)^{\mu_3} + 2.32 \sqrt[3]{Q} = K_7 \left(\sqrt[3]{Q}\right)^{\mu_4} \tag{8-72}$$

而最适宜的炸药量则为

$$\left.\begin{aligned} Q &= K_8 H^{\beta} \\ \beta &= \frac{3}{\mu_4} \\ K_8 &= \left(\frac{1}{K_7}\right)^{\beta} \end{aligned}\right\} \tag{8-73}$$

此时土的相应压密深度为

$$h_c = K_9 \sqrt[3]{Q} \tag{8-74}$$

在平面上有效压密范围的半径为

$$R = K_{10} \sqrt[3]{Q} \tag{8-75}$$

因此采用方阵点群药包布置时合理的药包间距应为 $2R$。根据已知的爆破试验资料，单个 TNT 药包爆炸时以上各式的有关常数列于表 8－7。

表 8－7　砂土爆炸压密常数

土的种类	K_5	μ_3	K_7	μ_4	K_8	β_9	K_9	K_{10}
砂砾石	0.35	1.95	2.66	1.22	0.1	2.46	1.8	2.0
疏松的饱和砂土	0.35	1.95	2.66	1.22	0.1	2.46	3.0	2.5～3.0

相应的药包布置与压密效果参见图 8－8。

2. 深埋式封闭爆破压密法

将药包埋入饱和砂土内适当的深度引爆，可以获得最优的压密效果，单个集中药包爆炸时的效应情况如图 8－9 所示。

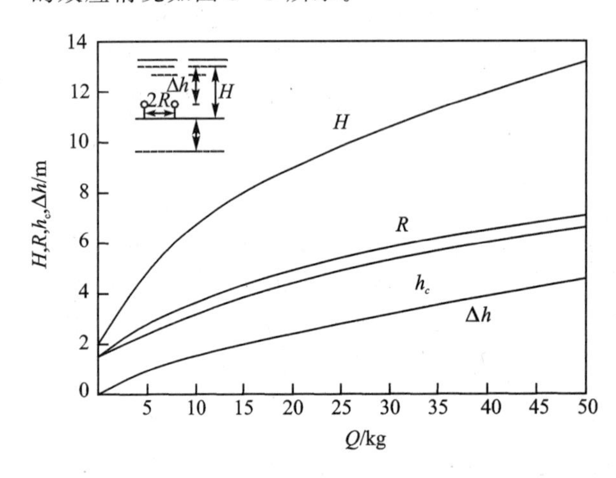

图 8－8　药包参数与爆炸压密的关系

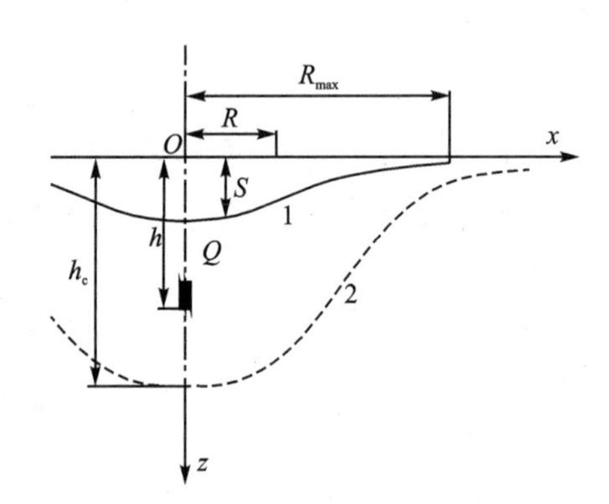

1—爆后地区沉降线；2—土中有效压密范围

图 8－9　深埋药包爆炸效应

此时合理的药包参数可参照以下经验公式计算或试验确定。

炸药量与埋设深度的关系式为

$$Q = K_1 h^3 = 0.055h^3 \tag{8-76}$$

相应压密深度的计算式为

$$h_c = 4.0\sqrt[3]{Q} \tag{8-77}$$

单个药包爆破最大影响半径由下式确定：

$$R_{max} = K_3\sqrt[3]{Q} \tag{8-78}$$

单个药包爆破压密的有效半径为

$$R_e = K_4\sqrt[3]{Q} \tag{8-79}$$

以上各式的有关常数列于表 8-8 中。

表 8-8　各种砂土爆炸压密效应常数

土的类别	相对密度 I_D	K_3	K_4
细　砂	0～0.2	25～15	5～4
	0.3～0.4	9～8	3
	>0.4	7	2.5
中　砂	0.3～0.4	8～7	3～2.5
	>0.4	6	2.5

若采用方阵点群药包爆破时，药包间距应为 $2R$。其药包参数与压密效应关系如图 8-10 所示。深埋封闭爆破压密法的最大优点是爆破效果好，一般重复爆破 4～5 次即稳定不变，但每次重复爆破时各点阵药包应与前一次的位置错开。首次爆破效果最佳，固结沉降量最大，随后逐次减小。

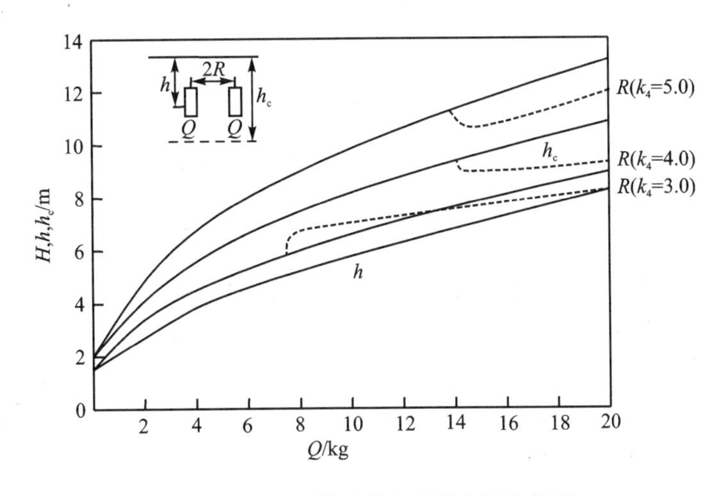

图 8-10　深埋爆破药包参数与压密关系

3. 表面接触爆炸压密法

表面接触爆炸压密法压密效果最差，一方面会形成爆坑，同时表层部分由于爆炸对土层产生剪切破坏，会出现爆破疏松区。炸药的有效利用能量亦最低，其压密的有效半径仅为深埋药包爆炸作用半径的 0.5～0.6 倍，而压密深度则不及 1/3。其优点则是药包布设简单。一般不宜采用。

上述各种爆破方法的适用范围和优缺点见表 8-9。

表 8-9　各种水下爆破方法比较

爆破方法	作业方式	适用条件	爆破效果	特点和问题
裸露爆破	直接往水中抛投药包	5 m 水深以内的静水区	差	施工简单，可用普通炸药，但药包难以正确定位，冲击波压力大
裸露爆破	由潜水员安放药包	一般在 15 m 深以内静水区	较好	施工简便，可用普通炸药，但药包只能单个安放，不能大范围作业，炸礁效果好，冲击波压力大
钻孔爆破	由潜水员在水底进行简单钻孔和装药	10 m 深以内的静水区	较好	钻孔深度在 2 m 以内，作业效率低，同时起爆孔数有限，脚线易碰断
钻孔爆破	在浮船上钻孔装药	5 m 深以内静水区	良好	钻孔可达 5～8 m，可用机械完成钻孔装药，多孔同时爆破
钻孔爆破	自升式作业平台以套管钻孔，在作业台上钻孔及装药	可在 30 m 水深，流速达 3 m/s 以及中等风浪时作业	良好	用耐水耐压雷管和炸药，孔深可达 8 m，实现钻孔装药机械化。可大范围作业

复习题

1. 水下爆炸的特点是什么？水下爆炸的物理现象是什么？
2. 药包在无限水域和有限水域中爆炸时所产生的物理现象有什么不同？
3. 分析水下爆炸的相似定律。
4. 常用的水下爆破方法有几种？简述水下钻孔爆破的原理。
5. 水下爆破作业应考虑哪些因素？对爆破器材有何要求？
6. 水下爆破与陆地爆破相比有什么特点？
7. 水下作业时对起爆网路有何特定要求？
8. 水下爆破时，水深对炸药性能有何影响？
9. 试述水下爆破产生气泡的脉动过程及其特点。
10. 何谓水下爆破？水下爆破分为哪些类型？

第9章　金属爆炸加工

金属爆炸加工是利用炸药爆炸时所释放出来的能量，对金属毛料或成品进行加工的一种方法，从而达到金属成形、表面硬化、金属强化和金属材料复合等方面的目的。它与传统的机械加工和人工加工方法比较，具有以下一些特点：

① 由于炸药爆炸产生的压力高，加载速度快，所以金属的变形速度也快，加工的时间短，是一种高效率的金属加工方法。

② 与常用的机械加工方法相比，所需的设备少，工序少，加工工艺简单。

③ 加工的质量高，只要模具的形状、尺寸、精度和光洁度高，那么爆炸加工出来的金属零部件的形状、尺寸、精度和表面光洁度也就高。爆炸焊接的强度远远高于其他焊接方法所能达到的强度，而且爆炸焊接的过程不会影响原金属的化学性能。

④ 能加工一些用机械加工法难以加工的金属材料。例如有些用机械加工容易破裂的脆性金属，改用爆炸加工后可以避免破裂；有些熔点、热膨胀系数和硬度相差很大的金属，采用常规的焊接方法进行焊接时，很难焊牢，而改用爆炸焊接法后，能达到良好的焊接质量。

⑤ 用机械加工方法加工一个复杂的零部件时，往往需要多道工序，多种模具，而采用爆炸加工方法时，只需综合成一道工序和一个模具就能完成。

金属爆炸加工法是最近几十年发展起来的一种新的金属加工方法，它不仅得到越来越广泛的应用，而且这种加工方法的应用领域也在不断地扩大。综合起来，金属爆炸加工的领域如图9-1所示。

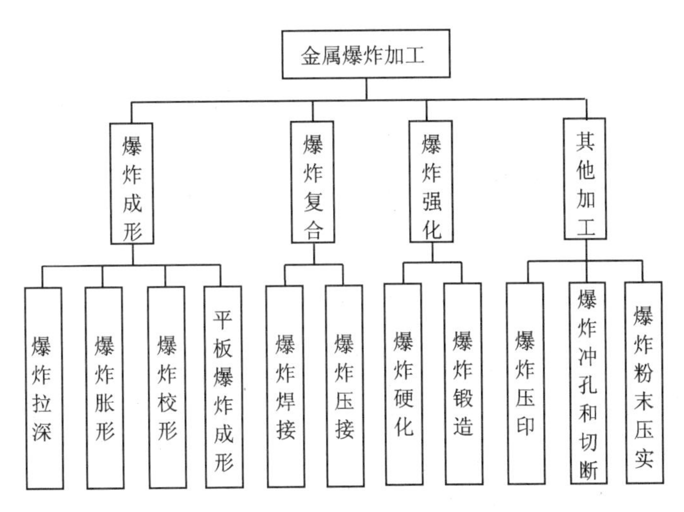

图9-1　金属爆炸加工领域

爆炸加工的加载基本上可分为三类，第一类是直接加载，通常称之为接触爆炸加工，例如爆炸硬化、爆炸焊接等；第二类为隔离加载，通常称为隔离爆炸加工或非接触爆炸加工，此时，炸药与加工对象之间相隔一定距离，爆能通过中间介质(空气、水、油等)传递加载于加工对象，例如爆炸成形、校形等；第三类是炸药与合成材料之间相隔一定距离，且中间设置金属飞片，爆能通过飞片拍打合成对象，产生高温高压并导致新的相交。以上三类加载特征所产生的压力与变形速度各不相同。

爆炸加工在航天航空工业中的应用实践使人们敏锐地意识到这一新兴技术在其他工业领域也将产生新的应用市场。事实表明，目前爆炸加工已不同程度地应用于汽车、造船、化工、核能、采矿、建筑等领域中。

9.1 爆炸成形

爆炸成形是利用炸药爆炸所产生的冲击波的冲击作用和高压气体的膨胀作用，通过传压介质作用到金属毛料(如金属板材和筒材)上，使金属毛料加工成符合设计要求(即形状、尺寸、精度和光洁度符合要求)的零部件。

传压介质一般多采用水介质，这是由于水的传压性能好，加工出来的零部件表面光洁度高，同时水的来源很方便和成本低廉。有时也采用油、砂、滑石粉和空气作为传压介质，但加工出来的零部件的质量远远不如水作为传压介质加工出来的零部件。

根据金属加工的零部件的形状不同，可将金属爆炸成形分为爆炸拉深成形和爆炸胀形成形两种加工方法。

9.1.1 爆炸拉深成形法

这种加工方法是利用炸药爆炸的冲击压力将金属板材拉深成凹形零件的方法，使用的装置如图 9－2 所示。

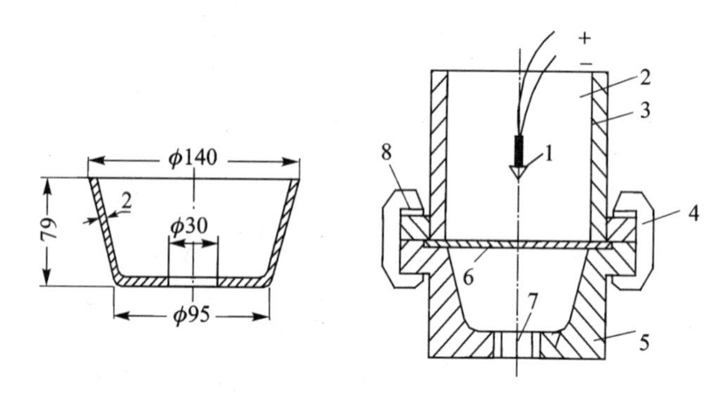

1—药包；2—水；3—护筒(用金属、塑料或沥青纸加工成的)；4—卡具；
5—模具；6—金属板材(毛料)；7—排气孔；8—压边圈

图 9－2 爆炸拉深成形装置图

爆炸拉深成形一般分为自由拉深成形和有模拉深成形。自由拉深成形的装置很简单(见图 9－3)。没有模具只有拉深环。这种加工工艺完全依靠控制加工工艺参数来获得本部件的外形，全凭经验，易受偶然因素的影响，这种加工方法只适用于加工形状简单而精度又要求不高的零部件。

有模拉深成形又分为自然排气拉深成形(见图 9－4)和模腔抽成真空的拉深成形两种。

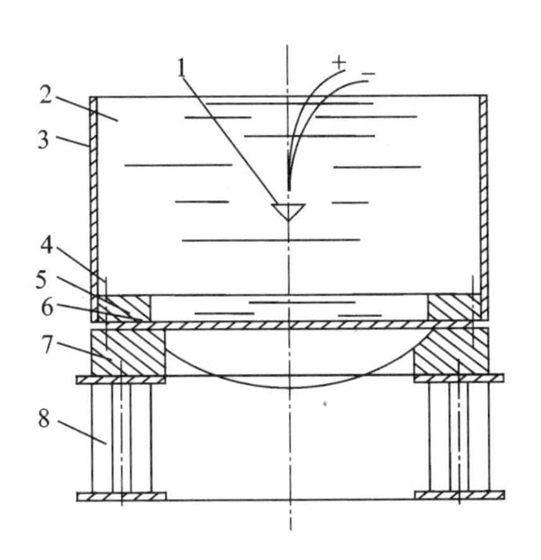

1—药包；2—传压介质(水)；3—护筒；4—压边螺栓；
5—压边圈；6—毛料；7—拉深环；8—支座

图 9-3　自由拉深成形装置

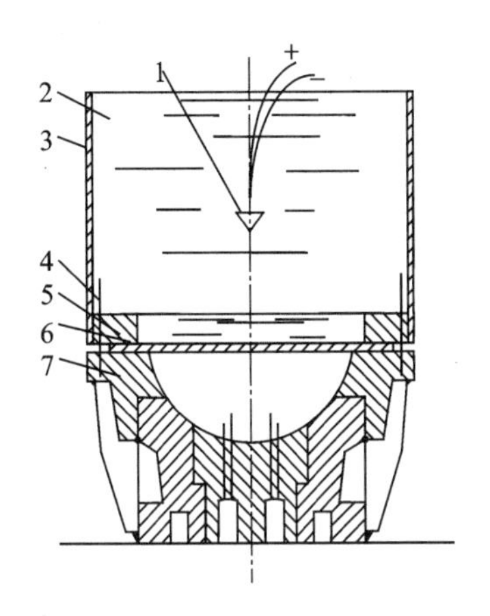

1—药包；2—传压介质(水)；3—护筒；4—压边螺栓；
5—压边圈；6—毛料；7—自然排气模

图 9-4　自然排气有模拉深成形

在爆炸拉深成形过程中，模腔中的空气必须排出，否则在板材拉深成形过程中空气受压，温度上升，容易烧伤零部件表面。另外在零部件成形卸压后，被压缩的气体开始膨胀，使零部件表面鼓起而造成废品。

自然排气的有模爆炸拉深成形法所需的装置很简单，只需在模具上钻几个排气孔。

自然排气有模爆炸拉深成形加工法，它的成形精度较自由拉深成形要高些。也能加工形状复杂的零部件，但它只适用于加工黑色金属和厚铝板。

对于大批量加工精度要求较高和相对厚度比较小的零部件，不能采用自然排气的有模爆炸拉深成形加工法，而只能采用模腔抽成真空的爆炸拉深成形加工法。模腔中的气压至少要降低到 667 Pa(5 mm Hg)的压力。

影响爆炸拉深成形效果的因素很多，其中包括：药形、药位、药量、传压介质的边界条件、水深和真空度等。对这些因素选取得是否恰当，不只影响拉深成形零部件的质量和生产率，还会影响模具的使用寿命。

药形(药包的形状)决定了爆炸所产生的冲击波的形状。在低药位的情况下，也就决定了作用在金属毛料上的载荷大小和分布情况。为了有效地控制金属毛料的流动和变形，必须正确选择符合零部件外形特点和技术要求的药包形状。常用的药包形状有：球形、柱形、锥形和环形(见图 9-5)。

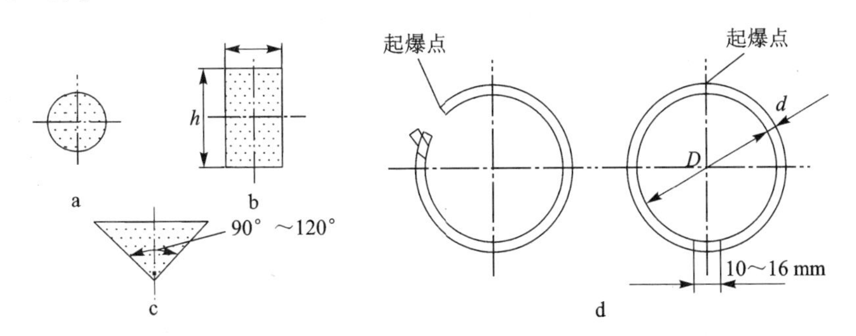

a—球形药包；b—柱形药包；c—锥形药包；d—环形药包

图 9-5　爆炸拉深常用的药包形状

球形药包爆炸后所产生的冲击波为球面冲击波，在低药位时作用在金属毛料上的载荷是不均匀的。中央部位载荷最大，边缘部位载荷较小。所以零部件成形后，顶部较薄。因此，它只适用于成形深度不大，变薄量要求不严的球底封头零件。

柱形药包制作容易，是生产中采用最多的一种药包。长柱形药包由于长度与直径之比大于1.0，端面冲击波与侧面冲击波的强度相差较大，不宜在爆炸拉深成形法中采用，大都在爆炸胀形成形法中采用。短柱药包(指药包长度与药包直径之比等于或小于1.0)常常用来代替球形药包。

锥形药包爆炸后，顶部冲击波较弱，两侧较强。常用于变薄量要求较严的椭球底封头的爆炸拉深成形，锥角常为90°～120°。

环形药包一般用于大型封头零件的爆炸拉深成形。这是因为环形药包的直径 d 为模口直径 D 的80%～85%，因此药包比较接近凹模圆角，利于凸缘毛料流入模腔，减少变薄量。同时，采用环形药包，药位可低些，毛料向下运动的分速度较大，因而减轻了成形后的圆角脱离现象。当零件成形深度相同时，环形药包的用药量要比球形药包少一些。

药位：一般常指药包中心至毛料表面的垂直高度 h，并称之为吊高。药包在水中爆炸后所形成的强冲击波随着波阵面的推进及扩散，其压力及传播速度迅速下降。由此可见，药位 h 不仅影响作用在毛料上的载荷大小，也影响其载荷的分布。

在采用球形、柱形和锥形药包时，相对药位(即药位与模口直径之比)一般可在0.2～0.5范围内选取。

采用环形药包时，药位可稍低一些，相对药位一般在0.2～0.3间选取。

药位的选取主要取决于零件的材质和相对厚度。材料的强度高而相对厚度又大的零部件成形时，药位可低一些，反之，则应高一些。

药量：当药位一定的情况下，药量决定着作用在毛料上的载荷大小。药量确定的方法一般采用类比法和估算法。根据功能平衡准则，得出药量的估算公式如下：

$$\frac{Y}{D}=120\left(\frac{W}{D^2\delta}\right)^{0.78}\left(\frac{D}{h}\right)^{0.74}\lambda \tag{9-1}$$

式中：Y——金属板顶点挠度，mm；

D——模口直径，mm；

W——药量，g；

δ——毛料厚度，mm；

h——药位，mm；

λ——系数，$\lambda=\sigma_{s2}/\sigma_{s1}$，$\sigma_{s1}$为低碳钢的屈服应力；$\sigma_{s2}$为成形零件的材料屈服应力。

传压介质的边界条件：护筒的材质强度对拉深件的成形深度和外形平滑度有很大的影响。一般来说，随着护筒材质强度的增加和直径的增大，毛料的成形深度和外形平滑度也随之增加，这主要是筒壁正压反射波增强了作用在毛料上的载荷，同时筒径增大后，也延长了卸载波作用的时间。

水深：药包中心至水面的距离。水深一方面可以确定水从自由面卸载所需要的时间；另外一方面对于高压气体作用在毛料上的能量和时间产生很大影响。水越深，高压气体作用在毛料上的能量和时间也越多。但水深达到一定值后，这种影响趋于平稳。此时的水深叫做临界水深。对于薄板零件成形，临界水深一般取(1/2～1/3)的模口直径。

真空度：当薄板毛料进行爆炸拉深成形时，由于变形速度快，模腔中的空气来不及排出，残余气体突然受到压缩，温度升高，容易烧伤零件，另外当载荷消失后，被压缩的气体自行膨胀，反顶零件而形成反凸形，破坏零件表面的光洁度。试验表明，模腔中具有小于 5 mm 水银柱高的真空度，即可获得外形良好的零件。

压边力：压边力的大小直接影响到零件的质量，例如成形深度、顶端变薄量和产生内外皱等。随着压边力增加，爆炸拉深零件的膨胀形比则增加。因而变薄量增加，成形深度减小，但有利于防止发生内外皱。减小压边力，恰好与上述情况相反。在实际工作中，压边力的大小应视具体的零件而定。

为了便于设计成形类似零件时应选择工艺参数时的参考，现将部分爆炸拉深零件的工艺参数列表如下：

球底封头类零件爆炸自由拉深成形的工艺参数如表 9－1 所列。

表 9－1　球底封头爆炸自由拉深成形工艺参数

零件材料	毛料直径 D_0/mm	毛料厚度 δ/mm	封头直径 D/mm	药量 W_1/g	药位 h/mm	水深 H/mm
A3	250	3	200	20	40	140
A3	537	8	416	225	83	210
A3	815	12	624	750	120	320
A3	1 050	14	822	1 410	165	420
20 号	1 285	14	1 000	2 000	206	720
20 号	2 340	40	1 680	1 600	320	960

大型椭球底封头有模自然排气爆炸拉深成形工艺参数如表 9－2 所列。

表 9－2　大型椭球底封头有模自然排气爆炸拉深成形工艺参数

封头直径 直径×厚度/mm^2	材　料	爆炸参数				拉深深度/mm
		药量/g	水深/mm	药位/mm	药形（T. N. T；$\rho=1$）	
210×5	1Cr18Ni9Ti	500	550	300	120°～140°锥形	300
410×5	1Cr18Ni9Ti	650/350	550	300	120°～140°锥形	280/340
210×8	L4——M	300	550	320	120°～140°锥形	300
448×8	LF_3——M	500	550	320	120°～140°锥形	300
1 448×15	C_{25}	2 000	550	320	120°～140°锥形	300
1 447×10	LF_3——M	500	550	320	120°～140°锥形	310
1 470×8	1Cr18Ni9Ti	800/450	550	320	120°～140°锥形	310
1 828×10	L_2——M	800	550	320	120°～140°锥形	310
1 828×10	L_2——M	800	550	320	120°～140°锥形	310

9.1.2 爆炸胀形成形法

爆炸胀形成形法是利用炸药爆炸产生的冲击波和高压气体将金属筒状旋转体毛料加工成各种筒形零件的加工方法。其加工过程如图 9-6 所示。

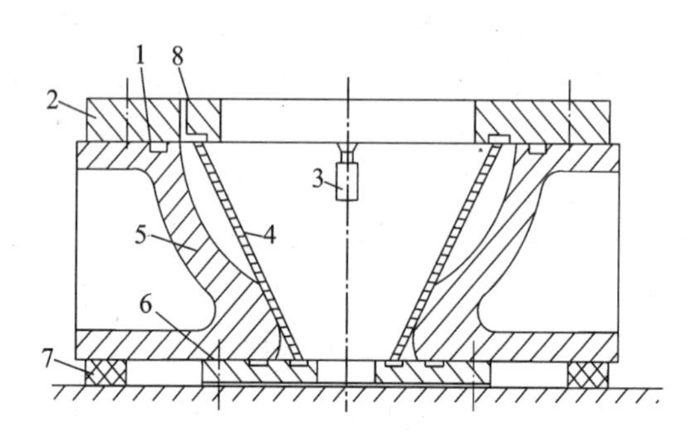

1—密封圈；2—上压板；3—药包；4—毛坯；
5—爆炸模；6—下压板；7—垫木；8—抽气孔

图 9-6 爆炸胀形成形加工示意图

大多数胀形件的毛料都有焊缝，在爆炸成形过程中焊缝最易开裂。因此，毛料在焊接后和在爆炸胀形之前，要进行热处理，以消除焊接时产生的内应力。不经过热处理的毛料容易破裂，而且由于各部位应力不均匀，会造成零件质量不均衡。

在进行爆炸胀形加工过程中，为保证零件的加工质量，必须正确选择加工工艺参数。这些参数包括：药包形状、药包位置、炸药用量、介质种类、反射板间隙等。

1. 药包形状

用于爆炸胀形的药包形状应根据零件的几何形状来确定，原则上应符合毛料各部位变形量的需要，并使模具受载最合理，同时药包的制作应力求简单。

对于筒形旋转体胀形零件，一般都采用圆柱形药包。圆柱形药包的长度，应视具体零件而定，对长而且变形区也较长的零件，应采用细长药包；对长度较短或变形区较短的零件，应采用短柱形药包。

下面是爆炸胀形加工时，常采用的几种药包形状。

图 9-7(a)中的零件是一种短而中间直径大的鼓形零件。采用一个短柱形药包，悬吊在毛坯的中心。药包爆炸后，就能使爆炸载荷按零件变形量的要求作用在毛坯上。

图 9-7(b)中的零件，上部的变形量较大，下部的变形量较小，只需在上部中轴线上放置一个药包，下部端口装置一反射板，爆炸后就可使毛坯胀成所要求形状。

图 9-7(c)中的零件较长，毛料要求变形量均匀，以采用细长药包为宜。

图 9-7(d)中的零件为双鼓形，毛料中部要求变形量要小，故选用两个短柱药包，中间用导爆索串联。

图 9-7(e)中的零件，上部要求变形要大，下部变形量要小，而且零件较长。故可在上部装置一个药包。为了使零件的下部能贴模，故应在药包下面加一段导爆索。

图 9-7(f)中的零件上宽下窄，故需分两次爆炸胀形。第一次将药包装在上部，爆炸胀形后，毛料上口未能很好贴模，形成一收口。所以第二次用一环形药包(可使用导爆索代替)进行爆炸整形，它仅对收口起成形作用。

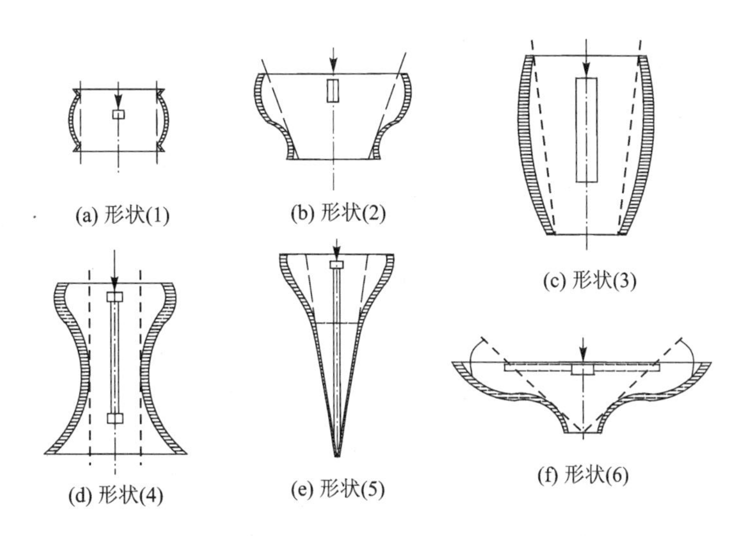

图 9－7　几种常用于爆炸胀形的药包形状

2. 药包位置

对筒状旋转体胀形体而言,药包总是挂在旋转轴上。其吊挂高低位置,应视具体情况而定,其原则是:

① 药包爆炸所产生的冲击能量的分布应与毛料要求的变形量分布一致。即药包应放在毛料要求变形量最大的部位。

② 载荷对毛料轴向压力不应过大,以防止零件在成形过程中失稳。

③ 用自然排气方法时,要考虑对排气有利。

④ 仅根据第一条原则来确定药位,有时药包距水面太近,其能量利用率很低,在这种情况下需要适当调整药位。

以上几条在实际应用中,经常会产生矛盾,必须根据具体情况加以调整。

3. 药　量

爆炸胀形所需的用药量与零件的大小、毛料的种类、材质、厚度和状态以及爆炸的边界条件等因素有关。爆炸胀形所需的用药量可按功能平衡原理,即毛料由初始状态到贴模成形这一过程中所做的变形功等于炸药用于爆炸胀形的有效能这一原理来计算,即

$$Q = \lambda_1 \lambda_2 \frac{\sigma \bar{\varepsilon}_0 \delta S_0}{q\eta} \tag{9-2}$$

式中:Q——用药量,kg;

σ——毛料在动载作用下的屈服极限,近似取静载荷屈服极限的两倍;

$\bar{\varepsilon}_0$——毛料圆周方向上的平均应变;

S_0——毛料的初始面积;

δ——毛料的初始厚度;

q——每公斤炸药的能量;

η——炸药的能量利用率,一般为 13%～15%;

λ_1——传压介质系数，水 $\lambda_1=1.0$，砂 $\lambda_1=4.0$；

λ_2——工艺系数，抽成真空成形时 $\lambda_2=1.0$；水井中成形时 $\lambda_2=0.8\sim0.9$。

4. 反射板

反射板的作用是在爆炸胀形过程中，若毛料的某些部位距离药包太远，则所受的载荷不足以使毛料成形，设置反射板可以增大胀形的压力。反射板一般放置在毛料的上面，因此它的参数影响毛料在成形过程中的排气和成形状态。例如，反射板重量太轻时，零件形成收口；反射板与胀形装置间的间隙太小，则会造成憋气；反射板的直径若小于模口直径，下落时会砸伤零件。

9.2 爆炸复合

随着经济建设的迅速发展，越来越多的地方需要使用由优质的不锈钢钢材、各种有色金属或稀有金属加工成各种耐腐蚀、耐高压高温和耐摩擦的板材、棒材和管材来制造成一些特殊设备或构件。这些设备和构件如果全部采用优质金属材料来制造，必然会使成本大大增加，造成不必要的浪费。如果能在普通的金属材料上包覆上一层具有特殊性能的金属材料，制成所谓双金属材料，既能满足生产上对金属材料某些特殊性能的要求，又能节约大量贵重的优质金属材料，降低产品的成本。所谓爆炸复合就是利用炸药的爆轰作为能源，在所选择的金属板材或管材的表面包覆上一层不同性能的金属材料的加工方法，前者叫基板，后者叫复板。

爆炸复合有两种基本形式：一种是爆炸焊接，这种复合工艺使两种金属材料的结合部位有一般的熔化现象。若将爆炸焊接部位放在显微镜下观察，可以看到有细微的波浪状结构，如作金相分析，可以看到两种金属已彼此渗入到各自的组织中，因此爆炸焊接后的强度是很大的。另一种工艺是爆炸压接，它与爆炸焊接的区别是，结合的部位两种金属组织没有发生熔化焊接现象，仅仅是依靠强大的爆炸压力把两者压合、包裹在一起。

9.2.1 爆炸焊接

图 9-8 是进行爆炸焊接的装置示意图。装置中炸药层与复板之间的缓冲层主要是起保护复板的作用，使其在炸药爆炸时不会遭受到表面烧伤。常用作缓冲层的材料有：橡皮、沥青和油毡等。

基础常采用砂或泥土，在特殊情况下也可采用厚钢板作基础。

基板和复板之间必须要留有一定的间隙，间隙的作用是保证复板在炸药爆炸后，能达到足够的碰撞速度，并保证在基板和复板之间能产生金属喷射流。

按基板与复板的安装方式，分为平行法与角度法两种(参见图 9-9)。平行法要求基板与复板之间保持严格的平行，两者之间的间隙大小都要一样。而角度法中的基板与复板间的间隙随位置的逐渐变化而变化。故这种安装方式宜使用密度较大和爆速较高的炸药。但是，由于间隙的大小随位置而变化，故不同位置的焊接质量亦有差异，这对大面积的焊接是不适宜采用的。

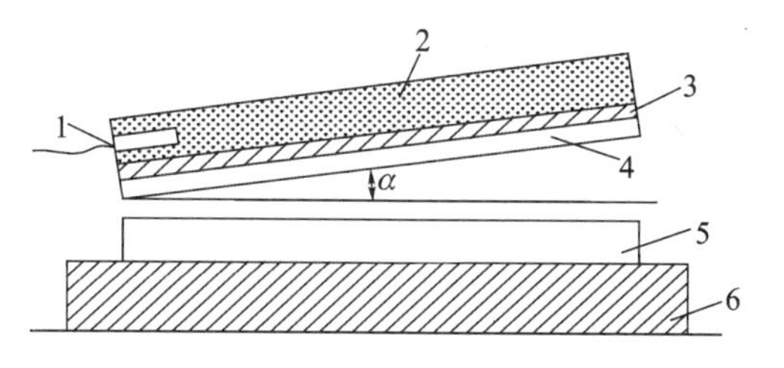

1—起爆用的雷管；2—炸药层；3—缓冲层；
4—复板；5—基板；6—基础

图 9-8　爆炸焊接装置示意图

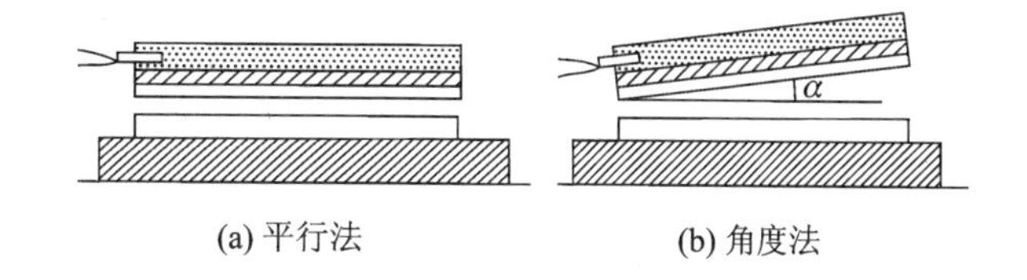

(a) 平行法　　(b) 角度法

图 9-9　基板与复板的安装方式

图 9-10 是爆炸焊接过程的示意图。从图中可以看出，当炸药爆轰后，爆炸产物形成高压脉冲载荷直接作用在复板上，复板被加速，在若干微秒的时间内复板的冲击速度就可达到每秒几百米以上，从起爆点开始，复板依次与基板碰撞。当两金属板相碰撞时，产生很高的冲击压力，大大超过了金属的动态屈服极限。因而在碰撞区内产生了高速的塑性变形，同时还伴随着剧烈的热效应。此时，碰撞面的金属板的物理性质类似于流体。这样，在两金属板的内表面将形成两股运动方向相反的金属喷射流。一股是在碰撞点前的自由射流，向尚未焊接的空间高速喷出。它冲刷了金属内表面的表面膜，使被冲刷的金属表面露出有活性的新鲜的金属面，为两块金属板的焊接提供了良好的条件。另一股往碰撞点后运动的射流，叫凝固射流，它被凝固在两金属板之间，形成两种金属的冶金结合过程。

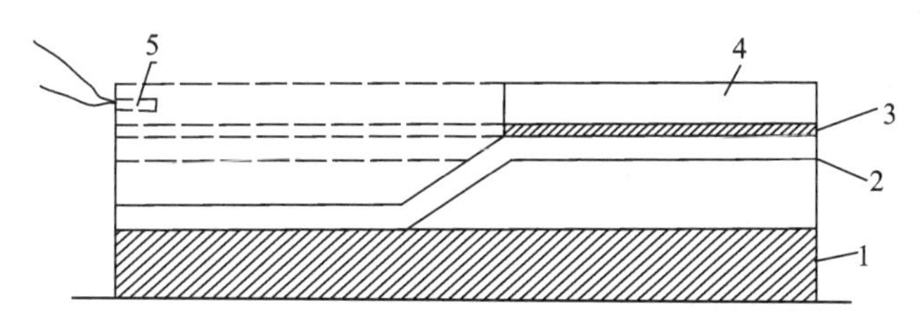

1—基板；2—复板；3—缓冲层；4—炸药层；5—雷管

图 9-10　爆炸焊接过程示意图

1. 影响爆炸焊接效果的因素

爆炸焊接是一个很复杂的过程，因此影响爆炸焊接效果的因素也是复杂多样的。它牵涉到爆炸物理学、金属物理学、流体动力学、弹塑性动力学以及金属焊接学等基础学科，要彻底解决这些问题不是很容易的。因此，爆炸焊接参数的选取目前仍然要依靠大量系统的试验数据。

按照爆炸焊接装置、过程和结果以及所涉及的参数意义，爆炸焊接参数分为初始参数、动态参数和结合区参数三类。

(1) 初始参数：

是指焊接前对炸药、复板等进行设计的参数，它包括炸药的性能和重量、金属材料的物理机械性能和尺寸以及金属材料的安装位置和状态。

炸药的重量和性能：

炸药性质或品种的选择主要依据有：

① 爆速合适、稳定、可调。爆炸焊接时炸药的最大爆速值应不超过材料体积声速的 1.2 倍。为获得良好的焊接质量，爆速值应取得小些。此外，爆速稳定还与碰撞点移动速度有一定关系。

② 来源广泛，价格低廉。这是作为工业生产所要求的一般原则，有趣的是，爆炸焊接适于采用低爆速炸药，因而价格一般是低廉的。

③ 安全、无毒。由于爆炸焊接时安全防护措施不甚完备，因此，要求采用的炸药比较安全，即冲击感度相应较低。

我国广泛应用的 2 号岩石硝铵炸药基本上可满足上述要求。它是一种以硝酸铵为主(85%)，含有了 TNT(11%)和木粉(4%)的混合炸药。其经干燥、粉碎、过筛以后，密度很小(可达 0.585 g/cm^3)，药厚在 10～100 mm 范围内的相应爆速为 2 000～3 250 m/s。此外，亦可采用不同配比的黑索金与红丹粉(Pb_3O_4)的混合炸药和粉状 TNT 等。

炸药性质或品种确定以后，爆速主要取决于密度与厚度。密度大则爆速高，当密度给定时，厚度大则爆速高。2# 岩石炸药的极限厚度 100～120 mm，而爆炸焊接实际药厚往往小于极限药厚，如果装药各点上密度与厚度不均，则爆炸焊接动态参数将不稳定，结合区参数也得不到保证。因此，必须采取下列措施使炸药密度与厚度尽可能均匀一致。

① 采用粉药时，应预先干燥处理。如有结块，应增加粉碎工序；

② 粉药使用前过筛，使之松散、均匀；

③ 在做药框时，按预定药厚画线，装药时依线刮平，刮药操作应避免刮板压药；

④ 采用低爆速板状炸药最为理想。

在爆炸焊接中，单位面积装药量 λ 是一个重要的初始参数，它表示爆炸焊接所需要的能量，它可用式(9－3)来表示：

$$q = mR \tag{9-3}$$

式中：q——单位面积装药量，g/cm^2；

m——复板的质量，若在装药与复板之间装设了缓冲层的话，则 m 也包括了缓冲层的质量在内；

R——质量比值(单位面积装药质量与复板质量之比)。

单位面积装药量已知后，则一次爆炸焊接所需总装药量为

$$Q = \lambda S \tag{9-4}$$

式中：Q——一次爆炸焊接的总装药量，g；

S——一次爆炸焊接的总面积，cm^2。

炸药的性能主要是指它的爆速 v_d，绝热指数 γ 或爆热 E_0 和装药密度 ρ_0。在实际爆炸焊接施工中，可以使装药密度稳定在一个变化不大的范围内。爆炸焊接所使用的炸药的爆速有一定限制，一般规定的爆速的最大值不要超过金属材料声速的 1.2 倍。但是，为了获得稳定爆轰，炸药厚度必须介于临界厚度和极限厚度之间。绝热指数 γ 对于民用炸药，一般取 2.0～2.5。

复板和基板的物理机械性能：在实际爆炸焊接施工中，复板和基板的品种和规格是根据工程结构的用途和设计的要求，在爆炸焊接以前已经确定好了的。因此，金属物理机械性能、厚度和密度也相应是确定了的。在计算爆炸焊接参数时，经常采用的材料参数是体积声速 v_s，它是与爆炸焊接效果有关的一个重要物理量。材料的体积声速定义为

$$v_s = \sqrt{\frac{K}{\rho}} \tag{9-5}$$

式中：v_s——材料的体积声速，m/s；

K——材料的体积压缩模量，MPa；

ρ——材料的密度，g/cm^3。

材料的体积模量又可用式(9-6)表示：

$$K = \frac{E}{1-2\mu} \tag{9-6}$$

式中：E——材料的弹性模量；

μ——材料的泊松比。

表 9-3 中列有爆炸焊接，一些常用金属的体积声速值。

表 9-3 常用金属体积声速 v_s

金属名称	声速/(m·s⁻¹)	金属名称	声速/(m·s⁻¹)
铝	5 370	锆	3 700
铜	3 970	锌	3 000
镁	4 493	钢	4 800
钼	5 173	银	2 600
镍	4 667	铅	1 300
302 不锈钢	4 550	铌	4 500
钛	4 786	金	2 100

复板和基板的安装状态：基板和复板的安装状态是由两板间的预置角 α 和间距 s 来确定。间距的作用是保证在复板加速到所要求的碰撞速度时所需要的距离时，可以产生足够的冲击压力。同时间距也为碰撞时产生的自由金属射流提供一条无阻碍的通道，防止射流受阻而残留在结合区内。设置一定的预置角度是为了在使用高爆速炸药爆炸时，把碰撞点移动速度控制在亚声速范围内。或者为了达到最佳的结合区流动状态，使碰撞点移动速度处在(1/2～1/3)材料声速之间。通过改变预置角，可起到调节碰撞点速度的作用。在实际爆炸焊接中，预置角 α 一般是很小的，而在大板的焊接装置中，以采用平行法为宜。

(2) 动态焊接参数

动态参数包括碰撞点移动速度 v_K、碰撞角 r 和复板碰撞速度 v_0。

碰撞点移动速度表示沿焊接表面不断移动的高温区间的移动速度。当复板与基板平行布置时，碰撞点移动速度与爆轰速度相等，即

$$v_K = D \tag{9-7}$$

为了保证结合良好，爆炸焊接必须满足以下条件：

$$v_K < v_s \tag{9-8}$$

式中：v_s——被焊金属的声速。

当复板与基板按角度法布置时(图 9-8)，碰撞点的移动速度可用某一瞬时复板飞行几何学示意图(见图 9-11)来计算确定，图中 $v_K = CF$，可用公式表示为

$$v_K = D\sin(r-\alpha)/\sin r \tag{9-9}$$

AO 表示爆轰波源，它沿着与 x 轴成 α 角的金属板传到 B 点，因此 $OB=D$。由于复板在 O 点发生弯曲，r 角将大于安装角 α。如果把上图视为与爆轰波有关的移动坐标系，则在 O 点上与复板碰撞的速度为爆轰速度 D。由于爆炸产物的强烈影响通常垂直于板面，因而可以认为，

在 O 点上仅有移动速度方向上的变化，其值保留不变。

在非移动坐标系中，在 O 点弯曲以前，板的移动速度可描述为 $OB=D$，而当 O 点弯曲后，$BF//OC$，$OB=BF=D$。在非移动坐标系中，复板的移动速度 v_0 等于移动坐标系中的速度$\overline{BF}$与速度$\overline{OB}$的矢量和。在该系统中，速度 v_0 决定于$\overline{OF}=\overline{BF}+\overline{OB}$，其方向为$\angle COB=180°-\beta$ 的平分线。因此得到：

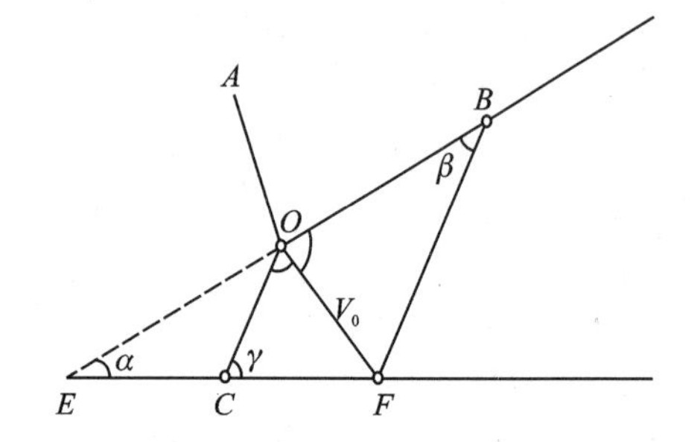

图 9-11　某瞬间复板飞行几何示意图

$$D = v_0\cos(r-\alpha)/\sin(r-\alpha) \tag{9-10}$$

$$r = \alpha+\beta = \alpha+\arcsin[v_0/(2D)] \tag{9-11}$$

当 $\alpha=0$，$r=\beta$ 时，即复板平行布置时，碰撞角为

$$r = 2\arcsin(v_0/(2D)) \tag{9-12}$$

为简便起见，略去数字推导，直接给出 Aziz 复板运动速度计算式如下：

$$v_0 = D\frac{\sqrt{1+(32/27)R}-1}{\sqrt{1+(32/27)R}+1} \tag{9-13}$$

当炸药的绝热指数 k 等于 2.5 或 3.5 时，Aziz 给出了 v_0/D 和 R 之间的数值计算结果（表 9-4）。几种常用的炸药的 k 值列于表 9-5 中。

表 9-4　不同 k 值下 v_0/D 和 R 的关系计算结果

R	$k=2.5$	$k=3.0$	$k=3.5$	$\lambda=\frac{k=2.5\text{ 时的 }v_0/D\text{ 值}}{k=3.0\text{ 时的 }v_0/D\text{ 值}}$
	v_0/D			
1	0.236 3	0.193 2	0.183 5	$\lambda=1.223\ 08$
3	0.442 0	0.362 3	0.308 7	$\lambda=1.219\ 900$
6	0.585 7	0.480 9	0.409 7	$\lambda=1.217\ 900$
10	0.686 0	0.563 4	0.480 6	$\lambda=1.217\ 600$

表 9-5　几种常见炸药的 k 值

炸　药	TNT		RDX/TNT (60/40)		RDX		ANFO	胶质炸药	RDX
k	计算	试验	计算	试验	计算	试验	2.554	2.49	2.44
	2.85	3.16	2.76	2.96	3.03	2.98			
ρ_t/(g·cm^{-3})	1.64	1.64	1.71	1.8	1.8	1.8	0.782	1.26	1.00

在爆炸焊接实践中，国内外都普遍地使用硝酸铵类炸药。对于密度在 1.788 g/cm^3 左右的硝铵炸药，近似地可取 $k=2.5$。由表 9-4 可见，$R=1$～10 时，$k=2.5$ 的炸药所产生的 v_0/D 值约为 $h=3$ 时 v_0/D 值的 1.22 倍。

如果用 1.2 乘以式(9-13)中等号右边的函数，便可得到一个描述 $k=2.5$ 的这类炸药爆

炸焊接的一维平板运动的近似解析表达式(A. A. Deribas 式)：

$$v_0 = 1.2D \frac{\sqrt{1+\frac{32}{27}R}-1}{\sqrt{1+\frac{32}{27}R}+1} \tag{9-14}$$

为了实际计算复板速度，利用 Aziz 模型和冲量与能量守恒定律得到的计算式为

$$v_0 = \frac{R}{R+2} D \sqrt{\frac{3}{k^2-1}} \tag{9-15}$$

$$v_0 = DR \sqrt{\frac{3}{(k^2-1)(R^2+5R+4)}} \tag{9-16}$$

表 9-6 列出了厚 5 mm 的钢板爆炸焊接时的实在工况和用以上 3 个公式计算 v_0 的结果。计算中未考虑焊接间隙。计算结果分析表明，式(9-15)和式(9-16)较接近，与式(9-14)计算结果相差较多。

采用 6жB(抗水硝铵)炸药在双板复合情况下得出的确定动态碰撞角 β 的公式如下：

$$\beta = 0.99R(R+2.71+0.184/h) \tag{9-17}$$

将式(9-17)代入式(9-11)，便可得到平行法爆炸焊接时复板速度与 D、R 和 h 的关系式：

$$v_0 = 2D\sin \frac{0.49R}{R+2.71+0.184/h} \tag{9-18}$$

用考虑了焊接间隙值 h 的上述公式计算出的板速(列入表 9-6)，接近按式(9-14)计算的结果。其中，按式(9-18)计算的板速通常大于按式(9-14)计算的值。

表 9-6　复板速度 v_0 计算结果

初始参数			复板速度/(m·s⁻¹)			
D/(m·s^{-1})	R	h/mm	式(9-14)	式(9-11)	式(9-12)	式(9-14)
2 000①	1.0	8	463	666	632	501
2 400①	0.8	8	475	685	653	507
	1.0	8	555	800	758	601
	1.5	8	720	1 028	970	798
	2.0	8	848	1 200	1 131	955
	2.5	8	954	1 333	1 257	1 082
	3.0	8	1 042	1 440	1 360	1 187
	1.0	1	555	800	758	427
	1.0	2	555	800	758	512
	1.0	5	555	800	758	581
	1.0	8	555	800	757	601
	1.0	12	555	800	757	613
	1.0	20	555	800	757	623
4 000②	1.0	1	926	1 007	956	712
	1.0	8	926	1 007	956	1 002
	1.0	20	926	1 007	956	1 038
3 500①	1.0	8	810	881	836	877

注：① k=2.2；② k=2.5。

(3) 结合区参数

在爆炸焊接中,一般来说结合区可分为下面三种类型:

① 金属与金属的直接结合。

② 形成均匀连续的熔化层。

③ 波状结合。

以上三种结合形式,以波状结合最为常见。

爆炸焊接结合区参数,它表征了结合区的外貌特征和复合材料的性质,表示爆炸焊接的最终结果,包括结合区产生的压力、温度和界面波波高与波长、结合强度及熔化层厚度。

KyAMMs B. M. 等提出,只要给出有关金属的状态方程和 v_0,就可用式(9-19)计算出结合区内的压力:

$$P_k = \frac{\rho_2 v_0^2}{\sqrt{1-\rho_2/\rho_2'} + \sqrt{(1-\rho_1/\rho_1')\rho_2/\rho_2'}} \tag{9-19}$$

式中:v_0——复板碰撞速度,m/s;

ρ_1,ρ_2——板的初始密度,g/cm^3;

ρ_1',ρ_2'——在受到压力 P_k 时的密度。

结合区温度的分布,根据实验曲线用热传导方程分析得出了温度分布与时间 $T(t)$ 的关系式:

$$T = T_1 + \frac{Q}{2C\rho\sqrt{\pi a^2 t}}\exp\left(-\frac{y^2}{4a^2 t}\right) \tag{9-20}$$

式中:T_1——结合时相对温度,℃;

Q——碰撞区泄出瞬时热量,J;

y——离开焊缝的距离,cm;

C——材料的比热(热容量);

a——导热性系数。

应当指出,爆炸焊接过程中的热作用,尚未得到充分研究。

实践表明,爆炸焊接界面由精致的周期排列的波形组成时焊接质量良好(见图 9-12)。

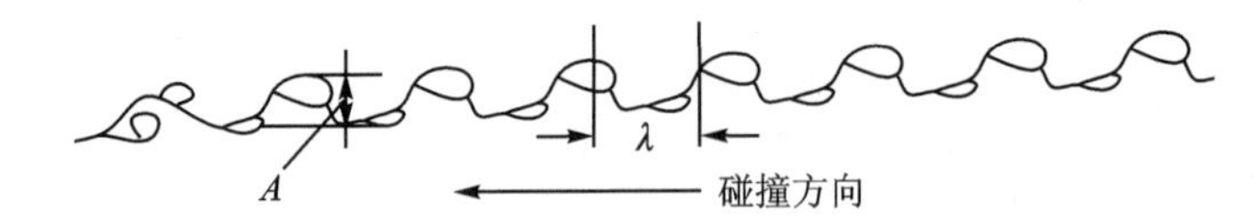

λ—结合区波形的波长;A—结合区波形的波高

图 9-12 焊接结合区波形示意图

试验表明,波长随碰撞角 r 的增加而增加。当碰撞角相同时,波长随复板厚度 δ 而变化,并符合以下关系:

$$\lambda = \frac{b}{2c}\delta(1-\cos r) \tag{9-21}$$

$$A = b\delta\sin^2\frac{r}{2} \tag{9-22}$$

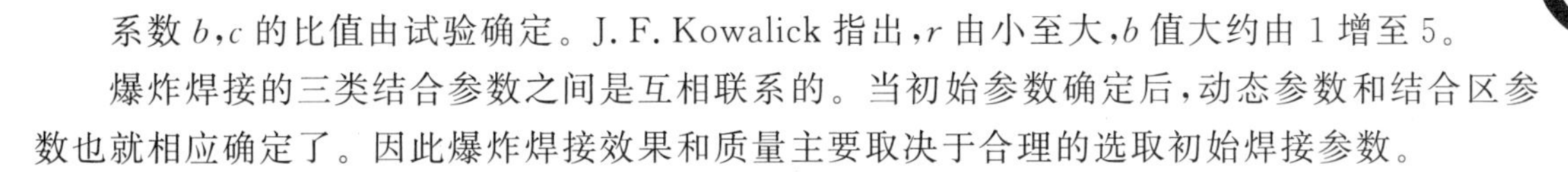

系数 b,c 的比值由试验确定。J. F. Kowalick 指出,r 由小至大,b 值大约由 1 增至 5。

爆炸焊接的三类结合参数之间是互相联系的。当初始参数确定后,动态参数和结合区参数也就相应确定了。因此爆炸焊接效果和质量主要取决于合理的选取初始焊接参数。

2. 爆炸焊接前的清理工作

复板和基板表面的清洁是影响爆炸焊接质量的重要因素。虽然在爆炸焊接过程中所形成的金属射流起到清洗基板和复板表面膜的作用,但是它能清洗的表面膜的厚度毕竟是有限的。因此,在爆炸焊接前对金属板表面进行清刷是非常必要的。实践证明,金属板的初始表面光洁度越高、越新鲜,爆炸焊接质量也就越高,常采用的清理方法有以下几种:

① 砂轮打磨,这是一种最广泛使用的方法,主要用于钢表面的清理。

② 喷丸和喷砂,用于要求不高的钢表面清理。

③ 酸洗,常用于铜及其合金表面的清理。

④ 碱洗,主要用于铝及其合金表面的清理。

⑤ 砂布或钢丝刷打磨,主要用于不锈钢和钛合金的表面清理。

⑥ 车、刨、铣、磨,用于要求较高的厚钢板(或钢铸件)以及异形零件的表面清理。

不管采用哪种方法清理,最好是当天清理当天就进行爆炸焊接。对于光洁度要求较高的工艺,如果当天不能进行爆炸焊接,就应用油封,保护已清理好的表面,待第二天爆炸时,再用丙酮或苯将油封洗净。

3. 爆炸焊接的特点和应用

爆炸焊接方法与其他通常采用的金属连接方法(如轧制法、熔化焊接法等)相比较,具有以下一些特点:

① 广泛性:爆炸焊接适用于广泛的材料组合。如熔点差别很大的金属(如铅与钽)、热膨胀系数差别很大的金属(如钛与不锈钢)和硬度差别很大的金属(如铅和钢)都能进行爆炸焊接。特别是结合界面易产生不良合金的金属及合金组合,如钛、钽、锆和铝与碳素钢和合金钢,用普通的连接方法来连接是很困难的,但是可以用爆炸焊接方法获得质量优良的复合板。同时,不同热处理条件及状态的金属,如经过退火均匀化、淬火和回火的金属都一样能采用爆炸焊接。

根据最近的统计,能采用爆炸焊接方法焊接的相同和不同的金属和合金组合已经有 260 多种。

② 灵活性:爆炸焊接金属板的尺寸和规格不受设备条件的限制,爆炸焊接允许有很大范围的复合化,有较大幅度的选择材料尺寸的灵活性。它能适用于薄板也能适用于厚板。复板厚度从 0.025 mm 一直到 25 mm 以上,基板的厚度可以从 0.05～0.125 mm 一直到任意厚度。它还可根据需要得到不同形状(如矩形、圆形、梯形及扇形等)的复合板。它还能应用于各种金属的对焊、搭、缝焊和点焊,应用非常灵活。

③ 焊接质量好和再加工性能好:用爆炸焊接的金属不但具有较高的结合强度和优良的应用性能,而且还有良好的再加工性能,它可以经受多种再加工。它适合做高温、高压、负压及有导热性要求的抗腐蚀的结构材料。

④ 工艺简单和应用方便:爆炸焊接工艺比较简单,而且使用的能源来源丰富,所以应用非常方便。

⑤ 成本低廉:采用爆炸焊接的复合板,可以节约大量的贵重稀缺的金属,在经济上可以获得到很大的效益。

当然,爆炸焊接的工艺也存在一些缺点和问题。例如,到目前为止,爆炸焊接大多数仍在野外露天作业,机械化程度低,劳动条件相对较差,同时还受到气候条件的限制。

但是总的来说,爆炸焊接工艺简单、能源丰富、性能优良、成本低廉和适用性较广泛,是一种有广泛发展前景的焊接方法。

9.2.2 爆炸压接

爆炸压接是利用炸药爆炸所产生的强大压力,将两种金属材料压合、包裹和接合在一起的工艺。因此,机械压缩过程是压接的基本形式。例如,电力工业中高压输电线间的连接,就是将两根输电线的线头插入压接管中,然后利用外敷在压接管表面的炸药层的爆炸所产生的强大的压力压缩压接管和其中的线头,使管和线产生变形,并紧密地压合在一起,使它具有足够的握着力,以满足工程上对其机械强度的要求。

爆炸压接工艺在我国电力工业部门架设高压输电线时已成功地被用来连接电力线。这种压接工艺的原理如图 9-13 所示。首先将两根电力线的线头,从相对方向插入压接管中。两根电力线的线头(接头)根据连接方式分为:对接,即两根插入压接管的线头端面相互接触;搭接,即一根电力线的接头以一定长度搭在另一根电力线的接头上;插接,即将两根电力线的接头的金属导线打开,相互插入。电力线的接头按上述三种方式之一连接好后,在压接管外周敷设两层炸药,最后用雷管起爆。

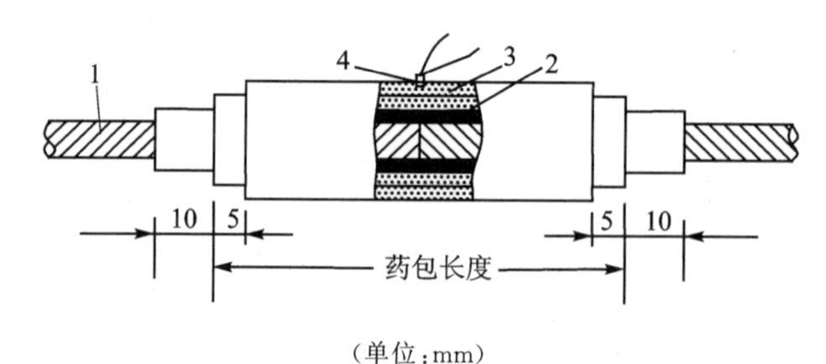

(单位:mm)

1—钢绞线(对接);2—压接管;3—二层炸药;4—雷管

图 9-13 爆炸压接原理图

在用爆炸压接法压接电力线时,其施工工艺可分为:

(1) 切割管线和检查

在切割管线之前,应对它们作一次详细全面的检查。检查内容包括:对电力线应检查是否有断股、缺股、折叠、线股缠绕不良和锈蚀严重等缺陷;对压接管应检查是否有开裂和严重砂眼,其内、外径是否符合标准。如发现有上述缺陷,应及时处理或更换。否则,会直接影响接头的机械强度和电气性能。

切线时,应先在线的切口两侧用细绳绑扎牢固,以防切割后线头散股。切口平面要与线轴垂直,切口要整齐。切割后,可用钢锉刀整理切割面上的毛刺,以利穿线。

(2) 清洗管线

管线可用汽油清洗,也可用 10%的碱洗液(水占 90%,工业用碱占 10%)清洗。用碱液清洗时,将管线放入温度为 40~60 ℃的碱洗液中 5~6 min,然后取出,再用清水冲净管线表面残存的碱液，并将线头朝上放置，晾干水分。对带有防腐油的钢绞线和铝绞线的钢芯，可用磷酸三钠液煮洗。煮洗时，将磷酸三钠溶液(每升水加入 80 g 磷酸三钠)倒入长罐中，加热至沸腾状态，再将管线放入长罐中浸煮，并不断地加水，使油溢出，10～15 分钟后取出，将线头朝上放置，晾干，或用喷灯烤干。清洗线的长度不得小于爆炸压接长度的 1.5 倍。

(3) 浸沾保护层

在爆炸压接中，往往由于压接管表面不够光滑和平整，以致爆炸时所产生的高温高压高速的气流将压接管表面烧伤。防止这种表面烧伤的方法是在压接管表面浸沾保护层。制作保护层的材料有：橡皮、塑料、黑胶布、松香、石蜡等涂料。使用泰乳炸药进行爆炸压接时，多采用松香和石蜡配制的涂料，它们的配制比例是 1∶1(重量比)。涂料熔化浸沾前，要将压接管两端用废纸、棉纱头或特制木塞堵死，严禁涂料进入管内而影响压接质量。保护层的厚度以 1.5～2.0 mm 为宜。

对于钢绞线压接管，一般可不浸沾松香石蜡涂料，而在压接管外包缠 1～2 层黑胶布或塑料袋即可。包缠时，力求紧密、均匀。

(4) 裁药和包药

使用片状的泰乳炸药进行爆炸压接时，应根据浸沾过保护层的压接管的外圆周尺寸的大小来裁药，裁药的尺寸力求准确。裁药时须用快刀在平整的木板或橡皮板上划裁，严禁用剪刀剪裁或在钢板上用刀划裁。

用黑胶布或塑料袋包缠药包时，一定要将药片紧紧地贴在压接管上，在药片的接缝处均匀地涂抹上胶水，等待稍微晾干后，将药片紧贴在压接管上，用手在接缝处轻轻压牢。

药片包贴完后，药包的长度应在规定的范围内，否则，应切除多余的部分。

(5) 穿　线

爆炸压接中的穿线工艺，是一项细致的工作，稍有疏忽将对接头的压接质量产生很大影响。穿线应仔细检查压接管的规格是否和被压接的线的型号一致，压接管内是否有油、水、泥土等污物。穿线时必须按照线头的连接方式和要求的尺寸进行穿线。如果是对接时两线头的对接点必须位于压接管长度的中心点，而且两线头的端面，必须紧密接触。如果连接方式是搭接或插接时，两线头可稍微穿出压接管口以外。

(6) 放　炮

放炮前，应将包好的药包的压接管连同钢芯铝绞线或钢绞线支架或其他方式牢固地支承起来。药包在离地表的距离不得小于 1.0 米，以防止爆炸时，地面反射波的作用使压接管变弯，同时也避免爆炸时飞石伤人。当一切起爆准备工作做完并检查无误，同时一切人员撤离现场到达安全地点后，方准起爆。

(7) 整　理

爆炸压接后，应将残存在压接管上的石蜡松香擦净。并在钢芯铝绞线和钢绞线接头的锯口两端涂上红丹，以防锈蚀。

下面将我国各供电局在采用爆炸压接时，按照不同的连接方法所采用的管、线规格，装药结构和参数，列于图 9-14、图 9-15 和图 9-16 以及表 9-7、表 9-8 和表 9-9 中，为设计和施工提供参考。

① 对接式爆炸压接

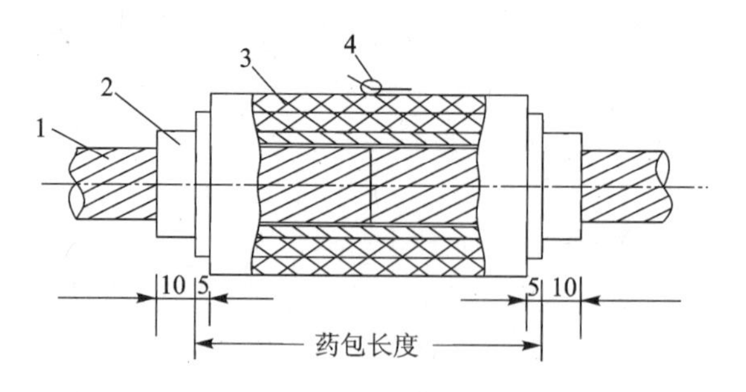

1—钢绞线;2—压接管;3—药包;4—雷管

图 9-14 对接式爆炸压接示意图(尺寸单位:mm)

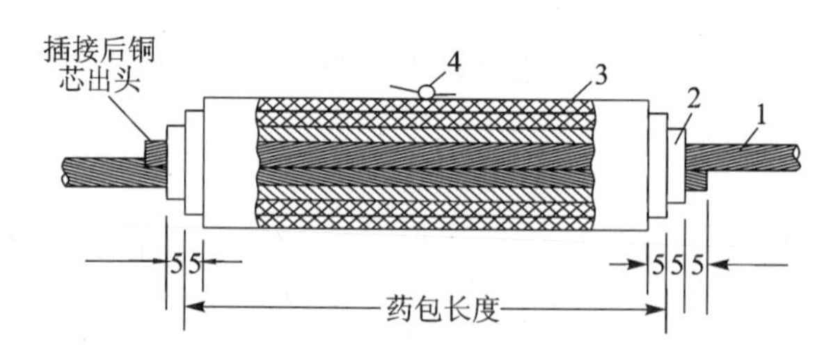

1—钢绞线;2—压接管;3—药包;4—雷管

图 9-15 插接式爆炸压接示意图(尺寸单位:mm)

表 9-7 对接式爆炸压接的管、线规格和装药参数

钢绞线		压接管		装药参数		
型　号	外径/mm	型　号	外径×内径×长度/mm×mm×mm	长度×厚度/mm×mm	层数/层	装药量/g
GJ-25	6.6	YG-25	ϕ14×ϕ7.2×190	170×5	2	95
GJ-35	7.8	YG-35	ϕ16×ϕ8.4×220	200×5	2	145
GJ-50	9.0	YG-50	ϕ18×ϕ9.6×240	220×5	2	240
GJ-70	11.0	YG-70	ϕ22×ϕ11.7×290	270×5	2	265

② 插接式爆炸压接

表 9-8 插接式爆炸压接的管、线规格和装药参数

钢绞线		压接管		装药参数		
型　号	外径/mm	型　号	外径×内径×长度/mm×mm×mm	长度×厚度/mm×mm	层数/层	装药量/g
GJ-25	6.6	BYG-25	ϕ18×ϕ12×100	80×5	2	60
GJ-35	7.8	BYG-35	ϕ21×ϕ15×100	90×5	2	75
GJ-50	9.0	BYG-50	ϕ25×ϕ17×120	100×5	2	90
GJ-70	11.0	BYG-70	ϕ28×ϕ20×140	120×5	2	125

③ 搭接式爆炸压接

表 9-9　搭接式爆炸压接的管、线规格和装药参数

钢芯铝绞线		压接管			装药参数			
			长度/mm		导线基准药包		引线基准药包	
型　号	导线外径/mm	型　号	导　线	引流线	长度×药厚/mm×mm	装药量/g	长度×药厚/mm×mm	装药量/g
LGJ-35	8.4	BYD-35	170		150×5	45		
LGJ-50	9.6	BYD-50	210		190×5	70		
LGJ-70	11.4	BYD-70	250		230×5	85		
LGJ-95	13.7	BYD-95	230	115	210×5	95	85×5	40
LGJ-120	15.2	BYD-120	270	130	250×5	125	85×5	40
LGJ-150	17.0	BYD-150	300	135	280×5	160	110×5	55
LGJ-185	19.0	BYD-185	340	150	320×5	185	115×5	75
LGJ-240	21.6	BYD-240	370		350×5	240	130×5	80

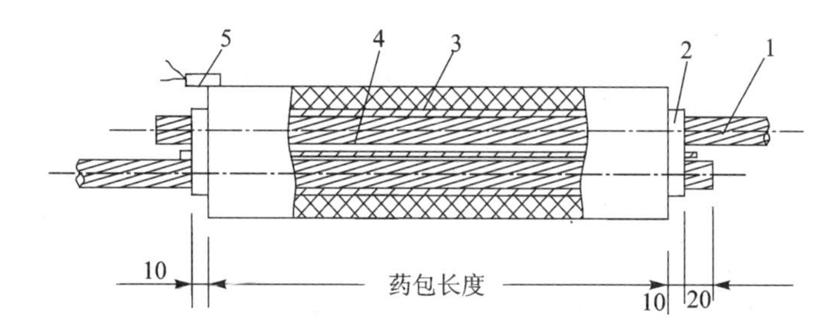

1—钢芯铝绞线；2—压接筒；3—药包；4—垫条；5—雷管

图 9-16　搭接式爆炸压接示意图(尺寸单位：mm)

以上三种连接方式的爆炸压接所采用的炸药均为泰乳(太乳)炸药，采用其他炸药时，其装药参数应经过试验来确定。

9.3　爆炸硬化

爆炸硬化是利用直接敷贴在金属表面的板状炸药的爆炸所产生的冲击波猛烈冲击金属表面使其增加表面硬度的方法。根据试验证明，爆炸硬化效果最好的金属是高锰钢。

高锰钢是一种抗冲击、耐摩擦的合金钢。它被广泛用来制造矿山各种挖掘和装载设备的挖斗(铲斗)和斗齿(铲齿)、各种碎矿机、磨矿机、溜井、矿仓和溜道中的衬板。但是高锰钢铸成的工件，经过“水韧”处理后，它的韧性虽然提高了，但是它的初始硬度很低。在使用初期，磨损速度很快，这是造成矿山大量高锰钢耗损的重要原因。据统计，鞍钢矿山公司四大选矿厂年消耗高锰钢备件达 6 500 t，苏联克里沃罗格矿区所属各采选公司年消耗高锰钢高达 20 000 t。因此，提高高锰钢的耐磨性是降低矿山和其他挖掘作业的高锰钢消耗，提高设备作业率的重要途径。

众所周知，金属表面的耐磨性随着它的硬度的增加而提高，为了增加金属表面的耐磨性，曾经采用过各种金属表面预硬化方法。常用的预硬化法有：热处理硬化法(改变金相组织、渗碳和渗硫等),机械预硬化法(采用表面锤击、轧滚、碾压、喷丸等),表面涂抹预硬化法(在金属表面涂抹耐磨材料),表面堆焊法(把耐磨金属堆焊在金属表面上)和爆炸预硬化法等。爆炸预硬化法与其他几种预硬化法相比,它的特点是:硬化深度较大,硬化深度可达十几毫米到几十毫米;施工不需要任何机械设备,投资少,工艺简单;爆炸硬化时变形量小和费用较低。

爆炸预硬化法在20世纪50年代就提出来了,最初在铁道部门进行高锰钢道岔硬化试验,获得很大的成功,道岔的使用寿命延长了1.0~1.5倍,在铁道部门得到了推广。20世纪70年代中期以后,国内外一些露天矿山也开始引进了这项技术,对电铲铲齿、各种碎矿机和磨矿机的衬板进行爆炸预硬化试验,同样获得了良好效果。根据首钢和鞍钢的试验资料证明:电铲铲齿的使用寿命提高了35%~70%,圆锥粗破碎机衬板的使用寿命提高了22.6%,细破碎机衬板提高了21.02%,球磨机衬板提高了16.8%~18%。

9.3.1 爆炸硬化原理

矿用高锰钢是一种含锰10%~14%、碳1.4%、硅0.8%、磷小于0.1%、硫小于0.005%的Fe-C-Mn合金钢。它具有较高的抗张和抗冲击强度,在冲击和研磨载荷作用下,具有较高的耐磨性。但是用这种钢铸造的工件,脆性较大,经过“水韧”处理后,虽然它的韧性提高了,但是它的初始表面硬度较低,布氏硬度一般只有180~220左右,所以这种工件在使用初期,磨损速度非常快。高锰钢的另一特性是它的冷加工特性,即这种工件在使用过程中,由于不断受到冲击和研磨载荷的作用,它的硬度和耐磨性会随着使用时间的增加而增加。为了发挥高锰钢工件的冷加工特性,又能克服它初期硬度较低和容易磨损的缺点,在工件使用以前,对它的表面进行爆炸预硬化处理,是解决上述问题的有效途径。

爆炸硬化是利用敷贴在金属表面上的薄层高猛度炸药的爆炸所产生的爆轰波和爆炸气体生成物对金属表面进行猛烈的冲击,使在金属中激发出强烈的冲击波,金属在强大冲击压缩应力作用下形成致密金属层而引起金属硬度的增加。这是爆炸硬化的宏观解释。图9-17是金属爆炸硬化过程的示意图。

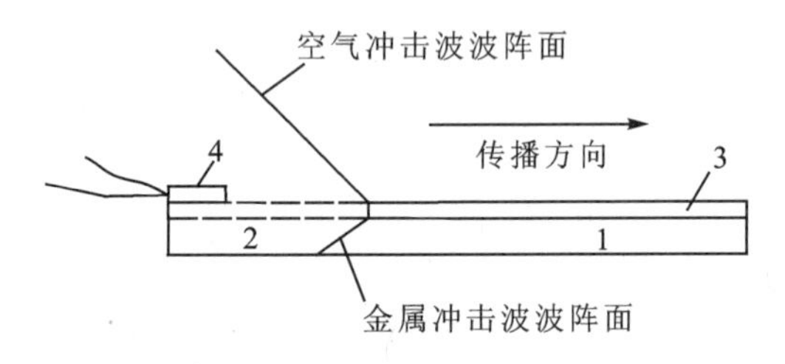

1—待硬化金属;2—已硬化金属;3—炸药片;4—雷管

图9-17 爆炸硬化过程示意图

将爆炸硬化后的高锰钢切片,放在扫描电镜和透射电镜下进行微观观察和分析后,可以认为:高锰钢工件在复杂的爆炸应力作用下,引起晶粒内产生高密度的位错,位错的大量繁殖和堆积形成滑移,大量滑移引起高锰钢的塑性变形,同时大量孪晶的出现也导致塑性变形的强化,而塑性变形强化的结果,表现为高锰钢硬度的提高,这就是高锰钢在爆炸载荷作用下硬度提高的内在原因。

9.3.2 影响爆炸硬化效果的因素

影响金属爆炸硬化效果的因素很多,但归纳起来,主要有下面几种:

1. 炸 药

炸药是影响金属爆炸硬化效果的主要因素,选用的炸药应满足以下几点要求:

① 选用的炸药应具备高密度、高爆速、高爆轰压力和高猛度的要求,炸药的传爆性能稳定和临界直径要小。

② 炸药要具有良好的柔软性和可塑性,能适应工件的不同形状、尺寸和敷药方向的要求,便于剪裁和敷贴。

③ 炸药爆轰后的爆轰压力应超过高锰钢的雨贡纽弹性极限。

④ 用药量要少,硬化效果要好,炸药爆轰后不会在金属表面产生龟裂。

⑤ 操作简单安全,成本低。

目前国内外用于爆炸硬化的炸药品种、组分和性能见表 9-10。

表 9-10 爆炸硬化用的炸药组分和性能

炸药名称	组分/%	密度/(g·m^{-1})	爆速/(m·s^{-1})
C_2炸药	黑索金 78.7,梯恩梯 5.0,二硝基甲苯 12,一硝基甲苯 2.7,硝化棉 0.6,溶剂 1.0	1.57	7 660
C_3炸药	黑索金 77,特屈儿 3.0,梯恩梯 4.0,二硝基甲苯 10,一硝基甲苯 5.0,硝化棉 1.0	1.6	7 625
C_4炸药	黑索金 91,聚异丁烯 2.1,癸二酸二辛酯 5.3,马达油 1.6	1.59	8 040
EL-506A	泰安 85,橡胶和树脂 15	1.4~1.5	6 500~7 200
LX-11	奥克托金 80,氟橡胶 20	1.87~1.876	8 320
塑性板状炸药	黑索金 80,环氧树脂和聚酯树脂 17.2,乙二胺 1.0,邻苯二甲酸二丁酯 1.8	1.4~1.45	6 500
橡胶板状炸药	黑索金 82,橡胶乳 18	1.35~1.37	6 400~6 900

2. 药 量

药量可用单位面积装药厚度来表示,如果采用以黑索金为主要成分的塑性板状炸药和橡胶板状炸药时,装药厚度就是药片厚度。在确定药片厚度时应考虑炸药传爆的稳定性(即药片厚度应超过它的临界直径)、金属的硬化效果和经济效果。根据试验资料表明,金属硬化效果是随着药片厚度的增加而增加,这种关系可见图 9-18。但从全面考虑来看,若采用黑索金为主体的粘弹塑性炸药,药片厚度为 3 mm(即单位面积药量为 1.38~1.48 g/cm^2)时能较好地满足上述要求,对于采用其他品种的炸药应通过试验来确定。

3. 爆炸硬化次数

在分析爆炸硬化次数对硬化效果的影响时,既要考虑金属表面硬度的增加,也要考虑经济上的合理性。将使用厚度为 2 mm,密度分别为 1.48 g/cm^3 和 1.38 g/cm^3 的炸药进行 4 次爆炸硬化以及使用厚度为 3 mm,密度为 1.38 g/cm^3 的炸药进行 3 次爆炸硬化的高锰钢试样的硬度增量和爆炸硬化次数的关系在图 9－19 中进行比较，从图 9－19 中可以发现，在相同密度炸药的爆炸作用下，炸药厚度的增加使高锰钢试件表面硬度的增加量也在增加，随着爆炸次数的增加，表面硬度的增加量呈指数关系在下降。在炸药厚度相同时，不同密度炸药作用下，高密度炸药作用下的高锰钢试件表面硬度的增加量要高于低密度炸药作用下高锰钢试件表面硬度的增加量，且两种密度炸药作用下的高锰钢试件表面硬度的增加量也是随着炸药爆炸次数的增加成指数关系在下降。

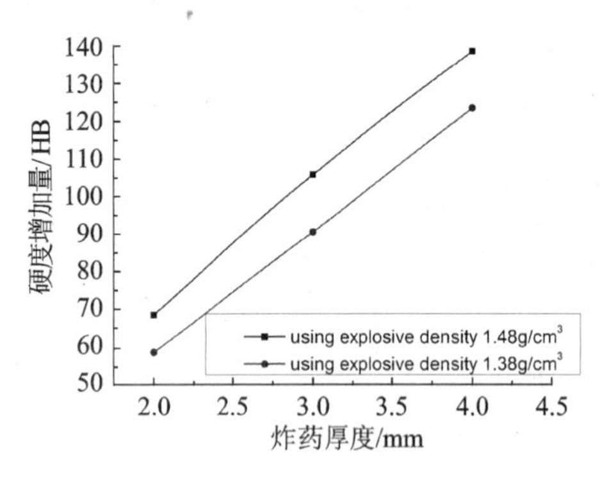

图 9－18　药片厚度与硬化效果关系

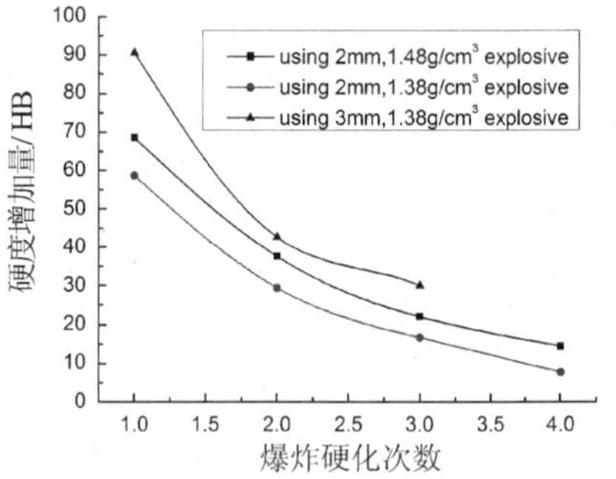

图 9－19　硬度增量与硬化次数关系对比图

另外，当药量相同时，分两次爆炸的硬化效果与单次爆炸硬化的效果相比，无论在表面硬度还是硬化层深度，都有明显的提高。这是因为小药量分次爆炸时，第一次爆炸硬化后，金属表面硬度增大了，金属组织更致密了，金属的波阻抗更大，以后的爆炸是在前次爆炸硬化基础上进行的，所以爆炸硬化效果比大药量单次爆炸提高得更明显。

4. 金属表面的光洁度

金属表面的粗糙程度、表面层内存在的大量夹杂物、缩孔、微裂纹以及铸件经过“水韧”处理后表面脱炭层在爆炸硬化时，都会影响冲击波的传播，消耗能量，最终影响爆炸硬化效果。因此，在工件爆炸硬化之前，必须用砂轮或电刷子打磨金属工件的表面，使它露出新鲜的金属。根据首钢矿山公司的资料，打磨后再爆炸硬化的工件比未打磨而进行爆炸硬化的工件，硬度提高 11％。

5. 装药参数

装药参数是指敷贴在金属表面的药片的几何尺寸。在确定装药参数时，必须根据硬化工件的表面形状、尺寸、工件各部位的磨损情况、高锰钢的冷加工特性以及工艺的经济性来综合考虑。由于工件各部位的磨损程度不同，并且工件在使用过程中其硬度会随时间的增加而增加，所以在爆炸硬化时，不需要在工件的全部表面上敷贴炸药，否则会造成炸药的浪费。因此，必须针对具体情况来确定装药参数。

爆炸硬化工艺以使用塑性板状炸药操作最为简便。先按照工件要求爆炸硬化部位的几何形状和尺寸展开成平面，然后根据平面的形状和大小制成样板，再根据样板的形状和大小将板状炸药，剪裁成和样板一样的药片。最后用粘结剂将裁好的药片粘贴在工件需要硬化的部位。粘贴药片时，一定要使药片与金属表面紧贴，不要留有空隙和气泡。药片贴好后可用火雷管、电雷管或导爆管起爆。

9.4　爆炸压实

粉末爆炸压实技术是将炸药爆炸产生的能量以激波的形式作用于粉末，使其瞬间在高温、高压下固结的一种材料加工技术，是爆炸加工领域的第三代研究对象。

作为一种高能加工的新技术，粉末爆炸压实具有时间短（一般为几十微秒）、作用压力大的特征。其优点是：

① 高致密性　可以制备出近致密的材料，绝大多数用爆炸压实的方法获得的材料密度可高达其理论密度的 95%以上。目前有关非晶钴基合金、微晶铝及其合金的固结密度已超过其理论密度的 99% ，最高可达 100%理论密度；Si_3N_4 陶瓷密度达到理论密度的 95%～97.8%；钨、钛及其合金粉末的密度也高达理论密度的 95.6%～99.6% 。

② 快熔快冷性　有利于保持非平衡态粉末的优异特性。

除上述特点外，粉末爆炸压实与一般爆炸加工技术相比，还具有经济、设备简单的特点，并且便于实验样品的回收。因此，粉末爆炸压实技术已成为目前粉末冶金与爆炸力学的交叉科学技术研究的热点。

由其特点决定，粉末爆炸压实技术在高温高强粉末制品、硬质合金、难熔金属以及脆性陶瓷材料的加工中具有独特的优势。现已广泛应用于金属和金属间化合物 、金属基复合材料 、金属陶瓷 、精细陶瓷、纳米块体以及微晶、准晶、非晶等压稳合金的粉末固结，还可用于高分子聚合物的激波改性以及超硬材料 、磁性材料、超导材料 、记忆合金等各种功能材料的加工。这说明爆炸压实作为新材料的特殊加工方法有非常广阔的应用空间和极大的发展前景。

9.4.1　爆炸压实 TiAl

20 世纪 80 年代金属间化合物特别是铝化镍、铝化钛等引起了人们的关注，主要是由于它们能降低飞机发动机的重量并提高发动机的性能。Ti－Al 合金作为一种替代材料具有优良的性能，它在室温下具有良好的强度，且在高温下具有优越的强度和硬度，例如 Ti－Al 合金在 100 ℃时具有较高的弹性模量，在 815 ℃时弹性模量也比室温下的 Ti 高，到 600 ℃时 Ti－Al 合金的强度也不会降低。Ti－Al 合金由于 Al 形成的氧化物薄膜而具有抗氧化性。然而，Ti－Al合金存在的一个问题是室温下低韧性和耐断裂性，制造起来比较困难。

提高 Ti－Al 韧性最成功的方法是增加附加 β 相的稳定元素等，加入 Nb 可以起到减小非基滑移度的效果，而且，假如加入足够的 Nb 可保持两相微结构（$\alpha_2+\beta$）存在 β 相以增加韧性。

另一方法是通过快速固化引入第二相，使平面滑移均匀使。然而快速固化的方法还需通过快捷方式固结，以致快速固化，这样不会由于长时间的加热使其性能改变。冲击固结技术是一种很有前景的方法，因为粒子表面融化和固结后粒子内部由于仅受到适度的加热其温度不会很高。

试验装置是由两个同轴的圆管组成，外部圆管在爆炸后加速向装有粉末的内管撞击，主要试验系统如图 9－20 所示。此项技术称为飞管或双管技术，从顶端引爆装药（ANFO），使用平面波发生器可产生平面波，在装有粉末的钢管外围有炸药并用木制圆桶围住，粉末中心插一圆杆以消除马赫波反射，通过改变爆轰速度和炸药质量来改变爆炸压实条件。为了使初始粉末具有良好的韧性，可对粉末进行预热，预热可以使粉末较易变形，并使周围粉末在固结过程中具有一致性。Wang 等早期的试验表明 Ni 基金属预热到 500～700 ℃对冲击固结超合金力学性能具有积极作用,使用 Wang 等人的系统,底部加热,使用一块装甲板吸收样本的剩余能量。新试验系统基本组成如图 9－21 所示。

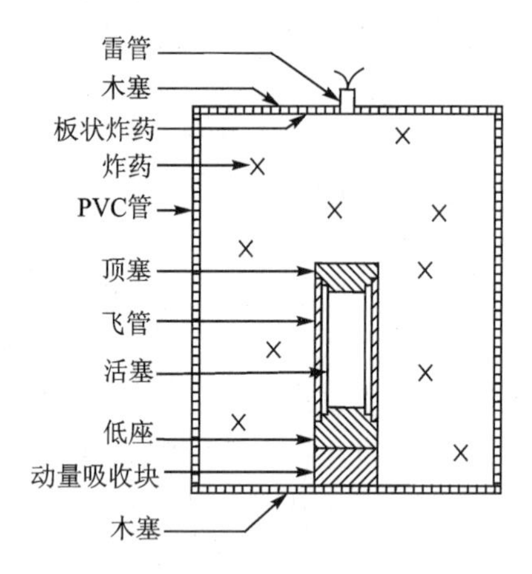

图 9－20　圆柱轴对称双管系统

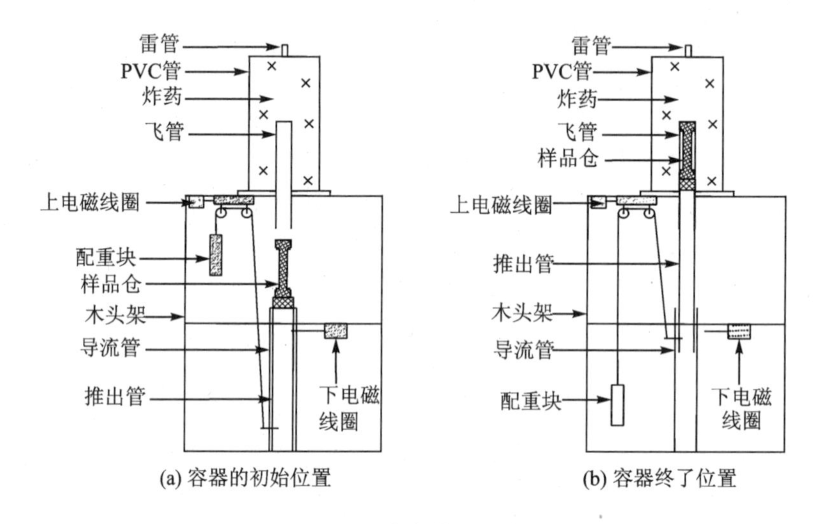

图 9－21　高温装置示意图

对三种不同类型的粉末进行了试验,要得到较好的固化效果,必须有足够大的冲击波幅值。因为即使粉末颗粒变形,也有可能不会使初始空隙完全闭合。

图 9－22(a)为第一种情况,仅含 TiAl 粉末,在冲击波前,颗粒为球状并且疏松堆积,在终了状态即冲击波过后,颗粒会变形并且之间产生融化层,使粉末固结在一起。

图 9－22(b)TiAl 粉末中加入金属 Nb,此种情况下,Nb 变形要比 TiAl 大,作为粘结相 Nb 可完全充填在 TiAl 颗粒之间提高其韧性,但是加入会使其密度有所提高。

图 9－22(c)把 Ti 和 Al 粉末作为粘结剂与 TiAl 粉末掺合在一起,以提高其粘结强度。固结过程中,由于应力波的传播、反射和相互作用、易碎相转变和热应力的存在,会导致试件发生断裂,同时合成物本身的物理化学性质、初温、炸药质量、爆轰速度也会对试件质量产生影响。

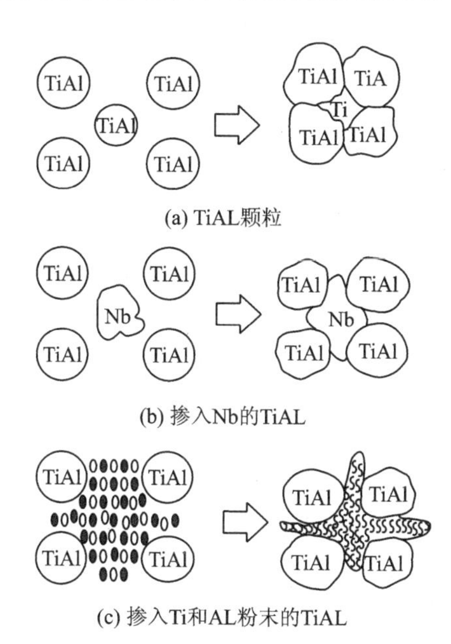

(a) TiAL颗粒

(b) 掺入Nb的TiAL

(c) 掺入Ti和AL粉末的TiAL

图 9-22　冲击波颗粒建固结示意图

9.4.2　SiC 粉末的冲击压实

冲击波在凝聚态物质中有两种效应，一是在冲击波前沿内产生间断应力，另外一个是由于高温和高应力从而产生一种粘接力。两种情况都与冲击波过后的化学效应紧密相连。由于其独特的潜力和优点，从而成为一个极具前景的固结和粉末制造领域。例如难熔金属和陶瓷，不稳定材料以及独特的微结构材料压实等。

KN-IChi KONDO 等人为 SiC 粉末进行了冲击压实试验研究，其试验装置如图 9-23 所示，β-SiC 粉末为立方体结构，粉末形状为球形。粉末被装在一个不锈钢容器中，容器为一个长 30 m，直径为 24 mm 的圆柱形顶上开孔。在拧紧塞子时可使粉末中的空气从孔排出，通过改变粉末质量和包裹压力可得到三种相对密度为 30%、50%、70%的材料。在排气时，利用一个加热板加热容器到 200 ℃约 30 min，用纯胶塞子密封并加固。样本直径 12 mm，高 5 mm。不同密度的样本放在组合能量吸收装置之上，瞬时被爆炸驱动的铁飞片撞击，能量吸收组合装置的如图所示由钢柱和板组成，直径为 120 mm，高为 60 mm。飞片撞击速度为 1.5 m/s、2 m/s、2.5 m/s 和 3 m/s，分别产生 32 GPa、45 GPa、60 GPa 和 77 GPa 的压力，撞击后，组件都落在一个小盒中，回收、去掉外壳，样品大部分被固化，可处理测出其密度，抛光得到全光面，利用 V 氏测出其硬度。可通过电镜扫描观测其断裂面。最后得到了 97%理论密度 SiC，V 氏硬度为 200 kg/mm^2 的样品。

9.5　爆炸合成新材料

爆炸冲击波作用时产生高压和高温，其作用时间很短，在材料中产生很高的应变率或相变，这样就会使由活性物质组成的混合物产生化学反应，也可能使纯物质发生相交。通过爆炸的方法合成新材料一直是一个前沿的热门研究课题，这方面研究最多、最成功的是一些超硬材

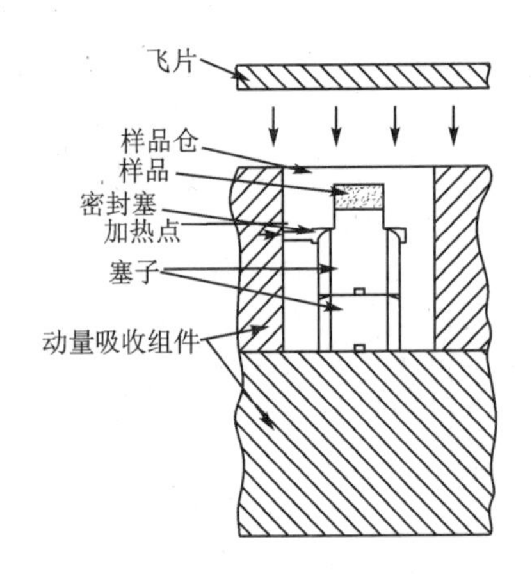

图 9-23　使用爆炸驱动飞片技术固结粉末的不锈钢壳能量吸收组合装置试验剖面图

料如，金刚石和致密相氮化硼的爆炸合成，新型的电磁材料和超导等材料也将成为21世纪的热门课题。

最早通过爆炸冲击波合成的化学合成物是锌-铁素体，其后不久在具有理想配合比的钛碳混合粉末的爆炸烧结中观察到碳化钛的形成。随后发现当用三硝基苯甲硝胺对乙炔炭黑和钨或铝粉等的混合物进行爆炸压制后，生成了碳化钨或碳化铝等金属碳化物。形成碳化钨所用的炸药与粉末质量比E/M约为5，碳化钨($\alpha-W_2C$和WC)的得率为90%，形成Al_4C_3所用的E/M值为16，Al_4C_3的得率为42.5%。

钛酸钡是广泛用来制造压力传感器的材料，对氧化钛(TiO_2)和碳酸钡($BaCO_3$)的混合物进行爆炸冲击可以合成钛酸钡。通过爆炸冲击作用于相应组分还可用来合成超导化合物，如Nb_3Sn和Nb_3Si等，其合成所需的压力高达100 GPa左右。已有研究表明，爆炸合成的超导合金的转变温度比用普通方法制成的合金要低，而且爆炸合成的超导材料的转变范围也要大一些。氮化硅是用于高温的一种非常重要的材料，它可以用来制造燃气轮机的涡轮叶片和轮盘等。在对氮化硅进行爆炸冲击时也会发生相交。当冲击压力达到40 GPa时，$\alpha-Si_3N_4$会转变为$\beta-Si_3N_4$。2013年中北大学刘天生教授对铋系、钇系氧化物超导材料进行了爆炸合成实验研究，爆炸作用后Bi_{2212}超导相转为Bi_{2212}超导相和Bi_{2201}半导体相，超导的高温临界转变温度达到了理论值94 K。

同普通方法制成的材料相比，爆炸合成的材料具有独特的性质。比如，爆炸合成的粒度约1 mm的碳化钨颗粒的硬度为HV3500左右，而用普通方法制成的碳化钨为HV2000。由$CuBr_2$和Cu的混合物爆炸合成的CuBr，其晶格常数为$a=5\ 643\times10^{-10}$ m。一般值为$5\ 690\times10^{-10}$ m。爆炸合成的CuBr的密度和介电特性较强，CuBr的闪锌矿向纤锌矿转变温度较低，只有375 ℃，而一般的转变温度为396 ℃。将爆炸合成的CuBr在400 ℃下热处理0.5 h，其性质与普通CuBr制品类似。此外，爆炸合成的BN、CaF_2、CdF_2也有与常规方法得到的材料所不同的晶格常数。但退火处理后，这些物质的物理常数与常规方法得到的材料相同。

9.5.1　爆炸合成金刚石

由石墨高压相变合成金刚石已有多年的历史，主要包括静压法和爆炸冲击波动态加压法。

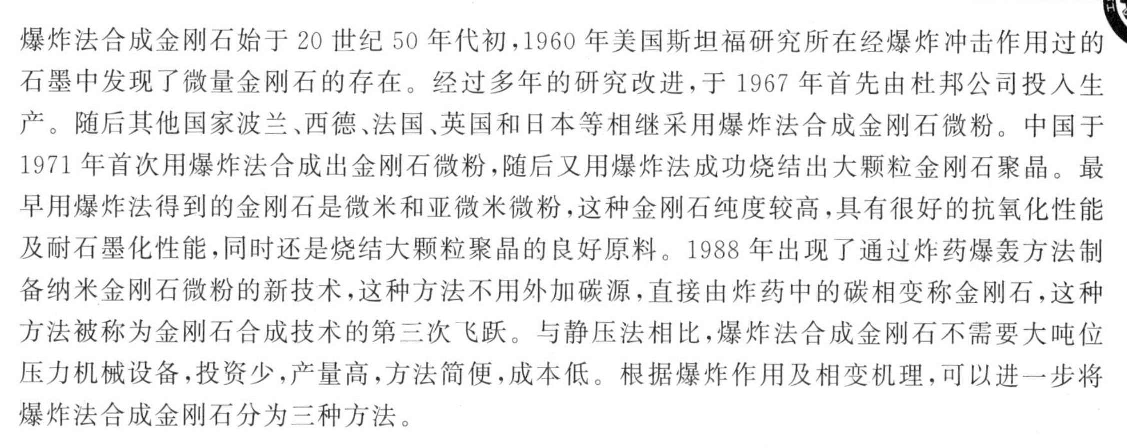

爆炸法合成金刚石始于 20 世纪 50 年代初，1960 年美国斯坦福研究所在经爆炸冲击作用过的石墨中发现了微量金刚石的存在。经过多年的研究改进，于 1967 年首先由杜邦公司投入生产。随后其他国家波兰、西德、法国、英国和日本等相继采用爆炸法合成金刚石微粉。中国于 1971 年首次用爆炸法合成出金刚石微粉，随后又用爆炸法成功烧结出大颗粒金刚石聚晶。最早用爆炸法得到的金刚石是微米和亚微米微粉，这种金刚石纯度较高，具有很好的抗氧化性能及耐石墨化性能，同时还是烧结大颗粒聚晶的良好原料。1988 年出现了通过炸药爆轰方法制备纳米金刚石微粉的新技术，这种方法不用外加碳源，直接由炸药中的碳相变称金刚石，这种方法被称为金刚石合成技术的第三次飞跃。与静压法相比，爆炸法合成金刚石不需要大吨位压力机械设备，投资少，产量高，方法简便，成本低。根据爆炸作用及相变机理，可以进一步将爆炸法合成金刚石分为三种方法。

1. 爆轰聚合法

爆轰聚合法是指将冲击波作用于试样，使试样在冲击波产生的瞬间高温高压下相变成金刚石。试样包括石墨、灰口铸铁及其他碳材料。利用冲击波爆炸合成金刚石的装置有多种，一是平面飞片法，即利用飞片积储能量，然后高速拍打石墨试样获取高温和高压。二是收缩爆炸法，则是利用收缩爆轰波，使大量爆炸能量集中于收缩中心区。造成很大的超压和高温，来提供石墨相变所需要的条件。图 9－24 所示为双向平面飞片法爆炸装置示意图。经平面波发生器及主装药产生的冲击波驱动金属飞片，高速驱动的飞片拍打试样，在试样中产生高温高压，使碳材料相变成金刚石。为了便于回收，也可以不用砧体而在沙坑中直接爆炸。

目前采用的爆炸装置中多为收缩爆炸法。产生典型的柱面收缩方法有多种手段：如柱面收缩的炸药透镜法，对数螺旋面法，金属箔瞬时分爆炸引爆法等。但这种装置或是辅助用药量较多，或者引爆技术比较复杂，或者附属设备投资较大，不适合规模化生产。图 9－25 所示为一种综合爆炸装置，由于从两个角度利用爆炸的能量。因而，同样药量下金刚石的产量大致可以提高一倍。

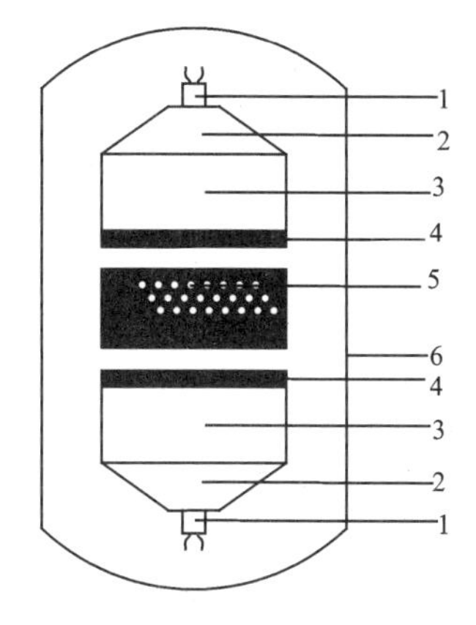

1—雷管；2—平面波发生器；3—主装药；4—飞片；5—试样；6—爆炸罐

图 9－24　双向飞板同步正冲击装置示意图

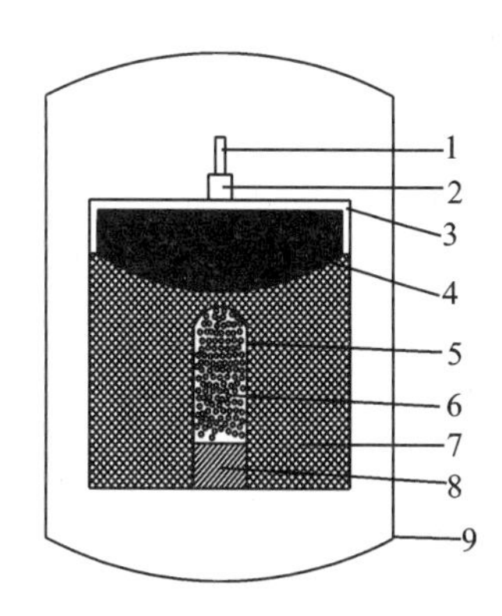

1—雷管；2—引爆头；3—引爆层；4—隔爆板；5—试样管；6—试样；7—主药包；8—底座；9—爆炸罐

图 9－25　爆炸装置示意图

在爆轰聚合法合成金刚石中，为了提高转化率，防止逆向石墨相变发生，通常在样品中混入金属粉如 Fe、Ni、Co、Sn 合金粉等，以降低样品温度，提高冲击压力和石墨样品的冷却速度。此外也可以采用水下冲击的方法，提高石墨样品的冷却速度。

一般认为冲击波条件下石墨向金刚石转变是非扩散直接相变。冲击波合成的金刚石是颗粒度在0.1至几十微米之间的多晶微粉，含有大量的微观晶格缺陷，具有较高的烧结活性，多为立方晶型，纯度高，质量好，强度、硬度和绝缘性能明显比静压合成金刚石好。

解决冲击波合成大颗粒金刚石是当今国内外需要攻克的难题。冲击波压力、温度及作用时间影响金刚石粒度和变化率的重要因素。其中温度的作用更为明显，提高温度可以促进金刚石的成核和生长，但如果冷却措施不力，卸载后温度仍然很高，会使合成的金刚石发生石墨化。对于作用时间尚有不同的认识，有些学者认为冲击压力的持续时间是金刚石成核和生长的有效时间，但也有人认为真正起作用是冲击波上升前沿这段时间。为增大金刚石粒度，可以采用多次冲击的方法合成聚晶金刚石，使金刚石聚晶粒度达100 μm以上，但随着冲击次数的增加，金刚石聚晶变脆。

2. 直接爆轰作用法

1982年，苏联首先提出采用直接爆轰作用法合成金刚石，这种方法是指将可相变的石墨与高能炸药直接混合，起爆后利用炸药爆轰产生的高温高压直接作用于石墨，利用爆轰波的高温高压直接作用合成金刚石，爆轰波过后产物飞散而快速冷却得到金刚石。这种方法中，作用于石墨的不是一般的冲击波，而是带化学反应的爆轰波。爆轰波法与冲击波法比较相似，这两种条件下都是非扩散直接相变。

3. 负氧爆轰法

利用炸药爆轰的方法合成纳米金刚石被誉为金刚石合成技术的第三次飞跃。爆轰合成超微金刚石(Ultrafine Diamond，简称UFD)与爆轰聚合法和直接爆轰作用法不同.它是利用负氧平衡炸药爆轰后，炸药中过剩的没有被氧化的碳原子在爆轰产生的高温高压下重新排列、聚集、晶化而成纳米金刚石的技术，所以又称为负氧爆轰法。由于爆轰过程的瞬时性决定了UFD的纳米小尺寸。目前，仅在陨石中发现有和UFD相似的物质。

UFD的制备过程较为简单，图9-26为UFD的爆炸合成装置示意图。负氧平衡的混合炸药在高强度的密闭容器中爆炸，为了减少爆炸过程中伴生物石墨和无定形碳等的生成，同时防止UFD发生氧化和石墨化，爆炸前在容器中充惰性保护气或(和)在药柱外包裹具有保压和吸热作用的水、冰或热分解盐类等保护介质。爆炸后，收集固相爆轰产物(爆轰灰)，先过筛去除杂物，然后用氧化剂进行提纯处理，除去其中的石墨、无定形碳等非金刚石碳相以及金属杂质等，经蒸馏水洗涤并烘干即可得到较纯净的UFD。

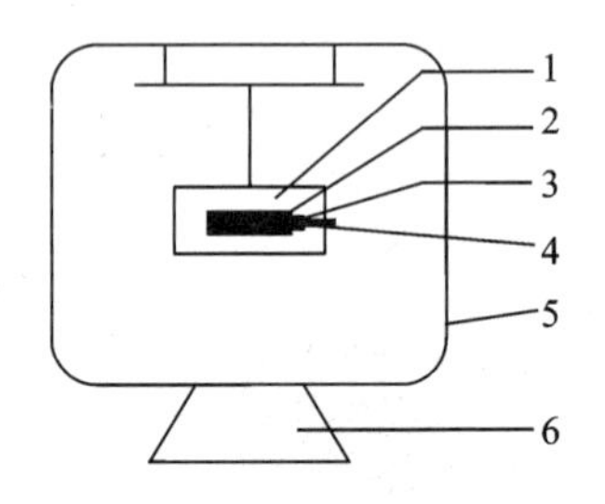

1—保护介质；2—炸药；3—传爆药；
4—雷管；5—爆炸罐；6—底座

图9-26 UFD爆炸合成装置示意图

虽然只用TNT可以生成游离碳，但由于TNT的爆轰压力不高，因而还不能生成金刚石。用TNT与RDX的混合物就可以生成金刚石。实验结果表明，TNT含量在50%～70%时，金刚石的产率较高。爆炸需要在密闭的容器中进行，容器中要充填惰性介质以保护生成的金刚石不被氧化。作为惰性介质，开始时是采用一些气体。实验结果表明，用CO_2的结果优于其他几种气体，而采用惰性气体(如氦、氩)时，几乎不生成金刚石。由此可以认识到，所用的惰性介质除起到保护生成的金刚石不被氧化的作用外，还起到冷却爆炸产物的作用，因而其比热越大越好，可以使爆炸产物迅速冷却，使其中的金刚石粉不会发生石墨化。基于此，实验中采用了不同的保护介质，包括水、冰及热分解盐（如 $NaHCO_3$ 和 NH_4HCO_3）等。试验结果表明，采用水作保护介质时，金刚石的得率最高，且操作工艺最简单，因而在实际生产中经常采用水作保护介质，国内外甚至发展了水下连续爆炸的方法。

如上所述，在合成金刚石的过程中，TNT之类的负氧平衡炸药主要提供碳源。按化学反应式计算，当使用TNT/RDX（50/50）混合炸药时，游离碳的生成量最多为14%，也就是说，即使全部游离碳都转化为金刚石（这实际上是不可能的），其收率也只能是炸药用量的14%。为了探索提高金刚石收率的可能性，研究者们尝试向炸药中添加有机物的方法。曾试探过多种有机物，其中有一些可以使含金刚石粉的收率有所提高，因而金刚石收率也略有增加，但并不明显。有人认为，添加有机物后爆轰产物中游离碳的含量增加还有保护金刚石的作用。金刚石收率提高不明显的原因是，添加惰性有机物后，炸药的爆轰压力下降，这对金刚石的生成是不利的。

人们还试探了用不同炸药合成金刚石，例如用爆轰压力更高的奥克托金HMX代替RDX，但是金刚石收率并没有明显提高。其原因是，只要压力达到必要的水平，就可以使炸药中多余的碳全部解离成游离碳．再提高压力并不能进一步增加金刚石的收率。当使用爆轰产物温度更高的无氧炸药（如BTF），产物中金刚石的颗粒尺寸有显著增加。其原因是当爆轰产物温度更高时，部分游离碳会熔化生成碳的液滴，然后晶化生成颗粒尺寸较大的金刚石粉末。还有人试过用爆炸性能与TNT相似而分子中没有C－C键的炸药 $CH_3-N(NO_2)-CH_2-N(NO_2)-CH_3$ 代替TNT作为原料，这时金刚石的收率明显下降，其原因是在使用一般炸药时．爆轰产物的游离碳中含有 C_2、C_3 或更大的碳团簇，它们更容易转化为金刚石，而没有C－C键的炸药就不能生成这类团簇，因而使金刚石收率下降。直接爆轰作用法合成纳米金刚石的得率较高，以炸药用量计可达8%～10%。表9－11列出了不同装药条件下爆轰灰及UFD的得率。表9－12列出了不同保护条件下爆轰灰及UFD的得率。

表9－11 不同装药条件下爆轰灰及UDF的得率

条 件	TNT	RDX	TNT/RDX 70/30	TNT/RDX 50/50	TNT/RDX 50/50	NQ/RDX 50/50	NM/RDX 40/60
装药形式	注装	压装	注装	注装	压装	注装	注装
保护介质	N_2	N_2	N_2	水	N_2	水	水
爆轰灰	27.2	8.0	21.0	21.9	18.0	8.7	34.1
UFD/%	2.8	1.1	7.5	9.1	3.5	0.4	0.3

表9－12 不同保护条件下爆轰灰及UDF的得率

条 件	N_2	水	冰	NH_4HCO_3
爆轰灰	19.0	21.0	22.0	NA
UDF/%	4.5	9.1	8.7	6.0

爆轰合成纳米金刚石属于纳米级微粉，只有立方金刚石，没有六方金刚石，UFD大都呈规整的球形，粒径范围为1～20 nm，平均粒径4～8 nm，颗粒之间由于严重的硬团聚通常形成微米和亚微米尺寸的团聚体。其晶格常数比宏观尺寸金刚石大，具有较大的微应力。UFD比表面积大，一般为300～400 m^2/g，最大可达450 m^2/g，其化学活性高，具有很强的吸附能力，表面吸附有大量的羟基、羰基、羧基、醚基、酯基及一些含氮的基团，形成了相对疏松的表面结构。元素分析表明其元素组成为碳：85%、氢：1%、氮：2%、氧：10%。不同合成条件对UFD的晶粒尺寸、结构以及性质都有影响，可以根据不同的要求选择合适的合成条件。也可以通过表面处理对其进行物理、化学改性，以满足不同的应用要求。

纳米金刚石用途很广泛。例如用作玻璃、半导体、金属和合金表面超精细加工抛光粉的添加剂；作为磁柔性合金成分制备磁盘和磁头；用作生长大颗粒金刚石的籽晶；用作强电流接触电极表面合金成分；制备半导体器件和集成电路元件（金刚石和类金刚石薄膜异向外延、金刚石半导体晶体管、可见和紫外波段发光二极管、蓝光和紫外光发光材料、集成电路的高热导率散热层）以及用于军事隐身材料等。

9.5.2 爆炸合成致密相氮化硼

致密相氮化硼是另一类重要的超硬材料。氮化硼的分子结构与碳一样，低密度相是与石墨一样的六方层状结构的石墨相氮化硼（GBN）；致密相分为立方结构的闪锌矿型氮化硼（CBN）和六方结构的纤锌矿型氮化硼（WNB）；立方氮化硼和六方氮化硼，其硬度略低于金刚石，但其热稳定性及对铁基金属的安定性优于金刚石。在机械加工中，氮化硼超硬材料有着特殊的用途，其用量逐年增加。

合成致密相氮化硼的方法包括上面提到的爆轰聚合法和直接爆轰作用法，其工艺与用石墨合成金刚石类似。爆轰聚合法合成的致密相氮化硼通常只含有纤锌矿型氮化硼，而在直接爆轰作用法中，由于GBN发生相变的相变温度较高，所形成的致密相中除纤锌矿型氮化硼外，还有比较稳定的立方氮化硼。一般认为，GBN向WBN的相变是通过沿C轴方向的压缩，使硼原子与氮原子发生微小位移，形成六方密排堆积结构，是一种非扩散、非热的马氏体转变机制。GBN向高密相氮化硼的转化率强烈依赖于原始GBN的结晶特性，结晶度越好，转化率越高。用国产的结晶度为5.0的GBN，最高转化率可以超过50%。在直接爆轰作用法中，炸药的爆轰参数对氮化硼的相变过程有直接影响。爆压越高，转化率越高。装药的形状也影响产物中致密相氮化硼的得率，这是由于炸药形状影响了压力卸载过程，卸载过程中也会发生与金刚石类似的石墨化现象，即产物中的致密相氮化硼向低密度相氮化硼的逆转变。卸载越慢，石墨化过程越长，产物中的致密相越少。

与爆炸合成金刚石类似，爆炸合成的致密相氮化硼是颗粒度在0.1至几十微米之间的多晶微粉，含有大量的微观晶格缺陷。爆炸法合成的纤锌矿型氮化硼WNB，具有很高的韧性和烧结活性，它相当容易转变为CBN，又易于和CBN共同烧结成强度和硬度达到CBN水平的新型超硬材料。用它制造的切削刀具和磨削刀具，由于其独特的高韧性，在抗冲击、抗断裂、抗挠曲强度等方面都要超过CBN，是目前开发新型抗冲击多晶超硬材料最重要的基本材料。

复习题

1. 采用金属爆破破碎切割法拆船时，在作业安全上应注意哪些事项？

2. 试述爆炸加工的常用炸药及其特性。

3. 简述爆炸拉深成形的基本原理，按其成形过程通常分成哪两种类型？其主要装置有哪些？

4. 简述影响爆炸拉深成形效果的主要因素。

5. 简述爆炸胀形成形法的基本原理，如胀形毛料有焊缝时，爆炸加工前应如何处理？

6. 在进行爆炸胀形加工作业时，为保证部件的加工质量，药包的工艺参数应如何确定？

7. 试述爆炸焊接的几种基本形式，平板爆炸焊接的主要装置，以及复板与基板间的安装方法。

8. 简述影响爆炸焊接效果的主要设计工艺参数。

9. 简述采用爆炸压接法压接电力线时的施工工艺及其作业顺序。

10. 请设计将 3 mm 厚的铝板焊接到 5 mm 厚的铜板上的爆炸焊接方案。

11. 为什么在爆炸载荷的作用下高锰钢试件会发生硬化？

12. 论述爆炸加工的发展趋势。

第10章 地震勘探与油气井爆破

地震勘探是地球物理勘探的一种方法，它依据的是地震波的传递原理。地震勘探采用人工的方法(使用炸药或其他冲击能源)在岩体中激发弹性波(地震波)，沿侧线的不同位置用地震勘探仪器检测大地的震动。把检测数据以数字形式记录在磁带上，通过计算机处理来提取有价值的信息。最终以地震解释的形式显示其勘探的结果。由于地震波在介质中传播时，其路径、振动强度和波形将随所通过介质的弹性性质及几何形态的不同而变化，掌握这些变化规律，并根据接收到的波的时程和速度资料，便可推断波的传播路径和介质的结构。而根据波的振幅、频率及波速等参数，则有可能推断岩石的性质，从而达到查明地质构造及普查探矿的目的。

自1959年我国发现大庆油田以来，先后建成了胜利、华北、中原、长庆、渤海和南海等多个油田，油气井达数万个之多。经过多年的开采，不少油气井由于地应力变化、地层和井内微生物腐蚀、井中套管在高温高压下疲劳受载等因素的作用下，就会出现输油地层油路不畅或堵塞等问题，严重影响了石油和天然气的正常开采。为此，可采用聚能射孔、复合射孔等油气井爆破技术进行相应的整治，达到恢复油气井正常生产，提高产能的目的。

本章主要针对地震勘探爆破激震、聚能射孔弹设计和复合射孔等方面进行介绍。

10.1 地震勘探爆破激震基础

地震勘探是以岩石的弹塑性为基础，用炸药或非炸药震源，在沿被测点的不同位置用地震勘探仪检测大地震动的一种地球物理方法。勘探震源按激发方式可分为两类：一类为爆炸震源，如硝铵炸药、高能成型药柱、导爆索、电火花引爆气体等；一类为非爆炸震源，如撞击震源、气动震源等。

地震波的传播类似于光的传播，在不同介质中以不同速度传播，遇到物质界面，地震波会发生反射、透射和折射，当从界面反射回的地震波传播到地表，由安置在一定位置的地震检测仪进行检测，同时由计算机对检测信号进行处理，从而得到地震勘探的动态波形。

目前，在我国地震勘探中使用的震源大多是爆炸震源，爆炸震源的工作原理是：炸药在雷管的冲击作用下，发生剧烈爆炸，爆炸形成的高压气团急剧膨胀，在瞬间作用于周围物体，在爆炸中心，周围物体被破坏，形成破坏带，在破坏带以外，物体只产生形变，形成岩石振动带，此时冲击波转化成地震波。

10.1.1 作业过程

野外爆破地震勘探作业如图10-1所示，整个作业过程基本上可分为三个环节。

第一阶段野外作业：根据地震勘探任务书，布置测线、爆破激震和进行地震波的测量。

第二阶段室内工作：对野外获取的原始资料进行加工处理并做相关的计算，得出地震剖面图和地震波波谱资料。

第三阶段地震资料解释：根据第二阶段的成果，运用地震波传播理论和工程、矿藏地震学

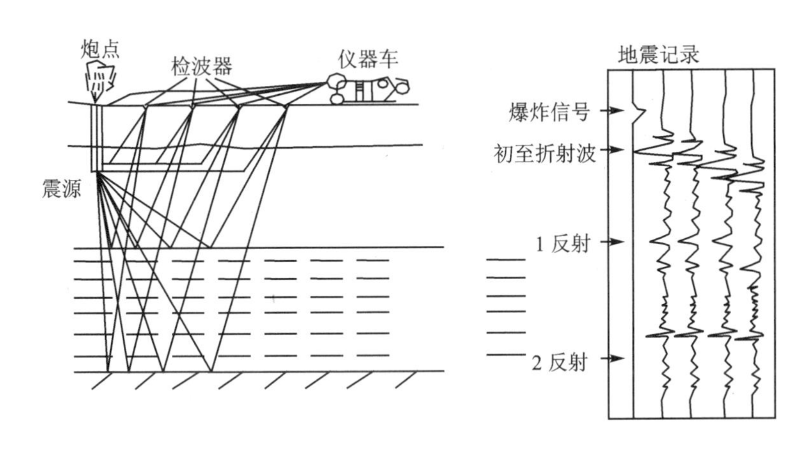

图 10-1　地震勘探示意图

原理、综合地质、钻井和其他物探资料给出最后的地震勘探成果。

地震测线是指沿着地面进行野外地震勘探测试的路线，测线布置有两点基本要求：一是应为直线，其垂直切面为一平面，这样布线所反映的地震结构形态比较真实；二是一般应垂直构造走向，以便为绘制地质构造图提供方便。为了解地下构造形态，必须连续追踪各界面的地震波。因此要沿测线在多个激发点上分别激发，并进行连续的多次观测，此时激发点和接收点的相对位置要保持一定的关系。

现代地质勘探数据检测系统主要是由地震检波器、放大器、记录和监视显示装置等部件组成。根据地震勘探本身的特点，对检测系统有如下要求：

① 爆破激发的地震波在地面引起的振动位移非常微小，只有 10^{-10} m 的量级，来自浅层和深层的地震波能量相差悬殊，因此，系统要有高灵敏度、较大的动态测试范围和自动增益控制部件；

② 在地震波的传播过程中，除有效波外，常伴有许多外来或次生的规则干扰波（如面波、声波、浅层折射波等）和无规则干扰波（如风吹草动、建筑物和地面的微震、机械混响等），因此检测系统应具有对有效波在其频率范围内无畸变，对无用的干扰波有频率滤波选择的性能；

③ 为提高检测效率，系统应有多道接收装置。常见的有 24 道和 48 道，目前已发展到 500 道乃至 1 000 道，各记录道应具有良好的一致性；

④ 地下不同界面的地震波可能接踵而来，为区分两相邻界面的波，仪器的固有振动延续时间 τ 应小于相邻界面地震脉冲的到达时间差 Δt。

地震波的传播是个十分复杂的波动过程，野外采集到的数据输入到计算机中要经数学运算后，需以图形的方式输出，供物探或地质人员解释分析，得出勘探成果。

人工激震在岩层中产生地震波是地震勘探的前提，其震源分为炸药震源和非炸药震源两类。陆上非炸药震源主要分为撞击型和振动型两种，主要用于缺水或钻井困难的沙漠、黄土覆盖等地表条件恶劣以及人员稠密的地区。海上用的震源目前已普遍改用非炸药震源，因为炸药在水中爆炸产生的多次气泡脉动荷载将影响检测效果，且会造成环境污染。代表性的海上非炸药震源有电火花震源、空气枪震源和无气泡蒸汽枪震源。

但是，至今还没有哪一种震源能超过炸药的激震效果和适用性，因而现阶段非炸药震源还只是炸药震源的一种补充而不是取代。

10.1.2 爆破激震方式选择

炸药在岩体中爆破，在破碎区及塑性区以外形成岩石的弹性变形区，此时爆炸冲击波衰减成弹性波以地震波的形式向四周传播。地震波入射到两种不同波阻抗的岩层界面时又将产生反射波、折射波、透射波，并伴有滑行波。目前在地震勘探中主要是利用反射纵波作为勘探的依据，习惯上将其称之为有效波；相对而言，妨碍记录有效波的其他波都称为干涉波。根据波动原理，描述地震波的特征量有时程、波速、振幅、频谱和能量，也即是地震勘探检测、分析的对象和基础资料。

实践表明，地震波的脉冲形状和上述特征量与炸药的物理性质、炸药量、激震方式、传波介质的性质及传播路径等有关。

根据不同的地形地震条件、勘探范围和深度、震源类型等，通常采用以下几种爆破激震方式。

1. 空中爆炸

一般在不宜进行钻凿炮井的地区（如流沙、沼泽地）实施，可采用单点或多点组合爆炸。它的优点是爆破作业简便，最大的缺点是爆炸时会产生很强的声波和面波等干扰波。

2. 坑中爆破

在表层地震地质条件复杂地区，如沙漠、黄土沟和砾石覆盖区钻井困难时采用，多用于我国西北地区。坑中激发一般采用多坑组合爆破，坑数、组合形式可通过试验决定，爆破后以各坑点的破坏圈互不相切为宜，一般坑距在 10～20 m。爆坑要选择在激发岩性较好的地点。药包应放在坑底的横洞内，竖坑中填土。

3. 井中爆破

井中爆破是地震勘探中最常用的一种激发方式。优点是能降低面波的强度，消除声波对有效波检测记录时的干扰，能形成很宽的频谱，可大大减少炸药用量。井中爆破时，宜选取潮湿的可塑性岩层作为激发岩性。激发深度按反射波的要求，应在潜水面以下 3～5 m 处。若能在离开地面一个面波波长的深度激发，则可以较好地抑制面波。

激发药量的选择，应根据岩性、勘探深度、震源与接收点之间的距离、检波器的灵敏度等因素确定。在上述因素不变的情况下，适当增加炸药量可以提高有效波的振幅。

如属远距离接收，且检测器的灵敏度已达到最大值，此时为有好的检测效果增大单个药包炸药量已受到限制时，也可将炸药分散成多个药包按一定方式排列成组合药包，然后同时起爆。生产实践表明组合药包爆炸激震的效果较好，在爆炸组合参数选择中，合理确定井距（即药包间距）R（单位：m）十分重要，一般可按经验公式 $R=3.0Q^{1/3}$ 计算，Q 为炸药量（单位：kg）。应注意的是，当药量一定时，药包个数也不宜太多，否则会因药量过于分散而使激震接收效果减弱。

4. 水中爆破

主要用于海洋、湖泊或河流中进行地震勘探，在水网地区也可因地制宜采用。实践表明，水深小于 2 m 时，地震记录效果较差，所以当药量较大，水深不够时可采用组合爆破。

在浅水中爆炸时，应使炸药包接触岩体，避免在淤泥中激发。水深时，由于气泡脉动的多次重复冲击，将使记录受到严重干扰。有试验认为，为使气泡逸出水面不形成振荡的最大水深

为：$H=0.77Q^{1/2}$ m。由水面反射的能量与直接由震源发出的能量同相叠加，使有效波能量达到最大的最佳爆炸水深应等于有效波波长的1/4，即10～12 m。

5. 聚能弹爆破激震

采用聚能弹激震可减少炸药用量，且操作简便。在聚能穴作用方向，爆炸能量加强，有利于提高地震波的有效能。此法在地震勘探中已得到推广应用。

6. 爆炸索激震

地震勘探中的爆炸索，其标准外径为5 mm，长度为300～700 m，每100 m爆炸索装炸药1.05 kg，使用时，需将爆炸索埋在用犁沟机犁出的浅沟中，沟深为0.6～1.0 m。将沟槽埋实是为了压制干扰及与地层更好地耦合。爆炸索因长度 L 大而具有良好的组合爆炸作用效果。爆炸索的爆速约7 000 m/s，大于地震波的波速，一端起爆时，爆炸产生的脉冲具有方向性。所以向下传播的能量大大高于水平方向，从而能增强激发产生的有效波，减弱干扰波。

综上所述，一般条件下井中爆破为爆破激震首选方式。

10.1.3　激发条件对激震效果的影响

爆破激发的地震波应满足下述基本要求：

① 有足够的能量，以能够得到深层的反射为宜；

② 持续时间要短，可以分辨很近的两个界面；

③ 可重复性，每次激发后的波形及其频谱差别很小；

④ 产生的噪声不影响反射波的检测。

事实上，地表条件往往十分复杂，上述条件很难同时达到。实际工作中必须根据特定的勘探任务和近地表条件，适当调节激发参数，以获得最佳勘探效果。

衡量某种激发方式效果好坏的依据，主要包括三个方面：能量、主频及频宽、地震波传播的方向性。能量越高，地震波主频越高、频带越宽，则激发效果越好。地震波传播的方向性是由炸药激发的方向性或周围介质的不均匀性所引起的，当组合基距或长药柱的爆速适当时，这种方向性不会对地震记录产生明显影响。但如果激发参数选取不当或激发条件不好，则会对浅中层的大倾角反射波产生明显影响，破坏地震记录的一致性。

这里着重分析岩性、药包埋深、药量和药包形状对井中爆破激发效果的影响，供爆破激震设计参考。这些因素的影响虽然随着近地表和炮井条件的不同而略有差异，但仍有一定的规律可循。

1. 激发岩性

爆炸时波的频谱很大程度上取决于岩石的物理性质。在干燥岩层（如砂层）或在软弱岩层（如淤泥）中爆炸，则频率很低，且爆炸的能量大部分被岩层所吸收，转化为有效的弹性能量不大。在坚硬的岩石中爆炸，则产生极高的频率，但随着地震波的传播，高频成分很快被吸收，且爆炸能量大部分消耗在破坏井壁周围的岩石上。因此，激发岩性应选取潮湿的可塑性岩层，如胶泥、黏土、湿沙等。这类岩性可使大量的爆炸能量转化为弹性振动能量，且地震波具有显著的震动特性。

2. 药包埋深

对反射波来说，药包宜设置在潜水面以下3～5 m的黏土层或泥岩中爆炸为佳，因为潜水面是一个很强的波阻抗面，爆炸所激发的能量由于潜水面的强烈反射作用而大部分向下传播，从而增强了有效波的能量。如果药包埋深较浅，激发的直接下行波与经过地表反射的次生下行波时差较小，且药包上方大都为非均匀介质，结果使接收到的地震波的频率特性曲线变得相当复杂。对于潜水面过深炮井难以达到潜水位以下的地区，激发层位应尽量选择在不漏水的致密层中，并对炮井采取灌水及埋实等措施。

最佳药包深度可根据虚反射滤波特性初步确定，并按微测井物探法的现场实测结果，根据波的频谱平稳性及其宽度来选取最佳激发深度。

3. 激发药量

理论表明：在理想情况下(介质均匀、完全弹性，药包为球形)，炸药爆炸产生的地震波振幅和能量与药包直径近似呈正比关系，而频率与药包直径近似呈反比关系。在离开药包的距离超过其直径的几倍时，上述情况则与比例距离近似呈线性关系。针对某一地区的具体条件，在地震勘探之前也可通过爆破试验确定。

但实践表明，在常规地震勘探爆破中，激发药量的增大对于地震波能量和振幅的增长影响是缓慢的，且还以牺牲主频和频宽为代价，不利于提高地震反射波信号的分辨率。当勘探范围较大、测线较长等因素必须增大药量时，可采用组合爆破法。

4. 药包形状

药包形状的不规则性，将影响到激震荷载的均布和地震波传播的方向性，所以理想的药包为球形。但在实际地震勘探爆破中，往往采用近似具有集中药包特性的短柱药包。此外，爆炸能量与岩石之间存在着几何耦合和阻抗耦合两种耦合关系。几何耦合即药包直径与炮井直径相等，耦合系数为1.0；阻抗耦合则要求炸药与岩石介质的特征阻抗近似一致，此时激发的地震波能量最大。

目前，国内地震勘探基本上都采用炸药爆破作为主要震源。因此，作为爆破工作者来说，在掌握上述地震勘探基础知识的基础上，应根据地震勘探任务书的要求选择合适的炸药激震方式和确定理想的激发条件，以达到满意的地震波检测效果。同时，在实施爆破作业过程中，同样应遵守《爆破安全规程》中的有关规定。

10.2 爆破激震设计

如前所述地震勘探有多种爆破激发方式可供选择，其中最常用、效果最佳、但钻井和装药作业相对比较复杂的是井中爆破。故本节重点叙述井中爆破激震方式的设计要点，其他爆破激震方式可据此参考应用。

10.2.1 爆破器材选择

1. 炸药震源

目前地震勘探多使用震源药柱来爆破激发地震波。震源药柱是一种工厂生产的定型产品，由雷管座、传爆药、炸药和塑料外壳四部分构成，其外观形状如图10-2所示，由8号专用电雷管引爆。

常用震源药柱按照爆速的高低分为高爆速震源药柱、中爆速震源药柱和低爆速震源药柱

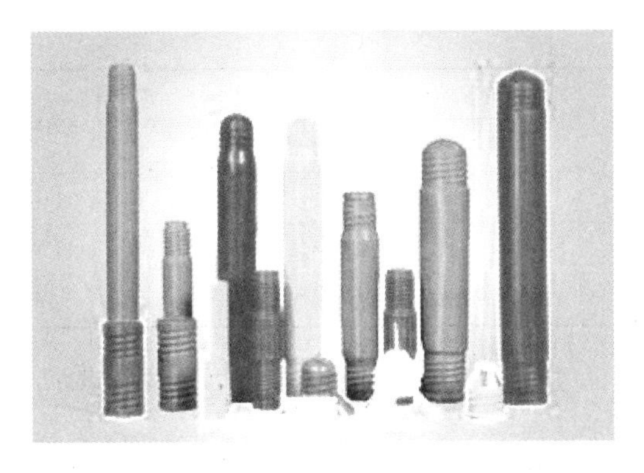

图 10－2　地震勘探用震源药柱

3 种类别，也称高、中、低密度震源药柱。高爆速震源药柱的爆速大于等于 5 000 m/s，中爆速震源药柱的爆速为 3 500～5 000 m/s，低爆速震源药柱的爆速小于 3 500 m/s。

高爆速震源药柱，又按照爆速 1 000 m/s 的级差分为Ⅰ、Ⅱ、Ⅲ等几种型号，型号数越大表示爆速越高；低爆速震源药柱，按照爆速 500 m/s 的级差分为Ⅰ、Ⅱ、Ⅲ等几种型号，型号数越大爆速越低。震源药柱还分有井下使用和地面使用两种使用方式。

震源药柱均标有代码。震源药柱的代码由使用方式代码、名称代码、规格代码及类别代码等组成，采用的字母代码及意义如下。

① 使用方式代码：标有“M”字符的为地面使用的震源药柱，井下使用的药柱无字符代码。

② 名称代码：如“ZY”表示震源药柱。

③ 规格代码：由震源药柱的直径（mm）和单节质量（k）的数字组成，两数字之间用“-”隔开。

④ 类别代码：“G”、“Z”和“D”分别表示高爆速、中爆速和低爆速震源药柱。

例如：代码 ZY60－4－GI，表示井下使用的是直径 60 mm、单节质量 4 kg、爆速大于 5 000 m/s小于 6 000 m/s 的震源药柱；代码 MZY50－2－Z，表示为地面使用的是直径50 mm、单节质量 2 kg、中爆速（3 500～5 000 m/s）的震源药柱。

上述三类地震勘探震源药柱的主要性能见表 10－1。其单个震源药柱的装药量通常为 1～5 kg。

表 10－1　震源药柱性能指标

项　目		性能指标		
		G（高爆速）	Z（中爆速）	D（低爆速）
爆速/($\mathrm{m\cdot s^{-1}}$)		≥5 000	≥3 500～5 000	<3 500
抗拉性能	直径≤45 mm	连接两节药柱，静拉力 60 N，持续 30 min，连接处不断裂或拉脱	连接两节震源药柱，静拉力 98 N，持续 30 min，连接处不断裂或被拉脱	
	直径>45 mm	连接两节震源药柱，静拉力 98 N，持续 30 min，连接处不断裂或被拉脱		
传爆可靠性	直径≤45 mm	总质量大于 6 kg 的一组药柱起爆后，爆炸完全	对总质量不小于 10 kg 的一组震源药柱起爆后，爆炸完全	
	直径>45 mm	对总质量不小于 10 kg 的一组震源药柱起爆后，爆炸完全		
抗水性能		压力为 0.3 MPa，在水中持续保持 48 h，然后进行传爆感度试验，爆炸完全		

续表 10-1

项　目	性能指标		
	G(高爆速)	Z(中爆速)	D(低爆速)
起爆感度	对单节震源药柱起爆后，爆炸完全		
耐温性能	温度为(50±2)℃和(−40±2)℃，保持 8 h 后再进行起爆感度试验爆炸完全		
跌落安全性	试验后不发生燃烧或爆炸		

除此而外，国内还生产有高威力型、高分辨型、高抗水型和地面定向型等多种震源药柱产品，可供地震勘探特殊需要使用。

使用炸药震源时，应执行 GB 12950 中的有关规定。

2. 起爆器材

地震勘探爆破起爆一般用 8 号电雷管，具有极高的瞬时击发精度。其脚线根据井深需要有不同的长度，远长于工程爆破使用的电雷管脚线长度，可直接引至爆破井口外与其他井点联成网路。

地震勘探采用类似于普通起爆器的专用爆炸机(也叫译码器)起爆。爆炸机不能独立起爆炸药包，要在编码器与地震波检测系统的共同作用下才能完成起爆作业，确保炮点爆炸激发与地震波测点检波同步。通常要求爆炸信号最大时差不得大于 1 ms。

10.2.2 装药量确定与炮井布置

1. 单井爆破装药量

激发药量的选择应考虑以下几方面因素：① 爆炸点周围岩性；② 要求的勘探深度；③ 爆炸点与最远接受点的距离；④ 仪器的灵敏度和勘探精度等。

理论与实践结果表明，在距离爆炸点较远的地方，地表某一点的地震波的振幅与炸药量和岩层性质有如下关系：

$$A = kQ^m \tag{10-1}$$

式中：A——地震波振幅；

k——与岩层性质有关的系数，干燥松软的地层 k 值较小，湿润或含水的地层 k 值较大；

m——与炸药量有关的指数，小药量时 $m\approx1$，中等药量时 $m\approx1.5$，大药量时 $m\approx2$。

从式(10-1)可知，在地层岩性一定的情况下，爆破激震药量较小时，振幅 A 与炸药量 Q 几乎成正比关系；药量增加时，振幅 A 随炸药量变化的速率就变得越来越缓慢，如图 10-3 所示。当炸药量达到某一数值 Q_1 时，地震波的振幅 A 几乎不再随着炸药量 Q 的增大而增加，此时的 Q_1 称为单井爆破激震的极限药量 Q_{max}。同时，如前所述，增大激震药量还以牺牲地震波的主频和宽频为代价，不利于提高地震反射波信号的分辨率。所以，以增大炸药量的办法来增加地震波的能量毫无意义。

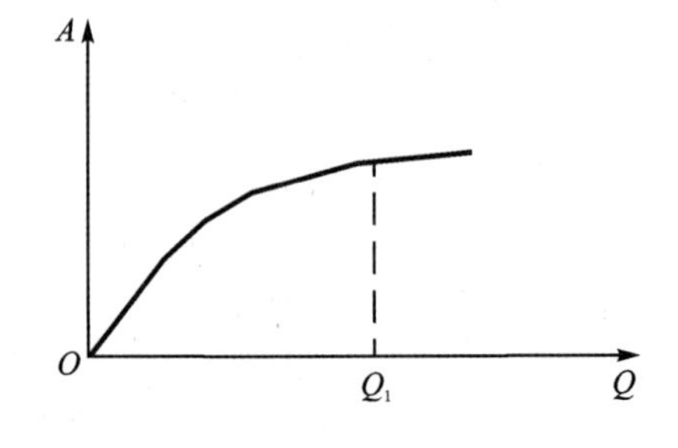

图 10-3　振幅与炸药量的关系图

根据理论分析和大量工程实践统计资料，对于

范围不大、测线不长的地震勘探，因不同岩性地层而异，单井爆破激震的最佳炸药量为 4～15 kg，大致可装 1～3 节震源药柱。

2. 炮井布置

当由于勘探范围较大、测线较长等因素必须增大震源激发装药量，以进一步有效地增加地震波的振幅时，通常可采用组合井激发方式，即用多口炮井作为一炮同时爆炸来激发地震波。

采用组合井激发，在保持每个炮井的炸药量不变的条件下，增加了组合井的总药量和爆炸作用范围的面积，无疑可提高其爆破激震的效果。

多炮井激发的组合方式有直线组合与面积组合两种，如图 10－4 所示。图中 δ 叫做组合井距，组合井距的大小和组合井数量的多少可按经验公式或由试验确定，但组合井距 δ 不宜过大，一般不超过 3 m，且组合井中的各炸药包均应处在同一标高上。组合井数也不宜过多，以得到能够事实反映地下岩层状态和地质构造的记录为目的，否则就会增大施工难度，提高施工成本。

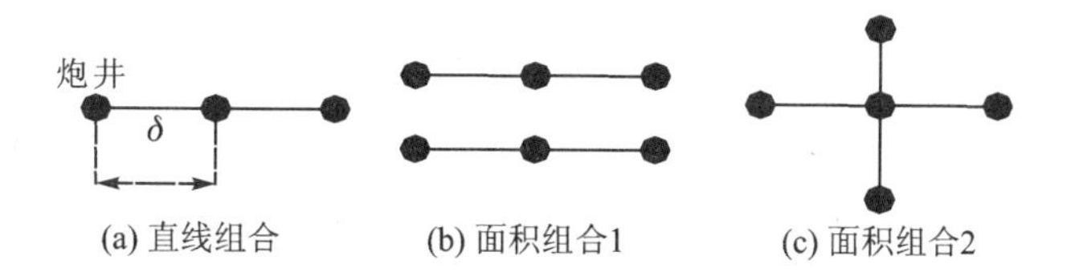

图 10－4　组合激发示意图

10.2.3　炸药包安置

用爆炸的方法激发地震波，也会产生一些干扰波。为在爆破激发地震波时尽最大努力突出地震反射波，压制干扰波，选择好炸药包的安置条件也是很重要的一环。

1. 在井中安置

与在水中安置和在土坑安置炸药包相比，在井中安置炸药包的效果最好。因为药包在井中有较好的激发条件，利于增强地震波的能量，减小面波和声波的干扰。

因炮井很深，井的直径应略大于震源药柱的外径，一般为 10～12 cm，以便于投放震源药柱，同时可使药柱与炮井间的几何耦合系数接近 1.0。当震源药柱在井中安置到位后，应用细沙填满填实炮井，确保有较好的阻抗耦合。

2. 要有一定的沉放深度

炸药包离地面越近，爆炸激发时所产生的面波和声波越强，反射波则相应减弱。若将炸药包安放在低降速带的地层中，爆炸激发时所产生的能量将被大量吸收，从而减弱了地震波的强度。实践表明，药包沉放在一个面波波长的深度，则能较好地抑制面波的干扰。因此，炸药包的沉放深度应深一些，通常为十几米到几十米。

炸药包最终的沉放深度可由试验来确定。

3. 安置在含水的均匀地层中

地震波频率同样也是影响最佳勘探效果的一个重要因素，通常要求频率适中为宜。

在坚硬的地层中激发，地震波的速度 v 比较大，频率 f 比较高；反之，在松软干燥的地层中激发，地震波的传播速度 v 比较小，频率 f 较低。如果在含水的泥岩地层中激发，地震波的传

播速度 v 虽有增加，但其频率 f 适中。因此，爆破激发炮井的装药深度应尽量选择在含水的塑性地层中，最好在潜水面以下 3～5 m，地震勘探中常常称之为潜水面下激发。

在不均匀的围岩（例如砾石、多空的岩层等）中爆炸激发，易产生强烈的干扰波，影响记录质量。因此，应尽量选择均匀的地层，炸药包下到井底后要把炮井填满埋实。

10.2.4 地震测线布置

地震勘探测线，是沿着一定方向进行野外工作的路线。测线布置的基本原则如下。

① 测线位置、长度和密度，应根据地质构造来考虑，以确保完成所要求的地震勘探任务。

② 测线应尽量布置成直线，以便得到地下构造的真实形态。

③ 主测线应垂直构造走向，以利测到反射层的真深度和真倾角，为构造解释提供方便。地震勘探测线分为主测线和联络测线两种，用来查明地下地质构造的测线称为主测线；连接主测线的测线称为联络测线。联络测线垂直于主测线并和主测线构成测线网。

④ 测线应尽量通过井位，便于做好连井工作以利对比地震层位。

10.2.5 爆炸激发

当炮井装药、填塞、起爆网路连接完毕，地震测线上检波器安装就绪后，方可实施爆炸激发作业。

为安全、可靠和有效地爆炸激发地震波，应注意如下几点事项。

① 爆炸激发前，应检查炮点桩号、炮井坐标和深度与设计是否相符。如是组合井激发，尚需检查组合井图形、井数、井间距、组合中心点等是否符合施工设计。

② 震源药包制作、向炮井中安放炸药包和连接起爆网路等作业，除执行《爆破安全规程》外，还应遵守地震勘探爆破中的有关作业安全细则。

③ 在连接起爆网路的同时埋置井口检波器，用不同颜色的导线区别井口检波器的接线和主炮线。

④ 采用专用爆炸机实施激发作业。激发前应对爆炸机和地震检波器进行联机调试，确认爆炸机密码和检测系统编码器密码一致时方可起爆，确保激发与检波同步。

⑤ 一个炮点放炮结束并经检查无误后，方可沿地震波侧线方向顺序移至下一个预定的炮点，进行爆炸激发的作业。

⑥ 地震勘探爆破对周围环境的有害影响和安全允许距离的计算可参照《爆破安全规程》国家标准执行。

10.2.6 地震波的接收

地震波的接收，炮点和接收点必须按照一定的位置关系进行，这种位置关系即为地震波的观测系统。地震勘探每放一炮，就要同步接收一次，一炮放完后，炮点就要移动到下一炮，接收点也要进行相应的移动，以保持和炮点的相互位置关系不变。这种位置关系如图 10－5 所示。

当放完第 1 炮后，炮点就要搬到第 2 炮的位置进行放炮，假设从第 1 炮到第 2 炮的距离为 d，接收点 1 至接收点 6 为了保持与炮点的位置关系不变，也要沿地震波测线向炮点前进的方向移动距离 d，然后才能放第 2 炮。如此重复下去，直到把测线上的炮放完。

图 10－5 列举的是炮点在接收点的一端的情况，实际工作中，根据需要炮点也可以在接收

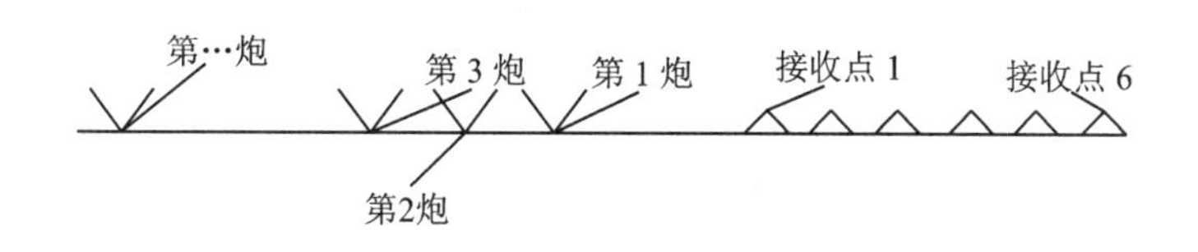

图 10－5　放炮与地震波的接收示意图

点的中间。

为了加强对地震反射波的综合检测效果，地震勘探野外施工常采用多个检波器来同时接收同一个点的反射波，这就是组合检波。

组合检波有面积组合，如图 10－6(a)所示，以及线性组合，如图 10－6(b)所示的两种组合形式。在图 10－6 中，相邻两个检波器之间的距离叫做组内距。接收点应选择何种组合检波形式，应根据地震勘探信号接收、数据分析处理的具体要求确定。

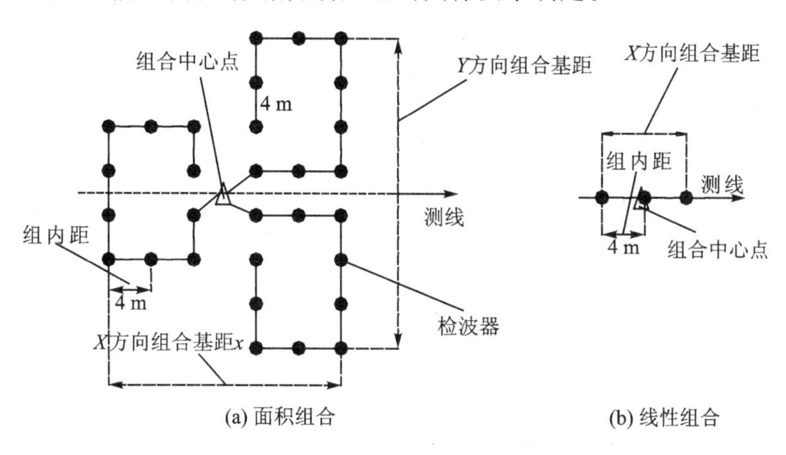

图 10－6　组合检波示意图

10.2.7　钻井施工

地震勘探钻井是为了将爆破激发地震波用的炸药包安放到合适的激发位置而进行的钻井工作。钻井应严格按照设计的井深、组合井数和组合方式进行钻进。在大规模实施地震勘探爆破前，都要对前述设计参数进行试炮。如达不到勘探质量要求，则应重新确定井深、组合井数、组合图形和炸药量，再行施工。每口井的井深都应达到设计要求，并做到井身垂直，井壁光滑，沉沙冲尽。不同地表条件下，对钻井质量、钻机选用、钻进参数的要求如下。

1. 平原区钻井

钻井井位(或组合井的组合中心)应尽量靠近按测线要求布置的炮点桩号，平面偏移应小于 1/10 的道间距，组合井井底高差应小于 0.5 m。遇到障碍，井位(或组合中心)的平面偏移超限或高差变化大于 2 m 时，要实测坐标和高程。

2. 山区钻井

单口炮井位置应处在以桩号为中心，半径为 5 m，高差小于 2 m 的范围内。一个炮点钻两口炮井时，井间距离应在 5 m 左右，炮井以桩号为中心垂直测线分布。钻完的每口炮井，应及时绘出岩性柱状图，爆破激发前交检波组使用、核对、保存。

3. 钻机选用

对不同的地形条件,可参考表10-2选择相应的地震钻机进行钻井作业。

表10-2 不同地形适用钻机一览表

地 形	适用钻机型号
平原地区	WTZ-50型、WTZ-203型等
沙漠地区	WTZ-18型、WTZ-100型、WTZ-300型、WTZ-30G型、SQ-50-MAN型等
沼泽湖泊地区	浮箱链轨车钻机、WT-30C海滩钻机、WT-30E、WT-100c型、WTZCZ-30A型等
戈壁地区	WTZL-20型、WTZ-18型、WTZ-100型、WTZ-300型、WT-30G型、SQ-50-MAN型等
山地、丘陵地区	WTRZ-305、306、307及2000C人抬式山地钻机、WTLZ-20型、WTZ-18型、WTZ-100型、WTZ-300型、WT-30G型、SQ-50-MAN型等
河滩地区	WT-6型、WTLZ-6A型等

4. 钻头的选用

针对不同的地层岩性,可参考表10-3选择适宜的钻头。

表10-3 不同岩性适用钻头一览表

岩 性	适用钻头
胶泥地层	鱼尾钻头和三翼钻头及麻花钻头等
沙漠地层	鱼尾钻头和三翼钻头及吹沙筒等
岩石、砾石、戈壁、覆盖层	冲击钻头、牙轮钻头、钎头及中心钎头等

5. 钻进参数选择

① 钻机压力的选择:钻进过程中,钻压不宜太大。对地震车装钻机而言,在实际作业中,要根据具体情况进行适当调整。

② 转速的选择:试验证明,在钻井过程中,转速宜控制在100~120 r/min。

③ 泥浆泵的排量:增大泥浆泵排量,可增加对井底岩屑的冲刷能力,加快钻头的冷却,提高从井底带出岩屑的速度。在实际作业中,应尽量加大泥浆泵的排量。

6. 特殊情况下钻井注意事项

① 钻井过程中,如果井下泥浆上返量减少或者发现转速降低时,应适当减轻钻压和放慢钻速。

② 遇到硬地层,可适当增加钻压,提高钻井速度。

③ 当到流沙地层时,可增加泥浆泵的排量,减小钻压,放慢钻井速度,同时增大泥浆比重或在泥浆中加入专用的硼化土等,预防井壁坍塌及时捞出泥浆泵从井中冲出的沙粒。

④ 遇到胶泥层,要增加洗井次数,防止胶泥堵塞井筒。

⑤ 泥浆比重较小时,可加入适量的黏土。

⑥ 遇到“漏井”时,增大泥浆比重直至不漏为止。若“漏井”严重,可用硼化土或其他化学药剂调配泥浆堵漏。

10.3　油气井射孔技术

10.3.1　油气井井身结构及爆破特点

我国陆地上的油井大部分为两层套管结构。外层套管是表层套管，直径有 508 mm 和 339.7 mm 两种；内层套管为技术套管，常用外径有 177.8 mm 和 139.7 mm 两种。如遇地层构造等特殊情况，也可在井底加一层外径略小的尾管，如图 10－7 所示。

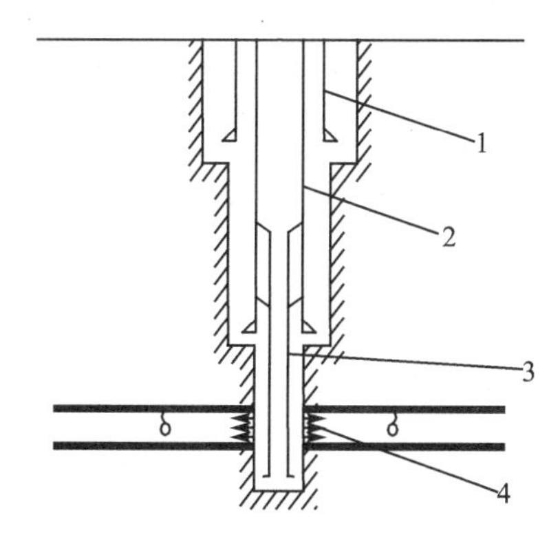

1—表层套管；2—技术（或油层）套管；3—尾管；4—射孔段

图 10－7　陆地油井井身结构图

海上油井的井身结构要比陆地油田复杂得多，一般由四层套管组成：最外层套管是隔水套管，外径为 760 mm；表层套管外径为 508 mm；最内层为技术套管，多采用 244.4 mm 的外径；在表层套管与技术套管之间，有时还加一层外径为 339.7 mm 的内层套管。

不论是陆地油田还是海上油田，其射孔作业都在最里层的技术套管内施工。由于作业环境狭窄，油层深度大，使其作业在极其特殊的环境下进行，所以油气井射孔有其独特的特点。

1. 在特定的井身中进行

油、气井射孔爆破与一般爆破工程不同，它在特定的油、气井套管内指定井深处（如油层）进行射孔、压裂等工程内容，且套管内空间有限、深度不一、还充满了压井液。在这样特定的条件下进行爆破，要求爆破器材设计制造得非常精细，结构严密；施工工艺则十分严格、规范。

2. 在复杂的外界环境中进行

陆上油井井场上有高压电缆线，地上有各种施工设备和机械、车辆，常伴有感应电流、杂散电流、射频电流等，安全性要求甚高。若不加注意，将会带来井毁人亡的灾难。在海上油田，油、气井爆破作业是在固定式钻井平台、自升式平台或半潜式钻井平台上进行，受外界环境限制，施工条件更为恶劣。

3. 爆破器材要有良好的耐温、耐压性能

我国油田的油层，大部分在 1 000～4 000 m 井深处，超深井可达 6 000～8 000 m 深，其井温高至 250 ℃，泥浆的压力为 140 MPa。在这样高温、高压下实施爆破，爆破器材的发火感度、热稳定性、爆炸威力等必须确保能正常作用，以达到工程设计的要求。

4. 油、气井射孔爆破器材应具有良好的密封、绝缘性能

油、气井燃烧爆破器材在数千米以下的油、气井内进行，井内充满了泥浆，这就要求爆破器材具有良好的密封性和绝缘性。如因密封和绝缘性能不良一旦产生盲炮，处理相当困难；若发生误爆，则会造成严重事故。

5. 起爆、传爆技术要求特殊

由于油、气井结构的特殊性，要求起爆、传爆器材必须如上所述满足耐温、耐压、密封、绝缘不漏水的特定要求。为此，我国有关油田、设计、研究单位成功研制了电缆车起爆、传爆技术、撞击起爆技术以及压差起爆技术等新技术。

针对油气井井身结构和爆破特点的要求，为了实现较好的射孔目的，需要对射孔弹进行分析研究。

10.3.2 射孔弹的技术指标

1. 技术指标的要求

随着石油勘探与开发工作的不断发展，要求勘探与开采的目的层位不断加深，以及开采效率的不断提高。提高射孔弹的质量成为设计人员和实际工作者的迫切任务。射孔弹的技术指标应当建立在科学的基础上，设计者必须了解井下状况和国内外的发展水平，因此，必须在调查研究和科学试验的基础上提出技术指标，同时还应当掌握以下几方面情况：

① 油井的深度范围；

② 各种地层结构特点；

③ 国内外的射孔水平及比较先进的射孔弹品种；

④ 尽量采用新发明、新原理、新结构和新工艺；

⑤ 国内的生产能力和科研水平；

⑥ 判断新器材的使用前途。

2. 技术指标的规定

聚能射孔弹的技术指标必须按照下述主要规定进行设计，才能获得满意的产品。

(1) 穿透率

射孔器进行模拟井射孔实验后，套管上穿孔率不小于95%，按下式计算：

$$\text{穿透率}=\frac{\text{有效弹数}}{\text{试验弹数}}\times 100\%$$

(2) 杵堵率

粉末冶金药型罩射孔弹杵堵率不大于10%，紫铜药型罩杵堵率不大于50%，按下式计算：

$$G = (M/N)\times 100\% \qquad (10-2)$$

式中：G——杵堵率，%；

M——靶上被堵孔数；

N——靶上穿透数。

(3) 穿孔直径

射孔器进行混凝土靶或模拟井射孔实验的平均穿孔孔径，见表10-4。

表 10－4　试验套管上的平均穿孔直径

射孔弹型号	51	60	73	89	102	114	127	140	152
平均射孔直径/mm	≥5.5	≥6.5	≥7.5	≥8.0	≥9.0		≥10.0	≥10.5	≥11

(4) 穿孔深度

射孔器在混凝土靶射孔实验时的平均穿孔深度，见表 10－5。

表 10－5　混凝土靶平均穿孔深度

射孔弹型号	51	60	73	89	102	114	127	140	152
平均穿孔深度/mm	≥180	≥250	≥350	≥400	≥500	≥600	≥700	≥750	≥850

(5) 射孔枪上孔眼处裂纹

进行混凝土靶射孔实验后，射孔枪上孔眼处上下裂纹总长不大于 60 mm。

(6) 模拟井射孔实验时射孔套管的损伤指标

① 射孔后套管外径胀大不大于 5 mm；

② 射孔后套管上孔眼处的纵向上下裂纹总长不得大于 90 mm；

③ 射孔后套管裂孔率不大于 20%。

射孔弹的性能除装药量、射孔能力(孔深和孔径)，还有额定使用压力、射孔密度(每延长米的弹数)、射孔相位和配用枪的名称及枪体外径等重要指标应根据技术套管内径和壁厚、各油层的厚度、聚能射孔的总数及最终的要求合理选择聚能射孔弹的型号和性能，并在井中布设。

10.3.3　射孔弹的设计

1. 总体结构设计

当射孔器类型选定之后，可以根据实际情况选择射孔弹的结构。

(1)外形设计

① 无枪身射孔弹外形设计

根据无枪身射孔弹的连接方式来选择射孔弹的外形(见图 10－8)。首先，为保证顺利下井，射孔弹外形应当光滑；其次射孔器应有良好的密封性，各裸露部件必须具有一定的强度，弹壳应不变形和不开裂，能承受规定的压力。

② 有枪身射孔弹外形设计

由于枪身必须承受井下压力，所以设计时必须考虑枪身的强度及射孔相位要求，并根据枪身内部形状与尺寸来确定弹的外形(见图 10－9)。

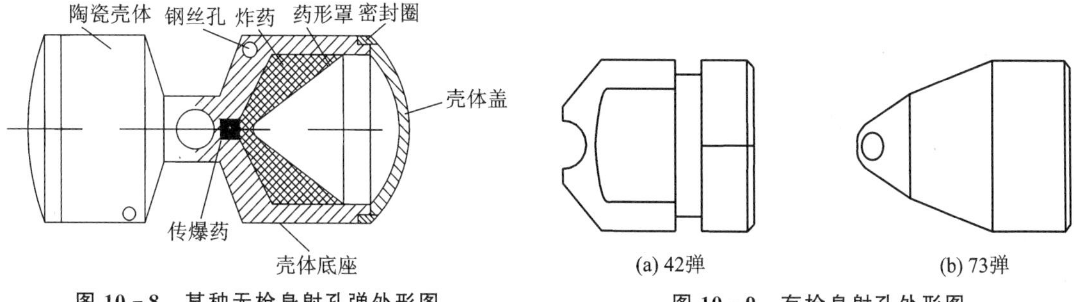

图 10－8　某种无枪身射孔弹外形图　　图 10－9　有枪身射孔外形图

(2) 结构形式

① 有枪身多发式射孔弹

相位为零度时，可以用固弹板连接；相位为四相时，可以用纸筒等连接。

② 无枪身射孔弹

用多股钢丝串在一起连接或用铝合金固弹板连接。

2. 装药结构的设计

(1) 装药结构的确定

早在第二次世界大战后，聚能射孔弹就逐步取代了过去一直使用的子弹式射孔弹。装药结构形式主要取决于技术指标的要求，目前，为得到体积小、穿孔较深的结构形式，人们对聚能装药技术进行了深入的研究。

当聚能装药爆炸后，紫铜药型罩被压垮，从而迫使它向轴向积聚，形成细长的金属射流。如果选择的药型罩的几何形状、角度、厚度合适，炸药品种和密度控制较好，则射流以 6 000～9 000 m/s的速度运动，使钢板、水泥和岩石形成孔洞，其深度约为装药口径的 3～6 倍。所以近几十年来，聚能装药在军事和民用爆破方面得到了广泛的应用。

目前国内外油、气井射孔弹的装药结构基本上有两种类型，即收敛形和圆柱形结构。收敛形结构如 WS－73 弹，其优点是结构紧凑、质量轻、装药较少、炸药利用率高、对周围物质破坏作用小；缺点是由于装药量较少，其穿孔深度也相应减小。圆柱形结构的破甲较稳定，但其缺点是质量较大、装药多、炸药利用率相对较低，而且对周围物质的破坏作用较大。目前，石油射孔弹均采用收敛形结构。不过，在选择确定装药结构时还需考虑到弹的总体结构及外形。

根据经验，采用隔板结构可提高约 20％的穿透深度(简称穿深)，但是，如果隔板的形状和厚度等设计的不适当，会造成破甲不稳定。使用隔板可遵循以下原则：装药高度足够高时，注装药可不使用隔板口径小的压装药，可不使用隔板对于弹的性能要求较高、装药高度受到限制和口径较大的射孔弹，可考虑采用隔板。

(2) 装药的技术要求

不同的装药方法必须遵循各自的技术原则，现分述如下：

① 注装炸药

首先应保证炸药对壳体及药型罩有良好的相容性，其次应使传爆药柱与注装药结合适当，第三应保证装药受热后，装药结构不破坏。

② 压装炸药

先压制药柱，再用胶将药柱、药型罩和弹壳粘在一起，或将药粉、药型罩和壳体按规定顺序放在一个模具内，施加压力，使之成为一体。后者装药工艺简单，效率较高。

(3) 起爆序列的选择

目前采用的射孔器主要分为有枪身和无枪身两大类，同时又分为单发射孔和多发射孔等不同形式，因此，起爆序列应根据产品类型及发射方式的不同而进行选择。选择时应遵循以下原则。

① 有枪身多发式射孔器

由于射孔器本身不承受外界压力，而且又是多发连射，故可采用雷管→导爆索→传爆药柱→主药柱的顺序引爆。雷管和导爆索均采用非耐压型产品，但全部产品必须满足规定的耐热指标。地层温度可按下式计算：

$$T = T_0 + \frac{T_g H}{100} \tag{10-3}$$

式中：T——地面温度，℃；

T_0——地面温度，因季节和地区而异，℃；

T_g——平均地层温度梯度系数，地层深度每增加 100 m，温度增加 3 ℃，℃/m；

H——地层深度，m。

图 10－10 是根据式(10－3)绘制的地层温度与深度的关系。

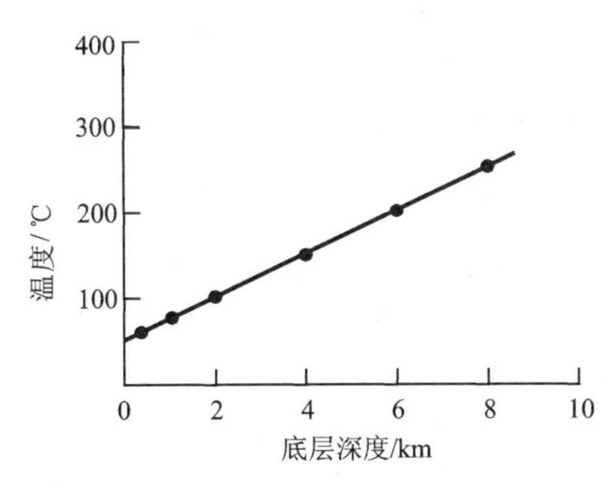

图 10－10　地层温度与深度的关系(地表温度取 20℃)

② 无枪身多发式射孔器

这类射孔器的全部元件均应有良好的密封性，并能承受井内的温度和压力。由于是多发注射，故可用一次引爆方式，其引爆次序为：雷管→导爆索→传爆药柱→主药柱。雷管和导爆索应具有规定的耐热和耐压指标，射孔弹外壳应满足耐压指标，弹内炸药应满足耐热指标。地层温度与深度关系，见式(10－3)和图 10－10。井内压力可按下式估算：

$$p = \frac{KH\rho}{100} \tag{10-4}$$

式中：p——井内压力，MPa；

H——地层深度，m；

ρ——钻井液密度，g/cm^3；

K——换算系数。

根据式(10－4)，可以绘制出图 10－11。

为了使爆轰速度稳定地增加，副药柱的密度应略低于主药柱的密度(如果使用类型相同的炸药)，而传爆药柱的密度应略低于副药柱的密度，并要求它们有适当的长度，以便达到稳定传爆的目的。例如传爆药柱的密度为 1.55 g，副药柱取 1.60 g/cm^3，主药柱可取 1.69 g/cm^3。如果使用不同的炸药，应使主药柱爆轰感度最低，副药柱次之，传爆药饼爆轰感度最高。总之，采用传爆药饼和副药柱的目的就是使主药柱达到稳定爆轰。

(4) 中心起爆

中心起爆是射孔弹设计者关注的重要问题之一。若起爆点偏离主装药轴心较多，则穿深会大大地降低。因此，在设计射孔弹时，应尽量使起爆点在主药校的轴线上，同时应使与导爆索连接处的孔眼尽量的小。在加工过程中，应保证该孔眼不偏离轴线。弹壳上导爆孔的大小取决于炸药的品种，传爆药爆轰感度较高的可设计较小的孔眼，传爆药爆轰感度较低的，可设计稍大的孔眼。表 10－6 列出几种炸药的极限传爆直径。

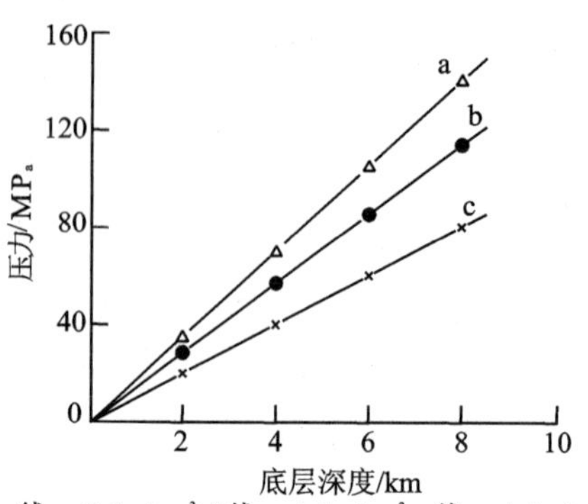

a线ρ=2.0 g/cm³; b线ρ=1.5 g/cm³; c线ρ=1.0 g/cm³

图 10-11　地层压力与深度的关系图

表 10-6　炸药的极限传爆直径

炸药名称	黑索金	太安	特屈儿	梯恩梯
最小传爆直径/mm	4.4	3.2	7.6	11

在设计特种射孔弹时，若不受空间限制，则可在副药柱顶部加一个中心起爆调节器，以便调整爆轰波形的对称性。

3. 药型罩的设计

药型罩的主要作用是将炸药的爆炸能量转换成罩的动能，用几乎不可压缩的金属射流替代可压缩气体射流，来提高射孔弹的聚能威力。因此，在制作射孔弹时，必须对药型罩的材料、形状、锥角、壁厚作出正确的设计。

(1) 材　料

在选取制作药型罩的材料时，必须满足以下几点要求：材料的可压缩性要小，密度要大，塑性和延展性要好，在形成射流过程中不会产生汽化。军用聚能装药通常采用单质金属或合金材料药型罩，如：铜、钼、钨或钨铜合金、钨镍合金等复合材料药型罩。但在油、气井聚能爆破技术中则采用粉末冶金材料制作药型罩，因粉末冶金材料几乎没有延展性，其射流尾部成不了杵体，不会堵塞射孔孔道，对消除油、气井的射孔污染十分有利。

(2) 形　状

药型罩的形状在确保有良好聚能效果基础上，应尽可能简单和便于加工。药型罩的形状有三类：

① 轴对称型，如圆锥形、半球形、抛物线形和喇叭形罩等；

② 面对称型，常见的有直线形聚能罩和环形线形聚能罩两种，前者多用于切割金属板材，后者多用于切断金属管材；

③ 中心对称型，这种球形聚能装药，中心有球形空腔和球形罩，球形罩外表敷装炸药，若能瞬间同时起爆，可在空腔中心点获得极大的能量集中。

(3) 锥　角

锥角的大小决定了聚能射流的穿孔能力。由聚能射流形成理论可知，射流速度随着药型罩锥角的减小而增加，射流质量则随锥角的减小而减小。试验表明：当锥角小于30°时，穿孔性能很不稳定；锥角介于30°～70°之间，射流才具有足够的质量和速度，起到稳定的穿孔作用和良好的穿孔效果；当锥角大于 70°以后，穿孔深度迅速下降但破碎效果增大。因此在选取锥角时，必须根据射孔弹的目的来确定。

(4) 壁　厚

穿透深度和入口直径主要取决于射流的长度和直径，药型罩的壁厚对射流的形成和拉长有很大影响，它们之间的关系十分复杂。射流性能和聚能威力随着壁厚的变化而变化。因此，每一种药型罩都有一个最佳壁厚，而最佳壁厚又随着药型罩的材料、锥角、直径以及有无外壳而变化。总的来说，药型罩的最佳壁厚是随着药型罩材料比重的减小而增加，随锥角的增大而增加，随罩的直径的增大和外壳的加厚而增加。

在射孔弹中，药型罩的壁厚初步可选定于 0.5～1.5 mm 之间，壁厚差可控制在 0.05～0.07 mm 之间。

国内外射孔弹的药型罩壁厚平均值为

$$\delta = (0.021 \sim 0.024)d_k \tag{10-5}$$

通常药型罩的壁厚在 1.0～2.5 mm 之间。

(5) 壁厚变化率

常用的药型罩有两种，即等壁厚或变壁厚药型罩。

等壁厚罩底部强度较低，因此底端最先被压缩，致使部分金属射流被包围，从而会影响射流的延伸和穿深效果。当采用变壁厚药型罩时，从锥顶至底部壁厚逐渐加厚，即可使其在压垮时能均匀地收缩，这样可增大罩材金属的利用率，并防止部分有效射流放包围。实验证明，变壁厚药型罩的穿深效果比等壁厚罩好。因此在设计新产品时，人们往往采用变壁厚药型罩，以便提高射流的速度的变化梯度，增加穿孔能力。

壁厚变化率一般随药型罩锥角的增大而增大，随药型罩底部直径的增大而减小，其变化率可参见表 10－7。

表 10－7　药型罩壁厚变化率

(%)

口径 d_k/mm		10	20	30	40	50	60	70	80
锥角	$2\alpha=40°$	0.9	0.8	0.7	0.6	0.5	0.4	0.3	0.2
	$2\alpha=50°$	1.3	1.2	1.1	1.0	0.9	0.8	0.7	0.6
	$2\alpha=60°$	1.7	1.6	1.5	1.4	1.3	1.2	1.1	1.0
	$2\alpha=70°$	2.1	2.0	1.9	1.8	1.7	1.6	1.5	1.4
	$2\alpha=80°$	2.4	2.3	2.2	2.1	2.0	1.9	1.8	1.7
	$2\alpha=90°$	2.7	2.6	2.5	2.4	2.3	2.2	2.1	2.0

油气井射孔弹的药型罩材料应选用在射流形成过程中不易被气化且射孔后不会形成杵体堵塞孔道的材料，如粉末冶金药型罩。药型罩锥角一般取 45°～60°，壁厚取 1.0～2.5 mm。

4. 炸药的选择

炸药是聚能射孔弹的能源，因此其性能是影响聚能威力的基本因素。当聚能射孔弹爆炸时，药型罩能否有效地向轴线方向压合、碰撞、产生高速射流，主要取决于炸药的爆轰压力。按照流体力学理论，炸药的爆轰压力 P_{CJ} 是爆速 D 和装药密度 ρ_0 的函数，即

$$P_{CJ} = \rho_0 D^2/4 \tag{10-6}$$

由此可知，炸药的爆速对爆轰压力大小的影响要比装药密度大得多。因此，为提高射孔弹的聚能威力，必须选用爆速高、猛度大的炸药；其次，应尽量提高射孔弹的装药密度。

试验表明：孔道容积、射孔深度与爆轰压力相关，如图 10－12 所示。同时，还应考虑炸药的耐热能力和温度一时间曲线。为了提高射孔弹的射孔性能和井下耐温性能，通常采用聚黑－16(R852)炸药、聚黑－14(R791)炸药、聚奥－6(JO－6)炸药和耐高温 S992 炸药、Y971 炸药。

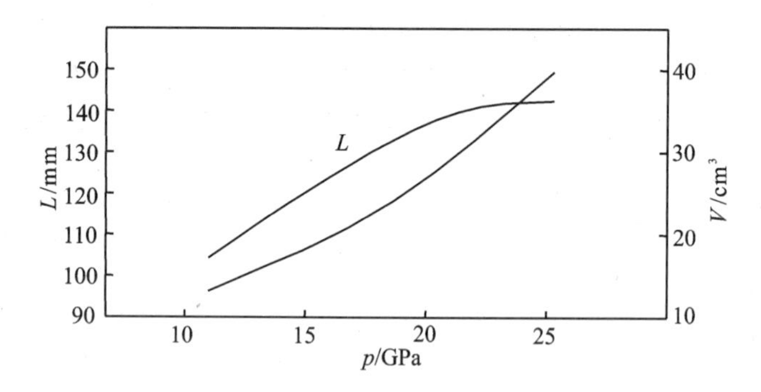

图 10－12　射孔深度 L、孔道容积 V 与爆压 p 的关系

5. 炸高确定

炸高是指从聚能装药的底面(即药型罩底面)到靶板间的最短距离，炸高对聚能装药穿孔威力的影响较大。从前述的分析可知，金属药型罩在爆轰波作用下向轴线方向汇聚、碰撞，随后聚焦、延伸形成正常射流的过程中，需要一个适当的空间距离。但距离过大时，射流会发生径向分散、摆动、延伸到一定程度后产生断裂的现象，使穿孔效果降低、甚至失效。

与最大穿孔深度相对应的炸高，称为有利炸高。它与药型罩的材质、锥角大小、炸药性能以及有无隔板都有关系，通常随药型罩锥角的增大而增大。对轴对称型聚能装药而言，一般来说，有利炸高是装药口径的 1～2 倍。

对不同结构的聚能装药，其炸高是有所变化的。工程爆破中，由于装药作业条件的限制，往往达不到理想的标准，常用“可设置炸高”作为施工时的实际炸高参数，即在兼顾爆炸聚能效果时，也要充分考虑安置的可能性。

6. 隔板材料与安置

隔板是装在药型罩顶部和聚能装药顶面之间的一块惰性板材，参见图 10－13。在聚能药包中采用隔板，目的在于改变聚能药包中爆轰波的传播路径，控制爆轰方向和爆轰波到达药型罩的时间，提高爆炸载荷，从而增加射流速度，达到提高聚能威力的目的。

如图 10－14 所示，无隔板的药包起爆时，它的爆轰波是从起爆点发出的球形波，波阵面与罩母线的夹角为 φ_1。有隔板时，主爆轰波开始绕过隔板向药型罩面传播。此时，主爆轰波阵面与罩母线的夹角变为 φ_2，显然：$\varphi_2<\varphi_1$。根据爆轰理论可知，它利于提高罩微元的压合速度和射流速度。实验表明：隔板设置合理的聚能装药射流头部速度能够提高 25%左右，穿孔深度可提高 15%～30%。

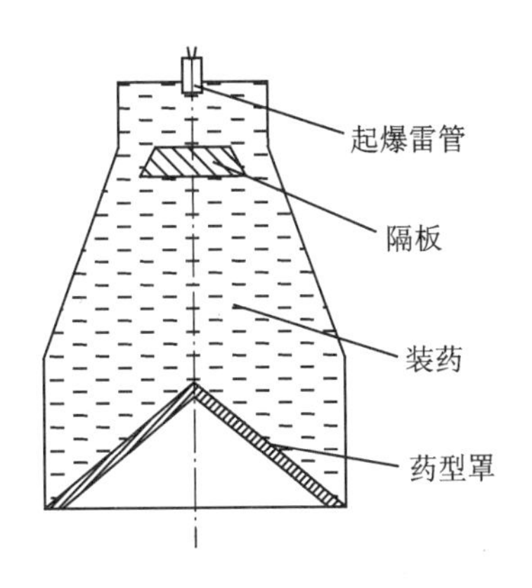

图10-13　装有隔板的聚能药包

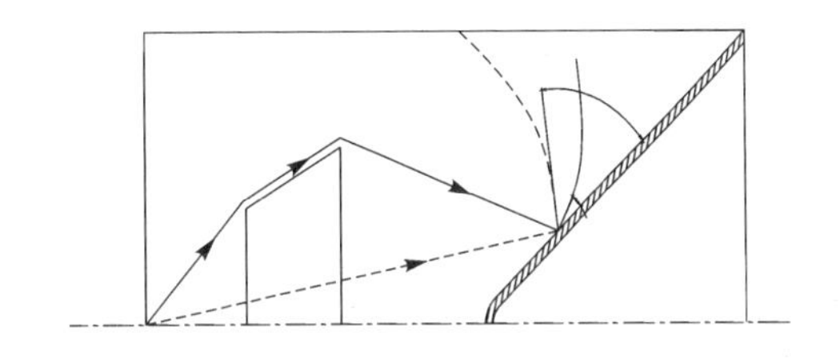

图10-14　有无隔板时爆轰波的传播示意图

根据理论分析和实践经验，隔板材料和尺寸的选择，有如下几点要求：

① 隔板材料可选用塑料、木材、石墨等惰性材料，因其声速低、隔爆性能较好，能有效改善爆轰波的传播路径；

② 试验表明，隔板直径以能覆盖药型罩母线长度的2/3左右为宜，且不得小于装药直径的一半，隔板的厚度与材料的隔爆性能有关，过薄时会降低隔板的作用，过厚则有可能产生反向射流，同样会降低穿孔效果；

③ 设计隔板时，在罩顶和隔板间要留有足够厚度的炸药层，以确保能稳定传爆。

7. 药柱各部位尺寸的选择

聚能装药穿深随装药直径和长度的增加而增加。虽然增加直径很重要，但是，这会增加弹的尺寸和装药量。在实际设计中，装药直径的增加会受到弹径的限制，因此，人们希望在较小的装药直径和药量下，尽量地提高穿深。

虽然装药长度的增加，穿深也随之增加，但是试验表明，当长度增加到约三倍装药直径时，穿深就不再增加。这里可以用爆轰理论解释，当装药由左端起爆后，随着爆轰波的传播，在轴向和径向都有稀疏波侵入，使爆轰产物向后面和侧面飞散，因此，作用在装药右端物体上的装药量减少。对于轴向稀疏波的影响，朝爆轰波传播方向飞散的装药约占总质量的九分之四，而径向稀疏波向里传播的速度是爆速的二分之一。这样，当装药长度小于2.25倍装药直径时，爆轰波头呈截锥体，其长度随装药长度增加而增加。当装药长度等于2.25倍装药直径时，爆轰波头呈现圆锥形，此后长度再增加，爆轰波头保持不变。

在确定聚能装药结构时，必须考虑多方面因素，如药量少、穿深好、炸药利用率高等，因此，应选择合适的装药结构。通常，装药带有尾锥，由于罩顶到轴线闭合处距离很近，罩顶后装药呈截锥形，虽然尾部会受侧向稀疏波的影响，但是对药型罩接受炸药能量无太大影响。

油气井聚能射孔弹的装药直径受井下条件限制，不可能做得太大，设计时应该考虑在较小的装药直径和较轻的弹重条件下，选择合适的长径比，通常为2.0～2.5，以确保射孔弹的威力。

在有限板时，装药常由副药柱和主药柱分别进行压制后组装而成，副药柱的密度应比主药柱的密度稍低。各部位尺寸可参见图10-15。图中d_k为选定位，则其他尺寸为

$$h_1=\frac{0.5d_k}{3\tan\alpha} \tag{10-7}$$

$$d_{ac} = (0.35 \sim 0.45) d_k \tag{10-8}$$

$$h_a = r_3 d_k \tag{10-9}$$

$$d_{\sqrt{40°}} = r_2 d_k \tag{10-10}$$

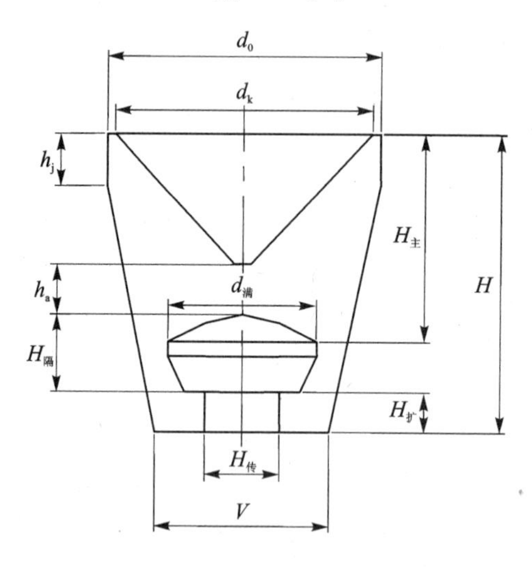

图 10-15　带隔板的聚能药尺寸参考值

r_2 与锥角有关,其数值如表 10-8 所列。

表 10-8　不同锥角 r_2 的取值

锥角 2α/(°)	40	50	60	70	80	90
r_2	0.2	0.21	0.22	0.23	0.24	0.25

$$H_{主} = \frac{0.5 d_k}{\tan\alpha} + h_0 \tag{10-11}$$

$$H_{隔} = 3 \sim 8\ \text{mm} \tag{10-12}$$

$$H_{隔} = 3 \sim 8\ \text{mm}\quad (可根据材料而定) \tag{10-13}$$

$$H_{扩} = 4 \sim 7\ \text{mm} \tag{10-14}$$

由于石油射孔弹较小,所以一般不用隔板,装药可以一次成型,工艺简单。在设计无隔板的药柱形状时,可参考图 10-16。如果已选定 d_0 和锥角 $2a$,则其他尺寸为

$$d_k = 0.9 d_0 \tag{10-15}$$

$$d_1 = (0.365 \sim 0.45) d \tag{10-16}$$

$$h_c = \frac{0.47 d_0}{3\tan\alpha} \tag{10-17}$$

$$h_b = \frac{0.47 d_0}{\tan\alpha} \tag{10-18}$$

$$H = h_c + h_b = 0.625\left(1 + \frac{0.5}{\tan\alpha}\right) d_0 \tag{10-19}$$

10.3.4　射流直径、穿孔孔径及穿孔深度的计算方法

射流直径、穿孔孔径及穿孔深度是衡量装药结构合理性的重要参数。下面分别叙述这些

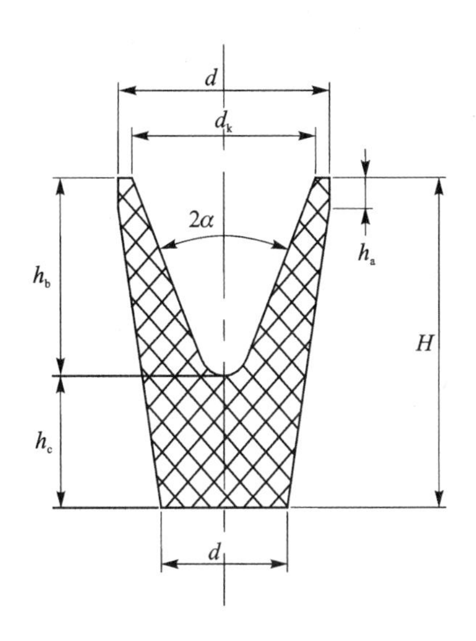

图 10-16　无隔板聚能装药尺寸参考值

参数的计算方法。

1. 射流直径的计算

射流直径是决定穿深的重要因素之一。射流直径的大小与药型罩的锥角、厚度、口径、药型罩材料及射流形成过程中是否保持连续状态有关。用下列公式可以初步计算射流的直径 d_c：

$$d_c = 2\sin\alpha \frac{\sqrt{\delta r_0}}{\varphi} \tag{10-20}$$

式中：d_c——射流直径，mm；

α——药型罩半锥角，(°)；

δ——药型罩的平均壁厚，mm；

r_0——药型罩口部外半径，$r_0=\frac{1}{2}d_0$，mm；

φ——药型罩材料和药型罩锥角的函数，对于连续性射流 $\varphi=2\sim3$，非连续性射流 $\varphi=1$。

杵体直径可用下式计算：

$$d_{ac} = 2\cos^2\alpha\sqrt{2\delta r_0} \tag{10-21}$$

式中：d_{ac}——杵体直径，mm；

α、δ、r_0 意义同式(10-20)。

2. 穿孔孔径的计算

射流穿孔的孔径也是描述穿孔过程的重要参数之一，它与射流速度和直径成正比，又与药型罩和钢靶的材料性质有关。穿孔孔径可用下式计算：

$$R_h = d_c \frac{v_i\sqrt{\rho_j\rho_i}}{\sqrt{2\varepsilon_i}\left(\sqrt{\rho_j}+\sqrt{\rho_i}\right)} \tag{10-22}$$

式中：R_h——平均穿孔孔径，mm；

d_c——射流直径,mm;

ρ_j——药型罩质量密度,g/cm³;

ρ_i——钢靶质量密度,g/cm³;

ε_i——钢靶的强度极限;

v_j——射流速度,m/s。

试验表明,射孔弹对碳钢穿孔孔径约为药型罩口径的 1/2～1/3,对混凝土穿孔孔径约为药型罩口径 1/2～2/3,对坚硬土壤穿孔孔径≥1 倍药型罩口径。

3. 穿孔深度的计算

目前还没有能根据装药结构准确地计算穿深的公式,其原因是压垮速度没有较满意的计算公式,有些资料中介绍的采用有效装药计算穿深的方法也不准确,另外,穿孔终点的临界条件也不十分清楚,如爆轰波形和外壳的影响等不易考虑,因此还须用经验公式来计算。

根据理论与实验得知,影响穿深的主要因素有:药型罩锥角、炸药性能及装药工艺、药型罩的材料性能及其加工方法、隔板、炸高、装药形状和起爆特性等。

锥形药型罩和带隔板的装药穿深经验计算公式如下:

$$L_{隔} = \eta(-0.706 \cdot 10^{-2}\alpha^2 + 0.593\alpha + 0.475 \times 10^{-7}\rho_0 D_0^2 - 9.84)L_m \qquad (10-23)$$

式中:$L_{隔}$——有隔板时穿深,mm;

η——药型罩与靶板材料性能的系数,其取值如表 10-9 所列。

表 10-9　η 的取值

药型罩	紫铜(车制)		钨铜(粉末)		铝(车制)	玻璃
靶	碳钢	坚硬土壤	碳钢	混凝土靶	高强度钢	高强度钢
η	1.10	8—10	1.3—1.5	3—5	0.4～0.49	0.22

α——药型罩半锥角,(°);

ρ_0——炸药的装药密度,g/cm³;

D_0——炸药爆速,m/s;

L_m——药型罩圆锥的母线长,mm。

锥形药型罩和无隔板的装药穿深的经验计算公式如下:

$$L_{无隔} = \eta(0.011\,8 \times 10^{-2}\alpha^2 + 0.106\,2 + 0.250 \times 10^{-7}\rho_0 D_0^2 - 0.53)L_m \qquad (10-24)$$

式中:$L_{无隔}$——无隔板时穿深,mm;

η、α、ρ_0、D_0 和 L_m 意义同式(10-23)。

高能炸药爆速与密度有关,密度变化 0.01 g/cm³时,爆速变化 35～40 m/s,即利用下式可以计算任意密度下的爆速:

$$D_0 = D_{TMD} - (\rho_{TMD} - \rho_0) \times (3\,500 \sim 4\,000)\ \arcsin\theta \qquad (10-25)$$

式中:D_0——炸药爆速,m/s;

ρ_{TMD}——炸药的理论密度,g/cm³;

ρ_0——与 D_0 相对应的装药密度,g/cm³;

D_{TMD}——炸药理论密度时的爆速,m/s。

根据炸药品种确定 35～40 m/s 的具体数值。由于 D_{TMD} 和 ρ_{TMD} 可以查到,所以可以用式

(10-25)计算装药密度为 ρ_0 时的爆速 D_0。如果已知某一密度下的爆速，可以很方便地用爆速变化 35～40 m/s 对应装药密度变化 0.01 g/cm³ 的关系计算出另一密度下的爆速。

利用式(10-23)和式(10-24)时，圆柱体和截锥形的组合装药计算值与实测值相差不大，圆柱形装药计算值略低于实测值，有隔板时约低 7%，无隔板时约低 4 %。

半球形药型罩装药穿透深度的经验计算公式如下：

$$L_{球} = k_0(1.56\ d_k + 0.187h_1)k_L \tag{10-26}$$

式中：$L_{球}$——采用半球形药型罩的穿深，mm；

k_0——与炸药有关的系数；

d_k——药型罩口部内径，mm；

h_1——炸高(一般不大于 5 d_k)，mm；

k_L——与药型罩材料有关的系数，其数值如表 10-10。

表 10-10　k_L 的取值

材　料	紫　铜	铝	玻　璃
k_L	1.13	0.52	0.286

10.4　复合射孔技术

10.4.1　复合射孔技术原理

复合射孔技术也称增效射孔技术，它是利用炸药爆炸与火药燃烧两种能量以微秒和毫秒级的时程先后作用的原理进行设计的。当点火系统点火之后，导爆索引爆射孔弹，射孔弹以微秒级的速度先行完成射孔过程，聚能射流射穿套管及水泥环，并在地层中形成一定长度的孔道。在射孔弹射孔的同时，固体推进剂被导爆索、射孔弹或点火器所产生的爆轰产物或火焰点燃，产生高速气流，形成“气楔”，沿射孔孔眼继续冲击加载，在近井带附近形成多条呈辐射状径向裂缝，以改善油气井渗流条件，同时还解除了射孔污染，增大了井眼至油层沟通的范围，从而大大提高了射孔效率。

传统聚能射孔是利用射孔弹被引爆后产生的高速高能量密度射流把井筒环境和地层环境相沟通来达到采油目的的，但由于聚能射流在射孔的同时易在射孔孔眼周围形成一层致密的压实带，这种压实带形如隔离障，从而使油气井的渗透率大大降低。另外，由于聚能射流穿深的局限性，致使大量原油沉睡于地层无法开采。在此背景下，由于复合射孔技术商业化进程的加快，各种新型射孔技术竞相亮相，如定方位石油复合射孔、多级脉冲石油复合射孔、超正压石油复合射孔等。石油复合射孔除了具有传统聚能射孔的特点外，它还具有以下显著特征：①复合射孔技术的应用不影响聚能射孔弹自身的性能指标；②在不需要通井、洗井的条件下，可使射孔—压裂作业一次完成；③复合射孔具有综合造缝能力强的特点，它可在不损伤套管的前提下，利用高能燃气的后效作用对地层实施脉冲加载，从而极大地降低了地层的表皮系数，提高了地下油气的导流能力；④增加了油井的注入性，保证支撑剂和酸液到位；⑤含能弹架复合射孔，可使燃气沿射孔孔眼直接对射孔孔道实施脉冲加载，高能燃气行程最短，作用集中，能量利用率高。图 10-17 提供了石油复合射孔理想的射孔 $p-t$ 曲线。

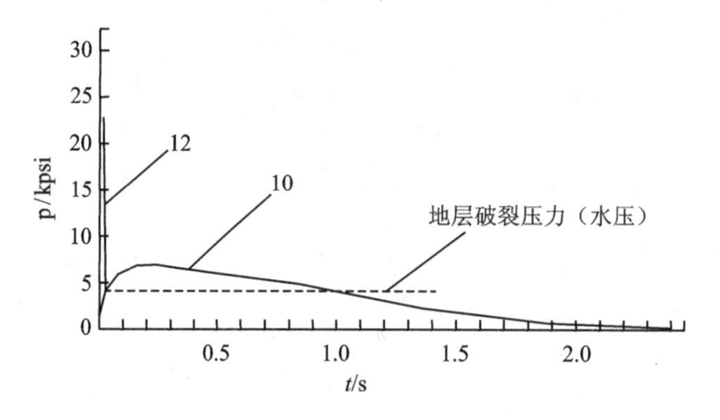

图 10-17　石油复合射孔理想射孔 $p-t$ 曲线

实际应用中，将多个复合射孔弹（单元弹）按不同射孔相位顺序排列，装在复合射孔枪中使用。复合射孔枪的装药结构如图 10-18 所示，其中增效射孔弹的基本结构如图 10-19 所示。

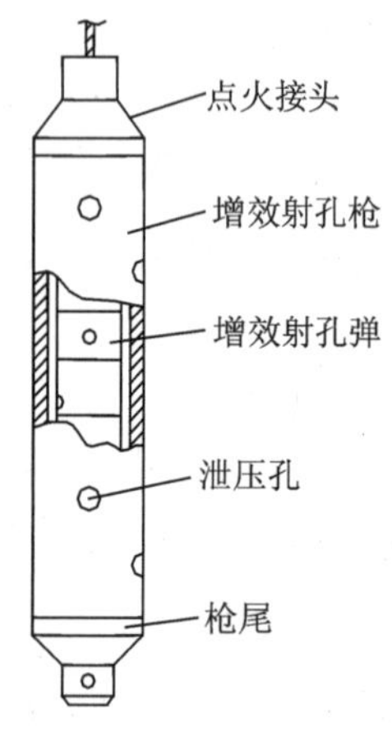

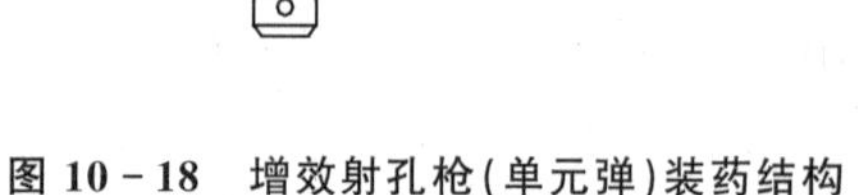

图 10-18　增效射孔枪（单元弹）装药结构

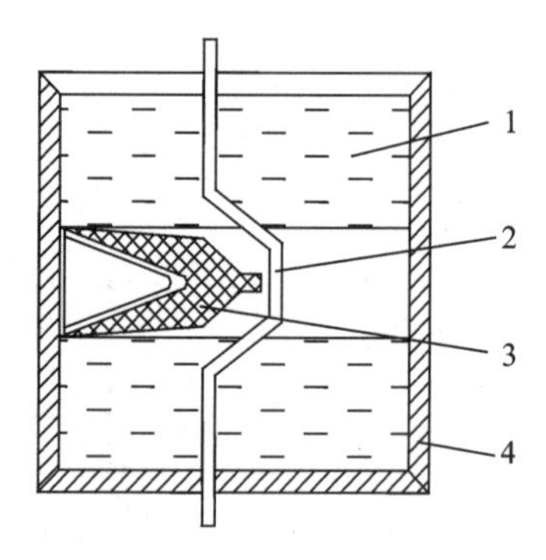

1—火药装药；2—导爆索；3—聚能射孔弹；4—壳体

图 10-19　增效射孔弹基本结构

10.4.2　火药装药燃气峰值压力的设计计算

有关聚能射孔弹的结构设计，在上节中已作了叙述，这里着重给出火药装药燃气峰值压力的设计计算。

在复合射孔技术中，火药主要是以燃烧产物的压力和温度体现其能量特征的，应用时压力值的大小特别是峰值压力 P_{max} 与作用目的层岩石破裂压力的比值关系直接影响到复合射孔的最终效果。

据各油田地震资料统计，砂岩、砾岩等储层岩石的破裂压力大部分在 50 MPa 左右。考虑到井内套管的极限承载压力为 100 MPa 左右，因此设定复合射孔器应用中的峰值压力 $P_{max} \leqslant$ 90 MPa。火药在定容、绝热条件下，燃烧产生峰值压力为

$$P_{max} = F \cdot \Delta / 1 - V \cdot \Delta \tag{10-27}$$

式中：P_{max}——峰值压力，MPa；

F——火药力，J/kg；

Δ——火药装填密度，kg/m³；

V——火药余容，m^3/kg。

根据该峰压值，结合复合射孔器在井中应用的实际情况，即产生的气体压力可随射孔孔眼泄入地层，考虑到存在部分泄气的情况，井中实际存在的峰值压力可按下式近似计算：

$$P_{max} = c(F \cdot \Delta / 1 - V \cdot \Delta) \tag{10-28}$$

式(10－28)实际是在式(10－27)的计算中加一小于1的压力修正系数c。通过该式调整火药装填密度及火药装药量，控制峰值在适当的范围应用。

设定的火药装药量用导爆索点火，经火箭发动机比冲测试，当喷孔直径为ϕ3 mm时，得到的峰值压力为65～70 MPa。六次井内施工，用铜柱测压器测出的实际峰值压力范围在75～83 MPa之间。三百多口井的应用效果表明，复合射孔器设定并达到的峰值压力有效地增加了射孔延缝的深度，破解了射孔压实带的污染，并达到了保护枪体和套管在施工中安全的要求。

10.4.3　复合射孔器的应用特点

复合射孔器有如下特点：

① 穿透深度高、沟通面积大。在符合检验标准的混凝土靶中，常规YD－89射孔器的穿孔深度通常为450 mm左右，复合射孔器的射孔延缝深度为1 930 mm。图10－20表示的复合射孔在井筒周围形成多条裂缝，增大了沟通面积并有与天然裂缝交接的可能。

② 无射孔污染。常规聚能射孔弹射孔中，高速金属射流侵彻岩石时会在孔道周围挤压形成压实带(或称压实罩)，降低岩石的固有渗透率，造成射孔污染。据有关资料介绍，某89－A型射孔弹射孔后压实带厚度平均为14 mm，射孔后形成的压实带见图10－21。复合射孔弹的射孔过程同样也会形成压实，但压实带会被紧接着到来的高速振荡气流加载破除，在压实带上形成多条微裂纹保持或提高了岩层的固有渗透率，从而消除了射孔污染，复合射孔后压实带被破除。

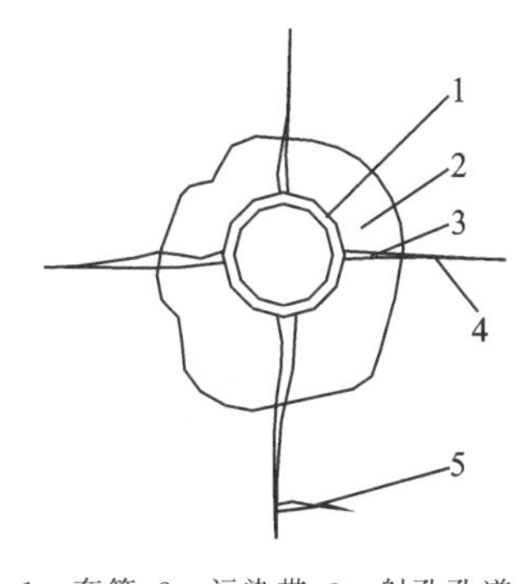

1—套管；2—污染带；3—射孔孔道；
4—延伸的裂缝；5—天然裂缝

图10－20　井中增效射孔效果示意图

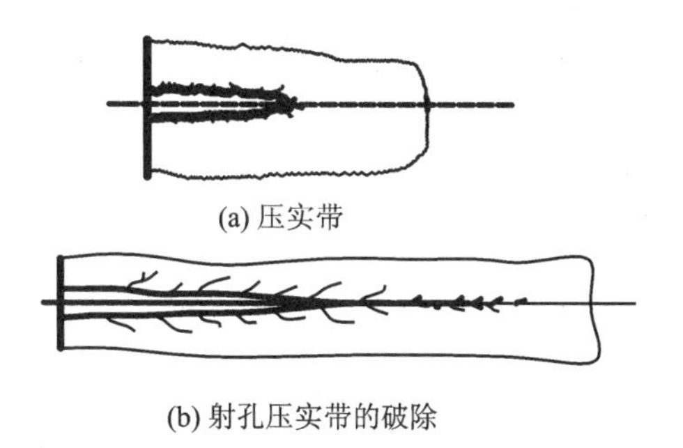

(a) 压实带

(b) 射孔压实带的破除

图10－21　常规聚能射孔与增效射孔弹射孔压实带的破除情况示意图

③ 复合射孔器可用于油气井新井完井，老井补射解堵增产。探井射孔后可真实反映产能等地质参数。近井地带产生的多裂缝体系可给油气井的后续作业(压裂或酸化)打下有利基础。

④ 地层完善程度高。普通YD－89射孔器射孔后，地层表皮系数一般不低于－1.7，复合射孔器射孔后，地层表皮系数达到－3.56，从而提高了地表完善程度。

10.4.4 多脉冲复合射孔压裂技术

复合射孔压裂技术已在国内、外油田中得到比较普遍的应用。但传统的技术只有一级装药,存在作用时间短,延缝长度效果不理想等问题。在此基础上提出了多脉冲复合射孔压裂技术,它采用多级推进脉冲加载的方式,使载荷作用时间由 200 ms 延长到 1 000 ms,增加了延缝半径,提高了增油增注的效果。

1. 技术结构

多脉冲复合射孔枪的结构如图 10-22 所示。枪头枪尾的作用是密封、绝缘射孔枪体,同时也可将多支射孔枪连接成枪串,确保射孔枪在井下正常作业;导爆索串联在射孔弹的端部,它的作用是起爆射孔弹,传爆并逐一引爆装在弹架上的射孔弹进行射孔。泄压孔对准射孔弹射流的方向,以减少射流在枪体上的能量损耗,同时在爆炸瞬间突发形成高压时,可通过泄压孔泄压,保护枪体的安全。弹架是用来装配射孔弹的。

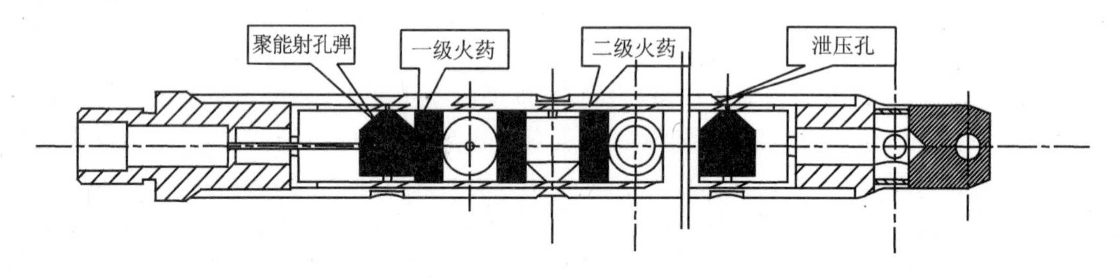

图 10-22 多脉冲复合脉冲射孔器结构图

2. 工作原理

多脉冲复合射孔技术,是一项射孔和压裂相结合的技术。它是在射孔弹架内、外填充多级复合固体推进剂(一级火药和二级火药),把带有射孔弹和复合推进剂的弹架装入射孔枪内,采用管柱传送或电缆传输工艺把射孔器传输到油气井的目的层位。点火起爆射孔弹,射孔弹穿透枪体、目的层套管及岩层,在油层部位形成射孔孔眼。射孔枪内依次燃烧的多级复合固体推进剂(一级火药和二级火药)产生高温高压气体以冲击加载的形式沿射孔孔道挤压冲击地层,使射孔孔道以裂缝的形式延伸扩展,并反复加载冲刷地层,使射孔孔道与天然裂缝沟通。对于新井可以增加原油产量,对于污染严重的老井可以解除近井地带的污染,以提高油井产量。图 10-23是多脉冲复合射孔技术造缝机理示意图。

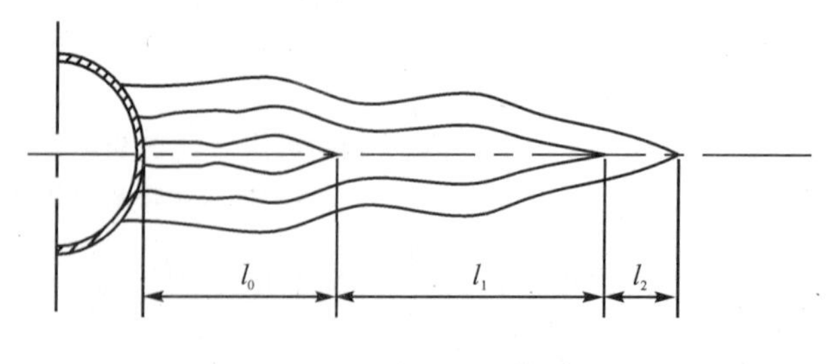

图 10-23 多脉冲延缝机理

图中 l_0 为射孔孔道,l_1 为推进剂 1 级脉冲延缝孔道,l_2 为推进剂 2 级脉冲延缝孔道。

图 10-24 是一种典型的一体式多级脉冲石油复合射孔所测试的 $p-t$ 曲线,其中射孔弹

选用 MC－YD127 型射孔弹、射孔枪为 DSQ102－13 型增效射孔枪、枪体内装有不同燃速的两种火药，套管为 139.7 mm L80，压力传感器测试位置在 $\phi6\times1.25$ m 混凝土靶内。从测试结果可以看出，混凝土靶内射孔波的峰值压力 $p_s=50$ MPa，压裂过程中出现了两个持续时间较长的脉冲周期，其中压裂波最大峰值压力 $p_y=120$ MPa；压裂波完成时间 $t_y=1\ 000$ ms，这种较长时间的脉冲加载对于实现地层的多方位裂缝有积极的意义。

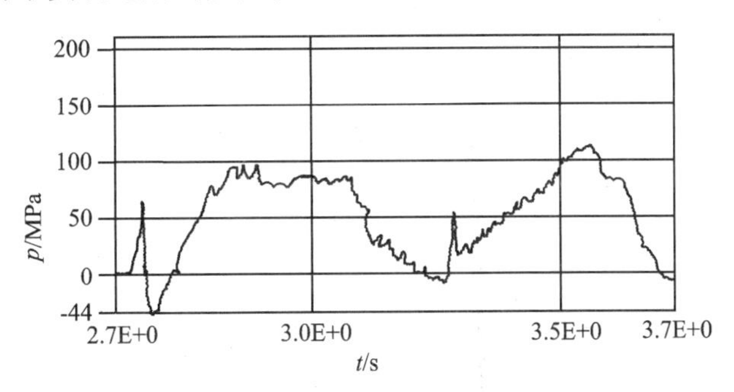

图 10－24　射孔枪内多级脉冲装药的水泥靶内 $p-t$ 曲线

3. 技术特点

多脉冲复合射孔技术是目前射孔领域的高端技术，它与常规复合射孔技术相比较有以下特点：

① 采用贴壁浇注工艺，实现了两级装药，突破了一体式复合装药量偏低的瓶颈；

② 运用延时点火技术，使多级火药分段燃烧，对地层反复加载，造缝效果大幅提高；

③采用燃烧控制技术，能保证射孔器和套管不受意外伤害；

④ 有效加载时间超过 1 000 ms，显著提高了压裂效果；

⑤ 燃气顺射孔孔道直接冲刷射孔孔眼行程短、能量利用率高；

⑥ 不影响射孔弹的射流和穿深；

⑦ 多级复合装药耐温 150 ℃/24 h，能满足国内大多数油田需求。

复习题

1. 地震勘探爆破，理想的震源信号应满足哪些条件？衡量某种激发方式效果好坏的依据主要有哪三个方面？

2. 地震勘探爆破时，激发条件对激震效果的影响有哪些？

3. 试述油气井爆破作业的特点。

4. 配有枪身和无枪身的射孔枪时，应遵守哪些规定？在井中上升和下放射孔枪的允许速度是多少？

5. 油气井采用爆炸灭火时，应遵守哪些规定？

6. 处理油气井中爆炸装置的盲炮，应遵守哪些规定？

7. 请设计口径为 50 mm，对钢靶穿深为 300 mm 的聚能射孔弹。

8. 论述石油增效射孔的发展前景。

第11章　工程爆破数值模拟

模拟是真实过程或系统在整个时间内运行的模仿。随着计算机技术和计算方法的发展，数值模拟技术成为现代工程学形成和发展的重要动力之一。数值模拟也叫计算机模拟，它以电子计算机为手段，通过数值计算和图像显示的方法，对工程问题和物理问题乃至自然界各类问题进行研究。数值模拟包含以下几个步骤：首先要建立反映问题(工程问题、物理问题等)本质的数学模型；寻求高效率、高准确度的计算方法，包括微分方程的离散化方法及求解方法，还包括随体坐标的建立，边界条件的处理等；编制程序和进行计算；在计算工作完成后，把大量数据通过图像显示出来。

随着计算机的迅猛发展以及计算数学与应用数学的长足进步，尤其是以并行计算机为基础的高性能计算在20世纪80年代的兴起，使得计算能力大幅度提高，从而能够精确求解各种复杂的微分方程问题，数值模拟正逐渐成为人类认识自然规律的主要手段。现在对物理问题的研究除了理论研究和试验研究，还可以利用数值模拟来研究，并可以在计算机上进行产品的仿真设计工作，得到用仪器设备实验尚未得到的新结果。数值模拟和实验、理论分析已构成爆炸动力学研究的三种有效方法。现在数值模拟方法广泛应用于土岩爆破、拆除爆破、石油射孔以及爆炸焊接等特种爆破领域，可以有效再现这些过程。

依据计算模拟方法的不同，数值模拟主要分为三类：① 基于力学分析建立的模型，以及在此模型基础上进行计算数值模拟，典型的模型如HARRIS模型、NAG-FRAG模型以及BM-MC模型等；② 基于试验和统计规律建立的爆破参数和效果的经验公式，建立计算模拟程序进行爆破效果数值模拟分析，典型的模型如SUBREX模型、KUZ-RAM模型等以及基于神经网络等建立的爆破效果分析模拟程序也属于此范畴；③ 基于大型动力学有限元程序进行数值模拟计算，常用的程序有SHALE-3D、LS-DYNA、DMC、AUTODYN等。每种模型的适用范围是有限制的，因此模型的使用者必须熟悉模型的假设及其局限性，并尽可能与有关试验数据进行比较。

模拟计算结果的正确性还强烈依赖于输入参数的正确性。有些输入参数可以通过测量得到，但有时难以保证测量的正确性，还有一些参数现在只能靠估计。对于输入数据不确定性的影响程度可通过敏感性分析进行估计。

11.1　爆破计算模型

11.1.1　爆破破碎模型

1. BLASPA模型

BLASPA模型是R. R. Farvreau在爆炸应力波理论基础上建立的三维弹性模型。在岩石各向同性弹性体的假设下，爆炸应力波为许多个球状药包的叠加结果。该模型以岩石动态抗裂为破坏判据，不仅充分考虑了爆炸应力波和爆炸气体综合作用的效果，而且具有模拟炸药、孔网参数等爆破因素的综合能力并可预报爆破块度，从而得到广泛应用。

2. G. Hrries 模型

此模型以爆炸气体准静态压力理论为基础，将爆破问题视作准静态二维弹性问题，把岩石视为均匀连续的弹性介质，假设岩体为以炮孔轴线为中心的厚壁圆筒，爆炸作用使与炮孔轴线垂直的平面内质点产生径向位移，当径向位移产生的切向应变值超过岩石的动态极限抗拉应变时，岩石形成径向裂隙。该模型没有考虑天然节理裂隙对应力波传播和破碎块度的影响，影响了计算结果的准确性和可靠性。

3. BCM 模型

该模型是由美国的 Margolin 等人提出的层状裂纹模型。该模型假设岩石中含有大量圆盘状裂纹，裂纹的法线方向平行于 y 轴，而且单位体积内的裂纹数量(裂纹密度)服从指数分布。根据 Griffith 理论，含有裂纹的岩石在外部应力作用下，释放的应变能大于建立新表面所需的能量时，裂纹将扩展。Margohn 等建立了 BCM 模型的裂纹扩展判据，并由此计算出临界裂纹长度。所有长度大于临界值的裂纹都是不稳定的，有可能扩展，而长度小于临界长度的裂纹都是稳定的。实际问题中不可能对每条裂纹进行判别，所以 BCM 模型假设不考虑裂纹间的相互作用，且所有大于临界长度的裂纹以同一速度扩展。BCM 模型中裂纹均呈水平状发育，仅适用于有层理或沉积岩类岩石。

4. KUSZ 损伤模型

该模型是 Kuszmaul 在 Kipp 和 Grady 研究基础上提出的一种爆破损伤模型，认为当岩石处于体积拉伸或静水压力为拉应力时，岩石中存在的原生裂纹将被激活。裂纹一经激活就影响周围岩石，并使之释放应力，裂纹密度就是裂纹影响区岩石体积与岩石总体积之比。该模型认为岩石中含有大量的原生裂纹，且其长度及方位的空间分布是随机的，而损伤变量、裂纹密度及有效泊松比等参数的关系处理则沿用了 Taylor 和 Chen 的表达式，并假定被激活裂纹的平均半径正比于碎块的平均半径，从而组成了 KUSZ 模型的完整方程组，使模型与模拟岩石性质方面更接近实际。

5. NAG - FRAG 模型

该模型是由美国应用科学有限公司、圣地亚国家实验室和马里兰大学共同开发的，是专门研究裂纹的密集度、扩展情况以及破坏程度的模型。它综合考虑了岩石中应力引起裂纹的激活而形成新的裂纹和爆炸气体渗入引起的裂纹扩展的双重作用。模型认为脉冲载荷使岩石产生破坏的范围或破坏的程度取决于载荷作用下所激活的原有裂纹数量和裂纹的扩展程度。

6. BMMC 模型

由马鞍山矿山研究院提出的露天矿台阶爆破模型。以应力波理论为基础，以岩石单位表面能指标作为岩石破碎的基本判据。根据应力波在均质连续介质中的传播理论计算应力波能量在台阶岩体内的三维分布，假定应力波能量全部转化为掩体破坏形成新表面的表面能，据此计算爆破块度的分布。对于含弱面岩体则认为爆破是在这些天然岩体弱面基础上的进一步破碎。此模型未考虑节理面对应力波的衰减作用。

7. 其他模型

随着非线性科学的发展，利用分形、逾渗、重正化群等理论研究材料的损伤演化及破碎规律已日益受到重视。将分形理论与损伤相结合构造的爆破模型，以分形维数反映岩石损伤程度，有利于定量考察材料损伤演化过程的特征。采用逾渗理论来描述岩石爆破损伤断裂这一动态过程，运用混沌理论对岩石爆破破碎进行的理论模型研究，以及用 TOU－ROTYE 等尝试将重正化群方法应用于岩石破碎的研究，这些采用新理论建立的岩石爆破理论模型，不断推进了爆破模拟研究的发展。

上述几种爆破破碎模型的比较如表 11－1 所列。

表 11－1　爆破破碎模型比较

模　型	研究者	使用范围	方　法	输入数据
BLASPA 模型	Farvreau	破碎预测、爆破设计	爆炸气体和冲击作用而产生破碎的动态模型	爆轰参数；岩石物理性质和设计参数
HARRIES 模型	Harries	破碎、隆起、破碎度、破坏预测	动态应变引起的炮孔周围的破碎	爆破震动和岩石的动载特性
BCM 模型	Margolin	破碎过程	破碎机里和动态应变	爆轰参数；动态应变模型
KUSE 模型	Kuszmaul	岩石断裂	损伤力学方法	岩石性质参数、损伤参数
NAG－FRAG 模型	Mchlugh	裂纹形成、扩展	破裂产生和扩展的统计模型	裂纹分布和弹性波传播特性
SABREX 模型	ORICA	台阶爆破效果	计算机图解计算方法、炸药与岩石相互作用解析法	岩石力学参数、爆破几何参数、炸药、爆破器材及钻孔成本等
JKMRC 模型	KLEINE－LEUNG	块度预测、炸药选择、爆破设计	破碎理论应用到原岩矿块	现场块度分布；能量分布和破碎特性

11.1.2　爆破效果预测模型

爆破效果预测模型力求全面且准确地反映了各种条件因素（诸如矿岩种类、性质及其随空间的变化，地表地形条件，炸药爆炸性能，药量及药包空间分布，起爆顺序和延迟时间等）对爆破作用过程与结果的影响。

1. KUZ－RAM 模型

KUZ－RAM 模型是由南非的 C. Cunningham 根据其多年的矿山爆破工作经验和研究结果提出的一种预测岩石破碎块度的工程统计型模型。该模型以 Kuznetsov 公式为基础，并认为爆破后爆堆岩块块度构成服从 $R-R$ 分布。其基本表达式如下：

$$\overline{X} = k\left(\frac{V_0}{q}\right)^{0.8} Q^{0.17} \tag{11-1}$$

$$N = \left[2.2-\left(\frac{14W}{D}\right)\right]\frac{(1-\delta/W)[1+(M-1)]L}{2H} \tag{11-2}$$

式中：$\overline{X}$——平均破碎块度（筛下累计率为 50％时的岩块尺寸），cm；

k——岩石系数，中硬岩石 $k=7$，裂隙发育岩石 $k=10$，裂隙不明显的硬岩，$k=13$；

V_0——每孔破碎岩石体积，m^3；

Q——每孔装药量，kg，超深部分炸药除，外铵油炸药则按质量威力折算；

W——最小抵抗线，m；

D——炮孔直径，mm；

δ——钻孔精度标准误差，mm；

M——炮孔邻近系数(孔距与最小抵抗线之比)；

L——台阶底盘标高以上装药高度，m；

H——台阶高度，m。

2. BELFEN 模型

BELFEN 模型是采用有限元和离散元相结合的方法模拟爆破破坏和抛移的三维数学模型。在运行过程中，要求输入药包位置、台阶边界条件、岩石性质参数(如密度、抗压强度、杨氏模量和泊松比)以及有限元网格密度。该模型存在着设定有限元网格密度对爆破效果无影响以及未考虑岩体中节理裂隙等地质不连续面对爆破效果影响的缺陷。

3. SABREX 模型

SABREX 模型是由英国 ICI 公司于 1987 年始推出的一种理论与经验统计相结合的综合性模型，也是目前国内外相对较为完善和先进的一种数学模型。该模型有若干模块构成：炸药数据输入模块 CPEX 和 LBEND；破碎块度预测模块 CRACK 和 KUZ—RAM；爆堆形态预测模块 HEAVE；岩石破裂模块 RUPTURE 等。它可以预测以下结果：岩石块度分布、爆堆形态、飞石控制、后冲破坏、超深破坏和爆破成本等。爆堆形态模拟模型是在现场高速摄影测定台阶表面质点速度的基础上，找出台阶坡面上不同位置在爆堆形成过程中的初速度与爆堆最终形状的统计关系，据此预测爆堆形态。然而，SABREX 模型未能对原岩节理裂隙等对爆破效果的影响给予充分的考虑。

4. 爆堆图像分析模型

采用爆堆块度的计算机图像分析方法可对爆破破碎效果进行评价。图像分析方法评价爆堆块度的大小与组成的基本原理与步骤包括：① “抽样”拍摄爆堆表(断)面，以二维图像的形式获取爆堆矿岩块度的原始信息；② 采用“二值化”等图像处理技术，由计算机对岩块平面投影的边界进行识别；③ 由计算机对图像中各个岩块的平面几何特征尺寸(如定向弦长、最大弦长及投影面积等)进行统计计算；④ 直接对上述统计计算的结果数据，将所得数据转换为岩块的体积尺寸，求得爆堆岩块的块度分布特征参数，以对全爆堆岩块的块度大小与组成给出综合的定量评价。

11.1.3　常用爆破设计软件和数值模拟软件

1. 爆破设计软件

计算机在工程爆破中的应用研究始于 20 世纪 80 年代初期，开始主要用于露天台阶爆破，随着专家系统和 CAD 技术的发展，已经开发了一批能够完成爆破设计、参数优化、爆破效果模拟分析和数据管理的系统软件，几种典型的爆破设计软件如表 11－2 所列。

表 11－2　爆破设计专家系统软件

专家系统	开发单位	简　介	特　点
BALSTCAD	加拿大 Noranda 科技中心	地下矿山开采爆破的三维计算机辅助设计系统，实现了药孔布置图设计和方案设计文书输出的自动化	
BESTPOL	印度矿业学院	可完成台阶地形图、钻孔分布及参数图等15个参数的输出，而每次解决问题的经验都用于对已有知识的优选修改和认可	采用案例推理、规则推理，系统中采用横向检索策略搜索出有关相似案例资料，进而使用规则推理进行适当的修改，通过不断的反馈信息修改设计方案
爆破专家系统	澳大利亚西部矿业学院	整个系统具有爆破对策选择、设备选择、方案选择、矿石块度分布预测、矿石损失与贫化预测、参数的敏感性研究及参数最优选择等输出功能	利用模糊数学理论帮助用户对爆破对策的选择，可以显示出置信水平，系统分为规划系统与咨询系统
SHOT－PLUS	ORICA 公司	露天台阶抛掷爆破参数设计和爆破网路设计，具有爆破效果预测设和分析预测功能	可自动生成报表和文件
露天爆破设计和咨询专家系统	美国俄亥俄矿业大学	进行爆破方案设计和爆破震动分析，该系统有两个相对独立的模块	
爆破优化设计专家	美国爱达荷矿业学院	集露天爆破方案优化设计和专家知识推理于一体	
EXPERTIR	法国巴黎高等矿业学院	以岩石最佳破碎为目标，系统由解决不同问题的各种模块衔接而成	已在露天爆破中得到应用，并显示出良好的应用前景
BLAST－CODE	北京科技大学	通过分析地形、矿岩以及炸药性能等因素，根据矿岩可爆性指数及台阶自由面条件，自动进行台阶爆破设计和效果预测	

2. 常用爆破数值模拟软件

常见的爆破数值模拟软件见表 11－3。爆破过程数值模拟的典型步骤如下：

① 在分析所研究问题的原型基础上建立简化的研究物理模型；② 针对所建立的简化物理模型建立计算和数值模型；③ 进行模拟计算和对模拟计算结果进行分析研究；④ 模拟结果的验证和对计算模型进行修正。

表 11－3　常用爆破数值模拟软件

程　序	研究者	发表年份	方　法	性能简介
LS－DYNA	美国 ANSYS 公司	1976 年	有限元	显式非线性动力分析通用的有限元程序
ABAQUS		1978 年	有限元	可以分析复杂的固体力学和结构力学系统，分析模块 ABAQUS/Explicit 主要用于求解碰撞、跌落、爆炸等高速动力学问题

续表 11-3

程　序	研究者	发表年份	方　法	性能简介
SHALE-3D	美国 Los Almos 国家实验室	1980 年	有限差分	爆破引起的岩石损伤、破碎演化
DDA	美国 DDA 公司	1985 年	不连续变形分析	可计算不连续形状块体、接触变形问题
PRONTO	美国圣地亚实验室	1990 年	有限元	应力波传播的计算机程序
DMC	美国圣地亚实验室与 ICI 公司共同开发	1993 年	离散元	煤矿台阶爆破，包括抛掷爆破设计
AUTODYN	Century Dynamics 公司现已并入 ANSYS)	1993 年	有限元	显示有限元分析可解决固液气体及其相互作用的非线性动力学问题
HSBM	众多研究单位联合研发	2001 年	有限元和离散元	可以模拟爆破的全过程，例如炸药的爆轰、冲击波传播、岩石破碎、岩体抛掷、爆堆形成、振动等

11.2　有限元法理论基础

许多爆炸和高速碰撞的物理问题可以划分为微分方程的定解问题，也可以归结为变分问题。从前者出发形成了解析法即有限差分法，而以后者为基础形成了有限元法。

解析法是对微元体进行几何和力学分析，使微元的体积趋于零而得到偏微分方程组，然后在一定的条件下用严格的数学方法求解偏微分方程组得到解析解，但是能够得出解析解的问题比较少，有限差分法正是为了解决这一问题而发展起来的，它以差商代替偏导数将偏微分方程离散化得到了差分方程组，并通过解差分方程组得到偏微分方程组的解。

变分法是求泛函极值的问题，以虚功原理为基础，用积分表达式代替了定解问题的微分表达式。有限元法中单元的划分较差分法中的网格灵活，可以用任意形状的网格来分隔区域，对区域适应性较好，此外，有限元法容易编制计算机通用程序。

有限元程序分为结构有限元和动力有限元两大类。结构有限元适用于线弹性范围内静态或准静态应力的求解。动力有限元涉及到塑性变形，甚至大塑性变形等问题，例如高速射流的侵彻。在塑性变形范围内应力不仅同应变有关而且与其变形历史有关，故应力和应变不再存在一一对应关系，故不能再通过单元刚度矩阵和总体刚度矩阵求解，故动力有限元同结构有限元既有相似之处，又有了本质上的差别，不再基于变分原理，而是介于有限差分和结构有限元之间的一种算法。

近几十年来，有限元方法迅速发展，已成为解决流体弹塑性计算和爆炸数值模拟问题的一个重要手段。有限元方法已很好地解决了小变形弹性问题，在计算爆炸冲击这类问题时却遇到了不少困难，主要问题在于爆炸冲击问题往往会产生大变形，而表现出三重非线性：① 几何非线性(大变形)；② 材料非线性(材料本构方程的复杂性)；③ 边界非线性(炸药与孔壁形成滑移面)。

有限元程序很多，例如 AUTODYN、LS-DYNA 等，其中以 LS-DYNA 应用最为广泛，自从 DYNA3D 第一版 1976 年公布以来，美国的劳伦斯利维莫尔国家实验室在非线性有限元方面做了大量的工作，将 LS－DYNA3D 系统不断改进，加入新功能，取得了一些开创性的研究成果。该系统有近百种金属和非金属材料模型可供选用，如弹性、弹塑性、泡沫、玻璃、混凝土、炸药及引爆燃烧、刚性材料及用户自定义材料，并可考虑材料失效、损伤、各向异性、粘性等性质。自 1989 年以来，已被许多世界著名的航空、航天、汽车、造船、军工大型企业所采用，广泛应用于高速碰撞模拟、金属成型、焊接、射孔、和应力波传播等场合。因此 LS－DYNA3D 软件的出现为我们计算三维爆炸应力场提供了重要的工具。本节以其为基础，介绍有限元方法的计算原理以及应用。

11.2.1 有限元法基本方程

1. 控制方程

LS－DYNA 程序主要算法采用 Lagrange 算法。任意 t 时刻物体的构型为

$$x_i = x_i(X_j, t), \qquad i = 1,2,3 \tag{11-3}$$

式中：x_i——质点在固定坐标系中的坐标；

X_j——质点的物质坐标。

在 $t=0$ 时刻，有初始条件

$$x_i(X_j, 0) = X_i \tag{11-4}$$

$$\dot{x}_i(X_j, 0) = v_i(X_j, 0) \tag{11-5}$$

式中：v_i——初始速度。

动量方程

$$\sigma_{ij,j} + \rho f_i = \rho \ddot{x}_i \tag{11-6}$$

式中：σ_{ij}——Cauchy 应力；

f_i——单位质量体积力；

$\ddot{x}_i$——加速度。

质量守恒

$$\rho = J\rho_0 \tag{11-7}$$

式中：ρ——当前质量密度，g/cm^3

ρ_0——初始质量密度，g/cm^3。

能量守恒用于状态方程和总的能量平衡计算。公式如下：

$$\dot{E} = VS_{ij}\dot{\varepsilon}_{ij} - (p+q)V \tag{11-8}$$

式中：V——现时构形的体积；

$\dot{\varepsilon}_{ij}$——应变率张量；

q——体积粘性阻力。

偏应力

$$S_{ij} = \sigma_{ij} + (p+q)\sigma_{ij} \tag{11-9}$$

压力

$$p = -\frac{1}{3}\sigma_{kk} - q \tag{11-10}$$

边界条件示意图见图 11－1。

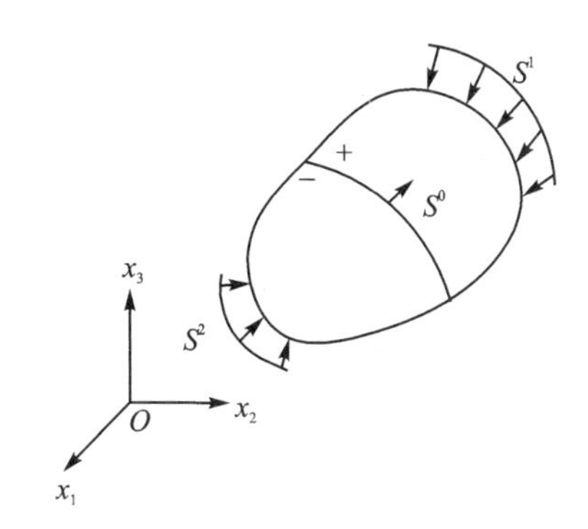

图 11－1　边界条件示意图

（1）面力边界条件

$$\sigma_{ij}n_j = t_i(t) \quad (\text{在 } S^1 \text{ 面力边界上}) \tag{11-11}$$

式中：n_j——现时构形边界 S^1 的外法线方向余弦，$j=1,2,3$；

t_i——面力载荷，$i=1,2,3$。

（2）位移边界条件

$$x_i(X_j, t) = K_i(t) \quad (\text{在 } S^2 \text{ 位移边界上}) \tag{11-12}$$

式中：$K_i(t)$——给定位移函数，$i=1,2,3$。

（3）滑动接触面间断处的跳跃条件

$$(\sigma_{ij}^+ - \sigma_{ij}^-)n_j = 0 \quad (\text{当 } x_i^+ = x_i^- \text{ 接触时沿接触边界 } S^0) \tag{11-13}$$

伽辽金法弱形式平衡方程为

$$\int_v (\rho \ddot{x} - \sigma_{ij} - \rho f_i)\delta x_i \mathrm{d}V + \int_{s^0} (\sigma_{ij}^+ - \sigma_{ij}^-)n_j \delta x_i \mathrm{d}S + \int_{s^1} (\sigma_{ij}n_j - t_i)\delta x_i \mathrm{d}S = 0 \tag{11-14}$$

其中，δx_i 在 S^2 边界上满足位移边界条件。

应用散度定理

$$\int_v (\sigma_{ij}\delta x_i)_{,j} \mathrm{d}V = \int_{s^1} \sigma_{ij}n_j \delta x_i \mathrm{d}S + \int_{s^0} (\sigma_{ij}^+ - \sigma_{ij}^-)n_j \delta x_i \mathrm{d}S \tag{11-15}$$

并注意到分部积分

$$(\sigma_{ij}\delta x_i)_{,j} - \sigma_{ij,j}\delta x_i = \sigma_{ij}\delta x_{i,j} \tag{11-16}$$

上式可改写成

$$\delta\pi = \int_v \rho \ddot{x}_i \delta x_i \mathrm{d}V + \int_v \sigma_{ij}\delta x_{i,j} \mathrm{d}V - \int_v \rho f_i \delta x_i \mathrm{d}V - \int_{s^1} t_i \delta x_i \mathrm{d}S = 0 \tag{11-17}$$

此即虚功原理的变分列式。

2. 空间有限元离散化

在 LS－DYNA3D 程序的早期版本中曾采用过 20 节点 2×2×2 Gauss 积分实体单元，但在工程课题运算中发现，高阶单元虽能准确计算低频动力响应，但用于高速碰撞以及应力波传递的动力分析问题，它的运算速度过低而不实用。现版本采用 8 节点六面体实体单元（可退化为 6 节点、4 节点实体单元），这种低阶单元运算速度快且精度高。

单元内任意点的坐标用节点坐标插值表示为

$$x_i(\xi,\eta,\zeta,t)=\sum_{j=1}^{8}\phi_j(\xi,\eta,\zeta)x_i^j(t)\qquad i=1,2,3 \tag{11-18}$$

式中：ξ,η,ζ——自然坐标；

$x_i^j(t)$——t 时刻第 j 节点的坐标值。

形状函数 $\phi_j(\xi,\eta,\zeta)$ 为

$$\phi_j(\xi,\eta,\zeta)=\frac{1}{8}(1+\xi\xi_j)(1+\eta\eta_j)(1+\zeta\zeta_j)\qquad j=1,2,\cdots,8 \tag{11-19}$$

式中：(ξ_j,η_j,ζ_j)——单元第 j 节点的自然坐标。

式(11-18)用矩阵表示为

$$\{x(\xi,\eta,\zeta,t)\}=[N]\{x\}^e \tag{11-20}$$

式中，单元内任意点坐标矢量

$$\{x(\xi,\eta,\zeta,t)\}=[N]\{x\}^{\mathrm{T}}=[x_1\quad x_2\quad x_3]$$

单元节点坐标矢量

$$\{x\}^{e\mathrm{T}}=[x_1^1,x_2^1,x_3^1,\cdots x_1^8,x_2^8,x_3^8]$$

插值矩阵为

$$[N(\xi,\eta,\zeta)]=\begin{bmatrix}\phi_1 & 0 & 0 & \cdots & \phi_8 & 0 & 0\\ 0 & \phi_1 & 0 & \cdots & 0 & \phi_8 & 0\\ 0 & 0 & \phi_1 & \cdots & 0 & 0 & \phi_8\end{bmatrix}_{3\times 24} \tag{11-21}$$

将式(11-20)代入式(11-19)得矩阵形式的表达式为

$$\delta\pi=\sum_{m=1}^{n}\delta x^{e\mathrm{T}}\left[\int_{v_m}\rho\boldsymbol{N}^{\mathrm{T}}\mathrm{d}V\ddot{x}^e+\int_{v_m}\boldsymbol{B}^{\mathrm{T}}\boldsymbol{\sigma}\mathrm{d}V-\int_{v_m}\rho\boldsymbol{N}^{\mathrm{T}}f\mathrm{d}V-\int_{s_m^1}\boldsymbol{N}^{\mathrm{T}}t\mathrm{d}S\right]=0 \tag{11-22}$$

式中，Cauchy 应力矢量

$$\boldsymbol{\sigma}^{\mathrm{T}}=[\sigma_x\quad\sigma_y\quad\sigma_z\quad\sigma_{xy}\quad\sigma_{yz}\quad\sigma_{zx}]$$

应变位移矩阵 $\boldsymbol{B}$ 为

$$\boldsymbol{B}=\begin{bmatrix}\frac{\partial}{\partial x_1} & 0 & 0\\ 0 & \frac{\partial}{\partial x_2} & 0\\ 0 & 0 & \frac{\partial}{\partial x_3}\\ \frac{\partial}{\partial x_2} & \frac{\partial}{\partial x_1} & 0\\ 0 & \frac{\partial}{\partial x_3} & \frac{\partial}{\partial x_2}\\ \frac{\partial}{\partial x_3} & 0 & \frac{\partial}{\partial x_1}\end{bmatrix}\boldsymbol{N} \tag{11-23}$$

体力矢量 $\boldsymbol{f}^{\mathrm{T}}=[f_1\quad f_2\quad f_3]$，面力矢量 $\boldsymbol{t}^{\mathrm{T}}=[t_1\quad t_2\quad t_3]$，$n$ 为单元数。

LS-DYNA3D 程序将单元质量矩阵

$$m=\int_{v_m}\rho\boldsymbol{N}^{\mathrm{T}}\boldsymbol{N}\mathrm{d}V \tag{11-24}$$

的同一行矩阵元素都合并到对角元素项，形成集中质量矩阵。

经单元计算并组集后，式(11－22)可写成

$$\delta \boldsymbol{x}^{\mathrm{T}}[\boldsymbol{M}\ddot{\boldsymbol{x}}(t)+\boldsymbol{F}(x,\dot{x})-\boldsymbol{P}(x,t)]=\boldsymbol{0} \tag{11-25}$$

或

$$\boldsymbol{M}\ddot{\boldsymbol{x}}(t)=\boldsymbol{P}(x,t)-\boldsymbol{F}(x,\dot{x}) \tag{11-26}$$

式中：$\boldsymbol{M}$——总体质量矩阵；

$\ddot{\boldsymbol{x}}(t)$——总体节点加速度矢量；

$\boldsymbol{P}$——总体载荷矢量，由节点载荷、面力、体力等形成；

$\boldsymbol{F}$——单元应力场的等效节点力矢量(或称应力散度)组集而成，即

$$F=\sum_{m=1}^{n}\int_{v_m}\boldsymbol{B}^{\mathrm{T}}\boldsymbol{\sigma}\mathrm{d}V \tag{11-27}$$

11.2.2　沙漏粘性与人工体积粘性控制

非线性动力分析程序用于工程计算，最大的困难是耗费机时过多，显式积分的每一时步都是单元计算机时的主要部分。采用单点 Gauss 积分的单元计算可以极大地节省数据存储量和运算次数，但是单点积分可能引起零能模式，或称沙漏模态(Hourglassing mode)，单点 Gauss 积分时单元变形的沙漏模态被丢失，即它对单元应变能的计算没有影响，故称为零模态。在动力响应计算时，沙漏模态将不受控制，出现计算的数值振荡。LS－DYNA3D 程序采用沙漏粘性阻尼控制零能模式。

LS－DYNA3D 程序有 Standard(缺值算法)、Flanagan-Be-lytschko 等沙漏黏性阻尼算法。这里介绍 Standard 算法。

单元各个节点处沿 x_i 轴方向引入沙漏粘性阻尼力为

$$f_{ik}=-\alpha_k\sum_{j=1}^{4}h_{ij}\Gamma_{jk},\qquad i=1,2,3,\quad k=1,2,\cdots,8 \tag{11-28}$$

式中：h_{ij}——沙漏模态的模，其算式为

$$h_{ij}=\sum_{k=1}^{8}\dot{x}_i^k\Gamma_{jk} \tag{11-29}$$

负号表示沙漏阻尼力分量 f_{ik} 的方向与沙漏模态 Γ_{jk} 的变形方向相反。

$$\alpha_k=Q_{\mathrm{hg}}\rho V_e^{\frac{2}{3}}C/4 \tag{11-30}$$

式中：V_{e}——单元体积；

C——材料的声速，m/s；

Q_{hg}——用户定义的常数，通常取 0.05～0.15；

ρ——当前质量密度，g/cm^3。

将各单元节点的沙漏粘性阻尼力组集成总体结构沙漏粘性阻尼力 H。此时非线性运动方程组(11－26)应改写成

$$M\ddot{x}(t)=P(x,t)-F(x,\dot{x})+H \tag{11-31}$$

由于沙漏模态与实际变形的其他基矢量是正交的，沙漏模态在运算中不断进行控制，沙漏

粘性阻尼力作的功在总能量中可以忽略，沙漏粘性阻力的计算比较简单，耗费的机时极少。单元计算采用单点 Gauss 积分比 2×2×2 点 Gauss 积分或 3×3×3 点 Gauss 积分的单元数据存储量和计算机时要降低到 1/8 或者 1/27，并且在形心处($\xi=\eta=\zeta=0$)进行单元计算时，求应变位移矩阵 $\boldsymbol{B}$。由于

$$\frac{\partial \phi_5}{\partial x_i}=-\frac{\partial \phi_3}{\partial x_i},\qquad \frac{\partial \phi_6}{\partial x_i}=-\frac{\partial \phi_4}{\partial x_i}$$

$$\frac{\partial \phi_7}{\partial x_i}=-\frac{\partial \phi_1}{\partial x_i},\qquad \frac{\partial \phi_8}{\partial x_i}=-\frac{\partial \phi_2}{\partial x_i}$$

又可大大节省计算机时，因此采用单点 Gauss 积分进行单元计算会显著节省存储单元数目和计算的机时。

人工粘性采用 von Neumann 和 Richtmyer 形式，在 LS－DYNA3D 程序的标准算法是

$$q=\begin{cases}\rho l(c_0 l\,|\dot{\varepsilon}_{kk}|_0^2,-c_1\alpha|\dot{\varepsilon}_{kk}|), & \dot{\varepsilon}_{kk}<0\\ 0 & \dot{\varepsilon}_{kk}\geqslant 0\end{cases}\tag{11-32}$$

式中：l—特征长度，$l=\sqrt[3]{V}$；

α——局部声速；

ρ——当前质量密度；

$|\dot{\varepsilon}_{kk}|$——应变率张量的迹，即$|(\dot{\varepsilon}_{11}+\dot{\varepsilon}_{22}+\dot{\varepsilon}_{33})|$；

c_0(缺值为 1.5)和 c_1(缺值为 0.06)——无量纲常数。

引进人工体积粘性 q 后，应力计算公式变成

$$\sigma_{ij}=S_{ij}+(p+q)\delta_{ij}\tag{11-33}$$

式中：p——压力；

S_{ij}——偏应力张量。

11.2.3 应力计算

每一时步要计算$\int \boldsymbol{B}^{\mathrm{T}}\boldsymbol{\sigma}\mathrm{d}V$，必须先求得单元应力 $\boldsymbol{\sigma}$。它与材料模型有关，在 LS－DYNA 程序中有金属和非金属材料模型近 100 多种，不仅要考虑应力-应变的本构关系，还要考虑材料的损伤和破坏，并且对于弹塑性材料加载与卸载过程的应力-应变本构关系也不相同，即它们的性质和时间历程有关。

已知 t_n 时刻的构形 $x(t_n)$、$\dot{x}(t_n)$和应力矢量 $\boldsymbol{\sigma}(t_n)$、t_{n+1}时刻的构形 $x(t_{n+1})$、$\dot{x}(t_{n+1})$，求 t_{n+1}时刻的应力矢量 $\boldsymbol{\sigma}(t_{n+1})$，即

$$\boldsymbol{\sigma}_{ij}(t_{n+1})=\boldsymbol{\sigma}_{ij}(t_n)+\boldsymbol{\sigma}_{ij}(t_{n+\frac{1}{2}})\Delta t_n\tag{11-34}$$

式中

$$t_{n+\frac{1}{2}}=\frac{1}{2}(t_n+t_{n+1})$$

$$\Delta t=t_{n+1}-t_n$$

考虑到结构大变形时存在大转动，在本构方程中与应变率对应的应力率(应力对时间的导数)必须是关于刚体转动具有不变性的客观张量，在连续介质力学中 Jaumann 应力率 $\overset{\nabla}{\sigma}$ 符合

这个要求。

Jaumann 应力率$\overset{\nabla}{\sigma}_{ij}$的表达式是

$$\overset{\nabla}{\sigma}_{ij} = \dot{\sigma}_{ij} - \sigma_{ik}\Omega_{kj} - \sigma_{ik}\Omega_{ki} \tag{11-35}$$

式中：Ω_{ij}——旋转张量。

$$\Omega_{ij} = \frac{1}{2}\left(\frac{\partial \dot{x}_j}{\partial x_i} - \frac{\partial \dot{x}_i}{\partial x_j}\right) \tag{11-36}$$

各向同性线弹性材料模型的本构关系是

$$\overset{\nabla}{\sigma}_{ij} = C_{ijkl}\dot{\varepsilon}_{kl} \tag{11-37}$$

式中

$$\dot{\varepsilon}_{kl} = \frac{1}{2}\left(\frac{\partial \dot{x}_k}{\partial x_l} - \frac{\partial \dot{x}_l}{\partial x_k}\right)$$

为应变率，C_{ijkl}是材料的弹性常数。

由式(11－35)得

$$\dot{\sigma}_{ij} = \overset{\nabla}{\sigma}_{ij} + \sigma_{ik}\Omega_{kj} + \sigma_{jk}\Omega_{ki} \tag{11-38}$$

将式(11－37)代入式(11－35)，结果

$$\sigma_{ij}(t_{n+1}) = \sigma_{ij}(t_n) + C_{ijkl}\dot{\varepsilon}_{kl}(t_{n+\frac{1}{2}})\Delta t_n + [\sigma_{ik}(t_n)\Omega_{kj}(t_{n+\frac{1}{2}}) + \sigma_{jk}(t_n)\Omega_{ki}(t_{n+\frac{1}{2}})]\Delta t_n \tag{11-39}$$

11.2.4　时间积分和时步长控制

LS－DYNA3D 程序的运动方程(11－31)考虑阻尼影响后为

$$\boldsymbol{M}\ddot{\boldsymbol{x}}(t) = \boldsymbol{P} - \boldsymbol{F} + \boldsymbol{H} - \boldsymbol{C}\dot{\boldsymbol{x}} \tag{11-40}$$

其时间积分采用显式中心差分法，它的算式是

$$\ddot{\boldsymbol{x}}(t_n) = \boldsymbol{M}^{-1}[\boldsymbol{P}(t_n) - \boldsymbol{F}(t_n) + \boldsymbol{H}(t_n) - \boldsymbol{C}\dot{\boldsymbol{x}}(t_{n-\frac{1}{2}})] \tag{11-41}$$

$$\dot{x}(t_{n+\frac{1}{2}}) = \dot{x}(t_{n-\frac{1}{2}}) + \frac{1}{2}(\Delta t_{n-1} + \Delta t_n)\ddot{\boldsymbol{x}}(t_n) \tag{11-42}$$

$$\boldsymbol{x}(t_{n+1}) = \boldsymbol{x}(t_n) + \Delta t_n\dot{\boldsymbol{x}}(t_{n+\frac{1}{2}}) \tag{11-43}$$

式中

$$t_{n-\frac{1}{2}} = \frac{1}{2}(t_n + t_{n-1}),\quad t_{n+\frac{1}{2}} = \frac{1}{2}(t_{n+1} + t_n)$$

$$\Delta t_{n-1} = (t_n - t_{n-1}),\quad \Delta t_n = (t_{n+1} - t_n)$$

$\ddot{\boldsymbol{x}}(t_n)$——$t_n$ 时刻的节点加速度矢量；

$\dot{\boldsymbol{x}}(t_{n+1/2})$——$t_{n+1/2}$时刻的节点速度矢量；

$\boldsymbol{x}(t_{n+1})$——t_{n+1}时的节点坐标矢量。

由于采用了集中质量矩阵M，运动方程组(11－3)的求解是非耦合的，不需要组集总体矩阵，因此大大节省存储空间和求解机时，但是显式中心差分法是有条件稳定的。在 LS－DYNA3D 程序中采用变时步长增量解法。每一时刻的时步长由当前构形的稳定性条件控制，其算法如下。

先计算每一个单元的极限时步长($i=1,2\cdots$)Δt_{ei}为显式中心差分法稳定性条件允许的最大时步长)，则下一时步长 Δt 取其极小值，即

$$\Delta t=\min(\Delta t_{e1},\Delta t_{e2},\cdots,\Delta t_{em}) \tag{11-44}$$

式中：Δt_{ei}——第 i 个单元的极限步长，m 是单元数目。

各种单元类型的极限步长 Δt_e 采用不同的算法，例如：

杆单元和梁单元

$$\Delta t_e=s\left(\frac{L}{c}\right) \tag{11-45}$$

式中：s——时步因子(缺值为 0.9)；

L——杆单元和梁单元长度；

c——材料的声速，m/s。

$$c=\sqrt{\frac{E}{\rho}} \tag{11-46}$$

三维实体单元

$$\Delta t_e=\frac{\alpha L_e}{Q+(Q^2+c^2)^{\frac{1}{2}}} \tag{11-47}$$

式中

$$Q=\begin{cases}C_1 c+C_0 L_e\left|\dot{\varepsilon}_{kk}\right|, & \text{当 } \dot{\varepsilon}_{kk}<0\\ 0, & \text{当 } \dot{\varepsilon}_{kk}\geqslant 0\end{cases}$$

L_e——特征长度(对于 8 节点实体单元 $L_e=V_e/A_{emax}$，4 节点实体单元 L_e 为最小高度)；

C_1 和 C_0——无量纲常数(缺值分别为 1.5 和 0.06)；

c——材料的声速，弹性材料为

$$c=\sqrt{\frac{E(1-\mu)}{(1+\mu)(1-\mu)\rho}} \tag{11-48}$$

式中：E——杨氏模量，kPa；

μ——泊松比；

ρ——当时质量密度，kg/m^3；

V_e——单元体积；

A_{emax}——单元最大一侧的面积。

11.3 状态方程和本构关系

11.3.1 状态方程

大多数状态方程(EOS)都是把压力作为密度和内能的函数，有时也需要计算温度与密度和内能的关系。其中，最简单的状态方程使用 u_s 和 u_p 之间的关系式或 Mie - Grüneisen 状态方程，而最复杂 EOS 形式为 Osborne 公式，此模型包含了密度和内能的二阶指数函数。

1. Mie - Grüneisen 状态方程

此状态方程的形式为

$$P-P_H=\rho\gamma(E-E_H) \tag{11-49}$$

式中：P_H——压力；

E_H——沿实体 Hugoniot 曲线的内能；

P,E——受压缩材料的压力和内能；

ρ——材料的密度；

γ——Grüneisen 系数，可以通过以下公式来估计：

$$\rho\gamma = \rho_0\gamma_0 \tag{11-50}$$

式中：ρ_0——绝对 0K 时的密度；

γ_0——Grüneisen 常数。

基于试验数据，冲击波速度 u_s 和粒子速度 u_p 之间的关系为

$$u_s = c + s\,u_p \tag{11-51}$$

式中：c,s——与材料有关的系数。

把式(11-76)代入式(11-74)，得出 Hugoniot 压力为

$$P_H = \frac{\rho_0 C_0 \eta}{(1 - s\eta)^2} \tag{11-52}$$

式中：$\eta = 1 - \rho_0/\rho$。

而且，从 Hugoniot 关系出发，可以得到内能 E_H：

$$E_H = \frac{1}{2}\frac{P_H\mu}{\rho},\quad \mu = \frac{\rho_0}{\rho} - 1 \tag{11-53}$$

不同金属材料的冲击和热动力学性能参数见表 11-4，常见岩石的冲击力学性能参数见表 11-5。

表 11-4　Mie-Grüneison 状态方程参数

材　料	密度/$(g\cdot cm^{-3})$	声速/$(mm\cdot \mu s^{-1})$	s	γ_0	$C_v/(J\cdot kg^{-1})$
Au	19.24	3.06	1.57	3.1	0.13
Bi	9.84	1.83	1.47	1.1	0.12
Cu	8.93	3.94	1.49	2.0	0.4
Fe	7.85	3.57	1.92	1.8	0.45
Mg	1.74	4.49	1.24	1.6	1.02
Ni	8.87	4.60	1.44	2.0	0.44
Pb	9.99	2.05	1.46	2.8	0.13
Sn	7.29	2.61	1.49	2.3	0.22
U	18.95	2.49	2.20	2.1	0.12
W	19.22	4.03	1.24	1.8	0.13
Zn	7.14	3.01	1.58	2.1	0.39
Al-2024	2.79	5.33	1.34	2.0	0.89
SS-304	7.90	4.57	1.49	2.2	0.44

表 11-5　常见岩石状态方程参数

材　料	密度/(g·cm^{-3})	声速/(mm·μs^{-1})	s	γ_0
石英	2.65	3.69	3.71	1.24
大理石	2.7	—	3.68 3.39 4.01	2.12 2 1.3
砂土	1.65	—	0.5	2.41
砂岩	—	—	2.02	1.65
花岗岩	2.6	—	2.435	1.525
凝灰岩	2.74	—2.69	1.556	
辉长岩	2.89	—	3.35	1.46
页岩	2.77	—	2.77	1.54
白云岩	2.84	—	4.99	1.24
粘土	2.21	—	3.32	1.02

2. JWL 状态方程

高能炸药的燃烧模型适于 Lagrange 和 Euler 算法，使用惠更斯原理以及 C-J 理论来定义爆轰速度和高能炸药能量释放后的位置。在高能炸药模型中，最基本的假定是爆轰波前沿以 C-J 速度朝四周传播。

现在已有大量的状态方程来描述炸药爆炸后的压力，其中 JWL 状态方程可以描述理想炸药的膨胀过程：

$$p = A\left(1-\frac{\omega}{R_1V}\right)e^{-R_1V}+B\left(1-\frac{\omega}{R_2V}\right)e^{-R_2V}+\frac{\omega e}{V} \tag{11-54}$$

$$p_s = Ae^{-R_1V}+Be^{-R_2V}+CV^{-(\omega+1)}$$

式中：p——压力；

p_s——等熵膨胀压力；

A,B,C——p 和 p_s 间的线性常数；

R_1,R_2,ω——非线性无量纲系数；

$V=\rho_0/\rho$；ρ_0 为炸药初始密度，ρ 为爆轰产物密度；

e——内能。

通过试验数据和状态方程计算比较，可以得到所需系数。表 11-6 给出了一些炸药的 JWL 状态方程参数。

11.3.2　本构关系

1. 常用金属材料模型

描述剪切模量 G 和屈服强度 Y 的关系式比较常见，本书仅给出了 Euler 和 Lagrange 程序中常用的关系式。对于高压动态流动：$G=Y=S^{ij}=0$；弹性-理想塑性流动：$G=G_0=$常数，$Y=Y_0=$常数。此外，还有考虑应变硬化的弹塑性模型，适用于金属的主要有准静态模型、Stein-

berg-Guinan 模型、Johnson-cook 模型等。

(1) 准静态模型

准静态模型中，动态屈服强度 Y 和熔化能 E_m 与压力和内能有关。公式如下：

$$Y = (Y_0 + \lambda P)(1 - E/E_m) \tag{11-55}$$

$$E_m = E_{m0} + E_{m1}(1-v) + E_{m2}(1-v)^2 \tag{11-56}$$

式中：Y_0——材料的屈服强度；

λ——与压力有关的系数；

E_{m0}、E_{m1}、E_{m2}——与熔化函数相关的系数；

E_m——融化能；

P——压力；

E——内能；

v——体积压缩系数。

表 11-6　JWL 状态方程参数

炸　药	密度/(g·cm^{-3})	爆速/(km·s^{-1})	e/GPa	A/GPa	B/GPa	R_1	R_2	ω
Comp B	1.717	7.98	8.5	524.2	7.678	4.20	1.10	0.34
C-4	1.601	8.19	9.00	609.8	12.95	4.50	1.40	0.25
Cyclotol77/23	1.754	8.25	9.20	603.4	9.924	4.30	1.10	0.35
H-6	1.76	7.47	9.3	758.1	8.513	4.90	1.10	0.20
HMX	1.891	9.11	9.5	778.3	7.071	4.20	1.00	0.30
LX-07	1.865	8.64	9.0	871.0	13.896	4.60	1.15	0.30
LX-09	1.838	8.84	9.5	868.4	18.711	4.60	1.25	0.25
LX-10	1.875	8.82	9.4	880.2	17.437	4.60	1.20	0.30
LX-11	1.875	8.32	9.0	779.1	9.668	4.5	1.15	0.30
LX-13	1.54	7.35	6.6	2 714.0	17.930	7.00	1.60	0.35
LX-14-0	1.835	8.80	9.1	826.1	17.240	4.55	1.32	0.36
Emulsion E	0.95	3.9	3.51	229.0	0.55	6.5	1.00	0.35
Octol	1.821	8.48	9.60	748.6	13.380	4.50	1.20	0.38
PBX-9010	1.787	8.39	9.00	581.4	6.801	4.10	1.00	0.35
PBX-9011	1.777	8.50	8.90	634.7	7.998	4.20	1.00	0.30
PBX-9404	1.840	8.80	9.12	852.4	20.493	4.60	1.35	0.25
PBX-9407	1.600	7.91	8.60	573.19	14.639	4.60	1.40	0.32
Pentolite	1.670	7.47	8.00	491.1	9.061	4.40	1.10	0.30
PETN	1.770	8.30	9.10	617.0	16.926	4.40	1.20	0.25
	1.32	6.69	7.38	586.0	2.16	5.81	1.77	0.282
Tetryl	1.730	7.91	8.20	586.8	9.671	4.40	1.20	0.28
TNT	1.630	6.93	7.00	371.2	3.231	4.15	0.95	0.30

(2) Steinberg-Guinan 模型

Steinberg-Guinan 模型使用下列本构关系来描述高应变率下材料的变形，其中钨、铝、铜

和铀等材料的参数如表 11－7 所列。

$$G = G_0\left\{1 + b\frac{P}{\eta^{1/3}} + h\left[\frac{E - E_0(x)}{3R'} - 300\right]\right\}\exp\left[-\frac{fE}{E_m(x) - E}\right] \tag{11-57}$$

$$Y = Y_0(1 + \beta e)^n\left\{1 + qb\frac{P}{\eta^{1/3}} + h\left[\frac{E - E_0(x)}{3R'} - 300\right]\right\}\times\exp\left[-\frac{gE}{E_m(x) - E}\right] \tag{11-58}$$

$$(1 + \beta e)^n \leqslant Y_{max} \tag{11-59}$$

$$E_m(x) = E_0(x) + 3R'T_m(x) \tag{11-60}$$

$$T_m(x) = \frac{T_{m0}\exp(2ax)}{(1 - x)^{\alpha}} \tag{11-61}$$

$$\alpha = 2\left(\gamma_0 - a - \frac{1}{3}\right) \tag{11-62}$$

$$E_0(x) = \int_0^x P(x)\mathrm{d}x - 3R'\mathrm{TAD} \tag{11-63}$$

$$\mathrm{TAD} = \frac{300\exp(ax)}{(1 - x)^{(\gamma_0 - a)}} \tag{11-64}$$

式中：P ——压力，MPa；

G_0——标准状态下材料的剪切模量（T=300 K，P=0，e=0）；

ρ——密度，g/cm^3；

E_m——能量，MPa·cm^3/g；

$R'=R\rho_0/A$，R 为普氏气体常数；A 为原子量，g/mol；

f，g——熔化区的形状参数；

β，n——硬化参数；

Q——与压力有关屈服强度与剪切模量的比值；

E_0——等效塑性应变；

Y_{max}——T=300 K，P=0 时的最大屈服强度值；

γ_0——热动力学参数，$\gamma=C_p/C_v$；

a——γ_0 的一阶体积校正系数；

$$b = \frac{1}{G_0}\frac{\partial G}{\partial T} = \frac{G_P}{G_0} \tag{11-65}$$

$$h = \frac{1}{G_0}\frac{\partial G}{\partial P} = \frac{G_T}{G_0} \tag{11-66}$$

$$\eta = \rho/\rho_0 \tag{11-67}$$

$$x = 1 - \frac{1}{\eta} = 1 - \frac{\upsilon}{\upsilon_0} \tag{11-68}$$

表 11－7　Steinberg－Guinan 模型中钨、铝、铜和铀等材料的参数

材　料	W	Al	Cu	U
G_0	1.6	0.276	0.477	0.844
Y_0	0.022	0.002 9	0.001 2	0.001 2
β	7.7	125.0	36	1 600

续表 11-6

材　料	W	Al	Cu	U
N	0.13	0.1	0.45	0.26
Y_{max}	0.04	0.006 8	0.006 4	0.016 8
b	1.375	7.971	3.144 654 1	4.739
h	−0.000 137 5	−0.006 715 9	−0.000 377 358	−0.000 805 6
q	1.0	1.0	1.0	1.0
f	0.001	0.001	0.001	0.001
g	0.001	0.001	0.001	0.001
$R/(\mathrm{Mbar \cdot K^{-1}})$	0.000 008 671	0.000 008 326	0.000 011 64	0.000 006 63
T_{m0}	452 0	1 220.0	1 790	1 710
γ_0-a	0.27	0.49	0.52	0.92
a	1.4	1.7	1.5	1.5

(3) Johnson-cook 模型

Johnson-cook 模型可描述材料在大应变、高应变率以及高温下的性能：

$$\sigma=(\sigma_0+B\varepsilon^n)\left(1+C\ln\frac{\dot{\varepsilon}}{\varepsilon_0}\right)[1-(T^*)^m] \tag{11-69}$$

式中：

$$T^*=\frac{T-T_r}{T_m-T_r}$$

σ_0, B, n, C, m——实验决定的常数；

T_r, T_m——参考温度和材料的熔点。

表 11-8 给出了一些金属材料的参数。

表 11-8　材料常数

材　料	$\rho_0/(\mathrm{g \cdot cm^{-3}})$	σ_0/MPa	B/MPa	c	n	m	T_m
高导无氧铜	8.96	350	275	0.36	0.022	1.09	1 356
工业纯铁	7.89	175	380	0.06	0.32	0.55	1 811
1006 铜	7.89	350	275	0.022	0.36	1.00	1 811
4340 钢	7.83	792	510	0.014	0.26	1.03	1 793
S-7 工具钢	7.75	1 539	477	0.012	0.18	1.00	1 763
W 合金	17.0	1 506	177	0.016	0.12	1.00	1 723
DU-75Ti	18.6	1 079	1 120	0.007	0.25	1.00	1 473

2. 岩土材料本构模型

适用于岩土类的材料模型主要有弹塑性动力学模型、Soil and Form、Concrete Damage、Soil Concrete、Winfrith Concrete、Jointed Rock、JH-2 材料模型等。对于坚硬的岩石可使用

JH-2 材料模型描述如花岗岩、玄武岩等。

JH-2 模型中的等效应力由下式给出：

$$\sigma^* = \sigma_i^* - D(\sigma_i^* - \sigma_f^*) \tag{11-70}$$

式中：σ_i^*——未损伤陶瓷材料的无量纲有效应力；

σ_f^*——完全损伤材料的无量纲有效应力；

D——基于每个计算循环里的塑性应变增量的累积破坏断裂准则，即损伤或破坏参量 $0 \leqslant D \leqslant 1$。未损伤材料的无量纲有效应力为

$$\sigma_i^* = a\,(p^* + T^*)^n(1 + c\ln\dot{\varepsilon}^*) \tag{11-71}$$

$$p^* = p/p_{\mathrm{HEL}},\quad T^* = T/p_{\mathrm{HEL}} \tag{11-72}$$

完全损伤材料的无量纲有效应力为

$$\sigma_f^* = b\,(p^*)^m(1 + c\ln\dot{\varepsilon}^*) \tag{11-73}$$

无量纲损伤破坏应力

$$\sigma_f^* \leqslant \sigma_{f\max}^*$$

式中：$a,b,c,m,n,T,\sigma_{f\max}^*$——材料常数；

p^*——无量纲压力；

p——真实压力；

p_{HEL}——Hugoniot 弹性极限下的压力；

T^*——无量纲静水拉伸压力；

T——材料能承受的最大静水拉伸应力；

$\dot{\varepsilon}^* = \dot{\varepsilon}/\dot{\varepsilon}_0$，无量纲应变率，参考应变$\dot{\varepsilon}_0 = 1.0\ \mathrm{s}^{-1}$。

等效应力一般也可表示为 $\sigma^* = \sigma/\sigma_{\mathrm{HEL}}$，$\sigma$ 为真实等效应力，σ_{HEL} 为 Hugoniot 弹性极限下的等效应力。真实等效应力的一般表达式为

$$\sigma = \sqrt{[(\sigma_x - \sigma_y)^2 + (\sigma_x - \sigma_z)^2 + (\sigma_y - \sigma_z)^2 + 6(\tau_{xy}^2 + \tau_{xz}^2 + \tau_{yz}^2)]/2} \tag{11-74}$$

式中：$\sigma_x,\sigma_y,\sigma_z$——三个法向应力；

$\tau_{xy},\tau_{xz},\tau_{yz}$——三个剪切应力。

和等效应力类似，等效应变率可以表示为

$$\dot{\varepsilon} = \sqrt{2\left[(\dot{\varepsilon}_x - \dot{\varepsilon}_y)^2 + (\dot{\varepsilon}_x - \dot{\varepsilon}_z)^2 + (\dot{\varepsilon}_y - \dot{\varepsilon}_z)^2 + \frac{3}{2}(\dot{\gamma}_{xy}^2 + \dot{\gamma}_{xz}^2 + \dot{\gamma}_{yz}^2)\right]/9} \tag{11-75}$$

式中：$\dot{\varepsilon}_x,\dot{\varepsilon}_y,\dot{\varepsilon}_z$——三个正应变率；

$\dot{\gamma}_{xy},\dot{\gamma}_{xz},\dot{\gamma}_{yz}$——三个剪切应变率。

损伤演化率为

$$D' = \sum \Delta\varepsilon_{\mathrm{p}}/\varepsilon_{\mathrm{p}}^f \tag{11-76}$$

式中：$\Delta\varepsilon_{\mathrm{p}}$——一个积分循环的有效塑性应变；

$\varepsilon_{\mathrm{p}}^f = f(p)$——一定压力下的断裂应变，表达式为

$$\varepsilon_{\mathrm{p}}^f = D_1\,(p^* + T^*)^{D_2} \tag{11-77}$$

式中：D_1 和 D_2——损伤参数。

在无损伤（$D=0$）的情况下，压力可以表示为比容的函数，

$$p = K_1\mu + K_2\mu^2 + K_3\mu^3\text{（压缩时）} \tag{11-78}$$

$$p = K_1\mu(\text{膨胀时}) \tag{11-79}$$

式中：K_1，K_2，K_3——材料常数（K_1 为体积模量）；

$\mu=\rho/\rho_0-1$，ρ_0——初始密度。

当损伤开始累积时，式(11-78)需要修正为

$$p = K_1\mu + K_2\mu^2 + K_3\mu^3 + \Delta p \tag{11-80}$$

式中，增加的压力 Δp（$0\sim\Delta p_{\max}$，$D=1$）从能量角度考虑得到，即由于偏应力的减小导致的弹性内能的减小通过增加的压力 Δp 转化为势能。偏应力减小的原因是随着损伤度 D 的增大，应力 σ 会减小。

偏应力对应的弹性内能一般表达为

$$U = \sigma^2/(6G) \tag{11-81}$$

式中：σ——等效塑性流动应力；

G——弹性剪切模量。

内能的减小量可以表示为

$$\Delta U = U_{D(t)} - U_{D(t+\Delta t)} \tag{11-82}$$

ΔU 通过 Δp 转化为势能的近似方程为

$$\beta\Delta U = (\Delta p_{t+\Delta t} - \Delta p_t)\mu_{t+\Delta t} + (\Delta p_{t+\Delta t}^2 - \Delta p_t^2)/(2K_1) \tag{11-83}$$

方程中右第一项为 $\mu>0$ 的近似势能，第二项为 $\mu<0$ 的对应势能。$\Delta p_{t+\Delta t}$ 表示为

$$\Delta p_{t+\Delta t} = -K_1\mu_{t+\Delta t} + \sqrt{(K_1\mu_{t+\Delta t} + \Delta p_t)^2 + 2\beta K_1\Delta U} \tag{11-84}$$

当 $\beta=0$ 时，$\Delta p=0$，$\beta(0<\beta<1)$ 为减少的弹性能转化为势能的系数。

相关文献给出的花岗岩的 JH-2 模型参数见表 11-9。

表 11-9　花岗岩的 JH-2 模型参数

G/GPa	A	B	C	M	N	T	HEL	σ_{HEL}
21.9	0.76	0.25	0.005	0.62	0.62	0.37	4.5	13
ρ_0	p_{HEL}	K_1	K_2	K_3	β	D_1	D_2	$\sigma_{f\max}$
2.66	3.7	25.7	−4 500	300 000	0.5	0.005	0.7	0.25

11.4　实例分析

11.4.1　台阶爆破数值模拟

设台阶高度为 13.0 m，孔深 14.5 m，堵塞长度 3.0 m，超深 1.5 m，孔径 0.15 m，抵抗线为 0.45 m。炸药与岩石接触边界接触，既耦合装药。装药为乳化炸药，起爆方式为逆向起爆，岩石材料采用花岗岩。药包和台阶形状的平面图如图 11-2 所示，采用三维 1/2 对称模型建模，剖面为对称面，坡顶、坡面、坡脚是自由面，定义背面、左面、右面、下面为非反射边界。对单孔装药爆破进行了模拟，网格划分如图 11-3 所示。

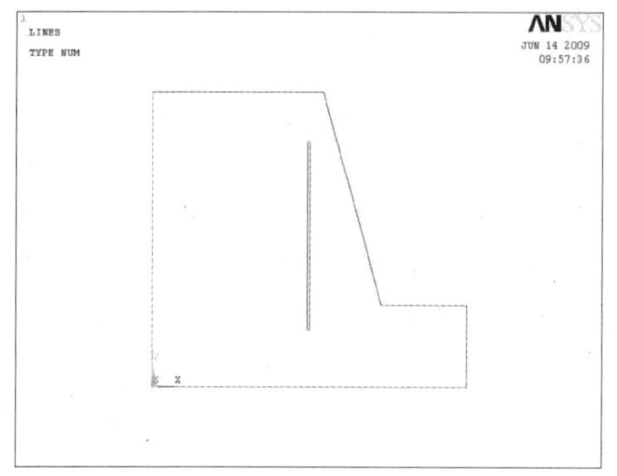

图 11－2　台阶爆破剖面主视图

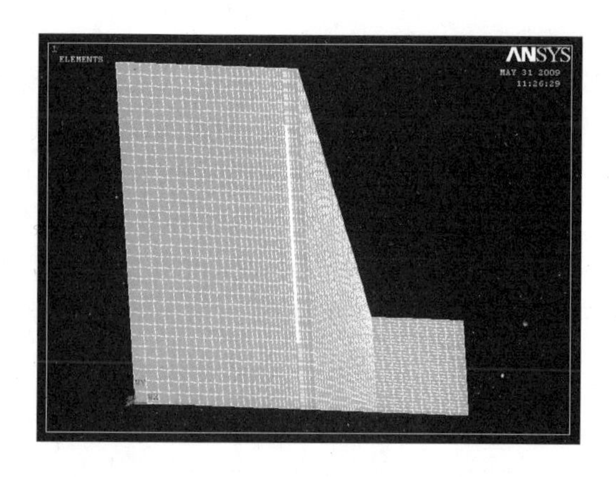

图 11－3　台阶爆破网格划分示意图

图 11－4 为起爆后不同时刻时坡面破裂的历程，可以看出岩石在炸药爆破后响应过程。炸药的起爆方式采用反向起爆。在炸药爆炸后的 599 μs，台阶下坡角处开始出现破裂。随着爆炸冲击波的进一步向上向外传播，坡面岩石的表面出现了大幅度的破裂和层裂，最终坡面岩石完全破碎。由于堵塞长度的存在，台阶坡面上部的破碎情况不如底部。可以看出，数值模拟可以完整的模拟爆破的过程。

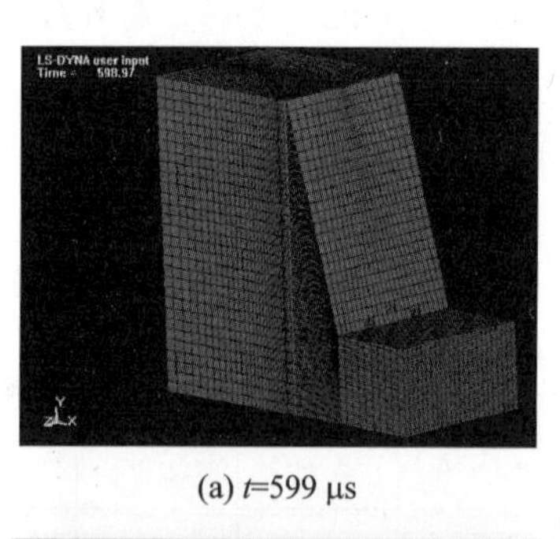

(a) t=599 μs

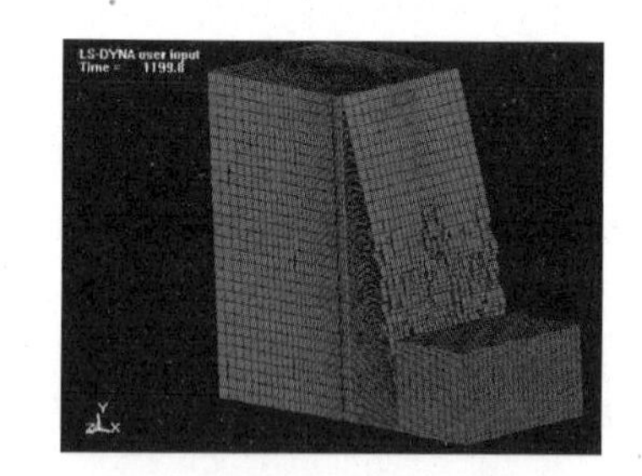

(b) t=1 200 μs

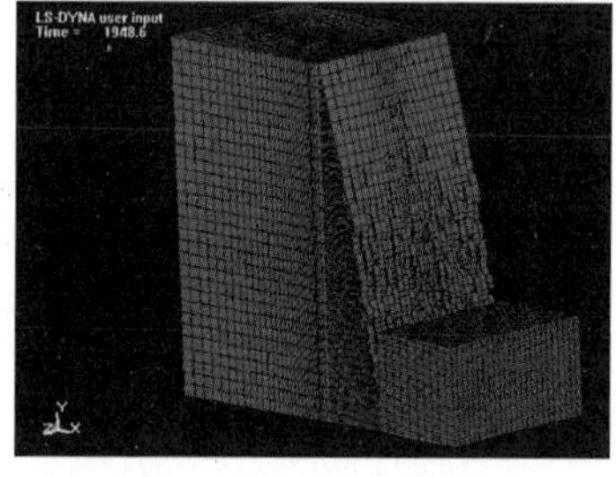

(c) t=1 948 μs

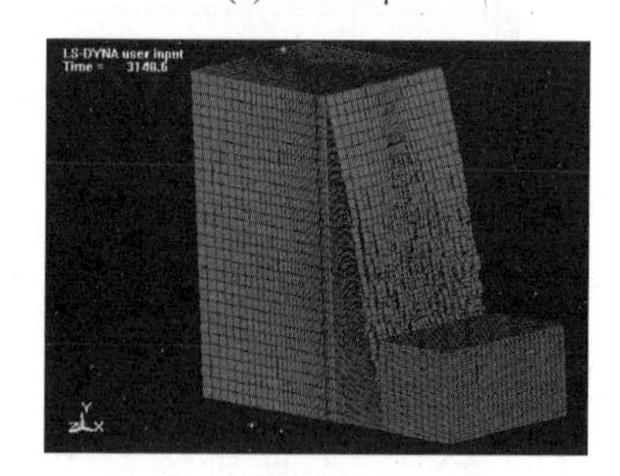

(d) t=3 148 μs

图 11－4　起爆后不同时刻时坡面破裂过程

11.4.2　聚能装药数值模拟

聚能爆破广泛应用于油气井完井射孔、石材开采以及冻土穿孔、钢结构建筑物爆破拆除等特种爆破行业。利用数值模拟手段可以再现聚能射流的形成、穿孔等过程，并可对其优化设计。下面以聚能装药的偏心起爆为例介绍其应用。

所模拟的聚能装药口部直径 36 mm，高度 38 mm，药型罩外锥角 60°，药型罩口部直径 36 mm。采用多物质 ALE 算法。另外由于模型的对称性，建立了 1/2 模型，通过施加对称约束可减少计算量，炸药、药型罩和空气都定义为欧拉网格。药型罩和射流经过区域的网格为 0.2 mm×0.2 mm，整个模型单元总数共计 219 744 个。在空气边界处施加无反射边界条件以消除边界效应。起爆方式为点起爆。有限元网格划分如图 11-5 所示。

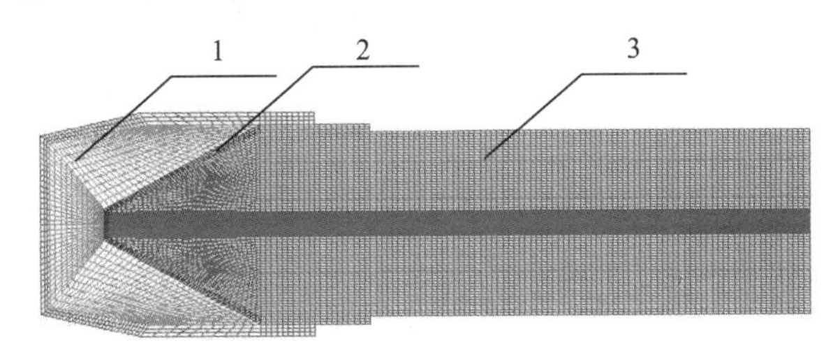

1—聚能药柱；2—药型罩；3—空气

图 11-5 有限元网格划分示意图

聚能药柱爆炸采用高能燃烧材料模型和 JWL 状态方程来描述。其主要参数为：$\rho_0=1.685\ g/cm^3$，$D=8\ 130\ m/s$，$A=625.3$，$B=23.29$，$R_1=5.25$，$R_2=1.6$，$\omega=0.28$。

药型罩材料为紫铜。聚能射流的形成和高速延伸经受了高应变率下的塑性变形，材料的屈服应力具有较强的应变硬化、应变率强化以及热软化效应。使用 Johnson-cook 模型和 Grüneisen 状态方程来描述，空气采用空物质材料模型，状态方程采用多线性状态方程描述。通常把空气视为理想气体，密度为 $1.25\times10^{-3}\ g/cm^3$。

为验证算法和模型的合理性，将偏心起爆条件下射流的形态和模拟结果进行了对比。试验所用精密聚能装药由中北大学研制。使用了 SCANDIFLASH450 脉冲 X 光测试装置，充电电压为 420 kV。试验时将起爆点偏置 1 mm，在装药口部放置两片平行的铝箔作为信号触发装置，延迟时间设置为 20 μs。试验时注意 X 光探头必须与偏离方向所在的平面垂直，与底片平行。图 11-6 给出了起爆点偏置 1 mm 时模拟结果与 X 光照相的比较。

从图 11-6 的 X 光照片中可以看到起爆后射流偏向起爆点的另一侧运动，随着射流的延伸，射流前部直径逐渐变细，射流表面比较光滑，无颈缩和断裂现象。在 100 mm 处的射流直径约为 2.5 mm，射流偏离了约 1.15°。可以看出射流直径和偏离角度计算和实际测试几乎无差别，说明计算模型基本正确，可用于模拟偏心起爆对射流形成的影响。

图 11-7 给出了不同起爆偏心量下的聚能装药形成射流的形态。可以看出，随着偏心量的增加，射流偏离轴线的程度增加。在 $y=10$ cm 处，当偏心量为 2 mm 时，射流偏离了轴线 2.86°，当偏心量为 7 mm 时，射流偏离轴线的角度可达 11.3°。从图中也可以看出，随着偏心量的增加射流的弯曲程度增加，从原来的良好线性逐渐变为弯曲状。

射流断裂范围和程度随着弯曲程度的增加而增加。当偏心量为 3 mm 时，射流前部出现了明显断裂；而当偏心量为 7 mm 时，射流出现了严重断裂。通过模拟还发现，偏心起爆条件下射流的断裂是由于射流两侧速度不同引起的剪切断裂，不同于常规线性射流的拉伸断裂，断裂后的射流颗粒在侵彻过程中翻转、漂移等会使其与孔道侧壁作用，造成横向扩孔，严重影响射流的侵彻性能。随着偏心量的增加，射流头部速度不断降低。当偏心量为 7 mm 时，射流的头部速度降为 5 450 m/s。

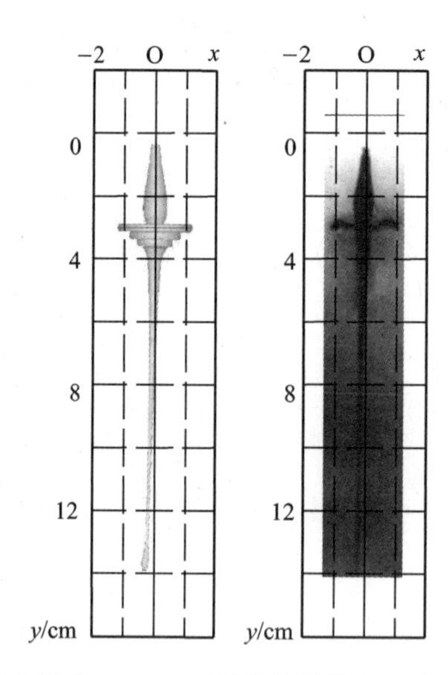

图 11-6　偏心量 $\delta_x=1$ mm 时的模拟结果和 X 光测试结果对比

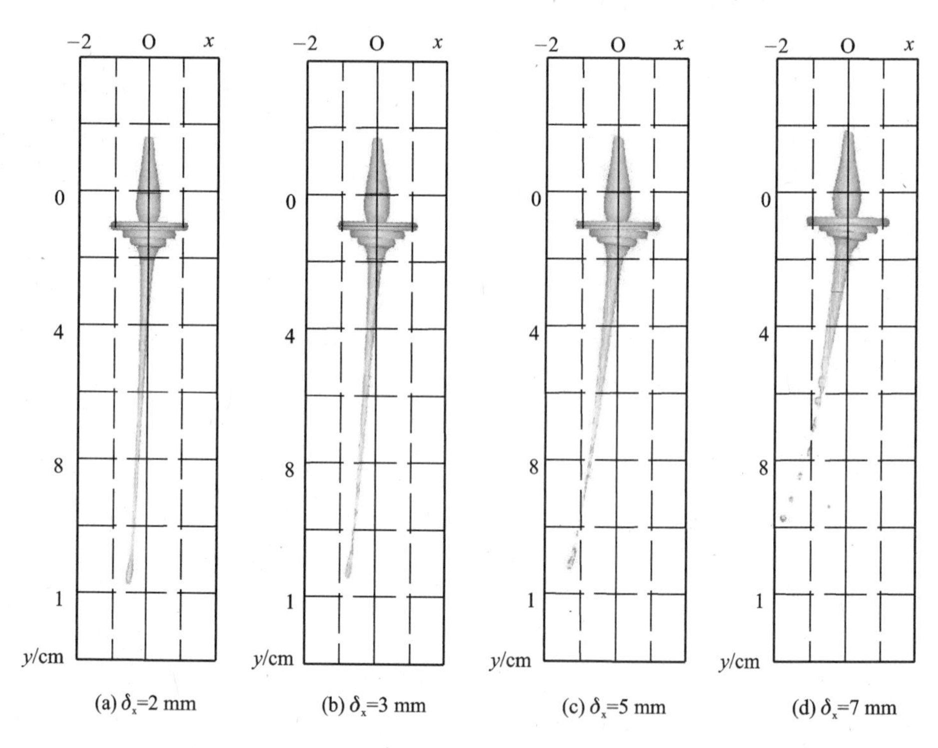

图 11-7　不同偏心量对射流的影响模拟

在药型罩口部下 1mm 处轴线上设置测量点，图 11-8 给出了在不同偏置量时射流的横向漂移速度比较。从图上可以看出，偏心量为 1 mm 时，横向速度约为 0.016 cm/μs，影响并不明显；当偏心量为 2 mm 时出现突跃，横向速度约为 0.032 cm/μs；当偏心量大于 3 mm 时，对聚能射流的横向速度进一步增加。

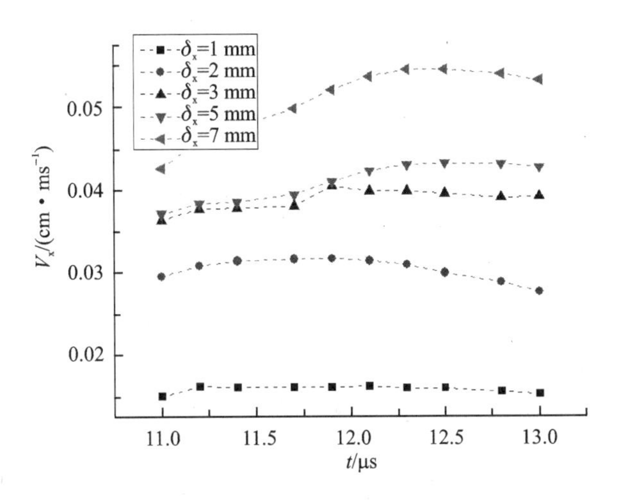

图 11-8　偏心量对射流横向速度的影响

复习题

1. 常见的爆破破碎模型有哪些?
2. 爆破效果预测模型有哪些?
3. 动力学有限元程序的基础是什么?
4. 某烟囱高 10 m,直径 3 m,厚 0.5 m,请设计爆破方案并进行数值模拟。
5. 论述工程爆破数值模拟的发展现状和未来发展趋势。

第 12 章　爆破安全技术

在爆破中潜在着许多不安全的因素，为了保证爆破作业能安全地进行，除了在作业时要遵守爆破安全规程中的各项有关规定以外，还必须懂得和掌握有关的爆破安全技术。例如采用电雷管起爆时如何防止外来电流引起电雷管的早爆，在大规模爆破时如何防止地震波、空气冲击波、噪音、飞石和有毒气体对邻近建筑物的破坏和人畜的杀伤等。只有懂得了这些不安全因素产生的原因和应采取的预防措施，才能做到防患于未然。

12.1　外来电流的危害与预防

凡一切与专用的起爆电流无关而流入电雷管或电爆网路中的电流都叫外来电流。当这种外来电流的强度达到某一值时就可能引起电雷管的早爆。因此，为了保证爆破作业的安全，在进行电爆破作业时必须把外来电流的强度控制在允许的安全界限以内(即低于爆破安全规程中所规定的安全电流)。在进行电爆破作业的准备工作时，应对流入爆区的外来电流的强度进行检测，以决定应采取什么样的安全预防措施。

在爆破工地可能遇到的外来电流包括：

① 由电暴引起的闪电和静电；

② 由于电气设备绝缘不好和接地不当而引起的大地杂散电流；

③ 由发射机发射的高频射频电；

④ 由交变电磁场引起的感应电流；

⑤ 由尘暴、雪暴以及用压气输送炸药颗粒所引起的静电；

⑥ 由不同金属和导电体的接触或分离时所产生的动电流。

12.1.1　电　暴

雷电是日常生活中最常见的一种电暴现象。雷电的形成起源于云中的巨量电荷，这种带有巨量电荷的云块称为“雷雨云”。雷雨云是由若干彼此独立的云体组成，这些云体称为单体云，云中的水滴多呈细微的霰粒和冰晶状态，统称为云粒子，这些云粒子带有正负电荷。两种电荷的电量大致相等，分居单体云的上下两端。上端为正电荷，下端为负电荷，其分布如图 12-1 所示。

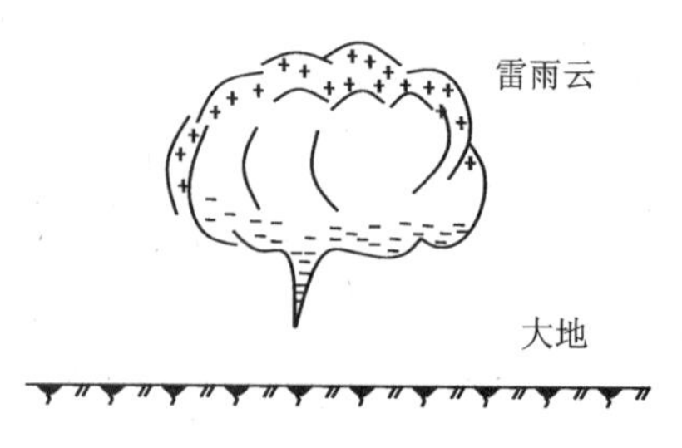

图 12-1　雷云雨中的电荷分布图

当单体云与单体云之间或单体云与地面之间的距离很近，而电荷积累达到一定强度时，在单体云与单体云之间或单体云与地面之间就会产生强烈的放电现象，从而形成闪电。

如果地面的导电性很好，当单体的雷雨云移近时，会有大量电荷集中在云的下方，从而为云地间放电提供了条件。反之，如果地面的导电性差，就难以集中大量电荷，也难以促成大量放电。由此可见，地面导电性的优劣，对遭受雷击的可能性具有决定性的作用。某些金属矿和

油田，由于导电性较好，为云地间放电提供了条件，这是矿区易遭受雷击的重要原因。

雷电的特点是放电时间非常短促，能量集中，放电时的电流可高达几万到几十万安培，温度高达 2 万度，能将空气烧得白炽。如果爆区被雷直接击中，那么网路中的全部炮孔或部分炮孔就可能引起早爆。即使远离雷击点的爆区，由于闪电能产生强大的电流，也可能对地下或露天爆区的起爆系统带来引爆的危险。

在我国的露天矿发生了数起雷电引起的早爆事故。例如，1974 年 5 月广东大宝山铁矿在一次电气爆破中，全部网路已经连接好，两根主线也已接在起爆器的接线柱上，但起爆器尚未充电，附近发生雷击使全部雷管发生早爆。又如，1977 年 7 月海南岛露天铁矿进行深孔爆破时，每个孔装两个起爆药包，用铜壳毫秒电雷管进行并串联起爆，装完药后，将电爆网路接成短路，放在地面上等待起爆，到了下午 2 点钟，爆区附近发生雷击，使 9 个孔全部发生早爆。1980 年 8 月辽宁本溪南芬露天铁矿，当时正在进行深孔装药，总装药量为 80t，孔数达 300 多个，在连线过程中发生雷击，将全部深孔引爆，幸好雷击前工人已全部撤离爆区，没有酿成伤亡事故。2005 年 8 月 13 日下午 6 点半左右，万州一家公司真空盐项目建筑工地发生一起意外爆炸。闪电引爆了放在屋内的电雷管，造成 12 名农民工被炸伤。2006 年 1 月 2 日，美国西弗吉尼亚州阿普舒尔县境内的萨戈煤矿发生爆炸事故，导致 13 名矿工被困在约 78 米深的矿井之下。据分析，煤矿的爆炸是由闪电造成。2009 年 3 月 3 日上午 11 时左右，一道闪电过后，株洲石峰区一家化工厂突然发生爆炸，大火引发多次余爆，事故地所在建筑物的 3 楼顶层垮塌，一名工人受轻伤，3 个小时后，火势得到控制。2009 年 3 月 28 日，贞丰县长田乡一砂石厂工地上，工人在装炸药过程中，突遇雷电引爆了刚装填进石头里的炸药，事故共造成 8 人死亡，4 人受伤。2013 年 6 月 21 日，江西抚州市临川区的花炮厂产生爆炸事故已经造成 13 人受伤，事故缘由为雷击致使药料堆栈爆炸，没有影响到生产区，但爆炸波及居民区以及行政区。

通过分析表明，雷电引爆往往是发生在整个爆区，而不是发生在个别炮孔。在探讨雷电引爆的物理过程时，必须注意到这一点。同时还应注意到雷电往往不是直接击中电爆网路，而多数是间接引爆。此外，电爆网路母线端头短接与否，以及是否用绝缘胶布包裹对雷电来说都无关紧要。所以这些现象对预防雷击事故都是极端重要的。

关于雷电引爆的物理过程，说法很多，归纳起来，主要有以下几种：

① 直接击中爆区，也就是雷电对爆区起爆网路间直接放电，或者对爆区地面放电，从而将药包直接引爆。这种过程不管是采用电力起爆网路还是非电起爆网路，都能直接引起药包的早爆。

② 雷雨云在爆区附近的上空运动，使得爆区内的电场强度急速变化，从而引起电爆网路中的电荷位移而形成电流。当电流达到电雷管的点燃起始能时，就能使网路引爆。

③ 电雷管导线的绝缘能力低，易被高压电击穿。在被击穿的瞬间，网路与大地之间有电流通过，从而将雷管引爆。

④ 由于云间放电或云地间放电使电场源的电量突变，由此引起电场强度突变，从而使网路被引爆。

以上四种情况都有可能发生，但是根据雷击事故的统计分析，前两种情况发生的几率较小，后两者发生的几率较大。

雷电引起的早爆事故均有雷击出现。在雷击之前，都会有雷雨将要来临的征兆。这种征兆可以用雷电报警器来进行预报，国产的报警器有湖南湘西矿山电子仪器厂出产的 LJ－1 型

雷电预警仪。当爆区内的报警器发出预报和警报后，爆区内的一切人员要立即撤离危险区。撤离前要将电爆网路的导线与地绝缘，但不要将电爆网路连接成闭合回路。除了采用雷电报警器以外，还可以采取以下一些措施来预防雷电所引起的早爆：

① 及时收听当地的天气预报，同时要用宏观的方法观察气象变化。在雷雨季节进行露天爆破时宜采用非电起爆系统，不要采用电力起爆系统。

② 在露天爆区不得不采用电力起爆系统时，应在区内设立避雷针系统。

③ 如正在装药连线时出现了雷电，应立即停止作业，将全体人员撤离到安全地点。不要依靠短路或加强绝缘来防止早爆。因为雷击时的电压高到足以将导线的绝缘击穿短路，而绝缘不能完全消除危险。

④ 在雷电来临之前，宜将一切通往爆区的导体（如电线和金属管道）暂时切断，以防止电流流入爆区。

⑤ 应缩短爆破作业时间，争取在雷电来临之前起爆。

12.1.2 杂散电流

凡流散在大地中的电流统称杂散电流（stray current）。杂散电流形成的原因主要是因为电源（如电池、发电机或变压器等）输出的电流经动力线路输入到各种用电设备以后，总得要利用一切可能的通道返回电流。这些通道包括：① 与大地绝缘的专用导体，如电线和电缆；② 与大地不绝缘的导体，如运输用的铁轨；③ 大地本身。如果用电设备和电源之间的回路被破坏或切断，那么电流就得利用大地作为回路，从而产生强度很大的大地电流，即杂散电流。在一切采用架线式电机车运输的地方都使用铁轨作回路，如果铁轨与大地之间的绝缘不好，就有一部分电流流入大地中而形成杂散电流，这是形成杂散电流的主要原因。此外电气设备和导线绝缘破坏所产生的漏电也是产生杂散电流的另一个原因。

一般来说，在均质的同类岩层中，无论是交流电还是直流电产生的杂散电流，很少具有引爆电雷管的能力。这是因为通常岩层中的电阻很高，彼此靠近的两点间的电位差很小。但是当电雷管的脚线或电爆网路的导线与个别导电的地层、铁轨、金属管道或任何其他导体接触时，就有可能出现危险性很大的杂散电流。表 12－1 所列的数据是铁矿对不同测量对象所测得的不同杂散电流强度所占的百分率。危险性很大的杂散电流一旦流入电雷管或电爆网路中，就会引起电雷管的早爆事故。

表 12－1 铁矿不同杂散电流强度所占百分率

（%）

测量对象	电流等级			
	＜2.0 mA	2.0～50 mA	50～200 mA	＞200 mA
金属物对金属物	16	21	10	53
金属物对岩（矿）石	90	10		
岩（矿）石对岩（矿）石	100			

1. 杂散电流的特点

杂散电流具有以下一些特点：

① 杂散电流的大小与采用的运输方式有关。采用架线式电机车运输要比采用蓄电池电机车运输时的杂散电流大。

② 采用架线式电机车运输的矿山，在运输巷道和掘进工作面的杂散电流较大，而远离电机车运输平巷的采场则杂散电流较小。表 12－2 中列出了在一些井下矿山的不同地点所测得的杂散电流值，这些矿山都采用架线式电机车运输。

表 12－2　杂散电流分布情况

矿山名称	杂散电流/A		
	采　场	掘进面	运输大巷
张岭铁矿	0	0.8	2.0
河北铜矿	0.04	0.5	7.0
金岭铁矿	0.05	0.11	>5.0

③ 杂散电流的大小与所测对象的导电性有关。通常导电率越高的物体，其杂散电流越大。比如金属管道与铁轨之间的杂散电流最大，金属管道和铁轨与岩石或矿石之间的杂散电流值次之，而岩石与岩石之间或岩石与矿石之间的杂散电流最小。

④ 若采用架线式电机车运输时，杂散电流的主要成分是直流电，交流电的成分较小。只有采用交流电机车或在动力变压器中心点接地或采用两线一地制供电的地方，交流杂散电流成分才占主要地位。

⑤ 巷道的潮湿程度对杂散电流的大小有一定影响。一般情况下，潮湿程度越高，杂散电流值越大。

2. 杂散电流的检测

检测杂散电流必须使用专用的测量仪表。我国湖南湘西矿山电子仪器厂生产出 ZS－1 型杂散电流测定仪。这种仪表的制作原理是在仪表中短接一个与电雷管电阻值相等的等效电阻，通过测量流过这个等效电阻上的电流所产生的电压降来换算出杂散电流的大小。该仪表的测量范围很广，能测量出交、直流的杂散电流值和电压值。

测量原理如图 12－2 所示。当测量杂散直流电流时，将转换开关置于“1”的位置，A、B 之间用连接片短接，被测两点间的杂散电流由接线柱 A、C 引入。电流流经 R_{10}（电雷管的等效电阻 $R=1\ \Omega$）时所产生的电压降通过直流倍增电阻 R_2 和表头 M 所组成的电路直接指示出来。此时，表头所指示的值即杂散直流电流。

检测杂散交流电流时可将输换开关置于“2”的位置。杂散交流电流作用在 R_{10} 上的电压由升压变压器 T 升压后，经二极管 D_3、D_4 组成的半波整流电路整流，整流后的电流再经倍增电阻 R_g 和由表头 M 组成电路直接指示出来。

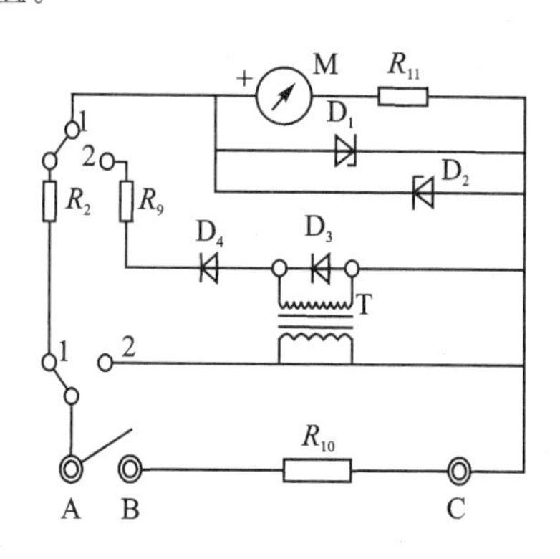

图 12－2　ZS－1 的测量原理

当将 A、B 之间的连接片拿开时，被测信号由 A、C 间引入 R_{10} 电阻被断开。此时本仪表用来进行杂散电压的测量。表头 M 所指示的就是杂散电流的电压值。

ZS－1 型杂散电流测定仪的性能和规格列于表 12－3 中。

表 12-3　ZS-1 测定仪的性能和规格

测量范围		基本误差/%	外形尺寸/mm	质量/kg
交流	0～100～500 mA 2.5～12～50 A	±2.5	185×160～100	1.6
直流	0～100～500 mA 1～5 A	±5.0		

检测杂散电流的测点分为固定式测点和临时式测点。固定式测点主要用来测量某一个水平杂散电流的变化规律，确定杂散电流对电雷管的危害程度。测点一般布置在整个水平的两端和中部，这样能测出整个水平杂散电流的大小及其变化规律。也可以布置在电能消耗最多的地方，如电机车运行比较繁忙的地段以及直流网路的回馈点附近，以了解井下最大杂散电流的分布情况。临时式测点一般是根据某次爆破的需要而设置的测点。这种检测对判断杂散电流是否能引爆电雷管有着重要的作用。

测量杂散电流的对象包括：金属物（铁轨、金属管道和其他金属堆积物）、岩石和矿石等。其中任何两种物体或同一种物体中的任何两点联系起来都可构成一对测量对象。例如金属管道对岩石、对铁轨、对矿石或者岩石、矿石和金属管道中的任何两点都构成一对测量对象。其布置如图 12-3 所示。

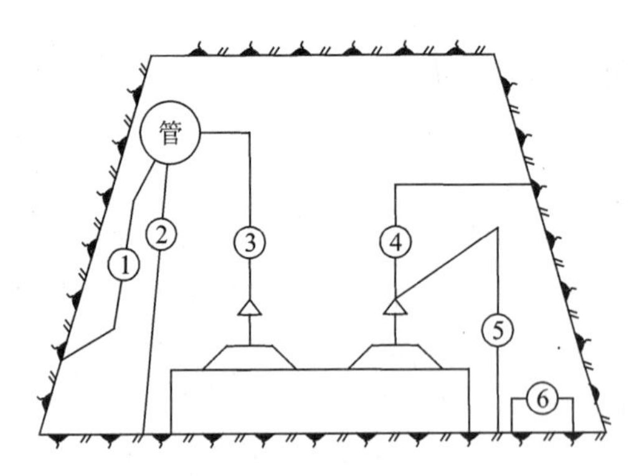

①—管对帮；②—管对地；③—管对铁轨；
④—铁轨对帮；⑤—铁轨对地；⑥—地对地

图 12-3　测量对象的布置

3. 杂散电流的预防

采用一定的预防措施，可以防止杂散电流引起电爆网路中的电雷管早爆。

1）减少杂散电流的来源。

① 改变运输方式，采用无轨运输方式。如蓄电池机车、电缆机车和内燃机无轨运输，都能降低或消灭杂散电流。

② 降低架线式电机车牵引网路的总电阻，即降低铁轨接头的电阻，如在两根铁轨接头的地方焊上一根铜导线，使回馈电流尽量沿铁轨返回电源，不流散到大地中去。此外加强架空线连接点的绝缘，避免电流的漏损，都可起到减少杂散电流的作用。

③ 采用绝缘道渣或疏干巷道的办法，增加铁轨与大地之间的过渡电阻，以减小泄漏电流。

④ 电源变压器中心点不接地，取消单相接地和两相一地供电制度，都可防止电流流入大地。

⑤ 在进行大规模爆破时，采用局部停电或全部停电。

⑥ 防止将硝铵类炸药撒在潮湿的地面上。

2）采用能防杂散电流的电爆网路

例如在电爆网路与电源主线的连接地方，接入一个能降低电压的元件（如氖灯、电容、二极管、互感器、继电器和非线性电阻等），这种元件的特点是当低电压时能阻止交流或直流电流入电爆网路，但是高电压时能在瞬间将强大电流输入电爆网路，以达到起爆的目的。

3）采用抗杂散电流的电雷管。

国产无桥丝抗杂毫秒电雷管和低电阻大电流的电雷管，具有 5.0 V 的安全电压和 2.8 A 的安全电流，能满足一般工程爆破的需要。

4）采用非电起爆系统。

12.1.3　感应电流

从电学中知道，交变电磁场可以在其附近的导体内产生感应电流。这种电磁场存在于动力线、变压器、高压电开关和接地的回馈铁轨附近。如果在这些导体或电源附近敷设电爆网路时，就可能在电爆网路内直接感应出电流来。如果感应电流值超过了安全上允许的界限，就可能引起电雷管的早爆。

感应电压需要一个完全闭合的电路才能形成电流。这样一个电路可以由若干个电雷管组成的电爆网路所构成。如果它的位置靠架空的动力线或其他交流电磁场太近，就能在电爆网路中产生感应电流。

测量感应电流可以采用环形回路和杂散电流测定仪。测量时用铜导线做一个直径一定的开口环形线圈。将它开口的两端接到杂散电流测定仪的交流档上的两个接线柱上，然后将环形线圈置于架空动力线的下面，不断改变线圈的位置，可以确定出获得最大感应电流读数时的环形线圈的方位。从电学中知道，环形线圈内感应出的电能与它切割磁力线的多少成正比，而切割磁力线的多少又与线圈和磁场相关位置有关。因此，为了减少感应电流，应当把电爆网路所构成的环形回路所包围的面积减小到最小，同时还应注意线圈与磁场间的相关位置。图 12-4 是表示环形线圈的不同位置对感应电流大小的影响。当高压电流流过动力线时，那么围绕着动力线就会产生许多呈同心圆分布在磁力线。如果环形线圈与高压动力线位于同一平面内时（图 12-4(a)），感应电流最大；当环形线圈倾斜于动力线时（图 12-4(b)），感应电流较小；当环形线圈垂直于动力线时（图 12-4(c)），感应电流最小。

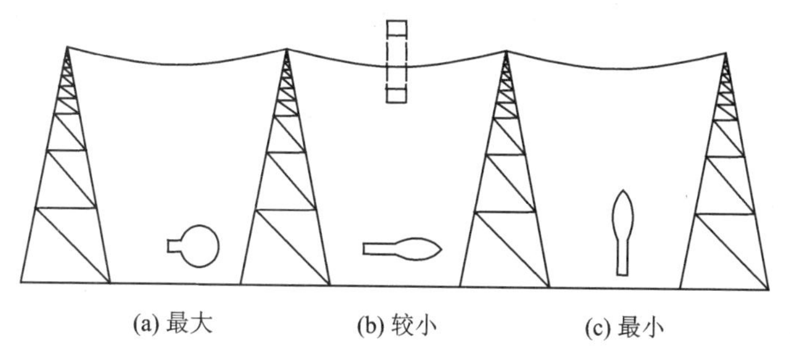

图 12-4　环形线圈的不同位置对感应电流的影响

高压动力线在电爆网路内所产生的感应电压大小可以用下式来计算：

$$U=\frac{0.000\ 11FI\cos\alpha}{D} \tag{12-1}$$

式中：U——在环形线圈中感应的电压，V；

F——环形线圈所包围的面积，m^2；

α——环形线圈与动力线间的夹角，(°)；

I——通过动力线的最大电流，A；

D——动力线与环形线圈间的距离，m。

这个公式是假设实际的环形线圈半径比它到动力线间的距离要小。当环形线圈与动力线位于同一平面时，$\alpha=0$，$\cos\alpha=1$，这是一种临界状态，上式则化简为

$$U=\frac{0.000\ 11FI}{D} \tag{12-2}$$

在计算出 U 以后，就可用欧姆定律计算出环形线圈中的最大电流。公式如下：

$$I'=\frac{U}{R} \tag{12-3}$$

式中：I'——环形线圈中的感应电流，A；

R——环形线圈中的电阻，Ω。

为了预防感应电流引起电雷管的早爆，当电爆网路平行于动力线敷设时，应当尽量使它远离动力线。当电压达到 20 000 V 时，禁止在高压动力线周围 100 m 内进行电气爆破，随着动力线电压的增高和爆破导线的增长，安全距离还应加大。此外，当敷设电爆网路时，两根主线应当尽量靠拢在一起(间距不得大于 150 mm)，这样可使电爆网路中的感应电压降低到最低的限度。当测出或计算出的感应电流超过了安全上所允许的值时，应当改用非电起爆系统。

12.1.4 静 电

众所周知，两个物体互相摩擦和接触过程中，位于接触面上的电子会从一个物体转移到另一个物体上，得到电子的物体就带负电，失掉电子的物体就带正电。当这种静电荷积累到一定程度时，就可能产生静电放电，当放电的电流强度达到一定值时，就可能引起电雷管的早爆。造成静电荷积累的原因有：

① 由电暴在大气中产生的静电；

② 尘暴和雪暴引起的静电；

③ 由机械运转产生的静电；

④ 由操作工人穿的化纤或其他绝缘的工作服的相互摩擦所产生的静电；

⑤ 由压气装药系统所产生的静电。

对工程爆破作业来说，其中后两种原因所产生的静电对爆破作业的潜在危险性较大。

1. 静电的产生

正如上面谈到的，爆破作业中常见的静电早爆事故主要是后面两种原因。一是当采用压气输送散粒炸药进行装药时，炸药颗粒与颗粒之间、炸药颗粒与输药管壁之间的互相摩擦会产生少量的静电荷，如果这种静电荷不及时导走而让其积累起来，那么当它积累到一定程度时，便会产生突然放电，并形成足够的能量引起电雷管或炸药粉尘爆炸。实验室的试验也已证明，压气装药在输药过程中积累起来的静电电压高达 3 万伏，有时甚至达到 6 万伏。

在装药过程中,能够积累电荷的部位有三处:①操作者身上;②装药器及其附属设备上;③ 炮孔内和电雷管的脚线上。假若这三个部位都与大地绝缘,那么静电荷就不能漏泄到大地中去,而产生积累,当电荷积累到危险程度时就能突然放电而引起电雷管和炸药粉尘爆炸。

人体穿着各层衣服的相互摩擦是产生静电的另一个重要原因,特别是两种不同质料的衣服的互相摩擦更容易产生静电荷。根据美国海军武器研究所的测试资料表明,当相对湿度为50%,穿有尼龙内衣和羊毛衣且其摩擦面积为1 m^2 人体电容为200 μF 的条件下,可以产生2 057 V的电压。日本人测出穿腈纶裤的女工,行走时的电压为40 000 V。人体的带电能量可达0.1 mJ,而衣服之间的摩擦产生的静电能量可达13 mJ。后者对电雷管引爆的危险性较大。根据美国巴立士的壳研究室的资料表明,井下穿着塑料雨衣的矿工行走时所产生的静电电压足以引爆普通型电雷管。

2. 静电的检测

由于静电的火花放电能力取决于带电电场能量的大小。因此确定静电引爆电雷管和炸药粉尘的危险程度时,必须确定电场的能量,而电场能量的大小可以用下式确定:

$$W = \frac{1}{2}CU^2 \tag{12-4}$$

式中:W——电场能量,J;

C——电容,F;

V——电压,V。

从上式可以看出,电压的大小是决定电场能量的主要参数。因此目前在判断静电的危险程度时,主要是测定静电电压的大小。

目前国内测定静电的仪表有两种:一种是Q_{3-V}和Q_{4-V}型高压静电电压表,另一种是KS-325型集电式电位测定仪。

Q_{3-V}型高压静电电压表适用于高电压的测量。量程有两个,一个为测7.5 kV、15 kV和30 kV的量程;另一个为测20 kV,50 kV和1 000 kV的量程。对于测量较低电压的量程,输入电容应不大于20 μF。它有两个电极,一个活动电极,一个固定电极。当被测电压加到两个电极时,由于两个电极间的静电作用力,活动电极会发生转动。转动的大小与外加电压平方成正比。活动电极转动时,其上的反射镜也随之偏转,它将发光器发射出来的带有光标的影像反射到带标度尺的屏幕上,在标度尺上可直接读出所测的电压值。

测定输药管的静电时,通常采用金属集电环固定在输药管的外壁或内壁上,固定在外壁上的称为外集电环,用以测定输药管外壁的静电电压;固定在内壁中的称为内集电环,用以测定输药管内壁的静电电压。集电环的材料是导电性良好的金属,环的直径大小要恰好能紧密固定在输药管的外壁或内壁上为宜。

3. 静电的预防

要预防静电首先要弄清楚静电积累的原因。根据试验证明对于压气装药,静电的积累与多种因素有关。

① 空气中的相对湿度　相对湿度愈小,静电电荷积累愈多,静电电压愈高。反之,相对湿度增加时,一方面炸药本身的静电产生量减少,另外一方面炸药颗粒表面部分溶解,粘附在输药软管壁上,增加导电性,加速了静电的泄漏,降低了静电电压。

② 喷药速度　喷药速度增大，静电电压升高。当喷药速度为 5.0 m/s 时，管壁表面会产生静电荷，喷药速度达到 20 m/s，可能产生火花。另外药粒愈细，也愈容易产生静电电荷。

③ 输药管的材质　输药管的材质不同，产生的静电电压差别很大。采用绝缘性好的胶皮管，容易产生静电积累。

④ 岩石的导电性　炮孔孔壁表面岩石的导电性能好，而且潮湿时，则在喷药过程中产生的静电电荷很容易泄漏入大地中，静电荷不容易积累。

⑤ 装药器及其附属设备的导电性　装药器系统对地的电阻愈高，电荷不容易泄漏，电压愈高，静电危险性越大。

人身的静电主要取决于衣服的导电性。如果衣服本身导电性差，静电易于积累。

针对上述静电积累的原因，可以采取以下措施：

① 采用半导体的输药软管，这种软管在装药时，作为向大地排泄静电荷的通路。它必须具有以下两个特性：

a. 具有足够的导电性，以保证将装药过程中所产生的静电荷能迅速排泄到大地中去，防止它积累。

b. 具有足够的电阻，以防止杂散电流流入电爆网路内，从而引起电雷管的早爆。

因此装药软管的电阻不得小于 10^4 Ω，或大于 5×10^5 Ω。装药过程中，电阻的测量布置如图 12-5 所示。

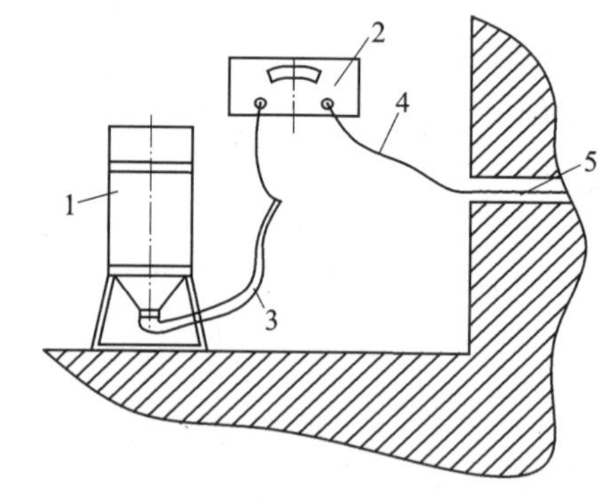

1—装药器；2—万用表；3—装药管或探测器；4—铜裸线或铁裸线；5—装填炸药的炮孔

图 12-5　电阻测定布置图

② 应采用金属的装药器和金属的附属设备，以保证装药系统与大地之间具有一条电的通路。只要将这些设备安放在潮湿或导电的岩石上就足以满足接地的要求，如果附上一根金属键条接地就更可靠。

③ 为了将炮孔中积累在炸药颗粒上的静电通过炮孔壁排泄到大地中去，应该在炮孔中严禁采用非电的炮孔套管。

④ 采用抗静电的电雷管。

⑤ 现场操作人员不宜穿化纤、毛与化纤混纺的衣服，特别是不要将毛衣与化纤衣重叠穿着。

12.1.5　射频电

随着无线电工业的日益发展，空中布满了各种频率的电磁波。如果在射频电场中存在着接收天线，那么就会接收这种电磁波。没有屏蔽的电雷管和电爆网路，如果它处在无线电广播电台、雷达和电视机台发射的强大射频电场内，那么不管它们是短路或开路，也不管它们是否连接到电路中，都起着接收天线的作用。这种天线在射频电场中会感生和吸收电能。如果这种电能超过了安全允许的值，就可能引起电雷管早爆。

1. 影响感生电能大小的因素

(1) 发射机的发射频率和功率

一般来说，频率为 0.535～1.605 MHz 的调频广播台发射机对爆破区的潜在危险较大。这是由于调频发射机的功率较大而频率较低。因而在电雷管中感生的电能几乎无损耗。而调

频发射机与电视台虽然功率很大，但是由于频率高，射频感生电能在雷管中迅速衰减。

移动式无线电台虽然功率较小，但是它有可能靠近爆破区，例如装备有无线电通信设备用来运输炸药的汽车，它引爆电雷管的危险性就大一些。

(2) 电雷管脚线所形成的天线结构及其取向

电雷管脚线在使用中可能构成以下三种结构的天线：

1) 偶极天线。这是一种常见的电雷管天线，对射频电敏感，这种天线电路在以下状态下的危险性最大：

① 电雷管的脚线或电爆网路的导线离地架设；

② 导线的长度等于发射机发射的电波波长的 1/2 倍或其整数倍；

③ 电雷管位于吸收射频电流最大的点上。

2) 长天线。这种天线类似偶极天线，这种天线在以下状态下的危险程度最大：

① 电雷管位于电路的一端；

② 导线长度等于电波波长的 1/4 及其整数倍；

③ 导线离地架设；

④ 导线的一端接地。

上述两种天线吸收最大射频电流的取向是：平行于调频台、电视台或业余无线电台的水平发射天线，指向调幅台和移动电台的垂直发射天线。

3) 环形天线。这种环形天线在电气爆破中是最常见的，一切电爆网路都属于这种天线结构，它对射频电磁场敏感。一般来说，环形面积越大，吸收射频电流也越大。环形电路的取向对吸收射频电流的大小影响很大。当它的取向在发射天线平面内时，吸收的射频电流最大。

(3) 电雷管天线距发射天线的距离

无线电波的电磁场强度随其传播距离的增大而显著减弱，这是影响电雷管天线吸收电能大小的重要因素。

(4) 地形的影响

如果在发射机和爆破作业现场附近有高山、深谷和高层建筑物，它们对射频电波具有反射、散射和叠加等作用，因此可引起局部射频电的危险性加大。

2. 射频电的检测

为了防止电雷管早爆，在电雷管运入爆区之前，都应对爆区附近具有潜在危险的射频电源进行调查，并用仪表对爆区的射频电进行检测。检测的仪表可采用射频电流表或试验性检测灯泡。检测灯泡最适合现场使用，它对所有的频率都有反应。而射频电流表仅对 100 MHz 以下的频率有反应。

检测线路由以下两个部分组成：一部分是其长度恰好等于无线电波的半波长或其整数倍的直导线。另一部分则是设置在该导线中央的检测灯泡及其插座。这种测试线路称之为半波长偶极天线。它最适合用来测试调频电台与电视台发射机发射的电能。测试线路如图 12-6(a)所示。如果把检测灯泡的一根导线接地，而另一根长导线架设在离地的空间，那么在调幅广播台的天线附近就能感应出最大的电流，这种电路如图 12-6(b)所示。上述两种测试线路如果改变导线的长度和方位，就可找出最大的接收电能。测试线路应当尽可能与打算采用的电爆网路相似。如果检测灯泡发光明亮，这就意味着电流强度超过了 50 mA。在这种情况下采用电气爆破显然是不安全的。

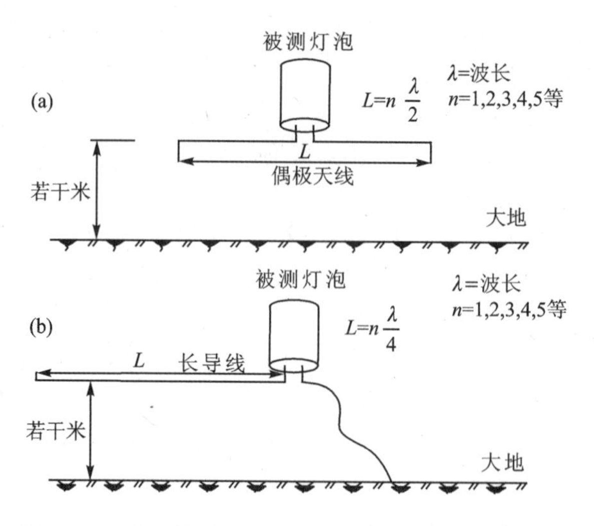

图 12－6　模拟接收天线的两种检测灯泡的试验电路

3. 对射频电的预防

对射频电的预防可采取以下措施：

（1）确定合理的安全距离

如果爆区附近有无线电发射机或发射台时，必需调查发射机的类型、功率和离爆区的位置。如果两者距离在表 12－4、表 12－5、表 12－6、表 12－7、表 12－8 和表 12－9 中所规定的最小安全距离以内时，则应放弃电气爆破而改用非电起爆系统。

表 12－4　对甚高频(VHF)电视机和调频广播台发射机推荐的安全距离

有效发射功率/W	最小安全距离/m	
	波道 2～6 与调频台	波道 7～13
1 000 以下	305	228
1 000	547	396
100 000①	973	701
316 000②	1 310	914
1 000 000	1 763	1 220
10 000 000	3 100	2 255

① 波道 2～6 与调频台目前具有的最大功率 100 000 W。

② 波道 7～13 目前具有的最大功率 316 000 W。

表 12－5　对超高频(UHF)电视发射机推荐的安全距离

有效发射功率/W	最小安全距离/m
10 000 以下	183
1 000 000	610
5 000 000①	915
100 000 000	1 830

① 波道 14～83，目前具有的最大功率 5 000 000 W。

表12-6　对包括业余无线电爱好者和市民所用波段在内的移动式发射机推荐的最小安全距离

发射机功率①/W	最小安全距离/m				
	中频1.6～3.4 MHz（工业用）	高频28～29.7 MHz业余无线电爱好者用	甚高频35～36 MHz，公用42～44 MHz，公用50～54 MHz业余无线电爱好者用	甚高频144～148 MHz，业余无线电爱好者用150.8～161.6 MHz（公用）	超高频450～470 MHz（公用）
10	12	30	12	5	3
50	30	65	30	10	6
100	40	100	40	15	10
180②				20	12
250	65	150	65	25	15
500③			95		
600④	95	220	100	35	22
1 000⑤	125	300	125	15	10
1 000⑥	150		150		
市民用波段(步话机)5 W—最小距离2 m，26.96～27.23 MHz					

① 输给天线的功率；

② 甚高频(150.8～161.6 MHz)两波道移动式机组和超高频(450～460 MHz)两波道移动式及固定式机组的最大功率；

③ 大型甚高频(35～44 MHz)两波道移动式及固定式机组的最大功率；

④ 甚高频(150.8～161.6 MHz)两波道固定式机组的最大功率；

⑤ 业余无线电爱好者用的移动式机组的最大功率；

⑥ 42～44 MHz波段与1.6～1.8 MHz波段中的某些基础台站的最大功率。

表12-7　对商业用调幅广播发射机(0.535～1.605 MHz)推荐的安全距离

发射机功率/W①	最小安全距离/m
4 000以下	230
5 000	260
10 000	365
25 000	610
50 000	850
100 000	1 200
500 000	2 700

① 输给天线的功率；

② 50 000 W是美国广播发射机在这一频率范围内现有的最大功率。

表12-8　对30 MHz(除调幅广播以外)以下(按特殊环形结构天线计算的)发射机安全距离①,②

发射机功率③/W	最小安全距离/m
100	230
500	510

续表 12-8

发射机功率③/W	最小安全距离/m
1 000	720
5 000	1 650
50 000	5 100
500 000④	16 500

① 根据这种布置采用 20.8 MHz 最灵敏的频率；

② 此表对国际广播发射机(1.0～2.5 MHz)适用；

③ 输给天线的功率；

④ 国际广播发射机的最大功率。

表 12-9 距海上无线电导航雷达的最小安全距离

雷达类型	有效发射功率/W	最小安全距离/m
小游艇	500(3 cm)	6
港口船	5 000(3 cm)	15
内河船等大型商船	50 000(310 cm)	100

(2) 如在工地运输电雷管而采用配有无线电发射机的交通工具时，应采用以下两条安全措施：

① 应把电雷管装在密闭的金属箱内，此金属箱应遵守当地运输电雷管时的有关规定。

② 在把电雷管从金属箱中取出或放入时应关闭发射机。

③ 应查明在爆区附近是否有定向雷达发射天线(它在长距离范围内能发射很强射线)存在，如果存在的话，应明确在此条件下能否安全地进行电气爆破。

④ 电爆网路的主线应采用双绞线或相互平行而尽量靠拢的单股线，导线应布设在地面上。

以上各表所引用的安全距离是根据美国炸药制造者协会推荐的，可作参考。

12.1.6 化学电

当不同的金属浸入电解质(如潮湿的地层或导电的炸药)内时，可以产生化学电。例如人们曾设计出一种铝质炮棍用来代替地震勘探爆破中比较笨重的木质炮棍，曾经发生过两次早爆事故。分析其原因是由炮孔中的钢套管和碱性钻孔泥浆形成的电池效应引起的。显然，金属炮棍、金属套管和任何导电的物体都不应当进入装有电雷管的炮孔内。

12.2 爆破地震效应

12.2.1 概 述

当药包在岩石中爆破时，邻近药包周围的岩石会产生压碎圈和破裂圈。当应力波通过破裂圈后，由于它的强度迅速衰减，再也不能引起岩石的破裂而只能引起岩石质点产生弹性振动，这种弹性振动以弹性波的形式向外传播，造成地面的震动，所以这种弹性波又叫地震波。

地震波由若干种波组成，根据波传播的途径不同，波可以分为体积波和表面波两类。体积波是在岩体内传播的弹性波。它可以分为纵波和横波两种。纵波的特点是周期短、振幅小和传播速度快。横波的特点是周期较长，振幅较大，传播速度仅次于纵波。表面波又分为瑞利波和拉夫波。拉夫波的特点是质点仅在水平方向作剪切变形，这点与横波相似。这种波不经常出现，只是在半无限介质上且至少覆盖有一层表面层时，拉夫波才会出现。瑞利波的特点是岩石质点在垂直面上沿椭圆轨迹作后退式运动，这点与纵波相似。它的振幅和周期较大，频率较低，衰减较慢，传播速度比横波稍慢。

图 12－7 是各种应力波传播过程中引起介质变形的示意图。

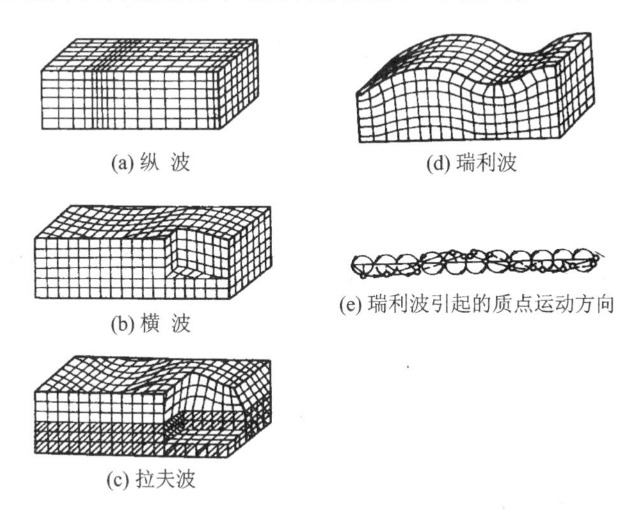

图 12－7　各种应力波在传播过程中引起介质变形的示意图

体积波特别是其中的纵波能使岩石产生压缩和拉伸变形。它是爆破时造成岩石破裂的主要原因。表面波特别是其中的瑞利波，由于它的频率低、衰减慢、携带较多的能量，是造成地震破坏的主要原因。

由爆破引起的振动，常常会造成爆源附近的地面以及地面上的一切物体产生颠簸和摇晃，凡是由爆破所引起的这种现象及其后果，叫做爆破地震效应。当爆破振动达到一定的强度时，可以造成爆区周围建筑物和构筑物的破坏，露天矿边坡的滑落以及井下巷道的片帮和冒顶。因此，为了研究爆破地震效应的破坏规律，找出减小爆破地震强度的措施和确定出爆破地震的安全距离，对爆破地震效应进行系统的观测和研究是非常必要的。

12.2.2　地面质点振动参数的估算

由爆破引起的振动是一个非常复杂的随机过程。它的振幅、周期和频率常常是随时间变化的。因此要计算出这些参数每一时刻的值是比较困难的。但是，对大多数工程来说，最感兴趣的是要找出振动的最大幅值。因此，一般在爆破振动的波谱图上读取振动的最大幅值，并按简谐运动的来处理。这样，既满足了工程的要求，也简化了计算。

众所周知，质点作简谐运动时，质点运动的力学状态可以用位移 X、速度 V 和加速度 a 来表示，它们的数学表达式为

$$X = A\sin\omega t \tag{12-5}$$

$$V=\frac{\mathrm{d}X}{\mathrm{d}t}=A\omega\sin\left(\omega t+\frac{\pi}{2}\right) \tag{12-6}$$

$$a=\frac{\mathrm{d}^2X}{\mathrm{d}t^2}=A\omega^2\sin(\omega t+\pi) \tag{12-7}$$

在估算爆破振动地面质点运动参数时，一般只选取爆破振动的最大幅值，因此得：

$$X=A \tag{12-8}$$

$$V=\omega X=2\pi fA \tag{12-9}$$

$$a=\omega^2X=4\pi^2f^2A \tag{12-10}$$

式中：X——时间为 t 时的质点振动位移，mm；

A——质点的最大振幅，mm；

V——质点的振动速度，mm/s；

a——质点的振动加速度，$\mathrm{mm/s^2}$；

ω——角频率，其值为 $2\pi f$；

f——质点振动频率。

从以上诸式可以看出，如果已知位移、速度和加速度三个参数中的任一个参数，经过积分或微分就可求出其余两个参数。但是，在数值换算中存在着固有的误差，所以在实际观测中最好直接测量所需的参数。

爆破地震波在介质中传播时，质点的实际运动参数，应由三个互相垂直的分向量（即垂直分向量、水平切向分向量和水平径向分向量）的矢量和求得，即

$$\boldsymbol{G}=\sqrt{\boldsymbol{X}^2+\boldsymbol{Y}^2+\boldsymbol{Z}^2} \tag{12-11}$$

式中：$\boldsymbol{G}$——矢量和；

$\boldsymbol{X}$——水平径向分向量；

$\boldsymbol{Y}$——水平切向分向量；

$\boldsymbol{Z}$——垂直分向量。

如果要完整地描述地震波在介质中的传播规律，应同时测量质点运动的三个正交的分向量，然后求其矢量和。

12.2.3 爆破地震效应的观测

爆破地震效应的观测包括宏观观测和仪器观测两种方法，一般都把这两种方法结合起来使用。

1. 宏观观测

宏观观测一般根据观测的目的在爆破振动影响范围内和仪器观测点附近选择有代表性的建筑物、构筑物、矿山巷道、岩体的裂缝和断层、边坡、个别孤石以及其他标志物。在爆破前后用目测、照相和录像等手段，把观测对象的特征用文字进行记录，以对比爆破前后被观测对象的变化情况，估计爆破振动的影响程度。

2. 仪器观测

采用仪器观测时，观测系统包括拾震器、记录仪和便于记录而设置的衰减器或放大器。

(1) 拾震器

拾震器是测量地面震动的仪器。它将地面的振动转换成电信号输出，一般又将它叫检波

器、地震仪和传感器，拾震器按测量的物理量不同而分为位移计、速度计和加速度计。

拾震器的工作原理是利用“摆”在磁场中运动时切割磁力线，将“摆”的机械运动转换成电信号，而“摆”的机械运动是由地面振动引起的。当爆破地震发生时，地面上所有的物体都要随之运动。要观测出地面运动的大小就要建立起一个相对地面运动来说是一个静止的系统。根据牛顿力学定律，这个问题可以利用重物的惯性来解决。地震发生时，地表振动，地表上的物体受到外力作用也要运动。由于物体的惯性作用，在开始的瞬间，相对于地表为静止的重物仍保持不变。因此可以利用这种瞬时的相对静止来衡量地表运动的大小。这个重物在拾震器中叫做“摆”，“摆”的一端装有一个线圈，并使此线圈在摆运动时正好通过永久磁铁中间（见图 12-8）。当爆破产生的地震波到达时，地表发生运动，位于地面上的拾震器也随之发生运动。在地震开始瞬间，因“摆”有个惯性，保持相对静止。这时，通过线圈的磁通量发生了变化，产生电动势，在线圈内产生感应电流。感应电流的大小取决于地面运动的大小，也就是说取决于地震的大小。将“摆”的机械运动能转换成电能的装置称为换能器。当地面运动趋向静止时，“摆”不会立即停下来。它将以本身固有周期仍然往复运动，一直到能量完全消失为止。可以想象到，如果摆还在振动时，地表又开始运动，那么地震仪上所记录的振动由于混有“摆”的固有振动而不能反映出地面运动的真实情况。因此，必须消除“摆”的固有振动的能量，这种装置在地震仪中叫做阻尼器。当然，阻尼作用也会降低地震仪的灵敏度。

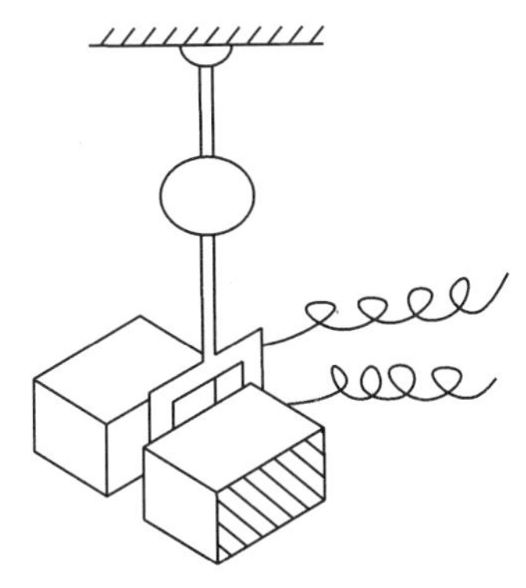

图 12-8　“摆”的工作原理

拾震器是由“摆”、换能器和阻尼器三部分组成。我国生产的拾震器的性能列于表 12-10 中。

表 12-10　拾震器的性能表

拾震器型号	测量的物理量	测量范围	频率范围/Hz	观测的振动方向
701 型	位移	0.6～6.0 mm	0.5～100	垂直和水平
65 型地震仪	速度	2.0 mm	<40	垂直和水平
维开克弱震仪	速度	2.0 mm	<40	垂直和水平
GZ-2 测震仪配传感器				
CD-1 传感器	位移、速度	1.0 mm		垂直和水平
CD-7 传感器	位移	1.7～12 mm		垂直和水平
RPS-66 加速度计	加速度	2 *g*	1.25～2.0	垂直
QZY-1V 强震仪	加速度	0.03～1.0 *g*		垂直
BBⅡ-1 速度计	速度	1～20 m/s	1～100	垂直和水平
AⅡT-1 加速度计	加速度	2 *g*	～500	垂直
电磁式速度计	速度		1.8～250	垂直和水平

(2) 衰减器和放大器

衰减器和放大器的作用是将输出的电信号衰减或放大的仪器。若地面的振动强度很大，拾震器的灵敏度较高时，不将讯号衰减，将导致部分波形记录超出记录纸的边界。另外，若爆破后地面运动强度较小或拾震器灵敏度不够高时，输出信号常常需要经过放大器放大以后才能分辨和判读。

(3) 记录装置

记录装置是将拾震器测出的地面振动信号记录在记录纸、胶卷或磁带上的设备。若采用光线示波器作记录装置时，它将数值记录在记录纸或胶卷上，在读取参数时采用人工方式，既费时间又不够精确。先进的方法是采用磁带记录，然后将磁带直接输入电子计算机系统中进行处理，既精确又省时间。

仪器观测系统的方框图表示在图 12-9 中。

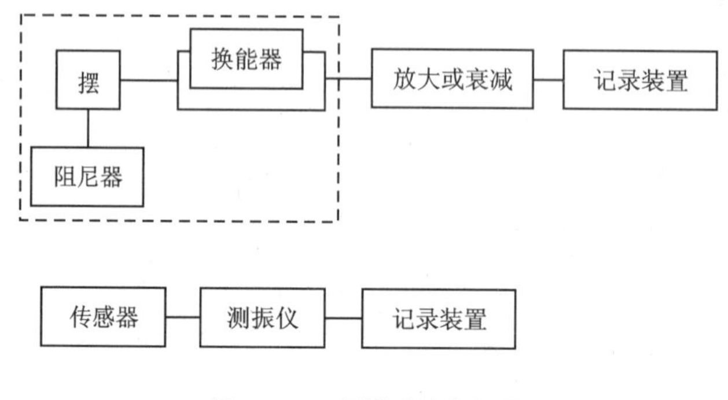

图 12-9 观测系统方框图

3. 测点的布置

测点的布置需要根据观测的目的和要求不同而采取不同的布置方法。例如，为了研究爆破地震波随距离变化的衰减规律或者为了计算爆破振动强度而需要获得某些系数时，则宜沿着爆破中心的辐射方向布置测线，每条测线按 50～100 m 的等间距布置测点，一条测线布置4～6个测点。如果为了观测爆破地震对建筑物或构筑物的影响从而确定出破坏判据时，测点则宜布置在建筑物或构筑物附近的地表上。如果想摸清高层建筑物不同高度的爆破地震影响，那么测点就应在不同高度的位置上布置。

布置测点时，测点上的拾震器一定要埋设牢固而且要保持水平。

4. 爆破地震波波形图的分析

如果采用磁带记录，将磁带输入电子计算机内，那么波形图的分析计算就能很快得出结果。但是，目前国内很多单位仍然采用光线示波器记录，因此必须对记录的波形图要进行分析，然后用尺子在图上量取几个基本物理量(如振幅、频率或振幅和振动延续时间等)，若使用光学读数放大器量取，则数据较为准确些。在野外也可用三棱尺直接在图上量取所需的物理量，但精确度较差些。

实际记录的爆破地震波波形图是比较复杂的。爆破地震波不是振幅和振动周期为常量的简谐运动，而是振幅和振动周期随时间而变化的振动(如图 12-10 所示)。在大多数工程爆破应用中，通常需要的是振动的最大值，即质点振动的最大位移、振速和振动加速度。因此在对爆破地震波波形图的分析中主要量取最大的振幅及其相对应的振动周期。此外，还要量取主震相的延续时间和计算波在土岩介质中的传播速度。

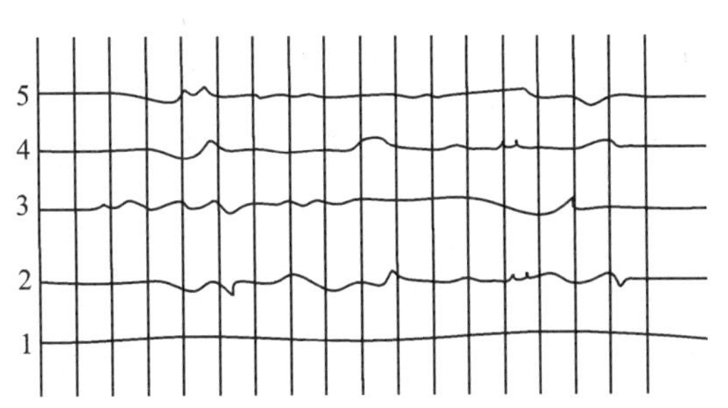

图 12－10　实测地震波波形图最大波峰和波谷

振幅是表示质点在振动时离开平衡位置可能达到的最大位移。目前量取最大振幅值时，多数是量取单振幅，即零线（或基准线）到最大波峰（或波谷）之间的距离作为最大振幅（如图 12－11所示），但是当波形不对称时也可量取波谷之间的距离，取其一半作为最大振幅值（如图 12－12 所示）。

由于爆破具有瞬时性，因此读取周期比读取频率更为方便和适宜。周期一般是与最大振幅相对应，其量取方法如图 12－11 和图 12－12 所示。振动周期的倒数即频率：

$$f = 1/T \tag{12-12}$$

式中：f——振动频率，Hz；

T——周期，s。

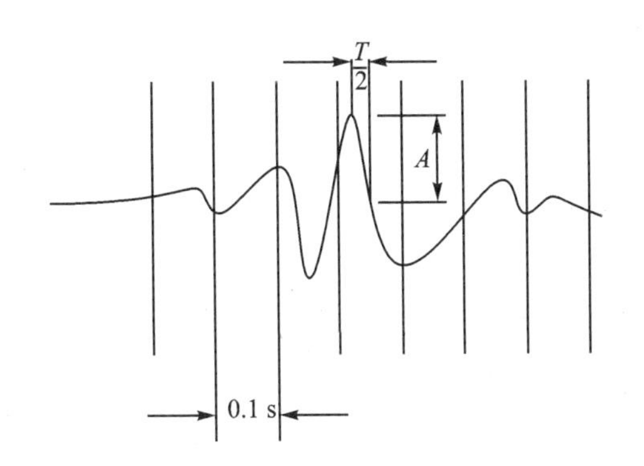

图 12－11　单振幅量取示意图

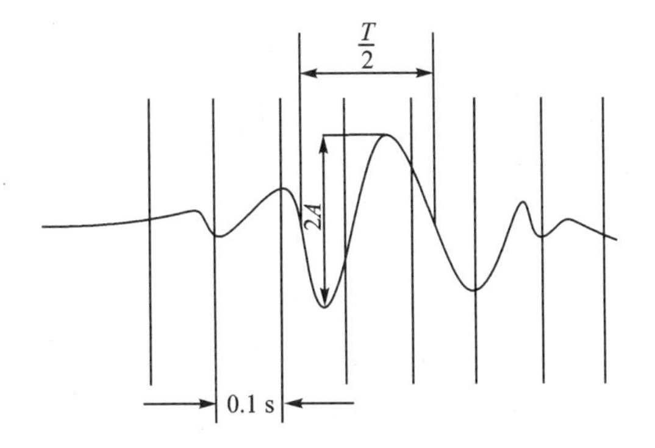

图 12－12　双振幅量取示意图

爆破振动延续时间的长短与传播地震波的介质性质、炸药包爆炸时所释出能量大小以及传播的距离有关。在读取振动延续时间时，将爆震图划分为主震段和尾震段两部分。关于主震段的划分目前存在着不同的意见，其中一种意见认为，从初始波到波的振幅值 $A=A_{最大}/e$（e 为自然对数的底）这段振动称为主震段，与之相对应的延续时间为振动延续时间，其读图方法如图 12－13 所示。

波速是分析波型、波的传播规律和研究岩石性质的一个重要的物理量。一般是在震波图上量取相邻两测点初始波到达之间的时间差。用此时间差去除两测点之间的距离，就得到初始波的传播速度。

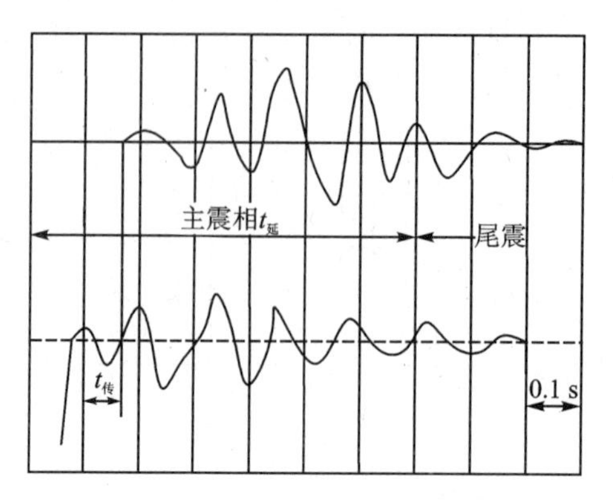

图 12-13 振动延续时间和波速的测定

12.2.4 爆破振动弱度和安全参数的估算

爆破地震破坏的强弱程度叫做振动强度或振动烈度。地震烈度可以用地面运动的各种物理量来表示，如质点振动速度、位移、加速度和振动频率等。但是对爆破振动来说，用质点振动速度来表示振动强度比较更合理些。

根据大量实测资料证明，质点振动速度与一次爆破的装药量大小、测点至爆源的距离、地质地形条件和爆破方法等因素有关，它可用下式来表示：

$$V = K\left(\frac{Q^m}{R}\right)^a \tag{12-13}$$

式中：V——质点振动速度，m/s；

Q——装药量（齐发爆破时为总装药量，延发爆破时为最大一段装药量），kg；

R——从测点到爆破中心的距离，m；

m——装药量指数（国内多采用 1/3，西方国家对深孔柱形药包采用 1/2，对硐室集中药包采用 1/3）；

K——与爆破场地条件有关系数；

a——与地质条件有关系数。a，K 值可以在现场通过小型爆破试验来确定，也可以参照类似条件下爆破的实测数据来选取。

在爆破设计时，为了避免爆破振动对周围建筑物产生破坏性的影响，必须计算爆破振动的危险半径，如果建筑物位于危险半径以内，那么需要将建筑物拆迁。如果建筑物不允许拆迁，则需要减少一次爆破的装药量，控制一次爆破的规模。因此需要计算一次爆破允许的安全装药量。

爆破振动的安全距离可按下式计算：

$$R_{安全} = \left(\frac{K}{V_{安全}}\right)^{1/a} Q^m \tag{12-14}$$

一次爆破允许的安全装药量可按下式计算：

$$Q_{安全} = R^{1/m}\left(\frac{V_{安全}}{K}\right)^{1/a\cdot m} \tag{12-15}$$

式中：$R_{安全}$——爆破振动安全距离，m；

$Q_{安全}$——一次爆破允许的安全装药量，kg；

$V_{安全}$——安全上允许的振动速度，cm/s。

式中其他符号的意义同公式(12-13)。

12.2.5　爆破振动的破坏判据和降低爆破振动的措施

爆破振动常常会引起爆区附近的建筑物和构筑物的破坏，特别是露天爆破。目前在判断爆破振动强度对建筑物和构筑物的影响时，都用土壤质点的振动速度作为判据。在一些国家的公共法和爆破安全规程中都对各类建筑物和构筑物允许的质点振动速度作了明确的规定。

由于爆破振动引起建筑物或构筑物破坏所牵涉到的因素很多。诸如地基的性质、建筑物所采用的材料、建筑物的结构、建筑物的新旧程度和施工质量等。因此要用一个统一的数量来规定不同建筑物所允许的安全振动速度，将会造成很大的困难。

我国根据国内外近年测震所积累的资料，在爆破安全规程中对各类建筑物和构筑物所允许的安全振动速度作了如下规定：

① 土窑洞、土坯房、毛石房屋为 1.0 cm/s；

② 一般砖房、非抗震的大型砌块建筑物为 2～3 cm/s；

③ 钢筋混凝土框架房屋为 5 cm/s；

④ 水工隧洞为 10 cm/s；

⑤ 交通隧洞为 15 cm/s；

⑥ 矿山巷道：围岩不稳定有良好支护为 10 cm/s；围岩中等稳定有良好支护为 20 cm/s；围岩稳定无支护为 30 cm/s。

为了减小爆破振动对爆区周围建筑物的影响，可以采取以下一些措施：

① 大力推广多段微差起爆，分段越多，爆破振动越小。

② 合理选取微差起爆的间隔时间和起爆方案，保证爆破后的岩石能得到充分松动，消除夹制爆破的条件。

③ 合理选取爆破参数和单位炸药消耗量。单位炸药消耗量过高会产生强烈的振动和空气冲击波。单位炸药消耗量过低则会造成岩石的破碎和松动不良，大部分能量消耗在振动上。因此，应通过现场的试验来确定合理的爆破参数和单位炸药消耗量。

④ 为了防止爆破振动破坏露天的边坡，应推广预裂爆破。在进行预裂爆破时，为了防止预裂爆破造成过大的振动，应采用分段延发起爆，并尽量减少每个分段同时起爆的炮孔数。

⑤ 在露天深孔爆破中，防止采用过大的超深，过大的超深会增加爆破的振动。

12.3　爆破冲击波

12.3.1　空气冲击波

炸药爆炸所产生的空气冲击波(shock wave)是一种在空气中传播的压缩波。这种冲击波是由于裸露药包在空气中爆炸所产生的高压气体冲击压缩药包周围的空气而形成的，或者由于装填在炮眼、深孔和药室中的药包爆炸产生的高压气体通过岩石中的裂缝或孔口泄漏到大气中冲击压缩周围的空气而形成的。这种空气冲击波具有比自由空气更高的压力，常常会造成爆区附近建筑物的破坏、人类器官的损伤和心理反应。

1. 爆炸空气冲击波的形成和传播

当一个无约束的炸药包在无限的空气介质中爆炸时，在有限的空气中会迅速释放出大量的能量，这就导致爆炸气体生成物的压力和温度局部上升。高压气体生成物在迅速膨胀的同时急剧冲击和压缩药包周围的空气，被压缩的空气压力陡峻上升，形成了以超声速传播的空气冲击波。随着爆炸气体生成物的继续膨胀，波阵面后面的压力急剧下降，由于气体膨胀的惯性效应所引起的过度膨胀，会产生压力低于大气压的稀疏波，稀疏波从波阵面移向爆炸中心，这种情况如图 12－14 所示。在波中由于压缩的不可逆性，会发生能量的弥散，机械能转变为热能，导致波强下降。同时，在波的传播过程中，被波卷入的空气质量的增加的结果，也加速了空气冲击的衰减，最终变为声波。

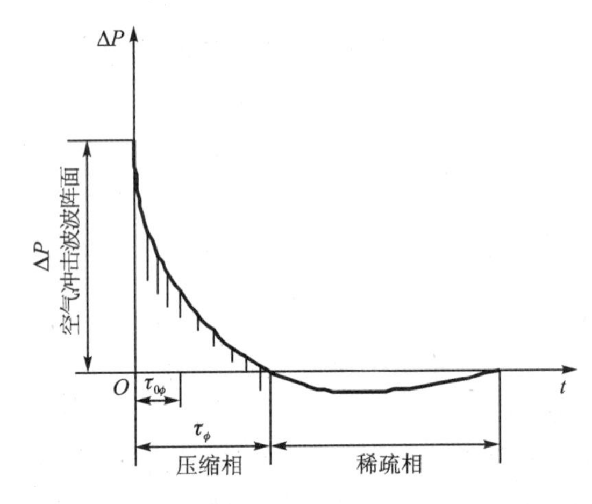

图 12－14　爆炸空气冲击波波阵面后压力变化过程

如上所述，随着传播距离的增加，空气冲击波的波强逐渐下降而变成噪声和哑声，噪声和亚声是空气冲击波的继续。空气冲击波与噪声和亚声的区别在于超压和频率。根据美国矿业局的观点，超压大于 7×10^{3} Pa 的为空气冲击波，超压低于此值的为噪声和亚声。按频谱划分，噪声的频率位于 20～20 000 Hz 的可闻阈内，亚声的频率低于 20 Hz。当空气冲击波传播时，随着距离的增加，高频成分的能量比低频成分的能量更快地衰减。这种现象常常造成在远离爆炸中心的地方出现较多的低频能量，这是造成远离爆炸中心的建筑物发生破坏的原因。

2. 爆炸空气冲击波的超压计算

由图 12－14 看出，爆炸空气冲击波是由压缩相和稀疏相两部分组成。但是在大多数情况下，冲击波的破坏作用是由压缩相引起的。确定压缩相破坏作用的特征参数是冲击波波阵面上的超压值 ΔP，公式如下：

$$\Delta P = P - P_0 \tag{12-16}$$

式中：P——空气冲击波波阵面上的峰值压力，Pa；

P_0——空气中的初始压力，Pa。

炸药在岩石中爆破时，空气冲击波的强度取决于一次爆破的装药量、传播距离、起爆方法和堵塞质量。根据霍普金逊的相似律，冲击波波峰压力的大小与装药量和传播距离间的关系可以用下式来表示：

$$P = H\left(\frac{Q^{1/3}}{R}\right)^{\beta} \tag{12-17}$$

式中：H——与爆破场地条件有关系数，主要取决于药包的堵塞条件和起爆方法，参见表 12-11；

Q——装药量(齐发起爆时为总装药量，延发起爆时为最大一段装药量)，kg；

R——自爆破中心到测点的距离，m。

β——空气冲击波的衰减指数，见表 12-11。

表 12-11　不同起爆方法的 H、β 值

爆破条件	H		β	
	毫秒起爆	即发起爆	毫秒起爆	即发起爆
炮孔爆破	1.43		1.55	
破碎大块时的炮眼装药		0.67		1.31
破碎大块时的裸露装药	10.7	1.35	1.81	1.18

空气冲击波压缩相的作用时间为

$$t = 1.1\left(\frac{R}{Q^{1/3}}\right)^{0.82} \tag{12-18}$$

式中：t——压缩相作用时间，ms；

其余符号的意义同前。

在爆炸空气冲击波的传播过程中，如果碰撞到建筑物或其他障碍物的表面时，它的传播速度和压力会产生明显的变化。同时由速度头的作用所引起的附加载荷会作用在建筑物或障碍物上。若空气冲击波波阵面垂直入射到反射面时，则反射波的压力可根据下式计算：

$$P_{\tau} = 2P\left(\frac{7P_0 + 4\Delta P}{7P_0 + \Delta P}\right) \tag{12-19}$$

式中：P_{τ}——反射波的峰压，Pa；

P——入射波的峰压，Pa；

P_0——空气中的初始压力，Pa；

ΔP——入射波的超压，Pa。

若入射波的强度非常弱，即超压大大小于空气中的初始压力时，那么 ΔP 可忽略不计。此时，反射压力 $P_{\tau}=2P_0$。

若入射波的强度非常强，即超压大大超过空气中的初始压力时，那么 R 可忽略不计。此时，反射压力 $P_{\tau}=8P_0$。

爆炸空气冲击波在空气传播过程中，能量逐渐耗损，波强逐渐下降而变为噪声和哑声。它们的超压较低，一般用声压级 L 表示，单位为 dB，公式如下：

$$L = 20\log\frac{\Delta P}{P_0} \tag{12-20}$$

3. 爆炸空气冲击波的测定

测量爆炸空气冲击波的仪器分电子测试仪和机械测试仪两大类。前者的测量精度较高，灵敏度较好。后者的结构简单，使用方便，但测量精度较低。

电子测试仪系统一般包括传感器、记录装置和信号放大器。

传感器是接收空气冲击波信号的元件，它又分为压电式、电阻应变式和电容式三种。压电式传感器是利用某些晶体(如石英钛酸钡和锆酸铅等晶体)的压电效应，当某一面上受到空气冲击波的压力作用时就会产生电荷，电荷量与压力成正比。这种效应是无惯性的过程，因此，能将冲击波的压力信号转换为电荷信号，并对外电路的电容充电，从而转换成电压信号。

记录装置是把信号记录下来的装置，可以采用阴极射线示波器、记忆示波器和瞬态波形记录仪。

信号放大器是将传感器输出的信号放大，无泄漏地传输给记录装置的元件。它装置在传感器和记录装置的中间。图 12-15 是空气冲击测试系统的方框图。

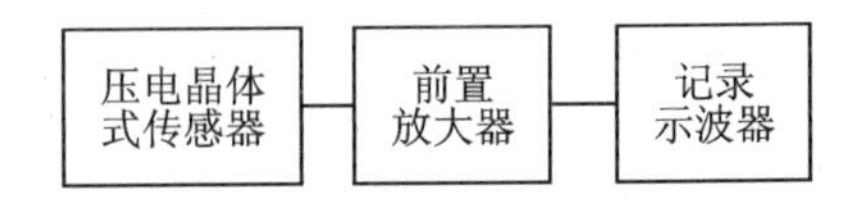

图 12-15　空气冲击波测试系统图

测量噪声所用的仪器有：声级计、频率分析仪、自动记录仪和优质磁带记录仪。

声级计由传声器、放大器、计权网络和指示器组成。

传声器又叫话筒(麦克风)，是把声信号转换成电信号的声电换能器的装置。

放大器是解决声级计内部电压放大的装置。

计权网络是根据人耳对声音的频率响应特性而设计的滤波器，它参考等响曲线设置 A、B、C 三种频率。测量爆破噪声时，多采用 A、C 网络。

指示器是声级计的表头，其读数是声压的有效值。

测量瞬时噪声时要采用脉冲声级计。但是测量约束药包产生的爆破低频噪声时，应采用线性或非计权的测量仪器。

4. 爆炸空气冲击波的破坏作用和预防

当进行大规模爆破时，特别是在井下进行大规模爆破时，强烈的爆炸空气冲击波在一定距离内会摧毁设备、管道、建筑物、构筑物和井巷中的支架等，有时还会造成人员的伤亡和采空区顶板的冒落。

根据国内外的统计，在不同超压下空气冲击波和噪声与亚声造成不同建筑物破坏的情况列于表 12-12 和表 12-13 中。

人员承受空气冲击波的允许超压不应当大于 5×10^5 Pa，在不同超压下人员遭受损伤的程度如表 12-14 所列。

在井下爆破时，除了爆炸空气冲击波能伤害人员以外，在它后面的气流也会造成人员的损伤。例如，当超压为$(0.3\sim0.4)\times10^5$ Pa 时，气流速度达 60～80 m/s 时，人员是无法抵御的。再加上气流中往往夹杂着碎石和木块等物体，更加加重了对人体的损伤。

表 12-12　空气冲击波的破坏等级

破坏等级	建筑物破坏程度	10^{-5}·超压/Pa
1	砖木结构，完全破坏	>2.0
2	砖墙部分倒塌或开裂，土房倒塌，土结构建筑物破坏	1.0～2.0
3	木结构梁柱倾斜，部分折断；砖木结构屋顶掀掉，墙局部移动和开裂，土墙裂开或局部倒塌	0.5～1.0

续表 12-12

破坏等级	建筑物破坏程度	10^{-5}·超压/Pa
4	木隔板墙破坏，木屋架折断，顶棚部分破坏	0.3～0.5
5	门窗破坏，屋顶瓦大部分掀掉，顶棚部分破坏	0.15～0.3
6	门窗部分破坏，玻璃破坏，屋顶瓦部分破坏，顶棚抹灰脱落	0.07～0.15
7	玻璃部分破坏，屋顶瓦部分翻动、顶棚抹灰部分脱落	0.02～0.07

表 12-13　声效应的破坏情况

声级差/dB	建筑物破坏程度	10^{-5}·超压/Pa
171	大多数窗玻璃破坏	0.07
161	玻璃部分破坏，屋顶瓦部分翻动，顶棚抹灰部分脱落	0.02
151	一些安装不好的窗玻璃破坏	0.007
141	某些大格窗玻璃破坏	0.002
128	美国矿业局暂时规定的噪声安全值	0.000 5
120	美国环境保护机构推荐的亚声安全值	0.000 2

表 12-14　人员损伤等级

损伤等级	损伤程度	10^{-5}·超压/Pa
轻微	轻微的挫伤	0.2～0.3
中等	听觉器官损伤，中等挫伤，骨折等	0.3～0.5
严重	内脏严重挫伤，可引起死亡	0.5～1.0
极严重	可大部分死亡	>1.0

在露天的台阶爆破中，空气冲击波容易衰减，波强较弱，它对人员的伤害主要表现在听觉上。

在爆破设计和施工时，为了防止爆炸空气冲击波对在掩体内避炮的作业人员的伤害，对露天裸露爆破时，其安全距离可按下式来确定：

$$R_{K} = 25\sqrt[3]{Q} \tag{12-21}$$

式中：R_{K}——空气冲击波对掩体内人员的最小安全距离，m；

Q——一次爆破的炸药量（不得超过 20 kg，秒延期起爆时按最大一段药量计，齐发起爆时按总药量计），kg。

爆炸空气冲击波的危害范围受地形因素的影响，遇有不同地形条件可适当增减。例如在狭谷地形爆破，沿沟的纵深或沟的出口方向，应增大 50%～100%；在山坡一侧进行爆破对山后影响较小，在有利的地形下可减少 30%～70%。

井下深孔爆破时，空气冲击波危害范围的确定要比露天爆破复杂得多。不能采用上述公式计算安全距离。确定安全距离应当考虑药包爆破时爆炸能量转化为空气冲击波能量的百分比、空气冲击波传播途中的条件（如巷道类型、巷道间连接的特征和巷道的阻力等）和允许的超压峰值大小。在规模较大的爆破必须通过现场的观测试验研究来确定。

为了减少爆炸空气冲击波的破坏作用，可以从两方面采取有效措施：一是防止产生强烈的

空气冲击波;二是利用各种条件来削弱已经产生了的空气冲击波。

空气冲击波的强弱与药包在岩石中爆破时爆炸能量有多少转化为空气冲击波能量有关。如果能尽量提高爆破时爆炸能量的利用率,减少形成空气冲击波的能量,那么就能最大限度地降低空气冲击波的强度,若合理确定爆破参数,避免采用过大的最小抵抗线,防止产生冲天炮;选择合理的微差起爆方案和微差间隔时间,保证岩石能充分松动,消除夹制爆破条件;保证堵塞质量和采用反向起爆,防止高压气体从炮孔口冲出。这些措施都能有效地防止产生强烈的空气冲击波。对露天爆破来说,除了采取上述措施以外还应大力推广导爆管起爆或电雷管起爆,尽量不采用高能导爆索起爆。在破碎大块时尽量不要采用裸露药包爆破,合理规定放炮的时间,最好不要在早晨、傍晚或雾天放炮。

在井下爆破时,为了削弱空气冲击波的强度,在它流经的巷道中可以使用各种材料(如混凝土、木材、石块、金属、砂袋或充水的袋)砌筑成各种阻波墙或阻波排柱。图 12-16 是用木材砌筑的阻波墙,图 12-17 是用混凝土砌筑的阻波墙,图 12-18 是用木柱架设的阻波排柱。采取上述措施,可大大削弱空气冲击波的强度。

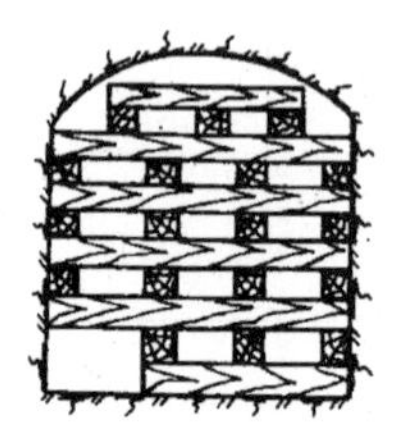

(a) 留有人行道的枕木缓冲型阻波墙

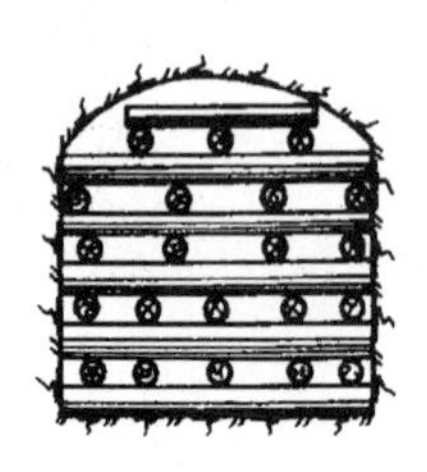

(b) 圆木缓冲型阻波墙

(c) 木垛阻波墙

图 12-16　木材阻波墙

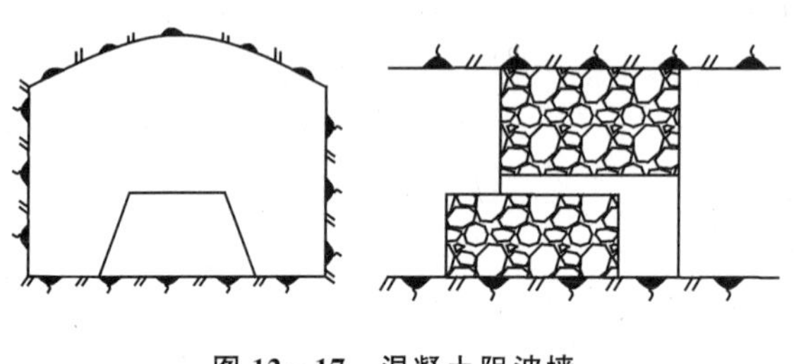

图 12-17　混凝土阻波墙

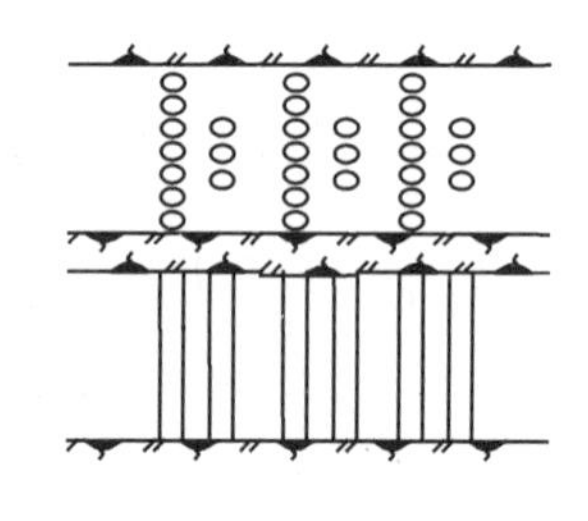

图 12-18　木柱阻波排柱

12.3.2　水中冲击波

在各种不同条件下进行水下爆破时,可能产生四种有害效应,即爆破地震效应、水中冲击波效应、空气冲击波效应和水面波浪效应。因此爆破设计时必须严格依据各重要目标和对象的安全控制标准进行校核计算。

1. 水下爆破危险距离的估计

水下爆破安全控制标准对于不同对象、不同建筑结构各不相同。因此必须根据各种水下爆破方式有害效应的作用规律,结合工程的实际情况逐一加以校核。

(1) 水下硐室爆破

水下硐室爆破的作用特点是炸药在岩体内爆炸,因此爆炸除能直接破碎岩石外,还要克服被破碎的岩块向外运动时必须克服水的阻力而做的功。同时爆炸冲击波在岩水交界面处产生折射和反射,其折射系数较岩气界面时为大,因此所产生的水中冲击波亦不容忽视。影响水下硐室爆破冲击波的因素很多,它与最小抵抗线 W,爆破作用指数 n,药室间距口以及地质构造等有关。但不管怎样,其水中冲击波效应都远较水中裸露爆炸时为小。根据我国水下岩塞爆破的实测资料,其引起的水冲击波超压峰值仅为水中裸露爆炸时的 10 %~14 %,水下硐室爆破伴随产生强烈的地震波,由于岩层内裂隙被水所填充,所以饱和水岩体中地震波的波速较大,而随距离增加而衰减则较陆地爆破时为慢。所以爆破地震作用安全距离 R 值应比陆地爆破时大。

$$R = K\sqrt[3]{Q} \tag{12-22}$$

式中:Q——装药量,kg;

K——与爆破地点的地形地质条件有关的系数。水中爆破时苏联规范中规定应比空气中增大 1.5~2 倍。

(2) 水下钻孔爆破

水下岩石钻孔爆破时,若采用电力起爆,水中冲击波主要是炸药爆炸时从钻孔喷出所形成,其超压峰值为 p_y,相应的能流密度为 E_y。此外,同时还受到爆破地震波在水底界面处折射于水中的最大压力 P_c 和相应的能流密度 E_c 作用。p_y 的大小与孔深和堵塞情况有关。p_y 和 E_y 随药卷相对长度增加成正比增大。当药卷长度 L 与直径 d 之比 $L/d>5$ 时,则 p_y 不再增加,其相应值按下式计算:

$$p_y = 70K_p\left(\frac{Q_e^{1/3}}{R}\right)^{2.0} \tag{12-23}$$

$$E_y = 2.6\times10^5 K_e Q_e^{1/3}\left(\frac{Q_e^{1/3}}{R}\right)^{4.0} \tag{12-24}$$

式中 K_p,K_e 分别为堵塞系数,它与堵塞长度 l_b 与药卷直径 d 之比有关,可从图 12-19 查知。

其次 p_y 值亦与炮孔轴线和观测点方向线之间的夹角 ϕ 值有关。在某一角方向线上,p_y 亦与$(R/Q_e^{1/3})^{1.13}$成反比。其中 Q_e 为产生水冲击波的等效炸药量,即 Q_e 为长度等于 $5d$ 的钻孔炸药量(d 为炮孔药卷的直径)。p_y 与 ϕ 的关系曲线如图 12-20 所示。

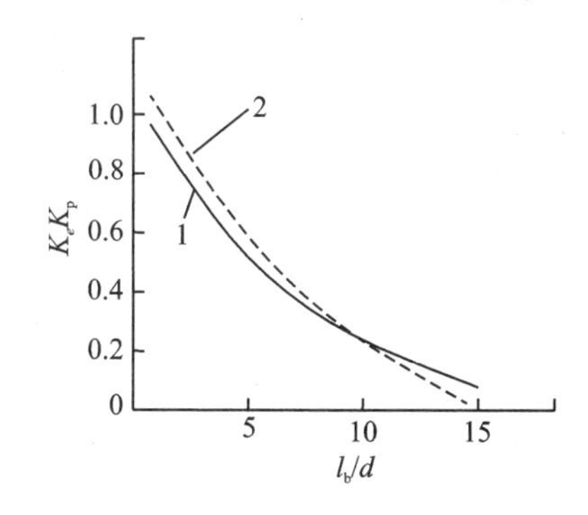

1—代表 K_p;2—代表 K_e

图 12-19　炮孔堵塞系数关系曲线

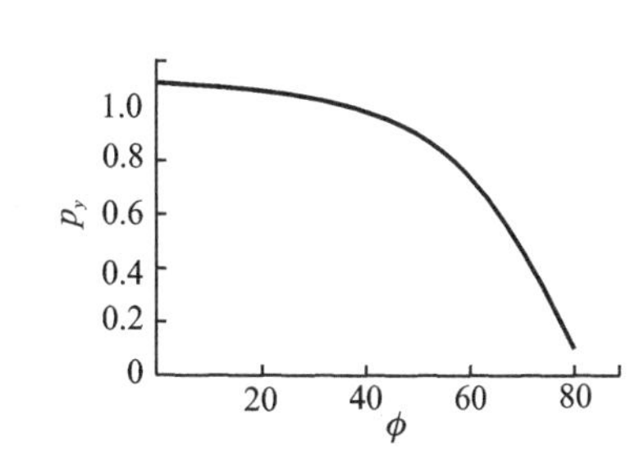

图 12-20　p_y 与 ϕ 的关系曲线

水底钻孔爆破地震波在水底界面处折射于水中的最大压力和能流密度计算式分别为

$$P_c = 20\left(\frac{Q^{1/3}}{R}\right)^{2.0} \tag{12-25}$$

$$E_c = \frac{1.3\times10^5}{\left[1+\left(\frac{\rho_1 c_1}{\rho_2 c_2}\right)\right]^2} Q^{1/3}\left(\frac{Q^{1/3}}{R}\right)^{4.0} \tag{12-26}$$

式中：P_c——最大压力，MPa；

E_c——能流密度，J/m^2；

R——距离，m；

ρ_1、ρ_2——水和岩石的容重；

c_1、c_2——水和岩石的声速，m/s。

上式适用范围为：$2.5\leqslant\frac{R}{Q^{1/3}}\leqslant 30\ m/kg^{1/3}$。

大规模水下钻孔爆破对建筑物的危险距离，苏联采用下式计算（当爆破区至被保护物的距离大于被爆破区岩体的线性尺寸时，可看成集中药包处理）：

$$R_{d1} = 16\left(\frac{H}{E_s}\right)^{1/4}\cdot Q^{1/3} \tag{12-27}$$

式中：R_{d1}——危险距离，m；

H——水的深度，m；

Q——炮孔总装药量，kg；

E_s——建筑物安全允许的能流密度，J/m^2。

地震波转化为水冲击波的危险半径则用下式估计：

$$R_{d2} = 28\sqrt{\frac{H\beta_c}{E_s\cdot a}}Q_1^{0.44} \tag{12-28}$$

式中：a——钻孔间距，m；

Q_1——一个钻孔装药量，kg；

β_c——与炸药相对位置有关的系数，测点位于钻孔线中部的垂直方向时，$\beta_c=0.48$；在钻孔线端部垂直方向时，$\beta_c=2.4$；在钻孔线沿线的外侧方向时，$\beta_c=1.0$。

爆破对鱼类的危险半径按下式估计：

$$R_{d3} = 20\sqrt{Q} \tag{12-29}$$

如果起爆是采用导爆索在水面引爆，则还有因导爆索爆炸产生的冲击波。其超压峰值和能流密度计算式为

$$P_c = 11\left(\sqrt[3]{H\frac{N}{R}}\right)^{1.2} \tag{12-30}$$

$$E_c = 1.6\times10^3\left[\frac{(HN)^{1.05}}{R^{2.16}}\right] \tag{12-31}$$

式中：H——水的深度，m；

N——接入炮孔内药包的导爆索根数。

由于地震波的波速较快，以及导爆索先于炮孔内的炸药爆炸，因此水中冲击波传播的整个图像如图12-21所示。

(3) 水底表面裸露爆破

水底表面裸露爆破将产生明显的弹坑，并伴随产生强烈的地震波和水中冲击波。波的参

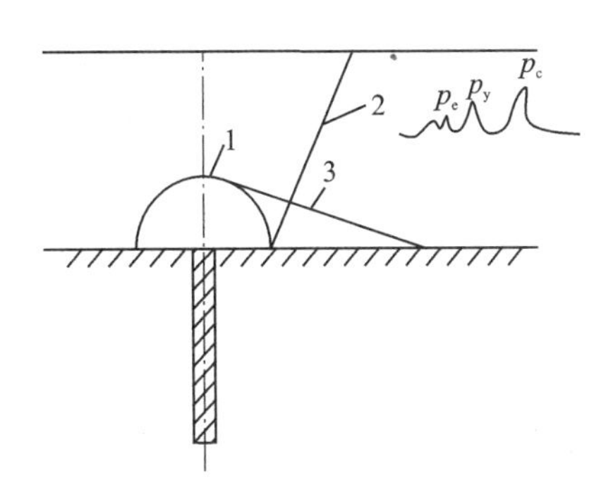

1—导爆索爆炸引起的水冲击波波阵面；
2—炸药爆炸的高压气体作用引起的水冲击波波阵面；
3—地震波折射进入水体后引起的水冲击波波阵面；
p_e，p_y，p_c—导爆索和炸药爆炸与地震波在水中引起的冲击波超压峰值。

图 12－21 水底钻孔爆破冲击波传播

数与水底介质的性质有关，若水底介质为坚硬岩体，则水底反射波较强，但其压力分布则与水底法线夹角 Ψ 方向的大小变化有关，根据我国某些工程试验观测结果如表 12－15 所列。

表 12－15 水底裸露爆炸冲击波分布

测点方位角 Ψ/(°)	9～11	46～48	>85
水中冲击波压力比值 P/P_m	0.99～1.36	0.536～1.11	0.167～0.50

注：1. P_m为水中爆炸压力值，P 为水底裸露药包爆炸压力峰值；
2. 在水底药包附近地区由于水底反射叠加作用，其压力峰值则接近入射值的 2.0 倍。

从上表可看出，当 $\Psi=9°\sim11°$时，水底表面裸露爆破所产生的压力峰值 P 较无限水域中爆炸时相应距离的超压峰值 P_m时为大；但当方位角 $\Psi>50°$之后，水中冲击波压力开始变小，其值将随 Ψ 值增大而减小。

如果水底为砂土、淤泥，其弹坑深度和初始直径较岩石为大，但由于爆炸冲击波在土层中产生很大的孔隙水压力，使土体内引起液化现象，弹坑周围的土壤将流动坍塌淤填弹坑。因为水底的砂土均为饱和土体，冲击波随距离的衰减很慢，接近于水中衰减情况，所以液化的影响范围较大。此点对周围坐落于砂土地基上的建筑结构，可能因地基振动液化而导致下沉、变形和失稳。对于某些土堤、土坝和护岸工程，亦容易引起滑坡现象。

2. 安全防护措施

(1) 气泡帷幕减压措施

气泡帷幕减压方法最早由加拿大工业有限公司的 A. Apraire 提出，经 A. F. Edwards 等人于 20 世纪 60 年代初研究和应用成功，随后在日本、瑞典、意大利以及我国逐步推广使用。其作用机理为爆炸冲击波入射于水与气两相帷幕层时，由于气体的可压缩性质使冲击波的部分动能瞬间转化为受压缩气泡的内能，气泡内压力骤然升高，当冲击波波头过后，波尾压力下降到低于气泡压力时，水与气两相层中储存的势能如同爆炸气泡脉动作用原理一样，产生二次脉动压力，再次释放能量，从而使透过水与气两相层后的冲击波压力峰值减小，而作用时间延长，但总冲量减小不大。气泡帷幕层的厚度和含气量大小对削减超压峰值的效果有关，厚度越大，空气量越多，峰值降低越大。同时应该指出，气泡帷幕应尽量靠近爆源安设，此时因冲击波作用时间较短，高频成分较丰富，因此同一厚度和含气量的气泡帷幕可以削峰最大，否则帷幕的范围要增大，同时由于冲击波波长相应增大，从帷幕边界绕射和水底反射作用，会大大影响其削峰效果。加拿大 Edwards 的研究结果列于表 12－16。

表 12－16　气泡帷幕削减超压值的缩减系数

每米风管风量/($m^3 \cdot s^{-1}$)	测点至爆源距离/m	
	10	50
0.004	10	8
0.008	70	40

采用气泡帷幕防护措施，只能保护帷幕后面部分地段建筑结构，而其他方向则无效；同时用帷幕削峰的效果亦与被保护的构筑物和设备的动力特性有关，对于固有周期较短和脆性物体，气泡帷幕的防护效果最为显著。相反，对于固有周期较长的柔性物体则效果不大。

（2）合理分段延迟爆破减振措施

无论水冲击波或地震波的强度均与每段的比例爆破距离 $R/Q^{1/3}$ 值成反比，所以如果一次起爆的总炸药量超过安全标准，则可采用毫秒分段延迟爆破技术，借以降低其强度，同时爆破的顺序亦有一定的关系。例如在水底钻孔爆破时，离保护目标最近一排先响，按由近及远的顺序起爆，则前面爆破所产生的气泡对后爆所产生的水冲击波有减弱作用。同时由于先后各排炮孔爆破产生的水冲击波到达目标的时间差越来越大，因此波的叠加机遇较小，相反则影响较大。

（3）波浪效应及防护措施

浅水爆破时容易产生爆破涌浪，它对水面设施和护岸工程有一定威胁。由于爆破涌浪的传播速度较慢，频率较低，因此大大滞后于地震波和水中冲击波的作用时间，不致起叠加作用。为了防止和削减爆破涌浪的影响，可以在保护目标的前面，在水面布设防浪木排或竹排并用钢丝绳固定。

12.4　塌落振动

12.4.1　建筑物爆破拆除时的爆破振动

建筑物拆除爆破时使附近地面产生振动的原因，一是被拆建筑物构件中药包爆炸所产生的振动，二是由于建筑物塌落解体对地面冲击造成的地层振动。

炸药爆破除了破坏介质，还有部分能量经地面传播产生振动，要通过人为的措施阻止它的产生是困难的，但控制一次爆破的装药量，采用延期爆破技术等手段可以减小地面振动的强度。

建筑物拆除爆破都是小药量装药，多个药包布置在需要爆破炸毁的部位。尽管药包个数多，但由于每个药包的装药量小，并且分散在建筑物的不同部位和高度，又不是在同一时刻起爆，所以炸药的爆破作用在经建筑物基础传至地面时，在地层中引起的振动比矿山采矿爆破引起的振动强度要小得多，衰减也快。因此，根据一些建筑物拆除爆破的监测结果，有的研究者提出在一般爆破衰减经验公式的基础上，乘以修正系数 k'（$k'=0.25\sim1.0$），将一般爆破振动

衰减经验公式 $v=k\ (Q^{1/3}/R)^{\alpha}$ 加以修正后用于计算建筑物爆破拆除的爆破振动。

在建筑物拆除爆破施工中，对炸药爆破产生的地面振动有影响的物理参数有 E、ρ_e、D、ρ_g、c_g、σ、W、L、R。若以地面质点振动速度 v 描述振动强度，这种影响可以用如下函数表示：

$$v = f(E,\rho_e,D,\rho_g,c_g,\sigma,W,L,R) \tag{12-32}$$

式中：E——炸药能量；

ρ_e——炸药密度；

D——炸药爆速；

ρ_g——介质密度；

c_g——介质的声速；

σ——介质强度；

W——爆破体的尺寸，如最小抵抗线，其他尺寸（如爆破体厚度、长度）可表示为抵抗线的倍数；

L——爆破范围，可由 n 个炮孔间距组成，或是楼房柱间距离、楼层高度等；

R——爆破点至观测点的距离。

通过量纲分析，这里 9 个独立物理量可以组成 6 个无量纲的相似参数。它们是：

$$v/c_g = f(E/(\sigma W^3),\rho_e/\rho_g,D/c_g,W/R,L/R,\sigma/(\rho_g D^2)) \tag{12-33}$$

式中：$E/(\sigma W^3)$——炸药能量和破坏介质做功之比；

ρ_e/ρ_g——爆炸产物和介质的惯性；

D/c_g——炸药爆速和声速之比；

W/R，L/R——药包分布空间尺寸和观测距离的比较；

$\sigma/(\rho_g D^2)$——岩石强度和炸药爆压的比值。

如果我们假定炸药和地面介质的性质不变，可以不考虑 ρ_e/ρ_g，D/c_g，$\sigma/(\rho_g D^2)$ 的变化影响。

一般情况下，$R>W$，$R>L$，即布药爆破的空间尺寸总是小于观测距离。W/R，L/R 是一个小量，是一个有限的比值。以 R 替代 W，以 $Q=E/\mu$（μ 为单位质量的炸药能量），可以得到如下关系：

$$v/c_g = f(Q/\sigma R^3) \tag{12-34}$$

根据大量的爆破振动实测数据分析，质点振动峰值速度衰减规律的经验公式为

$$v = K\ (R/Q^{1/3})^{\alpha} \tag{12-35}$$

式中：K、α——衰减常数，K 主要反映了炸药性质、装药结构和药包布罩的空间分布影响，α 取决于地震波传播途径的地质构造和介质性质；

Q——一段延期起爆的总药量；

R——观测点至药包布置中心的距离。

原则上，爆破工程都是多个药包装药爆破，应采用等效药量 Q 和等效距离 R 来替代。

$$Q = \sum Q_i \left(\frac{\overline{R}}{R_i}\right)^3, \qquad \overline{R} = \frac{\sum \sqrt[3]{Q_i}R_i}{\sum \sqrt[3]{Q_i}} \tag{12-36}$$

如果我们关心的目标至爆破部位的距离大于药包布置范围，可以简单采用一段延期起爆的总药量，其计算的预测结果将是偏于安全的。

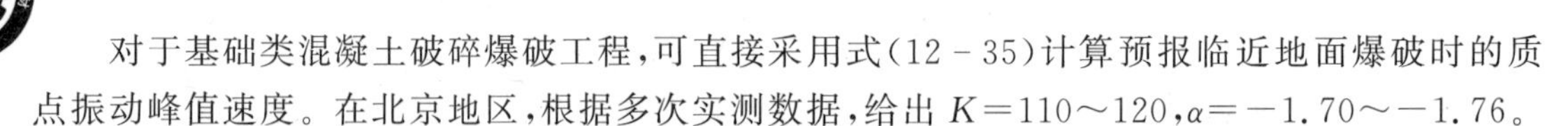

对于基础类混凝土破碎爆破工程，可直接采用式(12-35)计算预报临近地面爆破时的质点振动峰值速度。在北京地区，根据多次实测数据，给出 $K=110\sim120$，$\alpha=-1.70\sim-1.76$。

对半埋式可充水结构物采用水压爆破时 $K=90\sim100$，$\alpha=-1.50\sim-1.60$。

对于楼房建筑物拆除爆破工程，振动速度衰减常数 K 要小。在北京地区，根据多次实测数据，给出 $K=30\sim40$，$\alpha=-1.6\sim-1.7$。

如果观测点至爆破区的距离不是很远，其距离和药包分布尺寸相当，或是小于药包分布尺寸，要考虑无量纲相似参数 L/R 的影响，这时可以只计及距离观测点近处的药包药量的作用。

由于爆破振动的影响是一个十分复杂的波动问题，要考虑的周围的建(构)筑物类型。因此，需要我们在爆破工程实践中不断积累数据，以给出不同条件下的经验参数。

12.4.2 建筑物塌落振动的产生及危害

拆除爆破工程实践表明，建筑物拆除时塌落振动往往比爆破振动大。建筑物爆破拆除塌落撞击地面造成的振动，随着高大建筑物拆除工程的增多已引起人们的广泛关注和重视。实测地面振动波形分析表明，爆破引起的振动和塌落振动的波形明显分开，塌落振动在爆破振动波过后到达，振动作用时间长。因此，建筑物塌落冲击地面的振动将给周围建筑物和设备可能造成什么样的危害，如何才能控制其危害程度等问题，在进行高大建筑物拆除爆破设计时是需要认真研究的。

显然，塌落振动不宜简单地和爆破振动的大小相比。对于同一建筑物，不同的爆破拆除方案，塌落后的解体尺寸不同，或是塌落过程不同，都会在不同程度上影响建筑物塌落触地时造成的地面振动。有的设计方案，以少量装药一次爆破，让一座高大楼房定向倒塌，实现拆除，这时虽然爆破造成的振动不大，但塌落的振动则不可忽视。当然，如果通过合理布置药包，控制不同药包的起爆时间，控制结构物爆破后的解体尺寸，塌落振动就可以得到有效控制和减小。

大量监测结果表明，建筑物塌落引起的地面振动波的频率较低(4.4～13.9 Hz)，主频多在 10 Hz 左右。一座 80 m 高烟囱爆破拆除时，在距离烟囱塌落中心线一侧 22 m 处，测得最大振动速度达 7.2 cm/s。显然，其数值已超过一般建筑物所允许的振动速度 5 cm/s，在这个范围内的建筑物就有可能造成破坏。

12.4.3 塌落振动的传播规律及振动速度计算

实测数据表明，落锤至地面的撞击作用造成的地面振动与它的质量和下落高度有关，影响下落物体撞击地面振动的传播因素还与地层介质的力学性质有关。随着到撞击落点距离远，振动小；距离近的地方，地面振动强度大。

匈牙利人 J.亨利奇(1979)曾经企图想给出建筑物塌落撞击地面引起振动强度随距离的衰减关系。他整理了数座楼房爆破拆除时监测的振动位移，没有发现位移幅度和观测点至下落物重心的距离之间存在明显关系，数据分散，只是简单地给出如下关系：$A_0=500/R$，$A_{max}=2000/R$，式中 A_0 为振动位移平均值，A_{max} 为振动位移最大值，R 为观测点至下落物重心的距离。最大值和平均值相差 4 倍多，其关系只是说明了塌落振动随距离衰减的基本物理现象，由于他没有考虑塌落建筑物构件的质量和高度，不能说明造成并如何影响塌落振动传播的物理本质。

建筑物爆破拆除塌落造成地面振动的物理过程是：建筑物所在高度具有的重力势能转变

成构件的下落运动或是转动，下落冲击地面造成构件和地面破坏，转变成破坏能，剩余能量在地面传播造成了周围地面的振动。地面的振动波形和能量不是单一脉冲波动的结果，因此以冲量表述塌落振动是不准确的。显然塌落造成的地面振动的大小与其具有的重力势能相关，即与下落构件的质量和所在的高度有关，随传播的距离的增加而衰减。修改后的塌落振动衰减经验公式为

$$v_t = K_t \left(\frac{2MgH}{\sigma R^3}\right)^{\beta} \tag{12-37}$$

式中：v_t——塌落引起的地面振动速度，cm/s；

M——下落构件的质量，t；

g——重力加速度，m/s^2；

H——构件中心的高度，m；

σ——地面介质的破坏强度，MPa，一般取 10 MPa；

R——观测点至冲击地面中心的距离，m。

1. 塌落振动的传播规律

有关文献讨论了集中质量下落撞击地面造成的振动。实际上，建筑物拆除爆破的过程是，部分支撑构件爆破后。上部结构失去平衡，在重力作用下，一些构件发生变形破坏并开始塌落，塌落运动过程是很复杂的。因此在分析塌落撞击振动的影响因素时，要考虑描述下落构件破坏的材料常数以及地面在撞击作用下的非弹性受力状态（如黏性）。另外，建筑物着地时不是在一个点上，不过其接触地面的大小与我们要观测的振动范围相比，仍可简化为集中质量下落的问题进行讨论。

若以地面振动速度表示强度，采用无量纲相似参数分析方法，集中质量塌落作用于地面造成的振动速度 v_t 有以下关系：

$$v_t = K_t \left[\frac{R}{\left(\frac{MgH}{\sigma}\right)^{1/3}}\right]^{\beta} \tag{12-38}$$

式(12-38)有待于在实际工程中进一步验证和完善。

2. 塌落振动速度计算公式的物理意义和参数选择

中科院力学所给出建筑物爆破拆除时的塌落振动速度计算公式为

$$v_t = K_t \left[\frac{R'}{\left(\frac{MgH}{\sigma}\right)^{1/3}}\right]^{\beta},\quad 0.73 < R' < 7.5 \tag{12-39}$$

我们知道，一个随距离衰减的物理现象，在数学上可表述为一负幂次函数或负指数函数。建筑物爆破拆除引起的地面振动，无论是炸药爆破振动，还是构件下落引起的地面振动都是随着传播距离衰减的。通过量纲分析，我们可以采用无量纲参数组合的比例距离作为自变量。振动是随比例距离衰减的幂函数或指数函数，振动速度衰减的经验公式中的指数或是幂次应为一负数。

定向爆破拆除高大烟囱时，爆破后烟囱将似一刚杆定向转动塌落。原则上我们可以把烟囱分解成很多小段（ΔH 段高的相应质量为 ΔM），每一小段的塌落可当成集中质量体像落锤的下落。这样，我们可以将整个烟囱逐段依次下落撞击地面看成为有多点依次冲击地面的线

性震源，线性震源导致观测点处的振动叠加可以通过积分获得。可以假定地面振动是弹性振动，同时不考虑相位和频率的影响，积分的结果必将和烟囱的全高和总质量有关。因此，应用上述塌落振动速度公式计算烟囱爆破塌落振动时，H 为烟囱的高度；M 为总质量 σ 为建筑物爆破后解体构件混凝土的破坏强度，包含地面被砸介质的破坏强度，但以混凝土构件破坏为主，σ 一般取值 10 MPa。

公式(12－39)说明建筑物拆除爆破时的塌落振动速度与结构的解体尺寸和下落的高度有关，和构件的材料性质、地面土体性质有关。为了减小对地面的撞击作用，控制下落建筑物解体的尺寸十分重要。逐段延迟爆破可以控制减小下落物体的质量，尽管建筑物的总体高度不能改变，但可以通过设置上下缺口分层爆破，控制先后下落的解体构件的大小。改变地面土体状态也可以减小振动的影响范围。

对于钢筋混凝土高烟囱的拆除，整体定向爆破拆除是最简单、节省的方案。但爆破拆除时塌落振动很大，这时只能在地面采用减振措施，在地面开挖沟槽、垒筑土墙改变烟囱触地状况，减小地面振动。

根据数座高烟囱爆破拆除实测数据整理分析，不同数据组回归分析拟合给出公式中的衰减参数 $K_t=3.37\sim4.09$，$\beta=-1.66\sim-1.80$。该值是在地面没有开挖沟槽、不垒筑土墙进行减振的条件下得到的。当在地面开挖沟槽、垒筑土墙、改变烟囱触地状况时，塌落振动将明显减小。塌落振动速度公式中衰减系数 K_t 仅为原状地面的 1/4～1/3。

12.4.4 塌落振动的安全控制标准和评价方法

我们知道，结构物在地震作用下的反应与其频率特性的关系十分密切。一般建筑物的自振频率多为 1～10 Hz，如果输入建筑物的地震振动主频率接近它的自振频率，则由于共振作用会使其遭到较大的振动，就容易造成建筑物的破坏。如果说爆破地震振动的主频率多为 20～50 Hz，不易引起建筑物的共振，那么，频率较低的塌落振动应引起我们的重视。特别是在高楼林立的建筑群中，若有类似的烟囱结构物拆除，就可能在临近地面造成较强的地面振动，我们需要采取有效的减振措施。

分析烟囱(高 150 m)爆破拆除塌落振动波形，我们可以了解烟囱拆除爆破后的运动和塌落的物理过程。图 12－22 所示的振动波时程曲线有先后到达的四个波动信号。首先到达的是炸药爆炸的爆破信号，炸药爆破造成的振动作用时间短、频率高、幅值不大。如果把爆破振动起始时间称作零时，在 1.78 s 时有一幅值不大的振动信号到达。这个信号表示爆破后，爆破缺口的部分筒壁被爆除，未爆破部分的截面在重力弯矩作用下，爆破一侧的介质受压缩破坏，另一侧的介质受拉破坏。由于支撑截面承载面积的减少，这种拉压破坏过程急剧发展，使未爆破部分的截面完全失去承载能力。第二个振动信号就是这时的物理特征，支撑部分失稳下沉坐落，一个软着陆的振动，作用时间短，幅值小。如果爆破部位范围过大，烟囱急剧下落失稳后坐，振动幅值会大一些。其后烟囱上部筒体似一刚性杆在重力作用下，并在其重心所在的平面内转动。在烟囱定向倒塌过程中，爆破缺口上层磕地时(4.5 s)也必然要产生一个振动，其时振动幅值较大。最后在 13.6 s 时，烟囱整体着地塌落振动波的作用时间长，频率低，幅值最大。

评价各种爆破对不同类型建(构)筑物和其他保护对象的振动影响，应依据《爆破安全规程》规定的允许标准进行控制。考虑建筑物拆除时的爆破振动频率高，建筑物塌落振动波频率

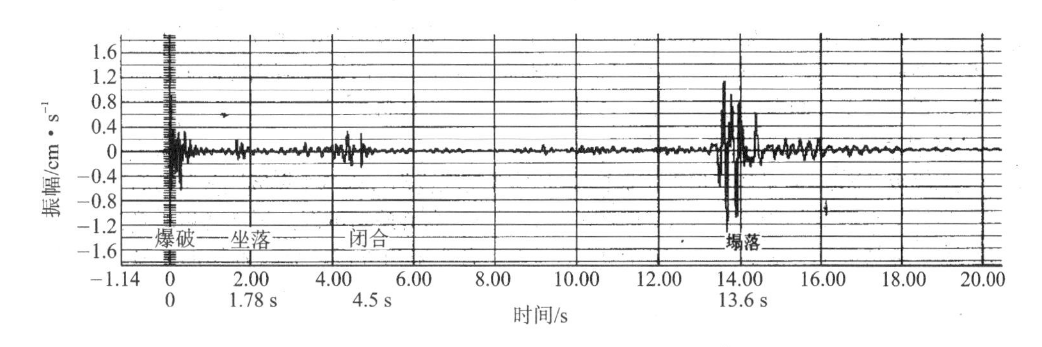

图 12－22　爆破拆除塌落震动实测波形

低的特点，针对不同保护对象在按安全允许标准确定地面质点峰值振动速度时，要选择不同的控制标准。对爆破振动，可以选择频率范围 50～100 Hz 对应的允许值，而对于塌落振动应选择频率范围小于 10 Hz 对应的允许值。

12.4.5　拆除爆破降低塌落振动的技术措施

1. 分段分层折叠爆破

分析楼房建筑物爆破拆除时的塌落过程，我们看到尽管作用时间长波形时起时伏，但我们看到，在第一次出现较大的主波后，再次出现的波峰一般都不高于第一次出现的峰值，这一点是十分重要的。

通过对建(构)筑物的倒塌机理进行研究，我们发现楼房爆破拆除的塌落过程一般不是整体下落撞击地面，而是被分成许多大小各不相同的解体构件，依次下落撞击地面并相互撞击，上层构件的撞击作用经过先已着地的下层构件传给地面，其过程是相当复杂的。依次下落撞击地面的过程使我们看到控制第一时间着地的解体构件的尺寸十分重要，首先着地的构件作为垫层可以缓冲上层结构物下落对地面的冲击，下层构件在被上层构件撞击破坏的过程中就吸收了上层下落的动能。

尽管下落高度大，由于下面各层着地缓冲了对地面的作用，只要设计合理，高大的框架式建筑物爆破拆除时塌落引起的振动仍是可以控制的。

高烟囱拆除采用折叠爆破方案时，显然可以减小烟囱塌落振动强度。

高大楼房建筑物爆破拆除时不宜选择简单的定向倒塌方案，应采用上下楼层分割或是分片逐段解体的爆破方案。这时，塌落振动速度公式中的 M 就不是总质量，而是设计分段爆破第一时间着地的那部分的质量 M_1，H 应为 H_1。高大楼房建筑物采用简单的定向倒塌方案，M 和 H 值大，产生的塌落振动就不小。因此高大楼房爆破拆除时，应采用多缺口爆破方案，无论单向还是双向折叠爆破。大量地震波形记录分析说明第一时间落地的解体尺寸对控制塌落振动大小的作用最重要。

框架结构的高大楼房爆破拆除时的塌落振动衰减系数 K_t 为烟囱爆破的 1/3～1/2，即为 1.1～2.1，数值变化不大。若在地面采用减振措施，振动还能降低。

2. 地面开挖沟槽或铺垫缓冲材料

钢筋混凝土烟囱、质量完好的砖烟囱或水塔在倒塌时对地面的撞击力是很大的。为了减小对地面的冲击产生的振动强度，防止烟囱筒体砸扁产生的破碎物或地面上碎石被砸得飞溅，

可以在设计倒塌的地面上铺上沙土、煤渣等缓冲材料。

3. 开挖隔震沟

在爆破点周边，或是在要保护建筑物、设备前开挖隔震沟可以减小爆破塌落振动的影响。烟囱、水塔结构物爆破拆除定向倒塌时，产生的塌落振动可能大于炸药爆破产生的振动。在一般情况下，对高大、多层楼房建筑物，只要采用分层、分段解体的爆破设计方案，在预计塌落的地面上采用减振措施，即使是高大的烟囱定向爆破拆除，其塌落振动也是可以得到有效控制的。相关实例监测数据说明当采用土埂沟槽减振措施后，高大烟囱爆破拆除时的塌落振动速度可以减小 70%左右。

12.5 飞石、粉尘、有毒气体

12.5.1 飞　石

在露天进行爆破时，特别是进行抛掷爆破和用裸露药包或炮眼药包进行大块破碎时，个别岩块可能飞散得很远，常常造成人员、牲畜的伤亡和建筑物的损坏。根据矿山爆破事故的统计，露天爆破飞石(fly rocks)伤人事故占整个爆破事故的 27%。个别飞石的飞散距离与爆破方法、爆破参数(特别是最小抵抗线的大小)、堵塞长度和堵塞质量、地形、地质构造(如节理、裂缝和软夹层等等)以及气象条件等等有关。由于爆破条件非常复杂，要从理论上计算出个别飞石的飞散距离是十分困难的，一般常用经验公式或根据生产经验来确定。

1. 硐室爆破飞石飞散距离

硐室爆破飞石的飞散距离可按下式进行估算：

$$R_F = 20K_F n^2 W \tag{12-40}$$

式中：R_F——个别飞石的飞散距离，m；

n^2——最大一个药包的爆破作用指数；

W——最大一个药包的最小抵抗线，m；

K_F——系数，一般取 1.0～1.5。

公式(12-40)对于山坡单侧抛掷爆破和最小抵抗线小于 25 m 的爆破，计算的结果与实际情况比较接近。

由于地形高差的影响，飞石向下坠落后会蹦跳一段距离，这段距离可用下式来确定：

$$\Delta X = R_F[2\cos^2(\tan\alpha + \tan\beta) - 1] \tag{12-41}$$

式中：ΔX——蹦跳距离，m；

R_F——个别飞石的飞散距离，m；

α——最小抵抗线与水平线的夹角；

β——山坡坡面角。

在高山地区进行硐室大爆破时，尚须考虑爆破后岩块沿山沟滚滑的范围。如某地在山区进行松动爆破，岩块沿山坡滚滑的距离达 700 m。当山沟坡度较大而又有较厚的积雪时，爆破后的岩块将滚滑很远。如某矿一次抛掷大爆破，岩块沿两侧山沟滚动形成岩石流，流动的距离达 4 km。

2. 露天台阶爆破的飞石距离

正常的台阶爆破，飞石一般不会太远，但是当堵塞长度过小或最小抵抗线过大而形成爆破漏斗效应，以及岩石中含有软夹层时，个别飞石可能飞散得很远，有时可能飞出 1 km。最坏的情况是采用大直径的浅孔爆破。

瑞典德汤尼克研究基金会对露天台阶爆破的飞石问题进行研究，提出下面的经验公式来估算台阶深孔爆破的飞石距离：

$$R_F = (15 \sim 16)d \tag{12-42}$$

式中：R_F——飞石的飞散距离，m；

d——深孔直径，cm。

上述经验公式在单位炸药消耗量达到 0.5 kg/m^3 的爆破条件时适用。

对于用炸药破碎大块时的飞石距离，由于情况比较复杂，尚未摸出一定的规律。因此，尚没有可用于爆破设计的计算公式。但是，在爆破安全规程中飞石对人员的安全距离作了如下的规定：

裸露药包爆破法　　400 m

浅眼爆破法　　300 m

为了防止飞石的产生，在爆破设计和施工时，一定要根据爆破条件的变化，合理确定单位炸药消耗量和爆破参数，保证炮孔的堵塞长度和质量。在邻近居民区和建筑物爆破时，一定要在爆破体上覆盖防护垫。

12.5.2　炮烟中毒的预防

工业炸药不良的爆炸反应会生成一定量的一氧化碳和氧化氮。此外，在含硫矿床中进行爆破作业，还可能出现硫化氢和二氧化硫。上述四种气体都是有毒气体，凡炸药爆炸以后含有上述四种中的一种或一种以上的气体叫做炮烟。人吸入炮烟，轻则中毒，重则死亡。据我国部分冶金矿山爆破事故统计，炮烟中毒的死亡事故占整个爆破事故的 28.3%。

井下爆破后产生的高温炮烟不断向爆区周围扩散或者滞积在通风不良的独头工作面内。有毒气体的扩散范围受气象（如风向、风速、气温和气压等条件）、地形、相邻巷道的分布情况、炸药质量、总装药量以及药包分布情况等因素的影响，其波及范围可按经验公式来确定。

硐室大爆破：

$$R = K\sqrt[3]{Q} \tag{12-43}$$

式中：R——有毒气体扩散范围，m；

Q——总装药量，t；

K——系数，平均为 160。

井下深孔爆破：

$$R = \frac{0.833\, ni\, Qb \sum V}{S} \tag{12-44}$$

式中：R——有毒气体扩散范围，m；

Q——总装药量，kg；

n——考虑通风情况时的系数，自然通风时 $n=1.0$，机械通风时 $n=0.84$；

i——爆区与崩落区接触面数目的影响系数，见表 12-17；

b——每千克炸药产生的有毒气体，按 0.9 m^3/kg 算；

$\sum V$——炮烟通过爆区邻近巷道的总体积，m^3；

S——巷道断面面积，m^2。

表 12-17　系数 i

接触面数目	0	1	2	3	4	5
i	1.20	1.00	0.95	0.90	0.85	0.80

为了防止炮烟中毒，应采取以下几个方面的措施：

① 加强炸药的质量管理，定期检验炸药的质量；

② 不要使用过期变质的炸药；

③ 加强炸药的防水和防潮，保证堵塞质量，避免炸药产生不完全的爆炸反应；

④ 爆破后要加强通风，一切人员必须等到有毒气体稀释至爆破安全规程中允许的浓度以下时，才准返回工作面；

⑤ 在露天爆破时，人员应在上风方向。

12.5.3　爆破粉尘

1. 爆破粉尘的产生与特点

(1) 爆破粉尘的产生

露天爆破的粉尘主要来源于穿孔爆破(占 35%)、装运(40%)和已沉降在爆区地面的粉尘。爆破后，产生的粉尘扩散到露天爆区的整个空间，然后进入大气流扩散到地表。粉尘扩散时间超过 30 min，扩散的水平距离达 12～15 km 时，上升高度可达 1.6 km。

研究表明，爆破粉尘生成量随岩土硬度的增高而增加。例如，爆破 1 m^3 页岩的粉尘生成量为 0.03 kg，爆破 1 m^3 极坚硬磁铁矿角页岩的粉尘生成量达 0.17 kg，含水矿岩爆破时其粉尘量减少 33%～60%。

(2) 爆破粉尘的特点

爆破粉尘具有如下特点：

① 浓度高。爆破瞬间每立方厘米空气里含有数十万颗尘粒，以质量计，浓度可达到 1 500～2 000 mg/m^3。

② 扩散速度快、分布范围广。由于粉尘受建筑物倒塌形成的高压气流和爆生气体为主的气浪的作用，其扩散速度很快，可以达到 7～8 m/s，瞬间扩散范围达几十米甚至上百米。

③ 滞留时间长。由于爆破粉尘带有大量的电荷，尘粒粒度小、质量轻、粉尘表面积大，其吸附空气的能力也较强，可以长时间地悬浮于空气中，对环境的污染持续时间较长。

④ 颗粒小、质量轻。爆破粉尘的粒度多处在 0.01～0.10 mm 之间。

⑤ 吸湿性一般较好。由于爆破粉尘的主要成分为 SiO_2、黏土和硅酸盐类物质等，亲水性较强，因此采用湿式除尘一般会获得较好的效果。

2. 爆破粉尘的测量

常用的粉尘测量仪有：

(1) FCC-25型防爆粉尘采样器。

该仪器用于连续、实时在线监测，是颗粒物检测的基准方法。智能TSP采样器就是应用滤膜称重法捕集大气中总悬浮颗粒和可吸入颗粒的仪器，可供各部门应用于气溶胶常规监测。

(2) 光散射法测尘仪器。

该类仪器一般采用光散射积分的方式检测相对浓度，由计数单位时间内的脉冲可得知浮尘的相对质量浓度。例如，P-5L2C型便携式微电脑粉尘仪以及袖珍式微电脑激光粉尘仪等在我国已得到广泛应用。

(3) 其他仪器。

其他应用较多的有β传感器式快速烟尘测试仪以及激光可吸入粉尘分析仪等。

3. 降低露天爆破粉尘的主要技术措施

降低露天爆破粉尘的主要技术措施如下：

① 均匀布孔，控制单耗药量、单孔药量与一次起爆药量，提高炸药能量有效利用率；

② 用毫秒延期爆破技术；

③ 根据岩石性质选择相应炸药品种，努力做到波阻抗匹配；

④ 爆破前采用水封爆破进行填塞，即以装水的塑料袋代替炮泥，爆破瞬间水袋破裂，化为微细水滴捕尘集尘，装药量与水袋重量之比常取2∶1；

⑤ 爆前喷雾洒水，即在距工作面15～20 m处安装除尘喷雾器，在爆破前2～3 min打开喷水装置，爆破后30 min左右关闭。国外资料表明，爆前在爆区大量洒水，按粉尘重量计算，可比不洒水时减小1/2，按粉尘颗粒计算，可减少1/3。

12.6 盲炮的预防及处理

盲炮(misfire)又称为瞎炮，是指预期发生爆炸的炸药未发生爆炸的现象。炸药、雷管或其他火工品不能被引爆的现象称为拒爆(failure explosion)。

12.6.1 盲炮产生的原因

1. 火雷管拒爆产生盲炮

① 火雷管导火索药芯过细或断药、加强帽堵塞，导火索和火雷管在运输、贮存或使用中受潮变质，火雷管与导火索连接不好等，造成雷管瞎火。

② 装药充填时不慎，使导火索受损或与雷管拉脱，点炮时漏点、响炮顺序不当等产生盲炮。

2. 电力起爆产生盲炮

① 电雷管的桥丝与脚线焊接不好，引火头与桥丝脱离，延期导火索未引燃起爆药等。

② 雷管受潮或同一网路中采用不同厂家、不同批号和不同结构性能的雷管，或者网路电阻配置不平衡，雷管电阻差太大，致使电流不平衡，从而每个雷管获得的电能有较大的差别，获得足够起爆电能的雷管首先起爆而炸断电路，造成其他雷管不能起爆。

③ 电爆网路短路、断路、漏接、接地或连接错误。

④ 起爆电源起爆能力不足，通过雷管的电流小于准爆电流。在水孔中，特别是溶有铵梯类炸药的水中，线路接头绝缘不良造成电流分流或短路。

3. 导爆索起爆产生盲炮

① 导爆索因质量问题或受潮变质，起爆能力不足。

② 导爆索药芯渗入油类物质。

③ 导爆索连接时搭接长度不够，传爆方向接反，联成锐角，或敷设中使导爆索受损；延期起爆时，先爆的药包炸断起爆网路。

4. 导爆管起爆系统拒爆产生盲炮

① 导爆管内药中有杂质，断药长度较大(断药 15 cm 以上)。

② 导爆管与传爆管或毫秒雷管连接处卡口不严，异物(如水、泥砂、岩屑)进入导爆管；管壁破损，管径拉细；导爆管过分打结、对折。

③ 采用雷管或导爆索起爆导爆管时捆扎不牢，四通连接件内有水，防护覆盖的网路被破坏，或雷管聚能穴朝着导爆管的传爆方向，以及导爆管横跨传爆管等。

④ 延期起爆时首段爆破产生的振动飞石使延期传爆的部分网路损坏。

12.6.2　盲炮的预防

为预防盲炮的生产，应注意以下几点：

① 爆破器材要妥善保管，严格检验，禁止使用技术性能不符合要求的爆破器材。

② 同一串联支路上使用的电雷管，其电阻差不应大于 0.8 Ω，重要工程不超过 0.3 Ω。

③ 不同燃速的导火索应分批使用。

④ 提高爆破设计质量。设计内容包括炮孔布置、起爆方式、延期时间、网路敷设、起爆电流、网路检测等。对于重要的爆破，必要时须进行网路模拟试验。

⑤ 改善爆破操作技术，保证施工质量。火雷管起爆要保证导火索与雷管紧密连接，雷管与药包不能脱离。电力起爆要防止漏接、错接和折断脚线，网路接地电阻不得小于 1×10^5 Ω，并要经常检查开关和线路接头是否处于良好状态。

⑥ 在有水的工作面或水下爆破时，应采取可靠的防水措施，避免爆破器材受潮。必要时，应对起爆器材进行水下防水试验，并在连接部位采取绝缘措施。

12.6.3　盲炮的处理方法

1. 裸露爆破盲炮处理

处理裸露爆破的盲炮，允许用手小心地去掉部分封泥，在原有的起爆药包上重新安置新的起爆药包，加上封泥起爆。

2. 浅眼爆破盲炮处理

① 经检查确认炮孔的起爆线路完好时，可重新起爆。

② 打平行眼装药爆破。平行眼距盲炮孔口不得小于 0.3 m。对于浅眼药壶法，平行眼距盲炮药壶边缘不得小于 0.5 m。为确定平行眼的方向允许从盲炮口取出长度不超过 20 cm 的填塞物。

③ 用木制、竹制或其他不发生火星的材料制成的工具，轻轻地将炮眼内大部分填塞物掏出，用聚能药包诱爆。

④ 在安全距离外用远距离操纵的风水管吹出盲炮填塞物及炸药，但必须采取措施，回收雷管。

⑤ 盲炮应在当班处理。当班不能处理或未处理完毕，应将盲炮情况（盲炮数目、炮眼方向、装药数量和起爆药包位置、处理方法和处理意见）在现场交接清楚，由下一班继续处理。

3. 拆除爆破盲炮处理

① 严禁从盲炮中拉出电雷管脚线或导爆管。

② 采取措施消除由于爆破条件变化而出现的不安全因素，在所有人员撤至安全区域后，方可按常规起爆要求进行第二次起爆。

③ 从盲炮中收集的未爆药和残留雷管，应在爆破工作领导人同意后及时处理销毁，将每个盲炮的位置、药量及当时的状况逐一记录、存档。

4. 深孔爆破盲炮处理

① 爆破网路未受破坏且最小抵抗线无变化者，可重新连线起爆。最小抵抗线有变化者，应验算安全距离，并加大警戒范围后连线起爆。

② 在距盲炮孔口不小于 10 倍炮孔直径处另打平行孔装药起爆。爆破参数由爆破工作领导人确定。

③ 所用炸药为非抗水硝铵类炸药且孔壁完好者，可取出部分堵塞物，向孔内灌水使之失效，然后作进一步的处理。

5. 硐室爆破盲炮处理

① 如能找出起爆网路的电线、导爆索或导爆管，经检查正常仍能起爆者，可重新测量最小抵抗线，重画警戒范围，连线起爆。

② 沿竖井或平硐清除堵塞物，重新敷设网路，连线起爆或取出炸药和起爆体。

复习题

1. 什么是静电？什么是杂散电流？二者对爆破安全有什么影响？
2. 射频电如何控制？
3. 举例计算爆破地震的质点速度，并进行安全性分析。
4. 露天爆破时冲击波的反射压力计算（10 kg TNT 爆炸）。
5. 爆破时地震波是怎样产生的？为什么说瑞利波对地面建筑物的破坏性最严重？
6. 怎样防止飞石产生？怎样防止炮烟中毒？
7. 炸药爆炸产生哪些有害气体？怎样防止其有害影响？
8. 试述爆破中的盲炮处理采用什么方法？
9. 什么是早爆？引起早爆的原因是什么？
10. 电起爆作业中怎样预防外来电引起的电雷管早爆事故？
11. 爆破安全技术包括哪些主要内容？
12. 怎样防止爆破空气冲击波的有害影响？

13. 怎样保护爆破事故现场？

14. 爆破工程中存在哪些危险源？都可能造成什么事故？

15. 保障爆破安全，对爆破工程施工组织工作有什么规定？为什么说“精心设计、严格施工精细化管理”是保障安全、必不可少的三要素？

16. 爆破产生的有害效应有哪些？

17. 怎样安全实施爆破作业？

18. 怎样确定爆破对人员及其他保护对象的安全允许距离？

第 13 章　常用爆破器材性能测试

13.1　炸药性能测试

13.1.1　炸药爆速测定

爆轰波在炸药中的传播速度称为爆速。测定爆速的方法主要有测时仪法、高速照相法和导爆索法等。导爆索法不需要什么仪器设备，简单易行，但测试精度差。高速照相法可以记录整个爆轰过程中各点的瞬时速度，但对设备仪器要求高，操作复杂。测时仪法精度高，是最常用的测速方法。

1. 测时仪法

常用的测时仪法为示波仪测速法。测时仪法测爆速示意图见图 13－1。当爆轰波沿药柱传经 A、B、C、D、E 各点时，由于爆轰波阵面的电离导电特性，使本来相互绝缘的各对测针依次导通，并使相应的电容器依次放电，从而把产生的脉冲讯号先后传给示波仪供照相记录。测量示波图底片就得到了各信号间的时间 t，各对测针间药柱长度 L 已预先测知，爆速 D 可由下式计算：

$$D = \frac{L}{t} \tag{13-1}$$

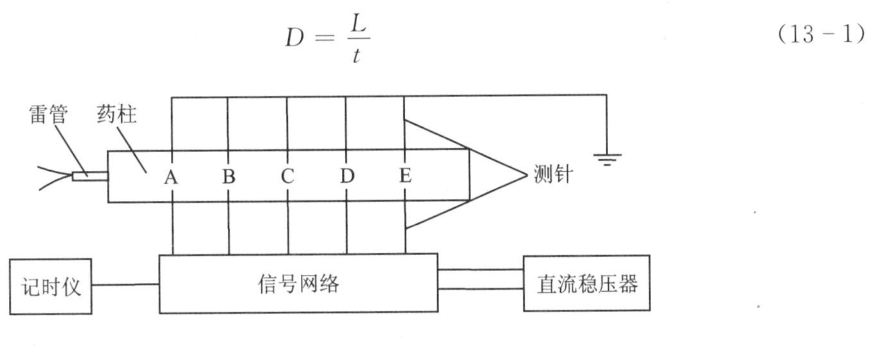

图 13－1　测时仪法测爆速示意图

测时仪测爆速操作过程：

药柱的准备与装配：被测药柱一般经过成型加工，端面要平行，密度要均匀，药柱直径要大于其极限直径，药柱高度和密度要预先测量好。选取合格的药柱装上测针，依次排列在木槽内压紧固定。为取得稳定爆轰的爆速数据，要求在第 A 对测针与雷管之间放置一段长度大于被测药柱直径的传爆药柱，该药柱的密度、爆速应与被测药柱相近。

仪器准备：测试前要检查仪器工作是否正常，线路是否畅通。常用的仪器为 SB－16 型或 201 型高压示波仪，要求精度不低于 3×10^{-8} s。

数据处理：示波图底片经显影、定影后，放在显微胶片阅读机上，读出各信号间的时间 t，再计算出各段爆速，并修正到平均密度时的爆速值，取算术平均值作为该试样平均密度下的爆速，其标准偏差应在±30 m/s 内。

多通道数学测速仪，也是利用爆轰波阵面的电离导电特性实现计时测速的仪器。该仪器具有操作简单，便于携带，直接数字显示等优点。但目前时间分辨率较低(如 BSS-2 型十段爆速仪，时间分辨率为 0.1 μs)，在测针装配时，必须使靶距(L)足够大，才能保证一定的测试精度。

2. 高速照相法

高速照相法示意图见图 13-2(a)所示。炸药爆轰波阵面所发出的光，经过透镜到达转镜 8 上，再由转镜反射到固定胶片 9 上。炸药爆轰方向沿 Y 轴传播，由于转镜的旋转，使反射光点在胶片上沿 X 轴移动，二者合成的结果，在胶片上形成一条扫描线 a'、b'，见图 13-2(b)。

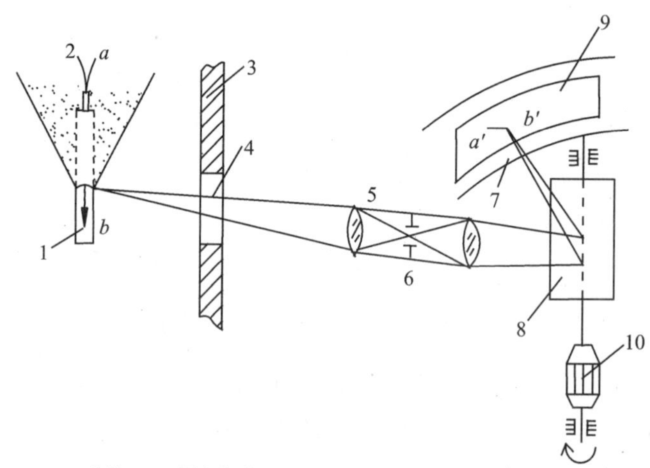

1—药柱；2—爆轰产物；3—防护墙；4—玻璃窗口；5—物镜；
6—狭缝；7—像机框；8—转镜；9—胶片；10—高速电机

(a) 高速照相法示意图

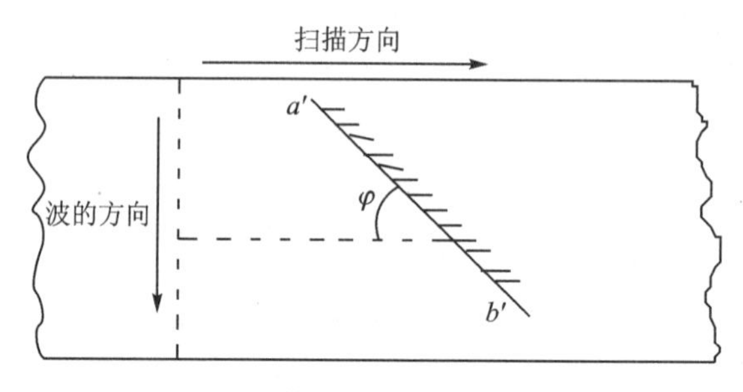

(b) 反射光点在胶片上的扫描线

图 13-2　高速照相

设照相机的放大系数为 β，反射光点在胶片上水平扫描的线速度为 V，光点垂直向下移动的速度应为爆速 D 的 β 倍，因此得

$$-\tan\varphi = \frac{-\beta D}{V}$$

$$D = \frac{V}{\beta}\tan\varphi \tag{13-2}$$

根据仪器的工作状态参数可求出 V 和 β。若测得扫描线上各点切线的斜率 $\tan\varphi$，就可计算各点的爆速。该方法测爆速的最大相对误差，对稳定爆轰过程约为 1%，对变速爆轰过程约为 2.5%。

3. 导爆索法(道特里什法)

本方法是通过与已知爆速的导爆索相比较来测定炸药的爆速。

如图 13-3 所示,把被测炸药做成 300～500 mm 长的药柱,在离起爆端相当距离的 b 点(使 b 点能达稳定爆轰)及 b 点右方的 c 点打同样深的孔,准确测量 bc 间的距离。把约 1.5 m 长的导爆索的两端插入两孔内,把导爆索的中段拉直并固定在一块铅板上,在对着导爆索中点的铅板上作刻痕 e。

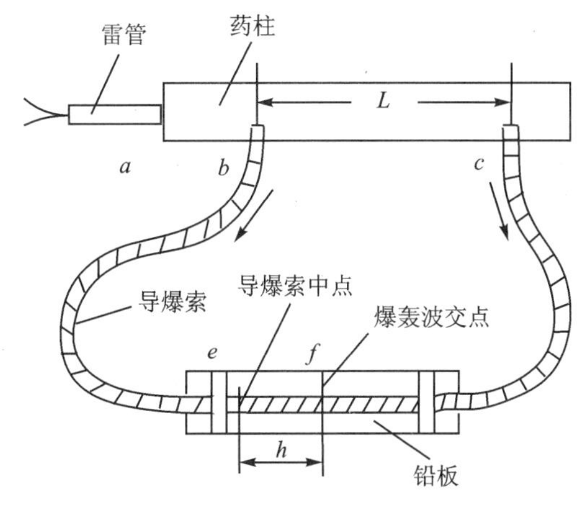

图 13-3　导爆索法测爆速示意图

当爆轰波沿药柱传播时,导爆索的 b、c 端先后被引爆。因为导爆索左端引爆比右端早,所以两爆轰波相遇于中点右方的 f 处,并在铅板上留下明显的痕迹。根据爆轰波传经 bef 和 bcf 的时间相等,得:

$$\frac{L}{D}=\frac{2h}{D_{导}}$$

$$D=\frac{LD_{导}}{2h} \tag{13-3}$$

式中,L——药柱 bc 间的距离;

$D_{导}$——导爆索的已知爆速;

h——导爆索中点与两爆轰波相遇痕迹之间的距离。此方法测爆速的误差为 3%～6%。

13.1.2　炸药威力测定

炸药爆炸产物对周围介质做功的能力称为炸药的威力。炸药的威力常用弹道臼炮法和铅铸扩张法实验测定。

1. 弹道臼炮法

如图 13-4 所示,一个数百公斤重的钢质臼炮,用摆杆悬挂在钢支架上,将药量 10 g、ϕ20 mm带雷管孔的受试药柱,放在爆炸室内,然后用一圆柱形实心炮弹按间隙配合将臼炮孔堵住。炸药爆炸后,炮弹被推出,同时臼炮向反方向摆动一角度 α,可由角度盘读出度数。

显然,炸药所做的功 A 应等于臼炮升高的位能 A_1 与炮弹的动能 A_2 之和,即

$$A=A_1+A_2$$

经公式推导后得

$$A=W_1L\left(1+\frac{W_1}{W_2}\right)(1-\cos\alpha) \tag{13-4}$$

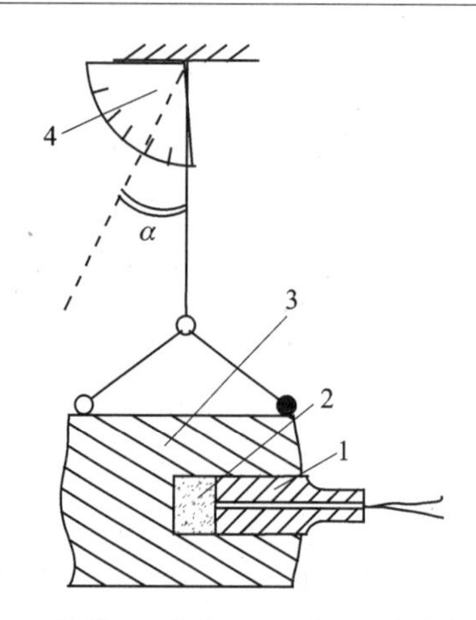

1—炮弹；2—炸药；3—臼炮；4—角度盘

图 13-4 弹道臼炮示意图

式中，W_1——臼炮重；

W_2——炮弹重；

L——摆长。

对固定设备三者均为已知数，所以只要测得摆角 α，就可以算出单位重量的炸药所作的功。平常习惯于用梯恩梯当量表示某炸药威力的大小。若以 α_0 代表梯恩梯的摆角，以 α 代表被测炸药的摆角则

$$\text{梯恩梯当量} = \frac{1-\cos\alpha}{1-\cos\alpha_0}\times 100\ \%$$

弹道臼炮法测试精度较铅铸法高，并能以绝对功或梯恩梯当量定量地比较炸药的威力大小，但对含铝炸药由于二次反应不完全，所测值常偏低。

2. 铅铸扩张法

用纯铅铸成如图 13-5(a)所示的铅铸，放置 48 h 后并用梯恩梯标定合格方可使用。

实验前用注入定量的水的方法测量铅铸孔的容积，然后将质量 10 g、ϕ24 mm、密度约为 1 g/cm^3 的药柱，插上 8 号雷管小心地送到铅铸孔的底部，其空余部分用风干的石英砂自由倒入填满。

爆炸后，铅铸被扩张成如图 13-5(b)所示的梨形，同样用水测得爆炸后铅铸孔的容积。用爆炸后铅铸孔增加的容积(mL)表示炸药的威力大小。

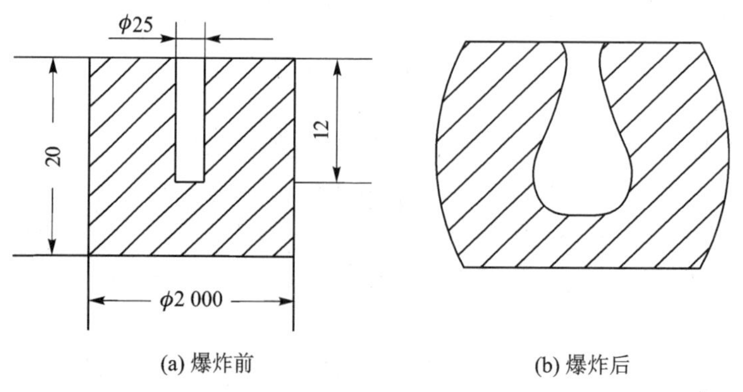

(a) 爆炸前　　(b) 爆炸后

图 13-5 爆炸前后的容积

实验结果需要进行雷管作用的修正，温度修正。若铅铸扩张量过大，扩张值与炸药威力之间推动成正比关系，还需用“修正直线”加以修正。

用铅铸扩张法所测的值，只具有不同炸药之间相对比较威力大小的意义，不是炸药做功的数值。

13.1.3　炸药猛度测定

炸药爆炸时，粉碎与其接触的固体介质的能力，称为炸药的猛度。炸药的猛度与爆轰波传给接触面的比冲量密切相关。

常用的猛度实验测定法有猛度摆法和铅柱压缩法。

1. 猛度摆法

本方法是利用爆炸产物作用在猛度摆上的比冲量来表示炸药的猛度。

如图 13-6 所示，猛度摆是一悬挂的能自由摆动的圆柱形钢质摆体，两端装有可更换的截锥形摆头，在摆头一端放一钢垫片，在垫片上固定被测药柱（被测药柱量 67 g，ϕ30 mm，传爆药量 6 g。

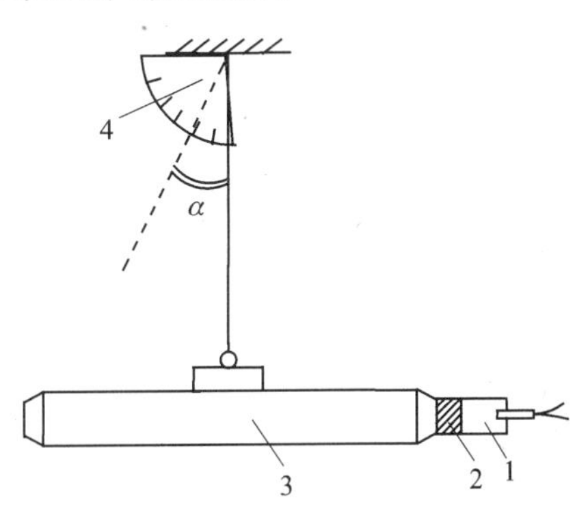

1—装药；2—钢垫片；3—摆体；4—角度盘

图 13-6　猛度摆示意图

爆炸时，钢垫片将所得的冲量传给摆体，使其摆动一角度 α。若测得猛度摆的周期 T，则利用下式可计算出比冲量 J：

$$J=\frac{I}{S}=\frac{WT}{\pi S}\sin\frac{\alpha}{2}\quad (\mathrm{kg\cdot s/cm^2})$$

式中，I 为摆体受到的总冲量；S 为摆体受冲击的面积；W 为摆体的重量。

平时习惯用梯恩梯当量表示炸药的猛度。

$$\text{梯恩梯当量}=\frac{\sin\dfrac{\alpha}{2}}{\sin\dfrac{\alpha_0}{2}}\times 100\%$$

式中，α 和 α_0 分别为试样和梯恩梯爆炸时的摆角。

本方法要求被测试药柱的高度大于 2.25 倍直径，摆角在 10°～20°范围内，若超过此角度范围，误差就会增大。

2. 铅柱压缩法

本方法是利用定量炸药爆炸后对铅柱的压缩量来衡量炸药的相对猛度，其试验装置图如图 13-7。其中铅柱为经梯恩梯标定合格的，规格 ϕ40 mm×60 mm，药柱为 ϕ40，密度约为 1 g/cm^{3}带纸壳，药量 50 g。

实验前测量出铅柱的高度，把铅柱、钢片、药柱、雷管同轴并和底座垂直安装好，然后引爆。爆炸后，铅柱被压缩呈蘑菇形。测量爆炸后铅柱的高度，用爆炸后铅柱被压缩的毫米数表示被测炸药的猛度。

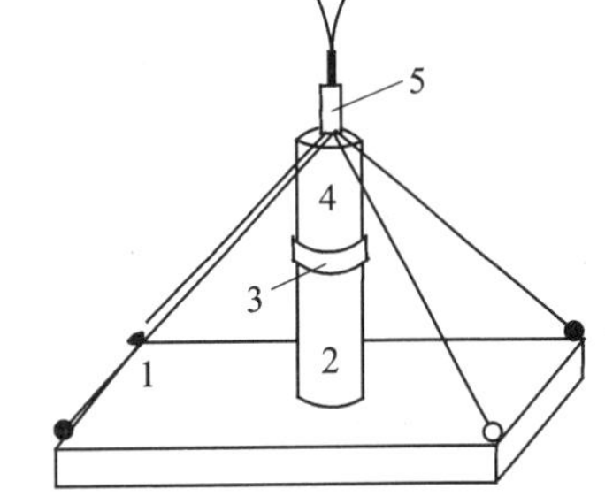

1—钢座；2—铅柱；3—钢片；4—药柱；5—8 号雷管

图 13-7　铅柱压缩实验装置图

13.1.4 炸药密度测定

下面介绍药卷或散装高能民用流动性炸药的密度的测定。所谓的流动性炸药指的是通过倾倒一个连续、均质物质，很容易可将固态、液态或糊状物质由一个容器转到另一个容器。

1. 试验仪器

(1) 储　罐

在储罐中装入合适的惰性液体如水或石蜡油，加入量可浸没药柱为止。

(2) 温度计

能够测量液体的温度，且精确到±0.1 ℃。

(3) 称量仪

能够称量精确到±0.5 g。对于药卷炸药，应有一个吊钩在下面连接药卷。

(4) 带有刻度的量筒

能够容纳 250 mL(或大于)的容器，测量精确度为±1 mL。

2. 试验过程

(1) 药卷炸药的表观密度

① 测量液体的温度并计算它的密度。

② 空气中称量药卷的质量(M_1)。连接药卷和吊钩，并将药卷悬挂于称量仪下面，以便药卷能完全浸没，而不接触到容器底部或边缘，再称质量(M_2)。

用下式计算所测炸药的表观密度：

$$\rho = \frac{M_1}{M_1 - M_2}\rho_L \tag{13-5}$$

式中：ρ——炸药的表观密度，g/cm^3；

M_1——空气中测定药卷的质量，g；

M_2——侵入液体中药卷的质量，g；

ρ_L——在测量温度下液体的密度，g/cm^3。

(2) 流动性炸药表观密度的测定

在称量仪上放置一个空量筒，记录它的质量(M_3)。放入最少 50 g 的炸药，轻轻夯实(对于固体炸药)，记录量筒中产品的体积(V_1)，再次称量量筒和炸药质量(M_4)。

用下式计算所测炸药的表观密度：

$$\rho = \frac{M_4 - M_3}{V_1} \tag{13-6}$$

式中：ρ——炸药的表观密度，g/cm^3；

M_3——空铜管的质量，g；

M_4——炸药和筒的总质量，g；

V_1——炸药的体积，cm^3。

(3) 非流动性炸药的真实密度的测定

非流动性炸药的非流散型表观密度被认为是其真密度，测定方法如下。

在称量仪上放置一个适当的装有约 100 mL 惰性液体的量筒，记录其体积(V_2)和质量(M_5)。当炸药为药卷或包覆炸药时，将包覆层去掉。放入最少 50 g 的炸药，确定炸药完全被浸没后，记录液体炸药的体积(V_3)，再次称量量筒和炸药质量(M_6)。

用下式计算炸药的密度：

$$\rho = \frac{M_6 - M_5}{V_3 - V_2} \tag{13-7}$$

式中：ρ——炸药的密度，g/cm³；

M_5——装液体的量筒的质量，g；

M_6——炸药和筒的总质量，g；

V_2——液体的体积，m³；

V_3——液体和炸药的体积，m³。

(4) 流动性炸药的表观密度的测定

流动性炸药的真密度应被当做是表观密度，按照上述方法进行测定。

13.1.5　炸药撞击感度测定

1. 试验装置

(1) 落锤仪

落锤仪由带基座的铸钢块、砧座、圆柱、导轨、刻度尺和一个撞击装置组成，见图 13-8。圆柱由无缝拉制钢管制成，固定圆柱的支撑。

落锤的质量应精确至±0.5 g。落锤释放装置在导轨上可调，并由两个钳夹上的水平螺母将导轨夹紧。仪器应通过四个铆钉稳固地置于至混凝块内，混凝块尺寸至少为 0.60 m×0.60 m×0.60 m。导轨应垂直放置。带有保护衬里的木制保护盒和一个观察窗口围绕装置至门底部的水平。

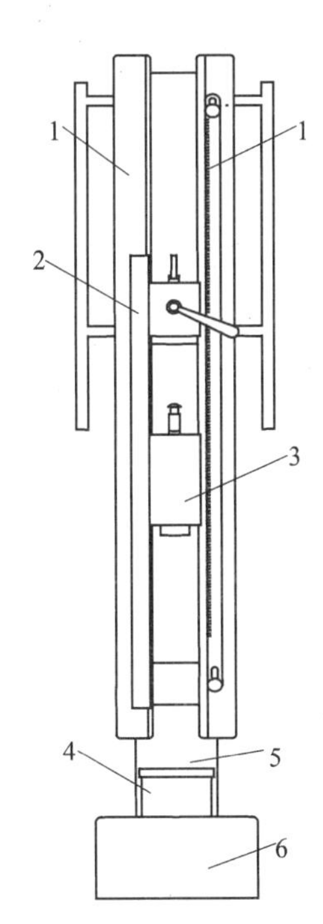

1—导轨；2—释放装置；3—落锤；
4—砧座；5—圆柱；6—钢砧

图 13-8　BAM 落锤仪的总装置图

(2) 钢　砧

用螺丝拧紧钢块和铸造基座。钢砧型号为 90MnCrV8 (EN ISO 4957，高断裂能力硬度为 60)。

(3) 三个落锤

三个落锤重量分别为 1 kg、5 kg 和 10 kg。每个落锤下落时在导轨上配有两个定位凹槽用于定位。一个吊栓，一个可移动圆柱击头和一个回弹钩拧在落锤上。击头由与砧座同类型材质的硬化钢制成，最小直径为 25 mm。它有一个侧翼防止由于撞击而破坏落锤。在一定高度，落锤下落而产生撞击能量，如表 13-1 所列。每个落锤的质量应精确至±0.1%以内。

表 13-1 下落高度、落锤质量和碰击能量之间的关系

下落高度/cm	落锤质量/kg	撞击能量/J
15	5	7.5
20	5	10
30	5	15
40	5	20
50	5	25
60	5	30
35	10	35
40	10	40
50	10	50

2. 测试样品

(1) 易碎或者粉末状的固体物质

颗粒状的物质应经过孔径为 0.5 mm 的筛网和 0.5 mm 筛网之间的筛份用于测试。

对于包含超过一种成分的物质,用于测试的筛份应能够体现样品的原始状态。

按照上述方法准备样品,需要量取 40 mm^3(ϕ3.7 mm×3.7 mm)的样品用于每次测试。

(2) 塑性粘性物质或其他不易粉碎的物质

这些物质应制成大概尺寸为 ϕ4 mm×3 mm(体积为 40 mm^3)的药片进行测试。

(3) 糊状或胶状物质

测试这些物质不需要特别的准备,用量筒取 40 mm^3(ϕ3.7 mm×3.7 mm)。量筒应该插入被测试物质中,超量量取一些被测物质,用木棒将量取的物质从量筒中顶出。对于包含超过一种成分的物质,用于测试的样品应能够体现样品的原始状态。

(4) 液体物质

用带有精密刻度的吸管吸取 40 mm^3 样品。

3. 试验步骤

(1) 准备撞击装置

选取合适的落锤重量,将释放装置固定在需要的下落高度处,并将释放装置卡在导轨上。将撞击装置放置在中间砧座上,取掉上部的钢柱。

将固体样品、糊状或胶状样品直接放置到敞开的撞击装置中,放回上部钢柱,轻轻试压使其接触到测试样品,即感到明显阻力即可,尽量避免压平样品。当对同一样品进行连续测试时,注意此时上钢柱与束套的相对位置,以保证上钢柱在同样的高度进行每次测试。

加入液体样品时,应先用样品将下钢柱和束缚之间的空间填满。小心放入上钢柱直到其下表面高于下钢柱 2 mm。用一橡胶圆环固定上钢柱。如果因为毛细管作用使样品从束缚套上部溢出,那么就需要清理装置并补加样品,如图 13-9 所示。

(2) 测　试

将装好的测试装置置于中间砧座上,关闭木制保护盒。以 10 J 的撞击能量开始试验,即落锤质量为 5 kg,下落高度为 20 cm(见表 13-1,下落高度、落锤质量和撞击能量之间的关系)。释放落锤,观察试验现象。试验现象分为以下两类:

① 反应,出现爆炸或燃烧现象;

② 未反应。

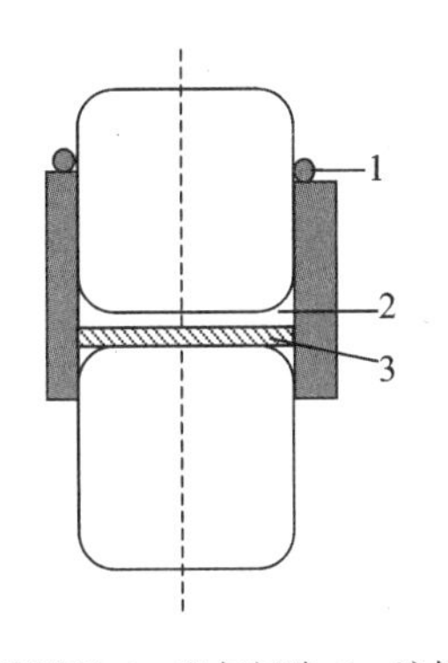

1—橡胶圆环;2—空气间隙;3—液体样品

图 13-9　测试液体样品时的撞击位置

如果观察到样品发生反应,逐步降低撞击能量重复试验,直到观察到未反应。倘若一直是未反应的现象,在这个撞击能量水平重复测试 5 次。否则,逐步降低撞击能量水平直至达到极限撞击能量。如果在撞击能量为 10 J 时,观察到样品的试验现象为未反应,继续逐步提高撞击能量水平进行测试,直到观察到试验现象为反应。然后逐步降低撞击能量,直到确定撞击感度。

如果撞击能量为 50 J 时试验现象为未反应,倘若一直是未反应的现象,重复测试 5 次。

13.1.6　粉状炸药摩擦感度测定

将少量炸药放置于瓷盘中,在规定载荷下将磁栓压于试样上,瓷盘可进行移动摩擦刺激试样,试样中载荷量逐渐减少直至得到最低载荷。最低载荷时,进行 6 次试验均未发生反应。本方法不适用于液态产品。

1. 试样的准备

(1) 易碎的固体物质或粉末状物质

用孔径尺寸为 0.5 mm 的过滤筛将颗粒物质进行过筛。过筛前将压制、投掷或整理过的物质粉碎成小颗粒,筛出的小部分应用于进行试验,对于含有多组分的物质,过筛后用于试验的小部分物质应代表原始试样。将带有 10 mm^3 体积的圆柱形测量装置(直径为 2.3 mm,长为 2.4 mm)及准备好的试样放置于摩擦仪器中。

(2) 塑料连接物质及其他不易碎的固态物质

这些物质的测试应在体积为 10 mm^3 及最小直径为 4 mm 的瓷盘或芯片上进行。

(3) 糊状及胶状物质

对于此类物质,将物质填充到一个带有 2 mm×10 mm 视窗的 0.5 mm 厚的计量器中,放置于仪器上慢慢移动计量器。

2. 仪　器

(1) 要　求

脉冲仪由铸钢底座及底座上安全放置的摩擦装置组成,见图 13-10。

(2) 装填装置

装填装置由一端带有六个槽口的回转杆、另一端带有平衡物及瓷栓手柄组成。

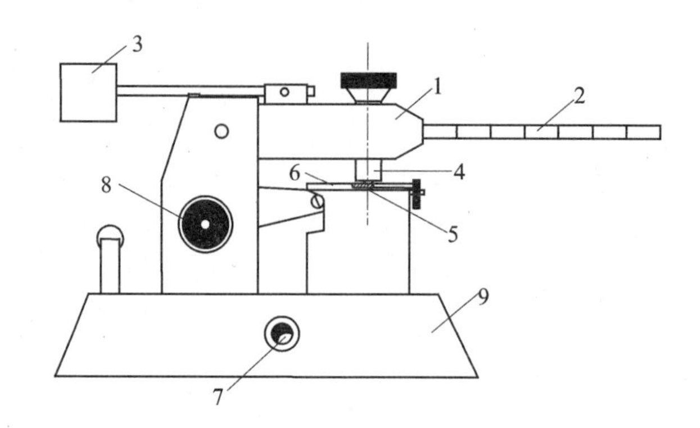

1—回转杆;2—槽口;3—平衡物;4—瓷栓手柄;5—瓷盘;
6—放瓷盘用可移动平台;7—操作开关;8—手调轮;9—铸钢底座

图 13-10 摩擦仪

装填完成后调节另一端的平衡物水平。当装填装置降低至瓷盘上时,瓷盘的纵向轴应与瓷盘垂直。装填装置上的槽口应放在分别距于瓷栓纵向轴(110±2)mm、(160±2)mm、(210±2)mm、(260±2)mm、(310±2)mm、(360±2)mm 处。用一个环和吊钩将砝码悬挂在槽口上,同样的环和吊钩用于所有的砝码。有 9 个不同质量的砝码,分别为 0.28 kg、0.56 kg、1.12 kg、1.68 kg、2.24 kg、3.368 kg、4.48 kg、6.72 kg、10.08 kg,编号从 1 到 9。所有规格的质量均包括环和吊钩的质量。

不同槽口中使用不同的砝码也可得到适用的装填范围,如表 13-2 所列。负载单位用牛顿(N)表示。

表 13-2 装填装置可能的载荷

单位:N

重量编号	槽口编号					
	1	2	3	4	5	6
1	5	6	7	8	9	10
2	10	12	14	16	18	20
3	20	24	28	32	36	40
4	30	36	42	48	54	60
5	40	48	56	64	72	80
6	60	72	84	96	108	120
7	80	96	112	128	144	160
8	120	144	168	192	216	240
9	180	216	252	288	324	360

注:表中列出为近似值,因为其中一些用于计算的基质可用结果得到整数值。实际载荷的误差不超过 2%。

(3) 可移动平台

可移动平台插入两个指南,支撑一个瓷盘,瓷盘上放置试样。

(4) 瓷　盘

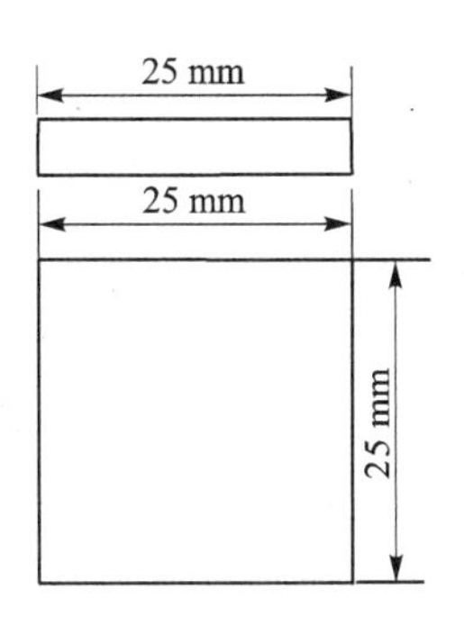

图 13-11　瓷　盘

瓷盘应由技术白瓷制成，在烤箱中点火前，两个摩擦面应使用纱布完全磨成毛面。尺寸大小见图 13-11。

粗糙程度的测量应执行以下参数：横长 $l_t=15$ mm，个体取样长度 $l_r=2.5$ mm，总取样长 $l_z=5l_r$。测量方向应与纱布擦拭的轨迹垂直。粗糙程度 R_a 应在瓷盘上测量六次(每边三次)。测量方法应在 $R_a=6\sim15$ μm，并且无小于 5 μm 或大于 19 μm 的单独读数。

(5) 发动机和传动装置

发动机通过和一个偏心凸轮和一个合适的传动装置与可移动平台相连接，通过一个位于一起上面的开关操作。传动装置允许平台向每个方向前后移动的距离为(10±0.2) mm。一个单独的试验由每个方向的一次移动组成，一个单独开关的操作使平台朝每个方向移动一次。当开关处于操作位置时，发动机和传动装置应调至使平台每分钟前后移动(140±3)次。

3. 试验过程

需要注意的是，高摩擦负荷试验时可能出现电火花，即使无物放在瓷盘上。由于这个反应此类试验应特别小心观察。

瓷盘应安装在平台上以便纱布擦拭后的凹槽可横向移动。瓷栓应放在试样一端，以便瓷盘沿着瓷栓下移动试样。将适当的重量放在装填装置上。

启动开关一次并观察物质的反应，观察结果可分为以下情况：

① 反应；

② 无反应。

试验应从 360 N 装载量开始进行。若在此试验中观察到有反应，则继续进行试验并逐步减少负载直到无反应发生。在此摩擦负荷下重复进行 5 次试验，全部无反应发生。另外，逐步减少摩擦负荷重复进行 5 次试验，直到达到一定的负荷时才 6 次试验均无反应。

若第 1 次试验中，360 N 时无反应发生，重复进行 5 次试验。若 6 次试验均无反应，则判定为物质无摩擦感度。若发生反应，如上所述减少负荷。

盘和栓的表面每一部分只使用 1 次，栓的两端每端只可进行一次试验，盘的两个摩擦面每面可进行 3 次试验。

13.2　雷管性能测试

不同类别或用途的雷管有不同的特点和性能，因而有不同的性能测试方法。图 13-12 给出了各种类型雷管性能的测试项目。在此将雷管主要性能的测试方法、原理和设备等予以介绍。

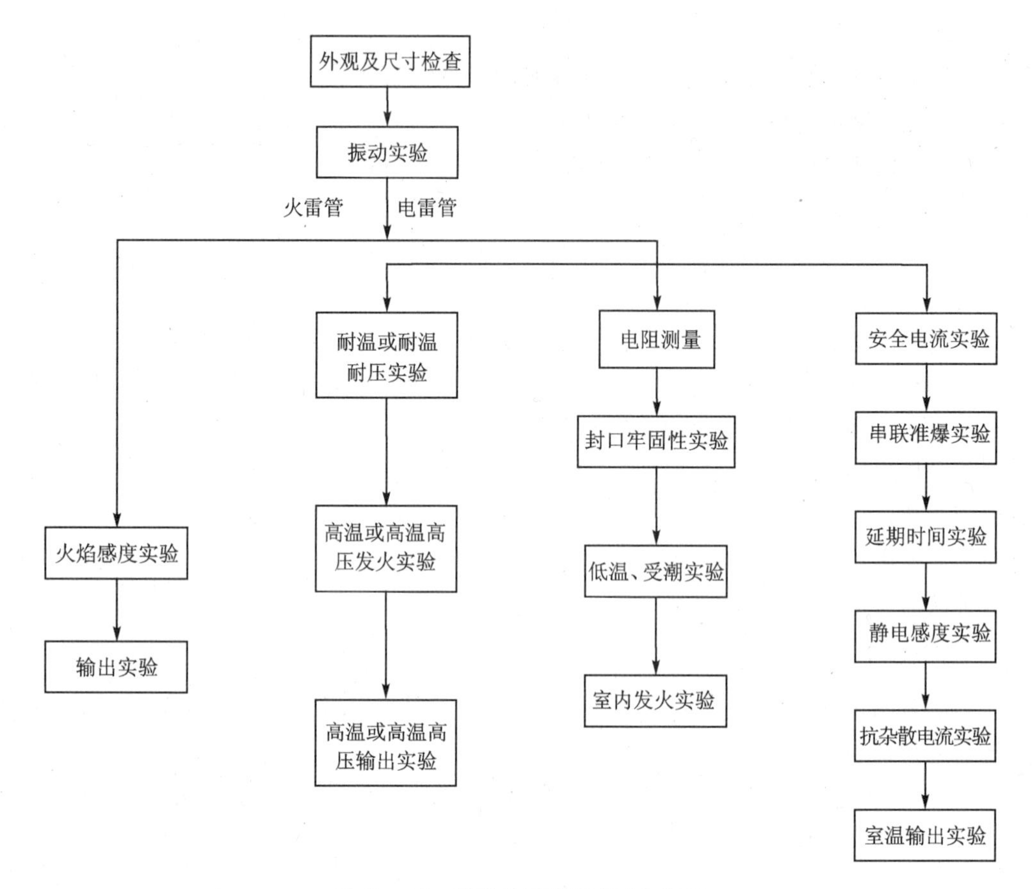

图 13-12　雷管性能测试项目与程序

13.2.1　输出性能测试

测试雷管的输出性能，目的是鉴定雷管能否满足使用要求。雷管输出包括冲击波、高速飞散的破片、高温高压气体、光辐射和电磁辐射等。目前广泛使用的测试方法是以测试雷管对介质的破坏效果为基础的方法，包括铅板试验、钢板凹痕试验、铝块凹痕试验、隔板试验等。早期的试验方法还有爆砂试验、爆钉试验、铅柱试验、霍普金森杆试验等。雷管输出对传爆元件的起爆能力也可通过传爆元件被起爆的特征或起爆的完全程度来度量，例如达到正常爆轰的起爆延迟时间或爆轰成长距离等。本节简单地介绍几种测试方法。

1. 铅板穿孔试验

该试验的目的是测量雷管的输出和雷管性能的均一性，该方法是韦贝尔和马尔拉 1917 年首次采用的。

试验方法的基本原理是：起爆与铅板接触的雷管，然后用适当的统计方法确定铅板炸孔直径的平均值和标准偏差，以此作为雷管输出的量度。铅板穿孔试验装置如图 13-13 所示。

2. 钢块凹痕试验

测试雷管和导爆管轴向输出，试验装置见图 13-14。本方法适用可成凹痕深度大于 0.127 mm、小于 2.5 mm 的雷管。

试验的基本原理是：起爆与钢块接触、并受套筒约束的雷管，测量雷管爆炸在钢块上造成

凹痕深度作为雷管输出的量度。

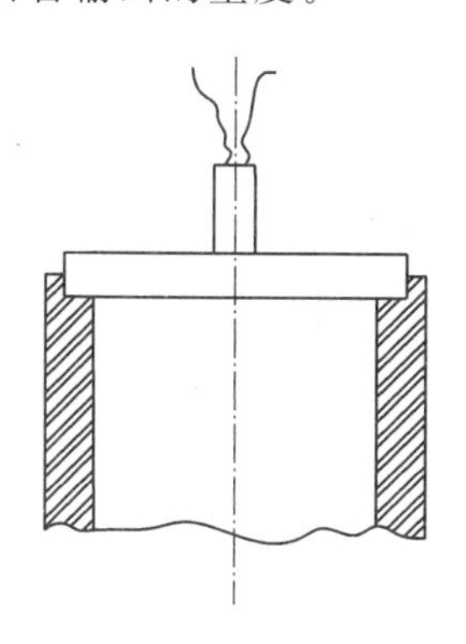

图 13-13　雷管穿孔试验

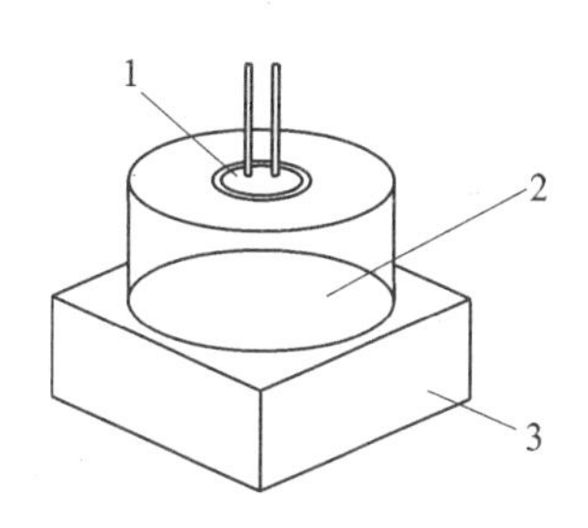

1—雷管试件；2—限制套管；3—试验块

图 13-14　雷管凹痕试验组件

凹痕深度用表盘深度计测量。试验时，将钢块放在一个稳固的试验座上，将雷管装在套筒里，并在雷管底部涂少许甲基硅油，然后放在钢块上。试验时必须采取安全防护装置，以免人员受破片伤害。引爆雷管，然后取下钢块，用仪器测量凹痕深度。测量前，应除去凹痕内的沉积物，钢块打毛刺。

研究表明，炸药爆轰压力与钢块凹痕深度近似呈线性关系。同时还发现，凹痕深度是钢块硬度的函数。对于硬度为 HRB70～95 的 C1080 或 C1020 型钢，可用下述公式对凹痕深度测量值进行修正：

$$\delta_c = \delta_0 + 0.67(H - 83) \tag{13-8}$$

式中：δ_c——凹痕深度修正值，μm；

H——钢块的洛氏(HRB)硬度值；

δ_0——凹痕深度测量值，μm。

本试验方法所测数据可以用于确定最佳雷管和其他起爆、传爆元件的装药设计和工艺参数，进行产品质量控制，检验雷管输出的均一性等。但本方法测不出雷管输出随时间的变化。

3. 铝块凹痕试验

试验目的与钢块凹痕试验一样。本方法适用于可造成铝块凹痕深度大于 0.127 mm，小于 2.54 mm 的雷管，也就是说适用于输出能量较小的起爆器材。

4. 通用火工品输出试验装置

通用火工品输出试验装置如图 13-15 所示。它是由美国麦克唐纳飞机公司于 1966 年研制的，该装置可以测试导爆索、雷管、起爆药、点火器、火帽及药筒的输出。

设备由试件发火装置和能量传感器两部分组成。试验时，不同的火工产品采用不同的连接装置。试件发火后产生的能量推动活塞，使能量传感器中的蜂窝件受挤压，蜂窝件被压碎的长度即可作为火工品输出的量度。

蜂窝组织由厚度为 0.050 8 mm 的铝箔制成，其压碎强度要事先测定。

这种试验装置的最大优点是其通用性。测试中不使用任何电测装置。

5. 雷管辐射能量测试

本技术的原理是：用辐射探测器探测雷管爆炸时产生的宽频带辐射光谱，由此分析、确定

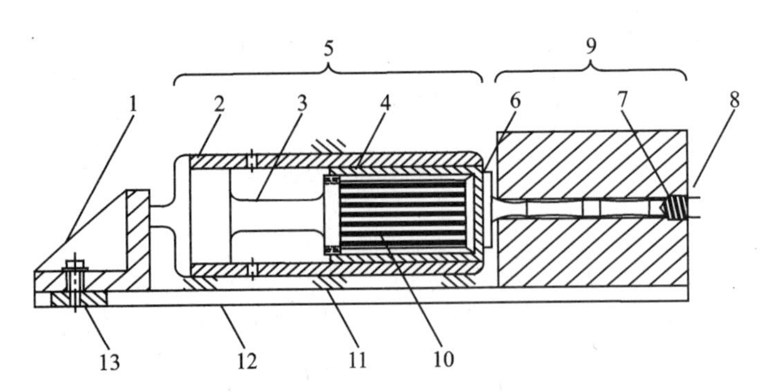

1—支撑架；2—套筒；3—砧；4—蜂窝件护圈；5—能量传感器；6—活塞；7—活塞帽；
8—连接装置；9—起爆器发火装置；10—蜂窝件；11—支撑块；12—底座；13—紧固螺钉

图 13-15 通用火工品输出试验装置

雷管的相对输出。

美国弗兰克林研究中心曾研制了一种测量波长范围为230～1 200 nm辐射能的仪器。该仪器的系统示意图见图13-16。

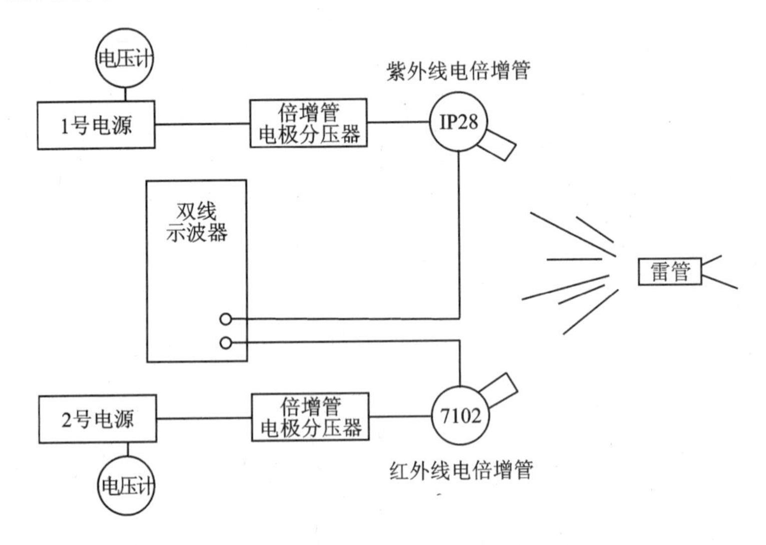

图 13-16 雷管辐射能量测量系统示意图

用该仪器测试雷管爆炸时发出的光辐射波长，确认是靠近光谱的紫外线端(230 nm)，还是靠近红外线端(1 200 nm)。把这种定性数据与光谱的某一部分发射的辐射值定量数据结合起来，就可以评估雷管的下述特性：

① 作为时间函数的黑体或灰体温度；

② 作为时间函数的光强和辐射强度；

③ 总的辐射能量；

④ 相对猛度和输出强度；

⑤ 爆轰前沿的细节。

本测量技术简单、易行，可以进行远距离测试和进行生产线的验收试验。

13.2.2 雷管感度测试

在军事和民用爆破工程中常用到许多不同类型的雷管，诸如针刺雷管、电雷管、火雷管和非电雷管等。雷管是爆炸危险品，为保证使用、贮存和运输的安全，有必要对雷管的各种感度进行测试。通过对雷管感度的测试，可以获得下面的信息：

① 雷管的灵敏度和性能均一程度；

② 雷管抗恶劣环境和杂散电刺激的能力。

1. 雷管针刺感度测量

雷管的针刺感度，系指在针刺刺激下，雷管发生爆炸的难易程度。主要用于评定针刺火帽及针刺雷管的输入特性。

测量针刺雷管感度所用的仪器主要有移动式雷管针刺感度仪。图13-17为此方法的作用示意图。试验时雷管试件装在粗重的元件上，这个元件可以是飞轮或往复运动的柱塞。当它运动到某点时，雷管的输入端产生一个垂直向上的运动。击针则安装在一个可以上升的架上，当针尖端受到撞击时，它可以上升。当击针运动到雷管垂直向上运动的位置时，雷管输出端撞击击针，使击针向上运动。这种装置可精确地控制击针和雷管的位置以及雷管的运动速度，减少了随机因素的影响，可以研究击针形状和质量以及雷管装填参数对针刺感度的影响。

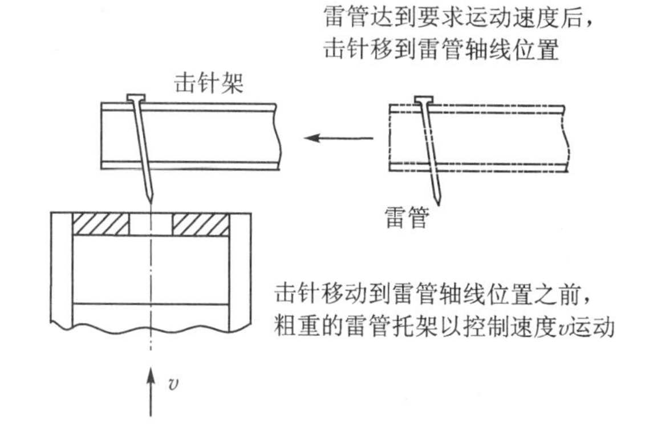

图13-17 雷管移动式针刺感度试验仪

2. 电雷管感度测量

电雷管的感度，系指电雷管在电刺激下发生爆炸的难易程度。电雷管的感度可以用临界电流、电压、功率、能量或这些量的某些组合表示之。

电雷管有许多种类，对不同种类的电刺激的敏感程度不同。因此，在评价电雷管的感度时，要使用不同的电输入。就目前来说，电雷管感度试验主要有三种：

① 电容放电试验——适用于碳桥雷管、火花雷管、爆炸桥丝雷管以及较敏感的灼热桥丝雷管等；

② 恒定电流试验——适用于灼热桥丝雷管；

③ 恒定电压试验。

此外，对电雷管产品还应测试射频感度。

电雷管的感度试验有生产验收感度试验和感度测量。生产验收感度试验，是指在生产验收中，检验在规定能量水平上电雷管的全发火(或全瞎火)要求，常以作用时间来判断是否达到要求。而感度测量试验，测量的原则是电雷管全发火(或全瞎火)的临界刺激水平。

(1) 电容器放电试验——静电感度测试

对于要求以能量表征感度的电雷管，一般以电容放电试验来检验或确定感度。

测试电雷管能量感度的电容放电试验的典型线路见图 13-18。大多数美国军用雷管的能量感度是用类似线路测试的。对某些特殊环境下使用的电雷管，必须根据引信中的发火线路来设计电容放电试验线路。

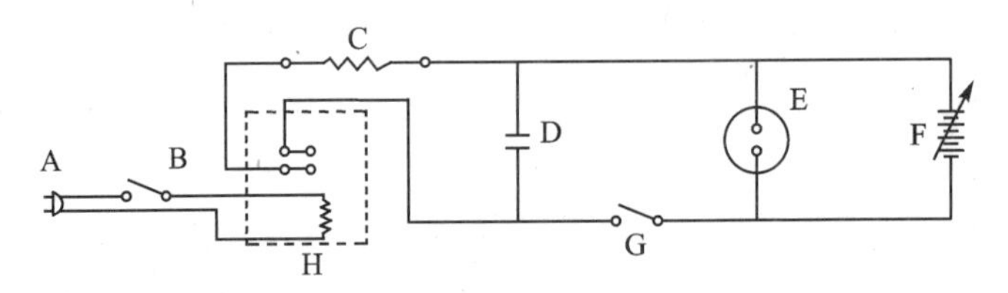

A—交流电源(120V,60 周)；B—发火开关；C—雷管；D—电容器；
E—伏特表；F—电源；G—充电开关；H—汞接触开关

图 13-18　典型电容器放电试验线路

试验线路的输出能量可表示为

$$W = 5CU^2 \times 10^{-7} \tag{13-9}$$

式中：W——能量，J；

C——电容，μF；

U——电压，V。

通常用储存在电容器中的能量来表示电雷管的感度。

需要指出的是，不能将一种电压和电容组合下的感度数据推广到另一种电压和电容组合上。研究表明，电容器的介质材料、线路的泄漏电阻对试验结果有影响。

(2) 恒定电流试验

如果雷管是用一个高阻抗、有限电流的电源起爆，则电流在起爆中起主要作用。发火电流是雷管感度中最主要的参数，此时要求用恒定电流试验测量其感度。

试验线路中要求电流限制电阻应远大于雷管发火时的最大电阻，通过改变电压或电阻的方法来改变电流。试验线路图见图 13-19。在这个线路中要给雷管并联一个开关，发火时才打开，以防止由雷管安装不当使线路分布电容可能充电引起雷管爆炸。

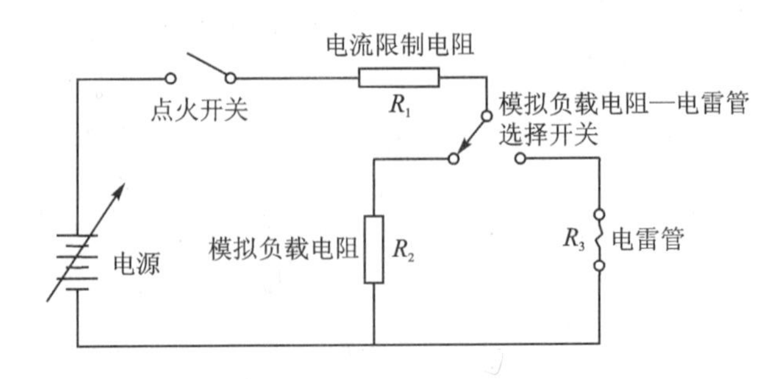

图 13-19　恒定电流试验

美国对安全电雷管的极限发火电流的标准设计规范是：在 107.2 ℃下，经受 1 A 的电流或

1 W 的功率，在 5 min 内不发火；在 62.2 ℃(−80 ℉)下，用 5 A 和 5 W 的电流，必须在 50 ms 内可靠发火——称为 1 A/1 W 不发火雷管。对更钝感的雷管则要求在 5 A、5 W 的电流作用下 15 min 不发火(全发火电流为 15 A)。图 13-20 是测量 5 A/5 W 不发火电雷管的全发火电流和不发火电流的试验线路图。它能提供 3.2～25 A 的电流，具有 20～30 μs 的快速电流上升时间。电源由 3 个 12 V 的铅—酸蓄电池电路组成。线路中有一个由单结晶体管(UJT)触发的可控硅整流器(SCR)。只要改变电源电压，可变电阻器阻值范围或可控硅整流器参数，就可用于其他电流感度范围的雷管恒定电流试验。

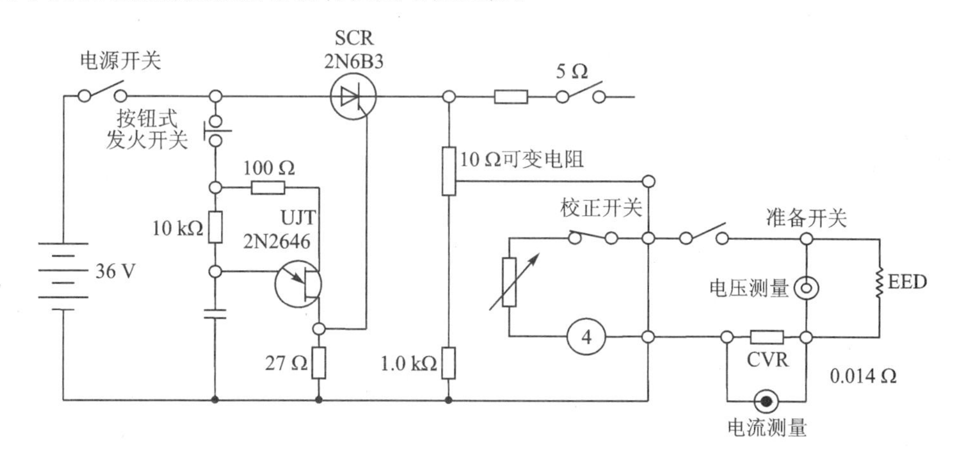

图 13-20　恒定电流发火线路

(3) 射频感度的测试

射频感度系指电火工品对射频能的感受程度。射频能作用到电雷管，通过脚线间桥丝的发热、脚壳间击穿跳火、桥——桥间击穿跳火等三种发火方式，引起射频危害。

电雷管因试验频率不同，其发火射频功率相差极大。试验分两步：第一步作射频探测试验，以确定电雷管不同的发火方式条件下的最敏感试验频率。试验时，至少使用 10 种试验频率。第二步做统计射频感度试验，仅在敏感射频条件下进行。用升降法测定 50%发火射频功率和标准偏差。

试验研究表明，电雷管射频感度与其零部件和结构有关。加粗桥丝直径，将使电雷管的射频感度迅速降低。

13.2.3　电雷管抗静电能力测试

1. 测试装置

(1) 静电放电发生器

发生器的电容为 500～3 500 pF，并能提供足够的电压，以产生所需的电压脉冲。

(2) 设　备

记录静电放电电流，并用于计算输入到雷管中的静电放电冲量。

(3) 温控室

室内温度能保持在(20±2)℃范围内，室内相对湿度应不超过 60%。

2. 被测试件

选择 50 发某类型雷管，要求桥丝发火系统以及点火药组成均相同。

注：那些于桥丝发火系统相连、用于提高桥丝发火系统的抗机械应力、静电放电或电磁应力的能力的保护性单元也被视为桥丝发火系统的一部分。

分别对25发雷管的两种静电放电结构进行放电测试。进行脚对壳静电放电测试时，雷管脚线长度为(3.50±0.05)m。

若制造商提供的雷管脚线长度较短，则脚线长度设定为某一固定值±0.05 m。

若25发雷管的延期时间的构成了某一延期序列的一部分，则这些雷管的延期时间应尽可能在延期序列中均匀分布，要求延期序列中的每一延期时间至少对应一发雷管。

3. 测试步骤

(1) 被测试件的制备

必要的话，应去除雷管脚线端的绝缘层材料，去除长度为10～20 mm，以便于脚线与静电放电发生器相连。

(2) 调节静电放电发生器参数

针对不同类型的雷管，采用调节静电放电发生器(如图13-21所示)的仪器进行参数调节。

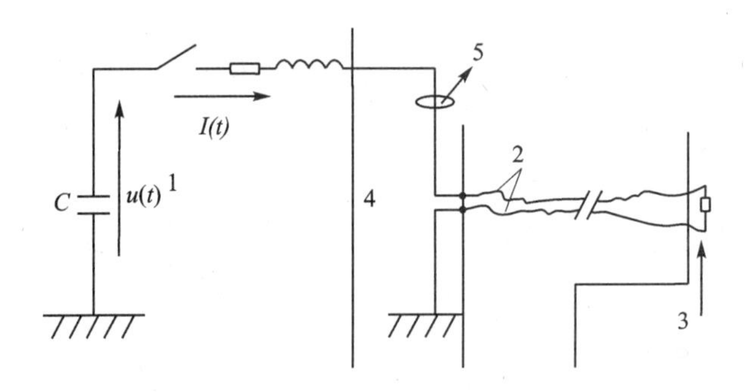

1—静电放电发生器；2—脚线；3—电阻；4—电缆；5—电流探针

图13-21　调节静电放电发生器用仪器的布置示意图

根据图13-21连接调节仪器。脚线、电缆和电阻之间与地面之间的距离应不小于100 mm，并确保不与任何可能发生接地漏电的导体相接触。将电流探针放在一根脚线或一根电缆上。选择一个初始电压，其电压值为被测雷管平均击穿电压的两倍，进行放电，记录下电流一时间。利用下式计算静电放电冲量：

$$W_{\mathrm{ESD}} = \int_{t_1}^{t_2} i^2 \mathrm{d}t$$

式中：i——电流，A；

t_1——产生初始电流时对应的时间，s；

t_2——电流衰减振荡到小于雷管不发火电流时对应的时间，s；

调节电压并重复上述步骤，直至计算得到的静电放电冲量达到规定值。若此时电压值小于雷管的击穿电压，则更改电容，将电容值适当减小到与原来电容最接近的最小值。

施加到雷管上的静电放电冲量应满足表13-3要求。对于脚对壳结构，施加的电压应大于99%击穿电压值。

表 13-3　静电放电冲量

雷管类型①	Ⅰ类	Ⅱ类	Ⅲ类	Ⅳ类
制造商规定的不发火电流/A	$0.18 \leqslant I_{nf} < 0.45$	$0.45 \leqslant I_{nf} < 1.2$	$1.2 \leqslant I_{nf} < 4$	$4 \leqslant I_{nf}$
脚对脚结构的最小静电放电冲量/($mJ \cdot \Omega^{-1}$)	0.3	6	60	300
脚对壳结构的最小静电放电冲量/($mJ \cdot \Omega^{-1}$)	0.6	12	120	600

① 根据制造商提供的不发火电流进行分类。

(3) 测试条件

在室温下进行试验，并且试验环境的相对湿度不应大于 60%。

按照制造商提供的盘卷方法将雷管脚线盘卷起来。

脚线和电缆与地面之间的距离应不小于 100 mm，并确保脚线和电缆不与任何可能发生接地漏电的导体相接触。

(4) 施加静电放电脉冲

每次施加静电放电脉冲时，应对静电放电冲量进行监视。若施加的静电放电冲量偏离规定值，在继续进行实验前应对静电放电发生器进行调节。

① 脚对脚结构

在两根脚线之间施加静电放电脉冲。

观察雷管是否发生爆炸。

对每发雷管，连续重复 5 次试验，每次施加静电放电脉冲的间隔应至少为 10 s。

对所有被测雷管重复上述试验。

② 脚对壳结构

将两根脚线拧在一起。

在脚线端和雷管的金属壳体之间施加静电放电脉冲。

观察雷管是否发生爆炸。

对每发雷管，连续重复 5 次试验，每次施加静电放电脉冲的间隔应至少为 10 s。

对所有被测雷管重复上述试验。

恒定电压试验一般只用于电阻较高、较敏感的电雷管的感度测试。

13.2.4　火焰雷管感度测量

1. 用火帽产生的火焰引爆雷管

使用稍加改造的落球试验仪，在规定火帽型号的前提下，以落球高度为试验变量，以雷管在铅版上造成的穿孔直径来判断雷管能否正常使用。

2. 用伍德合金浴或纤维浴试验

将雷管浸在金属浴中，在恒定温度下保持到爆轰。测出雷管从浸入到爆炸的时间间隔，此时间即为雷管感度的反函数。

13.2.5 抗弯性能测试

1. 雷管壳强度最弱部位

当雷管受到一个垂直于雷管轴线的压力时,雷管壳上发生折弯的部位。可按照图 13－22 方法来确定雷管壳上强度最弱部位。

2. 测试装置

(1) 钢　块

如图 13－23 所示,钢块上带有一个长度至少为 30 mm 的孔,孔的直径不应超过雷管直径 0.1 mm,孔边缘的直径应为(2±0.1) mm。

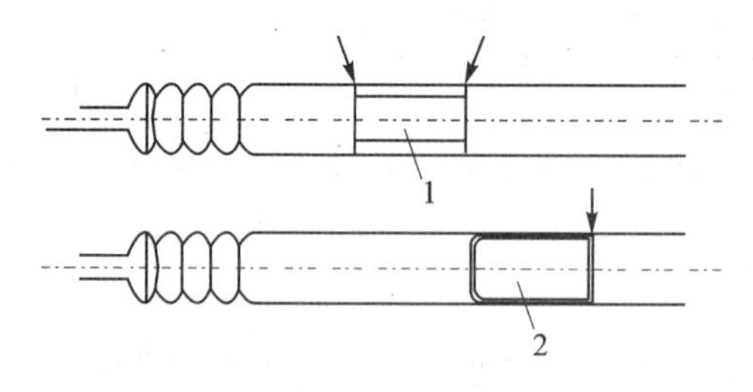

1—延期元件;2—起爆药加强帽;↓—强度最弱部位

图 13－22　确定雷管壳强度最弱部位的方法

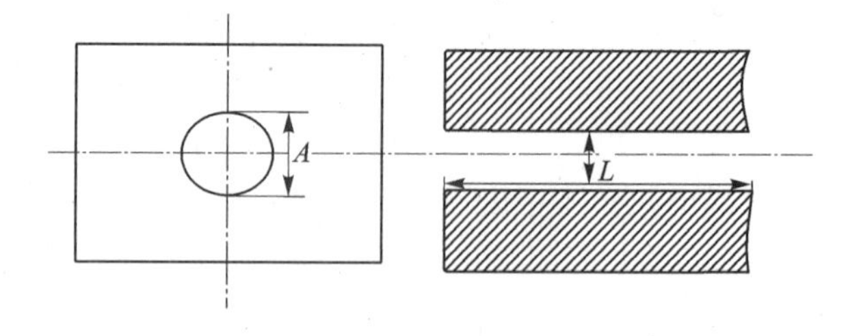

A—孔径;L—孔的长度至少为 30 mm

图 13－23　钢　块

(2) 重　物

通过重物能够施加(50±0.1)N 的作用力。

(3) 可拆卸支撑台

用于支撑重物,如图 13－24 和图 13－25 所示。

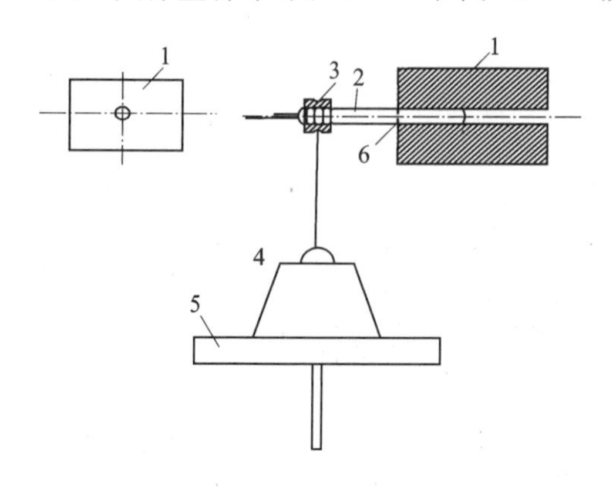

1—钢块;2—雷管(以电雷管为例);3—钢块;4—重物;
5—支撑台;6—延期元件或主装药末端的大致位置

图 13－24　测试装置图(支撑点位于雷管根部)

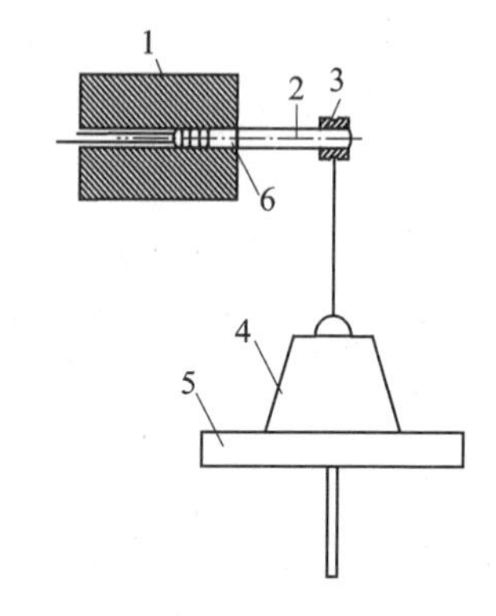

1—钢块;2—雷管(以电雷管为例);3—钢块;4—重物;
5—支撑台;6—延期元件或主装药末端的大致位置

图 13－25　测试装置图(支撑点位于雷管头部)

(4) 钢　环

如图 13－26 所示,钢环与雷管两端均能紧密配合。

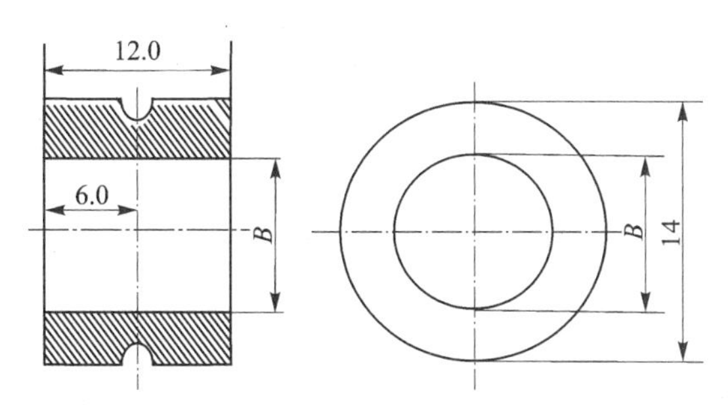

B—钢环的内径；与雷管的两端均能紧密配合

图 13-26　钢　环

3. 试　样

(1) 电雷管

选取 26 发雷管壳最长的非电雷管，要求它们的设计和组成均相同。

(2) 非电雷管

选取 26 发雷管壳最长的普通雷管，要求它们的设计和组成均相同。

4. 测试步骤

(1) 电雷管

当支撑点在电雷管的根部时，测试 13 发雷管。首先在雷管根部标出强度最弱位置，如图 13-23所示，然后将雷管根部插入钢块中，插到最弱位置为止。将重物静放在支撑台上，以使重物不给雷管施加任何载荷。将金属丝和钢环与雷管根部连接，如图 13-26 所示。慢慢降低支撑台以向雷管施加一个向下的作用力，继续降低支撑台，直至重物载荷完全作用在雷管上，保持至少 5 s。

记录下雷管发生起爆或管壳发生断裂或折弯的情况。

(2) 非电雷管

当支撑点在非电雷管的根部时，方法同上。

当支撑点在非电雷管的头部时，测试 13 发雷管。根据以下方法确定雷管插入钢块的长度：

① 如果延期元件上方没有装药或烟火药，而只有导爆索，则插入长度为从管壳头部到延期元件上方 2 mm 的位置；

② 若延期元件上方存在烟火药剂，则插入长度为从管壳头部到烟火药的中间位置。

首先在雷管头部标出强度最弱位置，如图 13-23 所示，然后将雷管头部插入钢块中，插到最弱位置为止。将重物静放在支撑台上，以使重物不给雷管施加任何载荷。将金属丝和钢环与雷管根部连接，如图 13-26 所示。慢慢降低支撑台以向雷管施加一个向下的作用力，继续降低支撑台，直至重物载荷完全作用在雷管上，保持至少 5 s。

记录下雷管发生起爆或管壳发生断裂或折弯的情况。

(3) 普通雷管

当支撑点在普通雷管的根部时，测试 25 发雷管。将雷管根部插入钢块中，插到最弱位置为止。将重物静放在支撑台上，以使重物不给雷管施加任何载荷。将金属丝和钢环与雷管根部连接，如图 13-25 所示。慢慢降低支撑台以向雷管施加一个向下的作用力，继续降低支撑

台，直至重物载荷完全作用在雷管上，保持至少 5 s。

记录雷管发生起爆或管壳发生断裂或折弯的情况。

13.2.6 等效起爆能力测试

1. 被测试件

(1) 水下起爆能力测试

选择 20 发某类型雷管，要求其结构组成、管壳材料、结构设计、质量和装药(包括起爆药和主装药)种类均相同。

(2) 高低温性能测试

选择 50 发某类型雷管，要求其结构组成、管壳材料、结构设计、质量和装药(包括起爆药和主装药)种类均相同。

2. 测试装置

(1) 水下起爆能力测试

① 爆炸箱(水箱或室外装置)

体积至少为 500 L，并能防止产生的冲击波从爆炸箱侧壁发生反射，例如，对于小爆炸箱(如图 13-27 所示)，可以对侧壁采取塑料泡沫内衬。

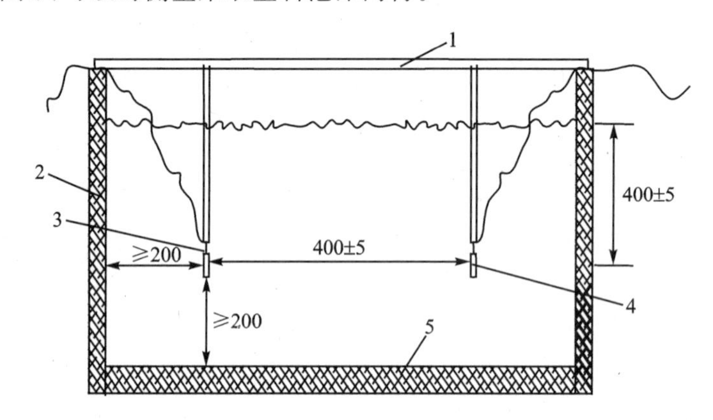

1—定位装置；2—水箱；3—雷管；4—压力传感器；5—冲击波不发反射，吸能材料

图 13-27 一种水箱(带有压力传感器和雷管定位系统)(尺寸:单位 mm)

② 定位系统

用于给压力传感器和雷管定位。传感器中心与雷管之间的距离为(400±5)mm，雷管底部和传感器应位于水面下(400±5)mm 位置，雷管与爆炸箱任一侧壁的距离至少为 200 mm。

③ 压力传感器

响应速度应满足:压力上升时间小于 2 μs。

④ 放大器

具有合适的增益水平，并便于与压力传感器和示波器进行连接。

⑤ 存储示波器

最小采样频率为 10 MHz。

⑥ 计算机

带有结果计算软件。

⑦ 发火装置

用于给水下雷管进行起爆。

⑧ 温度计

用于测量水温。

⑨ 气压计

用于测量大气压力。

⑩ 参比雷管

制造商认为与被测试雷管具有同等起爆能力的 10 发雷管。

(2) 高低温性能测试

① 使雷管对着见证板进行发火的装置见图 13-28 和图 13-29。

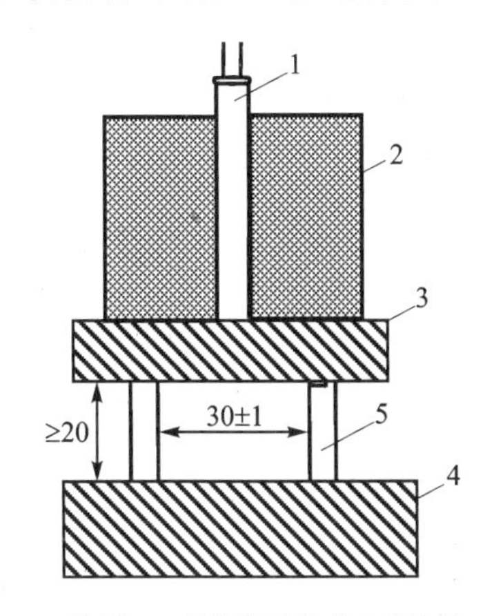

1—雷管；2—可膨胀的聚苯乙烯泡沫；
3—见证板；4—钢板；5—支撑装置

图 13-28　雷管对见证板进行发火的装置 1 (尺寸单位:mm)

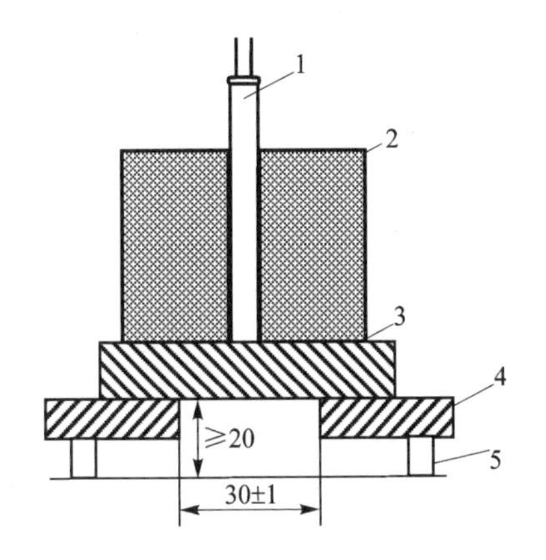

1—雷管；2—可膨胀的聚苯乙烯泡沫；
3—见证板；4—钢板；5—支撑装置

图 13-29　雷管对见证板进行发火的装置 2 (尺寸单位:mm)

② 加热箱

能够提供比制造商规定的最高安全作用温度高 10 ℃的温度。

③ 冷冻箱

能够提供比制造商规定的最低安全作用温度低 10 ℃的温度。

④ 见证板

尺寸为(50±3)mm×(50±3)mm,厚度为(10±0.3)mm,材料温 EN 573-3 标准中规定的牌号为 EN AW-6082 的铝材。

注:若见证板中带有孔,则应增加见证板的厚度。

⑤ 深度尺

深度尺针脚点的直径为 0.6 mm,测量精度为±0.01 mm。

⑥ 绝缘泡沫

一种可膨胀的聚苯乙烯泡沫或类似材料,其外径至少为 50 mm,中心孔的直径比雷管直径大不超过 1 mm,泡沫的高度应满足当插上雷管后,露出来的管壳(密封段)高度不应超过 5 mm。

注:见证板由置于一块厚钢板上的钢管进行支撑。

注:铝制见证板被直接置于一块厚的钢板上,钢板中心带有一个孔,使见证板下方为一自由空间,当雷管发生爆炸时,见证板可以形成一个凹坑。

3. 测试步骤

(1) 水下起爆能力测试

测试过程中,水温变化范围不应超过±2 ℃,大气压力变化范围不应超过±5 kPa,水箱中的水量不应发生变化,并且不应改变压力传感器类型。

1) 参比雷管的发火

参比雷管数量为10发,制造商认为这些雷管具有与被测雷管同等的起爆能力。在测试前,先对5发参比雷管进行发火,测试结束后,再对剩余的5发参比雷管进行发火。

垂直固定雷管,使其与压力传感器的距离为(400±5) mm,与水箱任一侧壁的距离不小于200 mm。给雷管通过以制造商规定的发火电流使其发火(对于电雷管),或采用某一合适的起爆器对雷管进行发火(对于导爆管雷管)。记录下冲击波压力以及冲击波峰值压力与气泡发生第一次破裂的时间间隔。

2) 被测雷管的发火

被测雷管数量为20发,垂直固定雷管,使其与压力传感器的距离为(400±5)mm,与水箱任一侧壁的距离不小于200 mm。给雷管通过以制造商规定的发火电流使其发火(对于电雷管),或采用某一合适的起爆器对雷管进行发火(对于导爆管雷管)。记录下冲击波压力以及冲击波峰值压力与气泡发生第一次破裂的时间间隔。

3) 结果计算

a. 等价冲击波能

根据压力传感器采集到的输出电压信号,利用计算机和软件计算压力平方值与时间曲线下方的面积,即利用式(13-10)计算等价冲击波能 E_s。

$$\left.\begin{array}{l} t=q \\ E_s=\int (P^2)\,dt \\ t=0 \end{array}\right\} \tag{13-10}$$

式中:P——测得的压力,Pa;

t——传感器输出衰减到 P_{max}/e 时所对应的时间,s,其中 P_{max} 为测得的最大压力,e为自然对数。

分别计算各参比雷管和被测雷管的等价冲击波能,并计算平均值和标准偏差。

b. 等价气泡能

根据冲击波峰值与爆轰气体形成的气泡发生第一次破裂之间的时间间隔,利用式(13-11)计算气泡能。

$$E_b=(t_b)^3 \tag{13-11}$$

式中:t_b——气泡周期,s,为冲击波峰值与爆轰气体形成的气泡发生第一次破裂之间的时间间隔。

分别计算各参比雷管和被测雷管的等价气泡能,并计算平均值和标准偏差。

(2) 高低温性能测试

在见证板上用于放置雷管的地方粘上胶带。

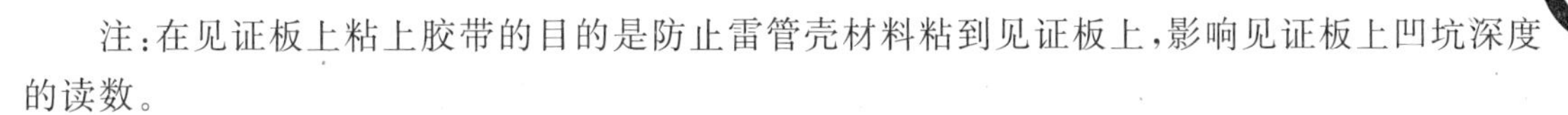

注：在见证板上粘上胶带的目的是防止雷管壳材料粘到见证板上，影响见证板上凹坑深度的读数。

根据图 13－28 或图 13－29 安装雷管、绝缘泡沫材料和见证板，确保雷管垂直于见证板。然后将其置于一块支撑板上，确保见证板下方留有一个高度至少为 20 mm 的自由空间，根据制造商的要求对雷管进行发火。

使用深度尺测量见证板上形成的凹坑深度。

在进行测量前，应首先去除见证板上所有的碎屑，然后将深度尺的针脚放入凹坑中，移动见证板，直至找到凹坑的最低点。然后抬起针脚，并将见证板移至某一位置，使见证板边缘与针脚的距离为 3 mm，再测量见证板厚度。将见证板转动 90 度，再测量其厚度。计算两次厚度测量的平均值，则凹坑的深度为见证板厚度平均值与凹坑最低点处厚度的差值。对每发被测雷管重复上述步骤，并记录相关数据。

按照上述方法针对下述三种情况进行测试。

① 室温下测试

将 10 发雷管置于室温下 4 h。根据上述要求安装雷管、绝缘泡沫材料和见证板。对每发雷管进行发火，根据上述要求测试见证板上形成的凹坑的深度，计算 10 发雷管爆炸形成的凹坑深度平均值 d。

② 高温下测试

选取 20 发雷管。根据上述要求安装雷管、绝缘泡沫材料和见证板，然后将此雷管安装组件其置于加热箱中，至少存放 4 h，加热箱内温度比制造商规定的最高安全作用温度高(10±2)℃。从加热箱中依次取出雷管安装组件，然后根据要求将其置于支撑板上，在取出后的 45～60 s内对雷管进行发火。

根据要求测量每块见证板上形成的凹坑的深度，记录下最大深度值，记为 d_h。计算 d_h/d 的值。

③ 低温下测试

选取 20 发雷管。根据要求安装雷管、绝缘泡沫材料和见证板，然后将此雷管安装组件其置于冷冻箱中，至少存放 4 h，冷冻箱内温度比制造商规定的最低安全作用温度低(10±2)℃。从冷冻箱中依次取出雷管安装组件，然后根据要求将其置于支撑板上，在取出后的 45～60 s 内对雷管进行发火。根据要求测量每块见证板上形成的凹坑的深度，记录 d_l。计算 d_l/d 的值。

13.2.7　电雷管串联发火电流测试(EN13857－1:2003－1)

本欧洲标准规定了一种用于评估串联联接的电雷管在制造商规定的串联发火电流作用下可靠发火的方法，本方法不适用于磁电雷管和电子雷管。

1. 被测试件

(1) 瞬发雷管

选择 80 发某雷管，要求装药组分以及点火头电学特性、材料和几何特征均相同。其中，30 发雷管用于测定断路电流时间，50 发雷管用于测定串联发火电流。

(2) 属于延期序列(包括瞬发雷管)中的雷管

若延期雷管的点火头与瞬发雷管相同，则根据要求选择 40 发瞬发雷管；若延期雷管的点火头与瞬发雷管不同，则根据要求选择 80 发瞬发雷管，并根据要求选择 100 发具有最短延期

时间(瞬发除外)的延期雷管。

(3) 属于延期序列(不包括瞬发雷管)中的雷管

选择 100 发具有最短延期时间的延期雷管,其中,50 发雷管用于测定断路电流时间,50 发雷管用于测定串联发火电流。

2. 测试装置

(1) 可调节电源

能够产生方形电流脉冲,并可对脉冲幅值和脉冲周期进行调节。电流上升时间和下降时间不应超过 50 μs,电流脉冲幅值的精度应为±1.0%。

(2) 时间测量装置

用于测量电流脉冲起始时刻至断路电流或发生爆轰时(断路电流时刻为 t_b)的时间间隔,装置的测量精度为 10 μs。

3. 测试步骤

(1) 试验温度

在室温下进行试验。

(2) 断路电流时间

① 将电流脉冲幅值调节至制造商规定的串联发火电流(I_s),电流脉冲的最短持续时间 t_l 由下式确定:

$$t_l = 5\frac{w_{af}}{I_s^2} \tag{13-12}$$

式中:w_{af}——制造商规定的全发火脉冲,J/Ω。

② 将雷管连接到电源上,对雷管通以电流 I_s,持续时间为 t_i(ms)。

③ 记录断路电流时间 t_b(ms)。

④ 对剩余雷管重复②和③步骤。

⑤ 确定最短断路电流时间 t_{bmin}(ms);对瞬发雷管,计算平均断路电流时间$\overline{t_b}$和标准偏差 S_b。

(3) 串联发火试验

① 将电流脉冲幅值调节至制造商规定的串联发火电流(I_s),按照下式选择一个电流脉冲持续时间 t_t:

$$t_t = \min\{t_{b,\min};\overline{t_b} - 3S_b\} \quad (对于瞬发雷管) \tag{13-13}$$

$$t_t = 0.8t_{b,\min} \quad (对于延期雷管) \tag{13-14}$$

② 将 5 发雷管串联后连接到电源上,然后通以电流 I_s,持续时间 t_t。

③ 记录没有发火的雷管数量。

④ 对剩余雷管重复步骤②和③。

13.2.8 电雷管发火冲量测试(EN13857-1:2003-1)

本欧洲标准规定了一种用于测定电雷管安全发火冲量和不发火冲量的方法。

1. 被测试件

根据要求选取 170~250 发相同类型(例如相同的桥丝发火系统)的雷管。若雷管的延期时间处于某延期序列中,则选取的雷管的延期时间应尽可能在该延期序列中均匀分布。对于

磁电雷管，在试验前应先拆除雷管中的变压器耦合单元。

注：可使用点火头来替代完整雷管进行试验。

2. 测试仪器

(1) 方形脉冲电流源

要求具有以下特征：

① 对于某一输入电流设定值，电流稳定输出的公差为±1%；

② 对于某一脉冲持续时间设定值，方形脉冲输出公差为±1%；

③ 电流输出过冲不应超过设定值的10%，电流过冲的持续时间不应超过 50 μs(对纯电阻负载)；

④ 电流上升时间不应超过 50 μs(对纯电阻负载)。

(2) 可选仪器

也可以采用由以下几部分组成的仪器：一个电容器、一个可调直流电压发生器、一个可调电阻和一个作用快速且不产生电弧的电流开关。该仪器应具有以下特性：

① 对于某一电容设定值，电容(C)公差不应超过±5%；

② 对于某一电压设定值，电压公差不应超过±1%。

③ 对于某一电阻设定值，电阻(R)公差不应超过±1%。

电路的时间常数(RC，电阻值乘以电容值)应小于点火头热时间常数的 1/10，电路的电阻应可调。

3. 测试步骤

(1) 试验温度

将雷管置于(20±2)℃下至少 2 h，然后在温度下进行试验。

(2) 初步试验

先用 30 发雷管进行初步试验(例如，布鲁斯顿试验)，以获得 50%发火概率对应的脉冲持续时间和标准偏差(S_{50})。为确保脉冲持续时间不超过热时间常数的 1/3，应将电流脉冲幅值调节到制造商规定的串联发火电流的 2～3 倍。

(3) 试　验

① 在时间区间(150±250)内选择 7～10 个脉冲持续时间。

② 连接电流脉冲记录仪，将方形脉冲电流振幅值调节到制造商规定的串联发火电流的 2～3 倍。

③ 将脉冲持续时间设置为第一个值。

④ 将一发雷管连接到电路中，并通以电流脉冲。

⑤ 记录下雷管是否发火。

⑥ 对剩余 19 发雷管重复步骤④和⑤。

⑦ 对剩余 6 个脉冲持续时间重复步骤③和⑥。

13.2.9　电雷管总电阻值测定

1. 仪　器

欧姆表，测量精度为±0.05 Ω，最大测量电流不超过 15 mA。

注:对最大测量电流进行限制是考虑安全问题,目的是为了避免测试过程中雷管被引爆的风险。

2. 被测试件

选择50发某类型雷管,要求脚线长度以及脚线与点火头的设计和结构均相同。

3. 测试步骤

对于电磁雷管,在测试前,应拆除雷管中的变压器耦合单元。

在测试前,先将雷管置于(20±2)℃下2 h,然后在温度下进行测试。

对每发雷管进行单独测试。

将雷管置于一个保险盒中,然后利用欧姆表测量两根脚线之间的电阻。

记录下欧姆表中的电阻值。

13.2.10 电雷管击穿电压测定

1. 被测试件

选择30发某类型雷管,要求点火头、起爆药和主装药的设计和化学成分均相同。若雷管的延期时间处于某延期序列中,则选取的30发雷管的延期时间应尽可能在该延期序列中均匀分布。

2. 测试仪器

(1) 高压电源

高压电源能够提供最高10 kV的直流电压,精度为±50 V,电压畸变不超过3%,电压应能连续可调,并且电源的输出电流最大不能超过5 mA,以防止形成电弧。

(2) 安培表

安培表用于检测击穿电压。

3. 测试步骤

(1) 先将雷管壳连接到高压电源的一个接线端上。

雷管脚线短路后,将脚线连接到高压电源的另一个接线端上。

以50~200 V/s的速度连接增加输出电压,直至发生击穿,此时电路电流出现突然增加,记录下发生击穿时的电压值。

(2) 对剩余雷管重复(1)的步骤。

计算击穿电压的平均值和标准偏差。

计算平均值与2.33倍上限标准偏差的和,以及平均值与2.33倍下限标准偏差的和。

13.3 导爆索性能测试

导爆索是用单质猛炸药黑索金或太安作为索芯,用棉、麻、纤维及防潮材料包缠成索状的起爆器材。经雷管起爆后,导爆索可直接引爆炸药,也可作为独立的爆破能源。

导爆索的性能主要有爆速、起爆性能、传爆性能、防水性能、耐温性能、点(喷)燃性能、力学性能等。

13.3.1　爆速测试

主要方法有对比法和电测法。对比法简易方便，其试验装配示意图见图 13-30。

试验时，取 1 120 mm 长的标准导爆索和待测雷管各一根。在每一根的一段离端面 30 mm 处作一个记号。由此再往后 1 000 mm 处作第二个记号，取 180 mm×50 mm×5 mm铅板一块，在板长的中线作记号 O。将两根导爆索平放在铅板上，两索的第二个记号都与铅板中线重合，并用线绳扎紧。两索的另一端并齐与一个雷管扎在一起，雷管的底部与第一个记号齐平。将试验装置放在钢板或石座上。起爆雷管后，爆轰波分索传播，在铅板某一处相遇，将铅板炸出凹痕，测出该点与中线 O 距离 s(mm)，则可计算爆速。

1—雷管；2—被测导爆索；
3—标准爆速的导爆索；4—铅版；5—细绳

图 13-30　导爆索爆速测定

若炸痕在待测导爆索一侧，待测导爆索的爆速为

$$D_x = \frac{1\,000 - s}{1\,000 + s} \times D \tag{13-15}$$

若炸痕在标准导爆索一侧，则

$$D_x = \frac{1\,000 + s}{1\,000 - s} \times D \tag{13-16}$$

式中：D——标准导爆索的爆速，m/s。

如图 13-31 所示为导爆索爆速电测法试验装置图。试验时，取 1.5 m 长的导爆索，用时标不大于 1 μs 的爆速测定仪，探针为直径 0.1 mm、长度 150～200 mm 的漆包线，按图示进行爆速测定。爆速按下式计算：

$$D = \frac{s}{t} \times 10^3 \tag{13-17}$$

式中：D——导爆索的爆速，m/s；

s——两靶探针间的距离，mm；

t——测速仪显示的时间，μs。

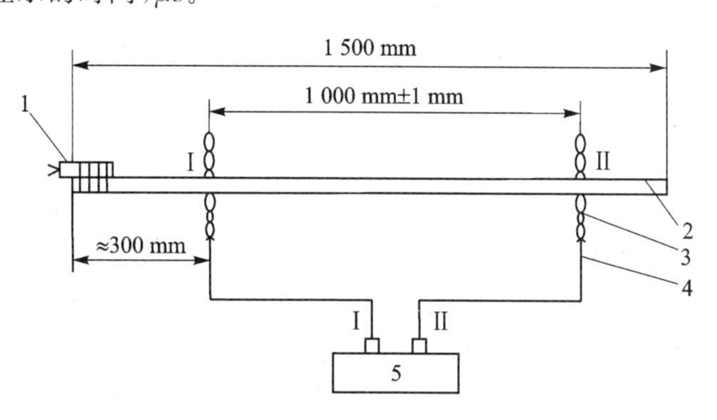

1—8 号雷管；2—震源索；3—探针；4—靶线；5—焊接测速仪

图 13-31　电测法测导爆索爆速示意图

13.3.2 起爆性能测试

1. 国内测试方法

将 200 g 梯恩梯压成 100 mm×50 mm×25 mm 的药块（密度为 1.50～1.59 g/cm^3），端面有小孔，将 2 m 长的受试导爆索的一头插入药块的小孔中，再在药块上绕三圈，用线绳扎紧，使索与药面平齐，如图 13－32 所示。用雷管起爆导爆索的另一头，整个梯恩梯块完全爆轰即为合格。

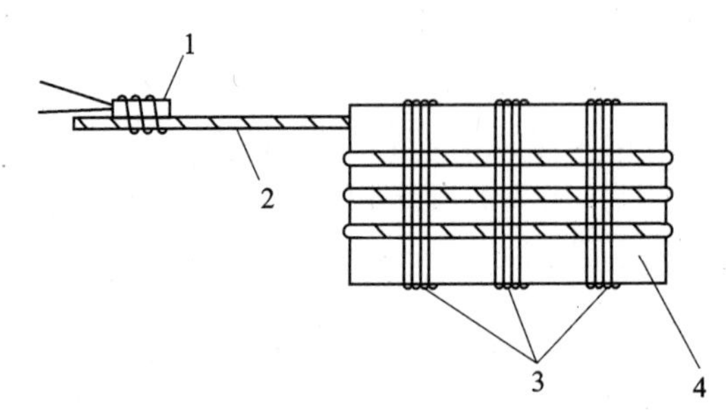

1—雷管；2—导爆索；3—绑线；4—梯恩梯药块（200 g）

图 13－32　导爆索起爆性能检验

2. 欧洲的测定方法

（1）测试装置

① 雷　管

应满足导爆索制造商规定的等效起爆能力要求。

② 纸片卡

纸片卡从面密度为 240～260 g/cm^3 的普通非涂布纸上裁下，尺寸为：长（100±5）mm，宽（50±5）mm。

③ 支撑板

钢制或铝制平板，其长宽分别为（200±20）mm 和（60±5）mm，厚度至少应为 4 mm。

④ 胶　带

粘性胶带，宽度为（20±2）mm。

（2）被测试样

选取 5 根长度分别为（500±50）mm 的导爆索。

（3）测试步骤

采用一定数量的纸卡片，要求经测试后至少有 5 张纸卡片被完全切割。

注：根据纸卡片的面密度不同，对于装药线密度为 12 g/cm^3 的导爆索，所需的纸卡片为 24～33 张；对于装药线密度为 24 g/cm^3 的导爆索，所需的纸卡片为 35～45 张。

将纸卡片置于支撑板上表面上，用胶带将导爆索的一端与三张纸卡片以及支撑板紧紧粘接在一起，三张纸卡片之间的距离应相等。另外，导爆索的一端应比纸卡片超出（50±10）mm 长度，如图 13－33 所示。

在导爆索的另一端，用胶带将雷管粘接到导爆索上，连接长度为（25±5）mm，或根据制造商规定的方式进行连接。

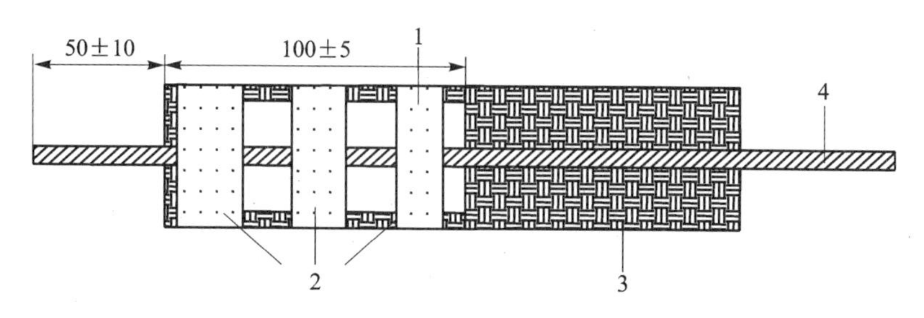

1—纸卡片；2—胶带；3—支撑板；4—导爆索

图 13-33　导爆索与纸卡片和支撑板的连接示意图(尺寸单位：mm)

将上述装置放置于钢铁或混凝土基座上。

引爆雷管。

试验结束后，收集纸卡片，统计被完全切割的纸卡片的数量。将被部分切割的纸卡片用切割百分率折合成一定数值(精度为 5%)与被完全切割的纸卡片数量进行相加(即，若纸卡片被切去 30 mm，则在被完全切割的纸卡片数量上加上 0.3)。被切割纸卡片的数量(X)为被完全切割的纸卡片数量之和。重复进行 5 次试验。

(4) 结果计算

每根导爆索的起爆能力(IC_n)可用下式计算：

$$IC_n = \frac{X_n g_c}{1\ 000} n \tag{13-18}$$

式中：IC_n——导爆索在第 n 次测试中的起爆能力；

n——试验次数；

X_n——在第 n 次测试中被切割的数量；

g_c——纸卡片的面密度，g/cm^3。

计算这 5 次试验的算术平均值，并四舍五入到最接近的整数。

13.3.3　导爆索之间传爆性能测试

1. 国内的测试方法

取 8 m 长的受试导爆索，切成 1 m 长的 5 段和 3 m 长的 1 段，按图 13-34 所示方式连接。用 8 号雷管起爆后，各段导爆索完全爆轰为合格。以两次平行合格试验为准。

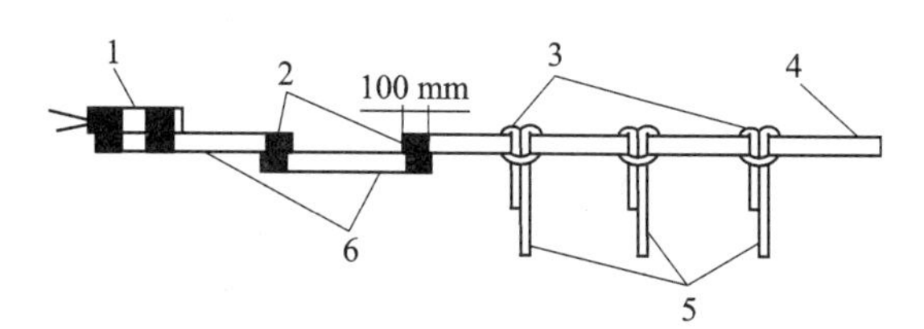

1—8 号雷管；2—线或细绳搭接；3—束结；

4—3 m 长的导爆索 1 段；5—3 m 长的导爆索 3 段

图 13-34　感爆和传爆性能试验

从连接方式上看，试验中既包括了导爆索对雷管的爆轰感度，也反映了导爆索对同种导爆索的爆轰感度，同时也反映了导爆索传导爆轰的能力。

2. 欧洲的测试方法

(1) 测试装置

① 检验受主导爆索发生爆轰的方法,可以使用铝制或木质见证板,或使用电离针或爆速测量方法。

② 雷管,用于引爆主导爆索,该雷管应满足施主导爆索制造商规定的等效起爆能力要求。

③ 施主导爆索,用于引爆主导爆索,该雷管应满足施主导爆索制造商规定的起爆能力要求。

(2)被测试样

用于受主导爆索制造商规定的导爆索连接方法,选取 5 根具有合适长度的受主导爆索。

注:受主导爆索的长度应满足以下要求:在与施主导爆索连接后,再至少加 500 mm 长度。

(3) 测试步骤

为测量爆轰波是否从施主导爆索传播到受主导爆索,需根据受主导爆索制造商规定的连接方法对受主导爆索进行连接。

施主导爆索的数量应为 1 根或 5 根,这取决于具体测试安排。

将施主导爆索按一定长度进行切割,其长度应满足以下要求:在雷管与第一个受主导爆索连接点之间的距离至少为 500 mm。若在施主导爆索上连接 1 根以上受主导爆索,则施主导爆索上各连接点之间的距离应至少为 500 mm。另外,受主导爆索连接点与爆轰验证装置之间也应至少为 500 mm,如图 13 - 35 所示。

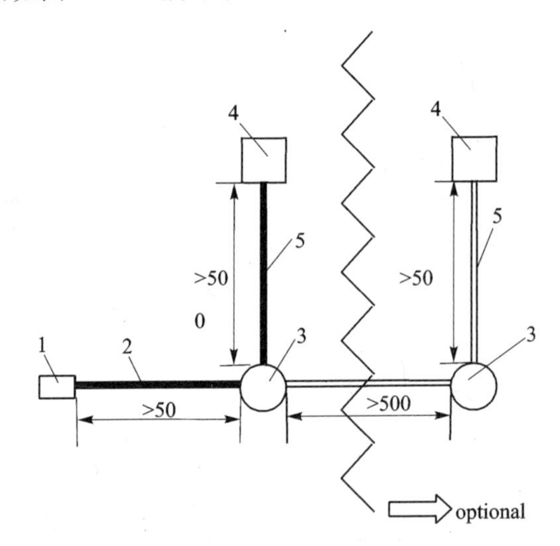

1—雷管;2—施主导爆索;3—施主导爆索与受主导爆索的连接点;

4—爆轰验证装置;5—受主导爆索

图 13 - 35 测试布置图

根据受主导爆索制造商规定的导爆索连接方法,将受主导爆索连接到施主导爆索上。

将爆轰验证装置连接到受主导爆索上,确保爆轰波验证装置与施主导爆索上导爆索连接点之间的距离至少为 500 mm。

将雷管连接到施主导爆索上,确保雷管与第一个导爆索连接点之间的距离至少为 500 mm。

对雷管进行引爆。检查受主导爆索的爆轰情况，并作记录。对5根受主导爆索进行测试。可以在一根施主导爆索上同时连接1根以上施主导爆索，并同时进行测试。

13.3.4　耐温性能测试

1. 耐热试验

取5 m长的导爆索一根，卷成直径不小于250 mm的索卷，放入温度为(50±3)℃的恒温箱中，保温6 h，取出保温后的试样，检查外观，不应有防潮剂熔化及渗入药芯的现象。然后切成1 m长的5段，按图13－36方法连接，用雷管起爆，应能完全爆轰。

2. 耐冻试验

取25 m长的导爆索样品，切成4 m长的一段，3 m长的7段，放入温度为(－40±3)℃的低温箱中，冷冻2 h。从低温箱取出后立即按图13－37方式连接，在连接过程中导爆索索干不应产生折断现象。

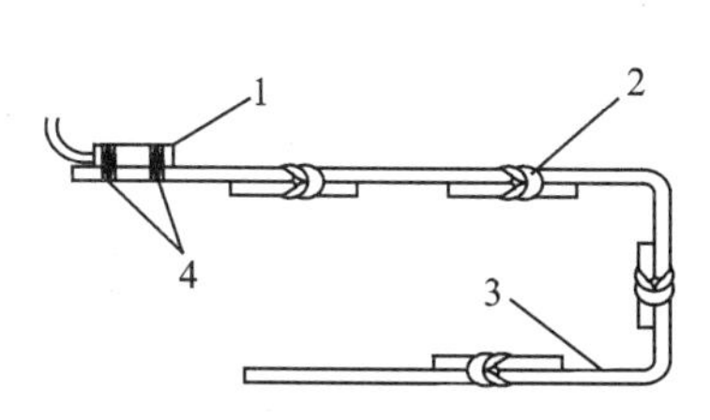

1—8号雷管；2—束结；
3—1 m长的导爆索；4—线或细绳

图13－36　耐温试验连接方式

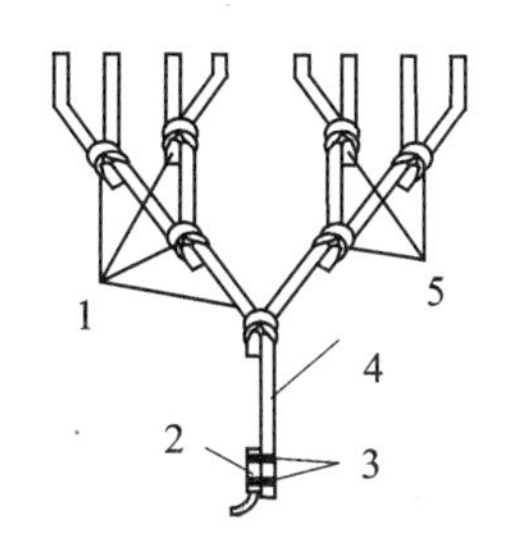

1—3 m长的导爆索4段；2—8号雷管；3—线或细绳；
4—4 m长的导爆索1段；5—3 m长的导爆索3段

图13－37　耐冻试验的连接方式

13.3.5　热稳定性测定

(1) 测试装置

① 密封方式　应采用合适的密封方式对被测试件的末端进行密封，密封材料应在75℃下具有稳定性，并与测试过程中所使用的炸药具有相容性。

② 烘箱/加热箱　可以将温度保持在(75±2)℃范围内。

注：烘箱/加热箱应配备有内部通风系统，并能连续记录烘箱内的温度。烘箱还应配备有两个温度自动调节装置，或采用其他措施，使得当温度自动调节装置出现故障时，能够防止温度出现失控。

(2) 被测试件

选择三个导爆索或导爆索被测试件，每个被测试件的长度为(1 000±5)mm。对于装药线密度超过50 g/m的导爆索，其对应被测试件的装药量为50 g就已足够。采用合适的密封方式对被测试件的末端进行密封，以避免在测试过程中发生炸药泄漏。

(3) 测试步骤

将烘箱或加热箱的温度设置为75 ℃，将被测试件(可同时方式一个以上被测试件)放置到烘箱或加热箱中，应避免被测试件与烘箱或加热箱内壁发生接触，保持烘箱或加热箱的温度为

(75±2)℃，持续时间为(48+1)h。

注：如果在 48 h 之内发现导爆索发生爆炸、导火索发生着火或被测试件发生化学分解，则应停止本次测试。此时，没必要对上述被测试件进行连续观察。48 h 以后，拿出被测试件，并检查是否存在爆炸、着火或其他化学分解反应发生的痕迹。

13.3.6 浸水性能试验

1. 棉线导爆索

取约 5.5 m 长的导爆索，将索头密封，卷成直径不小于 250 mm 的索卷，放入深度为 1 m、温度为 10～25 ℃的静水中浸 4 h。取出浸水后的导爆索，擦去表面水迹并切去索头，然后切成 1 m 长的 5 根，按图 13－37 连接，用 8 号雷管起爆，传爆应可靠。

2. 塑料导爆索

取约 5.5 m 长的导爆索，将索头密封后放入水温为 10～25 ℃的密闭容器中，加压至 50 kPa，保持 5 h，取出浸水后的导爆索并擦干表面水迹，切去索头，然后切成 1 m 长的 5 根，按图 13－36 连接，用 8 号雷管起爆，传爆应可靠。

3. 导爆索浸水试验

(1) 测试原理

被测试样在承受拉力的作用下被浸入到水中，放置一定时间，然后用一发雷管和见证板来检验其起爆性能。

(2) 测试装置

① 水　箱

顶部敞口，并有足够大小。水温应在(20±10)℃之间。

② 被测试样支撑方法

图 13－39 给出了一种被测试样的支撑方法，在这种情况下，滑轮的直径应足够大，使得滑轮不会对被测试样的表层造成损坏，这就要求滑轮的直径至少为 100 mm。其中一个滑轮应与水箱底部相连。

③ 重物，或其他工具

用于给被测试验施加(400+5)N 的拉伸载荷，除非导爆索被设计用于其他场合。若导爆索被用于其他场合，则用于施加拉伸载荷的重物重量或其他工具应符合制造商规定的要求。

(3) 被测试样

选择 5 根导爆索，每根长度至少为 2 000 mm。

(4) 测试步骤

按下面方法将导爆索浸入水中，确保至少有 1 000 mm 长的导爆索被浸在水面以下，并将导爆索的两端位于水面以上，然后给被测试样施加拉力，如图 13－38 所示。

被测试样在水中的浸没时间为(24+0.5)h；

从水箱中取出被测试样，并切除未浸入在水中的被测试样部分。

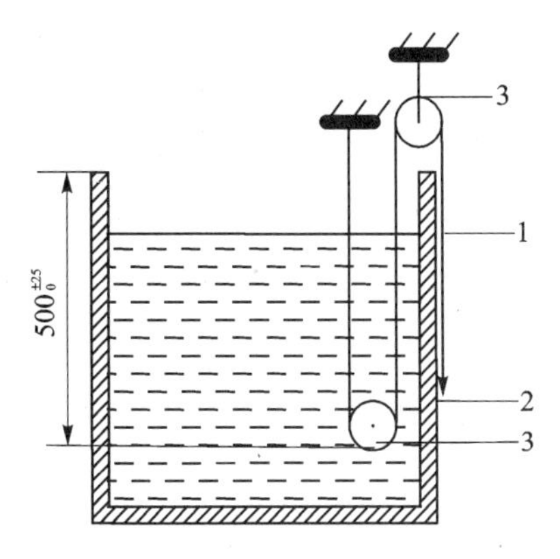

1—导爆索；2—拉伸载荷；3—滑轮

图 13-38　导爆索浸入试验装置布置图(尺寸单位:mm)

根据要求对 5 根被测试样进行起爆可靠性测试，在测试时，需切除未浸入在水中的被测试样部分。

13.3.7　感度试验

1. 火焰感度试验

取 50 cm 长的导爆索和导火索各一段，放在同一轴线上，端面相接触，把导火索从另一端面点燃。当导火索火焰从与导爆索接触端喷出时，导爆索不应发生爆轰。

2. 撞击感度的测定

(1) 测试装置

测试装置是落锤仪(例如:BAM 落锤)，其包括：一个铸钢基座，一块主锤砧和一块中间锤砧，一块定位板，一个立柱，导轨以及一个带有释放机构和击头的落锤。

(2) 落锤仪

锤砧被拧到钢块和铸钢基座上。主锤砧和中间锤砧用的材质应与落锤击头用的材质一致。立柱的支架(材料为无缝冷拉钢管)与钢块的后部之间采用螺栓连接固定，如图 13-39 所示。

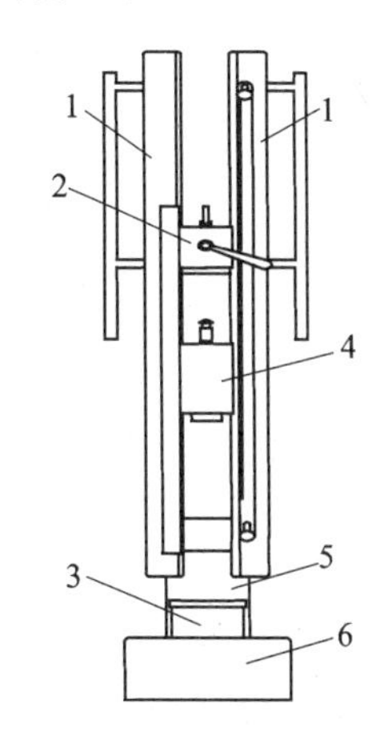

1—导轨；2—释放机构；3—锤砧；
4—落锤；5—立柱；6—钢块

图 13-39　BAM 落锤仪的总体结构示意图

采用三根横梁将两个导轨固定于立柱上，导轨上安装有一根齿条，用以限制落锤发生反弹。落锤的高度可用一个可移动的刻度尺进行调节。导轨应垂直竖立。

落锤释放机构可以在导轨之间进行调节，通过操纵一个杠杆机构将落锤释放机构固定。

测试装置应牢固固定到混凝土块中，混凝土块的最小尺寸为 0.6 m×0.6 m×0.6 m，并由四个锚固螺栓固定。

(3) 落　锤

落锤的质量为(2 000±2) g,导轨之间提供了两个定位槽,落锤被卡在定位槽内下落。落锤上拧有一个悬挂栓、一个可拆卸的圆柱形击头以及一块反弹制动片,图 13－40 为 BAM 落锤仪的落锤结构设计。

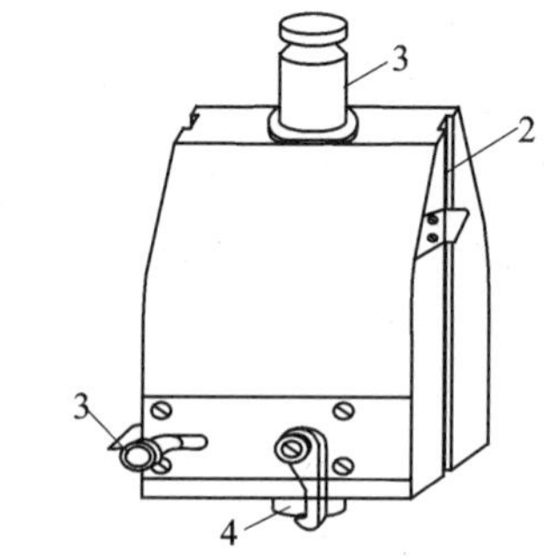

1—悬挂栓;2—定位凹槽;3—反射制动片;4—击头

图 13－40　BAM 落锤仪的落锤

(4) 被测试件

选取 8 根具有足够长的导爆索进行撞击感度测试。采用合适的密封方式(例如胶带、帽子或胶)将导爆索的末端进行密封。每根导爆索的长度应满足以下要求:在导爆索中间处至少有 30 mm 长的部分不受端部密封的影响,因为落锤击头的撞击部位就是这部分长度的导爆索。

(5) 测试步骤

采用合适的方法将被测试件固定到中间锤砧的中心位置上,并确保被测试件的固定措施不会与落锤击头的撞击区域之间存在干扰。然后利用定位板固定中间锤砧。

将落锤悬挂在落高为(500±5)mm 的位置。对准被测试件,以确保落锤击头的中心可以正好撞到被测试件的中心位置。释放落锤,记录下被测试件是否发生爆炸或爆燃。

重复上述测试步骤 7 次,每次均使用新的被测试件。每次测试后应对中间锤砧进行清洁。

若测试过程中发生爆炸现象,或者落锤击头或中间锤砧被损坏,则在下次测试前应更换落锤击头或中间锤砧。

13.3.8　抗拉试验

1. 被测试样

选择 5 根长度分别为(1.4±0.05)m 的导爆索。

2. 测试装置

(1) 测试装置

测试装置如图 13－41 所示。应采用合适的方法将被测试件的一端加以固定,而另一端(如图 13－42 所示)与支撑重物的绳索进行连接。测试装置应提供一个滑轮系统,使得在支撑被测试件的同时还可以让被测试件在水平面(见图 13－41)和垂直平面上自由地进行拉伸。并在被测试件与绳索上应设有一个锁定装置,使得当没有施加重物拉力时,能将被测试件处于被拉紧状态。

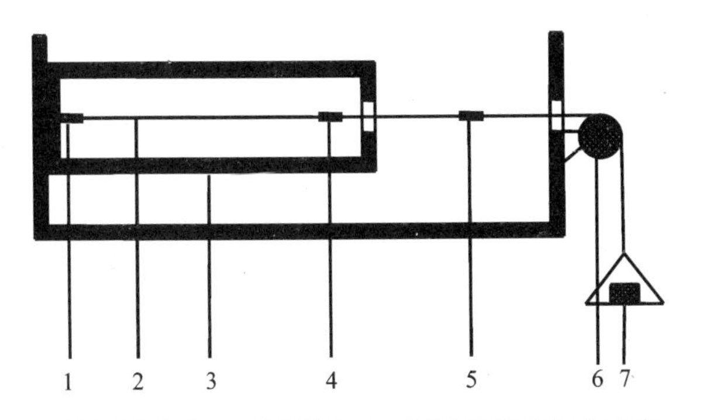

1—固定连接装置；2—被测试件；3—温度控制密度室（必要时）；
4—移动连接装置；5—绳索和锁定装置；6—滑轮；7—重物

图 13-41　测试装置示意图

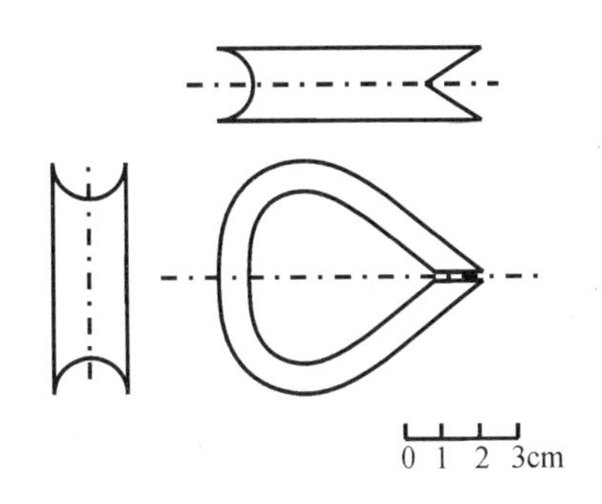

图 13-42　连接装置示意图

(2) 重　物

用于施加(400+5)N 的拉力作用。

13.3.9　起爆可靠性测定

1. 测试装置

(1) A 型雷管

其等效起爆能力符合制造商规定值的要求。

(2) B 型雷管

其等效起爆能力符合制造商规定值低一个等级。

(3) 见证板

材料为 EN AW-6082 铝，见证板的长度为(50±10)mm，其宽度和厚度应满足以下要求：在进行初步试验时，应能看到见证板上留下的凹痕。

2. 被测试件

选择 6 根导爆索，每根长为(1 000±50)mm，第一根用于初步试验，其余五根用于测定试验。

3. 试验步骤

(1) 初步试验

使用胶带将 A 型雷管连接到被测试样上，使雷管底部到被测试件一端的距离为(25±5)mm。再使用胶带将见证板连接到被测试件另一端的(50±5)mm 长度上，如图 13-43 所示。

将被测试样、雷管和见证板拉直安放在水平地面上，引爆雷管，记录下见证板上是否产生凹痕现象。

注：对于低能导爆索，有必要在导爆索的另一端（与见证板接触）连接一个目击雷管，以使见证板产生凹痕。目击雷管与导爆索的连接方法应采用导爆索制造商推荐的方法。

(2) 测定试验

使用 B 型雷管，按照(1)中所述步骤，重复进行 5 次试验。

记录在每次试验过程中见证板上是否有凹痕产生。

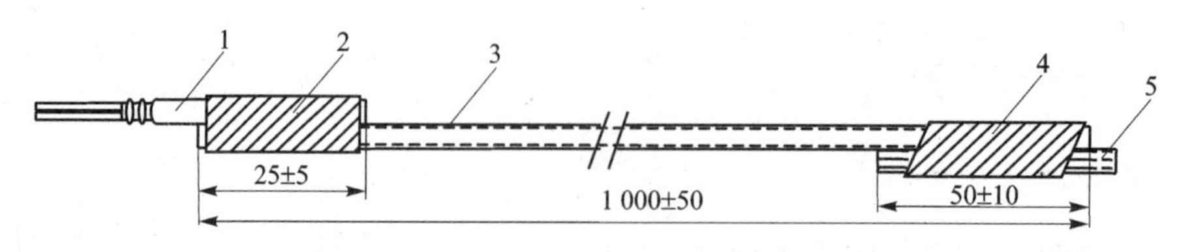

1—雷管；2—胶带；3—导爆索；4—胶带；5—见证板

图 13-43 被测试样与雷管的装配图(尺寸单位:mm)

13.4 导爆管性能测试

导爆管是以树脂塑料为管材、管壁涂有炸药粉的空心索状产品，是导爆管起爆法所用器材的主体元件。

导爆管的工作原理是：当导爆管受到一定强度的外界能量作用后，管壁受压或冲击波对管内腔的直接作用将会使管内壁混合药粉涂层直接受到高温和一定强度的压力作用，这种作用使药粉发生迅速的化学变化。化学变化放出的反应热和气体又可支持前沿冲击波继续向前传播并使未反应的药粉发生反应，以致最终在管内腔形成一个稳定传爆的爆轰波，最后引爆下一个传爆元件。

不同产品的导爆管管壁所用的塑料品是不完全相同的，颜色亦不一样。

导爆管工作时相当于有腔内压力作用的无限长厚壁圆筒，其内、外径之比应满足下式：

$$\frac{D}{d} \geqslant \sqrt{\frac{[\sigma]-p}{[\sigma]+p}} \tag{13-19}$$

式中：D——导爆管外径 mm；

d——导爆管内径，mm；

p——导爆管内最大工作压力，kPa；

$[\sigma]$——导爆管管材的许用应力，kPa。

普通导爆管的材料指标是：熔融指数 M.I.$\leqslant$2 g/10 min，$D/d\geqslant 2$。

按所具有的特殊性能可将导爆管分为以下几类：

① 高强度塑料导爆管；

② 耐高温塑料导爆管；

③ 高精度塑料导爆管；

④ 抗瓦斯、粉尘塑料导爆管。

导爆管的性能在一定程度上决定了导爆管起爆法的特点。

导爆管的性能包括：爆速、起爆感度、传爆可靠性、抗冲击、力学性能以及环境适应性能，等等。

本节将介绍导爆管的主要性能及其测试方法。

13.4.1 爆速测试

导爆管在一定条件下被起爆后，爆轰波阵面在管内传播的速度，称为导爆管的爆速。

普通导爆管按其爆速大小可分成如表 13-4 所列的 4 种品号。

表 13-4　普通导爆管按爆速划分的类别表

爆速规格	测试环境温度/℃	爆速/($m \cdot s^{-1}$)
1	15±5	1 650±50
2	15±5	1 750±50
3	15±5	1 850±50
4	15±5	1 950±50

测试导爆管爆速比较常用的方法有光电法、电离法和炸点法 3 种。

1. 光电法

光电法测试爆速的原理是：导爆管传爆时，管内传递的爆轰波中前沿冲击波阵面发光最强。导爆管外壁上放置的光电管将这种强光信号转变为电信号，使测时仪启动或停止，从而测得导爆管任意两点间的传爆时间间隔，由此测得导爆管的爆速。

设在导爆管间设置的两个光电管(靶)间的距离为 l，爆轰波经过 l 时所需时间为 Δt，则导爆管的爆速为

$$D = \frac{l}{\Delta t} \tag{13-20}$$

一般地，被测导爆管靶间距取 0.5 m，长度误差不超过 2 mm。

所用计时仪为频率计或微秒级测时仪。图 13-44 为光电转换电路原理图。

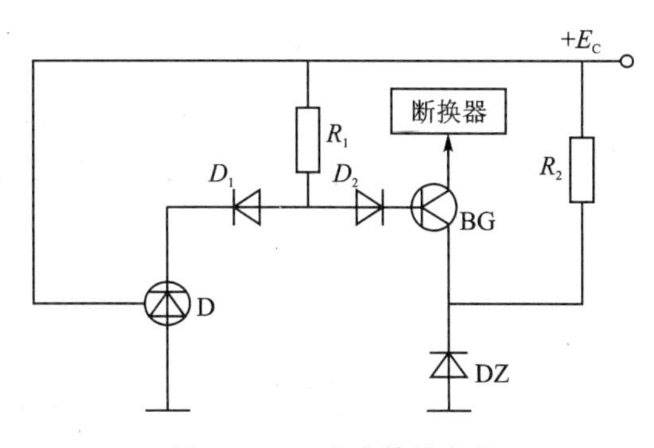

图 13-44　光电转换电路

光电法测爆速方法简单，数据可靠，所耗导爆管数量少，故被广泛采用。

2. 电离法

电离法的测试原理是：导爆管管腔内爆轰波传播过程中化学反应区处于高温和一定压力作用的状态，在这种状态下的反应产物气体和空气将会有一部分电离。在电离气体中预先设置一对相距很近而又不相接触的电极(靶)，就有可能在电路中产生导通信号并输送给测时仪，使测时仪启动或停止。测试导爆管传爆时爆轰波经过两靶间的时间，即可计算导爆管的爆速。

一般地，电极选用直径为 0.15 mm 的漆包线。测试时，将两根漆包线绞合后再在绞合处外缘表面用砂纸仔细去漆并保持两根相绞合的漆包线彼此绝缘而制成电极，然后在导爆管不同的距离上开两个小孔插入另一端与测时仪相连的两对电极即可。

试验结果表明：使用电离法测试导爆管爆速，只有在靶间距大于 3 m 时，才能和光电法测试值相当。

电离法不受环境温度影响，多用于导爆管在高、低温下爆速的测试。

3. 炸点法

炸点法，即利用组合雷管测试导爆管爆速的方法。具体操作方法是：同导爆管将两组合瞬发雷管串联连接，并在两个雷管外壳上捆上金属线作为靶线，靶线与测时仪相连。利用金属线炸断时的断开信号来开、关测时仪的靶线开关，这样就可测出已知导爆管长度的组合雷管所用导爆管的爆速。

炸点法记录的时间包含了导爆管被起爆后不稳定传爆时间、导爆管正常传爆时间、组合雷管点火延迟时间和雷管本身的延迟时间等。一般要求被测导爆管的长度相当长，从几十米到上百米，否则精度难以保证。

目前，主要利用炸点法来测试精确爆破网路的子路延时和多炮孔起爆的同时性。

13.4.2 起爆感度测试

导爆管的起爆感度，即导爆管受一定强度的外界激发冲量作用后被起爆的能力。受径向激发冲量通过管壁作用的起爆感度称为径向起爆感度，受轴向激发冲量通过管腔直接作用的起爆感度称为轴向起爆感度。

目前导爆管起爆感度测试方法大都是模拟爆破作业中的实际连线法。测试结果常用多次试验的起爆次数或一次试验的起爆根数的百分数表示。测试方法不同，评定方法亦不完全一样。常用的测试方法有 4 种。

1. 连接块法

将 8 号雷管插入可连接 20 根导爆管的蜂窝状塑料连接块或可连接 8 根导爆管的连接块中。管起爆后，检查导爆管的起爆情况，用多次试验结果计算导爆管起爆根数的百分比来评定导爆管的起爆感度。

2. 捆扎法

用电工胶布裹住的 8 号雷管周围捆扎 50 根导爆管，捆扎物可用聚丙烯包扎带或其他绳索。雷管被起爆后，检查导爆管的起爆情况，用导爆管起爆根数占总导爆管数(50 根)的百分比来评定导爆管的起爆感度。

试验后如果没有拒爆，为产品合格；若只有一根拒爆，允许加倍复试，如果复试中全部起爆，产品为合格；如果试验有两根或两根以上的导爆管拒爆，或复试中有拒爆现象，则产品不合格。

3. 最大起爆距离法

选用一批导爆管作基准管，将待测导爆管与基准管管口同轴对准。起爆基准管后，用待测导爆管全部被起爆时两管口间的最大距离来评定导爆管的感度，或者取被测导爆管口与基准导爆管管口相距 1.5 cm 时被测导爆管的起爆百分数来评价导爆管的起爆感度。

由基准管起爆被测试样的试验装置见图 13-45。

4. 塑料固定环法

此方法是在捆扎法基础上将绳索捆扎改为一个预先制好的塑料环来固定被测导爆管，以解决捆扎强度不易掌握的缺陷。被试导爆管长度取 1.2 m 左右即可。

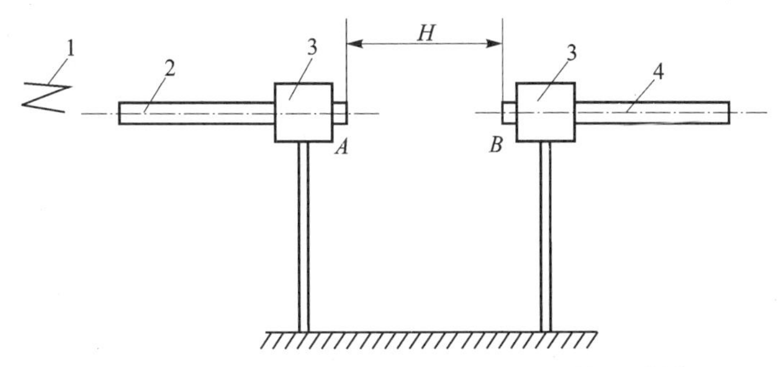

1—激发装置；2—基准导爆管；3—固定装置；4—被测导爆管

图 13－45　轴向起爆试验装置示意图

13.4.3　传爆可靠性能测试

取试样长 2 m，用电火花起爆器（或其他起爆装置）起爆，检查试样传爆情况，除起爆端外，管壁不得击穿。

13.4.4　抗拉试验

使用高分子材料试验机或小型拉力材料试验机，取一段一定长度的导爆管，用夹具夹紧导爆管段的两端，或用两个铁钩代替夹具。夹具间距为 1.5～2.0 cm。

试样必须在试验温度下保持 30 min。拉力机的加载速度为 50 mm/min 和 500 mm/min 两档。

一组数据（5 次有效试验）中以最大拉力中的最小值表示该组的试验结果。试样在夹具处断裂，试验数据无效，试样未被拉断而仪器行程已到，可用本次试验的最大拉力代表试样的拉力。

导爆管的应力—应变曲线见图 13－46。

不同品名的塑料导爆管的拉伸试验结果见表 13－5 和表 13－6。导爆管在不同温度下拉伸

试验的变形量为：50 ℃时，600％～800％；20 ℃时，400％～600％；－40 ℃时，400％左右。

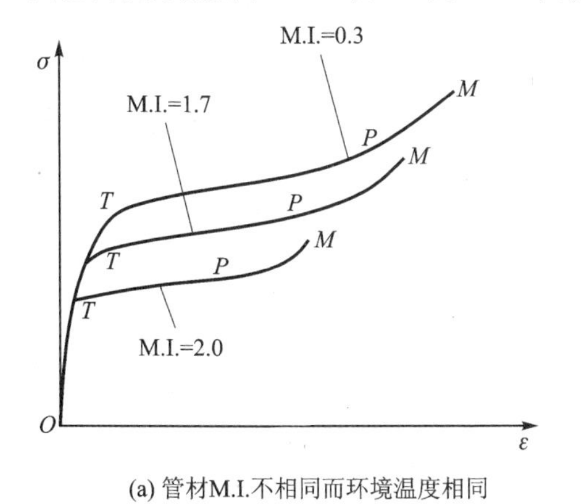

(a) 管材M.I.不相同而环境温度相同

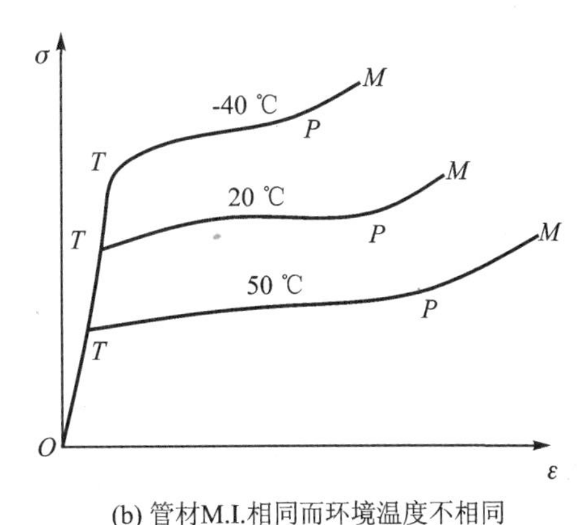

(b) 管材M.I.相同而环境温度不相同

T—材料的屈服点；M—断裂点

图 13－46　导爆管应力-应变曲线

表 13-5　管材用高压聚乙烯牌号不相同时导爆管的强度值(拉伸速度 50 mm/min)

塑料型号	M. I.	50 ℃		20 ℃		−40 ℃	
		拉断力/N	σ/MP_a	拉断力/N	σ/MP_a	拉断力/N	σ/MP_a
1I2A-1	2.0	62.8	11.3	84.4	14.7	126	21.6
2F0.3A	0.3	76.5	14.7	10.8	21.1	171	32.4
1I2A	1.7	55.9	8.5	50	7.75	167	25.5
1F1.5B	1.5			77.5	12.3	130	22.4

表 13-6　不同高压聚乙烯管材导爆管的强度值

塑料型号	M. I.	50 ℃		20 ℃		−40 ℃	
		拉断力/N	σ/MP_a	拉断力/N	σ/MP_a	拉断力/N	σ/MP_a
1I2A-1	2.0	51.0	8.83	80.4	14.0	85.3	15.2
2F0.3A	0.3	69.7	13.1	108	18.6	127.5	23.5
1F1.5B	1.5			66.7	10.8	108	17.1

不同塑料导爆管在不同条件下允许使用拉力值见表 13-7 所示。

表 13-7　不同管材的导爆管的推荐允许使用拉力值

塑料型号	允许使用拉力/N		
	50 ℃	20 ℃	−40 ℃
1I2A-1	39.2	58.8	93.2
2F0.3A	55.9	73.5	127
1F1.5B		53.9	93.2

13.4.5　振动性能测试

测试方法是:取试样长 2 m,两端封口,卷成直径不小于 10 cm 的管卷。将管卷垂直放入符合规定条件的振动试验机木箱内,把空隙塞紧。以频率 1 Hz、落高(150±2)mm,连续振动 5 min 后检查试样传爆的可靠性。

13.4.6　反射压力测试

测试方法是:将导爆管管口紧贴在特制的小型传感器膜片(应变式)或芯杆(电感式)上,导爆管被激发后传感器就会受压而改变电阻或电感。用应变仪和示波器记录这种变化即可知导爆管出口的信号强弱。

对于爆速为 2 000 m/s 的导爆管,要求测试系统的频率响应为 10 000 Hz 以上。普通型号导爆管出口信号的反射压力为 4.4～10 MPa。

需要指出的是,反射压力与爆压是不相同的,一般说反射压力高于爆压,但可以用反射压力来反映爆压的大小。

13.4.7　抗电性能测试

测试方法是：在定长导爆管两端插入与管壁紧贴的两根铜电极，电极间距离为 10 cm，两电极间加 30 kV直流高压（放电电容为 330 pF），保持时间为 1 min。

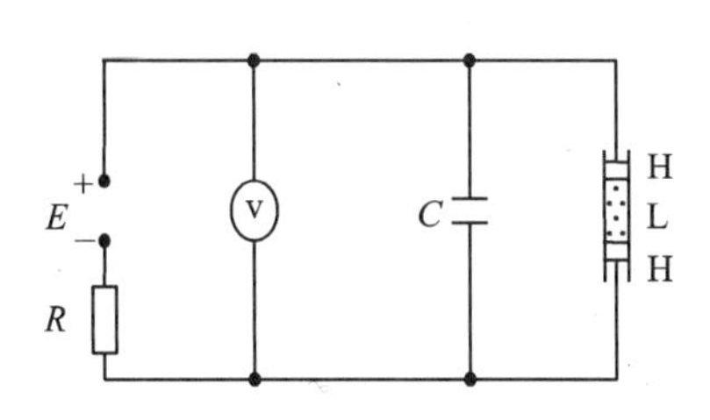

E—高压直流电；C—330 pF 电容；L—塑料导爆管；H—铜电极；R—电源保护电阻；V—直流高压电表

图 13－47　抗电试验电路

测试电路如图 13－47 所示。

试验结果表明：导爆管外壁受高压火花作用不会起爆，而内腔直接受到高压火花放电作用就有可能被起爆。

实践证明，在有雷电、射电和杂散电流的环境下是安全可靠的。密封导爆管端口可起到防止静电对管腔的作用。

13.4.8　抗冲击性能测试

导爆管受到一般机械冲击时只可能破损而不会起爆，但若冲击强度较大而超过一定限度，就有可能起爆。所以，有必要根据使用要求，进行冲击试验。主要的冲击试验有：

① 辗压试验；

② 导爆管与雷管组合件的振动试验；

③ 落锤仪冲击试验；

④ 枪击试验。

大量试验结果表明：上述低速冲击能量不管有多大，也不能起爆导爆管，只能使导爆管发生破损。而高速冲击（如步枪、机枪）等射击时，就有可能使导爆管起爆。

复习题

1. 简述炸药爆速测定方法。
2. 简述炸药威力及猛度测定的意义。
3. 简述雷管感度测试的目的及意义。
4. 简述导爆管的工作原理及主要性能。
5. 简述导爆索的性能及检测方法。

参考文献

[1] 刘天生，王凤英. 临汾马务大桥控制爆破方案设计说明书. 1998.

[2] 刘天生，王凤英. 太旧高速公路 K71～K72 标段山体爆破设计说明书. 1995.

[3] 刘天生，王凤英. 运平高速公路 4 标段 4# 山体大爆破设计说明书. 2000 .

[4] 王凤英，等. 604 米战备桥控爆设计思想[J]. 爆破器材，2001. 4.

[5] Liu Tiansheng. Study on Quickly Making Dry-well by Hydraulic Blast[J]. Theory and Practice of Energetic Materials，2001.

[6] 安二峰，刘天生. 风化岩大边坡硐室爆破应用研究[D]. 太原：华北工学院，2001.

[7] 任江，刘天生. 井下铁矿开采中深孔爆破技术研究[D]. 太原：中北大学，2008.

[8] 中国力学学会工程爆破专业委员会. 爆破工程[M]. 北京：冶金工业出版社，1992.

[9] 何光沂. 工程爆破新技术[M]. 北京：中国铁道出版社，2000.

[10] 黄绍钧. 工程爆破设计[M]. 北京：兵器工业出版社，1996.

[11] 周听清. 爆炸动力学及其应用[M]. 合肥：中国科学技术大学出版社，2001.

[12] 杨军，金乾坤，黄风雷. 岩石爆破理论模型及数值计算[M]. 北京：科学出版社，1999.

[13] 陆明. 工业炸药配方设计[M]. 北京：北京理工大学出版社，2002.

[14] 杜邦公司. 爆破手册[M]. 北京：冶金工业出版社，1986.

[15] 张嘉浩，王裕，等. 中国民用爆破器材行业企事业单位大全. 1998.

[16] 第五机械工业部第二〇四研究所. 火炸药手册：第三分册. 1981.

[17] 曹欣茂，等. 世界爆破器材手册[M]. 北京：兵器工业出版社，1999.

[18] 王海亮. 铁路工程爆破[M]. 北京：中国铁道出版社，2001.

[19] Carlos Lopez Jimeno，Emilio Lopez Jimeno. Francisco Javier Ayala Carcedo. Drilling And Blasting of Rocks[M]. Nethelands：A. A. Balkema Publishers，1991.

[20] Ferreir A A，Meyers M A. Dynamic Compaction of Titanium Aluminides by Explosively Generated Shock Waves：Experimental and Materials Systems[J]. METALLURGICAL TRANSCTIONS A，VOL(22A)，1991，3：685-695.

[21] Ken-Ichi Kondo. Shock compaction of silicon carbide powder[J]. Journal of materials science，1985，20：1033-1048.

[22] 汪旭光. 爆破工程设计和施工[M]. 北京：冶金工业出版社，2012.

[23] Livermore. LS-DYNA Keyword User's Manual [DB]. California：Livermore Software Technology Corporation，2001.

[24] 奥尔连科. 爆炸物理学[M]. 孙承炜，译. 北京：科学出版社，2011.

[25] LEE. Wen Ho Computer simulation of shaped charge problems[J]. Word Scientific Publish Co. Pte. Ltd，2001.

[26] Dehghan Banadaki M M，Mohanty B. Numerical simulation of stress wave induced fracture in rock[J]. International journal of impact engineering. 2012，40-41：16-25.

[27] 李如江，张晋红，王建波，等. 偏心起爆对聚能射流形成的影响[J]. 弹箭与制导学报，

2012,32(1):85-88.

[28] 龙维祺. 特种爆破技术[M]. 北京:冶金工业出版社,1993.

[29] 胡晓艳. 高锰钢爆炸硬化专用炸药与硬化机理的研究[D]. 合肥:中国科学技术大学,2014.

[30] 陈付生. 当代爆炸实用技术[M]. 北京:冶金工业出版社,1993.